Franz Embacher

Mathematische Grundlagen für das Lehramtsstudium Physik

Franz Embacher

# Mathematische Grundlagen für das Lehramtsstudium Physik

2., überarbeitete Auflage

STUDIUM

Bibliografische Information der Deutschen Nationalbibliothek
Die Deutsche Nationalbibliothek verzeichnet diese Publikation in der Deutschen Nationalbibliografie; detaillierte bibliografische Daten sind im Internet über <http://dnb.d-nb.de> abrufbar.

**Franz Embacher**
Franz Embacher ist Dozent für theoretische Physik an der Universität Wien. Neben seiner Forschungstätigkeit in allgemeiner Relativitätstheorie, Supergravitation, Stringtheorie, Kosmologie und Quantengravitation entwickelte er seit langem ein besonderes Interesse an der Didaktik der Physik und der Mathematik, zeitgemäßen Lehr- und Lernformen sowie der Modernisierung der im Lehramtsstudium vermittelten Inhalte. Seit vielen Jahren ist er in der mathematischen Grundausbildung der Lehramtsstudierenden aktiv und hält Lehrveranstaltungen zum Thema „Moderne Physik und Schule" ab. Er ist Mitautor der Mathematik-Plattform www.mathe-online.at. Zwischen 2005 und 2010 leitete er das eLearning-Projekt *eLearnPhysik* an der Fakultät für Physik der Universität Wien. 2010 erschien bei Vieweg+Teubner das von ihm verfasste Lehrbuch *Elemente der theoretischen Physik, Band 1: Klassische Mechanik und Spezielle Relativitätstheorie*.

1. Auflage 2008
2., überarbeitete Auflage 2011



Lektorat: Ulrich Sandten | Kerstin Hoffmann

Vieweg+Teubner Verlag ist eine Marke von Springer Fachmedien.
Springer Fachmedien ist Teil der Fachverlagsgruppe Springer Science+Business Media.
www.viewegteubner.de

Umschlaggestaltung: KünkelLopka Medienentwicklung, Heidelberg
Druck und buchbinderische Verarbeitung: MercedesDruck, Berlin
Gedruckt auf säurefreiem und chlorfrei gebleichtem Papier
Printed in Germany

ISBN 978-3-8348-0948-3

# Inhaltsverzeichnis

1 Einleitung ........ 7
2 Komplexe Zahlen ........ 19
3 Reihenentwicklung (Taylorreihen) und Approximation ........ 35
4 Komplexe Exponentialfunktion ........ 57
5 Lineare Differentialgleichungen mit konstanten Koeffizienten ........ 63
6 Fehlerrechnung ........ 91
7 Funktionen mehrerer Variablen ........ 111
8 Skalar- und Vektorfelder ........ 133
9 Vektoranalysis („Nabla-Kalkül"): Gradient, Divergenz, Laplace-Operator, Rotation ........ 145
10 Kugel- und Zylinderkoordinaten ........ 165
11 Mehrfachintegrale ........ 171
12 Parameterdarstellung und Linienintegrale ........ 189
13 Oberflächenintegrale ........ 205
14 Integralsätze der Vektoranalysis ........ 219
15 Lineare Algebra: Vektorräume ........ 231
16 Lineare Algebra: Matrizen, lineare Gleichungssysteme und lineare Operatoren ........ 253
17 Lineare Algebra: Eigenwerte und Eigenvektoren ........ 289
18 Elemente der Wahrscheinlichkeitsrechnung ........ 321
19 Fourierreihen ........ 351
20 Fourierintegrale ........ 369

Lösungen der Aufgaben ........ 383
Muster-Klausuren ........ 439
Liste spezieller Symbole ........ 449
Index ........ 451

Ergänzende Materialien zu diesem Buch:

http://homepage.univie.ac.at/franz.embacher/grundlagen/

# Inhaltsverzeichnis

# 1 Einleitung

## Über dieses Buch

Das vorliegende Lehrbuch ist aus einem Skriptum entstanden, das zwei Vorlesungen samt zugehöriger Proseminare über *Mathematische Grundlagen für das Physikstudium* an der Universität Wien während mehrerer Semester begleitete. Es richtet sich vor allem an Studierende des Lehramts Physik in ihrem ersten Jahr, durchaus auch an jene, die *nicht* Mathematik als zweites Fach studieren. Sein Ziel ist es, das im Laufe des Studiums benötigte mathematische Grundwissen zu vermitteln und seinen BenutzerInnen die Erlangung der nötigen Sicherheit im Umgang mit den behandelten Strukturen und Methoden zu erleichtern.

Dieses Buch zu „benutzen" heißt nicht nur, es zu lesen, sondern auch, eine gewisse Zeit zu investieren, um mit den Inhalten zu operieren und sie anzuwenden. Zu diesem Zweck sind am Ende jedes Kapitels Aufgaben zusammengestellt. Die Lösungen oder zumindest Lösungstipps (für *fast* alle Aufgaben) sind nach dem in den Kapiteln 2 bis 20 präsentierten Stoff zusammengefasst. Am Ende des Buches finden Sie zwei Muster-Klausuren, die Ihnen zur Prüfungsvorbereitung dienen können. Nicht zuletzt kann (und soll) das Werk während des Studiums (und vielleicht auch danach) zum Auffrischen und Nachschlagen dienen.

## Die Rolle der Mathematik in der Physik

Die moderne Physik versucht, Naturvorgänge in einer formalen und quantitativen Weise zu modellieren. So wird beispielsweise die Bewegung eines aus der Ruhelage losgelassenen, frei fallenden Körpers auf der Erdoberfläche üblicherweise durch die (auf Galileo Galilei zurückgehende) Formel

$$x(t) = \frac{g}{2} t^2 \qquad (0.1)$$

beschrieben, wobei $x(t)$ die bis zur Zeit $t$ durchfallene Strecke und $g$ die Erdbeschleunigung ist. Diese Formel ist durchaus nicht *exakt*, denn sie

- behandelt den fallenden Körper als (Massen-)Punkt,
- vernachlässigt den Luftwiderstand,
- vernachlässigt die Tatsache, dass die Beschleunigung zunimmt, während sich der fallende Körper dem Erdmittelpunkt nähert, und sie
- ignoriert die Erkenntnisse der Relativitätstheorie und der Quantentheorie.

Auch eine Reihe weiterer, tiefer liegender Annahmen ist mit dieser Formel verbunden, z.B. dass für die Beschreibung von Positionen im Raum *reelle Zahlen* herangezogen werden und dass das Voranschreiten der Zeit als *kontinuierliche* Entwicklung angesehen wird (beschrieben durch eine *Funktion*, die jedem reellen Zeitpunkt $t$ eine Position $x(t)$ im Raum zuordnet), nicht etwa als *diskrete* Abfolge von Zeitpunkten. Ob derartige Annahmen auch in Zukunft der Physik zugrunde gelegt werden, oder ob Beobachtungen (oder auch theoretische Erwägungen) uns eines Tages zwingen werden, davon abzugehen und andersartige mathematische Modelle zu verwenden, wissen wir nicht. Trotz all dieser Unsicherheiten sind Aussagen wie (0.1) nützlich – sie werden als *mathematische Modelle* angesehen. *Innerhalb eines solchen mathematischen Modells* sind weitergehende Fragestellungen möglich, wie zum Beispiel:

- **Welche Geschwindigkeit hat der Körper zu einer vorgegebenen Zeit $t$?**

  Dies wirft zunächst die Frage auf, was „die Geschwindigkeit" überhaupt ist. Dass ein gemäß (0.1) bewegter Körper immer schneller wird, wird durch den Quotienten „durchfallene Strecke/benötigte Zeit" (die Durchschnittsgeschwindigkeit) nicht besonders gut beschrieben. An seine Stelle tritt die „Momentangeschwindigkeit", definiert als *Ableitung* der Funktion $x(t)$ nach der Zeit $t$, geschrieben als $\dot{x}(t)$. Damit sind wir durch eine harmlos klingende Frage in der *Differentialrechnung* gelandet! Ausgerüstet mit deren Methoden, können wir als Antwort sofort $v(t) \equiv \dot{x}(t) = gt$ hinschreiben. Die Geschwindigkeit nimmt linear mit der Zeit zu.

- **Nach welcher durchfallenen Strecke erreicht der Körper eine gegebene Geschwindigkeit $v$?**

  Um diese Frage – wieder innerhalb des Modells (0.1) – zu beantworten, ist es (neben der Lösung des in der vorigen Frage aufgeworfenen Geschwindigkeitsproblems) nötig, in *Variablen* zu denken, mit *Termen* umzugehen und eine *Gleichung* zu lösen, etwa so: Der Zusammenhang zwischen Ort und Zeit ist durch $x = \frac{g}{2}t^2$, der Zusammenhang zwischen Geschwindigkeit und Zeit durch $v = gt$ gegeben. Die letzte Beziehung kann als Gleichung für die Zeit $t$, die vergangen ist, bis der Körper die Geschwindigkeit $v$ hat, aufgefasst werden. Sie kann nach $t$ gelöst werden, was auf $t = \frac{v}{g}$ führt. In die erste Beziehung eingesetzt, ergibt sich $x = \frac{g}{2}\left(\frac{v}{g}\right)^2 = \frac{v^2}{2g}$. Damit ist die durchfallene Strecke in Abhängigkeit von der erreichten Geschwindigkeit ausgedrückt, d.h. die Frage ist beantwortet: Eine gegebene Geschwindigkeit $v$ ist erreicht, wenn der Körper die Strecke $\frac{v^2}{2g}$ durchfallen hat. Im Zuge dieser Rechnung wird $g$ als *Konstante* angesehen, während $x$, $t$ und $v$ als *Variable* behandelt werden, die je nach der Beziehung, in der sie auftreten, *vorgegeben* werden können (also *unabhängige* Variable darstellen) oder durch die jeweils anderen *bestimmt* sind (also *abhängige* Variable darstellen).

Wir sehen, dass mit der Beantwortung der gestellten Fragen eine Menge mathematischer Begriffe und Techniken verbunden ist. Auch wenn mit dem bloßen Hinschreiben der Formel (0.1) vielleicht nicht beabsichtigt war, Mathematik zu betreiben, kommen wir doch nicht um sie herum! Ein weiteres Problemfeld eröffnet sich, wenn versucht wird, die Beziehung (0.1) in einem realen Experiment zu überprüfen. Die gewonnenen Messwerte werden dem Modell nur näherungsweise entsprechen – der Wunsch, zu formulieren, *wie genau* die Theorie bestätigt wurde (oder etwa *wie genau* die Erdbeschleunigung $g$ in einem Fallexperiment gemessen wurde), führt direkt in das Gebiet der *Fehlerrechnung*. Aus all diesen Gründen ist es für PhysikerInnen (und auch für Physik-LehrerInnen) notwendig, stets ein Köfferchen mit dem wichtigsten mathematischen Handwerkszeug mit sich zu tragen.

Auch komplexere Themen der Physik funktionieren im Grunde genommen nach einem ähnlichen Schema. Hier eine Auflistung der mathematischen Themen, die in diesem Buch auf dem Programm stehen, zusammen mit einigen (ganz und gar unvollständigen) Verweisen auf ihre Anwendungen in der Physik:

2. In zahlreichen Gebieten der Physik (unter anderem in der Quantentheorie) bilden die **komplexen Zahlen** (obwohl sie nicht „in der Natur vorkommen") eine unerlässliche Hilfe.
3. **Reihenentwicklungen (Taylorreihen)** und **Approximationen** werden in praktisch allen Gebieten der Physik dazu benutzt, um komplizierte Modelle soweit zu vereinfachen, dass Berechnungen möglich sind.
4. Die **komplexe Exponentialfunktion** ist besonders bei der Beschreibung von Schwingungsphänomenen und Feldern nützlich.
5. Elementare Schwingungsphänomene werden durch **lineare Differentialgleichungen mit konstanten Koeffizienten** beschrieben.
6. Die **Fehlerrechnung** ist nötig, um empirische Daten auszuwerten und den Grad an Genauigkeit und Glaubwürdigkeit der aus ihnen gewonnenen Aussagen zu ermitteln.
7. **Funktionen mehrerer Variablen** kommen in allen Gebieten der Physik zum Einsatz, um physikalische Felder, die ja in der Regel von einer Zeit- und drei Raumkoordinaten abhängen (z.B. das elektromagnetische Feld), zu beschreiben.
8. Gleiches gilt für die Begriffe **Skalar-** und **Vektorfeld**. Sie sind zudem eng mit den Symmetrieprinzipien der modernen Physik verbunden.
9. Die Methoden der **Vektoranalysis** („**Nabla-Kalkül**") sowie die mathematischen Operationen **Gradient**, **Divergenz**, **Laplace-Operator** und **Rotation** sind unerlässliche Werkzeuge bei der Formulierung der Grundgleichungen zahlreicher physikalischer Gebiete, vor allem wenn es um die Beschreibung der Eigenschaften und der Dynamik von Feldern geht.
10. **Kugel-** und **Zylinderkoordinaten** eignen sich zur Beschreibung kugel- und zylindersymmetrischer Situationen besser als rechtwinkelige (kartesische) Koordinaten, und sie vereinfachen das Leben beträchtlich.
11. **Mehrfachintegrale** sind unter anderem notwendig, um so elementare Begriffe wie die Ladungs- oder Massendichte zu verstehen.
12. Die **Parameterdarstellung** von Kurven und der Begriff des **Linienintegrals** werden beispielsweise benutzt, um die Arbeit zu ermitteln, die nötig ist, um einen Körper gegen eine Kraftwirkung zu bewegen.
13. **Oberflächenintegrale** sind nötig, um die Idee der „Zahl der Feldlinien, die durch eine Fläche gehen" genauer zu formulieren, oder um die Flüssigkeitsmenge, die pro Zeiteinheit durch eine gegebene Fläche fließt, quantitativ zu fassen.
14. Die **Integralsätze der Vektoranalysis** stellen Verallgemeinerungen des „Hauptsatzes der Differential- und Integralrechnung" dar. Sie erleichtern es, den Zusammenhang zwischen Quellen (z.B. Ladungen und Massen) und den von diesen Quellen erzeugten Feldern zu verstehen.
15. Die **lineare Algebra**, d.h. die mathematische Theorie der **Vektorräume**, liefert einen einheitlichen Rahmen für die Beschreibung vieler unterschiedlicher physikalischer Strukturen sowohl in der klassischen wie in der Quantenphysik.
16. **Matrizen**, **lineare Gleichungssysteme** und **lineare Operatoren** kommen überall dort zum Einsatz, wo lineare Zusammenhänge zwischen mehreren Größen auftreten. Das ist zum Beispiel der Fall, wenn ein Koordinatensystem gedreht wird. In der Quantentheorie werden Messgrößen nicht durch Zahlen, sondern durch lineare Operatoren beschrieben.
17. **Eigenwerte** und **Eigenvektoren** helfen, Eigenschaften linearer Operatoren zu ermitteln.
18. **Elemente der Wahrscheinlichkeitsrechnung** spielen in all jenen Gebieten der Physik eine Rolle, in denen die Kenntnis aller Messgrößen eines Systems aus praktischen Gründen nicht möglich ist (wie in der statistischen Mechanik) oder in denen Messgrößen mit prinzipiellen „Unschärfen" behaftet sind (wie in der Quantentheorie).
19. **Fourierreihen** helfen unter anderem, zu verstehen, wie die Klangfarbe eines Tones physikalisch zustande kommt.

20. **Fourierintegrale** sind nützliche Techniken der Feldtheorie, da sie es erleichtern, deren Grundgleichungen zu lösen. In der Quantentheorie spielen sie eine besonders prominente Rolle – sie werden insbesondere dazu benutzt, um den Zusammenhang zwischen Ort und Impuls zu beschreiben.

All diese mathematischen Themen werden im vorliegenden Buch mit einem an die Anwendungen im Lehramtsstudium angepassten Grad an mathematischer „Milde" behandelt. Ein gewisses Maß an mathematischer und argumentativer „Strenge" wird nur dort eingehalten, wo es notwendig ist, um Missverständnissen und Anwendungsfehlern vorzubeugen. Zahlreiche Aussagen werden ohne Beweis (oder lediglich mit einer „Beweisidee") präsentiert. Die am Ende der einzelnen Kapiteln zusammengestellten Aufgaben betreffen vor allem das Grundverständnis des Stoffs und die wichtigsten Rechentechniken. Der Haupttext des Buches stellt auch darüber hinausgehende Zusammenhänge, Argumentationen und Anwendungen vor.

Um ein mögliches Missverständnis auszuräumen, sei an dieser Stelle betont, dass die hier behandelte Mathematik – sowohl in ihrer Breite als auch in ihrer Tiefe – weit über das hinausgeht, was Sie in Ihrer künftigen Berufspraxis an Ihre SchülerInnen weitergeben können. Es ist *nicht* der Zweck dieses Buches, die „mathematischen Methoden des Physikunterrichts" zu beschreiben. *À la longue* soll es Ihnen helfen, die Theorien der Physik während ihres Studiums so gut kennen zu lernen, dass Sie Ihren Unterricht souverän und mit Verständnis planen können.

Abschnitte, die mit einem Stern * gekennzeichnet sind, enthalten Ergänzungsstoff, der der Vertiefung dient, zum weiteren Nachdenken anregen soll und – wenn es denn sein muss – übersprungen werden kann.

## Elektronische Werkzeuge

An zahlreichen Stellen des Buches werden Hinweise gegeben, wie Computeralgebra zur Darstellung und Berechnung genutzt werden kann, und etliche Aufgaben sind mit derartigen Techniken zu lösen. Computermethoden sind nützlich, um mathematische Operationen, die *im Prinzip verstanden werden*, von einer Maschine ausführen zu lassen. Sie dienen *nicht* dazu, Verständnis zu ersetzen, aber manchmal können sie Verständnis fördern! Wenn Sie beispielsweise wissen, wie eine Multiplikation der Art

$$(a-3b)(-2c+d-f)$$

auf dem Papier ausgeführt, d.h. wie die Klammern ausmultipliziert werden, können Sie die langwierigere Rechnung

$$(1+q+q^2+q^3+q^4+q^5+q^6+q^7+q^8+q^9+q^{10})(1-q)$$

von einem Computeralgebra-System (CAS) ausführen lassen. Probieren Sie es! – Wenn Sie das erstaunliche Resultat sehen, sollten Sie sogleich versuchen, zu *verstehen*, wie es zustande kommt. Die beste Methode, dies zu erreichen, besteht darin, wieder zum Papier zurückzukehren und die gleiche Rechnung „händisch" durchzuführen! Dann werden Sie auch sehen, dass sie gar nicht *so* langwierig ist wie vielleicht vermutet.

Berechnungen mit dem Computer können helfen, Zeit zu sparen und Resultate zu erlangen, die wir (innerhalb einer vertretbaren Zeitspanne) auf andere Weise nicht gewinnen könnten. Wenn Sie etwa *im Prinzip* wissen, wie eine gegebene Funktion graphisch dargestellt werden kann und wie ein Funktionsgraph benutzt werden kann, um Eigenschaften der Funktion abzulesen, ist es durchaus statthaft, den Graphen der Funktion $f(x)=x^4-5x^3-x^2-3$ mit Hilfe eines geeigneten Werkzeugs zu plotten, um herauszufinden, wie viele Nullstellen sie besitzt. Probieren Sie es! – Sie sollten genau zwei reelle Nullstellen finden.

Computermethoden können auch helfen, mehr unserer wertvollen Zeit der *Interpretation* von Resultaten zu widmen. Zahlreiche Gleichungen und Differentialgleichungen der Physik (von denen nur die allerwichtigsten Typen in diesem Buch besprochen werden) können (exakt oder näherungsweise) mit ihrer Hilfe gelöst werden. Sie sind aus der physikalischen Forschung nicht mehr wegzudenken und eröffnen auch dem Physikunterricht neue Perspektiven, sollten also von Studierenden des Lehramts möglichst früh beherrscht werden.

Computerprogramme sind aber nicht unfehlbar – wir müssen *immer* mitdenken, wenn wir sie benutzen! So wird beispielsweise die Gleichung

$$\frac{x}{x} = 1$$

(über der Menge der reellen Zahlen) von den meisten Computeralgebra-Systemen als „wahre Aussage" klassifiziert, da die linke Seite zu $1$ gekürzt wird. Das hieße, dass die Lösungsmenge aus allen reellen Zahlen besteht. Tatsächlich besteht die Lösungsmenge aber aus allen *von Null verschiedenen* reellen Zahlen. Der Grund dafür liegt darin, dass die linke Seite der Gleichung für $x=0$ *nicht* zu $1$ gekürzt werden kann – und genau diesen kritischen Punkt berücksichtigt ein Computeralgebra-System in der Regel nicht! Wenn Sie regelmäßig elektronische Berechnungswerkzeuge einsetzen, werden Sie mit der Zeit ein Gefühl dafür bekommen, wann Sie einem Resultat gegenüber misstrauisch sein sollten.

Was die Aufgaben zu den einzelnen Kapiteln dieses Buches betrifft, so sollten Sie immer, wenn Sie es für sinnvoll halten (und der Aufgabentext es nicht ausdrücklich verbietet), entsprechende Tools verwenden! In manchen Aufgaben wird der Computereinsatz eigens empfohlen oder vorgeschrieben.

Wie bereits erwähnt, kommt der Computeralgebra unter den elektronischen Hilfsmitteln eine besondere Bedeutung zu. In diesem Buch werden ausschließlich Hinweise zur Bedienung des Programms ***Mathematica*** (eines der mächtigsten Werkzeuge für mathematische und physikalische Anwendungen) gegeben. (Eingeflochtener *Mathematica*-Code ist in `dieser Schriftart` geschrieben). Prinzipiell können Sie anstelle von *Mathematica* auch ein anderes Computeralgebra-System verwenden (wobei sich natürlich gewisse Unterschiede in Umfang und Bedienung ergeben), wie beispielsweise eines aus der folgenden Liste:

- ***Maple*** (http://www.scientific.de/maple.html und http://www.maplesoft.com/)
- ***Derive*** (http://www.chartwellyorke.com/derive.html)
  Leider wird dieses für den Unterricht besonders geeignete Werkzeug nicht mehr weiterentwickelt.
  Online-Kurs: http://www.austromath.at/daten/derive/
  International Derive User Group: http://www.derive-europe.com/support.asp?dug
- ***Maxima*** (http://maxima.sourceforge.net/)
  Ein gratis erhältliches Open-Source-CAS!
  Online-Kurs: http://www.austromath.at/daten/maxima/
- ***Wiris*** (http://wiris.schule.at/)
  Ein relativ junges System, dessen Online-Version (derzeit) gratis genutzt werden kann.

Welche Programme in den Schulen zum Einsatz kommen werden, wenn Sie Ihr Studium beendet haben, lässt sich natürlich nicht voraussagen. Das Prinzip der Nutzung ist aber bei allen derartigen Systemen ähnlich.

Auf den Seiten http://www.univie.ac.at/physik/studium/mathematischeMethoden/einstieg/ (Einstieg in die physikalischen Rechenmethoden) der Universität Wien finden Sie nützliche Informationen zum Einstieg in die Nutzung von *Mathematica* anhand einfacher mathematischer Aufgabenstellungen, die Ihnen bereits vertraut sein sollten.

## Notwendige Vorkenntnisse

Wie in jedem Lehrbuch dieser Art werden auch hier einige Kenntnisse vorausgesetzt. Sie gehen über den üblichen Mathematik-Schulstoff nicht hinaus. Besonders wichtig ist, dass Sie

- ohne Hilfsmittel Terme umformen und einfache Gleichungen lösen können,
- ohne Hilfsmittel grundlegende Eigenschaften reeller Funktionen ermitteln können,
- Graphen einfacher Funktionen ohne Hilfsmittel skizzieren und interpretieren können,
- die Winkelfunktionen, Exponentialfunktionen und Logarithmusfunktionen kennen,
- Grundzüge der Vektorrechnung beherrschen,
- wissen, was die Ableitung einer Funktion ist,
- einfache Funktionsausdrücke ohne Hilfsmittel differenzieren können,
- wissen, was das unbestimmte und das bestimmte Integral einer Funktion ist und
- einfache Funktionen ohne Hilfsmittel integrieren können.

Die Zusätze „ohne Hilfsmittel" sind wichtig, denn sie drücken aus, dass es bei diesen Voraussetzungen um das *Verstehen* elementarer Begriffe und Methoden geht! Am Ende dieses Kapitels finden Sie eine Reihe von Aufgaben, die Sie bewältigen können sollten. Wenn Sie mit ihnen Schwierigkeiten haben, so versuchen Sie bitte, die entsprechenden Inhalte so schnell wie möglich nachzulernen!

## Tipps zum Lernen und zum Lösen der Aufgaben

Bitte beherzigen Sie einige allgemeine Tipps beim Arbeiten mit diesem Buch:

- Versuchen Sie, den Stoff zu *verstehen*! Gelingt Ihnen das, ist der Aufwand des Auswendiglernens von Formeln erheblich geringer, als Sie sich vielleicht träumen lassen! Falls Sie das Buch begleitend zu einer Lehrveranstaltung nutzen, scheuen Sie sich nicht, *rechtzeitig* Verständnisfragen an den Vortragenden oder an Ihre KollegInnen zu stellen!
- Lernen Sie allein *und* gemeinsam mit KollegInnen! Diese Kombination zählt zu den effektivsten Lernmethoden.
- Lassen Sie sich auf die mathematischen Sprech- und Schreibweisen ein! Benutzen Sie sie selbst (z.B. beim Lösen der Aufgaben und beim Präsentieren in Lehrveranstaltungen)! Auch wenn es Ihnen vielleicht zu Beginn schwer fällt, sich mathematisch einigermaßen genau auszudrücken, wird es für Sie ein großer Gewinn sein, wenn Sie die ersten Hürden meistern.
- Auch wenn dieser (oder ein ähnlicher) Stoff in einer Lehrveranstaltung vorgetragen wird – schreiben Sie (trotz der Existenz dieses Buches) mit!

Hier noch ein paar Tipps für die Bearbeitung der Aufgaben:

- Versuchen Sie, die Aufgaben zu bewältigen, *bevor* Sie die mitgelieferten Lösungen heranziehen!

- Schreiben Sie die Lösungswege der Aufgaben möglichst vollständig auf (egal ob handschriftlich oder elektronisch)! Um sie auch ein paar Monate später noch lesen zu können, fügen Sie eigene Kommentare (z.B. über noch offene Fragen) ein!
- Wann immer Sie eine Aufgabe gelöst haben, fragen Sie sich, was Sie jetzt besser wissen als vorher! Die mathematische (und auch physikalische) Interpretation eines Rechenergebnisses ist oft wichtiger als die Rechnung selbst. Typische Methoden, dies zu tun, können sein:

  - einen Weg finden, um die Glaubwürdigkeit des Resultats zu überprüfen,
  - die Graphen auftretender Funktionen zeichnen oder plotten, um deren Verhalten besser zu verstehen,
  - Spezialfälle betrachten und
  - versuchen, den eingeschlagenen Lösungsweg kurz und bündig (in Worten) zu formulieren.

- Wann immer Sie es für nützlich halten, setzen Sie Computermethoden ein, auch wenn dies im Aufgabentext nicht ausdrücklich nahegelegt wird (z.B. um einen Graphen zu zeichnen oder um ein Gleichungssystem zu lösen). Falls Sie bisher bereits mit solchen Methoden gearbeitet haben, greifen Sie auf Ihre Erfahrungen und die Ihnen bekannten Werkzeuge zurück!

## Konventionen

Um Lehrende, die dieses Buch begleitend zu Lehrveranstaltungen empfehlen, gleich zu Beginn über die verwendeten Schreibweisen zu informieren, seien hier die wichtigsten Konventionen zusammengestellt:

- In allen Kapiteln, in denen **Vektoren** vorkommen, außer 15 – 17, werden diese durch *Pfeile* gekennzeichnet, wie beispielsweise $\vec{v}$. In diesen Kapiteln ist es im Prinzip gleichgültig, ob ein Vektor in Spalten- oder Zeilenform angeschrieben wird. Der besseren Lesbarkeit halber wird in der Regel die Spaltenform vorgezogen. Weitere in diesen Kapiteln benutzte Konventionen sind:

  - Der **Ortsvektor**, d.h. der Verbindungsvektor vom Ursprung des Koordinatensystems zu einem Punkt mit Koordinaten $(x,y)$ bzw. $(x,y,z)$, wird einheitlich mit $\vec{x}$ bezeichnet, sein Betrag mit $r$.
  - **Indizes**, die Koordinaten oder Vektorkomponenten durchnummerieren, werden generell *tiefgestellt*. Die in der Differentialgeometrie übliche Unterscheidung zwischen kovarianten (oberen) und kontravarianten (unteren) Indizes wird in diesem Buch nicht benötigt. An wenigen Stellen wird statt $(x,y)$ und $(x,y,z)$ zwecks deutlicherer Durchnummerierung $(x_1,x_2)$ und $(x_1,x_2,x_3)$ geschrieben. Die $x$-Komponente (erste Komponente) eines Vektors $\vec{v}$ wird mit $v_x$ oder $v_1$ bezeichnet, seine $j$-te Komponente mit $v_j$.

- In den Kapiteln 15 – 17, die von der **linearen Algebra** handeln, werden die *Vektorpfeile* gemäß den in diesem Teilgebiet der Mathematik üblichen Konventionen *weggelassen*. Weiters wird in diesen Kapiteln zwischen Spalten- und Zeilenvektoren ($n\times 1$-Matrizen und $1\times n$-Matrizen) unterschieden. Für die Einheitsmatrix wird das Symbol $\mathbf{1}$ verwendet.
- Die Mengen der reellen und der komplexen Zahlen werden mit $\mathbb{R}$ und $\mathbb{C}$ bezeichnet.

- Integrale werden (im Hinblick auf Mehrfachintegrationen) in der Form $\int_a^b dx\, f(x)$ geschrieben.

## Dank

Ein herzliches Dankeschön möchte ich an dieser Stelle allen Studierenden aussprechen, die in den Genuss des Skriptums kamen, das diesem Buch vorausging, und die mit ihren Rückmeldungen halfen, das Werk in die vorliegende Form zu bringen. Stellvertretend für viele möchte ich Michael Edinger sowie (für die zweite Auflage) Eren Simsek und Helmut Koller danken, die mich auf etliche Fehler und unklare Textstellen hinwiesen.

## Website zu diesem Buch

Unter der Web-Adresse

http://homepage.univie.ac.at/franz.embacher/grundlagen/

finden Sie zusätzliches Material (wie *Mathematica*-Notebooks zu einigen der in diesem Buch behandelten Themen und weitere Muster-Klausuren) sowie die Errata, die trotz $x$-maliger Überarbeitung des Manuskripts und einiger in der zweiten Auflage vorgenommener Korrekturen noch überlebt haben. Ich freue mich über Ihr Feedback an die Adresse franz.embacher@univie.ac.at.

## Zweite Auflage

In der hier vorliegenden zweiten Auflage (2010) wurden einige Tippfehler und eine Grafik korrigiert. Die Nummerierung der Formeln, Abbildungen und Aufgaben ist davon nicht betroffen. Details zu den Korrekturen finden Sie in der oben angegebenen Webseite

# Übungsaufgaben zur Überprüfung der Vorkenntnisse

1. Seien $E_{\text{kin}}$, $m$ und $c$ positiv. Ermitteln Sie jenes positive $v$, für das die Beziehung

   $E_{\text{kin}} = \left( \dfrac{1}{\sqrt{1-\dfrac{v^2}{c^2}}} - 1 \right) mc^2$ gilt.

2. Vereinfachen Sie den Term $\dfrac{1}{wL}\left( \dfrac{L}{u-w} - \dfrac{L}{u+w} - \dfrac{wL}{u^2-w^2} \right)$.

3. Welche Figuren werden durch die Mengen

$$G_1 = \{(x,y) \mid 0 \le x \le 3,\ 0 \le y \le 2\}$$
$$G_2 = \{(x,y) \mid x^2 + y^2 \le 9\}$$
$$G_3 = \{(x,y) \mid x < y\}$$

in der Zeichenebene $\mathbb{R}^2$ dargestellt?

4. Welche Körper werden durch die Mengen

$$V_1 = \{(x,y,z) \mid 0 \le x, y, z \le 1\}$$
$$V_2 = \{\vec{x} \mid |\vec{x}| \le 3\}$$
$$V_3 = \{(x,y,z) \mid x^2 + y^2 + z^2 \le 1 \text{ und } z > 0\}$$

im dreidimensionalen Raum $\mathbb{R}^3$ dargestellt?

5. Skizzieren Sie die Graphen folgender Funktionen (zuerst ohne Hilfsmittel auf einem Blatt Papier, dann mit einem geeigneten elektronischen Werkzeug): $y(x) = 3x - 4$, $y(x) = 3x^2 + 4$, $y(x) = x^2 - 2x + 1$, $y(x) = \sqrt{4 - x^2}$ und $y(x) = \sqrt{4 + x^2}$. Um welche Kurventypen handelt es sich?

6. Skizzieren Sie die Graphen der Funktionen (zuerst ohne Hilfsmittel auf einem Blatt Papier, dann mit einem geeigneten elektronischen Werkzeug): $y(x) = \sin x$, $y(x) = \cos x$, $y(x) = \sin(4x)$, $y(x) = 2 - \cos x$, $y(x) = x \sin x$, $y(x) = 2e^{-x}$ und $y(x) = e^{-4x^2}$.

7. Finden Sie durch Bilden der Skalarprodukte heraus, welche der Vektoren

$$\vec{a} = \begin{pmatrix} 2 \\ 3 \\ -1 \end{pmatrix},\ \vec{b} = \begin{pmatrix} 2 \\ 3 \\ 1 \end{pmatrix},\ \vec{c} = \begin{pmatrix} 1 \\ 0 \\ 2 \end{pmatrix}$$

aufeinander normal stehen. Berechnen Sie außerdem deren Beträge.

8. Berechnen Sie ohne Hilfsmittel die Ableitung (nach $x$) von: $\sqrt{x}$, $\sqrt{x^2+1}$, $\dfrac{1}{\sqrt{x-1}}$, $\sin x$, $A \sin x + B \cos x$, $A \sin(cx) + B \cos(cx)$, $\sin(x^2)$, $\sin^2 x$, $x^2 \sin x$, $\dfrac{\sin x}{x}$, $e^{kx}$, $e^{x^2}$, $e^{-x^2}$ und $\ln(1 + x^2)$.

9. Ordnen Sie den durch die Graphen (1), (2), (3) dargestellten Funktionen die Graphen ihrer Ableitungen zu:

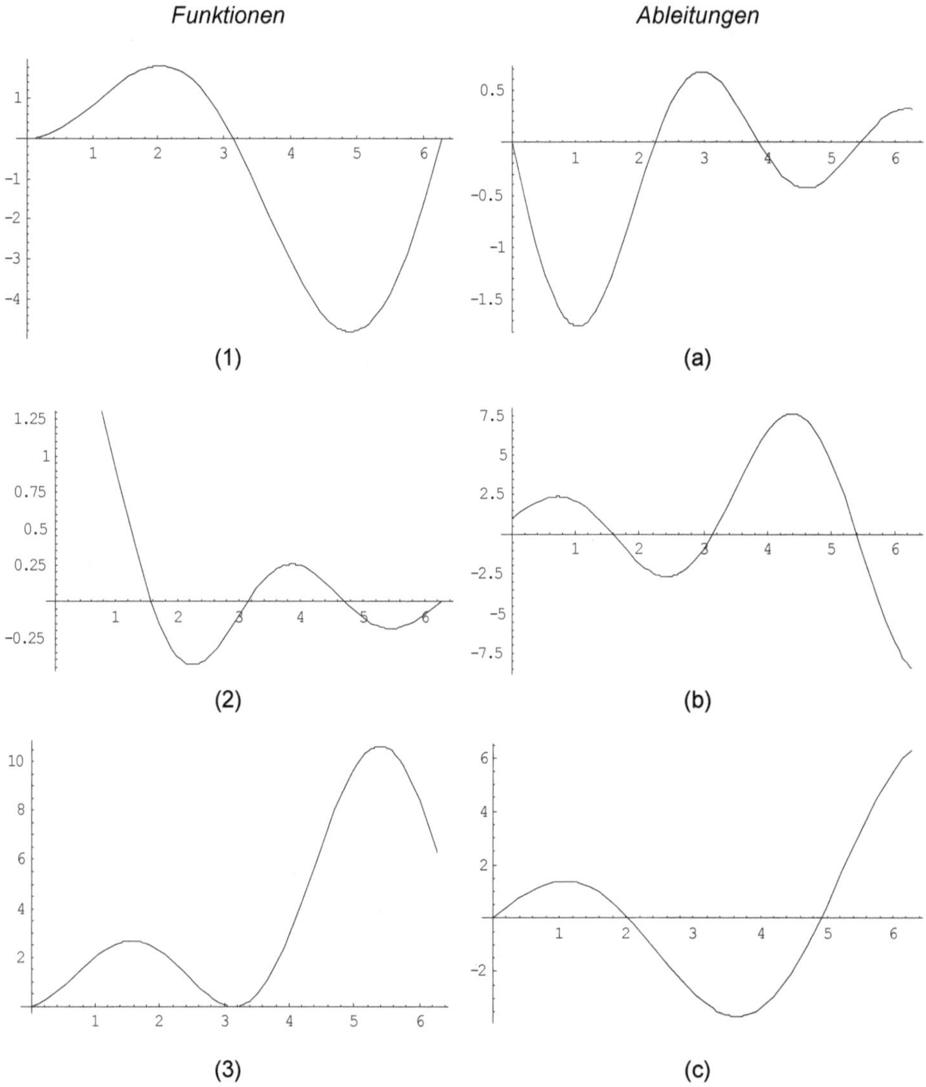


10. Ein Körper befindet sich zur Zeit $t$ am Ort $x(t) = A\sin(\omega t)$. Berechnen Sie seine Geschwindigkeit zur Zeit $\frac{\pi}{2\omega}$. Interpretieren Sie Ihr Resultat!

11. Berechnen Sie (ohne Hilfsmittel) die unbestimmten Integrale $\int dx\,(x^2+1)$, $\int dx\sin(bx)$, $\int d\xi\cos(b\xi)$ und $\int dz\,e^{kz}$.

12. Berechnen Sie (ohne Hilfsmittel) die bestimmten Integrale $\int_1^2 dx\,(x^2+1)$, $\int_0^{2\pi} dt\sin(\omega t)$, $\int_0^{\pi} d\varphi\,(\cos\varphi + a\varphi^2)$ und $\int_0^{\infty} du\,e^{-u}$.

13. Berechnen Sie (mit einem Hilfsmittel Ihrer Wahl) die unbestimmten Integrale $\int dx\,x\sin x$, $\int dx\,x^2\sin x$, $\int dx\sin^2 x$ und $\int \frac{dx}{\sqrt{1-x^2}}$.

14. Berechnen Sie (mit einem Hilfsmittel Ihrer Wahl) die bestimmten Integrale $\int_0^{2\pi} dx\,x\sin x$, $\int_0^{2\pi} dx\,x^2\sin x$, $\int_0^{2\pi} dx\sin^2 x$ und $\int_{-1}^{1} \frac{dx}{\sqrt{1-x^2}}$.

15. Wie lautet der Hauptsatz der Differential- und Integralrechnung?

16. Benutzen Sie die Beziehung $\frac{d}{dx}\left(x\sqrt{1-x^2}\right) = \frac{1-2x^2}{\sqrt{1-x^2}}$, um $\int_0^{1/2} dx\frac{1-2x^2}{\sqrt{1-x^2}}$ (ohne weitere Hilfsmittel) zu berechnen.

# 2 Komplexe Zahlen

## Grundrechnungsarten für die komplexen Zahlen

Wir beginnen unseren Streifzug durch die für die Physik wichtigsten mathematischen Strukturen und Methoden mit den komplexen Zahlen. Diese nützlichen Objekte entspringen der Beobachtung, dass es möglich ist, formale Berechnungen mit einer „fiktiven" Zahl durchzuführen, deren Quadrat $-1$ ist. Wir nennen sie $i$, die so genannte imaginäre Einheit[1]:

$$i^2 = -1 . \tag{2.1}$$

Sind $x$ und $y$ reelle Zahlen, so kann die Kombination $x+iy$ gebildet werden – alle Objekte dieser Form bilden die Menge der **komplexen Zahlen**.

> Beispiele für komplexe Zahlen:
> $0$, $4$, $3+5i$, $3-5i$, $-\frac{1}{2}+3i$, $\frac{1+i}{\sqrt{2}}$, $i$, $-i$, $i\pi$.
> Die ersten zwei Beispiel zeigen, dass auch reelle Zahlen als komplexe Zahlen aufgefasst werden, denn $0=0+0\cdot i$ und $4=4+0\cdot i$.

Mit Zahlen dieser Art können alle Grundrechnungsarten ausgeführt werden. Die **Summe zweier komplexer Zahlen** $x_1+iy_1$ und $x_2+iy_2$ ist

$$(x_1+iy_1)+(x_2+iy_2) = x_1+x_2+i(y_1+y_2) \tag{2.2}$$

und ist daher wieder eine komplexe Zahl.

> Beispiel: $(3+5i)+(2+7i)=5+12i$.
> Mit der Summe ist auch die **Differenz** zweier komplexer Zahlen definiert:
> $(3+5i)-(2+7i)=1-2i$.

Das **Produkt zweier komplexer Zahlen** $x_1+iy_1$ und $x_2+iy_2$ kann durch das Ausmultiplizieren von Klammern so berechnet werden, wie wir es auch mit reellen Zahlen tun: $(x_1+iy_1)(x_2+iy_2)=x_1x_2+ix_1y_2+iy_1x_2+i^2y_1y_2$. Wird nun zusätzlich $i^2=-1$ verwendet, so ergibt sich

$$(x_1+iy_1)(x_2+iy_2) = x_1x_2-y_1y_2+i(x_1y_2+y_1x_2) \tag{2.3}$$

---

[1] Manchmal wird $i$ als „Wurzel aus $-1$" bezeichnet, aber das ist ungenau: $-1$ besitzt in der Menge der komplexen Zahlen zwei Wurzeln: $i$ und $-i$. Auch die Schreibweise $i=\sqrt{-1}$ wollen wir lieber vermeiden.

als allgemeine Regel, wie zwei komplexe Zahlen multipliziert werden. Das Ergebnis ist wieder eine komplexe Zahl.

Auch die **Division komplexer Zahlen** ist möglich. Wir führen das anhand eines Beispiels vor:

$$\frac{3-4i}{2+5i}=\frac{(3-4i)(2-5i)}{(2+5i)(2-5i)}=\frac{-14-23i}{29}=-\frac{14}{29}-\frac{23}{29}i$$

Der Trick dabei besteht darin, den Bruch mit einer komplexen Zahl so zu erweitern, dass die Multiplikation im Nenner auf ein *reelles* Ergebnis führt. (Die entsprechende Multiplikation im Nenner ist hier farblich hervorgehoben dargestellt). Die allgemeine Regel dafür ist

$$\frac{x_1+iy_1}{x_2+iy_2}=\frac{(x_1+iy_1)(x_2-iy_2)}{(x_2+iy_2)(x_2-iy_2)}=\frac{x_1x_2+y_1y_2+i(y_1x_2-x_1y_2)}{x_2^{\,2}+y_2^{\,2}}. \tag{2.4}$$

Beispiel: Der Kehrwert (die Inverse) der Zahl $i$ wird so berechnet:

$$\frac{1}{i}=\frac{-i}{i(-i)}=\frac{-i}{1}=-i\,.$$

(Das gleiche Ergebnis hätte man übrigens auch aus $i(-i)=-i^2=1$ erschließen können: Da das Produkt aus $i$ und $-i$ gleich $1$ ist, ist der Kehrwert von $i$ gleich $-i$).

Bei allen bisher durchgeführten Umformungen wurden die von den reellen Zahlen bekannten Rechenregeln für die Grundrechnungsarten angewandt, insbesondere jene für das Ausmultiplizieren von Klammern. Mit der Einführung der Zahl $i$ wird **die Menge der reellen Zahlen** unter Wahrung all dieser Regeln **erweitert**.

Was wie eine akademische Spielerei aussieht, hat gewaltige Auswinkungen auf die Mathematik. So ist es beispielsweise möglich, im Rahmen der komplexen Zahlen quadratische Gleichungen wie $x^2=-1$ oder $x^2-2x+3=0$ zu lösen, die im Reellen keine Lösung besitzen. Carl Friedrich Gauß hat gezeigt, dass auch Gleichungen höherer Ordnung, also etwa $x^4+4x^3+6x^2+4x+5=0$, *immer* Lösungen im Komplexen besitzen. Dieser „Fundamentalsatz der Algebra“ hat zu einem vertieften Verständnis vieler mathematischer Strukturen geführt, und auch aus der Physik sind die komplexen Zahlen nicht mehr wegzudenken.

Führen wir nun einige Bezeichnungen ein:

- Jede komplexe Zahl $z$ kann in der Form $z=x+iy$ geschrieben werden, wobei $x$ und $y$ reell sind. Diese beiden Zahlen charakterisieren $z$ eindeutig.

  $x$ heißt **Realteil** von $z$, geschrieben als $\mathrm{Re}(z)$.
  $y$ heißt **Imaginärteil** von $z$, geschrieben als $\mathrm{Im}(z)$.

- Jene komplexen Zahlen, deren Imaginärteil gleich $0$ ist, werden mit den reellen Zahlen identifiziert. In diesem Sinn ist die Menge der reellen Zahlen in der Menge der komplexen Zahlen enthalten.

- Eine komplexe Zahl, deren Realteil gleich $0$ ist, wird als **imaginäre Zahl** bezeichnet. (Beispiele für imaginäre Zahlen sind $i$, $3i$, $-i$ und $i\pi$). Die Zahl $0$ ist die einzige komplexe Zahl, die sowohl reell als auch imaginär ist.

- Ist $z = x + iy$, so heißt

$$z^* = x - iy \tag{2.5}$$

(manchmal auch mit $\bar{z}$ bezeichnet) die zu $z$ **komplex konjugierte** Zahl (oder kurz ihre „komplex Konjugierte").

- Der Trick bei der Division in (2.4) bestand in der Ausnutzung der Tatsache, dass das Produkt einer komplexen Zahl mit ihrer komplex Konjugierten immer reell ist: $z^* z = (x - iy)(x + iy) = x^2 + y^2$. Die Quadratwurzel aus diesem Produkt wird als (**Absolut**-)**Betrag** von $z$ bezeichnet und in der Form

$$|z| = \sqrt{x^2 + y^2} \tag{2.6}$$

angeschrieben. Weiters merken wir uns, dass

$$z^* z = |z|^2 \tag{2.7}$$

gilt. Klarerweise haben $z$ und $z^*$ den gleichen Betrag: $|z^*| = |z|$.

- Die Menge der komplexen Zahlen wird mit dem Symbol $\mathbb{C}$ bezeichnet.

Nachdem Sie *prinzipiell* verstanden haben, wie auf dem Papier mit komplexen Zahlen gerechnet wird, können Sie sich auch vom Computer helfen lassen.

CAS-Tipp:
Das Computeralgebra-System ***Mathematica*** kann mit komplexen Zahlen rechnen. Dazu wird $i$ einfach als Großbuchstabe `I` eingegeben. Hier ein paar Beispiele:

```
3+I+9-3I
I^2
(2+3I)^2
(3+4I)(7-2I)
(3+4I)/(7-2I)
```

Das Produkt zweier Zahlen kann (muss aber nicht) mit einem Stern `*` geschrieben werden. Sie können komplexe Zahlen auch zuerst definieren und danach mit ihrem Namen ansprechen:

```
z1 = 3+4I
z2 = 6-7I
z1 + z2
z1 z2
z1/z2
```

Die komplex Konjugierte und der Betrag einer komplexen Zahl werden (hier anhand des Beispiels $3 + 4i$ so berechnet):

```
Conjugate[3+4I]
Abs[3+4I]
```

oder

```
z = 3+4I
Conjugate[z]
Abs[z]
```

Die Anwendung von Funktionen und Operationen (hier `Conjugate` und `Abs`) werden in *Mathematica* immer mit eckigen Klammern geschrieben.

[Aufgabe 1] [Aufgabe 2] [Aufgabe 3] [Aufgabe 4] [Aufgabe 5] [Aufgabe 6]

## Die komplexe Zahlenebene

Da jede komplexe Zahl in der Form $x+iy$ geschrieben werden kann, liegt es nahe, sie als

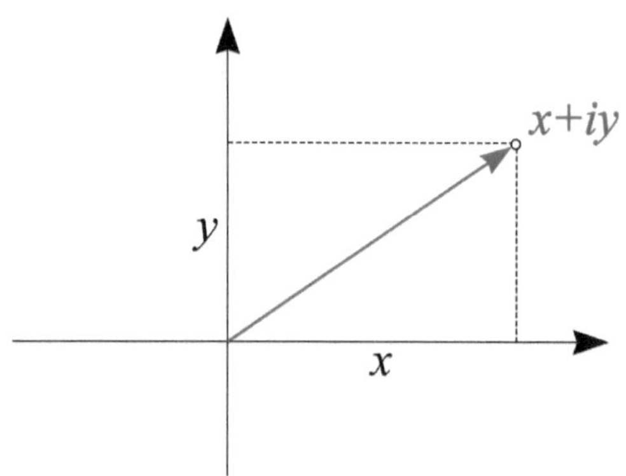


**Abbildung 2.1**:
Darstellung der komplexen Zahl $x+iy$ als Punkt $(x,y)$ in der Zeichenebene oder als Vektorpfeil vom Ursprung bis zum Punkt $(x,y)$.

Punkt mit den Koordinaten $(x,y)$ in der Zeichenebene, die formal als Menge[2]

$$\mathbb{R}^2 = \{(x,y) \mid x,y \in \mathbb{R}\}$$

angeschrieben werden kann, darzustellen. Auf diese Weise bekommt jede komplexe Zahl einen Ort in der Zeichenebene und somit eine **geometrische Darstellung**. Das wird es uns erlauben, beim Umgang mit komplexen Zahlen unsere *Vorstellung* zu Hilfe zu nehmen. Manchmal ist es auch nützlich, die komplexe Zahl $x+iy$ als (Vektor-)Pfeil vom Ursprung $(0,0)$ bis zum Punkt $(x,y)$ darzustellen (Abbildungen 2.1 und 2.2).

Entsprechend der Identifizierung der komplexen Zahl $x+iy$ mit dem Punkt $(x,y)$ wird die $x$-Achse als **reelle Achse** und die $y$-Achse als **imaginäre Achse** bezeichnet. Damit werden

---

[2] Das Symbol $\mathbb{R}$ bezeichnet die Menge der reellen Zahlen. $\mathbb{R}^2$ (die Menge aller reellen Zahlen*paare*) wird als *kartesisches Produkt* der Menge $\mathbb{R}$ mit sich selbst bezeichnet und in der mathematischen Literatur manchmal auch in der Form $\mathbb{R}\times\mathbb{R}$ geschrieben. In analoger Weise werden wir mit dem Symbol $\mathbb{R}^3$ (die Menge aller reellen Zahlen*tripel*) den dreidimensionalen Raum bezeichnen.

unsere beiden elementaren Operationen für komplexe Zahlen in der Zeichenebene dargestellt:

- **Addition komplexer Zahlen**:
  Die durch (2.2) beschriebene Addition komplexer Zahlen entspricht der üblichen Addition zweidimensionaler Vektoren

$$\begin{pmatrix} x_1 \\ y_1 \end{pmatrix} + \begin{pmatrix} x_2 \\ y_2 \end{pmatrix} = \begin{pmatrix} x_1 + x_2 \\ y_1 + y_2 \end{pmatrix}.$$

  Sie kann grafisch durch das Aneinanderhängen der entsprechenden Pfeile dargestellt werden (Abbildung 2.3).

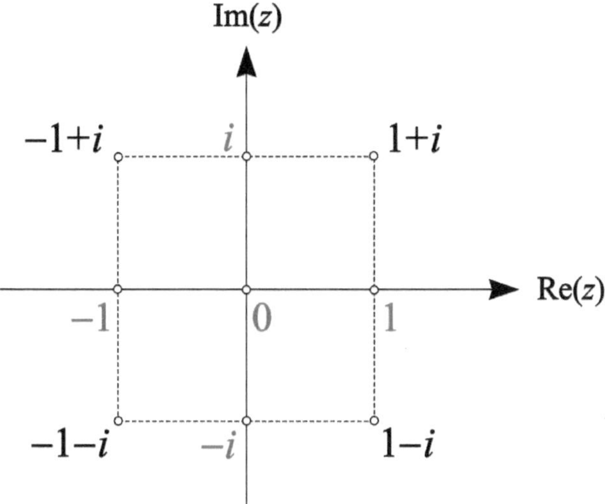


**Abbildung 2.2**:
Darstellung einiger komplexer Zahlen als Punkte der Zeichenebene. Insbesondere sollte Ihnen – ohne langes Nachdenken – geläufig sein, wo die Zahlen $0$, $1$, $-1$, $i$ und $-i$ liegen!

- **Multiplikation komplexer Zahlen**:
  Mit (2.3) *wird die Zahlenebene mit einer Multiplikation ausgestattet* – das ist nun eine gänzlich neue Struktur, die in der reellen Vektorrechnung unbekannt ist. Die Multiplikationsregel (2.3) kann in Vektorschreibweise auch in der Form

$$\begin{pmatrix} x_1 \\ y_1 \end{pmatrix} \begin{pmatrix} x_2 \\ y_2 \end{pmatrix} = \begin{pmatrix} x_1 x_2 - y_1 y_2 \\ x_1 y_2 + y_1 x_2 \end{pmatrix}$$

  ausgedrückt werden. Wir werden weiter unten – in Formel (2.13) – eine einfache geometrische Interpretation dieser Multiplikation kennen lernen.

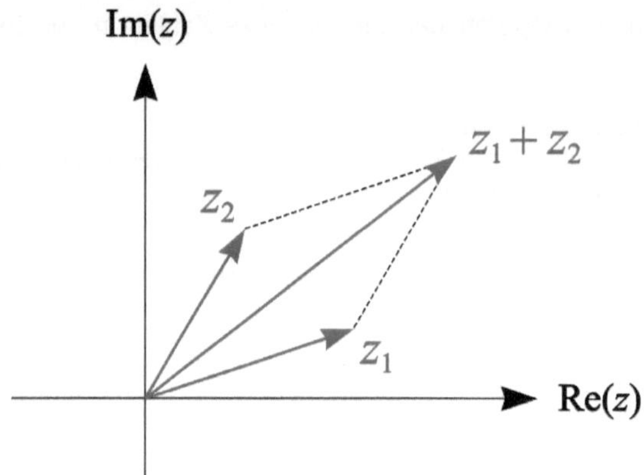


**Abbildung 2.3**:
Geometrische Deutung der Addition komplexer Zahlen.

Die mit der komplexen Addition und Multiplikation ausgestattete Zeichenebene heißt **komplexe (Zahlen-)Ebene** (oder **Gaußsche Zahlenebene**). Wir werden diese Ebene mit der Menge $\mathbb{C}$ *identifizieren*.

Zwei der oben betrachteten Begriffe bekommen nun sofort eine geometrische Bedeutung (Abbildung 2.4):

- Die zu $z = x + iy$ komplex konjugierte Zahl $z^* = x - iy$ wird aus $z$ durch Spiegelung an der reellen Achse gewonnen.
- Der Betrag $|z| = \sqrt{x^2 + y^2}$ ist gleich der Länge der Strecke zwischen dem Ursprung (d.h. der komplexen Zahl $0$) und $z$.

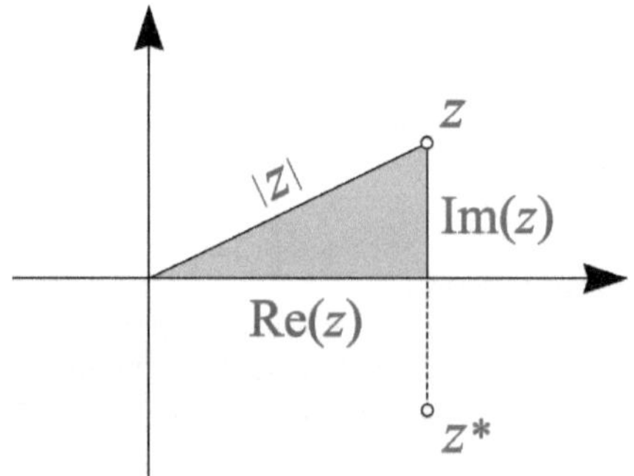


**Abbildung 2.4**:
Realteil, Imaginärteil, Betrag und die komplex Konjugierte einer gegebenen komplexen Zahl $z$ besitzen einfache geometrische Deutungen.

Um die komplexe Multiplikation geometrisch zu interpretieren, ist es nötig, die komplexe Ebene mit anderen Koordinaten zu beschreiben.

[Aufgabe 7]

## Ebene Polarkoordinaten

Real- und Imaginärteil einer komplexen Zahl stellen deren kartesische (rechtwinkelige) Koordinaten dar. Eine in mancher Hinsicht günstigere Darstellung ergibt sich, wenn eine (als zweidimensionaler Vektor aufgefasste) komplexe Zahl durch

- ihren **Betrag** $r$ und
- den (im Gegenuhrzeigersinn gemessenen) Winkel $\varphi$, den sie mit der reellen Achse einschließt (das so genannte **Argument**)

charakterisiert wird (Abbildung 2.5).

Sind $r$ und $\varphi$ bekannt, so ergeben sich Real- und Imaginärteil aus dem rechtwinkeligen Dreieck von Abbildung 2.5 mit Katheten $x$, $y$ und Hypotenuse $r$ zu

$$\begin{aligned} x &= r\cos\varphi \\ y &= r\sin\varphi \end{aligned} \tag{2.8}$$

Sind $x$ und $y$ bekannt, so ist

$$\begin{aligned} r &= \sqrt{x^2+y^2} \\ \tan\varphi &= \frac{y}{x} \end{aligned} \tag{2.9}$$

Ein Punkt der Zeichenebene kann daher durch die Angabe der beiden Zahlen $(r,\varphi)$ beschrieben werden. Wir nennen sie (**ebene**) **Polarkoordinaten** ($r$ heißt **Radialkoordinate**, $\varphi$ heißt **Winkelkoordinate** oder **Azimut**).

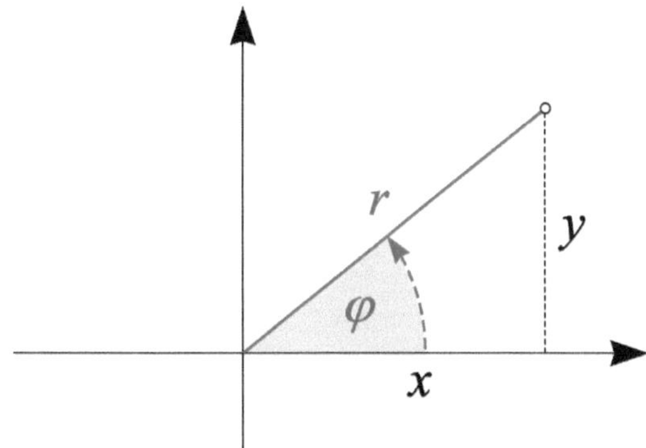


**Abbildung 2.5**:
Die Lage eines Punktes in der Zeichenebene kann anstelle seiner kartesischen Koordinaten $x$ und $y$ auch durch seinen Abstand $r$ vom Ursprung und den im Gegenuhrzeigersinn gemessenen Winkel $\varphi$ zwischen der $x$-Achse und dem Ortsvektor des Punktes angegeben werden. In der Sprache der komplexen Zahlen ist $r$ der Betrag und $\varphi$ das Argument von $x+iy$.

Was die Winkelkoordinate $\varphi$ betrifft, ist zu beachten:

- Der Bereich, in dem $\varphi$ variiert, wird in der Regel entweder mit $0 \le \varphi < 2\pi$ oder $-\pi < \varphi \le \pi$ vorgegeben. Manchmal ist es aber nützlich, sich nicht festzulegen, sondern beliebige (reelle) Werte für $\varphi$ zuzulassen. In diesem Fall muss jeder Wert $\varphi$ mit $\varphi + 2\pi$ identifiziert werden[3].
- Am Ursprung gilt $r = 0$, aber der Winkel $\varphi$ ist unbestimmt.[4]

Mit (2.8) und (2.9) können kartesische in Polarkoordinaten umgerechnet werden und umgekehrt.[5] Wir haben die ebenen Polarkoordinaten hier anhand der Darstellung komplexer Zahlen eingeführt – sie leisten aber auch bei der Bearbeitung rein reeller Problemstellungen in der Zeichenebene gute Dienste, wie wir insbesondere in den Kapiteln 10 und 11 lernen werden.

Mit Hilfe der ebenen Polarkoordinaten kann jede komplexe Zahl in der Form

$$z = r\,(\cos\varphi + i\sin\varphi) \tag{2.10}$$

geschrieben werden. (Beweis: Setzen Sie (2.8) in $z = x + iy$ ein!) Wir nennen diese Form, eine komplexe Zahlen anzuschreiben, ihre **Polardarstellung**.[6] Dabei ist

$$|\,z\,| = r\,. \tag{2.11}$$

(Zur Überprüfung berechnen Sie den Betrag von (2.10) und verwenden die Identität $\cos^2\varphi + \sin^2\varphi = 1$). Für $\varphi$ wird manchmal $\arg(z)$ geschrieben.

Setzen wir $r = 1$, so ergibt sich die (sehr wichtige) Erkenntnis: Für jedes (reelle) $\varphi$ ist

$$\cos\varphi + i\sin\varphi \tag{2.12}$$

eine komplexe Zahl vom Betrag $1$ (d.h. sie liegt auf dem **Einheitskreis** der Zeichenebene, der im Zusammenhang mit den komplexen Zahlen auch „komplexer Einheitskreis" genannt wird). Auch diese Aussage folgt unter Verwendung der Identität $\cos^2\varphi + \sin^2\varphi = 1$ unmittelbar aus (2.10).

[Aufgabe 8] [Aufgabe 9] [Aufgabe 10]

---

[3] $\varphi$ wird üblicherweise im Bogenmaß angegeben. $2\pi$ im Bogenmaß entspricht einem vollen Winkel von $360°$.

[4] Wir nennen eine solche Situation eine *Koordinatensingularität*.

[5] Tipp für Berechnungen: Soll $\varphi$ mit Hilfe von (2.9) aus $x$ und $y$ bestimmt werden, so kann die zum Tangens inverse Funktion, der Arcus Tangens ($\operatorname{atan}$; in *Mathematica* `ArcTan`), verwendet werden. Dabei ist allerdings zu bedenken, dass es immer *zwei* Winkel gibt, deren Tangens $y/x$ ist! Sie unterscheiden sich um $\pi$, entsprechen also entgegengesetzten Richtungen in der Zeichenebene. Das bedeutet: Durch den Quotienten $y/x$ ist $\varphi$ *nicht eindeutig* bestimmt! Der Funktionswert $\operatorname{atan}(y/x)$ ist definitionsgemäß jener Winkel, der zwischen $-\pi/2$ und $\pi/2$ liegt. Ob es auch der gewünschte ist, hängt von den *Vorzeichen* der Koordinaten $x$ und $y$ ab: Liegt der Punkt $(x, y)$ im ersten oder vierten Quadranten (d.h. ist $x > 0$), so ist $\varphi = \operatorname{atan}(y/x)$, liegt $(x, y)$ im zweiten oder dritten Quadranten (d.h. ist $x < 0$), so ist $\varphi = \operatorname{atan}(y/x) + \pi$.

[6] In Kapitel 4, Formel (4.9), werden wir eine kompaktere Schreibweise der Polardarstellung komplexer Zahlen kennen lernen.

## Geometrische Deutung der komplexen Multiplikation

Nun lässt sich zeigen, dass das Produkt zweier komplexer Zahlen $z_1 = r_1(\cos\varphi_1 + i\sin\varphi_1)$ und $z_2 = r_2(\cos\varphi_2 + i\sin\varphi_2)$ durch

$$z_1 z_2 = r_1 r_2 \left(\cos(\varphi_1 + \varphi_2) + i\sin(\varphi_1 + \varphi_2)\right) \tag{2.13}$$

gegeben ist. (Wir verzichten an dieser Stelle auf den Beweis – er folgt aus den Additionstheoremen[7] der Winkelfunktionen Sinus und Cosinus).

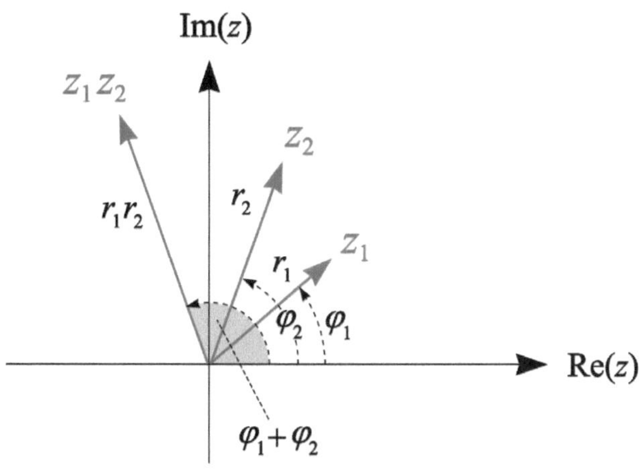


**Abbildung 2.6**:
Aus (2.13) ergibt sich die geometrische Deutung der Multiplikation komplexer Zahlen.

Daraus ergibt sich eine einfache **geometrische Interpretation der komplexen Multiplikation** (siehe Abbildung 2.6):

- Der Betrag eines Produkts ist gleich dem *Produkt* $r_1 r_2$ der Beträge der Faktoren.
- Das Argument eines Produkts (d.h. dessen Winkel relativ zur reellen Achse) ist gleich der *Summe* $\varphi_1 + \varphi_2$ der Argumente der Faktoren.

Prägen Sie sich diese Regel gut ein! Mit ihrer Hilfe ist es möglich, nicht nur die Summe, sondern auch das Produkt zweier komplexer Zahlen auf einfache Weise zu *zeichnen*.

Eine analoge Regel gilt für mehrfache Produkte. Allgemein gilt

$$z_1 z_2 z_3 \ldots = r_1 r_2 r_3 \ldots \left(\cos(\varphi_1 + \varphi_2 + \varphi_3 + \ldots) + i\sin(\varphi_1 + \varphi_2 + \varphi_3 + \ldots)\right). \tag{2.14}$$

[7] Diese lauten: $\sin(\varphi_1 + \varphi_2) = \sin\varphi_1 \cos\varphi_2 + \cos\varphi_1 \sin\varphi_2$ und $\cos(\varphi_1 + \varphi_2) = \cos\varphi_1 \cos\varphi_2 - \sin\varphi_1 \sin\varphi_2$.

Aus (2.13) lässt sich unschwer die Regel

$$\frac{z_1}{z_2} = \frac{r_1}{r_2}\left(\cos(\varphi_1 - \varphi_2) + i\sin(\varphi_1 - \varphi_2)\right) \tag{2.15}$$

für die komplexe Division herleiten, und daraus wiederum folgt sofort die Regel

$$\frac{1}{z} = \frac{1}{r}\left(\cos\varphi - i\sin\varphi\right) \tag{2.16}$$

zur Bildung des Kehrwerts.

[Aufgabe 11] [Aufgabe 12] [Aufgabe 13] [Aufgabe 14]

## Die Geometrie des Multiplizierens, quadratische Gleichungen, Potenzen und Wurzeln

Wenn Sie mit komplexen Zahlen operieren müssen, ist es günstig, sowohl auf die *algebraischen* Rechenmethoden als auch auf die *geometrische* Darstellung zurückzugreifen. Wir demonstrieren das anhand einiger Themen, die uns helfen, die komplexen Zahlen besser zu verstehen:

- **Beziehungen zwischen komplexen Zahlen geometrisch interpretieren**:
  Regel (2.13) macht es unmittelbar verständlich, warum $i^2 = -1$ ist (Abbildung 2.7).

  Aber auch andere Beziehungen zwischen komplexen Zahlen werden geometrisch einsichtig. So zeigt beispielsweise die einfache Rechnung (mit $z = x + iy$)

  $$z + z^* = x + iy + x - iy = 2x,$$

  dass die Summe aus einer komplexen Zahl und ihrer komplex Konjugierten immer

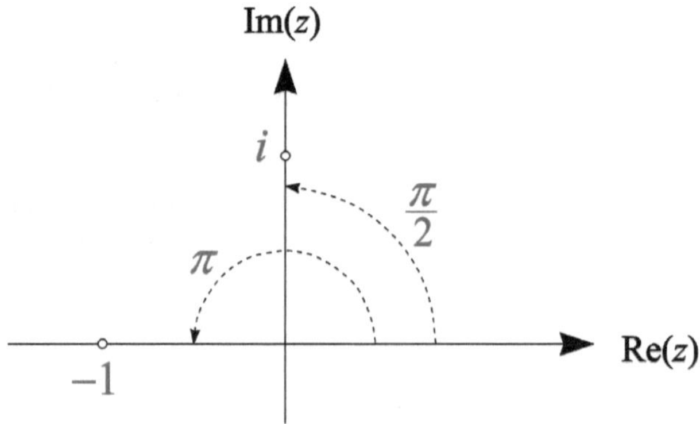


**Abbildung 2.7**:
Mit Hilfe der Regel (2.13) und der Beobachtung, dass das Argument von $i$ gleich $\pi/2$ ist, ergibt sich eine hübsche geometrische Deutung der Aussage $i^2 = -1$.

reell ist, und zwar genau gleich dem Doppelten des Realteils. Die Differenz

$$z - z^* = x + iy - (x - iy) = 2iy$$

hingegen ist immer imaginär, und zwar gleich $2i$ mal dem Imaginärteil von $z$. Die geometrischen Beziehungen zwischen den entsprechenden Vektorpfeilen sind in Abbildung 2.8 dargestellt.

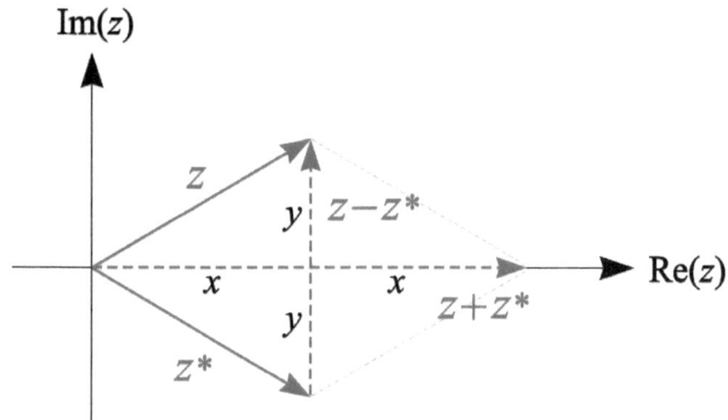


**Abbildung 2.8**:
Geometrisch lässt sich einfach verstehen, dass $z + z^* = 2\,\mathrm{Re}(z)$ und $z - z^* = 2i\,\mathrm{Im}(z)$ gilt. Komplexe Zahlen sind hier als (Vektor-)Pfeile dargestellt.

- **Quadratische Gleichungen**:
  Bekannterweise hat nicht jede reelle quadratische Gleichung, d.h. nicht jede Gleichung der Form

  $$x^2 + px + q = 0$$

  (mit *reellen* Koeffizienten $p$ und $q$) eine reelle Lösung $x$. Neben dem Standardbeispiel $x^2 + 1 = 0$ ist dies auch aus der Lösungsformel

  $$x_{1,2} = -\frac{p}{2} \pm \sqrt{\frac{p^2}{4} - q}$$

  ersichtlich: Ist die Zahl unter der Wurzel (die Diskriminante) negativ, so existiert keine reelle Lösung. Wird die Gleichung aber über der Menge der komplexen Zahlen betrachtet (d.h. gesucht ist eine *komplexe* Zahl $z$, für die

  $$z^2 + pz + q = 0$$

  gilt), so stellt die auch hier geltende Lösungsformel

  $$z_{1,2} = -\frac{p}{2} \pm \sqrt{\frac{p^2}{4} - q} \qquad (2.17)$$

auch dann kein unüberwindliches Hindernis dar, wenn unter der Wurzel eine negative Zahl auftritt. Führt (2.17) beispielsweise auf $1 \pm \sqrt{-3}$, so wird dies als $1 \pm i\sqrt{3}$ interpretiert, und zwei komplexe Lösungen sind gefunden – eine Methode, die sich durch Nachrechnen auch beweisen lässt! Im Grenzfall verschwindender Diskriminante ($\frac{p^2}{4} - q = 0$) besitzt die Gleichung auch im Komplexen nur eine einzige Lösung.

In der Physik ist es manchmal extrem nützlich, die komplexen Lösungen einer Gleichung zu kennen. Wir werden beispielsweise in Kapitel 5 sehen, dass komplexe Lösungen reeller quadratischer Gleichungen dazu dienen, Schwingungsvorgänge zu beschreiben.

Quadratische Gleichungen, für die $p$ und $q$ *komplexe* Zahlen sind, können analog behandelt werden, wobei allerdings unter Umständen die beiden (zueinander negativen) Wurzeln einer komplexen Zahl (der Diskriminante) zu berechnen sind. (Wie die Wurzel aus einer komplexen Zahl gezogen wird, werden wir etwas weiter unten besprechen).

CAS-Tipp:
Das Computeralgebra-System ***Mathematica*** gibt beim Lösen quadratischer (oder höherer) Gleichungen immer die komplexen Lösungen aus. Beispiel:

```
Solve[x^2-2x+4==0,x]
```

Beachten Sie, dass Gleichungen in *Mathematica* mit einem doppelten Gleichheitszeichen `==` geschrieben werden müssen! Wir gehen bei dieser Gelegenheit kurz darauf ein, wie Sie die von *Mathematica* ausgegebene Lösung weiterverarbeiten können. *Mathematica* gibt die Lösungen der obigen Gleichung in Form einer Liste von (Ersetzungs-)Regeln

```
{{x→1-i √3}, {x→1+i √3}}
```

an. (Listen werden in *Mathematica* mit geschwungenen Klammern in der Form

```
{element1,element2,...}
```

ein- und ausgegeben). Um die Lösungen zu erhalten (falls Sie mit ihnen weiterrechnen wollen), können Sie die von *Mathematica* ausgegebene Liste von Regeln mit Hilfe des Ersetzungsoperators `/.` auf `x` anwenden, indem Sie ein

```
x/.%
```

nachschicken. (Mit dem Prozentzeichen `%` wird stets das jeweils zuletzt ermittelte Ergebnis angesprochen). Alternativ dazu können Sie die beiden Anweisungen in der Form

```
x/.Solve[x^2-2x+4==0,x]
```

zusammenfassen. Eine dritte Möglichkeit besteht darin, die beiden Anweisungen

```
loesRegel = Solve[x^2-2x+4==0,x]
loesungen = x/.loesRegel
```

auszuführen. Damit steht die Liste der Regeln in der Variable `loesRegel` und die Liste der Lösungen in der Variable `loesungen` für nachfolgende Berechnungen zur Verfügung. Letztere wird in der Form

```
{1 - ⅈ √3, 1 + ⅈ √3}
```

ausgegeben. Die erste und die zweite Lösung können Sie bei Bedarf in der Form

```
loesungen[[1]]
```

und

```
loesungen[[2]]
```

ansprechen. (Allgemein gibt `liste[[n]]` das `n` -te Element von `liste` aus).

- **Potenzieren und Wurzelziehen**:
  Aus der geometrischen Multiplikationsregel (2.13) und ihrer Verallgemeinerung (2.14) folgt, dass für jede natürliche Zahl $n$ die $n$-te Potenz der komplexen Zahl $z = r(\cos\varphi + i\sin\varphi)$ durch

$$z^n = r^n \left(\cos(n\varphi) + i\sin(n\varphi)\right) \tag{2.18}$$

gegeben ist (denn $z^n$ ist nichts anderes als das $n$-fache Produkt von $z$ mit sich selbst). Dieses Formel kann dazu benutzt werden, komplexe Wurzeln zu berechnen.

Wir führen dies anhand der „***n*-ten Einheitswurzeln**" vor: *

Gesucht sind jene komplexen Zahlen $z$, für die $z^n = 1$ gilt. Mit (2.18) lautet diese Gleichung

$$r^n \left(\cos(n\varphi) + i\sin(n\varphi)\right) = 1.$$

Durch Vergleich der Beträge der linken und der rechten Seite folgt $r^n = 1$, daher $r = 1$, und es bleibt $\cos(n\varphi) + i\sin(n\varphi) = 1$. Daher muss der Winkel $\varphi$ die Gleichungen

$$\cos(n\varphi) = 1 \quad \text{und} \quad \sin(n\varphi) = 0$$

erfüllen. Das ist genau dann der Fall, wenn $n\varphi$ ein ganzzahliges Vielfaches von $2\pi$ ist. Die beiden Gleichungen werden daher durch jeden Winkel der Form $\varphi = \frac{2\pi}{n}k$ gelöst, wobei $k$ eine ganze Zahl ist. Die Winkel, die den Werten $k = 0, 1, 2, \ldots n-1$ entsprechen, stellen *voneinander verschiedene* komplexen Zahlen dar. (Alle anderen ganzzahligen Werte von $k$ führen auf nichts Neues, sondern reproduzieren diese Zahlen bloß). Damit sind (alle) $n$ komplexen Zahlen (die „$n$-ten Einheitswurzeln") gefunden, für die $z^n = 1$ gilt. Es sind dies die Zahlen

$$z_k = \cos\left(\frac{2\pi}{n}k\right) + i\sin\left(\frac{2\pi}{n}k\right) \qquad (k = 0,1,2,...n-1). \tag{2.19}$$

Daraus ergeben sich beispielsweise für $n = 3$ die dritten Wurzeln aus $1$: Neben $z_0 = 1$ (für $k = 0$) finden wir für $k = 1$ und $k = 2$ die beiden zueinander komplex konjugierten Lösungen

$$z_{1,2} = \cos\left(\frac{2\pi}{3}\right) \pm i\sin\left(\frac{2\pi}{3}\right) \equiv -\frac{1}{2} \pm \frac{i\sqrt{3}}{2}.$$

Das sind die „dritten Einheitswurzeln". Es sind genau jene drei Zahlen, von denen Aufgabe 13 handelt. Allgemein bilden die $n$-ten Einheitswurzeln in der komplexen Ebene die Eckpunkte eines regelmäßigen $n$-Ecks. Beginnend mit der Zahl $1$ (deren Argument gleich $0$ ist) werden sie auseinander erhalten, indem das Argument immer um $2\pi / n$ erhöht wird.

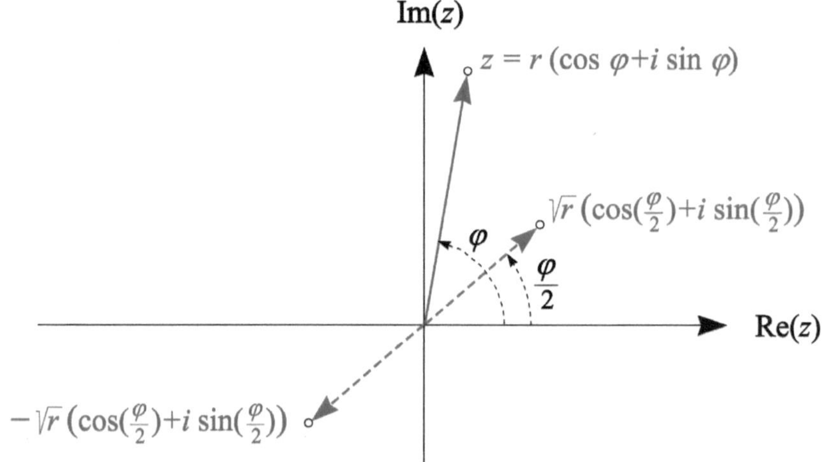


**Abbildung 2.9**:
Geometrische Darstellung des Quadratwurzelziehens: Um die Wurzel aus einer komplexen Zahl $z$ zu ziehen, wird die Quadratwurzel ihres Betrags gezogen und ihr Argument halbiert. Die so erhaltene Zahl *und* die zu ihr negative (mit dem Argument $\varphi / 2 + \pi$) sind die beiden Quadratwurzeln von $z$ (strichlierte Vektorpfeile). Zur Probe quadrieren Sie sie einfach entsprechend der Regel (2.13) bzw. Abbildung 2.6!

Die beiden **Quadratwurzeln** einer komplexen Zahl $z = r(\cos\varphi + i\sin\varphi)$ sind durch

$$\pm\sqrt{r}\left(\cos\left(\frac{\varphi}{2}\right) + i\sin\left(\frac{\varphi}{2}\right)\right) \tag{2.20}$$

gegeben. Sie sind stets zueinander negativ. Ihre geometrische Deutung ist in Abbildung 2.9 wiedergegeben. Da im allgemeinen Fall keine dieser beiden Zahlen bevorzugt werden kann[8], ist die Schreibweise $\sqrt{z}$ mit Vorsicht zu genießen (und wir haben sie in (2.20) daher auch nicht verwendet): Genau genommen handelt es sich dabei um eine „mehrwertige Funktion". Nur für eine *reelle nichtnegative* Zahl $x$ kann $\sqrt{x}$ eindeutig als *die* Quadratwurzel definiert werden (und zwar als jene Zahl $w$, für die $w^2 = x$ und $w \geq 0$ gilt).

Die komplexen Zahlen beherbergen zahlreiche weitere interessante Strukturen, auf die wir hier aber nicht eingehen können. Funktionen, die auf der Menge $\mathbb{C}$ definiert sind, sowie das Differenzieren und Integrieren solcher Objekte werden im mathematischen Gebiet der *Funktionentheorie* (*komplexen Analysis*) behandelt.

[Aufgabe 15] [Aufgabe 16] [Aufgabe 17] [Aufgabe 18]

# Ausblick

In Kapitel 4 werden wir als Nachtrag (mit Hilfe einer Technik, die erst in Kapitel 3 entwickelt wird) zeigen, dass die Polardarstellung (2.10) auch in der Form

$$z = r\,e^{i\varphi} \tag{2.21}$$

geschrieben werden kann (siehe Formel (4.9)). Damit werden wir die Rechenregeln (2.13) – (2.16) als triviale Folgerungen der Eigenschaft $e^{i\varphi}e^{i\varphi'} = e^{i(\varphi+\varphi')}$ der Exponentialfunktion geschenkt bekommen.

# Aufgaben

1. Gegeben seien $z_1 = 3+4i$ und $z_2 = 2-i$. Berechnen Sie $z_1 + z_2$, $z_1 - z_2$, $z_1 + 4z_2$, $z_1 z_2$, $\frac{z_1}{z_2}$, $z_1^*$, $z_2^*$, $|z_1|$ und $|z_2|$.

2. Berechnen Sie $i^3$, $i^4$, $i^5$, $i^6$, $i^7$ und $i^8$. Formulieren Sie eine allgemeine Regel, wie die Folge der Potenzen von $i$ weitergeht.

3. Berechnen Sie das Quadrat der komplexen Zahl $z = \frac{1+i}{\sqrt{2}}$.

4. Zeigen Sie, dass für beliebige komplexe Zahlen $z_1$ und $z_2$ die Rechenregeln $(z_1 + z_2)^* = z_1^* + z_2^*$ und $(z_1 z_2)^* = z_1^* z_2^*$ gelten.

5. Zeigen Sie, dass die komplexe Zahl $z = \frac{-1+i\sqrt{3}}{2}$ die Gleichung $z^2 + z + 1 = 0$ erfüllt.

---

[8] Genauer gesagt, ist es unmöglich, eine *einzige* Quadratwurzel $\sqrt{z}$ von $z$ so auszuwählen, dass die resultierende Funktion $z \mapsto \sqrt{z}$ auf ganz $\mathbb{C}$ stetig wäre.

6. Zeigen Sie, dass die Divisionsregel (2.4) auch in der Form $\frac{z_1}{z_2} = \frac{z_1 z_2^*}{|z_2|^2}$ geschrieben werden kann.
7. Zeichnen Sie die Punkte $1$, $i$, $-1$, $-i$, $1+i$, $1-i$, $3+2i$ und $3-2i$ in der komplexen Zahlenebene.
8. Die Polarkoordinaten eines Punktes seien $r=2$ und $\varphi = \frac{\pi}{4}$. Berechnen Sie seine kartesischen Koordinaten. Schreiben Sie ihn als komplexe Zahl an.
9. Wie lautet die Gleichung des Einheitskreises in Polarkoordinaten?
10. Geben Sie die komplexe Zahl $-1+i$ in Polardarstellung an.
11. Zeichnen Sie die komplexen Zahlen $z_1 = 2+i$ und $z_2 = 1+2i$ in der komplexen Zahlenebene. Berechnen Sie ihre Beträge. Konstruieren Sie aus ihnen zeichnerisch (ohne weitere Rechnung!) $z_1^*$, $z_2^*$, $z_1+z_2$, $z_1-z_2$ und $z_1 z_2$. Benutzen Sie dabei lediglich ein Lineal und einen Winkelmesser (Geo-Dreieck).
12. Geben Sie die komplexe Zahl $\frac{1+i}{\sqrt{2}}$ in Polardarstellung an. Ermitteln Sie ihr Quadrat mit der geometrischen Methode (2.13). Vergleichen Sie mit dem Ergebnis von Aufgabe 3.
13. Zeichnen Sie die Punkte $z_0 = 1$, $z_1 = \frac{-1+i\sqrt{3}}{2}$ und $z_2 = \frac{-1-i\sqrt{3}}{2}$ in der komplexen Zahlenebene. Berechnen Sie ihre dritten Potenzen. Welche Bedeutung haben diese drei Zahlen? Geben Sie ihre Polardarstellungen an.
14. Zeigen Sie, dass die Regel (2.16) zur Bildung des Kehrwerts auch in der Form $\frac{1}{z} = \frac{z^*}{|z|^2}$ geschrieben werden kann.
(Diese Schreibweise macht sehr schön deutlich, dass der Kehrwert einer komplexen Zahl $z$ ein positives Vielfaches der komplex Konjugierten $z^*$ ist).
15. Deuten Sie die Multiplikation $(-i)^2 = -1$ geometrisch.
16. Deuten Sie die Multiplikation $(1+i)^2 = 2i$ geometrisch.
17. Lösen Sie die Gleichung $z^2 - 6z + 11 = 0$ über $\mathbb{C}$.
18. Lösen Sie die Gleichung $z^2 - 3z + \frac{25}{4} = 0$ über $\mathbb{C}$.

# 3 Reihenentwicklung (Taylorreihen) und Approximation

## Polynome, ihre Koeffizienten und ihre Ableitungen

Nachdem das vorige Kapitel einen Ausflug ins Komplexe unternommen hat, wenden wir uns nun dem vertrauteren Bereich der reellen Zahlen und der auf ihm wirkenden Funktionen zu.

Eine endliche Summe aus Vielfachen ganzzahliger Potenzen einer Variable nennen wir **Polynom** (oder **Polynomfunktion**). Ein Beispiel für ein Polynom ist

$$f(x)=3-4x+7x^2-6x^3. \tag{3.1}$$

(In diesem Kapitel ist es sinnvoll, Polynome so anzuschreiben wie das obige, d.h. mit dem kleinsten Exponenten zu beginnen). Der größte auftretende Exponent der Variable ist hier $3$, daher nennen wir $f$ ein Polynom 3. **Grades**. Ein Polynom ist durch seine **Koeffizienten**, d.h. die Vorfaktoren vor den Potenzen der Variable, eindeutig bestimmt. Im obigen Beispiel sind die Koeffizienten $3$, $-4$, $7$ und $-6$. Je höher der Grad eines Polynoms ist, umso mehr Koeffizienten sind nötig, um es festzulegen.

Nun kann die Information, die in den Koeffizienten eines Polynoms steckt, auch in einer anderen Weise dargestellt werden: Ein Polynom ist eindeutig bestimmt, wenn sein Wert, seine Ableitung und alle seine höheren Ableitungen an einer *einzigen* Stelle bekannt sind. Sehen wir uns das für das Polynom (3.1) genauer an:

- Der erste Koeffizient in (3.1) ist nichts anderes als der Wert der Funktion $f$ an der Stelle $0$, denn es gilt $f(0)=3$.
- Wenn wir $f$ differenzieren, so fällt der erste Koeffizient weg und es bleibt $f'(x)=-4\cdot 1+7\cdot 2x-6\cdot 3x^2$. Dabei haben wir die Faktoren, die beim Differenzieren anfallen und von den Exponenten stammen, eigens angeschrieben und in rot gekennzeichnet, damit die ursprünglichen Koeffizienten von $f$, soweit sie in $f'$ noch vorhanden sind, sichtbar bleiben. Der zweite Koeffizient von $f$ ist daher durch $\frac{1}{1}f'(0)=-4$ gegeben.
- Wir differenzieren ein zweites Mal und erhalten $f''(x)=7\cdot 2\cdot 1-6\cdot 3\cdot 2x$. Daher ist der dritte Koeffizient gleich $\frac{1}{2\cdot 1}f''(0)=7$.
- Wir setzen das Schema fort: Eine weitere Differentiation führt auf $f'''(x)=-6\cdot 3\cdot 2\cdot 1$, woraus sich $\frac{1}{3\cdot 2\cdot 1}f'''(0)=-6$ ergibt. Damit ist der letzte Koeffizient bestimmt.

- Alle höheren Ableitungen von $f$ sind $0$.

Erkennen Sie die Regel, nach der sich die Koeffizienten der Reihe nach ergeben? Mit der Schreibweise $3!=3\cdot 2\cdot 1$ („3 Faktorielle“ oder „3 Fakultät“), $2!=2\cdot 1$ und $1!=1$, was durch die Formel

$$n!=n(n-1)(n-2)\ldots\cdot 2\cdot 1 \tag{3.2}$$

und die zusätzliche Konvention, dass $0!=1$ sein soll, für beliebige natürliche Zahlen verallgemeinert wird, können wir die berechneten Koeffizienten nun in (3.1) einsetzen. Damit lässt sich $f$ in der Form

$$f(x) = \frac{f(0)}{0!}+\frac{f'(0)}{1!}x+\frac{f''(0)}{2!}x^2+\frac{f'''(0)}{3!}x^3 \tag{3.3}$$

schreiben. Dabei scheinen die ursprünglichen Koeffizienten nicht mehr auf – offensichtlich gilt diese Formel für *jedes* Polynom 3. Grades! Ein Polynom 3. Grades wird durch seinen Wert, seine Ableitung und die höheren Ableitungen an der Stelle $0$ eindeutig bestimmt. Da die vierte (und jede höhere) Ableitung verschwindet, handelt es sich dabei um 4 Zahlen – genau so viele, wie ein Polynom 3. Grades an Koeffizienten besitzt.

Es liegt auf der Hand, wie dieses Ergebnis auf Polynome höheren Grades verallgemeinert werden kann. So gilt etwa für jedes Polynom 4. Grades

$$f(x) = \frac{f(0)}{0!}+\frac{f'(0)}{1!}x+\frac{f''(0)}{2!}x^2+\frac{f'''(0)}{3!}x^3+\frac{f''''(0)}{4!}x^4. \tag{3.4}$$

Diese Formel gilt auch für jedes Polynom 3. Grades, da der letzte Term für ein solches Polynom gleich $0$ ist, (3.4) sich dann also auf (3.3) reduziert! Durch weiteres Hinzufügen immer höherer Ableitungen erhalten wir entsprechende Formeln, die für Polynome immer höheren Grades anwendbar sind.

Wir wollen unsere Regel nun so formulieren, dass sie für *alle* Polynome anwendbar ist, unabhängig von ihrem Grad. Dazu schreiben wir die $n$-te Ableitung einer Funktion $f$ in der Form $f^{(n)}$ an. Die erste Ableitung ist dann $f^{(1)}\equiv f'$, die zweite Ableitung ist $f^{(2)}\equiv f''$ usw. Als „nullte Ableitung“ bezeichnen wir die Funktion selbst: $f^{(0)}\equiv f$. Damit können wir den von uns gefundenen Zusammenhang zwischen $f(x)$ und den Ableitungen an der Stelle $0$ verallgemeinern. Als natürliche „Fortsetzung“ von (3.3) und (3.4) ergibt sich, dass für *jedes* Polynom die Formel

$$f(x) = \frac{f^{(0)}(0)}{0!}+\frac{f^{(1)}(0)}{1!}x+\frac{f^{(2)}(0)}{2!}x^2+\frac{f^{(3)}(0)}{3!}x^3+\ldots \equiv \sum_{n=0}^{\infty}\frac{f^{(n)}(0)}{n!}x^n \tag{3.5}$$

gilt. Auf den ersten Blick sieht dieser Ausdruck aus wie eine unendliche Summe (d.h. wie eine **Reihe**), aber da jedes Polynom einen endlichen Grad hat, bricht sie irgendwann ab.

In (3.5) haben wir die Schreibweise mit dem Summensymbol $\sum$ verwendet. (Wir nennen sie kurz **Summenschreibweise**). Sie ist extrem hilfreich, um das Bildungsgesetz für die Glieder einer Reihe elegant auszudrücken, und wir werden sie in diesem Kapitel oft benutzen. Wenn Sie mit ihr nicht vertraut sind, sollten Sie zur Gewöhnung immer, wenn Sie in diesem Buch auf eine in Summenschreibweise ausgedrückte Reihe stoßen, in Gedanken

Schritt für Schritt die Umwandlung in eine explizite Aufzählung der ersten paar Summanden durchgehen. Hier ein Beispiel, zur Veranschaulichung:

$$\sum_{n=0}^{\infty}\frac{x^n}{n^2+1} \quad \text{steht für} \quad \underbrace{\frac{x^0}{0^2+1}}_{n=0}+\underbrace{\frac{x^1}{1^2+1}}_{n=1}+\underbrace{\frac{x^2}{2^2+1}}_{n=2}+\underbrace{\frac{x^3}{3^2+1}}_{n=3}+\ldots \equiv 1+\frac{x}{2}+\frac{x^2}{5}+\frac{x^3}{10}+\ldots$$

Im Laufe der Zeit wird es Ihnen dann auch leichter fallen, den umgekehrten Weg zu gehen und eine gegebene Aufzählung von Summanden in Summenschreibweise anzuschreiben, wie beispielsweise in diesem Fall:

$$1+\frac{x^2}{\sqrt{1!}}+\frac{x^4}{\sqrt{2!}}+\frac{x^6}{\sqrt{3!}}+\frac{x^8}{\sqrt{4!}}+\ldots \quad \text{kann geschrieben werden in der Form} \quad \sum_{k=0}^{\infty}\frac{x^{2k}}{\sqrt{k!}}.$$

[Aufgabe 1]

# Die Taylorreihe

Was wie eine akademische Spielerei aussehen mag, bekommt eine andere Wendung, wenn wir uns fragen, was geschieht, wenn alle Ableitungen $f^{(n)}(0)$ einer *beliebigen* Funktion (die nicht notwendigerweise ein Polynom ist) berechnet und in die Reihe (3.5) eingesetzt werden. Gilt diese Beziehung dann ebenfalls? Die Antwort ist ein (eingeschränktes) Ja! Für die meisten Funktionen, die sich durch schöne Terme (mit Potenzen, Wurzeln, Winkelfunktionen, Exponentialfunktionen und Logarithmen) ausdrücken lassen, und die sich in der Nähe der Stelle $0$ genügend friedlich verhalten (also z.B. dort keinen verschwindenden Nenner besitzen) ist das – zumindest für kleine Werte von $x$ – tatsächlich der Fall!

Wir können nun den zentralen Satz dieses Kapitel formulieren: Für eine große Klasse von Funktionen $f$ gilt (ohne Beweis)

$$f(x)=f(0)+f'(0)x+\frac{f''(0)}{2!}x^2+\frac{f'''(0)}{3!}x^3+\ldots \equiv \sum_{n=0}^{\infty}\frac{f^{(n)}(0)}{n!}x^n. \qquad (3.6)$$

Die rechte Seite heißt **Taylorreihe** der Funktion $f$ (mit Mittelpunkt $0$). Wir sprechen auch von der **Taylorentwicklung** (oder kurz **Entwicklung**) der Funktion $f$ (um den Punkt $0$).

Lassen wir uns diese Behauptung auf der Zunge zergehen: Sie besagt, dass die Funktion $f$ allein durch Eigenschaften festgelegt ist, die an der Stelle $x=0$ berechnet werden! Für Polynome (wie im vorigen Abschnitt besprochen) mag das nicht verwundern, da alle diese Eigenschaften durch die (nur endlich vielen) Koeffizienten ausgedrückt werden können. Aber dass dies auch für eine große Klasse weiterer Funktionen (den meisten, denen sie in ihrem Studium je begegnen werden) gelten soll, ist schon erstaunlich!

Wir wollen uns sogleich eine konkrete Taylorreihe ansehen. Sie stellt gleichzeitig ein praktisches Anwendungsbeispiel dar.

Beispiel:
Haben Sie sich schon einmal gefragt, wie ein Taschenrechner die Sinusfunktion berechnet? Schließlich kann die Sinusfunktion nicht auf elementare Rechenoperationen zurückgeführt werden! Aber sie kann sehr leicht in eine Taylorreihe entwickelt wer-

den: Mit $f(x) = \sin x$ ist $f'(x) = \cos x$, $f''(x) = -\sin x$, $f^{(3)}(x) = -\cos x$ und $f^{(4)}(x) = \sin x$. Hier tritt wieder die Sinusfunktion auf, d.h. in den höheren Ableitungen wiederholen sich diese vier Funktionen immer wieder. Noch einfacher wird die Sache, wenn $x = 0$ gesetzt wird: Da $\sin 0 = 0$ ist, fallen alle geraden Ableitungen weg, und (mit $\cos 0 = 1$) bleibt $f'(x) = 1$, $f^{(3)}(0) = -1$, $f^{(5)}(0) = 1$, $f^{(7)}(0) = -1$ usw. In (3.6) eingesetzt, erhalten wir die **Taylorreihe der Sinusfunktion**

$$\sin x = x - \frac{x^3}{3!} + \frac{x^5}{5!} - \frac{x^7}{7!} + \frac{x^9}{9!} - \frac{x^{11}}{11!} + \dots \tag{3.7}$$

Wir können sie sofort nutzen, um Werte der Sinusfunktion näherungsweise zu berechnen, indem wir die Reihe einfach nach ein paar Schritten abbrechen. Setzen wir beispielsweise $x = 1$ ein, so werden die einzelnen Summanden schnell sehr klein. Die Summe der ersten $6$ Glieder dieser Reihe ist $0.8414709846\ldots$ Sie unterscheidet sich vom exakten Wert $\sin 1 = 0.8414709848\ldots$ erst in der zehnten Nachkommastelle! Der relative Fehler beträgt lediglich $2 \cdot 10^{-8}\ \%$. Um sicher zu gehen, können wir noch einige Glieder dazunehmen und haben ohne Schwierigkeit Taschenrechnergenauigkeit erreicht! Dieses Beispiel verdeutlicht, dass Taylorreihen Berechnungen ermöglichen, die ansonsten nicht (oder nur schwer) möglich wären.

Es ist nicht nur für konkrete Zahlenwerte, sondern auch für variables $x$ instruktiv, die Reihe nach endlich vielen Schritten *abzubrechen*. Die Funktionen, die dabei entstehen, heißen **Näherungspolynome** (oder **Taylorpolynome**). Wird eine Taylorreihe bis zur Potenz $x^k$ aufsummiert und danach abgebrochen, so sprechen wir vom Näherungspolynom der **Ordnung** $k$. Haben wir es gefunden, so wurde die Funktion „bis zur $k$-ten Ordnung entwickelt“. Um auszudrücken, dass wir die Sinusfunktion bis zur elften Ordnung entwickelt haben und der nächste nichttriviale Term erst von der Ordnung $13$ ist, können wir mit (3.7)

$$\sin x = x - \frac{x^3}{3!} + \frac{x^5}{5!} - \frac{x^7}{7!} + \frac{x^9}{9!} - \frac{x^{11}}{11!} + O(x^{13}) \tag{3.8}$$

schreiben, wobei das Symbol $O(x^{13})$ (ausgesprochen „Ordnung $x^{13}$“, der Buchstabe $O$ steht für Ordnung) den weggelassenen Anteil repräsentiert.

Die ersten relevanten Näherungspolynome der obigen Entwicklung sind:

$$p_1(x) = x$$

$$p_3(x) = x - \frac{x^3}{3!}$$

$$p_5(x) = x - \frac{x^3}{3!} + \frac{x^5}{5!}$$

usw. (Die Näherungspolynome gerader Ordnung haben wir nicht eigens angeschrieben, da $p_0(x) = 0$, $p_2(x) = p_1(x)$, $p_4(x) = p_3(x)$,... gilt). Zeichnen wir die Graphen der Sinusfunktion und dieser drei Näherungspolynome (Abbildung 3.1), so erkennen wir, wie sie es schaffen, die Sinusfunktion immer besser zu **approximieren**:

- Die Funktion $p_1$ ist jenes Polynom 1. Ordnung, das mit der Sinusfunktion an der Stelle $0$ bis zur ersten Ableitung übereinstimmt (d.h. für das $p_1(0) = \sin 0$ und $p_1'(0) = \sin'(0)$ gilt). Sein Graph ist eine Gerade.
- Die Funktion $p_3$ ist jenes Polynom 3. Ordnung, das mit der Sinusfunktion an der Stelle $0$ bis zur dritten Ableitung übereinstimmt.
- Die Funktion $p_5$ ist jenes Polynom 5. Ordnung, das mit der Sinusfunktion an der Stelle $0$ bis zur fünften Ableitung übereinstimmt, usw.

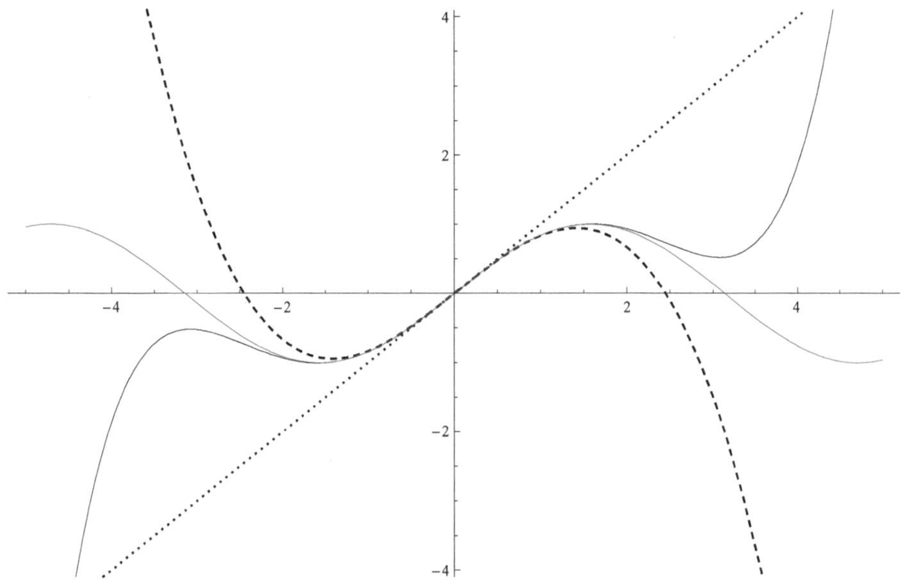


**Abbildung 3.1**:
Die Graphen der Sinusfunktion (rot) sowie der Näherungspolynome $p_1$ (punktiert), $p_3$ (strichliert) und $p_5$ (durchgezogene schwarze Kurve).

Mit wachsender Ordnung schmiegen sich die Graphen der Näherungspolynome immer besser an den Graphen der Sinusfunktion. Das Näherungspolynom der Ordnung $11$, das im obigen Beispiel zur näherungsweisen Berechnung von $\sin 1$ benutzt wurde, ist

$$p_{11}(x) = x - \frac{x^3}{3!} + \frac{x^5}{5!} - \frac{x^7}{7!} + \frac{x^9}{9!} - \frac{x^{11}}{11!}.$$

Sein Graph und zum Vergleich jener der Sinusfunktion ist in Abbildung 3.2 wiedergegeben.

Um die Taylorentwicklung (3.6) auch für andere Funktionen korrekt anwenden zu können, und um Missverständnissen vorzubeugen, sind nun einige Anmerkungen nötig:

- Wir sprechen in diesem Kapitel von Funktionen, die für reelle Zahlen $x$ definiert sind. Nicht alle derartigen Funktionen können in eine Taylorreihe entwickelt werden. Zunächst ist für die Gültigkeit von (3.6) notwendig, dass alle (beliebig hohen) Ableitungen *existieren*, d.h. dass $f$ an der Stelle $0$ **beliebig oft differenzierbar** ist. Damit scheiden viele Funktionen von vornherein aus, beispielsweise $1/x$, $|x|$, $\sqrt{x}$ und $\ln x$.
- Für die meisten an der Stelle $0$ beliebig oft differenzierbaren Funktionen, mit denen Sie im Laufe Ihres Studiums zu tun haben werden, gilt (3.6), d.h. sie können in eine Taylorreihe mit Mittelpunkt $0$ entwickelt werden.[1]

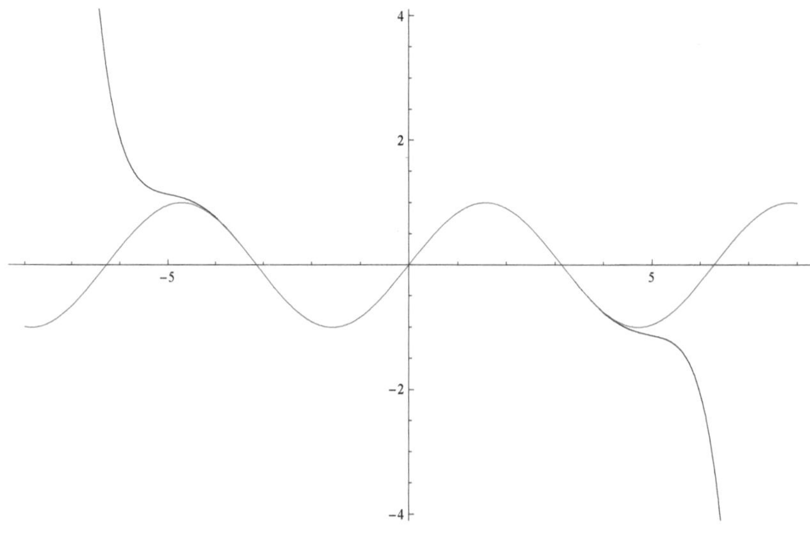


**Abbildung 3.2**:
Der Graph der Sinusfunktion (rot) und des Näherungspolynoms der Ordnung 11 (schwarz). Wie bereits weiter oben berechnet, unterscheiden sich die beiden Funktionen an der Stelle $x=1$ erst in der zehnten Nachkommastelle!

- Ist $f$ kein Polynom, so ist die rechte Seite von (3.6) in der Regel keine endliche Summe, sondern eine Reihe. Wenn eine solche „unendliche Aufsummierung" ein endliches Resultat ergibt, sagen wir, dass die Reihe **konvergiert**. Eine Taylorreihe mit Mittelpunkt $0$ konvergiert manchmal nur in einer Umgebung von $0$, genauer gesagt für alle $x$ innerhalb eines Intervalls mit Mittelpunkt $0$. Die Hälfte der Länge dieses Intervalls heißt **Konvergenzradius**.
- Eine Reihe der Form $\sum_{n=0}^{\infty} a_n x^n$ heißt **Potenzreihe** (mit Mittelpunkt $0$). Jede Taylorreihe mit Mittelpunkt $0$ ist eine solche Potenzreihe. Daher wird (3.6) auch **Potenzrei-**

[1] Tatsächlich gilt (3.6) *nicht für alle* beliebig oft differenzierbaren Funktionen. Ausnahmen müssen aber eigens konstruiert werden, wie beispielsweise die Funktion, die durch $f(x)=\exp(-1/x^2)$ für $x \neq 0$ und $f(0)=0$ definiert ist. Die Taylorreihe dieser Funktion ist überall $0$, d.h. sie stimmt *nicht* mit der Funktion überein. Wir werden darauf hier nicht weiter eingehen. Wenn wir in diesem Kapitel sagen, dass eine Funktion „eine Taylorreihe besitzt", meinen wir, dass die Taylorreihe der Funktion *existiert* und *mit ihr* (in dem Bereich, in dem sie konvergiert) *übereinstimmt*. Funktionen mit dieser Eigenschaft werden *analytisch* genannt.

**henentwicklung** der Funktion $f$ genannt. Gemäß (3.6) ist $a_n = \frac{f^{(n)}(0)}{n!}$ für $n = 0,1,2,...$ Diese Zahlen heißen **Taylorkoeffizienten**. Die Bezeichnung „mit **Mittelpunkt** $0$" kommt daher, dass die Taylorkoeffizienten durch $f$ und seine Ableitungen an der Stelle $0$ ausgedrückt werden.[2] Wir werden später in diesem Kapitel auch Taylorreihen mit anderen Mittelpunkten betrachten.

- *Falls* eine Funktion als Potenzreihe dargestellt werden kann, dann ist diese Darstellung *eindeutig*, d.h. sie ist durch die Taylorentwicklung (3.6) gegeben. Das ist wichtig, da die Taylorreihe einer Funktion manchmal auch mit anderen Mitteln gefunden werden kann als durch die Berechnung aller höheren Ableitungen! Beispiele dafür werden wir weiter unten kennen lernen.

Taylorreihen kommen aus vielerlei Gründen zum Einsatz. In Anwendungen ist es manchmal nötig, die komplette Taylorreihe einer Funktion zu ermitteln (z.B. weil sie gewisse Eigenschaften der Funktion leichter erkennen lässt als die Termdarstellung[3]), manchmal kann man sich aber auch mit einem Näherungspolynom genügend hoher Ordnung begnügen (wie im obigen Beispiel, in dem $\sin 1$ näherungsweise berechnet wurde).

[Aufgabe 2] [Aufgabe 3]

Nun ist es Zeit für weitere Beispiele.

## Die wichtigsten Taylorreihen

Einige Taylorreihen kommen in physikalischen Anwendungen sehr oft vor.

- **Geometrische Reihe**
  Für alle reellen $x$ mit $|x| < 1$ gilt

$$\frac{1}{1-x} = 1 + x + x^2 + x^3 + ... \equiv \sum_{n=0}^{\infty} x^n . \qquad (3.9)$$

Vielleicht kennen Sie diese Beziehung als Summenformel für die geometrische Reihe. Hier tritt sie als Taylorreihe der Funktion $(1-x)^{-1}$ auf. Sie ist so wichtig, dass Sie sie auswendig kennen sollten.[4] Ihr Beweis ist nicht schwierig: Wird das Produkt $(1-x)(1+x+x^2+x^3+...+x^k)$ ausmultipliziert, so fallen alle Terme bis auf zwei weg: das Resultat ist $1-x^{k+1}$. Daher ist

$$\frac{1-x^{k+1}}{1-x} = 1 + x + x^2 + x^3 + ... + x^k .$$

Wird nun $k$ immer größer gemacht, so strebt $x^{k+1}$ gegen $0$. (Laut Voraussetzung ist ja der Betrag von $x$ kleiner als $1$. Je öfter $x$ mit sich selbst multipliziert wird, umso

[2] Eine weitere Bedeutung des Wortes „Mittelpunkt" rührt daher, dass der Bereich, in dem eine Potenzreihe konvergiert, ein Intervall ist, das vom „Mittelpunkt" aus in beide Richtungen gleich weit reicht.

[3] Manchmal stößt man in der Physik auf Funktionen, die als Integral oder als Lösung einer Differentialgleichung gegeben sind und gar keine geschlossene Termdarstellung besitzen. Die Taylorreihe einer solchen Funktion kann wertvolle Aufschlüsse über ihre Eigenschaften liefern.

[4] (3.9) ist ein Beispiel für eine „Mitternachtsformel": Werden Sie um Mitternacht überraschend aus Ihrem Schlaf geweckt und nach ihr gefragt, so sollten Sie sie sogleich aufsagen oder aufschreiben können!

kleiner ist der Betrag des Produkts). Weiters wird mit $k \to \infty$ auf der rechten Seite aus der (endlichen) Summe eine (unendliche) Reihe, womit (3.9) gezeigt ist. Diese Argumentation ist ein erstes Beispiel dafür, dass eine Taylorreihenentwicklung auch mit anderen Methoden als der Berechnung aller höheren Ableitungen erzielt werden kann.

Aus (3.9) können weitere Taylorreihen gewonnen werden. So kann beispielsweise $x$ durch $-x$ ersetzt werden. Damit ergibt sich: Für alle reellen $x$ mit $|x|<1$ gilt

$$\frac{1}{1+x} = 1-x+x^2-x^3+\ldots \equiv \sum_{n=0}^{\infty}(-1)^n x^n . \tag{3.10}$$

Dabei haben wir verwendet, dass $(-x)^n = (-1)^n x^n$ gilt, und dass $(-1)^n$ für gerades $n$ gleich $1$, für ungerades $n$ aber gleich $-1$ ist. Eine weitere Taylorreihe ergibt sich, wenn in (3.9) oder (3.10) $x$ durch $x^2$ ersetzt wird. Um gleichzeitig zu demonstrieren, dass die unabhängige Variable nicht unbedingt $x$ heißen muss, ersetzen wir in (3.9) $x$ durch $u^2$ und erhalten

$$\frac{1}{1-u^2} = 1+u^2+u^4+u^6+\ldots \equiv \sum_{n=0}^{\infty} u^{2n} , \tag{3.11}$$

was für alle $u$ mit $|u|<1$ gilt.

- **Sinus- und Cosinusfunktion**
  Die Taylorreihe der Sinusfunktion haben wir bereits in (3.7) ermittelt. Um sie in eleganter Summenschreibweise zu formulieren, zählen wir die ungeraden natürlichen Zahlen in der Form $n=2k+1$ durch. Für $k=0$ ergibt sich $n=1$, für $k=1$ ergibt sich $n=3$, für $k=2$ ergibt sich $n=5$, usw. Damit lautet die Taylorreihe der Sinusfunktion mit Mittelpunkt $0$

$$\sin x = x-\frac{x^3}{3!}+\frac{x^5}{5!}-\frac{x^7}{7!}+\frac{x^9}{9!}-\frac{x^{11}}{11!}+\ldots \equiv \sum_{k=0}^{\infty}(-1)^k \frac{x^{2k+1}}{(2k+1)!} . \tag{3.12}$$

  Eine völlig analoge Berechnung liefert die Taylorreihe der Cosinusfunktion mit Mittelpunkt $0$

$$\cos x = 1-\frac{x^2}{2!}+\frac{x^4}{4!}-\frac{x^6}{6!}+\frac{x^8}{8!}-\frac{x^{10}}{10!}+\ldots \equiv \sum_{k=0}^{\infty}(-1)^k \frac{x^{2k}}{(2k)!} . \tag{3.13}$$

  Beide Reihen (3.12) und (3.13) konvergieren für alle reellen $x$.

- **Exponentialfunktion**
  Die Taylorreihe der Exponentialfunktion zur Basis $e$ kann noch leichter ermittelt werden[5]: Da die Ableitung von $e^x$ wieder $e^x$ ist, gilt das auch für alle höheren Ableitungen. An der Stelle $x=0$ sind sie alle gleich $1$. In (3.6) eingesetzt, wird

[5] Dabei ist $e$ die Eulersche Zahl, die als Grenzwert $\lim_{n\to\infty}\left(1+\frac{1}{n}\right)^n$ (oder als jene – eindeutig bestimmte – reelle Zahl, für die gilt: $e^x \geq 1+x$ für alle reellen $x$) definiert werden kann. Ihr numerischer Wert ist

$$e^x = 1 + x + \frac{x^2}{2!} + \frac{x^3}{3!} + \frac{x^4}{4!} + \frac{x^5}{5!} + \ldots \equiv \sum_{n=0}^{\infty} \frac{x^n}{n!}. \tag{3.14}$$

Auch diese Reihe sollten Sie auswendig kennen[6]! Ersetzen wir $x$ durch $-x$, so ergibt sich

$$e^{-x} = 1 - x + \frac{x^2}{2!} - \frac{x^3}{3!} + \frac{x^4}{4!} - \frac{x^5}{5!} + \ldots \equiv \sum_{n=0}^{\infty} (-1)^n \frac{x^n}{n!}. \tag{3.15}$$

Beide Reihen (3.14) und (3.15) konvergieren für alle reellen $x$.

Bemerkung zur Schreibweise: Anstelle von $e^x$ wird oft auch $\exp x$ oder $\exp(x)$ geschrieben, vor allem, wenn $x$ für einen längeren Term steht. Ein Beispiel ist $\exp\left(-\frac{E}{kT}\right)$, ein Ausdruck, der Ihnen in der statistischen Physik öfters begegnen wird.

CAS-Tipp: In ***Mathematica*** wird $e$ als Großbuchstabe `E` eingegeben, $e^x$ als `E^x` oder `Exp[x]`.

- **Logarithmus** *
Ohne Beweis geben wir an:

$$\ln(1+x) = x - \frac{x^2}{2} + \frac{x^3}{3} - \frac{x^4}{4} + \frac{x^5}{5} - \frac{x^6}{6} + \ldots \equiv \sum_{n=1}^{\infty} (-1)^{n+1} \frac{x^n}{n}. \tag{3.16}$$

Diese Reihe konvergiert für $-1 < x \leq 1$.

- **Binomische Reihe** *
(3.10) ist die Taylorreihe der Funktion $(1+x)^{-1}$. Als Verallgemeinerung für beliebige reelle Exponenten $\alpha$ gilt (ohne Beweis)

$$(1+x)^\alpha = 1 + \alpha x + \frac{\alpha(\alpha-1)}{2!} x^2 + \frac{\alpha(\alpha-1)(\alpha-2)}{3!} x^3 + \ldots \equiv \sum_{n=0}^{\infty} \binom{\alpha}{n} x^n \tag{3.17}$$

für $|x| < 1$. Ist $\alpha \geq 0$, so konvergiert die Reihe auch für $x = \pm 1$; falls $\alpha$ zusätzlich noch ganzzahlig ist, bricht die Reihe ab und konvergiert daher in diesem Fall für alle reellen $x$). Das Symbol $\binom{\alpha}{n}$ steht für die so genannten Binomialkoeffizienten

$e = 2.718281828459\ldots$ Wir setzen die Kenntnis der elementaren Eigenschaften der Zahl $e$ und der Exponentialfunktion voraus. Nähere Informationen können Sie etwa den Seiten http://www.mathe-online.at/mathint/log/i.html#e und http://www.mathe-online.at/galerie/log/log.html#EulerscheZahl entnehmen.

[6] Die Taylorreihe der Exponentialfunktion zu einer anderen Basis $a > 0$ kann daraus mit Hilfe der Identität $a^x = e^{x \ln a}$ erschlossen werden.

$\frac{\alpha(\alpha-1)(\alpha-2)...(\alpha-n+1)}{n!}$, denen wir in Kapitel 18 wieder begegnen werden. Spezialfälle sind (für $\alpha=\frac{1}{2}$) die Taylorreihe von $\sqrt{1+x}$ und (für $\alpha=-\frac{1}{2}$) jene von $\frac{1}{\sqrt{1+x}}$.

Die Taylorreihe von $(1-x)^\alpha$ mit Mittelpunkt $0$ ergibt sich, indem in (3.17) $x$ durch $-x$ ersetzt wird. Taylorreihen von Funktionen wie $(1+x^2)^\alpha$ oder $(1-x^2)^\alpha$ werden auf analoge Weise durch entsprechende Ersetzungen erhalten.

[Aufgabe 4] [Aufgabe 5] [Aufgabe 6]

Die bisher betrachteten Taylorreihen sind Potenzreihen „mit Mittelpunkt $0$“, d.h. die Taylorkoeffizienten werden gemäß (3.6) durch die Funktion und ihre Ableitungen an der Stelle $0$ ausgedrückt. Im folgenden Abschnitt wird das Konzept der Taylorreihe auf beliebige Mittelpunkte verallgemeinert.

## Taylorreihen mit beliebigem Mittelpunkt

Die bisher besprochenen Taylorreihen sind alle vom Typ (3.6). Sie eigen sich besonders gut, um das Verhalten von Funktionen in der Nähe der Stelle $0$ zu untersuchen. Je kleiner der Betrag von $x$, umso rascher nehmen die Potenzen $x^n$ mit zunehmendem $n$ ab, d.h. umso besser konvergiert die Reihe. Wenn nun aber das Verhalten einer Funktion in der Nähe einer *anderen* Stelle $x_0$ studiert werden soll, ist es sinnvoll, eine Reihenentwicklung in Potenzen von $x-x_0$ statt von $x$ anzustreben.

Eine Reihe der Form $\sum_{n=0}^{\infty} a_n(x-x_0)^n$ heißt **Potenzreihe** mit Mittelpunkt $x_0$. Es ist nicht schwer, derartige Reihenentwicklungen aus den bisher betrachteten zu gewinnen. Ersetzen wir beispielsweise in (3.10) $x$ durch $x-1$, so entsteht mit

$$\frac{1}{x} = 1-(x-1)+(x-1)^2-(x-1)^3+... \equiv \sum_{n=0}^{\infty}(-1)^n(x-1)^n \tag{3.18}$$

eine Potenzreihe mit Mittelpunkt $1$, die im „verschobenen Bereich“ $0<x<2$ (dessen Mittelpunkt $1$ ist) konvergiert.

Diesen Verschiebungstrick können wir ganz allgemein benutzen, um eine gegebene Funktion $f$ in eine Reihe mit Mittelpunkt $x_0$ zu entwickeln. Dazu betrachten wir zunächst anstelle von $f$ die durch $g(x)=f(x+x_0)$ definierte „verschobene“ Funktion $g$. Deren Taylorreihe mit Mittelpunkt $0$ ist gemäß (3.6) durch

$$g(x)=\sum_{n=0}^{\infty}\frac{g^{(n)}(0)}{n!}x^n$$

gegeben. Indem $x$ durch $x-x_0$ ersetzt wird, erhalten wir

$$g(x-x_0)=\sum_{n=0}^{\infty}\frac{g^{(n)}(0)}{n!}(x-x_0)^n .$$

Nun folgt aus $g(x)=f(x+x_0)$, dass die Ableitungen $g^{(n)}(0)$ gleich $f^{(n)}(x_0)$ sind. (Das ergibt sich aus der Kettelregel für das Differenzieren, da die Ableitung von $x-x_0$ nach $x$ gleich $1$ ist). Weiters kann die Beziehung $g(x)=f(x+x_0)$ auch in der Form $g(x-x_0)=f(x)$ geschrieben werden. Beides setzen wir in die obige Reihe ein und erhalten die **Taylorreihe** der Funktion $f$ mit **Mittelpunkt** $x_0$

$$f(x)=\sum_{n=0}^{\infty}\frac{f^{(n)}(x_0)}{n!}(x-x_0)^n . \tag{3.19}$$

Wir sagen auch, dass damit die Funktion $f$ um die Stelle $x_0$ (oder um den Punkt $x_0$) entwickelt wurde.[7]

Alles zuvor über Taylorreihen mit Mittelpunkt $0$ Gesagte gilt auch hier, wenn die „Verschiebung" um $x_0$ berücksichtigt wird. Insbesondere konvergiert (3.19) entweder für alle reellen $x$ oder für alle $x$ innerhalb eines Intervalls, dessen Mittelpunkt $x_0$ ist.

Beispiel: Taylorentwicklung der Exponentialfunktion $e^x$ um die Stelle $1$: Jede (höhere) Ableitung von $e^x$ ist wieder $e^x$, was an der Stelle $x=1$ gleich $e$ ist. Damit ergibt sich mit (3.19) unmittelbar[8]

$$e^x=e+e(x-1)+\frac{e}{2!}(x-1)^2+\frac{e}{3!}(x-1)^3+\ldots\equiv e\sum_{n=0}^{\infty}\frac{(x-1)^n}{n!} . \tag{3.20}$$

Der obige Verschiebungstrick, den wir bei der Herleitung der Formel (3.19) benutzt haben, führt zu einem praktischen Tipp, der (manchmal) Schreibarbeit ersparen kann: Wenn Sie eine Funktion um die Stelle $x_0$ entwickeln sollen, können Sie sie zuerst durch die Variable $u=x-x_0$ ausdrücken (d.h. $x=u+x_0$ setzen), dann eine Entwicklung um die Stelle $u=0$ vornehmen und zuletzt $u$ wieder durch $x-x_0$ ersetzen.

Beispiel: Es soll $\sin x$ bis zur dritten Ordnung um die Stelle $\frac{\pi}{4}$ entwickelt werden. Dazu entwickeln Sie $\sin x=\sin\left(u+\frac{\pi}{4}\right)$ in der Variablen $u$ in eine Taylorreihe um die Stelle $0$. Das Resultat ist (wie eine kleine Rechnung zeigt)

$$\sin\left(u+\frac{\pi}{4}\right)=\frac{1}{\sqrt{2}}\left(1+u-\frac{u^2}{2}-\frac{u^3}{6}+O(u^4)\right).$$

---

[7] Anstelle des Wortes „Mittelpunkt" ist auch die Bezeichnung „Entwicklungsstelle" (seltener „Anschlussstelle") gebräuchlich.

[8] Das gleiche Resultat könnte man auch erhalten, indem in $e^x=e\,e^{x-1}$ der zweite Faktor in die Standard-Taylorreihe (3.14) der Exponentialfunktion mit $x-1$ statt $x$ entwickelt wird.

Indem nun $u$ durch $x-\frac{\pi}{4}$ ersetzt wird, folgt daraus die gesuchte Reihe

$$\sin(x)=\frac{1}{\sqrt{2}}\left(1+\left(x-\frac{\pi}{4}\right)-\frac{1}{2}\left(x-\frac{\pi}{4}\right)^2-\frac{1}{6}\left(x-\frac{\pi}{4}\right)^3+O\left(\left(x-\frac{\pi}{4}\right)^4\right)\right).$$

[Aufgabe 7] [Aufgabe 8]

## Berechnung von Taylorreihen mit Computeralgebra

In physikalischen Anwendungen ist es oft nötig, kompliziertere Funktionen als die bisher betrachteten in Taylorreihen zu entwickeln (oder zumindest die ersten Glieder der Taylorreihe zu ermitteln). Dabei ist es nicht sehr praktikabel, Unmengen höherer Ableitungen auf dem Papier zu berechnen. Computeralgebrasysteme können das viel schneller (und zuverlässiger)! Daher wird hier kurz besprochen, wie Taylorreihen (genauer: Näherungspolynome einer vorgegebenen Ordnung) um einen beliebigen Mittelpunkt mit Hilfe des Computeralgebra-Systems ***Mathematica*** berechnet werden können.

Reihenentwicklungen werden in *Mathematica* mit dem Befehl `Series` erzielt. Um etwa die Funktion $(x+3)/(x^2+1)$ bis zur Ordnung $5$ in eine Potenzreihe mit Mittelpunkt $2$ zu entwickeln, wird die Anweisung

```
Series[(x+3)/(x^2+1),{x,2,5}]
```

ausgeführt. In dem von *Mathematica* ausgegebenen Resultat

$$1-\frac{3\,(x-2)}{5}+\frac{7}{25}\,(x-2)^2-\frac{13}{125}\,(x-2)^3+\frac{17}{625}\,(x-2)^4-\frac{3\,(x-2)^5}{3125}+O[x-2]^6$$

wird als letzter Term das Symbol `O[x-2]`$^6$ angezeigt. Es bezeichnet höhere Ordnungen, die nicht berücksichtigt wurden. *Mathematica*-Ausgaben dieses Typs können nicht geplottet werden, und in sie können keine numerischen Werte eingesetzt werden (was logisch ist, da ja ein Symbol wie `O[x-2]`$^6$ für etwas *Unbekanntes* steht). Um aus einem solchen Reihenobjekt einen gewöhnlichen Term zu erhalten, der das berechnete Näherungspolynom darstellt (und daher geplottet und für konkrete Zahlenwerte berechnet werden kann), muss auf ersteres die Operation `Normal` angewandt werden. (Deren Wirkung besteht lediglich darin, das Symbol für höhere Ordnungen wegzulassen). Wir demonstrieren das anhand des obigen Beispiels. Mit dem folgenden Code wird die Reihe berechnet, in ein Polynom umgewandelt und zusammen mit der gegebenen Funktion geplottet. (Für Letzteres ist die Operation `Plot` zuständig). Danach wird in das Näherungspolynom der Wert $x=3$ eingesetzt (dies geschieht mit Hilfe des Substitutionsoperators `/.` und der Zuweisung `->`), der resultierende Funktionswert exakt berechnet und schließlich mit der Operation `N` (näherungsweise) numerisch angezeigt[9]:

```
f = (x+3)/(x^2+1)
reihe = Series[f,{x,2,5}]
polynom = Normal[reihe]
Plot[{polynom,f},{x,-2,5}]
```

9 Zur Erinnerung: Mit dem Prozentzeichen `%` wird das jeweils zuletzt berechnete Ergebnis bezeichnet.

```
polynom/.x->3
%//N
```

Im `Plot`-Befehl wurde als untere Grenze $x=-2$ und als obere Grenze $x=5$ gewählt. In der Praxis ist beim Plotten manchmal ein bisschen Probieren nötig, bis ein befriedigender Ausschnitt gefunden ist. Wird der `Plot`-Befehl durch

```
Plot[{polynom,f},{x,-2,5},PlotStyle->{Blue,Red}]
```

ersetzt, so erscheint der Graph des Näherungspolynoms in blauer Farbe, jener der gegebenen Funktion in roter. (Die Graphen werden in der angegebenen Reihenfolge übereinander gepottet – was dazu führen kann, dass eine Kurve die zuvor geplottete überdeckt). Weiters kann mit

```
f/.x->3
%//N
```

der Wert der gegebenen Funktion an der Stelle $x=3$ und seine (näherungsweise) Dezimaldarstellung ausgegeben werden.

Wir erwähnen bei dieser Gelegenheit noch, wie Sie mit *Mathematica* Ableitungen berechnen können:

`f = (x+3)/(x^2+1)` (Definition des Funktionsterms)
`D[(x+3)/(x^2+1),x]` oder kurz `D[f,x]` (erste Ableitung)
`D[f,{x,2}]` oder `D[f,x,x]` (2. Ableitung)
`D[f,{x,3}]` oder `D[f,x,x,x]` (3. Ableitung)
`D[f,{x,10}]` (10. Ableitung)

Die dritte Ableitung an der Stelle $x=2$ können Sie dann in einem Schritt so berechnen:

```
D[f,{x,3}]/.x->2
```

Werden die obigen *Mathematica*-Anweisungen so eingegeben wie beschrieben, so werden alle Ergebnisse angezeigt. Um die Anzeige eines (Zwischen-)Ergebnisses zu unterdrücken, wird nach der Eingabe ein Strichpunkt `;` geschrieben. So werden beispielsweise nach Ausführung von

```
f = (x+3)/(x^2+1);
reihe = Series[f,{x,2,5}];
polynom = Normal[reihe]
Plot[{polynom,f},{x,-2,5}]
```

lediglich das Näherungspolynom der Ordnung $5$ und sein Plot angezeigt.

[Aufgabe 9] [Aufgabe 10] [Aufgabe 11] [Aufgabe 12] [Aufgabe 13]

## Konvergenzbereich *

Wie bereits erwähnt, konvergieren Taylorreihen manchmal nur innerhalb gewisser Bereiche. *Einen* Grund, warum das passieren kann, können wir uns leicht verdeutlichen. In (3.9) wurde die Funktion $(1-x)^{-1}$ um den Mittelpunkt $0$ entwickelt. Sie ist an der Stelle $x=1$ nicht definiert. Daher verwundert es nicht, wenn die Reihe an diese Stelle $1+1+1+1+...$ lautet. Interessanterweise ist auch die Konvergenz an der „gegenüberliegenden“ Stelle $x=-1$ nicht gegeben (obwohl die Funktion dort harmlos ist und den Wert $\frac{1}{2}$ annimmt): Dort lautet die Reihe $1-1+1-1+\ldots$. Wird versucht, ein $x>1$ oder ein $x<-1$ einzusetzen, verschlimmert sich das Konvergenzverhalten sogar. Ist hingegen $|x|<1$, so konvergiert die Reihe. Der **Konvergenzbereich** der Reihe (3.9) ist daher das offene Intervall $(-1,1)$. Es liegt symmetrisch zum Mittelpunkt $0$. Der Abstand vom Mittelpunkt bis zu den Endpunkten des Konvergenzbereichs, der bereits erwähnte **Konvergenzradius**, ist in diesem Fall gleich $1$.

Auch mit Hilfe der grafischen Darstellung kann das Problem an der Stelle $x=1$ erkannt werden. Der Graph der Funktion $(1-x)^{-1}$ und jener des Näherungspolynoms der Ordnung $10$ (mit Mittelpunkt $0$) sind in Abbildung 3.3 wiedergegeben.

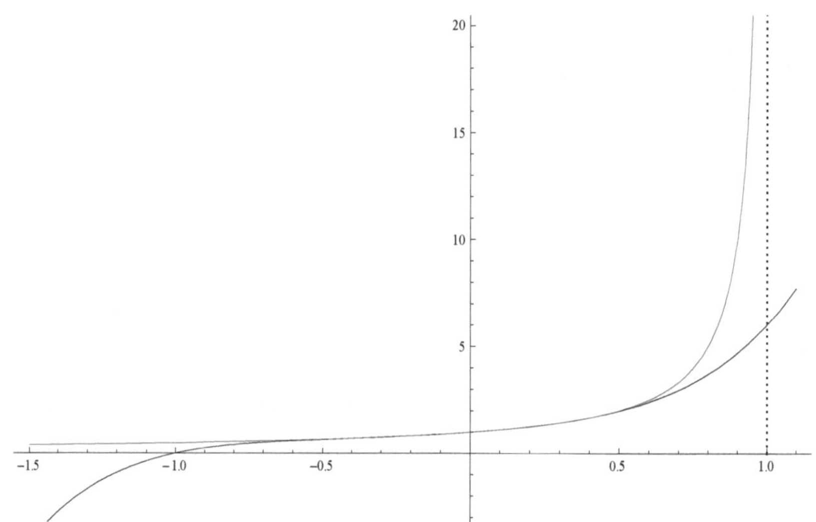


**Abbildung 3.3**:

Die Graphen der Funktion $(1-x)^{-1}$ (rot) und ihres Näherungspolynoms der Ordnung 10 (schwarz) mit Mittelpunkt $0$. An der Stelle $x=1$ ist die gegebene Funktion singulär, während das Näherungspolynom (so wie jedes Polynom) für alle reellen Werte wohldefiniert ist. Die Näherungspolynome existieren zwar für $x\geq 1$, approximieren die Funktion dort aber nicht! Interessanterweise approximieren die Näherungspolynome die Funktion auch für $x\leq -1$ nicht, obwohl sich diese dort „friedlich“ verhält. Ganz allgemein ist der Konvergenzbereich einer Potenzreihe immer symmetrisch zu ihrem Mittelpunkt.

Der Graph der Funktion steigt steil an, wenn sich $x$ von links der Stelle $1$ annähert. Die Näherungspolynome passen sich diesem Verhalten mit wachsender Ordnung immer besser an, was dazu führt, dass die „unendliche Aufsummierung“ der Taylorreihe dort nicht zu einem endlichen Wert führt.[10]

[10] Der tiefere Grund dafür, dass die Reihe auch an der gegenüberliegenden Stelle $x=-1$ nicht konvergiert (d.h. dass der Konvergenzbereich symmetrisch zum Mittelpunkt der Reihe liegt), geht über den Horizont diese Buches hinaus. Es können auch Dinge passieren, die der Intuition noch stärker zuwider laufen: So ist beispielsweise die Funktion $(1+x^2)^{-1}$ für *alle* reellen $x$ wohldefiniert und beliebig oft differenzierbar. Dennoch konvergiert ihre

Ohne Beweis führen wir an, dass einige Züge der soeben diskutierten Situation ganz allgemein gelten: Falls eine Taylorreihe nicht für alle reellen $x$ konvergiert, so ist der Konvergenzbereich ein Intervall, das symmetrisch zum Mittelpunkt der Reihe liegt. Die Randpunkte können dazugehören oder nicht – das hängt ganz von der betrachteten Funktion ab. (Beispielsweise konvergiert die Reihe (3.16) für $x = 1$, nicht aber für $x = -1$).

Zur **Berechnung des Konvergenzradius** gibt es eine Reihe von Methoden. Wir erwähnen hier nur zwei. Dabei bezeichnen wir die Taylorkoeffizienten mit $a_n$. Falls alle $a_n$ ab einem bestimmten Index $n$ von Null verschieden sind, so ist der Konvergenzradius

$$R = \lim_{n\to\infty} \left| \frac{a_n}{a_{n+1}} \right|, \tag{3.21}$$

sofern dieser Grenzwert existiert (oder die Folge $|\, a_n / a_{n+1} \,|$ unbeschränkt wächst – in diesem Fall ist $R = \infty$). Ist das nicht der Fall, so funktioniert immer folgendes Verfahren: Es wird die Folge $\sqrt[n]{|\, a_n \,|}$ betrachtet. Für sie gibt es einen „größten Häufungspunkt" – das ist entweder die größte reelle Zahl mit der Eigenschaft, dass in jeder noch so kleinen Umgebung unendlich viele Folgenglieder liegen oder, falls eine solche Zahl nicht existiert, $\infty$. (Der mathematische Name dieses „größten Häufungspunktes" einer Folge ist *limes superior*, abgekürzt $\limsup$). Ist er ungleich $0$, so ist sein Kehrwert gleich dem Konvergenzradius, d.h.

$$R = \frac{1}{\limsup \sqrt[n]{|\, a_n \,|}}, \tag{3.22}$$

ansonsten konvergiert die Reihe überall.

## Rechnen mit approximierten Größen

In der Physik werden oft nur die ersten Glieder der Taylorreihe einer Funktion für näherungsweise Berechnungen benötigt. Dabei wird die Taylorreihe ab einer gewissen Ordnung abgebrochen, d.h. anstelle der gegebenen Funktion wird das entsprechende Näherungspolynom betrachtet. Um anzuzeigen, von welcher Ordnung der weggelassene Anteil der Taylorreihe ist, wurde bereits das Symbol $O$ eingeführt. So können wir beispielsweise schreiben

$$\frac{1}{1-x} = 1 + x + O(x^2) \tag{3.23}$$

$$e^x = 1 + x + O(x^2) \tag{3.24}$$

$$\sin x = x + O(x^3) \tag{3.25}$$

$$\cos x = 1 - \frac{x^2}{2} + O(x^4) \tag{3.26}$$

$$\sqrt{1+x} = 1 + \frac{x}{2} - \frac{x^2}{8} + O(x^3) \tag{3.27}$$

---

Taylorreihe mit Mittelpunkt $0$ nur, wenn $|\, x \,| < 1$ ist. Warum? Die Antwort stellt sich erst ein, wenn auch komplexe Werte für $x$ zugelassen werden. Dieses Thema fällt in das mathematische Gebiet der *Funktionentheorie*.

$$\frac{1}{\sqrt{1+x}} = 1 - \frac{x}{2} + \frac{3x^2}{8} + O(x^3) \tag{3.28}$$

Alle diese Formeln werden in der Physik oft verwendet! Die Taylorreihen für die ersten vier Funktionen wurden bereits besprochen. Die beiden letzten Formeln ergeben sich aus der (weiter oben in einem Ergänzungstext erwähnten) binomischen Reihe. Sie können sie leicht selbst verifizieren, indem Sie die ersten drei Terme von (3.6) für diese Funktionen berechnen. (Zu (3.27) siehe Aufgabe 14, zu (3.28) vgl. Aufgabe 5). Zwei Beispiele für Entwicklungen mit anderen Mittelpunkten sind:

$$\frac{1}{x} = 1 - (x-1) + O\left((x-1)^2\right) \tag{3.29}$$

$$\sin x = 1 - \frac{1}{2}\left(x - \frac{\pi}{2}\right)^2 + O\left(\left(x - \frac{\pi}{2}\right)^4\right) \tag{3.30}$$

Formeln wie (3.23) – (3.30) finden insbesondere dann Anwendung, wenn das *asymptotische Verhalten* einer Funktion in der Nähe einer bestimmten Stelle von Interesse ist.[11] Das Symbol $O(x^3)$ beispielsweise steht für einen Beitrag, der sich in der Nähe der Stelle $0$ (d.h. wenn $|x|$ klein ist), nicht „schlimmer" als eine Funktion der Form $cx^3$ verhalten wird.[12] In der Regel kann man dann erwarten, dass dieser Beitrag von der Größenordnung $x^3$ ist (also etwa von der Größenordnung $0.001$, wenn $x = 0.1$ ist). Aber aufgepasst: Das gilt nur, wenn die Taylorkoeffizienten nicht allzu groß sind und die nachfolgenden Glieder der Reihe rasch kleiner werden!

Hier einige physikalische Anwendungsbeispiele:

- Das **mathematische Pendel**:
  Ein (masselos gedachter) Stab ist an einem Ende so aufgehängt, dass er in einer (senkrechten) Ebene ausgelenkt werden kann. An seinem anderen Ende ist ein (punktförmig gedachter) Körper der Masse $m$ befestigt. Wird der Stab aus der stabilen Ruhelage um den Winkel $\alpha$ ausgelenkt, so ist die potentielle Energie des Körpers gleich $U(\alpha) = mgL(1-\cos\alpha)$, wobei die $g$ Erdbeschleunigung ist und die Ruhelage $\alpha = 0$ als Nullpunkt der potentiellen Energie gewählt wurde ($U(0) = 0$). Wird nun versucht, die Bewegung $\alpha(t)$ eines solchen Pendels zu ermitteln[13], so stellt sich heraus, dass es keinen geschlossenen Termausdruck dafür gibt. Manchmal ist man aber nur an der Pendelbewegung für *kleine* Auslenkungen ($|\alpha| \ll 1$) interessiert. In diesem Fall kann Formel (3.26) in der Form $\cos\alpha = 1 - \frac{\alpha^2}{2} + O(\alpha^4)$ verwendet wer-

---

[11] Wir merken der Vollständigkeit halber an, dass eine analoge Bezeichnung auch für das Verhalten von Funktionen für *große* $x$ verwendet wird. So ist beispielsweise $x/(x+1) = 1 - 1/x + O(1/x^2)$. Formal entspricht eine solche Schreibweise der Taylorreihe mit Mittelpunkt $0$, wenn $u = 1/x$ als Variable verwendet wird. In *Mathematica* kann als Mittelpunkt einer Taylorreihe `Infinity` angegeben werden, wenn ihr asymptotisches Verhalten im Unendlichen ermittelt werden soll, beispielsweise in der Anweisung `Series[x/(x+1),{x,Infinity,1}]`.

[12] Beim Sprechen über Approximationen ist eine etwas schlampige Ausdrucksweise gebräuchlich: Wenn gesagt wird, dass etwas „für kleine $x$" gilt, so kann damit gemeint sein, dass diese Aussage gilt, wenn $|x|$ klein ist. Beachten Sie: Die Zahl $-1000$ ist „klein" im Vergleich zu $1$, aber ihr Betrag ist groß!

[13] Die Bewegungsgleichung dieses Pendels lautet $\ddot{\alpha}(t) = -\frac{g}{L}\sin\left(\alpha(t)\right)$.

den (Achtung: $\alpha$ muss dabei im Bogenmaß gemessen werden!), um die potentielle Energie für kleine $\alpha$ zu entwickeln:

$$U(\alpha)=\frac{mgL}{2}\left(\alpha^2+O(\alpha^4)\right).$$

Sind also nur Pendelschwingungen für *kleine* Auslenkungen von Interesse, so kann mit dem Näherungsausdruck

$$U(\alpha)\approx\frac{mgL}{2}\alpha^2$$

gearbeitet werden[14], wobei der dabei gemachte Fehler von der Größenordnung $mgL\alpha^4$, der relative Fehler von der Größenordnung $\alpha^2$ ist. Ist die maximal auftretende Auslenkung beispielsweise $\alpha_{\max}\approx 0.1$ (was ungefähr $6°$ entspricht), so ist $\alpha_{\max}{}^2\approx 0.01$, was bedeutet, dass der relative Fehler größenordnungsmäßig ein Prozent ist.

- **Kraftfeld eines Dipols** (in einer Dimension):
Auf der $x$-Achse befinden sich an den Stellen $x=0$ und $x=d$ zwei (zueinander entgegengesetzte) elektrische Punktladungen $q$ und $-q$. In einiger Entfernung, in positiver $x$-Richtung, sitzt an der Stelle $x=r$ eine weitere Ladung $Q$. Welche Kraft wirkt auf sie? Die von den anderen Ladungen auf $Q$ ausgeübten (Coulomb-)Kräfte wirken beide in $x$-Richtung, ihre Summe ist

$$F=qQ\left(\frac{1}{r^2}-\frac{1}{(r-d)^2}\right).$$

Ist $d\ll r$, so handelt es sich aus Sicht der Ladung $Q$ um einen in der Entfernung $r$ befindlichen elektrischen Dipol. In diesem Fall kann die Kraft für kleine Werte des Quotienten $d/r$ entwickelt werden:

$$F=\frac{qQ}{r^2}\left(1-\frac{1}{\left(1-\frac{d}{r}\right)^2}\right)=\frac{qQ}{r^2}\left(1-\left(1+\frac{2d}{r}+O\left(\left(\frac{d}{r}\right)^2\right)\right)\right)=$$

$$\frac{qQ}{r^2}\left(-\frac{2d}{r}+O\left(\left(\frac{d}{r}\right)^2\right)\right)\approx-\frac{2qQd}{r^3}.$$

Dabei wurde die Beziehung $\frac{1}{(1-x)^2}=1+2x+O(x^2)$ verwendet, die Sie sich selbst leicht herleiten können (vgl. auch (3.32) weiter unten). Die Kraft fällt daher für große Entfernungen wie $r^{-3}$ ab, im Unterschied zur Coulombkraft, die sich wie $r^{-2}$ verhält.

[14] Mit dieser Näherung lautet die Bewegungsgleichung des Pendels $\ddot{\alpha}(t)=-\frac{g}{L}\alpha(t)$. Für kleine Auslenkungen vollführt das Pendel eine harmonische Schwingung, wie sie etwa durch eine elastische Kraft zustande kommt. Mehr über harmonische Schwingungen wird am Ende von Kapitel 5 gesagt.

- Aufgabe 5 stellt ein berühmtes Beispiel aus der **speziellen Relativitätstheorie** dar.
- Wahrscheinlich wurde im Laufe Ihres Physikunterrichts mehrmals Formel (3.25) in der Form

  $$\sin x \approx x \quad \text{für kleine } x$$

  benutzt (vielleicht, ohne dass dies explizit so formuliert wurde). Fallen Ihnen Beispiele dazu ein?

Manchmal möchte man *genau* wissen, wie groß der Fehler maximal ist, der durch das Abbrechen der Taylorreihe gemacht wird:

> Ergänzung: Das **Restglied**: *
> Die Genauigkeit einer Approximation kann grob durch das erste weggelassene Glied der Taylorreihe abgeschätzt werden (wie wir es beim oben besprochenen Beispiel des mathematischen Pendels gemacht haben). Das ist aber eine heuristische Methode, und manchmal wüsste man es gern genauer. In diesen Fällen kann das so genannte Restglied, d.h. die Differenz zwischen der Funktion und dem Näherungspolynom der Ordnung $k$ an einer Stelle $x$, mit der folgenden Methode abgeschätzt werden: Ohne Beweis geben wir an, dass es für ein gegebenes und festgehaltenes $x$ immer eine Zahl $\xi$ zwischen $x$ und dem Mittelpunkt $x_0$ der Reihe gibt, so dass das Restglied gleich
>
> $$\frac{f^{(k+1)}(\xi)}{(k+1)!}(x-x_0)^{k+1} \tag{3.31}$$
>
> ist. Falls es gelingt, eine obere Schranke für den Betrag der Ableitungsfunktion $f^{(k+1)}$ in diesem Bereich zu finden, d.h. eine Zahl $C$, für die gilt
>
> $$|\, f^{(k+1)}(\xi)\,| \le C \quad \text{für alle } \xi \text{ zwischen } x \text{ und } x_0,$$
>
> so ist der Betrag des Fehlers nicht größer als $\dfrac{C}{(k+1)!}\,|\, x-x_0\,|^{k+1}$.

Mit approximierten Größen wie (3.23) – (3.30) kann man *rechnen*: Man kann sie addieren, multiplizieren, dividieren, differenzieren und integrieren. All das ist sowohl mit *kompletten* als auch mit *abgeschnittenen* Taylorreihen möglich. Wenn etwa die in (3.23) und (3.24) für kleine $x$ approximierten Größen $\frac{1}{1-x}$ und $e^x$ miteinander multipliziert werden sollen, so man kann das Produkt

$$\frac{e^x}{1-x} = \left(1+x+O(x^2)\right)\left(1+x+O(x^2)\right)$$

bilden. Beim Ausmultiplizieren der Klammern ist zu beachten, dass das Produkt $x\,O(x^2)$ von der Ordnung $O(x^3)$ ist und $O(x^2)\,O(x^2)$ von der Ordnung $O(x^4)$. Diese Terme höherer Ordnung als $2$ werden von $O(x^2)$ (das zweimal in der Form $1\cdot O(x^2)$ auftritt) absorbiert, d.h.

sie müssen nicht eigens angeschrieben werden. Die Summe $x^2+O(x^2)$ reduziert sich auf $O(x^2)$. Als Resultat der Berechnung bleibt lediglich

$$\frac{e^x}{1-x}=\left(1+x+O(x^2)\right)\left(1+x+O(x^2)\right)=1+2x+O(x^2)$$

übrig.

CAS-Tipp: Das Computeralgebrasystem ***Mathematica*** führt diese Art des Rechnens mit approximierten Größen automatisch aus, wenn es auf Reihenobjekte angewandt wird. Darin besteht der Sinn des Symbols für höhere Ordnungen (wie z.B. `O[x]`$^3$), welches *Mathematica* an jedes berechnete Näherungspolynom hängt. Sie können es bei einer Eingabe auch selbst dazuschreiben, also etwa die Berechnung

```
(1+x+x^2/2+O[x]^3)(1+x+x^2+O[x]^3)
```

ausführen.

Auch das gliedweise Differenzieren der Taylorreihe einer Funktion $f$ ist möglich und führt zur Taylorreihe der Ableitung $f'$ (die übrigens immer den gleichen Konvergenzradius wie $f$ besitzt).

Beispiel: Differenzieren wir etwa die linke und die rechte Seite der Reihe (3.9) nach $x$, so ergibt sich die neue Taylorreihe

$$\frac{1}{(1-x)^2}=1+2x+3x^2+\ldots\equiv\sum_{n=0}^{\infty}(n+1)x^n\,, \qquad (3.32)$$

die, wie (3.9), im Intervall $|x|<1$ konvergiert.

Auch das (bestimmte oder unbestimmte) Integral einer durch eine Taylorreihe gegebenen Funktion kann auf diese Weise (innerhalb des Konvergenzbereichs) berechnet werden.[15] Dieses Verfahren ist insbesondere dann nützlich, wenn die Stammfunktion (d.h. das unbestimmte Integral) einer Funktion nicht in geschlossener Form angegeben werden kann. So liefert diese Methode beispielsweise eine Reihendarstellung der – in der Statistik wichtigen – Stammfunktion von $\exp(-x^2)$ (siehe Aufgabe 18).

Ergänzung: **Lösen von Differentialgleichungen** *
Taylorreihen können dazu benutzt werden, um Differentialgleichungen (exakt oder näherungsweise – Details dazu in Kapitel 5) zu lösen. Betrachten wir ein Beispiel: Jene Lösung der Differentialgleichung $y''(x)=x\,y(x)$, die $y(0)=1$ und $y'(0)=1$ erfüllt, ist gesucht. (Sie lässt sich nicht durch einen geschlossenen Funktionsterm darstellen). Um einen Lösungsausdruck für kleine $x$ zu erhalten, wird ein **Reihenansatz**

$$y(x)=1+x+a_2x^2+a_3x^3+O(x^4)$$

gemacht (er erfüllt $y(0)=1$ und $y'(0)=1$ automatisch) und in die Differentialgleichung eingesetzt. Die Differentialgleichung wird damit zur Aussage, dass

[15] Dabei ist zu beachten, dass das unbestimmte Integral nur bis auf eine additive Konstante bestimmt ist. Im Fall eines bestimmten Integrals über die Glieder einer Taylorreihe müssen die Integrationsgrenzen *endlich* sein, auch wenn die Taylorreihe auf ganz $\mathbb{R}$ konvergiert.

$$y''(x) - x\,y(x) = 2a_2 + (6a_3 - 1) + O(x^2)$$

für alle $x$ gleich $0$ sein soll. Daraus ergibt sich $a_2 = 0$ und $a_3 = \frac{1}{6}$. Der Näherungsausdruck für die gesuchte Lösung lautet daher

$$y(x) = 1 + x + \frac{x^3}{6} + O(x^4)\,.$$

Dieses Verfahren kann bis zu beliebig hohen Ordnungen fortgesetzt, d.h. die gesuchte Funktion kann in der Nähe der Stelle $0$ numerisch beliebig genau approximiert werden.[16] Ein Plot des erhaltenen Näherungspolynoms veranschaulicht ihr Verhalten grafisch.

Diese Liste von Beispielen mag genügen, die Nützlichkeit der Taylorreihen zu verdeutlichen. Wir machen noch eine letzte

Ergänzung: **Reihenentwicklung nicht beliebig oft differenzierbarer Funktionen** *
Eine notwendige Bedingung für die Existenz der vollen Taylorreihe einer Funktion ist die Differenzierbarkeit bis zu beliebig hoher Ordnung. Falls dies für eine Funktion nicht erfüllt ist, d.h. falls ihre Ableitungen nur bis zu einer gewissen Ordnung existieren, so kann sie dennoch in eine endliche Summe à la Taylorreihe entwickelt werden. Der Term mit der höchsten existierenden Ableitung kann dann gemäß (3.31) für die Abschätzung des Fehlers verwendet werden.

[Aufgabe 14] [Aufgabe 15] [Aufgabe 16] [Aufgabe 17] [Aufgabe 18]

Im nächsten Kapitel werden wir noch einmal auf das Thema Taylorreihen zurückkommen und mit ihrer Hilfe einen wichtigen Zusammenhang zwischen der Exponentialfunktion und den Winkelfunktionen finden.

# Aufgaben

1. Zeigen Sie explizit, dass für das Polynom $f(x) = x^2 - x^8$ die Formel (3.5) gilt.

2. Berechnen Sie mit Hilfe der Taylorreihe der Sinusfunktion einen Näherungswert für $\sin\left(\frac{1}{2}\right)$ und vergleichen Sie mit dem Wert, den ein elektronischer Rechner dafür angibt.

3. Begründen Sie, dass die Funktionen $1/x$, $|x|$, $\sqrt{x}$ und $\ln x$ keine Taylorreihe mit Mittelpunkt $0$ besitzen.

[16] Das Verfahren funktioniert allerdings *nicht* für *alle* Differentialgleichungen, sondern nur dann, wenn die Lösung als Taylorreihe dargestellt werden kann. Beispielsweise liefert ein Reihenansatz um die Stelle $0$ für die Differentialgleichung $x\,y'(x) = x + y(x)$ kein Ergebnis (sondern einen Widerspruch). Das darf nicht verwundern, denn die allgemeine Lösung lautet $y(x) = x \ln x + c\,x$. Rechnen Sie nach: $y'(0)$ ist nicht endlich! $y(x)$ ist daher nicht als Taylorreihe mit Mittelpunkt $0$ darstellbar.

4. Welche Taylorreihe ergibt sich, wenn in (3.10) $x$ durch $x^2$ ersetzt wird? Benutzen Sie die Summenschreibweise, um sie anzugeben.

5. In der speziellen Relativitätstheorie ist die Energie eines mit Geschwindigkeit $v$ bewegten Körpers der Masse $m$ durch $E(v)=\dfrac{mc^2}{\sqrt{1-\dfrac{v^2}{c^2}}}$ gegeben (wobei $c$ die Lichtgeschwindigkeit ist). Entwickeln Sie diesen Ausdruck (ohne Hilfsmittel) für kleine Geschwindigkeiten bis zur vierten Ordnung. Kommen Ihnen die ersten beiden nichttrivialen Terme bekannt vor?

6. Wie verhält sich $\dfrac{\sin x}{x}$ für kleine $x$? (Tipp: dividieren Sie die Taylorreihe der Sinusfunktion durch $x$). Plotten Sie $\sin x$, $x$ und $\dfrac{\sin x}{x}$.

7. Benutzen Sie die Taylorreihe (3.20), um einen Näherungswert von $e^{1.01}$ zu berechnen. Wie viele Glieder der Taylorreihe müssen aufsummiert werden, um Taschenrechnergenauigkeit zu erzielen? Berechnen Sie zum Vergleich einen Näherungswert von $e^{1.01}$ mit Hilfe der Taylorreihe (3.14). Wie viele Glieder sind nun zur Erreichung der gleichen Genauigkeit nötig?

8. Zeigen Sie, dass für das Polynom (3.1) gilt:
$f(x)=\frac{1}{0!}f(2)+\frac{1}{1!}f'(2)(x-2)+\frac{1}{2!}f''(2)(x-2)^2+\frac{1}{3!}f'''(2)(x-2)^3$.

9. Sei $a\neq 0$. Entwickeln Sie die Funktion $f(x)=\dfrac{1}{a^2-x^2}$ in eine Taylorreihe mit Mittelpunkt $0$. (Tipp: Schreiben Sie $\dfrac{1}{a^2-x^2}=\dfrac{1}{a^2}\dfrac{1}{1-(x/a)^2}$, setzen Sie $x/a\equiv u$ und entwickeln Sie in der Variable $u$. Dabei können Sie die Reihe (3.11) verwenden). Überprüfen Sie ihr Ergebnis mit einem Computeralgebra-System bis zur Ordnung $x^{20}$.

10. Entwickeln Sie mit Hilfe eines Computeralgebra-Systems die Funktion $f(x)=2+(x^2-1)\sin x$ in eine Taylorreihe mit Mittelpunkt $0$ bis zur fünften Ordnung. Erstellen Sie Plots der Funktion $f$ sowie der bis zu dieser Ordnung auftretenden Näherungspolynome für den Bereich $|x|\leq 3$.

11. Entwickeln Sie mit Hilfe eines Computeralgebra-Systems die Funktion $f(x)=2+(x^2-1)\sin x$ in eine Taylorreihe mit Mittelpunkt $\pi$ bis zur dritten Ordnung.

12. Entwickeln Sie die Funktion $f(x)=e^x\sin x$ durch Berechnung auf dem Papier um den Punkt $0$ bis zur dritten Ordnung. Überprüfen Sie Ihr Ergebnis mit einem Computeralgebra-System. Erstellen Sie Plots der Funktion $f$ sowie der bis zu dieser Ordnung auftretenden Näherungspolynome.

13. Entwickeln Sie die Funktionen $f(x) = \exp(-x^2)$ und $g(x) = x\exp(-x^2)$ in Taylorreihen mit Mittelpunkt $0$. Benutzen Sie dabei die Taylorreihe der Exponentialfunktion, aber ansonsten *kein* weiteres Hilfsmittel.

14. Entwickeln Sie $\sqrt{1+x}$ bis zur zweiten Ordnung in $x$.

15. Berechnen Sie $\left(1+2x+O(x^2)\right)\left(1-\frac{x}{2}+O(x^2)\right)$.

16. Benutzen Sie die Taylorreihen der Exponentialfunktion und der Sinusfunktion für kleine $x$ (jeweils bis zu einer geeigneten Ordnung), um die Funktion $f(x) = e^x \sin x$ bis zur dritten Ordnung zu entwickeln. (Vgl. Aufgabe 12).

17. Differenzieren Sie die Taylorreihe der Sinusfunktion mit Mittelpunkt $0$ gliedweise und vergleichen Sie Ihr Ergebnis mit der Taylorreihe der Cosinusfunktion.

18. Integrieren Sie die Taylorreihe von $\exp(-x^2)$ mit Mittelpunkt $0$ (vgl. Aufgabe 13) gliedweise, um eine Reihenentwicklung der Stammfunktion $\exp(-x^2)$ von zu erhalten.

# 4 Komplexe Exponentialfunktion

## Die reelle Exponentialfunktion

Die reelle Exponentialfunktion ordnet jeder reellen Zahl $x$ die reelle Potenz $e^x$ (die auch in der Form $\exp(x)$ geschrieben werden kann) zu[1]. Die wichtigste Rechenregel, die diese Funktion erfüllt, ist

$$e^{x_1}e^{x_2}=e^{x_1+x_2} \tag{4.1}$$

für beliebige reelle $x_1$ und $x_2$.

## Die Eulersche Formel

Im vorigen Kapitel wurden Taylorreihen für *reelle* Funktionen betrachtet. Manchmal werden in der Physik Verallgemeinerungen benötigt, die komplexe Zahlen mit einbeziehen. Die komplexe Exponentialfunktion ist das prominenteste Beispiel dafür (und das einzige, das in diesem Buch betrachtet wird).

Beginnen wir damit, in der Exponentialfunktion (4.1) die Variable $x$ durch $ix$ zu ersetzen. Eine solche Ersetzung führt formal auf die Funktion $f(x)=e^{ix}$, wobei $x$ reell ist. Aber was soll das bedeuten? Wie ist eine Potenz mit einem imaginären Exponenten zu berechnen? Eine Methode[2], diese Frage zu beantworten, beruht auf der Reihenentwicklung der *reellen* Exponentialfunktion, Formel (3.14) des vorigen Kapitels. Wir schreiben sie hier nochmals auf:

$$e^x=1+x+\frac{x^2}{2!}+\frac{x^3}{3!}+\frac{x^4}{4!}+\frac{x^5}{5!}+\frac{x^6}{6!}+\frac{x^7}{7!}+\dots. \tag{4.2}$$

Was liegt näher, als in diese Reihe $ix$ anstelle von $x$ einzusetzen? Unter Verwendung von $i^2=-1$ (daher $i^3=-i$, $i^4=1$ usw.[3]) ergibt sich

$$e^{ix}=1+ix-\frac{x^2}{2!}-\frac{ix^3}{3!}+\frac{x^4}{4!}+\frac{ix^5}{5!}-\frac{x^6}{6!}-\frac{ix^7}{7!}+\dots. \tag{4.3}$$

---

[1] Wir können diese Zuordnung in der Form $x\mapsto e^x$ oder $x\mapsto\exp(x)$ anschreiben. Dass die reelle Exponentialform jeder reellen Zahl eine reelle Zahl zuordnet, wird durch die Schreibweise $\exp:\mathbb{R}\to\mathbb{R}$ zum Ausdruck gebracht. Beachten Sie die unterschiedlichen Rollen der beiden Pfeile! Sie werden in diesem Buch dann und wann verwendet.

[2] Es gibt auch andere Methoden, und sie führen alle auf die gleiche Antwort!

[3] Siehe Aufgabe 2 von Kapitel 2.

Wir spalten diese Reihe in Real- und Imaginärteil auf und erhalten

$$e^{ix} = 1 - \frac{x^2}{2!} + \frac{x^4}{4!} - \frac{x^6}{6!} ... + i\left(x - \frac{x^3}{3!} + \frac{x^5}{5!} - \frac{x^7}{7!} + ...\right). \tag{4.4}$$

Überraschenderweise treten als Real- um Imaginärteil genau die Taylorreihen von $\cos x$ und $\sin x$ auf[4]! *Wenn* also $e^{ix}$ für reelle $x$ irgendeinen Sinn macht, dann diesen:

$$e^{ix} = \cos x + i \sin x. \tag{4.5}$$

Damit haben wir eine der wichtigsten Beziehungen der modernen Mathematik entdeckt! Sie geht auf Leonhard Euler zurück (und trägt daher den Namen **Eulersche Formel**). Als Spezialfall ergibt sich mit $x = \pi$ (und unter Verwendung von $\cos\pi + i\sin\pi = -1$) die „schönste Formel der Welt"

$$e^{i\pi} + 1 = 0, \tag{4.6}$$

die auf fast symbolträchtige Weise die Objekte und Begriffe $e$, $i$, $\pi$, die Addition, die Einheit, die Gleichheit und die Null in sich vereinigt!

Als Check, dass (4.5) eine brauchbare Definition der Exponentialfunktion mit imaginärem Exponenten abgibt, kann gezeigt werden, dass für alle reellen $x_1$ und $x_2$

$$e^{ix_1} e^{ix_2} = e^{i(x_1 + x_2)} \tag{4.7}$$

gilt. (Wir führen den Beweis nicht vor – er benutzt lediglich die Additionstheoreme der Sinus- und der Cosinusfunktion[5]). Weiters führt (4.5) mit $x = 0$ auf die Beziehung $e^0 = 1$, d.h. an der Stelle $0$ (der einzigen Zahl, die reell und imaginär zugleich ist) stimmt (4.5) mit der reellen Exponentialfunktion überein. Schließlich ergeben sich aus (4.7) die trivialen Folgerungen $\frac{e^{ix_1}}{e^{ix_2}} = e^{i(x_1 - x_2)}$ und $\frac{1}{e^{ix}} = e^{-ix}$. (Anstelle formaler Beweise illustrieren wir sie in der Form zweier Beispiele: $e^{5i} e^{3i} = e^{8i}$ impliziert $\frac{e^{8i}}{e^{3i}} = e^{5i}$, und $e^{3i} e^{-3i} = e^0 = 1$ impliziert $\frac{1}{e^{3i}} = e^{-3i}$). Daraus ergibt sich, dass wir mit imaginären Exponenten genauso rechnen dürfen wir mit reellen!

Ähnliche Verfahren werden in der Physik übrigens oft angewandt. Vielleicht wird Ihnen dann und wann in weiterführenden Vorlesungen auffallen, dass eine Größe, die an und für sich reell ist (wie z.B. die Auslenkung eines schwingenden Systems oder eine Komponente des elektrischen Feldes) so behandelt wird, als wäre sie komplex. Dieses „Ausweichen ins Komplexe" kann uns viel Aufschluss über reelle Funktionen geben, und meistens sind dabei auch Taylorreihen im Spiel.

[Aufgabe 1]

---

[4] Siehe (3.12) und (3.13).

[5] Siehe Fußnote 7 von Kapitel 2.

# Exponentialfunktion und Polardarstellung

In Kapitel 2 haben wir die **Polardarstellung einer komplexen Zahl** kennen gelernt – siehe Formel (2.10): Ist $z = x + iy$ (mit reellen $x$ und $y$), und sind $r$ und $\varphi$ die Polarkoordinaten des Punktes $(x, y)$ in der Zahlenebene, so kann $z$ in der Form

$$z = r(\cos\varphi + i\sin\varphi) \tag{4.8}$$

geschrieben werden. Mit (4.5) – wobei $x$ durch $\varphi$ ersetzt wird – lässt sich dies sofort in die Form

$$z = r\,e^{i\varphi} \tag{4.9}$$

bringen. Das ist ein sehr wertvolles Resultat: Kann eine komplexe Zahl in der Form $re^{i\varphi}$ geschrieben werden, so lässt sich daraus sofort ihr Betrag $r$ und ihr Argument $\varphi$ (bis auf ganzzahlige Vielfache von $2\pi$) *ablesen*. Insbesondere hat jede komplexe Zahl der Form

$$e^{i\varphi} \tag{4.10}$$

(für reelles $\varphi$) den Betrag $1$, d.h. sie liegt am Einheitskreis (vgl. (2.12)).

Die Rechenregel (4.7), in der Form $e^{i\varphi_1}e^{i\varphi_2} = e^{i(\varphi_1+\varphi_2)}$ auf die Argumente (d.h. die Winkelkoordinaten) komplexer Zahlen angewandt, liefert mit einem Schlag die geometrischen Interpretationen der komplexen Multiplikation, der Division, des Potenzierens und des Wurzelziehens:

- **Komplexe Multiplikation**
  Mit $z_1 = r_1 e^{i\varphi_1}$ und $z_2 = r_2 e^{i\varphi_2}$ wird

$$z_1 z_2 = r_1 r_2\, e^{i\varphi_1} e^{i\varphi_2} = r_1 r_2\, e^{i(\varphi_1+\varphi_2)} \tag{4.11}$$

  (vgl. (2.13)), womit auf schnelle und elegante Weise gezeigt ist, dass

  - der Betrag eines Produkts gleich dem Produkt der Beträge und
  - das Argument des Produkts gleich der Summe der Argumente

  der Faktoren ist. Auch die Verallgemeinerung auf **mehrfache Produkte**

$$z_1 z_2 z_3 \ldots = (r_1 r_2 r_3 \ldots) e^{i\varphi_1} e^{i\varphi_2} e^{i\varphi_3} = (r_1 r_2 r_3 \ldots) e^{i(\varphi_1+\varphi_2+\varphi_3+\ldots)} \tag{4.12}$$

  (vgl. (2.14)) liegt auf der Hand.

- **Komplexe Division**
  Ebenso leicht erhalten wir

$$\frac{z_1}{z_2} = \frac{r_1 e^{i\varphi_1}}{r_2 e^{i\varphi_2}} = \frac{r_1}{r_2}\, e^{i(\varphi_1-\varphi_2)} \tag{4.13}$$

(vgl. (2.15)) sowie die Regel zur Berechnung des Kehrwerts

$$\frac{1}{z} = \frac{1}{re^{i\varphi}} = \frac{1}{r} e^{-i\varphi} \tag{4.14}$$

einer komplexen Zahl (vgl. (2.16)).

- **Potenzieren**
  Aus (4.12) ergibt sich für das $n$-fache Produkt von $z$ mit sich selbst

$$z^n = r^n e^{in\varphi}. \tag{4.15}$$

- **Wurzelziehen**
  Für jede komplexe Zahl $z$ ist

$$\sqrt[n]{r}\, e^{i\frac{\varphi}{n}} \tag{4.16}$$

*eine* komplexe $n$-te Wurzel aus $z$.

Ergänzung: ***Alle*** ***$n$*-ten Wurzeln aus** $z$: *
Tatsächlich gibt es für jedes $z \neq 0$ genau $n$ komplexe Zahlen, deren $n$-te Potenz $z$ ist. Es sind dies die Zahlen

$$\sqrt[n]{r}\, e^{i\frac{\varphi+2\pi k}{n}} \tag{4.17}$$

für $k = 0,1,2,\ldots n-1$. Bilden wir zum Beweis die $n$-te Potenz, so ergibt sich $\left(\sqrt[n]{r}\, e^{i\frac{\varphi+2\pi k}{n}}\right)^n = r e^{i(\varphi+2\pi k)} = r e^{i\varphi} e^{2\pi i k} = r e^{i\varphi} = z$, wobei wir verwendet haben, dass für jedes ganzzahlige $k$ die Beziehung $e^{2\pi i k} = \left(e^{2\pi i}\right)^k = 1^k = 1$ gilt.

Alle Formeln (4.11) – (4.15) (sowie (4.17) für den Spezialfall $z = 1$, d.h. $r = 1$ und $\varphi = 0$) stehen bereits in Kapitel 2, nur sind sie dort in der Polardarstellung (4.8) mit Hilfe der Sinus- und der Cosinusfunktion angeschrieben. Die neue Polardarstellung (4.9), die die Exponentialfunktion mit imaginären Variablen benutzt, drückt zwar das Gleiche aus, sie hat aber den immensen Vorteil, dass mit ihr leichter gerechnet werden kann.

[Aufgabe 2] [Aufgabe 3] [Aufgabe 4] [Aufgabe 5]

# Die komplexe Exponentialfunktion

Mit der Eulerschen Formel (4.5) ist es leicht, die Exponentialfunktion für *beliebige komplexe Exponenten* zu verallgemeinern. Dazu wird für reelle $x$ und $y$

$$e^{x+iy} = e^x e^{iy} \equiv e^x(\cos y + i \sin y) \tag{4.18}$$

definiert.[6] Diese Funktion (die jeder komplexen Zahl $z = x + iy$ die komplexe Zahl $e^z \equiv e^{x+iy}$ zuordnet) erfüllt für beliebige $z_1$ und $z_2$ die Rechenregel

$$e^{z_1} e^{z_2} = e^{z_1 + z_2}, \tag{4.19}$$

die somit die natürliche Verallgemeinerung von (4.1) für komplexe Zahlen darstellt. Weiters lässt sich zeigen, dass sie eine *komplexe Reihenentwicklung* besitzt: Für jede komplexe Zahl $z$ gilt

$$e^z = 1 + z + \frac{z^2}{2!} + \frac{z^3}{3!} + \frac{z^4}{4!} + \frac{z^5}{5!} + \ldots \equiv \sum_{n=0}^{\infty} \frac{z^n}{n!}, \tag{4.20}$$

was formal die gleiche Reihe wie (4.2) ist, wobei aber nun komplexe Zahlen eingesetzt werden können. Die Wirkung der komplexen Exponentialfunktion auf ein $z = x + iy \in \mathbb{C}$ kann also entweder mit der Formel (4.18) oder durch die Reihe (4.20) berechnet werden – das Resultat ist in beiden Fällen das gleiche.

- Ein Beispiel für die Nützlichkeit der komplexen Exponentialfunktion ist die **Beschreibung der harmonischen Schwingung**. Ist $\omega$ eine positive Konstante, und wird jedem Zeitpunkt $t$ die komplexe Zahl $z(t) = e^{i\omega t}$ zugeordnet, so wird damit ein am Einheitskreis mit Winkelgeschwindigkeit $\omega$ gegen den Uhrzeigersinn rotierender Punkt beschrieben. (Die Winkelkoordinate $\varphi$ wächst proportional zur Zeit). Realteil- und Imaginärteil von $z(t)$ beschreiben harmonische Schwingungen: $\mathrm{Re}(z(t)) = \cos(\omega t)$ und $\mathrm{Im}(z(t)) = \sin(\omega t)$.

- Ein weiteres Beispiel ist die **Beschreibung der gedämpften Schwingung**. Sind $k$ und $\omega$ positive Konstante, und wird jedem Zeitpunkt $t$ die komplexe Zahl $z(t) = e^{(-k+i\omega)t}$ zugeordnet, so beschreiben Realteil- und Imaginärteil von $z(t)$ gedämpfte Schwingungen: $\mathrm{Re}(z(t)) = e^{-kt}\cos(\omega t)$ und $\mathrm{Im}(z(t)) = e^{-kt}\sin(\omega t)$. Abbildung 4.1 zeigt einen Plot von $\mathrm{Re}(z(t))$ und $\mathrm{Im}(z(t))$ für $k = 1$ und $\omega = 10$.

Wir werden in Kapitel 5 näher darauf eingehen, wie komplexe Techniken benutzt werden, um Informationen über reelle Schwingungsformen zu gewinnen.

[6] Statt $e^z$ kann auch in diesem Fall $\exp(z)$ geschrieben werden. Formal ausgedrückt, wird mit (4.18) die Exponentialfunktion zu einer Funktion $\exp: \mathbb{C} \to \mathbb{C}$ verallgemeinert.

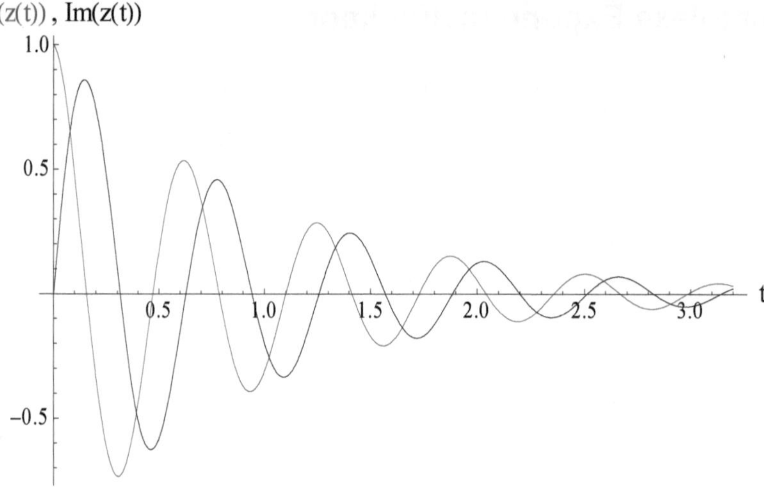


**Abbildung 4.1**:

Plot des Realteils (rot) und des Imaginärteils (schwarz) von $z(t) = e^{(-1+10i)\,t}$. Mit (4.18) ergibt sich $\mathrm{Re}(z(t)) = e^{-t}\cos(10t)$ und $\mathrm{Im}(z(t)) = e^{-t}\sin(10t)$. Die beiden Funktionen stellen Schwingungen dar, deren Amplituden mit der Zeit exponentiell abnehmen.

# Aufgaben

1. Sei $x$ eine reelle Zahl. Berechnen Sie $\mathrm{Re}(e^{ix})$, $\mathrm{Im}(e^{ix})$, $\mathrm{Re}(e^{-ix})$ und $\mathrm{Im}(e^{-ix})$.

2. Sei $x$ reell. Drücken Sie $\sin x$ und $\cos x$ durch $e^{ix}$ und $e^{-ix}$ aus.

3. Sei $z = 2\,e^{i\pi/4}$. Berechnen Sie Real- und Imaginärteil sowie das Quadrat von $z$.

4. Zeigen Sie, dass $(e^{ix})^* = e^{-ix}$ für jedes reelle $x$.

5. Welche geometrische Figur bildet die Menge $\{\, e^{it} \mid 0 \le t < 2\pi\}$ in der komplexen Zahlenebene?

# 5 Lineare Differentialgleichungen mit konstanten Koeffizienten

## Was sind Differentialgleichungen?

Eine **gewöhnliche Differentialgleichung** ist eine Aussage, die eine Funktion in einer bestimmten Weise mit ihren Ableitungen (bis zu einer gewissen Ordnung) verknüpft. Anstelle einer abstrakten Definition geben wir einige Beispiele gewöhnlicher Differentialgleichungen:

- Differentialgleichung (erster Ordnung) für die Funktion $y \equiv y(x)$:

  $$y'(x) = y(x),$$

  oder auch kurz in der Form $y' = y$ angeschrieben. Sie besteht in der Aussage, dass die Funktion $y$ gleich ihrer Ableitung ist. Wir sagen, dass eine Funktion $y$ diese Differentialgleichung **erfüllt** (oder **Lösung** dieser Differentialgleichung ist), wenn $y'(x) = y(x)$ für alle $x$ (aus $\mathbb{R}$ oder aus einem anderen, angegebenen Bereich) gilt.

  *Eine* Lösung ist schnell erraten: Die Funktion $y(x) = e^x$ ist gleich ihrer Ableitung, d.h. sie ist Lösung der gegebenen Differentialgleichung. Aber auch jede Funktion der Form $y(x) = Ce^x$, wobei $C$ eine beliebige Konstante ist, erfüllt die Differentialgleichung, denn für jede Funktion dieser Form gilt $y'(x) = C(e^x)' = Ce^x = y(x)$. Damit sind unendlich viele Lösungen der Differentialgleichung $y' = y$ gefunden (und das sind übrigens *alle* Lösungen, die sie besitzt).

- Differentialgleichung (dritter Ordnung) für die Funktion $f \equiv f(u)$:

  $$f'''(u) - 3f'(u) = \frac{u}{1 + f(u)^2}.$$

  Diese Differentialgleichung zu lösen ist, im Vergleich zum ersten Beispiel, sehr schwierig – und wir wollen es auch gar nicht versuchen! Sie illustriert, dass beliebig komplizierte Terme angeschrieben werden können, um eine Differentialgleichung zu definieren.

- In der Physik treten Differentialgleichungen sehr häufig auf. So wird beispielsweise die Dynamik (Zeitentwicklung) eines physikalischen Systems in der klassischen Mechanik durch das zweite Newtonsche Axiom („Kraft ist gleich Masse mal Beschleunigung") beschrieben. Diese Aussage führt in der Regel auf eine Differentialgleichung. Ist beispielsweise $x(t)$ der Ort eines Körpers zur Zeit $t$, so ist „Masse mal Beschleunigung" zur Zeit $t$ durch das Produkt $m\ddot{x}(t)$ gegeben. Dabei steht ein Punkt für die Ableitung nach der Zeit: $\dot{x}(t)$ ist die Geschwindigkeit, $\ddot{x}(t)$ die Beschleunigung, beides zur Zeit $t$). Nun wirke auf diesen Körper beispielsweise eine elastische Kraft, die ihn zum Ort $x=0$ ziehen möchte, und deren Betrag proportional zur Auslenkung $x$ ist. Als Term für eine solche Kraft können wir $F(x)=-kx$ schreiben, wobei $k$ eine (positive) Konstante (die „Federkonstante") ist. Das Minuszeichen drückt aus, dass es sich um eine *rücktreibende* Kraft (Rückstellkraft) handelt: Befindet sich der Körper an einem Ort $x>0$ (d.h. rechts vom Nullpunkt), so ist sie negativ, d.h. sie wirkt in Richtung zum Nullpunkt hin. Befindet sich der Körper an einem Ort $x<0$ (d.h. links vom Nullpunkt), so ist sie positiv, d.h. sie wirkt ebenfalls in Richtung zum Nullpunkt hin! Das zweite Newtonsche Axiom für diese Situation besteht nun in der Aussage: Es gilt

$$m\ddot{x}(t)=-kx(t) \tag{5.1}$$

für alle Zeiten $t$ (oder innerhalb eines gegebenen Zeitintervalls, in dem die Bewegung betrachtet werden soll). Das ist eine Differentialgleichung (zweiter Ordnung) für die Funktion $x\equiv x(t)$. Sie kann auch kurz in der Form $m\ddot{x}=-kx$ geschrieben werden.

Die **Ordnung** einer Differentialgleichung ist die Ordnung der höchsten auftretenden Ableitung. Für die Physik sind vor allem Differentialgleichungen **erster** und **zweiter** Ordnung wichtig. $y'=y$ ist eine Differentialgleichung erster Ordnung, $m\ddot{x}=-kx$ ist eine Differentialgleichung zweiter Ordnung.

Alle Differentialgleichungen, die in diesem Kapitel besprochen werden (abgesehen vom Beispiel (5.35) ganz zum Schluss), tragen die Zusatzbezeichnung „gewöhnlich" (da sie nur „gewöhnliche" und keine „partiellen" Ableitungen enthalten). Weiters wollen wir uns auf *reelle* Differentialgleichungen beschränken, d.h. alle in ihnen auftretenden (vorgegebenen) Konstanten und Funktionen wie $m$ und $k$ in (5.1) seien reell (was nicht in Widerspruch damit steht, dass wir weiter unten komplexe Lösungen solcher Differentialgleichungen betrachten werden).

In der Theorie der Differentialgleichungen ist es eine häufig verwendete Konvention, die gesuchte Funktion mit $y\equiv y(x)$ und die Ableitung nach $x$ mit einem Strich $'$ zu bezeichnen. Wir wollen uns im Folgenden in den meisten Fällen an diese Konvention halten, aber bei physikalischen Beispielen, die Bewegungsvorgänge betreffen, auch die Bezeichnung $x\equiv x(t)$ verwenden und die Ableitung nach $t$ mit einem Punkt bezeichnen.[1] Hier eine „Übersetzungstabelle":

| | „Mathematische" Notation | „Physikalische" Notation |
|---|---|---|
| unabhängige Variable | $x$ | $t$ |
| abhängige Variable (gesuchte Funktion) | $y\equiv y(x)$ | $x\equiv x(t)$ |
| erste und zweite Ableitung | $y'(x)$, $y''(x)$ | $\dot{x}(t)$, $\ddot{x}(t)$ |

Das Wort „Differentialgleichung" wird im Text manchmal als DGL abgekürzt.

[1] Die Variable, von der die gesuchte Funktion abhängt, und nach der differenziert wird, muss nicht immer durch die übliche Klammer (wie in $y(x)$ und $y'(x)$ oder $x(t)$ und $\ddot{x}(t)$) ausgedrückt werden. Beispielsweise kann, wie bereits erwähnt, anstelle von $y'(x)=y(x)$ auch kurz $y'=y$ geschrieben werden. Die Differentialgleichung $y'(x)-y(x)=x^2$ kann ebenfalls in der Kurzform $y'-y=x^2$ angeschrieben werden, wobei dann allerdings dazugesagt werden muss, dass $x$ die Variable bezeichnet, von der $y$ abhängt (und nicht etwa eine Konstante oder eine weitere Funktion). Eine andere Schreibweise, die das ausdrückt, ist $\frac{dy}{dx}-y=x^2$. Insbesondere bei Differentialgleichungen der Physik, in denen die verschiedensten Größen auftreten, ist darauf zu achten, dass die Rolle aller vorkommenden Symbole klar ist!

## Lineare Differentialgleichungen

Wie eine Differentialgleichung gelöst werden kann, hängt sehr stark von ihrer Struktur ab. Dementsprechend wird zwischen vielen *Typen* von Differentialgleichungen unterschieden. Besonders wichtig sind die linearen Differentialgleichungen. Sie sind dadurch charakterisiert, dass die gesuchte Funktion nur in linearer Weise auftritt. Betrachten wir ein paar Beispiele für lineare Differentialgleichungen:

- $y''(x) + x^2 y(x) = x^4$
  Das ist eine lineare Differentialgleichung zweiter Ordnung. Sie wird auch als **linear-inhomogen** bezeichnet, da auf der rechten Seite der „inhomogene" Term $x^4$ (das ist jener Term, der übrig bleibt, wenn $y(x)$ und alle seine Ableitungen gleich $0$ gesetzt werden) steht.

- $y''(x) + x^2 y(x) = 0$
  Das ist ebenfalls eine lineare Differentialgleichung zweiter Ordnung. Im Unterschied zur vorigen ist sie **linear-homogen**, da der „inhomogene" Term fehlt. Jede linear-homogene Differentialgleichung besitzt die triviale Lösung $y(x) = 0$ für alle $x$.

- $y'(x) + \sin x = \cos x \; y(x)$
  Das ist eine lineare Differentialgleichung erster Ordnung. Sie ist linear-inhomogen – der inhomogene Term ist der Sinus auf der linken Seite.

Die gesuchte Funktion $y$ und ihre Ableitungen können hier multipliziert mit (vorgegebenen) Funktionen der Variable $x$ (den Koeffizientenfunktionen) auftreten. Sind diese konstant, so sprechen wir von einer **linearen Differentialgleichung mit konstanten Koeffizienten** – dem eigentlichen Gegenstand dieses Kapitels. Hier zwei Beispiele für lineare Differentialgleichungen mit konstanten Koeffizienten:

- $y''(x) + 3y'(x) - y(x) = 0$
  Das ist eine lineare Differentialgleichung zweiter Ordnung mit konstanten Koeffizienten. Sie ist linear-homogen.

- $y''(x) + 3y'(x) - y(x) = x^3$
  Das ist eine lineare Differentialgleichung zweiter Ordnung mit konstanten Koeffizienten. Sie ist linear-inhomogen. Beachten Sie, dass der inhomogene Term, hier $x^3$, nicht konstant sein muss, sondern eine gegebene Funktion der Variable $x$ sein kann.

In der Theorie der linearen Differentialgleichungen ist es üblich, alle Terme, die die gesuchte Funktion enthalten, auf die linke Seite und einen eventuell vorhandenen inhomogenen Term auf die rechte Seite zu schreiben. Das ist aber nur eine bequeme Konvention, keine eiserne Regel! Beachten Sie beispielsweise, dass die drei Schreibweisen $y''(x) + 3y'(x) - y(x) = x^3$, $y''(x) - y(x) - x^3 = -3y'(x)$ und $y''(x) = y(x) - 3y'(x) + x^3$ dieselbe Differentialgleichung darstellen! Auch die gemäß dem zweiten Newtonschen Axiom in der Physik übliche Schreibweise von Bewegungsgleichungen („Masse mal Beschleunigung" auf der linken und die Kraft auf der rechten Seite) weicht von dieser Konvention ab, wie etwa im Falle der Differentialgleichung (5.1), die genauso gut in der Form $\ddot{x}(t) + \frac{k}{m} x(t) = 0$ geschrieben werden könnte (sofern $m \neq 0$ vorausgesetzt wird). Durch diese Schreibweise wird überdies klarer als in (5.1) zum Ausdruck gebracht, dass ihre Lösungen, nur vom Quotienten $k/m$ abhängen! Die einzige „eiserne Regel" lautet: Um den Typ (d.h. die Struktur) einer Differentialgleichung zu erkennen, muss man sie zuerst einmal genau anschauen!

[Aufgabe 1] [Aufgabe 2] [Aufgabe 3] [Aufgabe 4]

# Die Lösungsmenge einer linearen Differentialgleichung

Bevor wir uns auf lineare Differentialgleichungen mit konstanten Koeffizienten beschränken, wollen wir auf einige wichtige Tatsachen eingehen, die für *alle* linearen Differentialgleichungen gelten. Dabei unterscheiden wir zwei Fälle:

- **Linear-homogene Differentialgleichung**
  Wir beginnen zunächst mit einem

  Beispiel: Die Differentialgleichung $y''(x)+y(x)=0$ (oder, anders angeschrieben, $y''(x)=-y(x)$) soll gelöst werden. Mit ein bisschen Probieren gelingt es auch, zwei Lösungen zu finden: Die Ableitung der Sinusfunktion ist gleich der Cosinusfunktion, und die Ableitung der Cosinusfunktion ist gleich *minus* der Sinusfunktion. Das bedeutet:

  - Ist $y(x)=\sin x$, so ist $y'(x)=\cos x$ und $y''(x)=-\sin x=-y(x)$. Daher ist die Sinusfunktion eine Lösung der Differentialgleichung.
  - Ist $y(x)=\cos x$, so ist $y'(x)=-\sin x$ und $y''(x)=-\cos x=-y(x)$. Daher ist die Cosinusfunktion ebenfalls eine Lösung der Differentialgleichung.

  Damit sind zwei Lösungen gefunden: die Sinus- und die Cosinusfunktion. Ein kurzer Check zeigt, dass auch Kombinationen wie $\sin x+\cos x$ oder $3\sin x-2\cos x$ Lösungen sind. Ganz allgemein ist jede Funktion der Form $y(x)=C_1\sin x+C_2\cos x$, wobei $C_1$ und $C_2$ beliebige festgehaltene Konstante sind, eine Lösung, denn dann gilt:

  $$y''(x)=C_1(\sin x)''+C_2(\cos x)''=-C_1\sin x-C_2\cos x=-y(x).$$

  Gibt es außer diesen noch weitere Lösungen? Die äußerst wichtige Antwort (die wir hier nicht beweisen) ist: Nein! *Jede* Lösung der gegebenen Differentialgleichung ist von der Form $y(x)=C_1\sin x+C_2\cos x$. Damit ist die *allgemeine Lösung* der Differentialgleichung $y''(x)+y(x)=0$ gefunden!

  Der grundsätzlichen Struktur dieses Beispiels begegnen wir bei *jeder* linear-homogenen Differentialgleichung: Sind $y_1(x)$ und $y_2(x)$ Lösungen, so wird die Differentialgleichung auch von allen Funktionen der Form $y(x)=C_1\,y_1(x)+C_2\,y_2(x)$ gelöst, wobei $C_1$ und $C_2$ beliebige Konstante sind. (Insbesondere ist die Summe zweier Lösungen wieder eine Lösung, und das Vielfache einer Lösung ist wieder eine Lösung). Letztlich rührt diese Eigenschaft daher, dass das Bilden der Ableitung (und auch jeder höheren Ableitung) eine lineare Operation ist, denn es gilt

$$\left(C_1\, y_1(x) + C_2\, y_2(x)\right)' = C_1\, y_1'(x) + C_2\, y_2'(x),$$
$$\left(C_1\, y_1(x) + C_2\, y_2(x)\right)'' = C_1\, y_1''(x) + C_2\, y_2''(x)$$

usw.

Eine Kombination der Form $y(x) = C_1\, y_1(x) + C_2\, y_2(x)$ nennen wir **Linearkombination** der beiden Lösungen $y_1(x)$ und $y_2(x)$. Kurz ausgedrückt, gilt also: Mit $y_1$ und $y_2$ ist auch jede Linearkombination dieser beiden Funktionen eine Lösung einer linear-homogenen Differentialgleichung. Die Menge *aller* Lösungen einer solchen Differentialgleichung bildet einen so genannten *Vektorraum*.[2]

Auch über die „Größe" (die „Dimension") des Lösungsraums lässt sich eine allgemeine Aussage machen (die wir hier nicht beweisen, sondern nur anführen und benutzen): Um die allgemeine Lösung einer linear-homogenen Differentialgleichung $n$-ter Ordnung zu finden, reicht es, $n$ Lösungen $y_1$, $y_2, \dots y_n$ zu finden, *die nicht Linearkombination voneinander sind*. Systeme von Lösungen mit dieser Eigenschaft heißen **linear unabhängig** oder **Basislösungen**.[3] Dieser Sachverhalt kann auch so ausgedrückt werden: Der Lösungsraum einer linear-homogenen Differentialgleichung $n$-ter Ordnung ist $n$-dimensional. Sind $n$ Basislösungen $y_1(x)$, $y_2(x), \dots y_n(x)$ gefunden, so lässt sich *jede* Lösung in der Form

$$y(x) = C_1\, y_1(x) + C_2\, y_2(x) + \dots + C_n\, y_n(x) \tag{5.2}$$

anschreiben, ist also eine Linearkombination der $n$ Basislösungen. Wir nennen einen solchen Ausdruck auch die **allgemeine Lösung** der Differentialgleichung. Er besitzt $n$ frei wählbare Konstante, nämlich die Koeffizienten $C_1$, $C_2, \dots C_n$,mit deren Hilfe beliebige Linearkombinationen der Basislösungen gebildet werden können.[4]

Ein weiteres Beispiel ist uns bereits zu Beginn dieses Kapitels begegnet: Die allgemeine Lösung der Differentialgleichung $y'(x) = y(x)$ ist $y(x) = Ce^x$, wobei $C$ eine beliebige Konstante ist. Da es sich um eine Differentialgleichung erster Ordnung handelt, gibt es hier nur eine Basislösung, $e^x$, und daher nur eine frei wählbare Konstante $C$.

- **Linear-inhomogene Differentialgleichung**
  Betrachten wir zunächst wieder ein

Beispiel: Die (linear-inhomogene) Differentialgleichung $y''(x) + y(x) = x^2$ soll gelöst werden. Probieren ergibt, dass die Funktion $y_{\text{inh}}(x) = x^2 - 2$ die Differentialgleichung löst. Interessanterweise können wir daraus sofort die allgemeine Lösung gewinnen: Sei $y(x)$ eine weitere Lösung. Dann erfüllt die Differenz $y_{\text{diff}}(x) = y(x) - y_{\text{inh}}(x)$ die zugehörige homogene Differentialgleichung

[2] Für unsere momentanen Zwecke ist ein Vektorraum eine Menge, in der mit je zwei Elementen $y_1$ und $y_2$ auch jede Linearkombination enthalten ist. Eine genauere Definition dieses Begriffs wird später in Kapitel 15 gegeben.

[3] Ein System aus *zwei* Lösungen ist linear unabhängig, wenn nicht die eine ein Vielfaches der anderen ist.

[4] Von pathologischen Ausnahmen abgesehen, besitzt die allgemeine Lösung *jeder* Differentialgleichung $n$-ter Ordnung $n$ frei wählbare Konstanten. Im Fall einer linear-homogenen Differentialgleichung sind diese Konstanten gerade die Koeffizienten der Basislösungen.

$y''(x)+y(x)=0$, die aus der inhomogenen durch Weglassen des inhomogenen Terms entsteht, denn es gilt:

$$y_{\text{diff}}''(x)+y_{\text{diff}}(x)=\underbrace{y''(x)+y(x)}_{x^2}\underbrace{-y_{\text{inh}}''(x)-y_{\text{inh}}(x)}_{-x^2}=x^2-x^2=0\,.$$

(Beachten Sie, dass der inhomogene Term $x^2$ hier zwei mal, aber mit verschiedenen Vorzeichen, auftritt und daher wegfällt). Die zugehörige homogene Differentialgleichung haben wir aber (oben) bereits gelöst. Demnach ist $y_{\text{diff}}(x)$ von der Form

$$y_{\text{diff}}(x)=C_1\sin x+C_2\cos x\,,$$

wobei $C_1$ und $C_2$ zwei frei wählbare Konstante sind. Daher gilt

$$y_{\text{diff}}(x)\equiv y(x)-y_{\text{inh}}(x)=C_1\sin x+C_2\cos x$$

oder, nach $y(x)$ aufgelöst und nach Einsetzen von $y_{\text{inh}}(x)=x^2-2$,

$$y(x)=x^2-2+C_1\sin x+C_2\cos x\,.$$

Damit ist die *allgemeine Lösung* der gegebenen (inhomogenen) Differentialgleichung gefunden.

Das Schema, das in diesem Beispiel auftritt, ist für *jede* linear-inhomogene Differentialgleichungen typisch und muss nicht jedes mal durchexerziert werden: Ist $y_{\text{inh}}(x)$ eine (d.h. *irgendeine*, zum Beispiel durch Probieren und ein bisschen Glück gefundene) *spezielle* Lösung, so ist die allgemeine Lösung von der Form

$$y(x)=y_{\text{inh}}(x)+y_{\text{hom}}(x)\,, \tag{5.3}$$

wobei $y_{\text{hom}}(x)$ für die *allgemeine* Lösung der zugehörigen *homogenen* Differentialgleichung (die durch Weglassen des inhomogenen Terms erhalten wird) steht.

[Aufgabe 5]

## Lineare DGLen mit konstanten Koeffizienten

Wenden wir uns nun also den linearen Differentialgleichung mit konstanten Koeffizienten zu. Allgemein kann jede lineare Differentialgleichung $n$-ter Ordnung mit konstanten Koeffizienten in der Form

$$y^{(n)}(x)+a_{n-1}\,y^{(n-1)}(x)+\ldots+a_1\,y'(x)+a_0\,y(x)=f(x) \tag{5.4}$$

geschrieben werden, wobei $y^{(k)}$ für die $k$-te Ableitung von $y$ steht. Sie ist durch die Angabe von $n-1$ (reellen) konstanten Koeffizienten und einer Funktion $f$ charakterisiert. Ist $f(x)=0$ für alle $x$, so ist die Differentialgleichung homogen, anderenfalls inhomogen.

Im Folgenden wird auf Lösungsmethoden für die wichtigsten Differentialgleichungen dieses Typs, das sind jene von erster und zweiter Ordnung, eingegangen.

## Lineare DGL erster Ordnung mit konstanten Koeffizienten

Wir besprechen nun, wie eine lineare Differentialgleichung erster Ordnung mit konstanten Koeffizienten gelöst werden kann und werden eine nützliche Visualisierungsmethode kennen lernen.

- **Homogene Differentialgleichung**
  Eine homogene lineare DGL erster Ordnung mit konstanten Koeffizienten ist von der Form[5]

$$y'(x) + a\,y(x) = 0\,, \tag{5.5}$$

  wobei die (reelle) Konstante $a_0$ der allgemeinen Form (5.4) hier einfach als $a$ bezeichnet wurde. Um diese Differentialgleichung zu lösen, müssen wir nur *eine einzige* Lösung finden – sie dient uns dann als Basislösung. Schreiben wir (5.5) in die Form $y'(x) = -a\,y(x)$ um, so lautet die Frage: Die Ableitung welcher Funktion ist proportional zur Funktion selbst, mit Proportionalitätsfaktor $-a$? Eine solche Funktion kennen Sie sicher: Es ist die Exponentialfunktion $e^{-ax}$. Die *allgemeine Lösung* von (5.5) lautet mit (5.2) daher

$$y(x) = C\,e^{-ax}\,. \tag{5.6}$$

  Für $a > 0$ beschreibt sie eine exponentielle Abnahme (nach Art des radioaktiven Zerfalls, wenn $x$ als Zeit interpretiert wird), für $a < 0$ beschreibt sie eine exponentielle Zunahme (nach Art des Bakterienwachstums), und für $a = 0$ sind die Lösungen genau die konstanten Funktionen.

- **Inhomogene Differentialgleichung**
  Eine inhomogene lineare DGL erster Ordnung mit konstanten Koeffizienten ist von der Form

$$y'(x) + a\,y(x) = f(x)\,, \tag{5.7}$$

  wobei $f$ eine gegebene Funktion ist. Um sie zu lösen, müssen wir nur *eine einzige* spezielle Lösung $y_{\text{inh}}(x)$ finden. Die allgemeine Lösung lautet mit (5.3) und (5.6) dann $y(x) = y_{\text{inh}}(x) + C\,e^{-ax}$.

  Wie aber finden wir eine spezielle Lösung? Manchmal kann eine Lösung durch Probieren „erraten" werden. Gelingt das nicht, so kann man zu härteren Maßnahmen greifen.

  **Lösungsmethode**: *
  Wir besprechen jetzt einen kleinen Trick, der beim Lösen inhomogener linearer Differentialgleichungen oft hilft – die so genannte „**Variation der Konstanten**": Wir kennen bereits die allgemeine Lösung (5.6) der zugehörigen homo-

[5] Eine Differentialgleichung der Form $b\,y'(x) + c\,y(x) = 0$ mit $b \neq 0$ dividieren wir durch $b$, um sie in die Form (5.5) zu bringen.

genen Differentialgleichung (5.5). In ihr ersetzen wir die Konstante $C$ durch eine – noch unbekannte – Funktion $C(x)$. Mit anderen Worten: Wir machen den Ansatz $y_{\text{inh}}(x) = C(x)e^{-ax}$ und setzen ihn in (5.7) ein. Die linke Seite von (5.7) wird damit zu $y_{\text{inh}}'(x) + a\,y_{\text{inh}}(x) = C'(x)e^{-ax}$. Beachten Sie, dass alle anderen Terme aufgrund der Tatsache, dass $e^{-ax}$ die homogene Differentialgleichung (5.5) erfüllt, weggefallen sind. (Das ist der Grund dafür, dass diese Methode funktioniert). Wir haben also nur noch die einfachere Differentialgleichung

$$C'(x)e^{-ax} = f(x)$$

nach der gesuchten Funktion $C(x)$ zu lösen. Wir formen sie zu $C'(x) = e^{ax}f(x)$ um – sie besagt nichts anderes, als dass $C(x)$ eine Stammfunktion von $e^{ax}f(x)$ ist. Wir schreiben sie in der Form $C(x) = \int dx\, e^{ax} f(x)$, wobei die Integrationskonstante beliebig gewählt werden kann. Damit haben wir mit

$$y_{\text{inh}}(x) = e^{-ax}\int dx\, e^{ax} f(x) \tag{5.8}$$

eine spezielle Lösung der inhomogenen Gleichung (5.7) gefunden, und das Problem ist gelöst: Die *allgemeine Lösung* von (5.7) ist

$$y(x) = e^{-ax}\left(\int dx\, e^{ax} f(x) + C\right), \tag{5.9}$$

wobei $C$ nun die Rolle der (beliebigen) Integrationskonstante spielt. Beim Lösen einer gegebenen linearen Differentialgleichung vom Typ (5.7) verwenden Sie entweder diese Lösungsformel oder, wenn Sie sie gerade nicht parat haben, exerzieren Sie die einzelnen Schritte der „Variation der Konstanten" im konkreten Fall durch (oder Sie verwenden ein Computeralgebra-System, das die Integration in (5.9) für Sie automatisch durchführt – davon aber später).

Damit können wir die allgemeine Lösung *jeder* linearen Differentialgleichung erster Ordnung mit konstanten Koeffizienten in Integralform angeben.[6] (Manchmal lässt sich das Integral durch elementare Funktionen ausdrücken, manchmal nicht).

Oft ist nicht die allgemeine Lösung einer Differentialgleichung gesucht, sondern eine, die eine bestimmte **Anfangsbedingung** erfüllt. Dieses so genannte **Anfangswertproblem** lautet für die Differentialgleichungen dieses Abschnitts: Gesucht ist eine Lösung der Differentialgleichung (5.5) oder (5.7), für die $y(0)$ einen vorgegebenen Wert hat.[7] (Um die Namensgebung „Anfangswertproblem" zu verstehen, stellen Sie sich einfach vor, die Variable $x$ stehe für die Zeit). Wir führen nun für die homogene Differentialgleichung (5.5) vor, wie dieses Problem gelöst wird. Dazu berechnen wir $y(0)$ aus der allgemeinen Lösung (5.6), woraus

[6] Aus diesem Grund wird eine Lösung einer Differentialgleichung in der älteren Literatur auch als „Integral" der Differentialgleichung bezeichnet. Physikalische Ausdrücke wie „Integrale der Bewegung" haben ebenfalls ihren Ursprung in der engen Beziehung zwischen Differentialgleichungen und dem Integrieren.

[7] Wir benutzen hier die Stelle $x = 0$ als „Anfangspunkt". Das Anfangswertproblem lässt sich auch für jede andere Stelle $x = x_0$ formulieren (und in analoger Weise lösen).

sich $y(0)=C$ ergibt. Damit ist die Konstante $C$ durch den Anfangswert ausgedrückt: $C=y(0)$. Die Lösung des Anfangswertproblems lautet daher

$$y(x)=y(0)\,e^{-ax}. \tag{5.10}$$

Vielleicht erinnert Sie diese Formel an die Gleichung für den radioaktiven Zerfall (wobei $x$ für die Zeit und $y$ für die noch vorhandene Menge des zerfallenden Stoffes steht). Da $y(0)$ beliebig vorgegeben werden kann, ist (5.10) nur eine andere Form, die allgemeine Lösung (5.6) anzuschreiben. Ist für $y(0)$ ein konkreter Zahlenwert gegeben, so wird dieser in (5.10) eingesetzt, um die entsprechende Lösung zu erhalten.

Bemerkung: *
Auch für die inhomogene Differentialgleichung (5.7) kann das Anfangswertproblem allgemein gelöst werden. Es ergibt sich (für den Beweis siehe Aufgabe 6)

$$y(x)=e^{-ax}\left(\int_0^x d\xi\, e^{a\xi} f(\xi)+y(0)\right). \tag{5.11}$$

Beim Lösen einer Differentialgleichung in der Physik geht es in der Regel nicht nur darum, einen Lösungs*ausdruck* hinzuschreiben, sondern auch das *Verhalten* der Lösung zu verstehen (und zu verstehen, wie die Form der Differentialgleichung zu diesem Verhalten führt). Für (beliebige) Differentialgleichungen erster Ordnung steht dafür eine aufschlussreiche **grafische Methode** zur Verfügung. Wir illustrieren sie anhand der Differentialgleichung $y'(x)+3\,y(x)=x^2$. Dazu schreiben wir letztere in der Form

$$y'(x)=-3\,y(x)+x^2 \tag{5.12}$$

an. Der Graph jeder ihrer Lösungen kann als Kurve in der Zeichenebene dargestellt werden. Wir fixieren nun einen Punkt $(x_0,y_0)$ der Zeichenebene und betrachten jene Lösung $y(x)$, deren Graph durch diesen Punkt verläuft. (Es ist dies jene Lösung, die die Anfangsbedingung $y(x_0)=y_0$ erfüllt). Können wir den Anstieg[8] (die Steigung) ihres Graphen in diesem Punkt berechnen? Ja – das Schöne ist, dass wir es können, und zwar *ohne* die Differentialgleichung zu lösen, denn (5.12) sagt uns unmittelbar, dass dieser Anstieg gleich

$$y'(x_0)=-3\,y_0+{x_0}^2$$

ist! Er kann grafisch dargestellt werden – als kurzer Strich (oder Pfeil), der eine *Richtung* in der Zeichenebene angibt. Ganz allgemein ordnet die Differentialgleichung (5.12) *jedem* Punkt $(x,y)$ der Zeichenebene eine Richtung zu, die dem Anstieg $-3\,y+x^2$ entspricht. Wir sprechen daher von einem **Richtungsfeld**. Zeichnen wir mehrere dieser Richtungen in ein Diagramm ein, so erhalten wir das in Abbildung 5.2 gezeigte Bild.

Jede Lösung der Differentialgleichung (5.12) wird in der Zeichenebene durch einen Graphen dargestellt, der in jedem seiner Punkte tangential zu diesem Richtungsfeld ist. (Diese Aussage ist nur eine andere Art, (5.12) zu formulieren!) Zeichnen wir nun etwa den Graphen der Lösung, für die $y(0)=1$ gilt, ein: Dafür reicht es durchaus, mit Augenmaß jene Kurve, die

[8] Damit meinen wir, genauer ausgedrückt, den Anstieg der Tangente an den Graphen. Erinnern Sie sich an Ihren Mathematikunterricht: Die Ableitung einer Funktion an einer gegebenen Stelle ist der Anstieg der Tangente an den Graphen im entsprechenden Punkt.

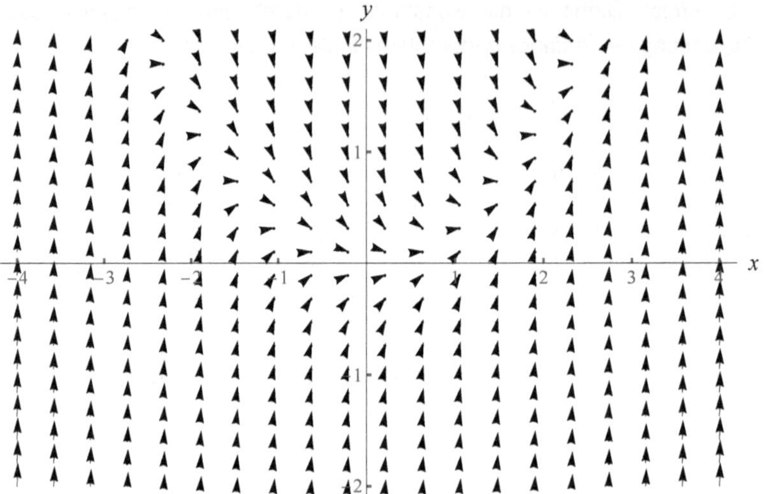


**Abbildung 5.1**:

Das Richtungsfeld der Differentialgleichung $y'(x) = -3\,y(x) + x^2$. Die (von *Mathematica* erzeugte) Grafik zeigt für ausgewählte Punkte $(x, y)$ der Zeichenebene jeweils einen Pfeil, der dem Anstieg $-3\,y + x^2$ entspricht. Der Graph jeder Lösung der Differentialgleichung ist in jedem seiner Punkte tangential zu diesem Richtungsfeld.

durch den Punkt $(0,1)$ geht und überall zu den Pfeilen tangential ist, näherungsweise zu zeichnen, also in das Richtungsfeld „einzupassen". Danach sieht das Diagramm aus wie in Abbildung 5.2 gezeigt.

Versuchen wir, zu *verstehen*, wie der Verlauf dieses Graphen im Bereich $x \geq 0$ zustande kommt: Die rechte Seite der Differentialgleichung (5.12) ist $-3\,y(x) + x^2$. Sie definiert das Richtungsfeld, d.h. den Anstieg der Lösungskurve. Für kleine $x$ dominiert der Term $-3\,y(x)$ (er ist in der Nähe des Anfangspunkts $(0,1)$ ungefähr $-3$, da dort ja $y(0) \approx 1$ ist). Da die Ableitung der Lösung negativ ist, fällt $y(x)$ mit wachsendem $x$ immer weiter ab. Gleichzeitig wächst aber der Term $x^2$, wenn wir zu größeren $x$-Werten voranschreiten, und bildet einen immer größer werdenden Bestandteil der Ableitung $-3\,y(x) + x^2$. Schließlich ist er groß genug, um das Steuer herumzureißen: Der Graph erreicht einen Minimumpunkt, an dem beide Terme einander aufheben. Dort ist der Anstieg $0$ (betrachten Sie den Graphen!), d.h. es gilt $-3\,y(x_{\text{min}}) + x_{\text{min}}{}^2 = 0$, und von nun an zwingt das wachsende $x$ die Lösungskurve, immer steiler anzusteigen. Obwohl auch $y(x)$ immer größer wird, kann sich die bremsende Wirkung von $-3\,y(x)$ nicht durchsetzen – das Diagramm zeigt uns deutlich, dass der $x^2$-Term gewinnt und $y(x)$ zu immer schnellerem Wachstum zwingt.

Diese Methode zeigt, dass ein qualitatives Verständnis der Lösungen einer Differentialgleichung erster Ordnung auch möglich ist, ohne einen geschlossenen Lösungsausdruck zur Verfügung zu haben. Zudem erlaubt die grafische Darstellung des Richtungsfeldes, gewissermaßen das Verhalten *aller* Lösungen zu überblicken und nicht nur einer speziellen. Bei

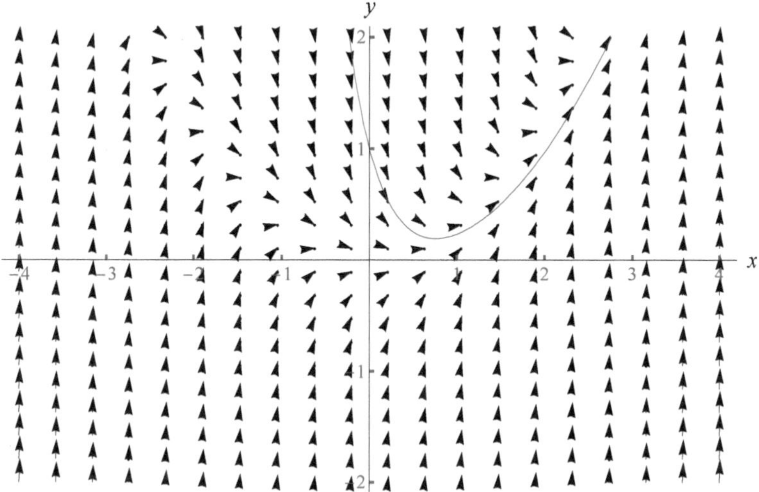


**Abbildung 5.2**:

Jene Lösung der Differentialgleichung $y'(x) = -3\,y(x) + x^2$, für die $y(0) = 1$ gilt, wird durch den gezeigten Graphen dargestellt. Er ist in jedem seiner Punkte tangential zum Richtungsfeld der Differentialgleichung. Dieser Zusammenhang zwischen Graph und Richtungsfeld erlaubt es, das Verhalten von Lösungen „abzulesen" und zu verstehen, wie es aufgrund der Struktur der Differentialgleichung zustande kommt.

komplizierten Differentialgleichungen, die gar keinen geschlossene Lösungsausdruck besitzen (wie sie beim Studium dynamischer Systeme in der klassischen Mechanik oft auftreten), sind wir sogar darauf angewiesen, derartige Techniken einzusetzen.

CAS-Tipp:
In ***Mathematica*** kann ein Plot des obigen Richtungsfeldes im Bereich $-4 \le x \le 4$ und $-2 \le y \le 2$ durch die Eingabe

```
<<VectorFieldPlots`
VectorFieldPlot[{1,-3y+x^2},{x,-4,4},{y,-2,2}]
```

erzielt werden. Die erste dieser Anweisungen lädt ein *Mathematica-Package*, damit die `VectorFieldPlot`-Anweisung erkannt wird[9]. In der zweiten Anweisung müssen Sie zuerst ein Vektorfeld festlegen (hier `{1,-3y+x^2}`, damit wird an jedem Punkt der Zeichenebene der Vektor mit Komponenten $(1, -3y + x^2)$ definiert – mehr über Vektorfelder in Kapitel 8) und danach den zu zeigenden Ausschnitt. Mit der zusätzlichen Option `PlotPoints` (etwa `PlotPoints->20`) können Sie die Zahl der angezeigten Pfeile ändern. Die für Plot-Befehle zum Anzeigen der Koordinatenachsen zur Verfügung stehende Option `Axes->True` wird von *Mathematica* hier leider ignoriert.

[9] Generell wird in *Mathematica* mit << die Anweisung zum Laden eines *Packages*, d.h. eines erweiterten Befehlsumfangs begonnen. Alternativ kann der Befehl `Needs` verwendet werden: Anstelle von `<<VectorFieldPlots`` kann auch `Needs["VectorFieldPlots`"]` geschrieben werden. Geben Sie acht, dass Sie den richtigen (abfallenden) Apostroph ` schreiben!

Um diesen Ausflug in die Visualisierungstechniken abzurunden, wollen wir die Differentialgleichung (5.12), die uns als Beispiel gedient hat, noch exakt lösen.

Ergänzung: Exakte Lösung von (5.12): *
Es handelt sich um eine linear-inhomogene DGL mit konstanten Koeffizienten, d.h. sie ist vom Typ (5.7), dessen allgemeine Lösung wir in (5.9) gefunden haben. Mit $a=3$ und $f(x)=x^2$ ergibt sich aus (5.9)

$$y(x)=e^{-ax}\left(\int dx\, e^{ax} f(x)+C\right)=e^{-3x}\left(\int dx\, e^{3x}x^2+C\right)=$$

$$e^{-3x}\left(\frac{1}{27}e^{3x}(9x^2-6x+2)+C\right)=\frac{1}{27}(9x^2-6x+2)+C\,e^{-3x}$$

die allgemeine Lösung. (Das auftretende Integral wird am besten mit eine elektronischen Hilfsmittel berechnet. In *Mathematica* führen Sie dazu einfach die Anweisung

```
Integrate[Exp[3x]x^2,x]
```

aus). Um jene Lösung zu finden, die $y(0)=1$ erfüllt, berechnen wir

$$y(0)=\frac{2}{27}+C\text{, daher } C=1-\frac{2}{27}=\frac{25}{27},$$

woraus sich die gesuchte Lösung zu

$$y(x)=\frac{1}{27}(9x^2-6x+2)+\frac{25}{27}e^{-3x}$$

ergibt. Der Graph dieser Funktion ist die in Abbildung 5.2 gezeigte Kurve. Beide Darstellungen – sowohl der näherungsweise in das Richtungsfeld eingezeichnete Graph als auch der hiermit gefundene geschlossene Lösungsterm – haben ihren Wert. Für das qualitative Verstehen des Verhaltens der Lösung ist in vielen Fällen die grafische Methode die ergiebigere.

[Aufgabe 6] [Aufgabe 7]

## Lineare DGL zweiter Ordnung mit konstanten Koeffizienten

Wir besprechen nun, wie eine lineare Differentialgleichung zweiter Ordnung mit konstanten Koeffizienten gelöst werden kann. Dieser Fall ist von besonderer Bedeutung für die Physik, da das zweite Newtonsche Axiom für die Bewegung eines Teilchens unter der Einwirkung einer Kraft – mathematisch betrachtet – eine Differentialgleichung zweiter Ordnung darstellt.

Wir werden uns zunächst auf den homogenen Fall konzentrieren, danach einige Tipps für den inhomogenen Fall geben und schließlich auf die physikalische Bedeutung dieses DGL-Typs bei der Beschreibung von Bewegungen (und die Kräfte, die durch eine lineare Bewegungsgleichung mit konstanten Koeffizienten beschrieben werden können) eingehen.

Obwohl Differentialgleichungen dieses Typs auch in anderen physikalischen Zusammenhängen auftreten, mag es nützlich sein, sie zur Unterstützung der Vorstellung – insbesondere, wenn sie in der „mathematischen Notation“ für eine Funktion $y\equiv y(x)$ angeschrieben sind – als Bewegungsgleichungen zu interpretieren. Sie können sich – im Sinne der „Übersetzungstabelle“ zu Beginn dieses Kapitels – $x$ als Zeit, $y$ als Teilchenkoordinate und die zweite Ableitung $y''(x)$ als Beschleunigung (oder als „Masse mal Beschleunigung“) vorstellen. Die restlichen Terme (die erste Ableitung $y'(x)$ und die gesuchte Funktion $y(x)$, die mit konstanten Koeffizienten multipliziert auftreten, sowie der inhomogene Term) stellen dann verschiedene, auf das Teilchen wirkende Kräfte dar. Die Lösung einer solchen Differentialgleichung können Sie in allen Fällen als Bewegungsverlauf (Ortskoordinate als Funktion der Zeit) interpretieren.

- **Homogene Differentialgleichung**
  Eine homogene lineare DGL zweiter Ordnung mit konstanten Koeffizienten ist von der Form[10]

$$y''(x) + a_1\, y'(x) + a_0\, y(x) = 0\,. \tag{5.13}$$

Die wichtigste Lösungsmethode für diesen Typ Differentialgleichung ist der **Exponentialansatz**. Er besteht darin, mit dem Lösungsansatz

$$y(x) = e^{rx} \tag{5.14}$$

zu beginnen und ihn in die gegebene Differentialgleichung einzusetzen. Da $y'(x) = re^{rx}$ und $y''(x) = r^2 e^{rx}$ ist (jede Ableitung bringt einen Faktor $r$ vom Exponenten herunter), reduziert sich (5.13) auf $\left(r^2 + a_1 r + a_0\right)e^{rx} = 0$. Multiplikation mit $e^{-rx}$ liefert

$$r^2 + a_1 r + a_0 = 0\,, \tag{5.15}$$

d.h. eine quadratische Gleichung (keine Differentialgleichung!) für $r$. Sie wird **charakteristische Gleichung** (der Differentialgleichung) genannt. Für jedes $r$, das sie erfüllt, erhalten wir mit $y(x) = e^{rx}$ eine Lösung von (5.13). Der wichtige Punkt besteht nun darin, sie als Gleichung über der Menge der komplexen Zahlen aufzufassen, d.h. für $r$ auch komplexe Werte zu akzeptieren. Dazu kann, wie in Kapitel 2 ausgeführt (siehe Gleichung (2.17)), die Lösungsformel für quadratische Gleichungen verwendet werden. Für (5.15) lautet sie

$$r_{1,2} = -\frac{a_1}{2} \pm \sqrt{\frac{a_1^2}{4} - a_0}\,. \tag{5.16}$$

Nun können zwei Fälle auftreten:

- **Fall 1**: Die charakteristische Gleichung besitzt **zwei verschiedene** Lösungen $r_1$ und $r_2$. Dieser Fall tritt immer dann auf, wenn die Zahl unter der Wurzel in (5.16), die Diskriminante, ungleich $0$ ist. Ist sie positiv, so sind die beiden Lösungen reell, ist sie negativ, so sind die beiden Lösungen komplex (und zwar zueinander komplex konjugiert). Damit sind zwei (möglicherweise komplexe) Basislösungen gefunden. Die allgemeine Lösung der Differentialgleichung ist in diesem Fall

[10] Die Konstanten $a_0$ und $a_1$ seien reell. Eine Differentialgleichung der Form $b\,y''(x) + c_1\, y'(x) + c_0\, y(x) = 0$ mit $b \neq 0$ dividieren wir durch $b$, um sie in die Form (5.13) zu bringen.

$$y(x) = C_1 e^{r_1 x} + C_2 e^{r_2 x}. \tag{5.17}$$

Sind $r_1$ und $r_2$ komplex, so kann sie (falls gewünscht) unter Verwendung der in Kapitel 4 besprochenen Eulerschen Formel (4.5) durch reelle Basislösungen ausgedrückt werden.

Beispiel:
Die Differentialgleichung $y''(x) + 4y'(x) + 13y(x) = 0$ ist zu lösen. Die charakteristische Gleichung lautet $r^2 + 4r + 13 = 0$, ihre Lösungen sind $r_{1,2} = -2 \pm 3i$. Daher sind die (komplexen) Basislösungen die beiden Funktionen

$$e^{r_{1,2} x} = e^{(-2\pm 3i)x} \equiv e^{-2x} e^{\pm 3ix}, \tag{5.18}$$

und die allgemeine Lösung lautet

$$y(x) = C_1 e^{(-2+3i)x} + C_2 e^{(-2-3i)x} \equiv e^{-2x}\left(C_1 e^{3ix} + C_2 e^{-3ix}\right). \tag{5.19}$$

Wird gewünscht, sie durch reelle Basislösungen auszudrücken, so kann die Eulersche Formel in der Form

$$e^{\pm 3ix} = \cos(3x) \pm i \sin(3x)$$

benutzt werden. Mit ihrer Hilfe finden wir zwei Linearkombinationen der komplexen Lösungen (5.18), die reell sind: $\frac{1}{2}$ mal der Summe der beiden Funktionen (5.18) ist gleich $e^{-2x}\cos(3x)$, $\frac{-i}{2}$ mal ihrer Differenz ist $e^{-2x}\sin(3x)$. Folglich bilden die beiden Funktionen $e^{-2x}\cos(3x)$ und $e^{-2x}\sin(3x)$ ein System aus (reellen) Basislösungen[11], womit die allgemeine Lösung in der reellen Form

$$y(x) = e^{-2x}\left(c_1 \cos(3x) + c_2 \sin(3x)\right) \tag{5.20}$$

angeschrieben werden kann. Beachten Sie, dass *jede* Lösung der gegebenen Differentialgleichung wahlweise in der Form (5.19) oder (5.20) geschrieben werden kann. Die Konstanten $C_1$ und $C_2$ unterscheiden sich natürlich von den Konstanten $c_1$ und $c_2$ (siehe Aufgabe 8).

Als weiters Beispiel für diesen Fall sei die Differentialgleichung $y''(x) + y(x) = 0$ erwähnt, für die wir bereits weiter oben die allgemeine Lösung $y(x) = C_1 \sin x + C_2 \cos x$ gefunden haben. Wird der hier besprochene Exponentialansatz verwendet und die allgemeine Lösung schließlich durch

[11] Eine andere Möglichkeit, reelle Basislösungen dieses DGL-Typs zu ermitteln, beruht auf der Beobachtung, dass mit jeder komplexen Lösung auch deren Real- und Imaginärteil Lösungen sind. (Diese Methode funktioniert deshalb, weil die Koeffizienten der Differentialgleichung als reell vorausgesetzt wurden). Im obigen Beispiel können die reellen Basislösungen daher als Real- und Imaginärteil der komplexen Lösung $e^{(-2+3i)x} = e^{-2x}\left(\cos(3x) + i\sin(3x)\right)$ gebildet werden. Auf diese Weise gelangt man ebenfalls zu $e^{-2x}\cos(3x)$ und $e^{-2x}\sin(3x)$.

reelle Basislösungen ausgedrückt, so ergibt sich klarerweise das gleiche Ergebnis (siehe Aufgabe 9).

[Aufgabe 8] [Aufgabe 9]

- **Fall 2**: Die charakteristische Gleichung besitzt **nur eine** Lösung $r$. Dieser Fall tritt immer dann auf, wenn die Zahl unter der Wurzel in (5.16), die Diskriminante, gleich $0$, d.h. wenn $a_1^2 = 4a_0$ ist. Die (einzige) Lösung der charakteristischen Gleichung ist dann $r = -\frac{a_1}{2}$, womit sich als Lösung der Differentialgleichung

$$y_1(x) = e^{-a_1 x/2}$$

ergibt. In diesem Fall liefert die charakteristische Gleichung also nur *eine* Lösung. Ohne Beweis geben wir an, dass eine zweite Lösung gewonnen werden kann, indem die erste mit dem Argument $x$ multipliziert wird, d.h.

$$y_2(x) = x\,y_1(x) = x\,e^{-a_1 x/2}.$$

Die allgemeine Lösung lautet daher in diesem Fall

$$y(x) = C_1\,e^{-a_1 x/2} + C_2\,x\,e^{-a_1 x/2} \equiv (C_1 + C_2 x)e^{-a_1 x/2}. \qquad (5.21)$$

Beispiel:
Die Differentialgleichung $y''(x) - 4y'(x) + 4y(x) = 0$ führt auf die charakteristische Gleichung $r^2 - 4r + 4 = 0$, die als einzige Lösung $r = 2$ besitzt. Eine Lösung der Differentialgleichung ist daher $y_1(x) = e^{2x}$, die zweite ist $y_2(x) = xe^{2x}$. Die allgemeine Lösung ist

$$y(x) = (C_1 + C_2 x)e^{2x}. \qquad (5.22)$$

[Aufgabe 10] [Aufgabe 11]

Beim **Anfangswertproblem** einer Differentialgleichung zweiter Ordnung werden die Werte von $y(0)$ und $y'(0)$ (die Anfangswerte oder Anfangsdaten) vorgegeben. Um es zu lösen, werden die beiden frei wählbaren Konstanten der allgemeinen Lösung durch die Anfangswerte $y(0)$ und $y'(0)$ ausgedrückt.[12]

Beispiel:
Die allgemeine Lösung (5.20) des obigen Beispiels ist durch die Anfangswerte $y(0)$ und $y'(0)$ auszudrücken. Dazu wird berechnet

[12] Ganz allgemein sind beim Anfangswertproblem einer Differentialgleichung $n$-ter Ordnung die Anfangsdaten $y(0)$, $y'(0)$,... $y^{(n-1)}(0)$ vorgegeben. Es sind dies genauso viele Werte wie die allgemeine Lösung freie Konstante besitzt. Daher können letztere durch erstere (in der Regel eindeutig) ausgedrückt werden.

$$y(x) = e^{-2x}\left(c_1\cos(3x) + c_2\sin(3x)\right)$$
$$y'(x) = e^{-2x}\left((-2c_1 + 3c_2)\cos(3x) - (3c_1 + 2c_2)\sin(3x)\right)$$

woraus sich für $x = 0$

$$y(0) = c_1$$
$$y'(0) = -2c_1 + 3c_2$$

ergibt, was nach den Konstanten $c_1$ und $c_2$ aufgelöst werden kann:

$$c_1 = y(0)$$
$$c_2 = \frac{1}{3}\left(y'(0) + 2y(0)\right).$$

Nach Einsetzen dieser beiden Ausdrücke in (5.20) ist das Anfangswertproblem gelöst – die allgemeine Lösung ist durch die Anfangsdaten ausgedrückt. Nach einer kleinen Umformung ergibt sich

$$y(x) = e^{-2x}\left(y(0)\left(\cos(3x) + \frac{2}{3}\sin(3x)\right) + \frac{1}{3}y'(0)\sin(3x)\right). \tag{5.23}$$

Bei Bedarf können nun konkrete Zahlenwerte für die Anfangsdaten $y(0)$ und $y'(0)$ eingesetzt werden. Das gleiche Resultat hätte auch mit Hilfe der komplexen Version (5.19) – und einer Anwendung der Eulerschen Formel, um die Exponentialfunktionen $e^{\pm 3ix}$ in Winkelfunktionen umzuwandeln – erzielt werden können (Aufgabe 12).

[Aufgabe 12]

Anfangswertprobleme spielen in der Physik eine wichtige Rolle. Fassen wir die Variable $x$ im zuletzt vorgeführten Beispiel als Zeit und $y$ als Ortskoordinate eines Teilchens auf, so bedeuten die Anfangsdaten $y(0)$ und $y'(0)$ den Anfangsort und die Anfangsgeschwindigkeit. Schreiben wir die betrachtete Differentialgleichung $y''(x) + 4y'(x) + 13y(x) = 0$ in der Form

$$y''(x) = -4y'(x) - 13y(x)$$

und fassen sie als Newtonsche Bewegungsgleichung des Teilchens auf (die rechte Seite spielt die Rolle der Kraft, die linke Seite spielt die Rolle von „Masse mal Beschleunigung" – in einer eher physikalisch orientierten Notation können wir sie auch in der Form $\ddot{x}(t) = -4\dot{x}(t) - 13x(t)$ schreiben), so zeigt die allgemeine Lösung in der Form (5.23), dass das Schicksal des Teilchens für alle Zeiten aus dem Anfangsort und der Anfangsgeschwindigkeit eindeutig bestimmt ist: Sind sie bekannt, so kann berechnet werden, an welchem Ort das Teilchen zu einer gegebenen Zeit $x$ ist. (Nichts anderes tut der „Laplacesche Dämon", der die Zukunft des gesamten Universums voraussagt, allerdings nicht nur für ein einzelnes Teilchen, sondern für *alle* Teilchen und die zwischen ihnen wirkenden Kräfte).

- **Inhomogene Differentialgleichung**
Eine inhomogene lineare DGL zweiter Ordnung mit konstanten Koeffizienten ist von der Form

$$y''(x) + a_1\, y'(x) + a_0\, y(x) = f(x)\,, \tag{5.24}$$

wobei $f$ eine gegebene Funktion ist. Da wir die allgemeine Lösung der zugehörigen homogenen Differentialgleichung (5.13) in jedem Fall ermitteln können, genügt es nach unserer bewährten Methode (5.3), eine einzige spezielle Lösung $y_{\text{inh}}$ von (5.24) zu finden, um auch die allgemeine Lösung dieser inhomogenen Differentialgleichung angeben zu können.

Eine spezielle Lösung kann ähnlich wie in (5.8) durch eine Integration[13] gefunden werden. Wir gehen auf dieses allgemeine Verfahren aber hier nicht ein, sondern beschränken uns auf ein paar **einfache Fälle**:

  - Ist $f$ ein Polynom, so gibt es eine spezielle Lösung, die ebenfalls ein Polynom ist (von einer Ordnung, die um maximal $2$ höher ist als jene von $f$).
  - Ist $f(x) = A\sin(kx) + B\cos(kx)$ (wobei $\pm ik$ *keine* Lösungen der charakteristischen Gleichung der zugehörigen homogenen DGL sind), so gibt es eine spezielle Lösung der Form $y_{\text{inh}}(x) = C\sin(kx) + D\cos(kx)$.
  - Ist $f(x) = Ae^{kx}$ (wobei $k$ *keine* Lösung der charakteristischen Gleichung der zugehörigen homogenen DGL ist), so gibt es eine spezielle Lösung der Form $y_{\text{inh}}(x) = Be^{kx}$.
  - Ist $f(x) = Ae^{kx}$ (wobei $k$ Lösung der charakteristischen Gleichung der zugehörigen homogenen DGL ist), und gilt $a_1^2 \neq 4a_0$, so gibt es eine spezielle Lösung der Form $y_{\text{inh}}(x) = Bxe^{kx}$.

Die Konstanten, die in diesen speziellen Lösungen enthalten sind, werden durch Einsetzen in die Differentialgleichung bestimmt.

[Aufgabe 13]

Damit sind die wichtigsten Methoden, lineare Differentialgleichungen zweiter Ordnung mit konstanten Koeffizienten zu lösen, besprochen. Im homogenen Fall kann die allgemeine Lösung immer in geschlossener Form angegeben werden. Der inhomogene Fall kann, je nach der Struktur des inhomogenen Terms, schwieriger zu lösen sein.

Physikalische Bedeutung:
Lineare Differentialgleichungen zweiter Ordnung mit konstanten Koeffizienten, d.h. Differentialgleichungen der allgemeinen Form (5.24) – oder, im homogenen Fall, der Form (5.13) – treten in der Physik in mancherlei Zusammenhängen auf. Unter anderem sind die Newtonschen Bewegungsgleichungen bestimmter Systeme von diesem Typ: Wird $x$ als Zeit und $y$ als Ortskoordinate eines Teilchens aufgefasst, so kann eine Differentialgleichung der Form (5.24) als Bewegungsgleichung eines Teilchens interpretiert werden, auf das drei Arten von Kräften wirken. Um diese zu identifizieren, schreiben wir zunächst eine solche Bewegungsgleichung unter Verwendung der in der Physik üblichen Bezeichnungen auf:

---

[13] Genauer gesagt durch *zwei* Integrationen.

$$m\ddot{x}(t)+kx(t)+D\dot{x}(t)=F(t) \tag{5.25}$$

oder, was mehr vom zweiten Newtonschen Axiom inspiriert ist, in der Form

$$m\ddot{x}(t)=-kx(t)-D\dot{x}(t)+F(t)\,. \tag{5.26}$$

(Um aus (5.25) die Form (5.24) zu erhalten, muss – neben den entsprechenden Umbenennungen – noch durch die Masse $m$ dividiert werden). Die einzelnen Terme in (5.26) bedeuten:

- $m\ddot{x}(t)$ ... Masse mal Beschleunigung
- $-kx(t)$ ... für $k>0$: zur Auslenkung proportionale rücktreibende Kraft
- $-D\dot{x}(t)$ ... für $D>0$: zur Geschwindigkeit proportionale Reibungskraft (wie sie zwischen Festkörpern und in Flüssigkeiten auftritt[14])
- $F(t)$ ... äußere Kraft, d.h. eine zusätzlich wirkende Kraft, die als Funktion der Zeit vorgegeben werden kann.

Drei wichtige Spezialfälle für die äußere Kraft sind:

- $F(t)=0$, d.h. es wirkt keine äußere Kraft. Die Differentialgleichung (5.25) ist dann homogen. Über die Lösungen in diesem Fall werden wir weiter unten in diesem Kapitel (im Ergänzungsabschnitt über die Beschreibung von Schwingungen) noch ein paar Worte sagen.
- $F(t)=\text{const}\neq 0$, d.h. die äußere Kraft hängt nicht von der Zeit ab. Dieser Fall liegt vor, wenn das Teilchen der (homogenen) Schwerkraft ausgesetzt ist. Wirkt letztere in die negative $x$-Richtung, so ist $F(t)=-mg$, wobei $g$ die Erdbeschleunigung ist. In diesem Fall gibt es immer eine spezielle Lösung $x_{\text{inh}}(t)$, die ein Polynom höchstens zweiter Ordnung in $t$ ist.
- $F(t)=F_0\sin(\Omega t)$ stellt eine periodisch wirkende äußere Kraft mit Amplitude $F_0$ und Kreisfrequenz $\Omega$ dar.

Die besprochenen Lösungstechniken sollten Sie in die Lage versetzen, Bewegungsgleichungen vom Typ (5.26) für diese drei Formen der äußeren Kraft – in allgemeiner Form oder mit numerisch gegebenen Koeffizienten – zu lösen.

[Aufgabe 14]

In weiterführenden Lehrveranstaltungen werden Sie mit Differentialgleichungen der hier besprochenen Typen konfrontiert sein. Damit Sie diese auch im Zusammenhang mit räumlichen Bewegungen als solche *erkennen*, sind noch ein paar Bemerkungen nötig.

Einfache Bewegungsgleichungen in Vektorform:
Da Kräfte durch Vektoren beschrieben werden, treten Bewegungsgleichungen in der Physik oft in vektorieller Form auf. Lassen Sie sich dadurch nicht ängstigen! Manchmal handelt es sich dabei um Systeme gekoppelter Differentialgleichungen (mehr darüber am Ende dieses Kapitels im Ergänzungsabschnitt über Verallgemeinerungen), unter Umständen drückt die vektorielle Schreibweise aber lediglich die abkür-

[14] Achtung: Die beim Fallen in der Luft auftretende Reibungskraft (der Luftwiderstand) ist proportional zum *Quadrat* der Geschwindigkeit, die entsprechende Bewegungsgleichung ist *nichtlinear*. Hierfür wäre ein Kraftterm der Form $-\gamma\dot{x}(t)\,|\,\dot{x}(t)\,|$ zuständig. Die Betragsstriche sind notwendig, um zu garantieren, dass die Reibungskraft immer der Geschwindigkeit entgegenwirkt. Während einer Bewegung in die negative $x$-Richtung ($\dot{x}(t)<0$) kann er in der Form $\gamma\dot{x}(t)^2$ geschrieben werden.

zende Zusammenfassung mehrerer voneinander unabhängiger Differentialgleichungen aus. Ein Beispiel dafür ist die Gleichung für die gleichmäßig beschleunigte Bewegung im Raum: Mit dem dreidimensionalen Beschleunigungsvektor

$$\vec{a} = \begin{pmatrix} 0 \\ 0 \\ -g \end{pmatrix}, \quad g = 9.81 \text{ m/s}^2 = \text{Erdbeschleunigung}$$

kann sie in einer der Formen

$$\ddot{\vec{x}}(t) = \vec{a} \quad \text{oder} \quad \frac{d^2}{dt^2}\begin{pmatrix} x(t) \\ y(t) \\ z(t) \end{pmatrix} = \begin{pmatrix} 0 \\ 0 \\ -g \end{pmatrix} \quad \text{oder} \quad \ddot{\vec{x}}(t) = \begin{pmatrix} 0 \\ 0 \\ -g \end{pmatrix} \tag{5.27}$$

angeschrieben werden. Tatsächlich handelt es sich dabei lediglich um die drei voneinander unabhängigen Differentialgleichungen

$$\begin{aligned} \ddot{x}(t) &= 0 \\ \ddot{y}(t) &= 0 \\ \ddot{z}(t) &= -g \end{aligned}$$

die Sie alle mit den hier besprochenen Techniken lösen können. Die allgemeinen Lösungen sind

$$\begin{aligned} x(t) &= x_0 + v_{x0} t \\ y(t) &= y_0 + v_{y0} t \\ z(t) &= z_0 + v_{z0} t - \frac{g}{2} t^2 \end{aligned}$$

oder, in vektorieller Form zusammengefasst, $\vec{x}(t) = \vec{x}_0 + \vec{v}_0 t + \frac{1}{2}\vec{a}\,t^2$. Die auftretenden frei wählbaren Konstanten bezeichnen den Anfangsort und die Anfangsgeschwindigkeit. Ist zumindest eine der beiden Geschwindigkeitskomponenten $v_{x0}$ und $v_{y0}$ von $0$ verschieden, so ergibt sich daraus die Bewegung des schrägen Wurfs (mit der Wurfparabel als Bahnkurve). Auch vor einer Bewegungsgleichung der Form

$$m\ddot{\vec{x}}(t) = -D\dot{\vec{x}}(t) + \vec{a}$$

(mit dem gleichen $\vec{a}$ wie oben) müssen Sie keine Angst haben. Sie beschreibt die Bewegung unter dem Einfluss der nach unten gerichteten Schwerkraft und (für $D > 0$) einer zur Geschwindigkeit proportionalen Reibungskraft. Auch in diesem Fall handelt es sich um drei voneinander unabhängige Differentialgleichungen, die Sie alle lösen können sollten.

[Aufgabe 15]

Nach dieser ausführlichen Besprechung von „Papiermethoden“ wollen wir uns nun ansehen, wie Computeralgebra hilft, Differentialgleichungen zu lösen.

# Lösen von Differentialgleichungen am Computer

Computertechniken können auf verschiedene Weisen helfen, Differentialgleichungen zu lösen. So können beispielsweise **numerische Techniken** genutzt werden, um aus vorgegebenen Anfangsdaten an einer Stelle $x_0$ die entsprechenden Werte der Lösung an einer nahe benachbarten Stelle $x_1$ näherungsweise zu ermitteln und dies iterativ zu wiederholen, bis eine Näherungslösung im gewünschten $x$-Bereich vorliegt. Wir wollen auf Methoden dieser Art hier nicht weiter eingehen.

Im Zusammenhang mit den hier besprochenen Differentialgleichungen interessanter ist die Nutzung eines **Computeralgebra-Systems**. Falls ein geschlossener Lösungsausdruck existiert, so wird er von einem solchen Programm in der Regel gefunden. Dies hat vor allem den Vorteil, dass auch die allgemeine Lösung (und damit die Lösung des allgemeinen Anfangswertproblems) in vielen Fällen ohne großen Aufwand ermittelt werden kann. Selbst wenn – etwa im Rahmen einer schriftlichen Arbeit – eine auf dem Papier geführte Argumentation verlangt ist, ist es günstiger, die Lösung bereits zu kennen, als sie erst suchen zu müssen! Die dadurch gewonnene Zeit kann genutzt werden, um die Lösung zu interpretieren.

> Aber: Bedenken Sie bitte, dass manche Problemstellungen (wie beispielsweise das Aufstellen physikalischer Bewegungsgleichungen und die Analyse der von ihnen beschriebenen Phänomene) ein *prinzipielles* Verständnis von Differentialgleichungen, ihrer Struktur und ihrer Lösungsmengen (etwa in dem hier vorgetragenen Ausmaß) erfordern. Wenn dieses Verständnis vorhanden ist, ist nichts dagegen einzuwenden, sich das (ansonsten oft recht mühsame) Auffinden eines Lösungsausdrucks von einem Computerprogramm abnehmen zu lassen.

Die im Computeralgebra-System ***Mathematica*** für das Auffinden **exakter** Lösungen von Differentialgleichungen zuständige Funktion heißt `DSolve`. Um etwa die **allgemeine Lösung** der (oben als Beispiel besprochenen) Differentialgleichung $y''(x)+4y'(x)+13y(x)=0$ zu ermitteln, führen Sie

```
DSolve[y''[x]+4y'[x]+13y[x]==0,y[x],x]
```

aus. Der Funktion `DSolve` werden drei Argumente übergeben:

- Das erste Argument ist die Differentialgleichung, in einer der Schreibweise auf dem Papier ähnlichen Form. Für die erste Ableitung hätte anstelle von `y'[x]` auch `D[y[x],x]` geschrieben werden können, für die zweite Ableitung anstelle von `y''[x]` auch `D[y[x],{x,2}]` oder `D[y[x],x,x]`. Wie im Fall von Gleichungen muss ein doppeltes Gleichheitszeichen == verwendet werden. Die Bezeichnungen für Funktion und unabhängige Variable (hier `y` und `x`) sind beliebig, und die angegebene Differentialgleichung darf nicht weiter spezifizierte Konstante und sogar Funktionen enthalten. So könnten Sie anstelle der obigen DGL auch beispielsweise `m y''[x]+k y[x]==0` oder `y'[x]==f[x]` eingeben.
- Das zweite Argument ist die gesuchte Funktion, und zwar in der Form, in der Sie sie in der Lösung ausgegeben haben möchten, hier in Abhängigkeit von der Variable. Anstelle von `y[x]` können Sie auch einfach `y` schreiben, was aber lediglich zu einer etwas undurchsichtigeren Ausgabeform führt.
- Das dritte Argument ist der Name der unabhängigen Variablen (hier `x`).

Die Lösung des obigen Beispiels wird – wie im Fall von Gleichungen (siehe Kapitel 2) – in Form der (Ersetzungs-)Regel

$$\{\{y[x] \to e^{-2x} C[2] \operatorname{Cos}[3x] + e^{-2x} C[1] \operatorname{Sin}[3x]\}\}$$

ausgegeben. Es handelt sich dabei um die allgemeine Lösung in der Form (5.20). *Mathematica* bezeichnet die freien Konstanten mit `C[1]` und `C[2]`. Nun können Sie die Lösung abschreiben und sind im Prinzip fertig.

Wollen Sie *Mathematica* aber auch für weitere Berechnungen mit der erhaltenen Lösung verwenden, so sind Sie eher am Lösungsterm selbst interessiert als an einer Regel, die ihn erzeugt. Um diesen zu erhalten, wenden Sie die ausgegebene Regel analog zur Vorgangsweise beim Lösungen von Gleichungen mit Hilfe des Ersetzungsoperators `/.` auf `y[x]` an, d.h. entweder Sie schicken der obigen Eingabe ein

```
y[x]/.%
```

nach, oder Sie geben der gesuchten Lösungsregel gleich zu Beginn einen Namen und schreiben

```
loes = DSolve[y''[x]+4y '[x]+13y[x]==0,y[x],x]
yLoes = y[x]/.loes
```

Das hat den Vorteil, dass die Lösungs-Regel `loes` und der Lösungsterm `yLoes` auch für spätere Verwendung zur Verfügung stehen. In jedem Fall gibt *Mathematica* als Ergebnis der letzten Anweisung

$$\{e^{-2x} C[2] \operatorname{Cos}[3x] + e^{-2x} C[1] \operatorname{Sin}[3x]\}$$

aus. Dabei handelt es sich um eine Liste, die aber in diesem Fall nur ein einziges Element enthält – daher das verbleibende Paar der geschwungenen Klammern.[15] Um diese loszuwerden, können Sie noch ein

```
yLoes = yLoes[[1]]
```

nachschicken oder die Zeile `yLoes = y[x]/.loes` durch

```
yLoes = y[x]/.loes[[1]]
```

ersetzen. Ganz ausgeklügelt ist es, zuerst

```
loes = DSolve[y''[x]+4y'[x]+13y[x]==0,y[x],x]
```

auszuführen, um sich davon zu überzeugen, dass *Mathematica* tatsächlich eine Lösung in der obigen Form angibt, und danach

```
yAllg[u_]:=y[x]/.loes[[1]]/.x->u
```

zu definieren. Dadurch wird `yAllg` mit beliebigem Argument (für das hier `u` geschrieben wird) als Funktion definiert. Auf diese Weise können die Anfangswerte einfach in der Form `yAllg[0]` und `yAllg'[0]` angesprochen werden, und mit dem `Plot`-Befehl können Sie den Graphen der Lösung für konkrete Zahlenwerte der Konstanten darstellen lassen. Beispiel:

---

[15] Die Lösungsausgabe ist die gleiche wie bei Gleichungen. *Mathematica* benutzt sie, um die Lösung auch in komplizierteren Fällen immer in der gleichen Form ausgeben zu können.

```
Plot[yAllg[x]/.{C[1]->1,C[2]->0}, {x,-2,2}]
```

Ist nicht der gesamte Graph im angegebenen Intervall sichtbar, so fügen Sie noch die Option `PlotRange->All` ein.

Die Funktion `DSolve` kann noch etwas allgemeiner verwendet werden: Das erste Argument kann aus einer Liste bestehen, die die Differentialgleichung und weitere Bedingungen an die Lösung (z.B. **Anfangsbedingungen**) enthält. Um etwa unsere Beispiels-DGL für die Anfangsbedingungen $y(0)=2$ und $y'(0)=-3$ zu lösen, können Sie

```
DSolve[{y''[x]+4y'[x]+13y[x]==0,y[0]==2,y'[0]==-3},y[x],x]
```

ausführen und erhalten sofort die gesuchte Lösung. Wollen Sie mit ihr weiterrechnen, so verfahren Sie so wie oben bei der allgemeinen Lösung besprochen. Um das allgemeine Anfangswertproblem zu lösen, führen Sie einfach die Anweisung

```
DSolve[{y''[x]+4y'[x]+13y[x]==0,y[0]==y0,y'[0]==ys0},y[x],x]
```

aus. Dadurch wird die allgemeine Lösung durch die Anfangsdaten (die hier `y0` und `ys0` heißen) ausgedrückt – das Resultat ist identisch mit (5.23). Auf analoge Weise können auch **Randwertprobleme** gelöst werden, bei denen die Funktionswerte an zwei verschiedenen Stellen vorgegeben werden, wie beispielsweise in

```
DSolve[{y''[x]+4y'[x]+13y[x]==0,y[0]==2,y[1]==3},y[x],x]
```

*Mathematica* berechnet dann jene Lösung, die die Zusatzbedingungen $y(0)=2$ und $y(1)=3$ erfüllt. (Im Lösungsausdruck tritt der „Cosecans" auf, der einfach als $\csc x = 1/\sin x$ definiert ist. *Mathematica*-Ausgaben enthalten bisweilen auch den „Secans" $\sec x = 1/\cos x$).

Fassen wir zusammen: Mit den besprochenen Techniken können Sie *Mathematica* benutzen, um für eine Differentialgleichung, die einen geschlossenen Lösungsausdruck besitzt,

- die allgemeine Lösung (ausgedrückt durch frei wählbare Konstante) ermitteln,
- Anfangswertprobleme lösen und
- Randwertprobleme lösen.

Wir haben das anhand einer linear-homogenen Differentialgleichung vorgeführt, aber die gleichen Verfahren können auch für linear-inhomogene und für beliebige nichtlineare Differentialgleichungen *versucht* werden. Falls es eine geschlossene Lösung gibt, so wird sie in der Regel gefunden. Für den Fall, dass *keine* geschlossene Lösung gefunden wird, bietet *Mathematica* mit der Funktion `NDSolve` die Möglichkeit an, eine **numerische Näherungslösung** zu ermitteln. Wir gehen hier nur ein Beispiel einer nichtlinearen Differentialgleichung an (für die *Mathematica* keine geschlossene Lösung findet), ohne genauer darauf einzugehen:

```
nloes = NDSolve[{y''[x]+y[x]^2-x^2==0,y[0]==1,y'[0]==0},
        y[x],{x,0,3}]
Plot[y[x]/.nloes,{x,0,3}]
```

Führen Sie diese Anweisungen aus und sehen Sie sich das Resultat an! Sollten Sie daran näher interessiert sein oder einmal eine numerische Lösung einer Differentialgleichung benötigen, so können Sie mit dem Befehl `?NDSolve` eine Kurzbeschreibung dieser Funktion aufrufen.

Abschließend sei daran erinnert, dass in Kapitel 3 die Nutzung des Konzepts der Taylorreihe zur näherungsweisen Lösung von Differentialgleichungen anhand eines Beispiels vorgeführt wurde. Auch diese Technik kann mit Hilfe eines Computeralgebra-Systems wie *Mathematica* durchgeführt werden.

[Aufgabe 16] [Aufgabe 17] [Aufgabe 18] [Aufgabe 19]

## Beschreibung von Schwingungen *

Von besonderer Bedeutung für die Physik sind Gleichungen, die die Bewegung schwingungsfähiger Systeme beschreiben. Bereits zu Beginn dieses Kapitels haben wir mit (5.1) die Differentialgleichung eines Körpers unter dem Einfluss einer elastischen Kraft betrachtet. Wir schreiben sie hier in der Form

$$m\ddot{x}(t)+kx(t)=0 \tag{5.28}$$

an ($m,k>0$). Allgemein wird die daraus resultierende Bewegungsform *harmonische Bewegung* (oder *harmonische Schwingung*) genannt. Ihre allgemeine Lösung ist

$$x(t)=A\sin(\omega_0 t)+B\cos(\omega_0 t)\,, \tag{5.29}$$

wobei $\omega_0=\sqrt{\dfrac{k}{m}}$ gesetzt wurde. $A$ und $B$ sind frei wählbare Konstanten. Alternativ kann (5.29) auch in der Form $x(t)=C\sin(\omega_0 t+\delta)$ geschrieben werden, wobei $C$ und $\delta$ frei wählbare Konstanten sind. Ist der Quotient aus Masse $m$ und Federkonstante $k$ bekannt, so ergibt sich daraus die Kenntnis des Bewegungsablaufs, insbesondere der *Frequenz*[16] $\dfrac{\omega_0}{2\pi}$ und der *Periodendauer*[17] $\dfrac{2\pi}{\omega_0}$.

Schwingungsfähige Gebilde sind manchmal einer dämpfenden Reibungskraft ausgesetzt. Ist die Reibungskraft proportional zur Geschwindigkeit, so wird (5.29) durch eine Differentialgleichung der Form

$$m\ddot{x}(t)+D\dot{x}(t)+kx(t)=0 \tag{5.30}$$

ersetzt ($D>0$). Es ist instruktiv, sich die Lösungen dieser Differentialgleichung (z.B. mit Hilfe eines Computeralgebra-Systems) für verschiedene Werte der darin auftretenden Konstanten anzusehen. Die allgemeine Lösung dieser DGL ist

$$x(t)=C_1 e^{r_1 t}+C_2 e^{r_2 t}\,, \tag{5.31}$$

wobei $r_{1,2}=\dfrac{-D\pm\sqrt{D^2-4km}}{2m}$ (solange $D^2\neq 4km$ ist). Dieses Resultat wird erzielt durch die Anwendung der oben besprochenen Methoden oder indem in *Mathematica* einfach

[16] $\omega_0$ wird als *Kreisfrequenz* bezeichnet. Es gilt also Frequenz = Kreisfrequenz $/(2\pi)$.

[17] Die Periodendauer ist der Kehrwert der Frequenz.

```
DSolve[m x''[t]+d x'[t]+k x[t] == 0, x[t], t]
```

ausgeführt wird. (Dabei wurde der Koeffizient der Geschwindigkeit mit `d` statt `D` bezeichnet, da der Buchstabe `D` in *Mathematica* für die Ableitung reserviert ist). Ist $D^2 > 4km$, so sind die beiden Basislösungen reell und beschreiben eine exponentielle Verlangsamung der Bewegung. Für $D^2 < 4km$ sind die Basislösungen komplex. Explizit angeschrieben, lauten sie

$$\exp\left(\left(-\frac{D}{2m} \pm i\sqrt{\frac{k}{m}-\frac{D^2}{4m^2}}\right)t\right).$$

Wie in diesem Kapitel besprochen, können sie mit Hilfe der Eulerschen Formel zu den reellen Basislösungen

$$\exp\left(-\frac{D}{2m}t\right)\cos\left(t\sqrt{\frac{k}{m}-\frac{D^2}{4m^2}}\right) \quad \text{und} \quad \exp\left(-\frac{D}{2m}t\right)\sin\left(t\sqrt{\frac{k}{m}-\frac{D^2}{4m^2}}\right)$$

kombiniert werden. Sie beschreiben (exponentiell) gedämpfte Schwingungen und sind lassen sich auch als Real- und Imaginärteil der komplexen Basislösung

$$\exp\left(\left(-\frac{D}{2m} + i\sqrt{\frac{k}{m}-\frac{D^2}{4m^2}}\right)t\right)$$

gewinnen. Funktionen dieses Typs wurden auch am Ende von Kapitel 4 betrachtet. In Abbildung 4.1 wurden die Graphen von Real- und Imaginärteil der Funktion $z(t) = e^{(-1+10i)t}$ dargestellt. Nun können wir also die physikalische Begründung dafür nachliefern, dass es sich bei ihnen tatsächlich um gedämpfte Schwingungen handelt, wie sie durch eine Bewegungsgleichung vom Typ (5.30) beschrieben werden!

[Aufgabe 20]

Eine weitere Verallgemeinerung ergibt sich, wenn zusätzlich auf den Körper eine periodische äußere Kraft mit Amplitude $F_0$ und Kreisfrequenz $\Omega$ wirkt. Die dafür zuständige Differentialgleichung hat die Form

$$m\ddot{x}(t) + D\dot{x}(t) + kx(t) = F_0 \sin(\Omega t). \tag{5.32}$$

Sie beschreibt das Phänomen der Resonanz, auf das wir hier nicht weiter eingehen. Versuchen Sie, diese DGL mit Hilfe eines Computeralgebra-Systems zu analysieren! Eine interaktive Simulation dieser Bewegungsform können Sie unter

http://homepage.univie.ac.at/franz.embacher/Kostproben/schwingung/start.html

aufrufen.

## Verallgemeinerungen *

Wir erwähnen zum Abschluss noch zwei Verallgemeinerungen des Differentialgleichungskonzepts, die in diesem Kapitel nicht besprochen wurden:

- In der Physik spielen (**gekoppelte**) **Systeme von Differentialgleichungen** eine wichtige Rolle. So ist beispielsweise die Bewegung eines (leichten) Satelliten im Schwerefeld einer (im Ursprung des Koordinatensystems sitzenden) Zentralmasse $M$ (das so genannte *Keplerproblem*) durch das System

$$\ddot{x}(t) = -\frac{GM\,x(t)}{\left(x(t)^2 + y(t)^2 + z(t)^2\right)^{3/2}}$$
$$\ddot{y}(t) = -\frac{GM\,y(t)}{\left(x(t)^2 + y(t)^2 + z(t)^2\right)^{3/2}} \qquad (5.33)$$
$$\ddot{z}(t) = -\frac{GM\,z(t)}{\left(x(t)^2 + y(t)^2 + z(t)^2\right)^{3/2}}$$

  oder, in Vektorschreibweise,

$$\ddot{\vec{x}}(t) = -\frac{GM\,\vec{x}(t)}{|\vec{x}(t)|^3} \qquad (5.34)$$

  definiert. (Dabei ist $G$ die Newtonsche Gravitationskonstante). Es ist dies ein (nichtlineares) *gekoppeltes System* von drei gewöhnlichen Differentialgleichungen für die drei Funktionen $\vec{x}(t) \equiv \left(x(t), y(t), z(t)\right)$. Die rechte Seite von (5.34) ist die (durch die Satellitenmasse dividierte) Newtonsche Gravitationskraft, die der Zentralkörper auf den Satelliten ausübt – erkennen Sie sie?

- Ebenfalls wichtig sind Differentialgleichungen mit Funktionen, die von mehreren Variablen abhängen. Die prominenteste ist die *Wellengleichung*

$$\frac{1}{c^2}\frac{\partial^2}{\partial t^2}\phi(t,x,y,z) = \left(\frac{\partial^2}{\partial x^2} + \frac{\partial^2}{\partial y^2} + \frac{\partial^2}{\partial z^2}\right)\phi(t,x,y,z)\,, \qquad (5.35)$$

  wobei $c$ für die Schall- oder Lichtgeschwindigkeit steht und $\phi$ eine Feldgröße ist, die beispielsweise die Schallausbreitung oder eine Komponente des elektromagnetischen Feldes beschreibt. Derartige Differentialgleichungen enthalten partielle Ableitungen, weshalb sie **partielle Differentialgleichungen** genannt werden. Als weiteres Beispiel nennen wir die quantenmechanische *Schrödingergleichung* für ein (nichtrelativistisches) Teilchen der Masse $m$ in einem gegebenen Potential $V$:

$$i\hbar\frac{\partial}{\partial t}\psi(t,x,y,z) = \left(-\frac{\hbar^2}{2m}\left(\frac{\partial^2}{\partial x^2} + \frac{\partial^2}{\partial y^2} + \frac{\partial^2}{\partial z^2}\right) + V(t,x,y,z)\right)\psi(t,x,y,z)\,. \qquad (5.36)$$

Sie ist eine partielle Differentialgleichung für die so genannte Wellenfunktion $\psi(t,x,y,z)$, die überdies noch komplexe Werte annehmen darf. ($\hbar$ ist die Plancksche Konstante).

Der nächste Verallgemeinerungsschritt bestünde darin, (**gekoppelte**) **Systeme partieller Differentialgleichungen** zu betrachten. Die *Maxwell-Gleichungen*, die der klassischen Elektrodynamik zugrunde liegen, sind ein solches System (für sechs Funktionen, die Komponenten des elektrischen und des magnetischen Feldes, die von der Zeit $t$ und den drei Raumkoordinaten $\vec{x} \equiv (x,y,z)$ abhängen). Die Behandlung all dieser Differentialgleichungstypen geht über den Horizont dieses Buches hinaus, aber wir werden in Kapitel 9 einige der mathematischen Operationen, mit deren Hilfe sie formuliert werden (wie beispielsweise den so genannten Laplace-Operator $\frac{\partial^2}{\partial x^2}+\frac{\partial^2}{\partial y^2}+\frac{\partial^2}{\partial z^2}$, der in (5.35) und (5.36) auftritt), näher kennen lernen.

# Aufgaben

1. Welche der folgenden Differentialgleichungen sind linear, linear-homogen, linear-inhomogen, mit konstanten Koeffizienten: $y''(x)=3x^2 y(x)$, $y''(x)=3x\,y(x)^2$, $y''(x)=3x^2+y(x)$, $y''(x)=3x^2+y(x)^2$.

2. Benutzen Sie Ihr Wissen über die Ableitung, um die allgemeine Lösung der Differentialgleichung $y'(x)=0$ zu ermitteln.

3. Benutzen Sie Ihr Wissen über die Ableitung, um die allgemeine Lösung der Differentialgleichung $y''(x)=0$ zu ermitteln.

4. Benutzen Sie Ihr Wissen über die Ableitung und das Integrieren, um die allgemeine Lösung der Differentialgleichung $y'(x)=x^2$ zu ermitteln.

5. Kann $y(x)=-2x-\frac{x^3}{3}+C_1 e^x+C_2 e^{-x}$ die allgemeine Lösung der Differentialgleichung $y'''(x)-y'(x)=x^2$ sein? Begründen Sie Ihre Antwort.

6. Ergänzungsaufgabe: *
Beweisen Sie, dass das Anfangswertproblem der Differentialgleichung (5.7) durch (5.11) gelöst wird.

7. Untersuchen Sie mit Hilfe der grafischen Methode des Richtungsfeldes das Verhalten jener Lösung der (nichtlinearen) Differentialgleichung $y'(x)=x\sin\big(y(x)\big)$, die die Anfangsbedingung $y(0)=1$ erfüllt, im Bereich $x\geq 0$.

8. Im Text wurde gezeigt, dass die allgemeine Lösung der Differentialgleichung $y''(x)+4y'(x)+13y(x)=0$ wahlweise in der komplexen Form (5.19) oder in der reellen Form (5.20) angeschrieben werden kann. Rechnen Sie die in der komplexen Version auftretenden Konstanten $(C_1,C_2)$ in die in der reellen Version auftretenden Konstanten $(c_1,c_2)$ um.

9. Lösen Sie die Differentialgleichung $y''(x)+y(x)=0$ mit Hilfe der Methode des Exponentialansatzes. Stellen Sie die allgemeine Lösung in reeller Form dar.

10. Ermitteln Sie (durch Rechnung auf dem Papier) die allgemeine Lösung der Differentialgleichung $y''(x)+6y'(x)+9y(x)=0$.

11. Schreiben Sie eine homogene lineare Differentialgleichung mit konstanten Koeffizienten an, deren charakteristische Gleichung $r^2+7r-5=0$ lautet.

12. Leiten Sie (5.23) mit Hilfe der komplexen Version (5.19) der allgemeinen Lösung her.

13. Ergänzungsaufgabe: *
Ermitteln Sie (durch Rechnung auf dem Papier) die allgemeine Lösung der Differentialgleichung $y''(x)+6y'(x)+9y(x)=x$. Benutzen Sie dabei das Resultat von Aufgabe 10.

14. Die Differentialgleichung für die Bewegung eines Teilchens der Masse $m$ im homogenen (in die negative $x$-Richtung wirkenden) Gravitationsfeld (mit Erdbeschleunigung $g$) und mit einer zur Geschwindigkeit proportionalen Reibung lautet $m\ddot{x}(t)=-D\dot{x}(t)-mg$.

    (i) Zeigen Sie, dass sie eine spezielle Lösung der Form $x(t)=v_\infty t$ besitzt, wobei $v_\infty$ eine Konstante ist. Welchen Wert hat $v_\infty$?
    (ii) Ermitteln Sie die allgemeine Lösung.

    Zusatzaufgabe: * (iii) Interpretieren Sie die spezielle Lösung $x(t)=v_\infty t$ physikalisch. Warum wird die Konstante mit dem Symbol $v_\infty$ bezeichnet?

15. Schreiben Sie die in der vektoriellen Bewegungsgleichung $m\ddot{\vec{x}}(t)=-D\dot{\vec{x}}(t)+\begin{pmatrix}0\\0\\-mg\end{pmatrix}$ steckenden Differentialgleichungen einzeln auf!

16. Ermitteln Sie die allgemeine Lösung der Differentialgleichung $y''(x)=3y'(x)-9y(x)$ in reeller Form (entweder auf dem Papier oder mit Hilfe eines Computerwerkzeugs).

17. Ermitteln Sie die allgemeine Lösung der Differentialgleichung $y''(x)-2y'(x)-y(x)=0$ in reeller Form (entweder auf dem Papier oder mit Hilfe eines Computerwerkzeugs).

18. Ermitteln Sie jene Lösung der Differentialgleichung $y''(x)+y'(x)=-y(x)$, die die Anfangsbedingung $y(0)=2$ und $y'(0)=-1$ erfüllt (entweder auf dem Papier oder mit Hilfe eines Computerwerkzeugs) und stellen Sie sie grafisch dar.

19. Ermitteln Sie jene Lösung der Differentialgleichung $y''(x)+y'(x)+2y(x)=x^2-1$, die die Anfangsbedingung $y(0)=1$ und $y'(0)=0$ erfüllt (entweder auf dem Papier oder mit Hilfe eines Computerwerkzeugs). Beschreiben Sie in Worten, wie sie sich im Bereich $x\geq 0$ verhält. Können Sie sie physikalisch deuten?

20. Ergänzungsaufgabe: *
Verifizieren Sie (5.31) (entweder auf dem Papier oder mit Hilfe eines Computerwerkzeugs). Führen Sie die Berechnung der reellen Basislösungen für den Fall $D^2 < 4km$ im Detail durch und diskutieren Sie die Auswirkung des Reibungsterms auf die Bewegung.

# 6 Fehlerrechnung

## Vorbemerkung

In diesem Kapitel werden wir einige Grundtatsachen und Methoden der *Fehlerrechnung* oder *beschreibenden Statistik* besprechen. Der Grund dafür liegt darin, dass Sie die Fehlerrechnung wahrscheinlich relativ bald am Beginn Ihres Studiums – vor allem zur Auswertung experimentell gewonnener Daten – benötigen. Wir werden uns hier vor allem darauf beschränken, die betrachteten Situationen und Fragestellungen so klar wir möglich zu formulieren, die meisten mathematischen Resultate aber ohne Beweis angeben.

Der Rohstoff der Fehlerrechnung sind **Datenlisten** (insbesondere Listen von Messergebnissen). Sie stellen die Ergebnisse unserer Beobachtungen dar. Aus ihnen wollen wir Erkenntnisse gewinnen (z.B. über den Wert einer gemessenen Größe oder über die Beziehung zwischen zwei Größen) und die **Zuverlässigkeit** dieser Erkenntnisse abschätzen.

Die beschreibende Statistik ist ein überaus reichhaltiges Gebiet, aus dem für dieses Buch nur einige besonders wichtige Methoden ausgewählt wurden. Sie sollen Ihnen vor allem eine praktische Grundausrüstung für die Dokumentation und Auswertung von Experimenten, die Sie selbst durchführen, mitgeben. Einige der hier besprochenen Begriffe werden in Kapitel 18 benötigt.

## Statistische Analyse einer einfachen Datenliste: Mittelwert, Varianz, Standardabweichung

Unter einer **einfachen Datenliste** verstehen wir eine endliche Liste von Zahlen (oder Werten physikalischer Größen, die alle die gleiche Dimension haben, z.B. Längen). Woher diese Daten stammen und was sie bedeuten, ist zunächst gleichgültig. Wir schreiben eine Liste von $n$ derartigen Daten in der Form

$$x_1, x_2, x_3, \cdots x_{n-1}, x_n. \tag{6.1}$$

Das $j$-te Listenelement wird mit $x_j$ bezeichnet.

Eine (unter Umständen sehr lange) Liste von Daten sagt uns zunächst nicht viel. Um einen ersten Eindruck ihrer Eigenschaften zu erhalten, kann eine **grafische Darstellung** sinnvoll sein.

Beispiel:
Gegeben sei die einfache Datenliste 0.21, -0.22, 0.9, 0.12, 0.4, 1.3, -0.13, 0.72, 0.48, 1.67, 0.52, -0.43, 0.33, 1.05. Eine grafische Darstellung dieser Liste ist in Abbildung 6.1 wiedergegeben: Jedem Datenwert entspricht eine Markierung. Durch bloßes Hinsehen kann aus ihr erschlossen werden, dass alle Daten im Intervall zwischen -0.5 und 2 liegen, die meisten zwischen 0 und 1.

**Abbildung 6.1**:
Grafische Darstellung einer einfachen Datenliste. Jede rote Markierung steht für einen Datenwert.

In der Praxis sind wir oft an *einigen wenigen* Kennzahlen interessiert, die aus einer Datenliste gewonnen werden und uns etwas über deren wichtigste Eigenschaften sagen. Die drei grundlegenden Kennzahlen zur statistischen Charakterisierung einer einfachen Datenliste sind der Mittelwert, die Varianz und die Standardabweichung.

Der **Mittelwert** oder das **arithmetische Mittel** (englisch *average* oder *mean*) einer einfachen Datenliste ist definiert als

$$\bar{x} = \frac{1}{n}\left(x_1 + x_2 + \cdots + x_n\right) \equiv \frac{1}{n}\sum_{j=1}^{n} x_j \,. \tag{6.2}$$

Er stellt, wie sein Name sagt, einen „mittleren" Wert dar, um den die Einzeldaten gestreut sind.

> Achtung:
> Der Mittelwert muss nicht in der Liste der Daten vorkommen, und er muss auch kein „typischer" Vertreter der Daten sein! Betrachten Sie beispielsweise die Datenliste 0.9, 1.8, 0.9, 2.1, 1.1, 2.2. Sie besteht aus drei Zahlen, die in der Nähe von 1 liegen und drei Zahlen, die in der Nähe von 2 liegen. Der Mittelwert ist 1.5. Er kommt in der Liste nicht vor, und in seiner unmittelbaren Nähe liegen überhaupt keine Elemente der Liste! In diesem Sinn ist er nicht „typisch".

Der Mittelwert ist der „mittlere Wert" in dem Sinn, dass die Differenzen $x_j - \bar{x}$ einander aufheben, wenn sie addiert werden, denn es gilt $\sum_{j=1}^{n}\left(x_j - \bar{x}\right) = 0$ (siehe Aufgabe 1).

> Ergänzung: Andere Mittelwertbildungen: *
> Neben dem durch (6.2) definierten arithmetischen Mittel werden in Anwendungen manchmal andere, ebenfalls durch einfache Formeln definierte Mittelwertbildungen verwendet:
>
> - Das geometrische Mittel $x_{\mathrm{gM}} = \left(x_1 x_2 \cdots x_n\right)^{1/n}$.
> - Das harmonische Mittel $x_{\mathrm{hM}}$, definiert durch $\frac{1}{x_{\mathrm{hM}}} = \frac{1}{n}\left(\frac{1}{x_1} + \frac{1}{x_2} + \cdots + \frac{1}{x_n}\right)$. (Der Kehrwert des harmonischen Mittels ist das aus den Kehrwerten der Daten gebildete arithmetische Mittel).

Die **Varianz** einer einfachen Datenliste ist definiert als

$$s^2 = \frac{1}{n}\left(\left(x_1 - \bar{x}\right)^2 + \left(x_2 - \bar{x}\right)^2 + \cdots + \left(x_n - \bar{x}\right)^2\right) \equiv \frac{1}{n}\sum_{j=1}^{n}\left(x_j - \bar{x}\right)^2 . \tag{6.3}$$

Ihre Quadratwurzel

$$s = \sqrt{\frac{1}{n}\left(\left(x_1-\bar{x}\right)^2+\left(x_2-\bar{x}\right)^2+\cdots+\left(x_n-\bar{x}\right)^2\right)} \equiv \sqrt{\frac{1}{n}\sum_{j=1}^{n}\left(x_j-\bar{x}\right)^2} \qquad (6.4)$$

heißt **Standardabweichung**, **Streuung** oder **Schwankung** (englisch *standard deviation*) der Datenliste und ist ein Maß dafür, wie stark die Einzeldaten vom Mittelwert abweichen. (Sie wird manchmal auch mit $\Delta x$ bezeichnet).

Bemerkung:
Sehen Sie sich Formel (6.3) genau an! Sie kommt so zustande: Mit jedem Einzelwert $x_j$ der Datenliste wird $\left(x_j-\bar{x}\right)^2$ gebildet, d.h. das Quadrat der Differenz (oder des Abstands) zum Mittelwert. Diese Größe – das *Abstandsquadrat* – ist ein Maß dafür, wie stark $x_j$ von $\bar{x}$ abweicht. Dass hier ein Quadrat gebildet wurde, hat einen guten Grund: Ist $x_j \neq \bar{x}$, so ist gilt immer $\left(x_j-\bar{x}\right)^2 > 0$, gleichgültig ob $x_j$ kleiner oder größer als $\bar{x}$ ist.

Die Varianz (6.3) ist nun der Mittelwert dieser Abstandsquadrate (kurz: das *mittlere Abstandsquadrat*). Ihre Wurzel, die Standardabweichung (6.4), ist ein Maß für den ungefähren Abstand der Daten vom Mittelwert. (Der exakte *mittlere Abstand* wäre die Größe $\frac{1}{n}\sum_{j=1}^{n}|\, x_j-\bar{x}\,|$. Aufgrund schöner formaler Eigenschaften, die das Rechnen erleichtern, wird ihr aber die Standardabweichung (6.4) vorgezogen).

Die Varianz kann auch mit Hilfe einer anderen, manchmal bequemeren Formel berechnet werden, die sich unmittelbar aus (6.3) ergibt:

$$s^2 = \frac{1}{n}\sum_{j=1}^{n}x_j^{\,2}-\bar{x}^2 \equiv \frac{1}{n}\sum_{j=1}^{n}x_j^{\,2}-\left(\frac{1}{n}\sum_{j=1}^{n}x_j\right)^2. \qquad (6.5)$$

Der erste Term ist der Mittelwert der Quadrate der Daten. Von ihm wird das Quadrat des Mittelwerts der Daten subtrahiert.

Beweis von (6.5) *
Der Beweis ist nicht schwer, obwohl er auf den ersten Blick vielleicht recht kompliziert aussieht:

$$s^2 = \frac{1}{n}\sum_{j=1}^{n}\left(x_j-\bar{x}\right)^2 = \frac{1}{n}\sum_{j=1}^{n}\left(x_j^{\,2}-2x_j\bar{x}+\bar{x}^2\right) =$$

$$=\frac{1}{n}\sum_{j=1}^{n}x_j^{\,2}-\frac{2\bar{x}}{n}\sum_{j=1}^{n}x_j+\frac{1}{n}\sum_{j=1}^{n}\bar{x}^2 = \frac{1}{n}\sum_{j=1}^{n}x_j^{\,2}-2\bar{x}^2+\bar{x}^2 = \frac{1}{n}\sum_{j=1}^{n}x_j^{\,2}-\bar{x}^2$$

Dabei wurde die Definition (6.2) des Mittelwerts benutzt. Lassen Sie sich von dieser Rechnung nicht abschrecken – gehen Sie sie Schritt für Schritt durch! Sie ist eine gute Übung im Umgang mit der Summenschreibweise. Versuchen Sie, sich klar zu machen, warum die in den einzelnen Umformungsschritten benutzten Identitäten wie

$$\frac{1}{n}\sum_{j=1}^{n}\left(-2x_j\bar{x}\right) = -\frac{2\bar{x}}{n}\sum_{j=1}^{n}x_j = -2\bar{x}^2 \qquad \text{und} \qquad \frac{1}{n}\sum_{j=1}^{n}\bar{x}^2 = \bar{x}^2$$

gelten!

Wird der Mittelwert der Quadrate der Daten mit

$$\overline{x^2} = \frac{1}{n}\sum_{j=1}^{n}x_j^2$$

bezeichnet[1], so lässt sich (6.5) in der kürzeren Form

$$s^2 = \overline{x^2} - \bar{x}^2 \tag{6.6}$$

anschreiben, und dementsprechend gilt

$$s = \sqrt{\overline{x^2} - \bar{x}^2}\,. \tag{6.7}$$

Sehen wir uns die **Bedeutung** des **Mittelwerts** $\bar{x}$ und der **Standardabweichung** $s$ anhand eines Beispiels an:

Beispiel:
Der Datenliste 0.21, -0.22, 0.9, 0.12, 0.4, 1.3, -0.13, 0.72, 0.48, 1.67, 0.52, -0.43, 0.33, 1.05 sind wir bereits begegnet. Sie ist in Abbildung 6.1 grafisch dargestellt. Berechnen wir nun ihren Mittelwert, ihre Varianz und ihre Standardabweichung: Es ergibt sich (gerundet) $\bar{x} = 0.494$, $s^2 = 0.326$ und $s = 0.571$. Die Bedeutung dieser Kennzahlen wird illustriert, indem die Werte von $\bar{x}$, $\bar{x}-s$ und $\bar{x}+s$ in die grafische Darstellung eingefügt werden (Abbildung 6.2).

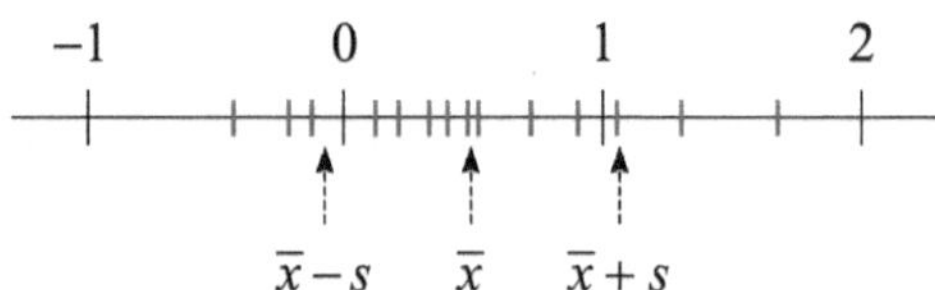


**Abbildung 6.2**:
In die in Abbildung 6.1 gezeigte grafische Darstellung einer Datenliste wurden die Werte von $\bar{x}-s$, $\bar{x}$ und $\bar{x}+s$ eingefügt.

Im Intervall zwischen $\bar{x}-s$ und $\bar{x}+s$ (oder, wir es im Statistik-Jargon heißt, „innerhalb der 1-fachen Standardabweichung") liegt der größere Teil der Daten. Abbildung

[1] Ganz allgemein kann für eine beliebige Funktion $f$ der Mittelwert der Funktionswerte der Daten, d.h. der Mittelwert der Datenliste $f(x_1), f(x_2), f(x_3), \cdots f(x_{n-1}), f(x_n)$, mit $\overline{f(x)}$ bezeichnet werden: $\overline{f(x)} = \frac{1}{n}\sum_{j=1}^{n} f(x_j)$. Damit lautet die Definition (6.3) einfach $s^2 = \overline{\left(x-\bar{x}\right)^2}$.

6.2 illustriert recht schön die Rolle der Standardabweichung als ein Maß dafür, wie sehr die Daten *um den Mittelwert streuen*: Um Mittelwert und Streuung der Datenliste in kompakter Form auszudrücken, kann

$$x = 0.494 \pm 0.571$$

geschrieben werden. (Aber Achtung: Wir werden noch *zwei* weitere Bedeutungen der $\pm$ Schreibweise kennen lernen!)

Besteht eine Datenliste aus *vielen* Messergebnissen, deren Streuung durch die Wirkung einer Vielzahl zufälliger, voneinander unabhängiger Einflüsse zustande kommt, so gelten folgende Faustregeln:

- Innerhalb der 1-fachen Standardabweichung (d.h. zwischen $\bar{x}-s$ und $\bar{x}+s$) liegen ungefähr 68.3% der Datenwerte.
- Innerhalb der 2-fachen Standardabweichung (d.h. zwischen $\bar{x}-2s$ und $\bar{x}+2s$) liegen ungefähr 95.5% der Datenwerte, und
- innerhalb der 3-fachen Standardabweichung (d.h. zwischen $\bar{x}-3s$ und $\bar{x}+3s$) liegen ungefähr 99.7% der Datenwerte.

Der Grund für die Gültigkeit dieser Regeln liegt darin, dass Daten, deren Streuung von vielen zufälligen, voneinander unabhängigen Einflüssen herrührt, (annähernd) *normalverteilt* sind. Wir gehen auf dieses Thema hier nicht weiter ein. Die Normalverteilung wird in Kapitel 18 behandelt.

Wir erwähnen noch kurz einige weitere statistische Kennzahlen, die zur Charakterisierung einfacher Datenlisten herangezogen werden können.

**Schiefe und Kurtosis**: *
Neben Mittelwert, Varianz und Standardabweichung gibt es weitere Kennzahlen zur Charakterisierung einer Datenliste, wie beispielsweise

- die Schiefe $s^{-3}\overline{\left(x-\bar{x}\right)^3}$, die ein Maß dafür darstellt, wie gut die Daten (relativ zum Mittelwert) symmetrisch liegen, und
- die Kurtosis $s^{-4}\overline{\left(x-\bar{x}\right)^4}$, die angibt, ob die Verteilung der Daten in der Nähe des Mittelwerts eher einem steilen Gipfel oder einem flachen Plateau entspricht.

**Median und Quartile**:
Daneben gibt es ein ganz anderes System von Zentral- und Streuungsmaßen: Werden die Daten in der Liste der Größe nach geordnet, so ist der **Median**

- für den Fall, dass $n$ ungerade ist, jenes Element, das genau in der Mitte der Liste steht, und
- für den Fall, dass $n$ gerade ist, der Mittelwert aus den beiden in der Mitte der Liste stehenden Elementen.

Der Median teilt die Datenliste in eine untere und eine obere Teil-Liste. Die Mediane dieser Teil-Listen werden **Quartile** genannt.[2] Unterhalb und oberhalb des Medians liegen also gleich viele Datenwerte, und zwischen den beiden Quartilen liegt die Hälf-

[2] Für die genauen Definitionen dieser Größen gibt es unterschiedliche Konventionen, die aber für große $n$ alle auf das Gleiche hinauslaufen.

te der Datenwerte. Diese Kenngrößen haben den Vorteil, dass sie unempfindlich gegenüber einzelnen Ausreißern (z.B. Messfehlern) sind.

Web-Tipp:
Zentral- und Streuungsmaße (aus mathe online)
http://www.mathe-online.at/materialien/Franz.Embacher/files/zstr/
In dieser dynamischen Animation werden Mittelwert, Standardabweichung, Median und Quartile visualisiert. Mit ihrer Hilfe können Sie sich ansehen, wie diese Maße auf die Veränderung der Daten (insbesondere auf einzelne Ausreißer) reagieren.

Größere Datenmengen werden heute mit Hilfe elektronischer Werkzeuge verarbeitet. Neben Programmen der Tabellenkalkulation (wie Excel oder eine Open Office-Entsprechung), auf die wir hier nicht weiter eingehen, bietet das Computeralgebra-System ***Mathematica*** zahlreiche Möglichkeiten zur Datenanalyse.

CAS-Tipps:
Listen werden in *Mathematica* mit Hilfe geschwungener Klammern eingegeben. So definiert

```
liste = {1.3, 3.0, -1.12, 4.7, 2.9}
```

beispielsweise eine Liste mit dem Namen `liste`. Listen können – wie Vektoren – addiert und mit Zahlen multipliziert werden. Wird eine (für die Anwendung auf eine Zahl oder Variable bestimmte) Funktion auf eine Liste angewandt, so wendet *Mathematica* sie auf jedes Listenelement an. Insbesondere ist `liste^2` die Liste, die aus den Quadraten der Elemente von `liste` besteht. Die Länge der Liste wird mit `Length[liste]`, die Summe der Elemente mit `Tr[liste]` angesprochen. Der Mittelwert (6.2) einer Liste wird mit der Operation `Mean` berechnet:

```
Mean[liste]
```

Die Varianz wird am besten gemäß (6.3) als

```
Mean[(liste-Mean[liste])^2]])
```

oder, gemäß (6.5) bzw. (6.6), als

```
Mean[liste^2]-Mean[liste]^2
```

berechnet, deren Quadratwurzel, die Standardabweichung (6.4) bzw. (6.7) dementsprechend als

```
Sqrt[Mean[(liste-Mean[liste])^2]]
```

oder

```
Sqrt[Mean[liste^2]-Mean[liste]^2]
```

Wollen Sie die Berechnung von Varianz und Standardabweichung für mehrere Datenlisten durchführen, so können sie entsprechende Funktionen etwa durch

```
var[x_]:=Mean[x^2]-Mean[x]^2
stdAbw[x_]:=Sqrt[var[x]]
```

selbst definieren und in der Form `var[liste]` und `stdAbw[liste]` anwenden.

Achtung:
*Mathematica* kennt die beiden Funktionen `Variance` und `StandardDeviation`, aber sie bedeuten hier *nicht* das Gewünschte, sondern Größen, die wir weiter unten – in (6.9) und (6.10) – betrachten werden.

Die in diesem Abschnitt definierten Größen Mittelwert (6.2), Varianz (6.3) und Standardabweichung (6.4) charakterisieren eine einfache Datenliste *als solche* und *nicht einen Kontext*, in dem diese Liste stehen mag! Sie sind unabhängig davon, woher die Liste kommt und was sie bedeutet. Sind die Daten $x_j$ beispielsweise die Körpergrößen von $n$ Menschen, die aus einer größeren Gruppe ausgewählt wurden, so sind $\bar{x}$ und $s$ die statistischen Kennzahlen *dieser* Messdaten und *nicht* der größeren Gruppe! Wie von den $n$ Messdaten auf die größere Gruppe geschlossen werden kann, besprechen wir nun im folgenden Abschnitt.

[Aufgabe 1] [Aufgabe 2] [Aufgabe 3] [Aufgabe 4]

## Statistische Analyse einer Stichprobe: Schätzungen

In der Physik (wie auch in anderen Bereichen der Wissenschaft und des Lebens) wollen wir *mehr* wissen, als uns durch direkte Beobachtungen zugänglich ist.

Beispiel 1: In einer fiktiven Stadt, die *sehr* viele Einwohner hat, wurden die Körpergrößen von $n$ zufällig ausgewählten Menschen gemessen. Mit anderen Worten: Es wurde eine **Stichprobe** vom Umfang $n$ gezogen. Die Messergebnisse $x_j$ bilden eine einfache Datenliste wie (6.1). Was können wir daraus über die Körpergrößen *aller* in der Stadt lebenden Menschen (der so genannten **Grundgesamtheit**) schließen? (Ein physikalischeres Beispiel dieses Typs ist die Verteilung der Molekül-Geschwindigkeiten in einem Gas, die – ebenso wie die Körpergrößen der Menschen – einer gewissen Verteilung unterliegen).

Beispiel 2: Eine physikalische Größe $x$ wird $n$ mal unter gleich bleibenden Bedingungen gemessen. Eigentlich sollten alle Messwerte gleich sein – tatsächlich gibt es aber immer eine Reihe von Einflüssen, die jede Messung ein wenig anders verlaufen lassen, und die sich nicht kontrollieren lassen. Einflüsse dieser Art werden *zufällige Fehler* genannt.[3] Die erzielten Messresultate werden durch eine einfache Datenliste vom Typ (6.1) dargestellt. Damit wurde eine **Stichprobe** vom Umfang $n$ „gezogen". Die **Grundgesamtheit**, aus der diese Stichprobe stammt, wird durch eine Messreihe mit *sehr* vielen (idealerweise unendlich vielen) Messungen dargestellt. Was können wir aus den $n$ gemessenen Werten darüber aussagen, wie eine Messreihe mit *sehr* viel mehr Messungen aussehen würde?

In beiden Beispielen wollen wir *von einer Stichprobe auf die Grundgesamtheit schließen*. Insbesondere drei Fragen drängen sch auf:

**Frage 1**: Wie groß ist der Mittelwert der Grundgesamtheit?

- Das bedeutet in Beispiel 1: Wie groß ist der Mittelwert *aller* in der Stadt lebenden Menschen?

[3] Hinter der Bezeichnung *Fehler* steckt die Idee, dass es einen *wahren Wert* der Größe $x$ gibt, von dem jedes einzelne Messergebnis mehr oder weniger stark abweicht. Diese Annahme ist zwar bequem, muss aber nicht unbedingt getroffen werden. Unverzichtbar für das Folgende ist lediglich die Annahme, dass die Messresultate aufgrund eines Zufallsgesetzes zustande kommen.

- In Beispiel 2 bedeutet es: Wie groß ist der Mittelwert einer Liste von Messresultaten, die aus *sehr* vielen (idealerweise unendlich vielen) Einzelmessungen hervorgeht? [4]

Wir bezeichnen den **Mittelwert der Grundgesamtheit** mit dem Symbol $\mu$.

**Frage 2**: Wie groß ist die Standardabweichung (Streuung) der Grundgesamtheit?

- Das bedeutet in Beispiel 1: Wie groß ist die Standardabweichung jener Datenliste, die die Körpergrößen *aller* in der Stadt lebenden Menschen umfasst?
- In Beispiel 2 bedeutet es: Wie groß ist die Standardabweichung einer Liste von Messresultaten, die aus *sehr* vielen (idealerweise unendlich vielen) Einzelmessungen hervorgeht?

Allgemein heißt diese Größe der **mittlere Fehler des Einzelwerts** oder **der Einzelmessung** (englisch *standard deviation*, was leider dieselbe Bezeichnung wie jene für $s$ ist). Wir bezeichnen sie mit dem Symbol $\sigma$ oder, um auszudrücken, dass es sich um die Streuung von Messwerten der Größe $x$ handelt, mit $\sigma_x$. (In der Literatur ist dafür bisweilen auch die Bezeichnung $\Delta x$ üblich. Achtung: Auch hier besteht eine Verwechslungsgefahr mit $s$).

**Frage 3**: *Wie genau* können wir den Mittelwert der Grundgesamtheit (auf den Frage 1 abzielt) abschätzen? Wie groß ist die verbleibende Unsicherheit? Die Frage kann so präzisiert werden: Wie groß ist die Standardabweichung (Streuung) der Mittelwerte *sehr* vieler Stichproben vom Umfang $n$?

- Das bedeutet in Beispiel 1: Angenommen, es wird *sehr* oft eine Gruppe von $n$ Menschen zufällig ausgewählt und der Mittelwert deren Körpergrößen bestimmt. Wie groß ist die Standardabweichung der Datenliste, die aus diesen Mittelwerten besteht?
- In Beispiel 2 bedeutet es: Angenommen, es wird *sehr* oft eine Messreihe von $n$ Einzelmessungen durchgeführt und für jede Messreihe der Mittelwert bestimmt. Wie groß ist die Standardabweichung der Datenliste, die aus diesen Mittelwerten besteht?

Allgemein heißt diese Größe **mittlerer Fehler des Mittelwerts**, **Standardfehler des Mittelwerts** oder **Stichprobenfehler** (englisch *standard error*). Wir bezeichnen sie mit dem Symbol $\sigma_{\bar{x}}$, um anzudeuten, dass es sich nicht um die Standardabweichung von $x$-Werten, sondern um die Standardabweichung von (*sehr* vielen) Mittelwerten handelt. (In der Literatur ist dafür bisweilen auch die Bezeichnung $\Delta\bar{x}$ üblich).

Diese drei Fragen können natürlich nicht exakt beantwortet werden (da wir nicht die Grundgesamtheit, sondern nur eine Stichprobe beobachtet haben), aber wir können **Schätzungen** machen. Ohne Beweis schreiben wir nun die jeweils „besten Schätzungen" der drei unbekannten Größen hin. Sie gelten unter der Voraussetzung, dass lediglich eine Stichprobe vom Umfang $n$, deren Ergebnisse wir mit $x_1, x_2, x_3, \cdots x_{n-1}, x_n$ bezeichnen, bekannt ist. Beachten Sie, dass diese Datenwerte $x_j$ zwar eine Datenliste wie (6.1) bilden, nun aber in einem *größeren Kontext* (nämlich als Ergebnisse einer *Stichprobe*) betrachtet werden!

[4] Diese Größe kann als der *wahre Wert* von $x$ gedeutet werden, wenn angenommen wird, dass *zufällige Fehler* ihn gleichermaßen nach unten wie nach oben verfälschen. Fehler, die das *nicht* tun, wirken in eine bestimmte Richtung – sie heißen *systematische Fehler* (wie z.B. ein falsch geeichtes Messgerät) und können auf statistische Weise nicht entdeckt (und daher auch nicht eliminiert) werden.

- **Mittelwert der Grundgesamtheit**:

$$\mu_{\text{beste Schätzung}} = \bar{x} \equiv \frac{1}{n}\sum_{j=1}^{n} x_j \tag{6.8}$$

Das ist nicht weiter überraschend: Die beste Schätzung des Mittelwerts der Grundgesamtheit ist der Mittelwert der Stichprobe.

- **Varianz der Grundgesamtheit**:

$$\sigma^2_{\text{beste Schätzung}} = \frac{n}{n-1}s^2 \equiv \frac{1}{n-1}\sum_{j=1}^{n}\left(x_j - \bar{x}\right)^2 \tag{6.9}$$

Daraus ergibt sich die beste Schätzung der **Standardabweichung der Grundgesamtheit** (d.h. die beste Schätzung für den **mittleren Fehler des Einzelwerts**) zu

$$\sigma_{\text{beste Schätzung}} = \sqrt{\frac{n}{n-1}}\,s \equiv \sqrt{\frac{1}{n-1}\sum_{j=1}^{n}\left(x_j - \bar{x}\right)^2}\,. \tag{6.10}$$

Die beste Schätzung der Standardabweichung der Grundgesamtheit ist etwas größer als die Standardabweichung $s$ der Stichprobe! Das mag auf den ersten Blick überraschen, ist aber bei genauerer Betrachtung einleuchtend. Ein intuitives Argument mag hier genügen: Manchmal treten in der Grundgesamtheit „Ausreißer" auf, die sehr weit vom Mittelwert entfernt liegen. In einer typischen Stichprobe werden Ausreißer, die sehr selten auftreten, nicht erfasst, die Standardabweichung daher *unter*schätzt. Für große $n$ ist $\frac{n}{n-1} \approx 1$. In diesem Fall ist die beste Schätzung von $\sigma$ mit guter Genauigkeit durch $s$ gegeben.

- **Mittlerer Fehler des Mittelwerts**:

$$\sigma_{\bar{x}\ \text{beste Schätzung}} = \frac{s}{\sqrt{n-1}} = \frac{\sigma_{\text{beste Schätzung}}}{\sqrt{n}} \equiv \sqrt{\frac{1}{n(n-1)}\sum_{j=1}^{n}\left(x_j - \bar{x}\right)^2} \tag{6.11}$$

Diese Zahl drückt die Unsicherheit aus, die nach der Schätzung (6.8) des Mittelwerts der Grundgesamtheit verbleibt. Für große $n$ ist sie sehr viel kleiner als die Standardabweichung $s$ der Stichprobe.[5]

Diese Formeln kommen bei der Dokumentation experimenteller Resultate zum Einsatz. Um Streuungen und Unsicherheiten kurz und knapp auszudrücken, wird die $\pm$ Schreibweise verwendet. Dabei ist aber Vorsicht geboten, da der Gebrauch dieser Schreibweise nicht ganz einheitlich ist!

**Die $\pm$ Schreibweise**:
Wird eine Größe in der Form $3.16 \pm 0.02$ angegeben, so

[5] Dieses Resultat drückt die Tatsache aus, dass Messgrößen umso genauer bestimmt werden können, je umfangreicher die Messreihe ist. Dabei ist allerdings vorausgesetzt, dass keine systematischen Fehler auftreten.

- ist damit meistens (die aufgrund der verfügbaren experimentellen Daten beste Schätzung von) $\mu \pm \sigma_{\bar{x}}$ gemeint. Der Zusatz $\pm 0.02$ drückt dann *die Unsicherheit unserer Kenntnis des („wahren") Werts der betreffenden Größe aus.*[6]

  Beispiel: Der Wert der Planckschen Konstante ist $\hbar = (1.05457168 \pm 0.00000018) \cdot 10^{-34}\,\text{Js}$.

- Die Angabe kann aber (seltener) auch $\mu \pm \sigma$ bedeuten. In diesem Fall drückt der Zusatz $\pm 0.02$ aus, *wie stark die Messergebnisse der Stichprobe (z.B. eines Experiments) streuen.*

  Beispiel: Wird die Körpergröße der Bewohner unserer fiktiven Stadt mit $(1.69 \pm 0.18)\,\text{m}$ angegeben, so ist damit wohl die Streuung der Körpergrößen gemeint (und nicht die Unsicherheit der Kenntnis des Mittelwerts).

Zudem haben wir bereits weiter oben gesehen, dass mit der gleichen Schreibweise auch die Standardabweichung der Messwerte angegeben werden kann. *Schreiben Sie* daher in Ihren eigenen Versuchsprotokollen bei Verwendung der $\pm$ Schreibweise *immer dazu, was gemeint ist!* Dazu reicht eine kleine Anmerkung wie „Fehler = Standardabweichung der Messwerte", „Fehler = geschätzter mittlerer Fehler der Einzelmessung" oder „Fehler = geschätzter mittlerer Fehler des Mittelwerts".

Neben der $\pm$ Schreibweise wird die Unsicherheit auch manchmal mit Hilfe einer Klammer angeschrieben.

Beispiel: Der Wert der Planckschen Konstante ist $\hbar = 1.05457168(18) \cdot 10^{-34}\,\text{Js}$.

Auch die für den Schluss von der Stichprobe auf die Grundgesamtheit relevanten Formeln und Verfahren sind in *Mathematica* implementiert.

CAS-Tipps:
Die Formeln (6.9) und (6.10) zur Schätzung der Varianz und der Standardabweichung der Grundgesamtheit können in *Mathematica* in der Form

```
Variance[liste]
```

und

```
StandardDeviation[liste]
```

berechnet werden, wobei `liste` für die Ergebnisse der Stichprobe steht. Den mittleren Fehler des Mittelwerts (6.11) können Sie in der Form

```
StandardDeviation[liste]/Sqrt[Length[liste]]
```

berechnen. Die Funktion `Length` gibt die Länge einer Liste (d.h. die Anzahl ihrer Elemente, also $n$) aus.

[Aufgabe 5] [Aufgabe 6] [Aufgabe 7]

[6] Eine solche Angabe kann in der Regel so gelesen werden: Die Wahrscheinlichkeit, dass der Mittelwert der Grundgesamtheit (oder der *wahre Wert* der betreffenden Größe, wenn man diese Deutung bevorzugt) zwischen $\mu - \sigma_{\bar{x}}$ und $\mu + \sigma_{\bar{x}}$ liegt, ist ungefähr 0.64. Die Wahrscheinlichkeit, dass er zwischen $\mu - 2\sigma_{\bar{x}}$ und $\mu + 2\sigma_{\bar{x}}$ liegt, ist ungefähr 0.95, und die Wahrscheinlichkeit, dass er zwischen $\mu - 3\sigma_{\bar{x}}$ und $\mu + 3\sigma_{\bar{x}}$ liegt, ist ungefähr 0.997.

## Gewichtetes Mittel *

Manchmal liegen Daten zur Messung einer Größe $x$ vor, die aus unterschiedlich genauen Experimenten oder Messreihen stammen. Nehmen wir an, die erste Messreihe hat zu den Schätzungen $\mu_1$ für den Mittelwert der Grundgesamtheit und $\sigma_{\bar{x}\,1}$ für den mittleren Fehler des Mittelwerts (die Standardabweichung der Grundgesamtheit) geführt. In analoger Weise hat die zweite Messreihe die Schätzungen $\mu_2$ und $\sigma_{\bar{x}\,2}$ ergeben.

Ohne Beweis merken wir an, dass aus den beiden Messreihen als *neue* beste Schätzung das **gewichtete** (oder **gewogene**) **Mittel**

$$\mu_{\text{beste Schätzung}} = \frac{g_1\mu_1 + g_2\mu_2}{g_1 + g_2} \tag{6.12}$$

gewonnen werden kann, wobei die „Gewichte" durch

$$g_1 = \frac{1}{\left(\sigma_{\bar{x}\,1}\right)^2} \quad \text{und} \quad g_2 = \frac{1}{\left(\sigma_{\bar{x}\,2}\right)^2}$$

geben sind. Die Unsicherheit dieses neuen Schätzwerts (d.h. der mittlere Fehler des Mittelwerts) ist durch

$$\sigma_{\bar{x}\ \text{beste Schätzung}} = \frac{1}{\sqrt{g_1 + g_2}} \tag{6.13}$$

gegeben. Dies kann auch in der Form

$$\frac{1}{\left(\sigma_{\bar{x}\ \text{beste Schätzung}}\right)^2} = \frac{1}{\left(\sigma_{\bar{x}\,1}\right)^2} + \frac{1}{\left(\sigma_{\bar{x}\,2}\right)^2} \tag{6.14}$$

geschrieben werden und gibt Aufschluss darüber, wie die Genauigkeit, mit der wir eine physikalische Größe kennen, durch die gemeinsame Betrachtung zweier Messreihen wächst. Die Verallgemeinerung auf beliebig viele Messreihen liegt auf der Hand.

## Fehlerfortpflanzung

Oft sind wir mit der Situation konfrontiert, dass eine physikalische Größe $f$ von anderen Größen $x$, $y$,... abhängt, d.h. dass $f \equiv f(x,y,\ldots)$ gilt. Nehmen wir an, die besten Schätzwerte von $x$, $y$,... wurden experimentell mit $\mu_x$, $\mu_y$,... ermittelt, und ihre Unsicherheiten seien $\sigma_{\bar{x}}$, $\sigma_{\bar{y}}$,.... Der Schätzwert von $f$ wird in der Regel mit $f(\mu_x, \mu_y, \ldots)$ angegeben (eine Größe, die der Einfachheit der Notation halber auch mit $\overline{f}$ bezeichnet werden kann). Wie groß ist seine Unsicherheit $\sigma_{\bar{f}}$?

Eine näherungsweise Antwort auf diese Frage gibt das **Gaußsche Fehlerfortpflanzungsgesetz** (das wir hier nicht beweisen, sondern lediglich hinschreiben). Es lautet

$$\sigma_{\bar{f}} \approx \sqrt{\left(\frac{\partial f}{\partial x}\right)^2 \sigma_{\bar{x}}^{\;2} + \left(\frac{\partial f}{\partial y}\right)^2 \sigma_{\bar{y}}^{\;2} + \ldots}\,, \tag{6.15}$$

wobei die partiellen Ableitungen an der Stelle $(\mu_x, \mu_y, \ldots)$ zu nehmen sind. Es beschreibt, wie die Unsicherheiten der Bestandteile $x$, $y$,... die Unsicherheit von $f$ bestimmen.

Beispiel:
Die Periodendauer des mathematischen Pendels[7] (für kleine Auslenkungen) ist durch $T = 2\pi\sqrt{\frac{L}{g}}$ gegeben. Durch Messung der Pendellänge $L$ und der Periodendauer $T$ kann die Erdbeschleunigung $g \equiv g(L,T) = \frac{(2\pi)^2 L}{T^2}$ bestimmt werden. In einer Versuchsreihe wurde gemessen (Fehler = geschätzter mittlerer Fehler des Mittelwerts): $L = (0.895 \pm 0.001)\,\text{m}$ und $T = (1.89 \pm 0.05)\,\text{s}$. Durch Einsetzen der Schätzwerte in $g(L,T)$ wird $\bar{g} = g(0.895\,\text{m}, 1.89\,\text{s}) = 9.89143\,\text{m/s}^2$. Die Unsicherheit dieses Werts ergibt sich durch Anwendung des Fehlerfortpflanzungsgesetzes (6.15) zu

$$\sigma_{\bar{g}} = \sqrt{\left(\frac{\partial g}{\partial L} 0.001\,\text{m}\right)^2 + \left(\frac{\partial g}{\partial T} 0.05\,\text{s}\right)^2} = 0.523473\,\text{m/s}^2\,,$$

wobei die partiellen Ableitungen $\frac{\partial g}{\partial L} = \frac{(2\pi)^2}{T^2}$ und $\frac{\partial g}{\partial T} = -\frac{2(2\pi)^2 L}{T^3}$ an der Stelle $(L = 0.895\,\text{m}, T = 1.89\,\text{s})$ genommen wurden. Die Messung hat daher (sinnvoll gerundet) ergeben: $g = (9.89 \pm 0.52)\,\text{m/s}^2$.

[Aufgabe 8]

# Statistische Analyse einer Liste von Datenpaaren: Regression und Korrelation

Ein Zusammenhang zwischen zwei physikalischen Größen, nennen wir sie $x$ und $y$, soll experimentell bestimmt werden. Im einfachsten Fall wird $x$ vorgegeben und $y$ gemessen, was für eine Reihe von $x$-Werten durchgeführt wird. Es gibt aber auch Situationen, in denen $x$ und $y$ von weiteren Variablen abhängen, die vorgegeben werden können (oder auch vom Zufall bestimmt sind). In jedem Fall ist das Resultat einer solchen Messreihe eine **Liste von Datenpaaren**

$$(x_1, y_1), (x_2, y_2), \cdots (x_n, y_n)\,. \tag{6.16}$$

[7] Vgl. die in Kapitel 3, S. 50, gemachten Bemerkungen über das mathematische Pendel.

Ebenso wie *einfache* Datenlisten können derartige Listen von Daten*paaren* in statistischer Hinsicht analysiert werden, um das Wesentliche durch einige wenige Kennzahlen auszudrücken.

Ein erster Überblick ergibt sich durch die grafische Methode: Jedes Paar $(x_j, y_j)$ wird als Punkt in einem $xy$-Koordinatensystem gedeutet, wobei $x_j$ seine $x$-Koordinate und $y_j$ seine $y$-Koordinate ist. Die Datenliste stellt sich dann als **Punktwolke** (mit $n$ **Datenpunkten**) in der Zeichenebene dar (Abbildung 6.3).

Nun kann gefragt werden, ob die Liste einen systematischen Zusammenhang zwischen den beiden Größen $x$ und $y$ beschreibt, mit welcher Sicherheit dieser ermittelt und wie er mathematisch ausgedrückt werden kann. Die Statistik stellt zahlreiche Methoden zur Verfügung, Fragen dieser Art zu beantworten.

Wir wollen uns hier auf den Fall beschränken, dass eine **lineare** (genauer: linear-inhomogene) **Abhängigkeit**

$$y = kx + d \, . \tag{6.17}$$

*erwartet* wird. Für die Daten müssten daher im Idealfall (d.h. wenn die Erwartung exakt zuträfe) die Beziehungen

$$\begin{aligned} y_1 &= kx_1 + d \, , \\ y_2 &= kx_2 + d \, , \\ &\ldots\ldots \\ y_n &= kx_n + d \end{aligned}$$

gelten. Es würden dann zwei (voneinander verschiedene) Datenpaare ausreichen, um die Konstanten $k$ und $d$ zu bestimmen. In der grafischen Darstellung müssten alle Datenpunkte auf einer *Geraden* liegen. Da aber Zufallsfehler nie ganz ausgeschaltet werden können, erfüllen realistische Daten diese Bedingung nicht exakt, sondern bestenfalls näherungsweise.

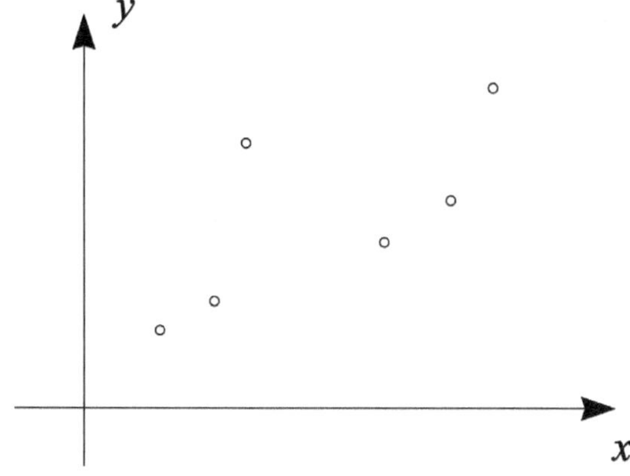


**Abbildung 6.3**:
Grafische Darstellung einer Liste von Datenpaaren. Jeder eingezeichnete Punkt steht für ein Datenpaar, wird daher auch *Datenpunkt* genannt. Gemeinsam bilden die Datenpunkte eine *Punktwolke*.

Daher fragen wir: Durch welche Werte von $k$ und $d$ wird eine *näherungsweise* Abhängigkeit $y \approx kx + d$ „am besten" beschrieben? Welches ist die „beste" Gerade, die durch die Punktwolke gelegt werden kann? Die Antwort hängt davon ab, welches *Maß* für die Güte einer solchen Näherung gewählt wird. In der Regel wird dabei folgendes Maß verwendet: Stellen Sie sich vor, es sei *irgendeine* lineare Funktion

$$y(x) = kx + d. \tag{6.18}$$

gewählt. Ihr Graph ist eine Gerade mit der Gleichung $y = kx + d$. (Erinnern Sie sich an Ihren Mathematikunterricht: $k$ ist der Anstieg der Geraden, $d$ ist der Ordinatenabschnitt, d.h. der „Abschnitt auf der $y$-Achse"). Nun wird für jedes Datenpaar $(x_j, y_j)$ die Differenz

$$d_j = y_j - y(x_j) \equiv y_j - kx_j - d \tag{6.19}$$

gebildet. Sie gibt an, wir stark der *gemessene* Wert $y_j$ von dem mit (6.18) *berechneten* Funktionswert $y(x_j)$ abweicht. Grafisch können wir diese Größen darstellen wie in Abbildung 6.4 gezeigt. Wir können ihre Bedeutung auch so formulieren: Wird versucht, mit Hilfe der Funktion (6.18) für ein $x_j$ vorherzusagen, wie groß der zugehörige Wert $y_j$ ist, so ist $d_j$ ein Maß dafür, wie sehr wir mit dieser Voraussage daneben liegen. Beachten Sie, dass die Größen $x$ und $y$ hier *unterschiedliche* Rollen spielen!

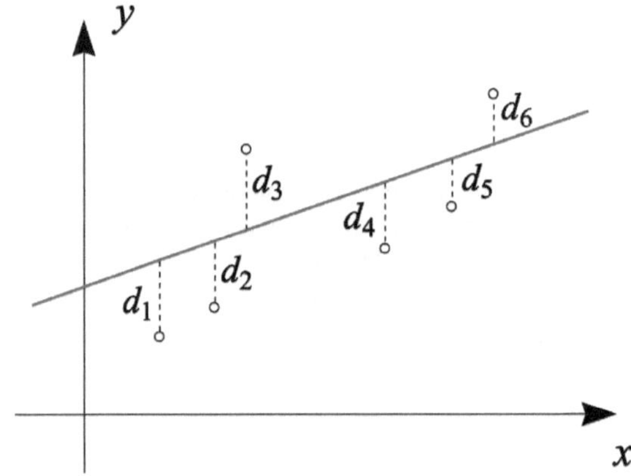


**Abbildung 6.4**:
Zusätzlich zu den Datenpunkten von Abbildung 6.3 ist eine (beliebige) Gerade eingezeichnet. Die in (6.19) definierten Größen $d_j$ sind die (bei jeweils gleichen $x$-Werten) aus den $y$-Koordinaten der Datenpunkte und den $y$-Koordinaten der entsprechenden Punkte der Geraden gebildeten Differenzen. In der obigen Grafik sind die Vorzeichen dieser Differenzen nicht berücksichtigt.

Wir definieren die **Ausgleichsgerade** oder **Regressionsgerade** nun als jene Gerade, für die die *Summe der Abstandsquadrate* $d_j^2$ minimal ist.

Begründung und Skizze der Herleitung: *
Auf den ersten Blick könnte man daran denken, als Maß für die Abweichung des $j$-ten Datenpunktes von einer Geraden $g$ die Differenz $d_j$ zu benutzen. Dies hat je-

doch den Schönheitsfehler, dass $d_j$ beiderlei Vorzeichen haben kann: Liegt der Datenpunkt $(x_j, y_j)$ oberhalb der Geraden $g$, so ist $d_j > 0$, liegt er unterhalb, so ist $d_j < 0$. Ein Abweichungsmaß, das nie negativ ist, ist hingegen das Abstandsquadrat $d_j^2$. Um ein Maß für die *Gesamt*abweichung der Punktwolke von der Geraden $g$ zu erhalten, werden diese Abstandsquadrate addiert.[8] Für eine gegebene Punktwolke hängt diese Summe nur von der Geraden $g$, d.h. – wenn letztere durch die Gleichung $y = kx + d$ dargestellt wird – von den Konstanten $k$ und $d$ ab. Schreiben wir das auf diese Weise definierte Abweichungsmaß in der Form

$$f(k,d) = \sum_{j=1}^{n} d_j^2 \tag{6.20}$$

an, so führt die Berechung jener Werte von $k$ und $d$, für die die Funktion $f$ ihr Minimum annimmt, auf eine einfache Extermwertaufgabe in zwei Variablen ($k$ und $d$), in der nur quadratische Funktionen auftreten. Um die Ausgleichsgerade zu bestimmen, muss lediglich das Gleichungssystem

$$\frac{\partial f}{\partial k}(k,d) = \frac{\partial f}{\partial d}(k,d) = 0 \tag{6.21}$$

nach $k$ und $d$ gelöst werden. Wir verzichten darauf, die Berechnung im Detail vorzuführen.

Als Resultat der Berechnung ergeben sich jene Konstanten $k$ und $d$, die die Ausgleichsgerade charakterisieren:

$$k = \frac{1}{s_x^2 n} \sum_{j=1}^{n} \left(x_j - \overline{x}\right)\left(y_j - \overline{y}\right) \equiv \frac{1}{s_x^2} \left( \frac{1}{n} \sum_{j=1}^{n} x_j y_j - \overline{x}\,\overline{y} \right) \tag{6.22}$$

und

$$d = \overline{y} - \frac{\overline{x}}{s_x^2 n} \sum_{j=1}^{n} \left(x_j - \overline{x}\right)\left(y_j - \overline{y}\right) \equiv \overline{y} - \frac{\overline{x}}{s_x^2} \left( \frac{1}{n} \sum_{j=1}^{n} x_j y_j - \overline{x}\,\overline{y} \right). \tag{6.23}$$

Dabei ist $\overline{x}$ der Mittelwert (6.2) der $x$-Werte, $\overline{y} = \frac{1}{n}\sum_{j=1}^{n} y_j$ der Mittelwert der $y$-Werte[9], und $s_x$ ist die Standardabweichung (6.4) der $x$-Werte. (6.22) und (6.23) sind in zwei möglichen Schreibweisen abgegeben, deren Äquivalenz leicht nachgerechnet werden kann.[10]

---

[8] Diese mathematische Konstruktion erinnert Sie vielleicht – zurecht – an die Definition (6.3) der Varianz einer einfachen Datenliste. Wie in Aufgabe 4 klar werden sollte, kann auch die Definition des Mittelwerts über ein Minimierungsprinzip erfolgen.

[9] Der Punkt $\left(\overline{x}, \overline{y}\right)$ ist der „Schwerpunkt" der Punktwolke. Er liegt auf der Ausgleichsgeraden.

[10] Die dabei auftretende Größe $\frac{1}{n}\sum_{j=1}^{n}\left(x_j - \overline{x}\right)\left(y_j - \overline{y}\right) \equiv \frac{1}{n}\sum_{j=1}^{n} x_j y_j - \overline{x}\,\overline{y}$ kann auch in der Kurzform $\overline{\left(x-\overline{x}\right)\left(y-\overline{y}\right)} \equiv \overline{xy} - \overline{x}\,\overline{y}$ geschrieben werden.

Der durch (6.22) gegebene Anstieg $k$ heißt **Regressionskoeffizient**. Mit (6.22) und (6.23) kann die **Gleichung der Ausgleichsgeraden** in die Form

$$y-\bar{y} = \frac{x-\bar{x}}{s_x^2 n}\sum_{j=1}^{n}\left(x_j-\bar{x}\right)\left(y_j-\bar{y}\right). \tag{6.24}$$

gebracht werden. Durch sie wird jene lineare Abhängigkeit $y(x)=kx+d$ ausgedrückt, die – unter Zugrundelegung des gewählten Abweichungsmaßes, der Summe der Abstandsquadrate $d_j^2$ – am besten zu den Daten passt.

Bemerkung: *
Machen Sie sich anhand der Formeln (6.22) – (6.24) noch einmal die unterschiedlichen Rollen, die $x$ und $y$ hier spielen, klar! Werden sie vertauscht, d.h. werden die Datenpunkte an der ersten Mediane (der 45°-Geraden $y=x$) gespiegelt, so ergibt sich als neue Ausgleichsgerade im Allgemeinen *nicht* die gespiegelte Version der alten!

Die Ausgleichsgerade kann *immer* berechnet werden (solange die Datenliste zumindest zwei verschiedene $x$-Werte enthält), auch wenn die Punktwolke keinerlei Ähnlichkeit mit einer Geraden zeigt. Daher erhebt sich die Frage: Mit welcher *Zuverlässigkeit* kann behauptet werden, dass zwischen den Größen $x$ und den $y$ ein linearer Zusammenhang besteht? (Oder, anders herum formuliert: Wie groß ist der *Fehler*, der durch eine solche Behauptung gemacht wird?) Die Antwort auf diese Frage wird üblicherweise durch den so genannten **Korrelationskoeffizienten**

$$r=\frac{1}{s_x s_y n}\sum_{j=1}^{n}\left(x_j-\bar{x}\right)\left(y_j-\bar{y}\right)\equiv\frac{1}{s_x s_y}\left(\frac{1}{n}\sum_{j=1}^{n}x_j y_j-\bar{x}\,\bar{y}\right) \tag{6.25}$$

(dessen Quadrat $r^2$ manchmal **Korrelation** genannt wird), ausgedrückt. Dabei ist $s_y$ die Standardabweichung der $y$-Werte. Sie ist gegeben durch (6.4), wenn die $x_j$ durch $y_j$ ersetzt werden.

Der Korrelationskoeffizient $r$ kann Werte zwischen $-1$ und $1$ annehmen. Je größer sein Betrag ist, umso „dünner“ und „geradliniger“ ist die Punktwolke, d.h. umso berechtigter ist es, von einem linearen Zusammenhang zu sprechen. Im Extremfall $r=1$ liegen alle Datenpunkte exakt auf einer Geraden mit positivem Anstieg, im Fall $r=-1$ liegen sie exakt auf einer Geraden negativem Anstieg. Ist der Betrag des Regressionskoeffizienten $k$ (d.h. des Anstiegs der Ausgleichsgeraden) sehr klein oder sehr groß, so ist der Korrelationskoeffizient sehr sensibel gegenüber kleinen Änderungen der Datenwerte. Ist der Betrag von $r$ sehr klein, so kann nicht von einem linearen Zusammenhang gesprochen werden. So ist beispielsweise für eine kreisförmige Punktwolke $r=0$.

Ergänzende Anmerkung: *
Genau betrachtet, ist der Korrelationskoeffizient ein Maß dafür, mit welcher Sicherheit zwischen den Größen $x$ und $y$ ein *umkehrbarer* linearer Zusammenhang angenommen werden kann. Er ist nur dann wohldefiniert, wenn die Standardabweichungen $s_x$ und $s_y$ ungleich $0$ sind, d.h. wenn weder die $x$-Werte noch die $y$-Werte konstante Datenlisten bilden. (Sind beispielsweise alle $y_j$ gleich, die $x_j$ aber voneinander verschieden, so ist zwar eine linear-inhomogene Abhängigkeit $y(x)=\mathrm{const}$

gegeben, aber keine umkehrbare. In diesem Fall existiert zwar die Regressionsgerade – sie hat Anstieg $0$ –, der Korrelationskoeffizient aber nicht. (6.25) führt dann formal auf $r = 0/0$). Beachten Sie weiters, dass sich $r$ nicht ändert, wenn die $x_j$ mit den $y_j$ vertauscht werden. Bezüglich der Bewertung durch den Korrelationskoeffizienten spielen $x$ und $y$ symmetrische Rollen!

Web-Tipp:
Regression und Korrelation (aus mathe online)
http://www.mathe-online.at/galerie/wstat4/wstat4.html#Regression
Dieses interaktive Applet zeigt, wie die Ausgleichsgerade und der Korrelationskoeffizient von den Datenpunkten abhängen.

Auch Regressions- und Korrelationsanalysen werden heute mit Hilfe elektronischer Werkzeuge durchgeführt.

CAS-Tipps:
Um einige der hierfür relevanten Funktionen in *Mathematica* vorzuführen, benutzen wir die Liste der Datenpaare

```
listePaare = {{1,4},{2,3},{3,-1},{5,2},{4,3}}
```

Sie ist eine Liste von Listen, wobei hier etwa die Liste `{1,4}` das erste Datenpaar bezeichnet. Die Datenlisten, die lediglich die $x$-und die $y$-Werte enthalten, sind

```
xListe = {1,2,3,5,4}
yListe = {4,3,-1,2,3}
```

In manchen *Mathematica*-Befehlen muss `listePaare`, in anderen müssen `xListe` und `yListe` verwendet werden. Damit Sie nicht alle Ihre Datenwerte zwei mal eingeben müssen, können Sie entweder `xListe` und `xListe` durch Aufzählung definieren und daraus

```
listePaare =
 Table[{xListe[[j]],yListe[[j]]},{j,1,Length[xListe]}]
```

gewinnen oder umgekehrt `listePaare` durch Aufzählung definieren und daraus

```
xListe =
 Table[listePaare[[j,1]],{j,1,Length[listePaare]}]
yListe =
 Table[listePaare[[j,2]],{j,1,Length[listePaare]}]
```

gewinnen. Die grafische Darstellung der Punktwolke in der Ebene erhalten sie nun durch

```
ListPlot[listePaare]
```

Der in (6.25) definierte Korrelationskoeffizient $r$ wird in der Form

```
Correlation[xListe,yListe]
```

berechnet. Der Funktionsterm der Ausgleichsgeraden, d.h. der Term $kx + d$ mit $k$ und $d$ von (6.22) – (6.23), wird am einfachsten in der Form

```
Fit[listePaare,{1,x},x]
```

ermittelt, wobei x für den Namen der $x$-Variablen steht. Der Hilfe-Browser von *Mathematica* informiert unter dem Stichwort *statistics* über zahlreiche weitergehende Möglichkeiten.

[Aufgabe 9]

Das Auffinden der Ausgleichsgerade und die Analyse der Daten mit Hilfe des Korrelationskoeffizienten wird **lineare Regression** genannt. Damit wird zum Ausdruck gebracht, dass es auch andere Formen der Regression gibt.

- Wird beispielsweise zwischen den beiden Größen $x$ und $y$ nicht eine lineare, sondern – anstelle von (6.17) – eine quadratische Abhängigkeit der Form

  $$y = ax^2 + bx + c$$

  erwartet, so versucht die **quadratische Regression**, jene Funktion zweiter Ordnung zu finden, die eine solche Abhängigkeit „am besten" beschreibt. In *Mathematica* können Sie den resultierenden Funktionsterm einfach durch

  ```
  Fit[listePaare,{1,x,x^2},x]
  ```

  ermitteln. Analog spricht man von kubischer, logarithmischer,... Regression (und allgemein von **nichtlinearer Regression**).
- Wird eine **exponentielle** Abhängigkeit der Form[11] $y = ae^{bx}$ erwartet, so bedient man sich oft eines kleinen Tricks, um das Problem auf eines der linearen Regression zu reduzieren: Anstelle von $y$ wird die Größe $u = \ln y$ verwendet (was grafisch einfach darauf hinausläuft, die vertikale Achse logarithmisch zu skalieren, bevor die Datenpunkte eingezeichnet werden). Damit übersetzt sich die Aussage $y = ae^{bx}$ in $e^u = ae^{bx}$, was mit der *linearen* Abhängigkeit $u = bx + \ln a$ identisch ist! Nun kann in den neuen Variablen $x$ und $u$ die Ausgleichsgerade ermittelt werden. Dieses Verfahren hat den Vorteil, dass die Güte der Regression – unter Umständen über viele Größenordnungen von $y$ hinweg – anhand der grafischen Darstellung mit dem bloßen Auge leicht beurteilt werden kann.[12]

Diese Andeutungen mögen genügen, um zu zeigen, dass das Auffinden von Abhängigkeiten zwischen empirisch gewonnenen Daten ein reichhaltiges Teilgebiet der Statistik ist.

[11] Das Verfahren kann natürlich genauso gut mit $y = a \cdot 10^{bx}$ und dem Zehnerlogarithmus durchgeführt werden.

[12] Es sei allerdings angemerkt, dass durch den Übergang zur neuen Koordinate $u$ das Abweichungsmaß unter der Hand verändert wird.

# Aufgaben

1. Beweisen Sie $\sum_{j=1}^{n}\left(x_j - \bar{x}\right) = 0$.

2. Gegeben sei die Datenliste 1.3, 2.3, 1.5, 2.0, 2.1, 0.8, 2.2, 1.2, 1.9, 2.4. Stellen Sie sie grafisch dar und berechnen Sie Mittelwert, Varianz und Standardabweichung.

3. Gegeben sei die Datenliste -1, -1, -1, 0, 1, 1, 1. Berechnen Sie Mittelwert und Standardabweichung. Wie viele Datenwerte liegen innerhalb der 1-fachen Standardabweichung?

4. Gegeben sei eine einfache Datenliste der Form (6.1). Für welches $a$ ist die Größe $\sum_{j=1}^{n}\left(x_j - a\right)^2$ minimal? Interpretieren Sie Ihr Ergebnis!

5. In einer fiktiven Stadt mit *sehr* vielen Einwohnern werden 10 Menschen zufällig ausgewählt. Ihre Körpergrößen sind (in Meter) 1.63, 1.71, 1.82, 1.58, 1.64, 1.69, 1.52, 1.91, 1.75, 1.54. Was können wir daraus über die Grundgesamtheit schließen?

6. Eine physikalische Größe wird 9 mal gemessen. Die Messwerte sind: 2.54, 2.59, 2.45, 2.58, 2.61, 2.48, 2.51, 2.56, 2.49. Was wissen wir nun über sie?

7. 20 Messungen einer physikalischen Größe $x$ ergeben (Fehler = geschätzter mittlerer Fehler des Mittelwerts): $x = 100 \pm 10$. Wie viele Messungen werden voraussichtlich nötig sein, um die Unsicherheit unserer Kenntnis von $x$ auf 1% des geschätzten Mittelwerts zu reduzieren?

8. Für die Masse und Geschwindigkeit eines Körpers wurden gemessen (Fehler = geschätzter mittlerer Fehler des Mittelwerts): $m = \left(1.23 \pm 0.0001\right)\mathrm{kg}$ und $v = \left(0.42 \pm 0.02\right)\mathrm{m/s}$. Bestimmen Sie einen Schätzwert der kinetischen Energie $E = \dfrac{mv^2}{2}$ und seine Unsicherheit.

9. Die Messung von $y$ in Abhängigkeit von $x$ ergibt

| $x$ | $y$ |
|---|---|
| 1 | 2.3 |
| 2 | 3.9 |
| 3 | 5.6 |
| 4 | 8.1 |
| 5 | 9.8 |
| 6 | 11.5 |

Bestimmen Sie die Ausgleichsgerade und berechnen Sie den Korrelationskoeffizienten.

# 7 Funktionen mehrerer Variablen

## Funktionen in zwei und drei Variablen

Die Abhängigkeit einer physikalischen Größe von mehreren anderen Größen wird mathematisch als *Funktion in mehreren Variablen* modelliert. So hängt beispielsweise die (nichtrelativistische) kinetische Energie $E$ einer Körpers von seiner Masse $m$ und seiner Geschwindigkeit $v$ ab. Wir können diese Abhängigkeit in der Form

$$E(m,v)=\frac{mv^2}{2} \tag{7.1}$$

schreiben. Damit ist $E$ zu einer Funktion in zwei Variablen erklärt: Für jedes Paar $(m,v)$ ist $E(m,v)$ eindeutig festgelegt.[1] Für das Folgende benötigen wir einige Bezeichnungen, die wir anhand dieses Beispiels auflisten:

- Das Paar $(m,v)$ fasst die **unabhängigen Variablen** (die *vorgegeben* werden können) zusammen. Im Gegensatz dazu wird $E$ (eine Größe, die von $m$ und $v$ *abhängt*) auch **abhängige Variable** genannt.
- Sind für $m$ und $v$ konkrete Zahlenwerte gegeben, so wird das Paar $(m,v)$ als **Argument** oder **Stelle** bezeichnet. Als Element des $\mathbb{R}^2$ wird es auch kurz **Punkt** genannt. $E(m,v)$ heißt dann **Funktionswert** (der Funktion $E$ an der Stelle $(m,v)$).[2]
- Zu jeder Funktionsdefinition gehört die Angabe eines **Definitionsbereichs** (einer **Definitionsmenge**). Er ist die Menge aller Argumente, für die die Berechnung des Funktionswerts – in unserem Fall mittels (7.1) – möglich ist und einen Sinn macht. Oft besteht eine gewisse Freiheit, sie zu wählen. In unserem Beispiel können wir sie als Menge aller Zahlenpaare $(m,v)$ definieren, für die $m>0$ ist, also formal: $D=\{(m,v)\in\mathbb{R}^2 \mid m>0\}$. Damit wurde festgelegt, von vornherein nur positive Massen zuzulassen. Wird die Menge aller Paare $(m,v)$ wie üblich als Zeichenebene dargestellt, so ist $D$ die Halbebene, die rechts von der $v$-Achse liegt. Formal ausgedrückt, wurde damit eine Funktion $E: D\to\mathbb{R}$ definiert.

In der Physik werden oft Größen betrachtet, die an verschiedenen Punkt einer Ebene oder des (dreidimensionalen) Raumes unterschiedliche Werte haben. Sie werden durch Funktio-

[1] Wir wollen uns hier nicht mit Einheiten herumschlagen. Haben wir uns vorab auf sie geeinigt, so können sie bei der Betrachtung funktionaler Abhängigkeiten ignoriert werden. Damit kann jedes $(m,v)$ als gewöhnliches Zahlenpaar, d.h. als Element der Menge $\mathbb{R}^2$, und jeder Funktionswert als reelle Zahl, d.h. als Element der Menge $\mathbb{R}$, angesehen werden. Andererseits kann es manchmal nützlich sein, auch für „rein mathematische" Beziehungen einen Einheitencheck vorzunehmen.

[2] In der Physik ist man oft ein bisschen schlampig und schreibt $E$ anstelle von $E(m,v)$ (und umgekehrt), aber genau genommen ist $E$ lediglich der *Name* der Funktion, (7.1) ihre Definition (die *Funktionsgleichung*), $mv^2/2$ der *Funktionsterm* und $E(m,v)$ die Bezeichnung des Funktions*werts*.

nen beschrieben, deren unabhängige Variablen die Koordinaten $(x,y)$ der Ebene oder die Koordinaten $(x,y,z)$ des Raumes sind. Funktionen dieser Art können wir uns am besten „vorstellen". Wir wollen daher in der folgenden Diskussion bei diesen vertrauten Bezeichnungen bleiben, ohne zu vergessen, dass sie auch anders heißen können.

## Funktionen in zwei Variablen: Graph und Niveaulinien

Eines der wichtigsten Hilfsmittel, die uns das *Vorstellen* einer Funktion erleichtern, ist ihr **Graph**. Graphen von Funktionen in *einer* Variablen kennen Sie bereits aus Ihrem Mathematikunterricht. Erinnern Sie sich an das Prinzip, wie der Graph einer solchen Funktion zustande kommt: Zu jedem Punkt der $x$-Achse wird der zugehörige Funktionswert in Richtung der zweiten Achse aufgetragen.

Ist $f$ nun eine Funktion in *zwei* Variablen $x$ und $y$, so wird ganz ähnlich vorgegangen, wobei jetzt eine Variable hinzukommt. Dazu fügen wir eine (Hilfs-)Dimension hinzu und betrachten den dreidimensionalen Raum, ausgestattet mit einem rechtwinkeligen Koordinatensystem (dessen Koordinaten wir $x$, $y$ und $z$ nennen).[3] Zu jedem Punkt $(x,y)$ der $xy$-Ebene (der im Definitionsbereich der Funktion liegt) stellen wir uns einen Punkt im Raum vor, dessen $z$-Koordinate der Funktionswert $f(x,y)$ ist. Mit anderen Worten: Zu jedem $(x,y)$ gehen wir um jene Länge „hinauf" (oder „hinunter"), die dem Funktionswert an dieser Stelle entspricht. Wird das mit *allen* Paaren $(x,y)$ gemacht, so entsteht (für die Funktionen, die uns hier interessieren) eine **Fläche** im Raum. Diese Fläche ist der Graph der Funktion $f$. Formal ist er als die Menge aller Punkte der Form $\big(x,y,f(x,y)\big)$ definiert. Er erleichtert uns die Orientierung darüber, welche Werte die Funktion an welchen Stellen (oder in welchen Bereichen der $xy$-Ebene) annimmt.

Sehen wir uns ein Beispiel an: Der Graph der durch

$$f(x,y)=x^2+y^2 \tag{7.2}$$

definierten Funktion $f$ (deren Definitionsbereich die gesamte $xy$-Ebene sei), sieht so aus wie in Abbildung 7.1 gezeigt. Tatsächlich zeigt die Abbildung nur einen Teil des Graphen, da wir uns auf einen begrenzten Bereich der $xy$-Ebene beschränken müssen. Der komplette Graph ist ein nach oben offenes *Paraboloid*, das mit der Spitze die $xy$-Ebene in ihrem Ursprung $(0,0)$ berührt.

Mit Hilfe der Definition (7.2) können wir argumentieren, *warum* der Graph von $f$ so aussieht: Innerhalb der $xy$-Ebene ist $r\equiv\sqrt{x^2+y^2}$ der Abstand des Punktes $(x,y)$ vom Ursprung. Der Funktionsterm $x^2+y^2$ ist daher nichts anderes als $r^2$. Gehen wir (innerhalb der $xy$-Ebene) entlang irgend einer Geraden vom Ursprung weg, so ist der Funktionswert eines Punktes, der auf dieser „Halbgeraden" $g$ liegt und vom Ursprung den Abstand $r$ hat, gleich $r^2$. Wird unsere Funktion also *nur* auf Punkte einer solchen Halbgeraden angewandt, so ergibt sich eine Funktion in *einer* Variablen $r$, deren Graph die Hälfte einer Parabel ist (Abbildung 7.2). Diese müssen wir uns in der in Abbildung 7.1 gezeigten Grafik als „oberhalb" der Halbgeraden $g$ liegend denken. Sie verläuft genau *in* der Paraboloidfläche und entsteht, indem diese

[3] Wie üblich stellen wir uns die $xy$-Ebene als horizontal, die $z$-Achse als vertikal vor und werden Ausdrücke wie „oben", „unten", „über" usw. bedenkenlos verwenden.

Fläche mit jener vertikalen Halbebene, in der die Halbgerade $g$ enthalten ist, *geschnitten* wird. Den kompletten Graph von $f$ können wir in Gedanken erzeugen, in dem wir *eine* solche halbe Parabel um die $z$-Achse rotieren lassen. Damit ist *begründet*, warum der Graph von $f$ so aussieht wie in Abbildung 7.1 gezeigt.

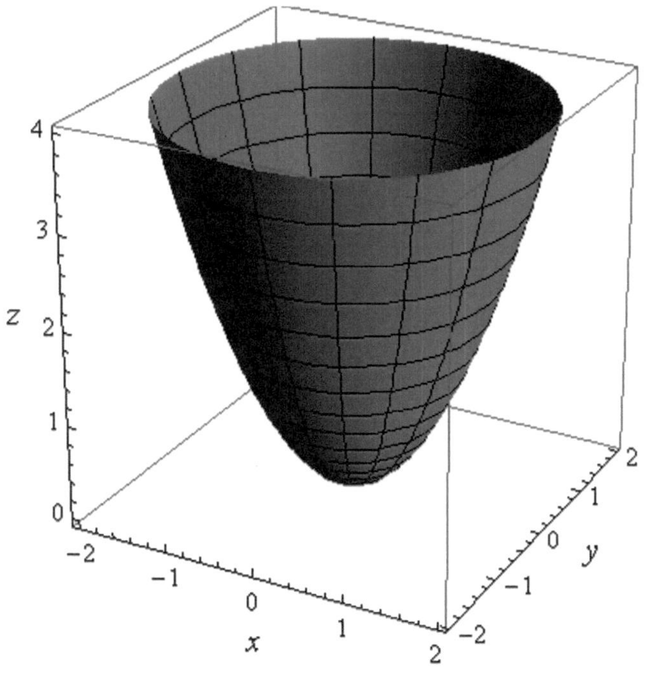


**Abbildung 7.1**:
Der Graph der durch (7.2) definierten Funktion $f$. Die Hilfslinien, die die Grafik umgeben, enthalten jeweils eine Koordinatenskala, mit deren Hilfe die Koordinaten von Punkten annähernd abgelesen werden können.

Diese Methode, den Graphen einer Funktion in *zwei* Variablen auf Graphen von Funktionen in *einer* Variablen zurückzuführen, lässt sich auch sehr leicht durchführen, indem eine der beiden unabhängigen Variablen konstant gesetzt wird. Wie verhält sich beispielsweise die in (7.2) definierte Funktion $f$, wenn sie auf Argumente eingeschränkt wird, für die $y=-1$ ist? Die formale, aus (7.2) gewonnene Antwort, ist: $f(x,-1)=x^2+1$. Diese Abhängigkeit kann als Funktion in *einer* Variablen ($x \mapsto x^2+1$) aufgefasst werden, deren (in der Zeichenebene dargestellte) Graph eine (um $1$ nach oben verschobene) Parabel ist. Geometrisch entsteht diese Parabel, indem der komplette Funktionsgraph (die Paraboloidfläche) mit jener Ebene, deren Gleichung $y=-1$ ist, *geschnitten* wird. (Diese Ebene liegt vertikal und schneidet die $xy$-Ebene genau in jener Geraden, die in der $xy$-Ebene durch die Gleichung $y=-1$ beschrieben wird – siehe Abbildung 7.3). Ganz allgemein kann die Funktion $f$ auf Argumente der Form $(x,a)$ eingeschränkt werden, wobei $a$ eine gegebene Zahl ist. Die eingeschränkte Abhängigkeit $f(x,a)=x^2+a^2$ kann als Funktion in *einer* Variablen ($x \mapsto x^2+a^2$) aufgefasst werden, deren Graph eine um $a^2$ nach oben verschobene Parabel ist. Sie ist die *Schnittlinie* der Paraboloidfläche mit der Ebene $y=a$. Ganz analog kann $x$ festgehalten und die Abhängigkeit nur von $y$ betrachtet werden. Auch in diesem Fall ergeben sich als Schnittlinien nach oben verschobene Parabeln.

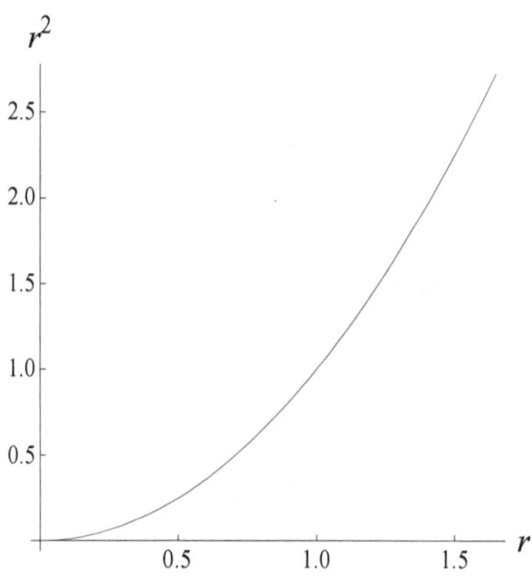


**Abbildung 7.2**:

Die Werte der in (7.2) definierten Funktion $f$ für Punkte, die auf einer vom Ursprung ausgehenden Halbgeraden der $xy$-Ebene liegen. Dabei bezeichnet $r$ den Abstand von Ursprung. Der Graph der so definierten Funktion in *einer* Variablen ist eine „halbe" Parabel. Lassen wir ihn gedanklich um die vertikale Achse rotieren, so entsteht der in Abbildung 7.1 gezeigte Graph von $f$.

Dieses *Zusammenspiel* von formaler Berechnung unter Verwendung der Funktionsdefinition und geometrischer Anschauung ist sehr wichtig, und Sie sollten in der Lage sein, die wichtigsten Eigenschaften einer durch einen einfachen Term definierten Funktion in zwei Variablen sowohl formelmäßig als auch (anhand des Graphen) geometrisch-vorstellungsmäßig auszudrücken!

Wenn wir es nicht mit einer so einfachen Funktion wie (7.2) zu tun haben, kann es nützlich sein, den Graphen mit Hilfe eines **elektronischen Tools** zu erstellen und mit seiner Hilfe das Verhaltens der Funktion zu erörtern. Diese Techniken sind so mächtig, dass wir bei der nun folgenden Diskussion einiger Beispiele nicht auf sie verzichten wollen.

Wir werden nun einige Tipps geben, die sich auf das Computeralgebra-System ***Mathematica*** beziehen. Falls Sie nicht *Mathematica*, sondern ein anderes Computeralgebra-System zur Verfügung haben, können (und *sollten*) Sie es statt dessen bei der Bearbeitung dieses Kapitels benutzen. (Abgesehen von Details des Funktionsumfangs und der Bedienung wird es zu ähnlichen Darstellungen führen. Im Einleitungskapitel ist eine Liste derartiger Programme angegeben). Nutzen Sie die diese Techniken (auch später, im Laufe Ihres Studiums), wann immer Sie den Graphen einer Funktion in zwei Variablen visualisieren wollen. Versuchen Sie aber immer auch, anhand des Funktionsterms zu verstehen, *warum* ein Graph so aussieht, wie ihn das Programm zeigt!

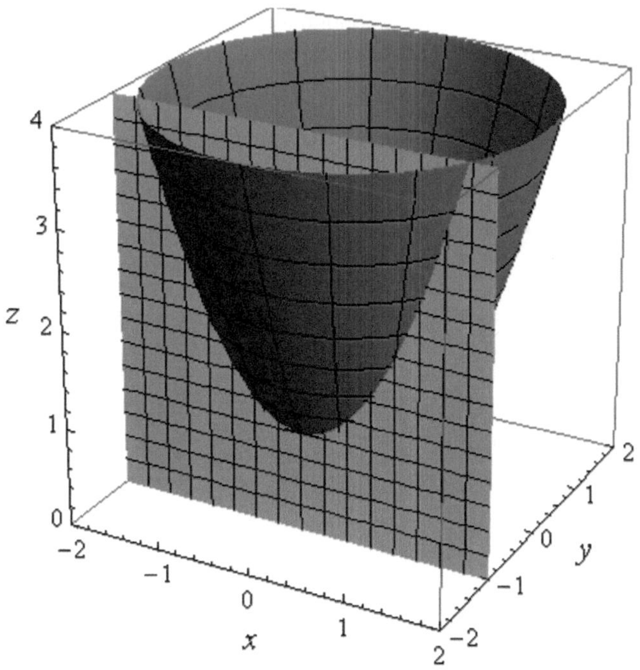


**Abbildung 7.3**:
Welche Werte nimmt die in (7.2) definierte Funktion $f$ an, wenn $y=-1$ gesetzt wird? Geometrisch ergibt sich die Antwort als Schnittkurve des Graphen von $f$ mit der Ebene $y=-1$. Sie ist als Graph der in *einer* Variablen definierten Funktion $x \mapsto f(x,-1)$ zu interpretieren.

In *Mathematica* werden Graphen von Funktionen in zwei Variablen mittels der Operation `Plot3D` erzeugt. Darüber hinaus stehen zahlreiche Optionen (wie Details des Aussehens und der Blickrichtung, Achsenbeschriftungen, Farben,...) zur Anpassung zur Verfügung. Wir werden auf diese hier nur am Rande eingehen. Vor allem wollen wir anhand der folgenden zwei Beispiele zeigen, wie ein erster grober – aber auf *Verständnis* beruhender – Überblick über die Eigenschaften einer Funktion in zwei Variablen gewonnen werden kann.

- Beispiel 1:
  Der Befehl

  ```
  Plot3D[x^2-y^2,{x,-5,5},{y,-5,5}]
  ```

  führt in *Mathematica* zu einer Ausgabe, die der in Abbildung 7.4 wiedergegebenen Darstellung (bis auf die Farben) gleicht. Sie stellt den Graphen der Funktion $g(x,y)=x^2-y^2$ im angegebenen Bereich $-5 \le x,y \le 5$ dar. Mit Hilfe der Option `A-xesLabel` können in der Form

  ```
  Plot3D[x^2-y^2,{x,-5,5},{y,-5,5},AxesLabel->{x,y,z}]
  ```

zusätzliche Achsenbezeichnungen eingefügt werden (die allerdings etwas klein ausfallen). Mit dem Befehl `??Plot3D` können Sie sich *alle* zur Verfügung stehenden Optionen der Operation `Plot3D` anzeigen lassen.

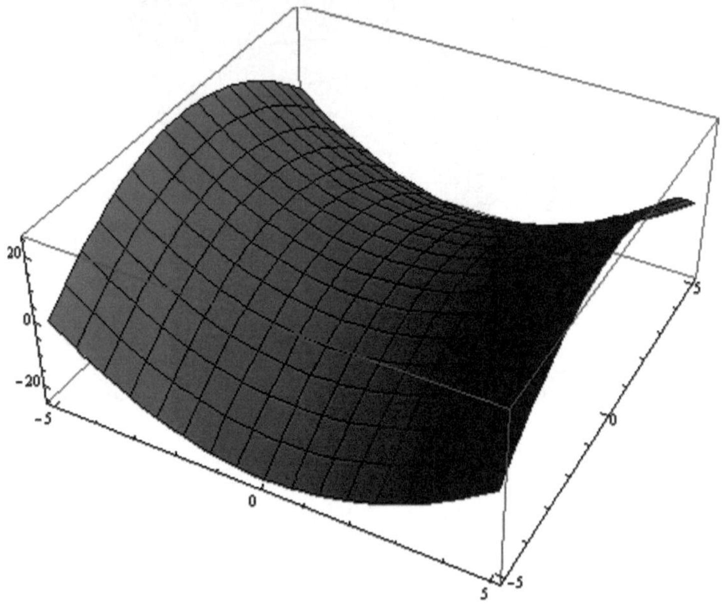


**Abbildung 7.4**:

Der Graph der Funktion $g(x,y)=x^2-y^2$, wie *Mathematica* ihn plottet. Tatsächlich stellt ihn *Mathematica* in anderen Farben dar als hier (aus drucktechnischen Gründen) gezeigt. Die Koordinatenachsen liegen wie bei der in Abbildung 7.1 gezeigten Darstellung. In *Mathematica* kann jede 3D-Grafik durch Mausziehen gedreht werden, so dass eine Betrachtung des Graphen von allen Seiten möglich ist!

Der Graph der Funktion $g$ sieht schon etwas komplizierter aus als jener von (7.2). Wir können ihm aber mit den gleichen Methoden zu Leibe rücken:

- Setzen wir etwa $y=0$, so finden wir die reduzierte Abhängigkeit $x\mapsto g(x,0)=x^2$. Der Graph dieser Funktion ist eine (nach *oben* offene) Parabel, die *in* der gezeigten Fläche liegt, und zwar genau oberhalb der $x$-Achse.
- Setzen wir $x=0$, so finden wir die reduzierte Abhängigkeit $y\mapsto g(0,y)=-y^2$. Der Graph dieser Funktion ist eine (nach *unten* offene) Parabel, die *in* der gezeigten Fläche liegt, und zwar genau unterhalb der $y$-Achse.

Auf diese Weise klärt sich die Struktur des Graphen von $g$ als *Sattelfläche* auf: Gestatten wir uns vom Ursprung weg in der $xy$-Ebene nur Bewegungen in $x$-Richtung, so nimmt die (solcherart eingeschränkte) Funktion im Ursprung ein *Minimum* an, erlauben wir uns nur Bewegungen in $y$-Richtung, so nimmt die (entsprechend eingeschränkte) Funktion im Ursprung ein *Maximum* an. Der Graph unserer Funktion ist ein so genanntes *hyperbolisches Paraboloid*. (Weitere Informationen zu Flächen dieser Art finden Sie auf den Wikipedia-Seiten http://de.wikipedia.org/wiki/Paraboloid und http://de.wikipedia.org/wiki/Hyperbolisches_Paraboloid).

Drehen Sie den von *Mathematica* erzeugten Graphen durch Mausziehen nach Belieben, um seine geometrischen Eigenschaften besser zu „überblicken“!

[Aufgabe 1] [Aufgabe 2] [Aufgabe 3]

- Beispiel 2:
  Nun wenden wir uns auch anderen Funktionstypen zu und betrachten die Funktion $h(x,y)=\sin x\cos y$. Ihren Graphen können Sie mit der gleichen Eingabesyntax wie im ersten Beispiel erzeugen:

```
Plot3D[Sin[x]Cos[y],{x,-3Pi/2,3Pi/2},{y,-3Pi/2,3Pi/2}]
```

Der Graph der Funktion $h$ ist in Abbildung 7.5 gezeigt.

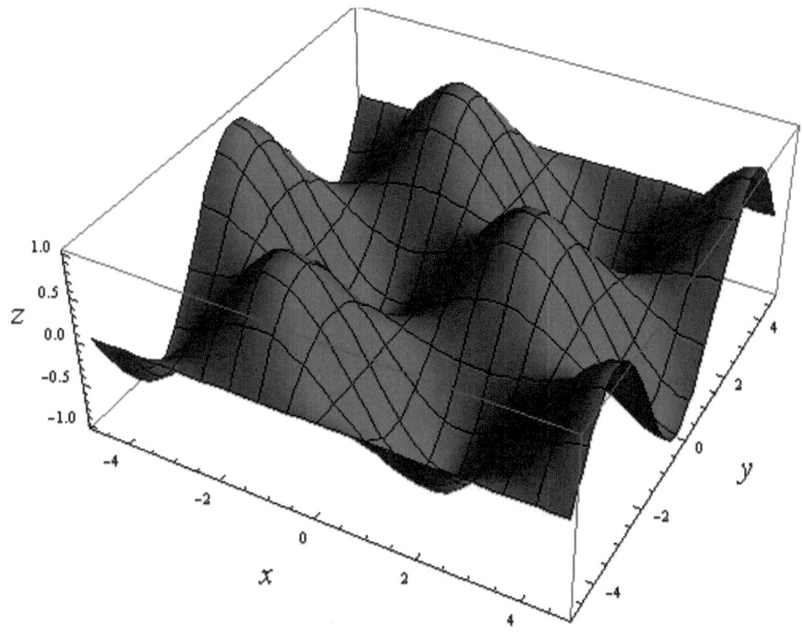


**Abbildung 7.5**:
Der Graph der Funktion $h(x,y)=\sin x\cos y$, wie ihn *Mathematica* darstellt.

Mit der zusätzlichen Option `Mesh->False` können Sie das Liniengitter auf der Fläche unterdrücken (was insbesondere bei diesem Beispiel sehr schön aussieht).

Auch dieser Graph kann durch Einschränkungen der Funktion analysiert werden:

- Setzen wir $y=0$, so finden wir die reduzierte Abhängigkeit $x\mapsto h(x,0)=\sin x$. Wird der Funktionsverlauf entlang der $x$-Achse verfolgt, so ergibt sich eine Sinusfunktion. Als Sinuskurve liegt sie *in* der Fläche, und zwar oberhalb der $x$-Achse.
- Allgemein ist die auf $y=a$ (mit einer Konstanten $a$) eingeschränkte Abhängigkeit durch $x\mapsto h(x,a)=\sin x\cos a$ gegeben. Das ist eine Sinusfunktion mit einer von $a$ abhängigen Amplitude, die, je nach dem Wert

einer von $a$ abhängigen Amplitude, die, je nach dem Wert von $a$, immer zwischen $0$ und $1$ liegt.

- Setzen wir $x=0$, so finden wir die reduzierte Abhängigkeit $y \mapsto h(0,y)=0$. Der Funktionswert jedes Punktes der $y$-Achse ist daher gleich $0$. Das bedeutet, dass die $y$-Achse ganz *in* der gezeigten Fläche liegt.
- Für $x=a$ (mit einer Konstanten $a$) ist die eingeschränkte Abhängigkeit die Cosinusfunktion $y \mapsto h(a,y)=\sin a \cos y$ mit einer Amplitude zwischen $0$ und $1$.
- Die Funktion $h$ besitzt **Periodizitätseigenschaften**, die unmittelbar an der 3D-Darstellung des Graphen nachvollzogen werden können: Wird $x$ (oder $y$) um $2\pi$ erhöht, so ergibt sich der gleiche Funktionswert. Formal ausgedrückt gilt $h(x+2\pi,y)=h(x,y)$ und $h(x,y+2\pi)=h(x,y)$ für alle $x,y \in \mathbb{R}$. Die Funktion „wiederholt" sich also sowohl in $x$- als auch in $y$-Richtung immer wieder.

Auf diese Weise klärt sich die in Abbildung 7.5 gezeigte Struktur des Graphen auf.

[Aufgabe 4] [Aufgabe 5] [Aufgabe 6]

Hier noch zwei letzte Tipps zur Darstellung von 3D-Graphen mit *Mathematica*: Falls ein Graph in der Mitte abgeschnitten erscheint, obwohl seine Funktionswerte nirgends sehr groß werden, wie etwa bei

```
Plot3D[1/(1+x^2+y^2),{x,-3,3},{y,-3,3}]
```

so fügen Sie die Option `PlotRange->All` ein. Sollten Sie einmal das Gefühl haben, dass *Mathematica* einen Graphen nicht genau genug analysiert und kleine Details nicht richtig darstellt, so können Sie die Auflösung mit `PlotPoints->100` (oder einer anderen Punktezahl) verfeinern.

Ein Nachteil der 3D-Darstellungen von Funktionsgraphen besteht darin, dass bestimmte Eigenschaften der gezeigten Funktionen nur sehr ungenau zum Ausdruck kommen. So sind sie etwa für das Ablesen von Koordinaten eher ungeeignet. Eine Alternative, die die dritte Dimension (die ja sowieso nur eine Hilfsdimension ist) nicht benötigt, bieten die **Niveaulinien** einer Funktion in zwei Variablen: Ist $f$ eine Funktion in den zwei Variablen $x$ und $y$, und ist eine Konstante $c$ gegeben, so ist die zum Wert $c$ gehörende Niveaulinie der Funktion die Menge aller Punkte der $xy$-Ebene (oder des Definitionsbereichs), für die

$$f(x,y)=c \tag{7.3}$$

gilt.[4] Alle Punkte einer Niveaulinie besitzen also den gleichen Funktionswert. Geometrisch kommt eine Niveaulinie zustande, indem der Funktionsgraph mit der (horizontalen) Ebene $z=c$ geschnitten und die Schnittmenge vertikal auf die $xy$-Ebene projiziert wird. Der Spezialfall $c=0$ ergibt die Schnittmenge des Graphen mit der $xy$-Ebene. Beachten Sie, dass (7.3) für ein gegebenes $c$ eine *Gleichung in zwei Variablen* ist. Die zum Wert $c$ gehörende Niveaulinie ist deren *Lösungsmenge*.

Es ist wichtig, zu verstehen, dass **Niveaulinien in der $xy$-Ebene liegen**! Um diesen Sachverhalt zu verdeutlichen, nehmen wir an, die Funktion $f$ stelle eine Temperaturverteilung auf einer ebenen Platte dar. Die (zweidimensionale) Platte stellt den "physikalischen Raum"

[4] Genau genommen sollten wir eher *Niveaumengen* sagen, da es sich nicht immer um Linien handelt.

dar. Auf ihr leben die Koordinaten $x$ und $y$. Die dritte Koordinate hat – trotz ihres Namens $z$ – einen ganz *anderen* Charakter, denn die $z$-Achse ist, wenn man so will, die „Temperaturachse“. Wenn also beispielsweise gefragt wird, *wo* die Temperatur maximal ist oder *wo* sie größer als ein gegebener Wert ist, so müssen sich die Antworten auf die $xy$-Ebene beziehen! Die dritte Koordinate $z$ hat hier nichts mit dem dreidimensionalen physikalischen Raum zu tun! Sie dient lediglich der Darstellung des Funktionsgraphen und ist in diesem Sinne *fiktiv*! Eine Niveaulinie ist in diesem Beispiel eine aus Punkten gleicher Temperatur bestehende Linie auf der Platte.

> Bemerkung:
> Manchmal (aber nur manchmal) hat $z$ bei der Beschreibung von Funktionen in *zwei* Variablen die Bedeutung einer *dritten* physikalischen Raumdimension. Das ist insbesondere dann der Fall, wenn eine Landschaft dargestellt wird. Die Funktion $f$ beschreibt dann die Höhe (z.B. Seehöhe) eines Ortes, dessen horizontale Koordinaten $(x, y)$ gegeben sind. Die Niveaulinien einer solchen Funktion sind dann die bekannten **Höhenlinien** (oder **Höhenschichtenlinien**), die wir in Landkarten eingezeichnet finden, und aus deren Verlauf wir die Form von Bergen und Tälern erschließen können. Der gleiche Zusammenhang besteht zwischen den Niveaulinien und dem Graphen einer Funktion in zwei Variablen.

Um die Niveaulinie zu einem gegebenen Wert $c$ zu ermitteln, muss (7.3), wie bereits erwähnt, als *Gleichung* einer Punktmenge in der $xy$-Ebene gelesen werden.[5] Hier einige Beispiele:

- Funktion: $f(x, y) = x^2 + y^2$.
  Niveaulinien: $x^2 + y^2 = c$. Um sie genau zu analysieren, ist eine Fallunterscheidung nötig:
  - Für $c > 0$ sind die Niveaulinien Kreise (um den Ursprung mit Radius $\sqrt{c}$).
  - Für $c = 0$ erhalten wir den Ursprung $(0,0)$ (als Grenzfall einer gegen einen Punkt geschrumpften Linie).
  - Für $c < 0$ erhalten wir die leere Menge (als Ausdruck der Tatsache, dass $f(x, y) \geq 0$ für alle $(x, y)$).
- Funktion: $g(x, y) = x^2 - y^2$.
  Niveaulinien: $x^2 - y^2 = c$. Um sie genau zu analysieren, ist eine Fallunterscheidung nötig:
  - Für $c \neq 0$ erhalten wir Hyperbeln.
  - Für $c = 0$ erhalten wir die Vereinigungsmenge der Geraden $y = x$ und $y = -x$, also der beiden Medianen (45°-Geraden).

    (Beweis: $x^2 - y^2 = (x - y)(x + y)$. Das ist genau dann gleich $0$, wenn $y = x$ oder $y = -x$).
- Funktion: $h(x, y) = 2x^2 + 3y^2$.
  Niveaulinien: $2x^2 + 3y^2 = c$. Für $c > 0$ sind sie Ellipsen, für $c = 0$ erhalten wir den Ursprung, und für $c < 0$ die leere Menge.

---

[5] Es kann der Fall eintreten, dass *eine* Niveaumenge aus *mehreren*, nicht miteinander verbundenen Linien besteht. Im praktischen Sprachgebrauch wird man dann jede einzelne dieser Linien als „Niveaulinie“ bezeichnen.

Tipp: Erinnern Sie sich, wie in Ihrem Mathematikunterricht Kurven in der Ebene durch Gleichungen beschrieben wurden! Gleichungen für Kreise, Ellipsen, Hyperbeln (also Kegelschnitte) und auch Gleichungen für Geraden sollten Sie ohne langes Nachdenken erkennen!

[Aufgabe 7] [Aufgabe 8]

Niveaulinien komplizierterer Funktionen müssen nicht so einfach aussehen wie in den obigen Beispielen, und es kann mühsam sein, ihren Verlauf allein aufgrund ihrer Gleichungen zu erschließen. Zum Glück können uns elektronische Tools zumindest die Arbeit abnehmen, sie grafisch darzustellen.

CAS-Tipp:
In *Mathematica* wird ein Niveaulinienbild mit Hilfe des Befehls `ContourPlot` erstellt. Mit

```
ContourPlot[Sin[x]Cos[y],{x,-3Pi/2,3Pi/2},
  {y,-3Pi/2,3Pi/2}]
```

werden einige (vom Programm selbst ausgewählte) Niveaulinien der (bereits oben betrachteten) Funktion $h(x,y)=\sin x\cos y$ grafisch dargestellt. Die Ausgabe sieht (bis auf die Farben) so aus wie in Abbildung 7.6 gezeigt.

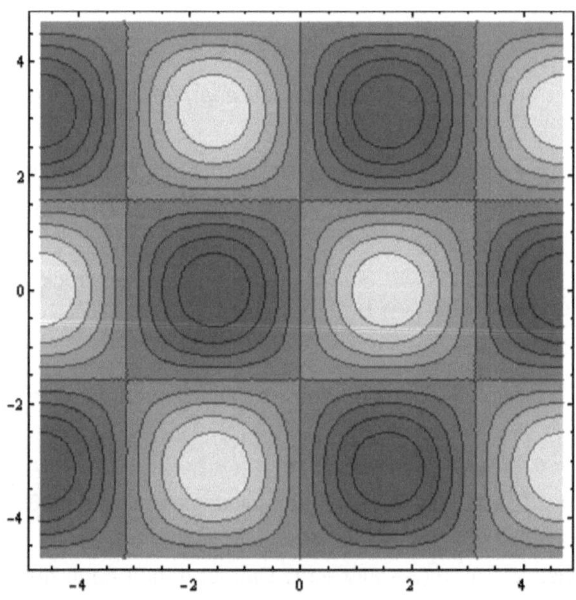


**Abbildung 7.6**:
Das Niveaulinienbild Graph der Funktion $h(x,y)=\sin x\cos y$, wie *Mathematica* es plottet. Tatsächlich stellt es *Mathematica* in anderen Farben dar als hier (aus drucktechnischen Gründen) gezeigt.

Eine helle Färbung kennzeichnet große Funktionswerte, eine dunkle Färbung kennzeichnet kleine Funktionswerte. Mit der Option `ContourShading->False` kann die Einfärbung unterdrückt werden. Mit `Contours->20` können Sie festlegen, dass 20

Niveaulinien gezeigt werden sollen. Sie können auch festlegen, *welche* Niveaulinien gezeigt werden sollen: Wollen Sie etwa, dass nur die Niveaulinien zu den Funktionswerten -0.5, 0 und 0.5 angezeigt werden, so fügen Sie die Option

```
ContourLabels->{0.5,0,0.5}
```

ein. Wollen sie, dass die Funktions*werte* zu den einzelnen Niveaulinien in die Grafik geschrieben werden, so benutzen Sie die Option `ContourLabels->Automatic`. Bei ungenauer Darstellung von Details können Sie die Auflösung mit Hilfe der Option `PlotPoints->100` (oder einer anderen Zahl) verfeinern.

Das in Abbildung 7.6 gezeigte Niveaulinienbild enthält zusätzlich zum Verlauf ausgewählter Linien noch eine weitere Information: Zwei benachbarten Linien entspricht immer die gleiche Differenz der Funktionswerte. Der *Abstand* benachbarter Linien gibt daher (ähnlich wie die Höhenlinien in einer Landkarte) Aufschluss darüber, wo der Graph steiler und wo er flacher ist.

Vergleichen Sie das Niveaulinienbild mit dem in Abbildung 7.5 angezeigten Graphen der selben Funktion: Jeder Berg entspricht einem hellen Bereich, jedes Tal entspricht einem dunklen Bereich. Manche Ablesungen gelingen hier genauer als beim Graphen: Der Grafik ist beispielsweise zu entnehmen, dass die Funktion $h$ ungefähr an der Stelle $(1.6, 0)$ ein lokales Maximum besitzt. (Der exakte Wert für die $x$-Koordinate dieses Maximums ist $\pi/2$).

Mit

```
DensityPlot[Sin[x]Cos[y],{x,-3Pi/2,3Pi/2},
  {y,-3Pi/2,3Pi/2}]
```

können Sie eine ähnliche, nur auf Farbintensitäten beruhende Anzeige (einen *Dichteplot*) erzeugen.

Um *eine einzige* Niveaulinie (zu einem gegebenen Funktionswert) anzuzeigen, führen Sie etwa

```
ContourPlot[x^3-y^3==1,{x,-3,3},{y,-3,3}]
```

aus. Dieser Befehl kann genutzt werden, um die Lösungsmenge einer *Gleichung in zwei Variablen* darzustellen!

Beachten Sie bitte, dass der Zweck dieses Abschnitts *nicht* darin bestand, sich die Auseinandersetzung mit Formeln und Berechnungen zu ersparen! Im Falle von Funktionen, die durch *einfache* Terme definiert sind, sollten Sie in der Lage sein, Graphen und Niveaulinienbilder aufgrund der (durch eine Formel ausgedrückten) Funktionsdefinition ohne Computerunterstützung zu skizzieren. Bei *komplizierteren* Funktionen können Sie dann computergenerierte Graphen und Niveaulinienbilder zu Hilfe nehmen, um die Funktionsdefinition zu verstehen.

[Aufgabe 9]

## Funktionen in drei Variablen: Niveauflächen

Eine Funktion $f$ in *drei* Variablen $x$, $y$ und $z$ besitzt zwar in mathematischer Hinsicht einen Graphen, nämlich die Menge aller Quadrupel der Form $(x,y,z,f(x,y,z))$. Er ist aber eine Teilmenge des $\mathbb{R}^4$ und eignet sich daher nicht zur Visualisierung.

Das Konzept der Niveaulinien findet hier aber eine Verallgemeinerung, die der Anschauung hilft: Ist eine Konstante $c$ gegeben, so ist die zum Wert $c$ gehörende **Niveaufläche** der Funktion die Menge aller Punkte $(x,y,z)$ des (dreidimensionalen) Raumes (oder des Definitionsbereichs der Funktion), für die

$$f(x,y,z)=c \tag{7.4}$$

gilt.[6] Alle Punkte einer Niveaufläche besitzen also den gleichen Funktionswert.

> Bemerkung:
> Beachten Sie, dass die **Rolle der Koordinate** $z$ hier eine völlig andere ist als im Fall der Funktionen in *zwei* Variablen!

Betrachten wir zwei Beispiele:

- Funktion: $f(x,y,z)=x^2+y^2+z^2$.
  Niveauflächen: $x^2+y^2+z^2=c$. Um sie genau zu analysieren, ist eine Fallunterscheidung nötig:
  - Für $c>0$ sind die Niveauflächen Kugeln[7] (um den Ursprung mit Radius $\sqrt{c}$).
  - Für $c=0$ erhalten wir den Ursprung $(0,0,0)$ (als Grenzfall einer gegen einen Punkt geschrumpften Fläche).
  - Für $c<0$ erhalten wir die leere Menge (als Ausdruck der Tatsache, dass $f(x,y,z)\geq 0$ für alle $(x,y,z)$).
- Funktion: $f(x,y,z)=x^2+y^2-z^2$.
  Niveauflächen: $x^2+y^2-z^2=c$. Um sie genau zu analysieren, ist eine Fallunterscheidung nötig:
  - Für $c>0$ sind die Niveauflächen (einschalige) Hyperboloide.
  - Für $c=0$ erhalten wir einen Doppelkegel.
  - Für $c<0$ sind die Niveauflächen (zweischalige) Hyperboloide.

  Siehe hierzu http://de.wikipedia.org/wiki/Hyperboloid.

> CAS-Tipp:
> In *Mathematica* können Sie Niveauflächen mit der Syntax

```
ContourPlot3D[x^2+y^2-z^2,{x,-5,5},{y,-5,5},{z,-5,5}]
```

[6] Genau genommen sollte man auch in diesem Fall von *Niveaumengen* sprechen, da es sich nicht immer um Flächen handelt.
[7] Genauer: Sphären, d.h. Kugeloberflächen.

erzeugen. Um *eine einzige* Niveaufläche (zu einem gegebenen Funktionswert) anzuzeigen, führen Sie etwa

```
ContourPlot3D[x^2+y^2-z^2==0,{x,-5,5},{y,-5,5},{z,-5,5}]
```

aus. Beachten Sie, dass dieser Befehl genutzt werden kann, um die Lösungsmenge einer *Gleichung in drei Variablen* darzustellen!

Physikalische Beispiele von Niveauflächen sind die so genannten *Äquipotentialflächen* (Flächen gleichen Potentials) des elektrostatischen Feldes und des Newtonschen Gravitationsfeldes. Ladungsträger bzw. Massen können innerhalb dieser Flächen bewegt werden, ohne Arbeit zu verrichten oder zu verbrauchen.

**Wellen und Flächen gleicher Phase**: *
Eine weitere Anwendung des Begriffs der Niveaufläche ergibt sich für das Phänomen der Wellenausbreitung. Eine **ebene Welle** wird durch eine Funktion der Form

$$f(x,y,z,t) = A\cos(kx-\omega t) \tag{7.5}$$

beschrieben[8] (wobei $f$ etwa eine Komponente des elektrischen oder des magnetischen Feldes darstellt, $t$ die Zeit bezeichnet und $A$, $k$ sowie $\omega$ Konstante sind). Wir nehmen der Einfachheit halber an, dass $A$, $k$ und $\omega$ positiv sind. Die Menge aller Punkte, an denen der Funktionswert (zu einer gegebenen Zeit $t$) gleich der **Amplitude** $A$ (also maximal) ist, besteht aus allen Ebenen, die eine der Gleichungen

$$kx-\omega t = 2\pi n \tag{7.6}$$

erfüllen, wobei $n$ eine ganze Zahl ist. Diese Ebenen stellen Niveauflächen dar und werden auch „Flächen gleicher Phase" genannt. Sie sind alle zueinander parallel (nämlich normal zur $x$-Achse) und haben voneinander den Abstand $\frac{2\pi}{k}$ (die **Wellenlänge**). Nun kommt die Zeit ins Spiel: Die Ebenen (7.6) schreiten mit der Geschwindigkeit $\frac{\omega}{k}$ (der so genannten **Phasengeschwindigkeit**, im Fall des elektromagnetischen Feldes handelt es sich um die Lichtgeschwindigkeit) in positive $x$-Richtung voran. Jeder festgehaltene Punkt des Raumes wird von ihnen in Zeitintervallen von $\frac{2\pi}{\omega}$ (der **Periodendauer**) getroffen. Die **Frequenz** (der Kehrwert der Periodendauer) ist daher $\frac{\omega}{2\pi}$. Damit ist aufgeklärt, welche Art von Wellenverhalten durch (7.5) beschrieben wird.

---

[8] Statt der Cosinusfunktion darf auch der Sinus (oder eine Linearkombination aus beiden) genommen werden, womit sich nur die Ebenengleichungen (7.6) geringfügig ändern. Es handelt sich hier um *reelle* ebene Wellen. Sie können zu *komplexen* ebenen Wellen der Form $A\exp\big(i(kx-\omega t)\big)$ kombiniert werden, wie sie etwa in der Elementarteilchenphysik benötigt werden. Eine weitere Verallgemeinerung besteht darin, den Term $kx$ durch $k_x x + k_y y + k_z z$ zu ersetzen, wobei die $k$'s Konstante sind (und den *Wellenzahlvektor* bilden, der die Richtung der Wellenausbreitung angibt). Es gibt einen *noch allgemeineren* Wellenbegriff, nach dem die Cosinusfunktion in (7.5) durch eine *beliebige* Funktion ersetzt werden darf. Die Niveauflächen sind in diesem Fall ebenfalls fortschreitende Ebenen, der Rest der obigen Analyse trifft dann allerdings nicht mehr zu.

Versuchen Sie, diese Argumentation Schritt für Schritt nachzuvollziehen und die Behauptungen *nachzurechnen*! Sie benötigen dafür nur elementare Kenntnisse über die Beschreibung von Ebenen im Raum, wie sie üblicherweise im Mathematikunterricht vermittelt werden.

[Aufgabe 10]

# Differenzieren von Funktionen in mehreren Variablen

Nachdem besprochen wurde, wie eine grundlegende Orientierung über das Verhalten von Funktionen in zwei und drei Variablen gewonnen werden kann, kommen wir nun zu einem Thema, das das Verhalten derartiger Funktionen *im Kleinen*, ihr Änderungsverhalten, betrifft, und das in den folgenden Kapitel eine prominente Rolle spielen wird.

Die Ableitung einer (differenzierbaren) Funktion in *einer* Variablen wird auch **gewöhnliche Ableitung** genannt. An die Stelle dieses Begriffs tritt im Fall von Funktionen in *mehreren* Variablen jener der **partiellen Ableitung**. Sie wird wie die gewöhnliche Ableitung berechnet, wobei alle unabhängigen Variablen bis auf eine konstant gehalten werden.

Beispiel:

Funktion: $f(x,y)=x^2+5xy+y^3$.

Partielle Ableitung nach $x$: $\frac{\partial f}{\partial x}(x,y)=2x+5y$.

In *Mathematica* berechnen Sie sie durch Eingabe von `D[x^2+5x y+y^3,x]`.

Partielle Ableitung nach $y$: $\frac{\partial f}{\partial y}(x,y)=5x+3y^2$.

In *Mathematica* berechnen Sie sie durch Eingabe von `D[x^2+5x y+y^3,y]`.

Wie die Schreibweise in diesem Beispiel zeigt, sind partielle Ableitungen **wieder Funktionen** (und zwar von den gleichen Variablen wie die abgeleitete Funktion). Anstelle von $\frac{\partial f}{\partial x}(x,y)$ wird auch $\frac{\partial f(x,y)}{\partial x}$, $\frac{\partial}{\partial x}f(x,y)$ oder einfach $\frac{\partial f}{\partial x}$ geschrieben. Besonders kurze Formen sind $\partial_x f$ und $f_{,x}$.

Partielle Ableitungen können auch mehrfach angewandt werden (sofern die Funktion in der betreffenden Variable entsprechend oft differenzierbar ist). Beispiele für **höhere partielle Ableitungen** sind $\frac{\partial^2 f}{\partial x^2}$ (kurz $\partial_{xx} f$) und $\frac{\partial^2 f}{\partial x \partial y}$ (kurz $\partial_{xy} f$). Bei der Berechnung von $\frac{\partial^2 f}{\partial x \partial y}$ kommt es auf die Reihenfolge nicht an[9], d.h. es gilt

$$\frac{\partial}{\partial x}\frac{\partial}{\partial y}f=\frac{\partial}{\partial y}\frac{\partial}{\partial x}f. \tag{7.7}$$

[Aufgabe 11] [Aufgabe 12]

[9] Es gibt Ausnahmen, die aber für uns nicht relevant sind.

Die *Berechnung* partieller Ableitungen ist also sehr einfach. Was aber *bedeuten* sie? Worin liegt ihr Nutzen? Wie helfen sie uns, etwas über das Änderungsverhalten einer Funktion zu erfahren?

Die gewöhnliche Ableitung einer Funktion in *einer* Variablen stellt die Änderungsrate (oder anders ausgedrückt: den Anstieg der Tangente an den Graphen) dar. Analog dazu gibt die Gesamtheit der partiellen Ableitungen Auskunft darüber, **wie sich eine Funktion** in *mehreren* Variablen **ändert**, wenn von einem Argument zu einem nahe benachbarten Argument übergegangen wird. Wir demonstrieren das für den Fall einer Funktion $f$ in *zwei* Variablen $x$ und $y$.

Zuvor erinnern wir uns daran, dass die Funktion $f$ jedem Zahlenpaar $(x,y)$ einen Funktionswert $f(x,y)$ zuordnet. Das Paar $(x,y)$ kann als Punkt in der Zeichenebene dargestellt werden. In diesem Sinn wird es als „Ort“, an dem die Funktion einen bestimmten Wert annimmt, gedeutet und als „**Stelle**“ bezeichnet. (Denken Sie beispielsweise an die Zeichenebene als eine Platte und $f(x,y)$ als die Temperatur, die an der Stelle $(x,y)$ herrscht).

Wir fixieren nun eine Stelle $(x,y)$ und eine *nahe* benachbarte Stelle $(x+\Delta x, y+\Delta y)$ – siehe Abbildung 7.7. Die Koordinatendifferenzen $\Delta x$ und $\Delta y$ der beiden Stellen sollen *klein* sein. Wie unterscheiden sich die Funktionswerte an diesen beiden Stellen? (Anders ausgedrückt: Wie ändert sich die Funktion, wenn von der Stelle $(x,y)$ zur Stelle $(x+\Delta x, y+\Delta y)$ übergegangen wird?) Da der Abstand der beiden Stellen klein ist, werden sich die Funktionswerte (sofern sich die Funktion in der Nähe der betrachteten Stellen „friedlich“ verhält) ebenfalls nur wenig unterscheiden, d.h. ihre Differenz

$$\Delta f = f(x+\Delta x, y+\Delta y) - f(x,y)$$

wird *klein* sein. Mit Hilfe der partiellen Ableitungen kann sie näherungsweise berechnet werden:

$$\Delta f \approx \frac{\partial f}{\partial x}\Delta x + \frac{\partial f}{\partial y}\Delta y, \tag{7.8}$$

wobei $\frac{\partial f}{\partial x}$ und $\frac{\partial f}{\partial y}$ an der Stelle $(x,y)$ zu nehmen sind. Je *kleiner* die Koordinatendifferenzen $\Delta x$ und $\Delta y$ sind, umso *genauer* gilt diese Beziehung.

Begründung: *
Da (7.8) eine äußerst wichtige Beziehung ist, führen wir ihre Begründung ausführlich vor.[10] Das Problem, die Änderung $\Delta f$ unserer Funktion zu berechnen, kann auf das analoge Problem für Funktionen in *einer* Variablen zurückgeführt werden. Die gewöhnliche Ableitung einer Funktion $g$, die nur von einer Variable $x$ abhängt, ist die Änderungsrate

$$g'(x) \approx \frac{g(x+\Delta x) - g(x)}{\Delta x}.$$

[10] Die hier vorgestellte Begründung ist allerdings kein *exakter* Beweis. Um einen solchen führen zu können, müssten wir zunächst einmal genauer formulieren, was das Zeichen $\approx$ in (7.8) bedeuten soll.

Dies gilt umso *genauer*, je *kleiner* $\Delta x$ ist, und es folgt

$$g(x+\Delta x) \approx g(x) + g'(x)\Delta x \,. \tag{7.9}$$

Die letzte Beziehung kann genutzt werden, um den Funktionswert an der Stelle $x+\Delta x$ näherungsweise zu ermitteln, wenn der Funktionswert und die Ableitung an der Stelle $x$ bekannt sind.

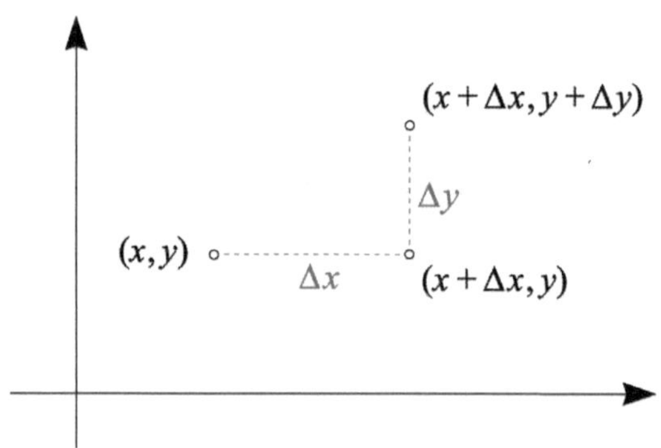


**Abbildung 7.7**:
Die Punkte der $xy$-Ebene, die in (7.8) und seiner Begründung eine Rolle spielen. Die Koordinatendifferenzen $\Delta x$ und $\Delta y$ sind hier gut sichtbar dargestellt, aber tatsächlich sollen sie *klein* sein.

Wir kehren nun zu unserer Funktion $f$ in *zwei* Variablen zurück und nehmen an, der Funktionswert $f(x,y)$ sei bekannt. Der Übergang zum Funktionswert $f(x+\Delta x, y)$ lässt sich nun mit Hilfe von (7.9) bewerkstelligen, wobei $y$ einfach als Konstante behandelt wird:

$$f(x+\Delta x, y) \approx f(x,y) + \frac{\partial f}{\partial x}(x,y)\Delta x \,. \tag{7.10}$$

Damit ist die Änderung der Funktion entlang eines kurzen Wegstücks in $x$-Richtung berechnet (siehe Abbildung 7.7). Von der Stelle $(x+\Delta x, y)$ gehen wir nun weiter in $y$-Richtung bis zu unserem Ziel, der Stelle $(x+\Delta x, y+\Delta y)$. Dazu wenden wir (7.9) ein zweites Mal an, wobei nun nach der zweiten Variablen differenziert werden muss (und dabei $x$ als Konstante behandelt wird):

$$f(x+\Delta x, y+\Delta y) \approx f(x+\Delta x, y) + \frac{\partial f}{\partial y}(x+\Delta x, y)\Delta y \,.$$

Die im letzten Term enthaltene partielle Ableitung kann durch eine dritte Anwendung von (7.9), diesmal für die Funktion $\partial f / \partial y$, zu

$$\frac{\partial f}{\partial y}(x+\Delta x, y) \approx \frac{\partial f}{\partial y}(x,y) + \frac{\partial^2 f}{\partial x \partial y}(x,y)\Delta x$$

umgeformt werden, womit sich

$$f(x+\Delta x, y+\Delta y) \approx f(x+\Delta x, y) + \frac{\partial f}{\partial y}(x,y)\Delta y + \frac{\partial^2 f}{\partial x \partial y}(x,y)\Delta x \Delta y$$

ergibt. Der letzte Term enthält das Produkt $\Delta x \Delta y$ der beiden als *klein* vorausgesetzten Koordinatendifferenzen, ist daher *viel* kleiner als alle anderen Terme und kann vernachlässigt werden. Wird in den verbleibenden Ausdruck das frühere Ergebnis (7.10) eingesetzt, so erhalten wir

$$f(x+\Delta x, y+\Delta y) \approx f(x,y) + \frac{\partial f}{\partial x}(x,y)\Delta x + \frac{\partial f}{\partial y}(x,y)\Delta y, \qquad (7.11)$$

was nichts anderes ist als (7.8)!

Beispiel:
Um näherungsweise zu berechnen, wie sich der Wert der Funktion

$$f(x,y,z) = x^2 y + z^3$$

beim Übergang von der Stelle $(1,2,3)$ zur Stelle $(1.001, 2.002, 3.003)$ ändert, kann (7.8) verwendet werden:

$$\Delta f \approx \frac{\partial f}{\partial x}\Delta x + \frac{\partial f}{\partial y}\Delta y + \frac{\partial f}{\partial z}\Delta z = 2xy\Delta x + x^2\Delta y + 3z^2\Delta z\Big|_{x=1,y=2,z=3} =$$
$$= 4\times 0.001 + 1\times 0.002 + 27\times 0.003 = 0.087$$

Zum Vergleich: Die exakte Änderung ist $0.087087029$.

[Aufgabe 13]

Im Grenzfall *sehr* kleiner („infinitesimal kleiner") Änderungen von einer Stelle zu einer anderen schreiben wir die Größen $\Delta x$ und $\Delta y$ in der Form $dx$ und $dy$ und nennen sie **Differentiale**.[11] Die resultierende Änderung des Funktionswerts ist dann ebenfalls *sehr* klein („infinitesimal klein"). Wir schreiben sie als $df$ und nennen sie **totales Differential**.[12] Die Beziehung (7.8) nimmt dann die Form

$$df = \frac{\partial f}{\partial x}dx + \frac{\partial f}{\partial y}dy \qquad (7.12)$$

an. In praktischer Hinsicht verweist das Wort „infinitesimal" Größen, die so klein sind, dass ihre Produkte vernachlässigt werden können. Mit ihnen kann exakt gerechnet werden. Daher wurde in (7.12) das Gleichheitszeichen und nicht – wie in (7.8) – das Zeichen $\approx$ verwendet.

[11] Von der Idee her handelt es sich bei „infinitesimalen" Größen um „unendlich kleine" Größen, denen keine Zahlenwerte zugeordnet werden können, zwischen denen aber exakte Verhältnisse bestehen. Die Ableitung – auch „Differentialquotient" genannt – kann in diesem Sinn als Quotient zweier infinitesimaler Größen (zweier Differentiale) gedeutet werden.

[12] Dieser Name stammt daher, dass die partiellen Ableitungen, die lediglich die Änderungen der Funktion entlang der Koordinatenachsen darstellen (daher der Name *partiell*), hier zur Beschreibung der *Gesamt*-Änderung in einer beliebigen Richtung kombiniert werden.

Die Beziehung (7.12) hat zwei wichtige Konsequenzen. Erstens erlaubt sie es, von der (infinitesimalen) Änderung $df$ einer Funktion zu ihrer *Änderungsrate in eine bestimmte Richtung* überzugehen. Dazu bezeichnen wir mit

$$ds = \sqrt{dx^2 + dy^2} \tag{7.13}$$

den (infinitesimalen) Abstand der (infinitesimal benachbarten) Stellen $(x, y)$ und $(x+dx, y+dy)$. Die Koordinatendifferentiale $dx$ und $dy$ definieren die Richtung, in die man, ausgehend von der Stelle $(x, y)$, gehen muss, um zur Stelle $(x+dx, y+dy)$ zu gelangen. Der Einheitsvektor, der in diese Richtung weist, ist durch

$$\vec{n} \equiv \begin{pmatrix} n_x \\ n_y \end{pmatrix} = \begin{pmatrix} \dfrac{dx}{ds} \\ \dfrac{dy}{ds} \end{pmatrix} \text{ ...... parallel zu } \begin{pmatrix} dx \\ dy \end{pmatrix} \tag{7.14}$$

gegeben. (Dass $\vec{n}$ ein Einheitsvektor ist, d.h. dass $n_x{}^2 + n_y{}^2 = 1$ gilt, folgt unmittelbar aus (7.13)). Die Änderungsrate von $f$ an der Stelle $(x, y)$ in die durch den Einheitsvektor $\vec{n}$ gegebene Richtung, die **Richtungsableitung**, ist definiert als Quotient $df/ds$, d.h. als „Änderung von $f$ beim Übergang von einem Punkt zu einem nahe benachbarten Punkt, dividiert durch den Abstand der beiden Punkte". Mit (7.12) und (7.14) ist sie durch

$$\frac{df}{ds} = \frac{\partial f}{\partial x} n_x + \frac{\partial f}{\partial y} n_y \tag{7.15}$$

gegeben, wobei $\dfrac{\partial f}{\partial x}$ und $\dfrac{\partial f}{\partial y}$ an der Stelle $(x, y)$ zu nehmen sind. Die rechte Seite dieser Beziehung kann exakt (und ohne Verweis auf infinitesimale Größen) berechnet werden! Sie zeigt, wie die partiellen Ableitungen kombiniert werden, um Änderungsraten in beliebige Richtungen zu beschreiben.[13] Wir werden in Kapitel 9 auf sie zurückkommen.

> Bemerkung:
> Die Formeln (7.8) und (7.12) sowie die Definition (7.15) der Richtungsableitung stellen den Ausgangspunkt für die Verwendung partieller Ableitungen in vielen praktischen Zusammenhängen dar, von denen uns einige in den nachfolgenden Kapiteln begegnen werden. Ihre Verallgemeinerungen auf Funktionen in *mehr als zwei* Variablen liegen auf der Hand. Für eine Funktion in *einer* Variablen reduziert sich (7.8) auf die Aussage $\Delta f \approx \dfrac{df}{dx}\Delta x$, (7.12) auf die Aussage $df = \dfrac{df}{dx}dx$, und die Richtungsableitung (7.15) ist dann einfach (plus oder minus) die Ableitung (da es in einer Dimension nur zwei Richtungen gibt).

Die zweite wichtige Konsequenz von (7.12) ist die **Leibnizsche Kettenregel**. Dazu nehmen wir an, dass $x$ und $y$ Funktionen einer weiteren Variablen $t$ sind. Unter $t$ können wir uns etwa die Zeit vorstellen. Zur Zeit $t$ haben $x$ und $y$ die Werte $x(t)$ und $y(t)$. Werden diese

[13] Setzen Sie zum Check $n_x = 1$ und $n_y = 0$ ein! Damit ergibt sich, dass die partielle Ableitung $\partial f/\partial x$ die Richtungsableitung in die positive $x$-Richtung ist. Mit $n_x = 0$ und $n_y = 1$ ergibt sich, dass $\partial f/\partial y$ die Richtungsableitung in die positive $y$-Richtung ist.

nun in die Funktion $f$ eingesetzt, so entsteht der Ausdruck $f\big(x(t), y(t)\big)$. Er stellt eine Funktion in *einer* Variablen $t$ dar, nämlich die Zuordnung $t \mapsto f\big(x(t), y(t)\big)$, die nach $t$ differenziert werden kann. Die Leibnizsche Kettenregel besagt, dass die so definierte Ableitung durch

$$\frac{d}{dt} f\big(x(t), y(t)\big) = \frac{\partial f}{\partial x}\big(x(t), y(t)\big)\frac{dx(t)}{dt} + \frac{\partial f}{\partial y}\big(x(t), y(t)\big)\frac{dy(t)}{dt} \tag{7.16}$$

oder, in Kurzform, durch

$$\frac{df}{dt} = \frac{\partial f}{\partial x}\frac{dx}{dt} + \frac{\partial f}{\partial y}\frac{dy}{dt}. \tag{7.17}$$

gegeben ist. Beachten Sie, dass es sich bei $df/dt$ um eine gewöhnliche Ableitung handelt (nicht um eine partielle)!

Beweisidee:
Ein intuitiver Beweis ergibt sich, indem beide Seiten der Beziehung (7.12) durch $dt$ dividiert werden. Die dann auftretenden Quotienten $dx/dt$ und $dy/dt$ können als (gewöhnliche) Ableitungen der Funktionen $x$ und $y$ nach $t$ interpretiert werden.

Wir können für die Ableitungen $dx/dt$ und $dy/dt$ übrigens auch $\dot{x}$ und $\dot{y}$ schreiben, in Anlehnung an die in der Physik übliche Bezeichnung, wenn $t$ die Zeit darstellt. (7.17) nimmt dann die Form

$$\frac{df}{dt} = \frac{\partial f}{\partial x}\dot{x} + \frac{\partial f}{\partial y}\dot{y} \tag{7.18}$$

an.

Die Verallgemeinerung der Leibnizschen Kettenregel auf Funktionen in *mehr als zwei* Variablen liegt auf der Hand. Hängt $f$ von $n$ Variablen $x_1$, $x_2$,... $x_n$ ab, so lautet sie

$$\frac{df}{dt} = \frac{\partial f}{\partial x_1}\frac{dx_1}{dt} + \frac{\partial f}{\partial x_2}\frac{dx_2}{dt} + \ldots + \frac{\partial f}{\partial x_n}\frac{dx_n}{dt} \equiv \sum_{j=1}^{n}\frac{\partial f}{\partial x_j}\frac{dx_j}{dt}. \tag{7.19}$$

Wir werden sie in den folgenden Kapiteln an einigen Stellen benötigen. Für eine Funktion in *einer* Variablen reduziert sie sich auf die Kettenregel, die Sie wahrscheinlich aus Ihrem Mathematikunterricht kennen:

$$\frac{d}{dt} f\big(x(t)\big) = f'\big(x(t)\big)\frac{dx(t)}{dt}. \tag{7.20}$$

Der zweite Faktor $\frac{dx(t)}{dt}$ stellt die so genannte „innere Ableitung“ dar.

Beispiel:
Ist $f(x, y) = x^2 y$, $x(t) = \sin t$ und $y(t) = t^3$, so ist (in Kurzschreibweise, die nicht immer alle Argumente angibt)

$$\frac{df}{dt} \equiv \frac{d}{dt} f\big(x(t), y(t)\big) = 2xy\frac{dx}{dt} + x^2 \frac{dy}{dt} =$$
$$= 2\sin t \cdot t^3 \cdot \cos t + \sin^2 t \cdot 3t^2 = t^2 \sin t(2t\cos t + 3\sin t).$$

Dieses Ergebnis können Sie überprüfen, indem Sie $f\big(x(t), y(t)\big) = t^3 \sin^2 t$ direkt nach $t$ differenzieren!

[Aufgabe 14]

## Implizit definierte Funktionen *

Zuletzt erwähnen wir noch eine Anwendung der partiellen Ableitung, die Funktionen in *einer* Variablen betrifft. Manchmal werden Funktion in *einer* Variablen – anstelle einer expliziten Angabe eines Funktionsterms – in **impliziter** (indirekter) Form durch die Angabe einer Gleichung in zwei Variablen definiert.

Beispiel:
Durch die Gleichung

$$2x^2 - y^2 + 1 = 0 \tag{7.21}$$

wird eine Abhängigkeit der Variablen $x$ und $y$ ausgedrückt. Ist $x$ vorgegeben, und wird die Gleichung dann nach $y$ (mit der Zusatzbedingung $y \geq 0$) gelöst, so ist damit eine Funktion $y \equiv y(x)$ festgelegt.

Diese Art der Funktionsdefinition kann Luxus sein (wie im obigen Beispiel, denn man hätte die gleiche Funktion genauso gut in der expliziten Form $y(x) = \sqrt{2x^2 + 1}$ definieren können), manchmal aber (z.B. wenn die entsprechende Gleichung nicht geschlossen gelöst werden kann oder die Lösung unbekannt ist) stehen gar keine vernünftigen Alternativen zur Verfügung.

Im allgemeinen Fall ist eine **implizit definierte Funktion** $y \equiv y(x)$ als Lösung einer Gleichung

$$F(x, y) = 0 \tag{7.22}$$

für gegebenes $x$ festgelegt. (Falls diese Gleichung mehrere Lösungen hat, ist $y \equiv y(x)$ *eine* von ihnen). Interessanterweise kann die Berechnung der (gewöhnlichen) Ableitung dieser Funktion auf die partiellen Ableitungen von $F$ zurückgeführt werden. Dazu müssen wir zunächst vermerken, dass für die durch (7.22) definierte Funktion die Identität

$$F(x, y(x)) = 0 \tag{7.23}$$

(für alle $x$) gilt. Diese differenzieren wir nach $x$ und erhalten nach der Leibnizschen Kettelregel (7.16)

$$\frac{\partial F}{\partial x}\big(x, y(x)\big) + \frac{\partial F}{\partial y}\big(x, y(x)\big)\, \frac{dy}{dx}(x) = 0. \tag{7.24}$$

(Die Variable, die in (7.16) mit $t$ bezeichnet wurde, heißt hier $x$). Unter Weglassung der Argumente ergibt sich daraus unmittelbar mit

$$\frac{dy}{dx} = -\frac{\frac{\partial F}{\partial x}}{\frac{\partial F}{\partial y}} \tag{7.25}$$

eine bequeme Formel zur Berechnung der **Ableitung einer implizit gegebenen Funktion**. Die rechte Seite ist zunächst in den Variablen $(x, y)$ ausgedrückt. Um die Ableitung von $y(x)$ an einer gegebenen Stelle $x$ zu bestimmen, muss für $y$ der entsprechende Funktionswert $y(x)$ eingesetzt werden.

Beispiel:
Die Ableitungsformel (7.25) kann benutzt werden, um den Anstieg der Tangente an eine Ellipse

$$F(x, y) \equiv \frac{x^2}{a^2} + \frac{y^2}{b^2} - 1 = 0 \tag{7.26}$$

in einem gegebenen Punkt zu berechnen, ohne sich mit der Ableitung der Wurzelfunktion herumschlagen zu müssen. Es ergibt sich unmittelbar der Ausdruck

$$\frac{dy}{dx} = -\frac{\partial F / \partial x}{\partial F / \partial y} = -\frac{2x / a^2}{2y / b^2} = -\frac{b^2}{a^2}\frac{x}{y} \tag{7.27}$$

für den Anstieg der Tangente im Punkt $(x, y)$.

# Aufgaben

1. Analysieren Sie das Verhalten der Funktion $g(x, y) = x^2 - y^2$, wenn sie auf eine Gerade $y = kx$ eingeschränkt wird. Für welche dieser Geraden besitzt die eingeschränkte Funktion ein Minimum, für welche ein Maximum? Wie zeigen sich diese Eigenschaften im Graphen von $g$?

2. Wie sehen die Graphen der Funktionen $u(x, y) = -x^2 - y^2$ und $v(x, y) = -x^2 + y^2$ aus (und *warum* sehen sie so aus)?

3. Wie sehen die Graphen der Funktionen $w_1(x, y) = x^2 + y^2 - 1$ und $w_2(x, y) = 1 - x^2 - y^2$ aus (und *warum* sehen sie so aus)?

4. Wie sieht der Graph der Funktion $q(x, y) = \sin(x - y)$ aus (und *warum* sieht er so aus)?

5. Wie sieht der Graph der Funktion $p(x, y) = x^2$ aus (und *warum* sieht er so aus)?

6. Wie sieht der Graph der Funktion $s(x,y)=\dfrac{\sin\sqrt{x^2+y^2}}{\sqrt{x^2+y^2}}$ aus (und *warum* sieht er so aus)?

7. Ermitteln Sie (ohne Computerunterstützung) die Niveaulinien der Funktion $\psi(x,y)=3x-2y$.

8. Ermitteln Sie (ohne Computerunterstützung) die Niveaulinien der Funktion $\phi(x,y)=\ln(x^2+y^2)$.

9. Wie sieht das Niveaulinienbild der Funktion $\psi(x,y)=\sin(x+y)$ aus (und *warum* sieht es so aus)?

10. Ermitteln Sie die Niveauflächen der Funktion $U(x,y,z)=-\dfrac{1}{\sqrt{x^2+y^2+z^2}}$.

11. Berechnen Sie alle partiellen Ableitungen der Funktion $f(x,y)=x\sin y-y\sin x$.

12. Berechnen Sie alle partiellen Ableitungen der Funktion $f(x,y,z)=x^2y-y^2z$.

13. Benutzen Sie (7.8), um näherungsweise zu berechnen, wie sich der Wert der Funktion $f(x,y,z)=x^2y^2z^2$ beim Übergang von der Stelle $(2,1,1)$ zur Stelle $(2.003,1.001,1.005)$ ändert.

14. Die potentielle Energie eines Teilchens, das sich am Ort $(x,y,z)$ befindet, sei durch $U(x,y,z)=\dfrac{m\omega^2}{2}\left(x^2+y^2+z^2\right)$ gegeben. Nun bewege sich das Teilchen: Zur Zeit $t$ sei es am Ort $\left(x(t),y(t),z(t)\right)$. Drücken Sie die zeitliche Änderungsrate der potentiellen Energie dieses Teilchens mit Hilfe der Leibnizschen Kettenregel durch den Ort und die Geschwindigkeit zur Zeit $t$ aus.

# 8 Skalar- und Vektorfelder

## Koordinaten in Ebene und Raum

Ein **Feld** ist eine physikalische Größe oder eine Zusammenfassung von physikalischen Größen, die in verschiedenen Raumpunkten (und zu verschiedenen Zeitpunkten) unterschiedliche Werte annehmen können.[1] Wir werden in diesem Kapitel Felder besprechen, die entweder in der **Ebene**[2] (d.h. im $\mathbb{R}^2$) oder im dreidimensionalen **Raum** (d.h. im $\mathbb{R}^3$) oder in einer Teilmenge des $\mathbb{R}^2$ bzw. $\mathbb{R}^3$ definiert sind.

Um die Punkte der Ebene bzw. des Raumes kurz bezeichnen zu können, fassen wir ihre Koordinaten zu **Ortsvektoren**

$$\vec{x} = \begin{pmatrix} x \\ y \end{pmatrix} \quad \text{bzw.} \quad \vec{x} = \begin{pmatrix} x \\ y \\ z \end{pmatrix}. \tag{8.1}$$

zusammen.[3] Manchmal ist es bequem, die Koordinaten durchzunummerieren. Generell wollen wir festlegen, dass $x_1$ dasselbe bedeutet wie $x$, $x_2$ dasselbe wie $y$ und $x_3$ dasselbe wie $z$. Anstelle von $\vec{x}$ finden sich in der Literatur auch die Bezeichnungen $\vec{r}$, $\boldsymbol{x}$ oder $\boldsymbol{r}$.

Dass sowohl im zwei- als auch im dreidimensionalen Raum die gleichen Symbole verwendet werden, sollte kein Problem darstellen, da meist klar ist, um welchen Fall es sich handelt, und da auf diese Weise Gemeinsamkeiten sichtbar werden.

Der Abstand eines durch den Ortsvektor $\vec{x}$ beschriebenen Punktes vom Ursprung, d.h. der (Absolut-)Betrag des Ortsvektors ist durch

$$r \equiv |\vec{x}| = \sqrt{x^2 + y^2} \quad \text{bzw.} \quad r \equiv |\vec{x}| = \sqrt{x^2 + y^2 + z^2}\,. \tag{8.2}$$

gegeben. Er wird auch **Radialkoordinate** genannt.

Der Vollständigkeit halber sei angemerkt, dass die Verallgemeinerungen von (8.1) und (8.2) auf höherdimensionale Räume $\mathbb{R}^n$ auf der Hand liegen – wir werden sie aber hier nicht benötigen.

---

[1] Diese Definition ist so knapp wie unvollständig. Auf tiefer liegende Aspekte des Feldbegriffs, insbesondere das für die moderne Physik wichtige "Verhalten unter Koordinatentransformationen", können wir hier aber nicht eingehen.

[2] Felder in der Ebene treten auf, wenn die Abhängigkeit von einer Raumkoordinate vernachlässigt werden kann.

[3] Wir werden in diesem und in den nachfolgenden Kapiteln (ausgenommen in den Kapitel 15 – 17, die von linearer Algebra handeln) zwischen Zeilen- und Spaltenvektoren nicht unterscheiden. Da das Auge Spaltenvektoren besser überblickt, werden wir diese Schreibweise vorziehen.

## Skalare Felder

Ein **skalares Feld** (kurz: **Skalarfeld**) in zwei bzw. drei Dimensionen ist eine Funktion von zwei oder drei Raumkoordinaten. Häufig verwendete Buchstaben für skalare Felder sind $f$ und $\phi$ (letzteres, weil das Gravitationspotential und das elektrostatische Potential, zwei prominente Skalarfelder, oft so bezeichnet werden).

Die ein skalares Feld definierende Abhängigkeit schreiben wir in der Form $f \equiv f(x,y)$, $f \equiv f(x,y,z)$ oder (im zwei- und dreidimensionalen Fall) $f \equiv f(\vec{x})$. Betrachten wir ein paar Beispiele:

- $f(x,y) = x^2 - y^2$
- $g(x,y,z) = -\dfrac{1}{\sqrt{x^2+y^2+z^2}}$

  Bemerkung: Dieses Skalarfeld ist im Ursprung $(0,0,0)$ nicht definiert. Letzterer muss also aus dem Definitionsbereich ausgenommen werden. Ein sinnvoller Definitionsbereich ist die Menge $\mathbb{R}^3 \setminus \{(0,0,0)\}$.
- $h(x,y,z) = -\dfrac{1}{\sqrt{x^2+y^2}}$

  Bemerkung: Auch dieses Skalarfeld ist nicht auf ganz $\mathbb{R}^3$ definiert. Punkte, für die $x = y = 0$ gilt, müssen aus dem Definitionsbereich ausgenommen werden. (Das ist genau die $z$-Achse).
- $\phi(\vec{x}) = |\vec{x}|^{3/2}$

  Dies kann, je nachdem, ob $\phi$ ein Skalarfeld in zwei oder drei Dimensionen bezeichnen soll, $\phi(x,y) = (x^2+y^2)^{3/4}$ oder $\phi(x,y,z) = (x^2+y^2+z^2)^{3/4}$ bedeuten.

Wie wir uns über das Verhalten von Funktionen in zwei oder drei Variablen orientieren können, wurde in Kapitel 7 besprochen. Im Folgenden werden oft Funktionen auftreten, die (wie einige der obigen Beispiele) nicht auf ganz $\mathbb{R}^2$ bzw. $\mathbb{R}^3$ definiert sind. Wir werden darauf aber nur mehr eingehen, wenn es der Zusammenhang erfordert.

Für die Physik besonders wichtig sind skalare Felder, die **Symmetrien** aufweisen. Die zwei wichtigsten Typen sind:

- Ein skalares Feld $f$ (in zwei oder drei Dimensionen) heißt **homogen** oder **konstant**, wenn sein Wert nicht von $\vec{x}$ abhängt, d.h. wenn es eine Konstante $c$ gibt, so dass gilt: $f(\vec{x}) = c$ für alle $\vec{x}$.

  Beispiel: $f(\vec{x}) = 4\pi$.
- Ein skalares Feld $f$ (in zwei oder drei Dimensionen) heißt **radialsymmetrisch**, wenn es lediglich eine Funktion der in (8.2) definierten Radialkoordinate $r$ ist. Wir können in diesem Fall (ein bisschen schlampig) $f(\vec{x}) = f(r)$ schreiben.

Beispiele (in verschiedenen Schreibweisen):

$\phi(x,y)=\ln(x^2+y^2)$, $g(x,y,z)=-(x^2+y^2+z^2)^{-1/2}$, $U(r)=\frac{e^{-\kappa r}}{r}$, $U(\vec{x})=\frac{e^{-\kappa r}}{r}$,

$U(\vec{x})=\frac{e^{-\kappa|\vec{x}|}}{|\vec{x}|}$, $U=\frac{e^{-\kappa r}}{r}$.

[Aufgabe 1]

# Vektorfelder

Ein **Vektorfeld** liegt vor, wenn in jedem Punkt der Ebene oder des Raumes (bzw. einer Teilmengen davon) ein Vektor festgelegt ist. Ein Vektorfeld in zwei (drei) Dimensionen besteht daher aus zwei (drei) Funktionen in zwei (drei) Variablen. Häufig verwendete Buchstaben für Vektorfelder sind $\vec{v}$ und $\vec{F}$ (letzteres, weil Kraftfelder, die Prototypen für Vektorfelder, oft so bezeichnet werden). Für die Bezeichnung der Komponenten eines Vektorfeldes gibt es zwei Konventionen:

$$\vec{v}=\begin{pmatrix} v_x \\ v_y \end{pmatrix}\equiv\begin{pmatrix} v_1 \\ v_2 \end{pmatrix} \quad \text{bzw.} \quad \vec{v}=\begin{pmatrix} v_x \\ v_y \\ v_z \end{pmatrix}\equiv\begin{pmatrix} v_1 \\ v_2 \\ v_3 \end{pmatrix}. \tag{8.3}$$

Die ein Vektorfeld definierenden Abhängigkeiten schreiben wir in der Form $\vec{v}\equiv\vec{v}(x,y)$, $\vec{v}\equiv\vec{v}(x,y,z)$ oder (im zwei- und dreidimensionalen Fall) $\vec{v}\equiv\vec{v}(\vec{x})$. Betrachten wir ein paar Beispiele:

- $\vec{v}(\vec{x})=\begin{pmatrix} 2x-y \\ x+2y \end{pmatrix}$
- $\vec{w}(\vec{x})=\begin{pmatrix} y-z^2 \\ z-x^2 \\ x-y^2 \end{pmatrix}$
- $\vec{F}(\vec{x})=-\frac{\vec{x}}{r^3}$, wobei $r$ die in (8.2) definierte Radialkoordinate ist.

  Bemerkung: Das ist ein sehr wichtiges Vektorfeld. Wir werden ihm noch oft begegnen.

Ein Vektorfeld enthält mehr Informationen als ein skalares Feld. Stellen wir uns einen Vektor als **Pfeil** vor, so besteht ein Vektorfeld darin, dass **in jedem Punkt** des Definitionsbereichs **ein Pfeil sitzt**. Um uns ein *Bild* von einem Vektorfeld machen zu können, müssen wir herausfinden,

- welche dieser Pfeile in welche Richtung zeigen und
- wie lang sie sind. (Der Betrag eines Vektorfeldes $\vec{v}$ wird, wie der eines Vektors, mit Hilfe der Formel

$$|\vec{v}| = \sqrt{v_x^2 + v_y^2} \quad \text{bzw.} \quad |\vec{v}| = \sqrt{v_x^2 + v_y^2 + v_z^2} \tag{8.4}$$

berechnet. In beliebigen Dimensionen gilt

$$\vec{v} \cdot \vec{v} = |\vec{v}|^2, \tag{8.5}$$

d.h. das Skalarprodukt eines Vektors mit sich selbst ist das Quadrat seines Betrages).

Dazu gehört, neben der Fertigkeit im Umgang mit formalen Definitionen (und der Bereitschaft, sich darauf einzulassen), ein bisschen Übung.

Für Vektorfelder in *zwei* Dimensionen helfen uns **grafische Techniken**.

CAS-Tipp:

Im Computeralgebra-System ***Mathematica*** wird das Vektorfeld $\vec{v}(\vec{x}) = \begin{pmatrix} 2x-y \\ x+2y \end{pmatrix}$ durch Eingabe der Zeilen[4]

```
<<VectorFieldPlots`
VectorFieldPlot[{2x-y,x+2y},{x,-1,1},{y,-1,1}]
```

im Bereich $-1 \le x, y \le 1$ grafisch dargestellt. (Zur Erinnerung: Der mit << beginnende Befehl ladet ein *Package* – er muss nur einmal ausgeführt werden). Die Ausgabe sieht dann (bis auf die Achsen, die *Mathematica* nicht automatisch dazuzeichnet) aus wie in Abbildung 8.1 gezeigt.

Die Verhältnisse der Pfeil-Längen entsprechen (soweit sie erkennbar sind) den wirklichen Beträgen (die Pfeil-Längen selbst nicht). Mit den Optionen `PlotPoints->20` (oder eine andere Zahl) kann die Zahl der gezeigten Vektoren erhöht werden. Mit Hilfe weiterer Optionen namens `ScaleFactor` und `MaxArrowLength` kann die Länge der Pfeile einem ansprechenden Aussehen angepasst werden.

Diskutieren wir nun einige Beispiele:

- Das in Abbildung 8.1 dargestellte Vektorfeld $\vec{v}(\vec{x}) = \begin{pmatrix} 2x-y \\ x+2y \end{pmatrix}$.

  Die wichtigsten Züge seines Verhaltens können *rechnerisch* leicht überprüft werden: So zeigt $\vec{v}$ beispielsweise an all jenen Punkten nach rechts (d.h. in Richtung der positiven $x$-Achse), an denen seine $x$-Komponente positiv ist, d.h. für die $v_x = 2x - y > 0$ gilt. Das sind alle Punkte, die rechts von der Geraden $y = 2x$ liegen. Diese Gerade ist in Abbildung 8.1 nicht eingezeichnet – können Sie trotzdem erkennen, dass sie die Scheidelinie zwischen den nach rechts weisenden und den nach links weisenden Pfeilen darstellt?

  Der Betrag von $\vec{v}$ ist $|\vec{v}| = \sqrt{v_x^2 + v_y^2} = \sqrt{(2x-y)^2 + (x+2y)^2} = \sqrt{5(x^2+y^2)} = r\sqrt{5}$. Er ist proportional zum Abstand $r$ vom Ursprung. In Abbildung 8.1 bedeutet das, dass die Länge der Pfeile proportional zum Abstand vom Ursprung zunimmt.

[4] Wir haben diese Methode bereits in Kapitel 5 erwähnt. Dort waren für uns nur *Richtungs*felder von Interesse. Jetzt geht es uns nicht nur um die Richtung, sondern auch um die *Orientierung* und die *Länge* der an den verschiedenen Punkten sitzenden Vektoren.

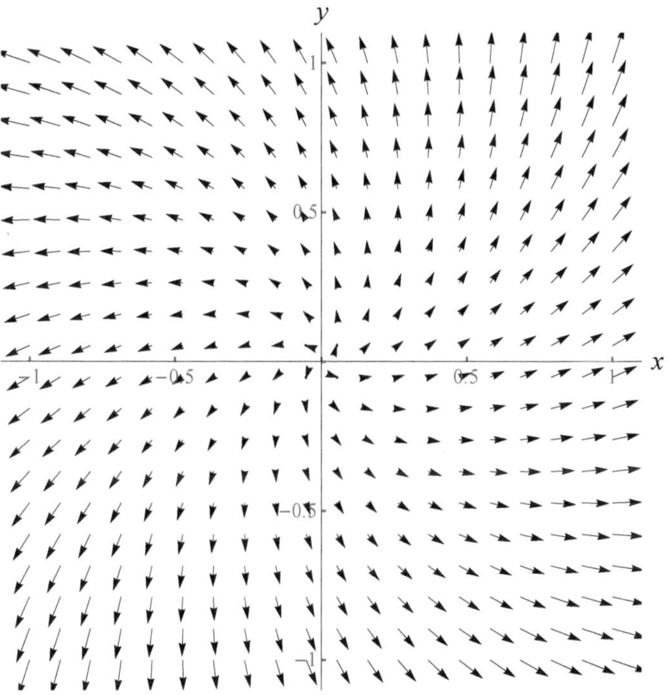


**Abbildung 8.1**:

Visualisierung des Vektorfeldes $\vec{v}(\vec{x}) = \begin{pmatrix} 2x - y \\ x + 2y \end{pmatrix}$ mit Hilfe von *Mathematica*.

- Die Vektorfelder $\vec{u}(\vec{x}) = \vec{x} \equiv \begin{pmatrix} x \\ y \end{pmatrix}$ und $\vec{n}(\vec{x}) = \frac{\vec{x}}{r} \equiv \frac{1}{\sqrt{x^2 + y^2}} \begin{pmatrix} x \\ y \end{pmatrix}$.

  Ihre Visualisierungen sind in Abbildung 8.2 wiedergegeben. Die linke Grafik zeigt den Ortsvektor, als Vektorfeld aufgefasst. Er weist radial vom Ursprung weg, und sein Betrag wächst proportional mit der Entfernung zum Ursprung. Die rechte Grafik zeigt ein radial nach außen weisendes Vektorfeld, das überall den Betrag $1$ hat.

Für Vektorfelder in *drei* Dimensionen können wir versuchen, uns analoge *räumliche* Bilder vorzustellen. *Mathematica* besitzt eine Routine zur Darstellung von Vektorfeldern in drei Dimensionen, die allerdings weniger aussagekräftig ist als die oben erwähnte in zwei Dimensionen. Probieren Sie das Beispiel

```
<<VectorFieldPlots`
VectorFieldPlot3D[{-y,x,0},{x,-1,1},{y,-1,1},{z,-1,1}]
```

selbst aus! (Es zeigt lediglich kurze Striche, damit die Grafik nicht überladen wird. Wollen Sie sie durch Vektorpfeile ersetzen, so fügen Sie die Option `VectorHeads->True` ein).

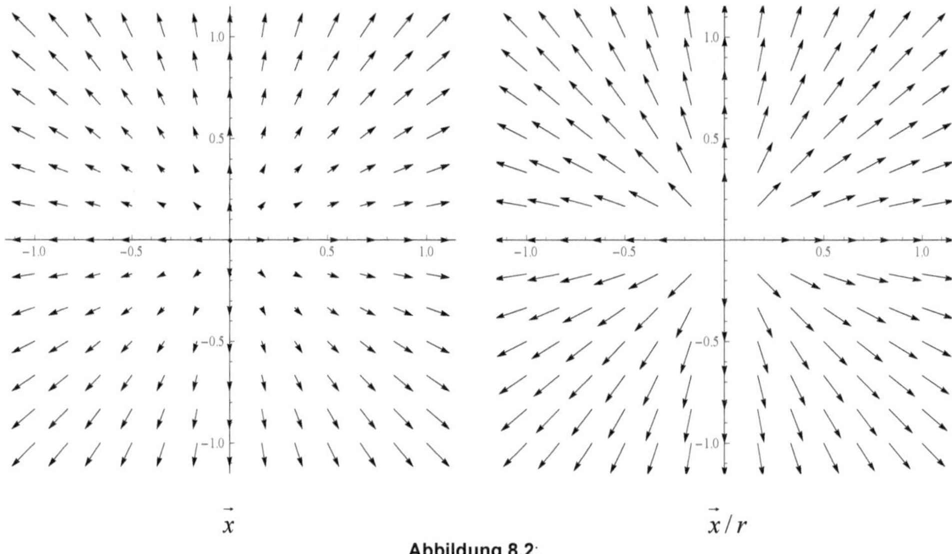


**Abbildung 8.2**:
Visualisierungen der Vektorfelder $\vec{u}(\vec{x}) = \vec{x}$ (links) und $\vec{n}(\vec{x}) = \vec{x}/r$ (rechts).

Eine besonders wichtige Methode, um ein Vektorfeld zu analysieren und sich vorzustellen, besteht darin, es auf ein bereits bekanntes Vektorfeld zurückzuführen. Das gilt insbesondere für Vektorfelder, die in einfacher Weise durch $\vec{x}$ und $r$ ausgedrückt werden können.

Beispiel: Das Vektorfeld $\vec{v}(\vec{x}) = \dfrac{\vec{x}}{r^2}$.

Es ist überall parallel zum Ortsvektor(feld) $\vec{x}$, d.h. es zeigt radial „nach außen". Sein Betrag wird so berechnet: $\vec{v}(\vec{x}) \cdot \vec{v}(\vec{x}) = \dfrac{\vec{x} \cdot \vec{x}}{r^4} = \dfrac{r^2}{r^4} = \dfrac{1}{r^2}$, daher ist $|\vec{v}(\vec{x})| = \dfrac{1}{r}$. Seine Länge nimmt also verkehrt proportional zum Abstand vom Ursprung ab.

Für die Physik besonders wichtig sind Vektorfelder, die **Symmetrien** aufweisen. Die wichtigsten Typen sind:

- Ein Vektorfeld $\vec{v}$ (in zwei oder drei Dimensionen) heißt **homogen** oder **konstant**, wenn es nicht von $\vec{x}$ abhängt, d.h. wenn es einen konstanten Vektor $\vec{c}$ gibt, so dass gilt: $\vec{v}(\vec{x}) = \vec{c}$ für alle $\vec{x}$. Ein konstantes Vektorfeld zeigt in jedem Punkt in die gleiche Richtung und hat überall die gleiche Länge.

  Beispiel: $\vec{v}(\vec{x}) = \begin{pmatrix} 2 \\ 3 \end{pmatrix}$.

- Ein Vektorfeld $\vec{v}$ (in zwei oder drei Dimensionen) heißt **radialsymmetrisch**, wenn es von der Form

$$\vec{v}(\vec{x}) = f(r)\,\vec{x} \tag{8.6}$$

ist. Dabei ist $r$ die in (8.2) definierte Radialkoordinate und $f$ ein (radialsymmetrisches) Skalarfeld. Ein radialsymmetrisches Vektorfeld ist also in jedem Punkt parallel zum Ortsvektor $\vec{x}$, weist vom Ursprung weg oder zu ihm hin, und sein Betrag ist für alle Punkte, die vom Ursprung die gleiche Entfernung haben, gleich.

Beispiele (in verschiedenen Schreibweisen):

$$\vec{v}(\vec{x}) = (x^2+y^2)\begin{pmatrix} x \\ y \end{pmatrix},\ \vec{u}(\vec{x}) = -\begin{pmatrix} r^2 x \\ r^2 y \\ r^2 x \end{pmatrix},\ \vec{w} = \frac{\vec{x}}{r},\ \vec{F}(\vec{x}) = -\frac{\vec{x}}{r^3},\ \vec{F} = -\frac{1}{r^3}\begin{pmatrix} x \\ y \\ z \end{pmatrix},$$

$$\vec{F}(\vec{x}) = -\frac{1}{|\vec{x}|^3}\begin{pmatrix} x \\ y \\ z \end{pmatrix}.$$

Physikalische Beispiele: Das elektrostatische Feld einer Punktladung (**Coulombfeld**) und das Newtonsches **Gravitationsfeld** einer Punktmasse.[5] Beide haben die Form

$$\vec{F}(\vec{x}) = C\frac{\vec{x}}{r^3} \tag{8.7}$$

wobei $C$, abgesehen von Faktoren, die nur Naturkonstante enthalten, im ersten Fall die Ladung und im zweiten – mit einem zusätzlichen Minuszeichen – die Masse darstellt.

- Ein Vektorfeld $\vec{v}$ (in drei Dimensionen) heißt (bezüglich der $z$-Achse) **ringförmig**[6], wenn es von der Form

$$\vec{v}(\vec{x}) = f(\rho)\begin{pmatrix} -y \\ x \\ 0 \end{pmatrix} \tag{8.8}$$

ist, wobei $\rho = \sqrt{x^2+y^2}$ den Abstand von der $z$-Achse bezeichnet. Ein ringförmiges Vektorfeld hängt nicht von der $z$-Koordinate ab. Es zeigt an jedem Punkt in eine zur $xy$-Ebene parallele Richtung (da seine $z$-Komponente gleich $0$ ist) und steht normal auf den (kürzesten) Verbindungsvektor zur $z$-Achse. Es „windet" sich um die $z$-Achse. Seine Länge ist in allen Punkten, die von der $z$-Achse die gleiche Entfernung haben, gleich. In der Aufsicht (in der die $z$-Achse als Punkt erscheint) sieht ein ringförmiges Vektorfeld beispielsweise aus wie in Abbildung 8.3 dargestellt.

Beispiele: $\vec{v}(\vec{x}) = \begin{pmatrix} -y \\ x \\ 0 \end{pmatrix},\ \vec{u}(\vec{x}) = \frac{1}{\sqrt{x^2+y^2}}\begin{pmatrix} -y \\ x \\ 0 \end{pmatrix}.$

[5] Genauer ausgedrückt, handelt es sich hier um die *Feldstärken*.

[6] Die Versuchung liegt nahe, es *zylindersymmetrisch* zu nennen. Da es aber auch andere Vektorfelder gibt, die diese Bezeichnung verdienen, wollen wir bei *ringförmig* bleiben.

Physikalisches Beispiel: Das **Magnetfeld** um einen geraden (unendlich langen und unendlich dünnen) stromdurchflossenen Leiter. Es ist durch

$$\vec{B}(\vec{x}) = \frac{C}{x^2 + y^2} \begin{pmatrix} -y \\ x \\ 0 \end{pmatrix} \tag{8.9}$$

gegeben, wobei $C$, abgesehen von Faktoren, die nur Naturkonstante enthalten, die Stromstärke des durch den Leiter fließenden elektrischen Stroms darstellt (und, falls der Strom in Richtung der negativen $z$-Achse fließt, ein zusätzliches Minuszeichen enthält). Ein Plot dieses Feldes für $C = 1$ ist in Kapitel 9, Abbildung 9.3, wiedergegeben.

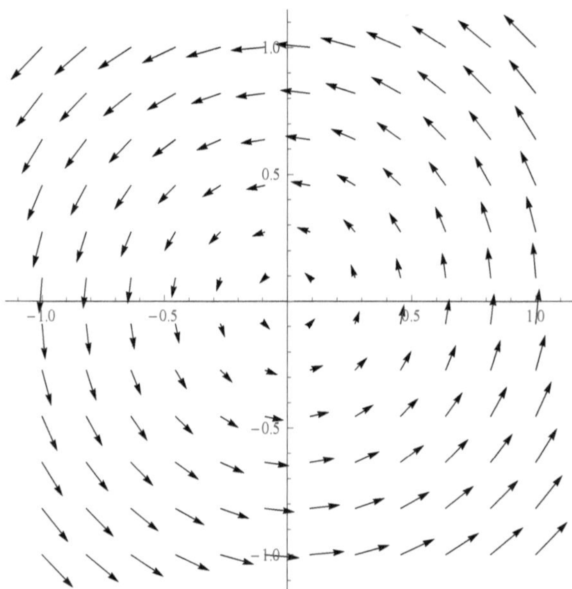


**Abbildung 8.3**:
Beispiel einer Visualisierung eines ringförmigen Vektorfeldes in der Aufsicht (in der die $z$-Achse als Punkt erscheint).

Wir werden in den folgenden Kapiteln viel mit radialsymmetrischen Vektorfeldern zu tun haben. Es ist daher für Sie wichtig, sich an die Schreibweise mit $\vec{x}$ und $r$ zu gewöhnen! Hier ein paar Tipps:

- Wann immer Sie auf $\begin{pmatrix} x \\ y \end{pmatrix}$ oder $\begin{pmatrix} x \\ y \\ z \end{pmatrix}$ stoßen, ersetzen Sie es durch $\vec{x}$!
- Wann immer Sie in zwei Dimensionen auf $x^2 + y^2$ oder in drei Dimensionen auf $x^2 + y^2 + z^2$ stoßen, ersetzen Sie es durch $r^2$!

- Behalten Sie immer im Auge, dass der Betrag von $\vec{x}$ gleich $r$ ist und dass das Skalarprodukt $\vec{x} \cdot \vec{x}$ (das sie auch in der Form $\vec{x}^2$ schreiben können) gleich $r^2$ ist!
- Zur Kontrolle von Beziehungen, in denen $\vec{x}$ und $r$ vorkommen, kann ein *Einheitencheck* sinnvoll sein (obwohl wir die physikalischen Einheiten hier generell links liegen lassen). So kann beispielsweise der Betrag des Vektorfeldes $\vec{x}/r^2$ nicht $1/r^2$ sein, da die Beziehung

$$\left| \frac{\vec{x}}{r^2} \right| = \frac{1}{r^2}$$

den Einheitencheck nicht besteht: Links steht eine inverse Länge, rechts eine inverse Fläche!

Damit gewöhnen Sie sich eine „geometrische" Sichtweise an, die der Physik angemessener ist als eine rein auf Komponenten bezogene.

[Aufgabe 2] [Aufgabe 3] [Aufgabe 4] [Aufgabe 5] [Aufgabe 6] [Aufgabe 7]

Wir erwähnen zum Schluss noch ein weiteres Konzept, das mit dem des Vektorfelds eng verbunden ist. Sie werden dem Begriff der **Feldlinie** schon begegnet sein. Eine Feldlinie eines Vektorfeldes ist eine Linie, die in jedem ihrer Punkte die gleiche Richtung (Tangente) besitzt wie das Vektorfeld. Üblicherweise wird einer Feldlinie auch eine Orientierung zugewiesen, und zwar jene, in die das Feld weist. Ist etwa $\vec{v}(\vec{x})$ ein Geschwindigkeitsfeld, das die Bewegung einer Flüssigkeit beschreibt, so ist zeigen seine Feldlinien an, wie die Flüssigkeit fließt (d.h. wie sich die einzelnen – als infinitesimal klein betrachteten – Flüssigkeitselemente bewegen). Feldlinien werden daher auch **Flusslinien** genannt. Sie helfen uns beim *Vorstellen* von Vektorfeldern. Beispiele sind:

- Die Feldlinien eines konstanten Vektorfeldes sind parallele Geraden.
- Die Feldlinien eines radialsymmetrischen Vektorfeldes sind Halbgeraden (Strahlen), die vom Ursprung ausgehen oder in ihm enden.
- Die Feldlinien eines ringförmigen Vektorfeldes sind Kreise („Ringe"), die in Ebenen parallel zur $xy$-Ebene liegen und überall von der $z$-Achse den gleichen Abstand haben.

In diesem Kapitel haben wir Skalar- und Vektorfelder, die durch Terme *gegeben* sind, analysiert und aus diesen Termen ihre geometrischen Eigenschaften begründet. Um ein Gefühl für den Zusammenhang zwischen Termen für Vektorfelder und deren geometrischen Eigenschaften zu bekommen, ist es lehrreich, auch einmal den Spieß umzudrehen und von Feldeigenschaften auszugehen, um die entsprechenden Terme zu finden. Dazu dienen die letzten zwei Aufgaben dieses Kapitels.

[Aufgabe 8] [Aufgabe 9]

# Aufgaben

1. Welche der folgenden skalaren Felder sind radialsymmetrisch? Drücken Sie diese durch $r$ aus.
   (i) $f(x,y)=x^4-2x^2y^2+y^4$
   (ii) $g(x,y)=x^4+2x^2y^2+y^4$
   (iii) $h(x,y,z)=x^4+y^4+z^4$
   (iv) $u(x,y,z)=x(x+2)+y^2-2x$
   (v) $v(x,y)=x(x+2)+y^2-2x$

2. Zeigen Sie, dass das Vektorfeld $\vec{v}(\vec{x})=\frac{\vec{x}}{r}$ (in zwei und drei Dimensionen) überall den Betrag 1 hat.

3. Berechnen Sie den Betrag des Vektorfeldes $\vec{v}(\vec{x})=-\frac{\vec{x}}{r^3}$ (in zwei und drei Dimensionen) und drücken Sie ihn durch $r$ aus.

4. Vereinfachen Sie die folgenden Ausdrücke für Vektorfelder. Wenn möglich, drücken Sie sie durch $\vec{x}$ und $r$ aus. Überlegen Sie in jedem Fall, was Sie nach der Vereinfachung besser wissen (oder besser *sehen*).
   (i) $\vec{v}(\vec{x})=\begin{pmatrix} x\sin(x-y) \\ y\sin(x-y) \end{pmatrix}$
   (ii) $\vec{w}(\vec{x})=\begin{pmatrix} x\sqrt{x^2+5y^2} \\ 2x\sqrt{x^2+5y^2} \end{pmatrix}$
   (iii) $\vec{u}(\vec{x})=\exp(-x^2)\exp(-y^2)\exp(-z^2)\begin{pmatrix} x \\ y \\ z \end{pmatrix}$
   (iv) $\vec{\xi}(\vec{x})=\begin{pmatrix} z \\ 0 \\ z \end{pmatrix}$
   (v) $\vec{\eta}(\vec{x})=\begin{pmatrix} -3x \\ -3y \\ -3z \end{pmatrix}+2\vec{x}$

5. Welche der folgenden Vektorfelder sind radialsymmetrisch? Drücken Sie diese durch $\vec{x}$ und $r$ aus:

(i) $\vec{v}(\vec{x}) = \begin{pmatrix} x\sqrt{x^2+y^2} \\ y\sqrt{x^2+y^2} \end{pmatrix}$

(ii) $\vec{w}(\vec{x}) = \begin{pmatrix} x\sqrt{x^2+y^2} \\ -y\sqrt{x^2+y^2} \end{pmatrix}$

(iii) $\vec{u}(\vec{x}) = \sqrt{x^2+y^2}\begin{pmatrix} x \\ y \\ z \end{pmatrix}$

(iv) $\vec{\xi}(\vec{x}) = \begin{pmatrix} x/(x^2+y^2+z^2)^{3/2} \\ y/(x^2+y^2+z^2)^{3/2} \\ z/(x^2+y^2+z^2)^{3/2} \end{pmatrix}$

(v) $\vec{\eta}(\vec{x}) = \begin{pmatrix} x^2 \\ y^2 \\ z^2 \end{pmatrix}$

6. Sei $\vec{B} = \dfrac{C}{x^2+y^2}\begin{pmatrix} -y \\ x \\ 0 \end{pmatrix}$. Verifizieren Sie die Aussage $\begin{pmatrix} x \\ y \\ 0 \end{pmatrix} \cdot \vec{B} = 0$ und interpretieren Sie sie geometrisch.

7. Überlegen Sie, was die Definitionen der Begriffe homogenes Skalarfeld, radialsymmetrisches Skalarfeld, homogenes Vektorfeld, radialsymmetrisches Vektorfeld und ringförmiges Vektorfeld mit *Symmetrien* zu tun haben.

8. Sei $\vec{v}(\vec{x})$ ein ringförmiges Vektorfeld, dessen Feldlinien in der Aufsicht in die Richtung des Gegenuhrzeigersinns laufen, und dessen Betrag gleich der dritten Potenz des Abstands zur $z$-Achse ist. Wie lautet die Formel für $\vec{v}(\vec{x})$?

9. Das Vektorfeld $\vec{u}(\vec{x})$ sei durch die nebenstehende Skizze definiert.

Dabei ist $(x, y)$ der Mittelpunkt des gezeigten Kreises. Wie lautet die Formel für $\vec{u}(\vec{x})$?

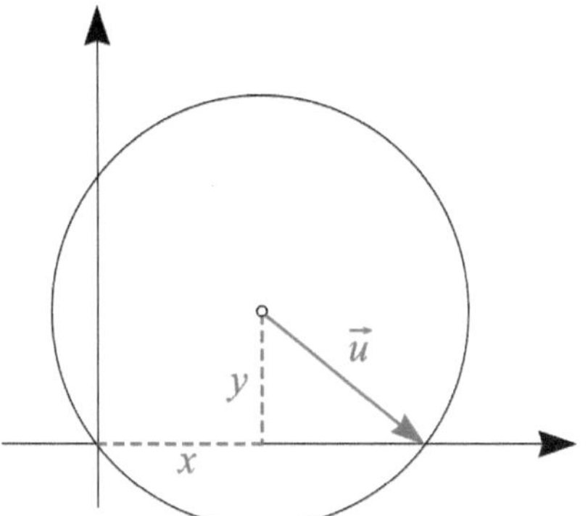

# 9 Vektoranalysis („Nabla-Kalkül"): Gradient, Divergenz, Laplace-Operator, Rotation

## Vorbemerkungen

Nachdem im vorangegangenen Kapitel Skalar- und Vektorfelder eingeführt wurden, besprechen wir nun verschiedene Spielarten der **Differentiation von Feldern**, mit deren Hilfe die Grundgleichungen der fundamentalen Theorien der Physik formuliert werden.[1] Wiederholen Sie bitte bei Bedarf, was in Kapitel 7 über die *partielle Ableitung*, die *Richtungsableitung* und die *Leibnizsche Kettenregel* gesagt wurde! Bei der Anwendung partieller Ableitungen werden wir deren Existenz (d.h. die Differenzierbarkeit der auftretenden Funktionen) stillschweigend voraussetzen. Weiters werden wir anstelle des Vektors $\vec{0}$ (dessen Komponenten alle $0$ sind) einfach $0$ schreiben.

Die (mathematische und physikalische) Bedeutung der im Folgenden definierten Operationen wird nur kurz skizziert. Sie wird in den nachfolgenden Kapiteln schrittweise klarer werden.

## Gradient und Nabla-Operator

Sei $f$ ein skalares Feld in zwei oder drei Dimensionen. Der **Gradient** (englisch: *gradient*) von $f$ ist das durch

$$\vec{\nabla} f \equiv \operatorname{grad} f = \begin{pmatrix} \dfrac{\partial f}{\partial x} \\ \dfrac{\partial f}{\partial y} \end{pmatrix} \quad \text{bzw.} \quad \vec{\nabla} f \equiv \operatorname{grad} f = \begin{pmatrix} \dfrac{\partial f}{\partial x} \\ \dfrac{\partial f}{\partial y} \\ \dfrac{\partial f}{\partial z} \end{pmatrix} \tag{9.1}$$

definierte Vektorfeld.[2] Die Operation

---

[1] Obwohl wir uns hier auf Felder in zwei und drei Dimensionen beschränken, ist dieses Kapitel auch eine gute Basis für das spätere Kennenlernen von Verallgemeinerungen, vor allem von Feldern der vierdimensionalen Raumzeit (wie sie in der relativistischen Physik benötigt werden).

[2] Um den Gradienten an einer Stelle $\vec{x}_0$ zu bezeichnen, schreiben wir $\vec{\nabla} f(\vec{x}_0)$. Das ist so gemeint, dass *zuerst* die partiellen Ableitungen von $f \equiv f(\vec{x})$ gebildet werden (das Resultat können wir, um die Abhängigkeit von $\vec{x}$ auszudrücken, in der Form $\vec{\nabla} f(\vec{x})$ schreiben) und *danach* $\vec{x} = \vec{x}_0$ gesetzt wird.

$$\vec{\nabla} = \begin{pmatrix} \frac{\partial}{\partial x} \\ \frac{\partial}{\partial y} \end{pmatrix} \quad \text{bzw.} \quad \vec{\nabla} = \begin{pmatrix} \frac{\partial}{\partial x} \\ \frac{\partial}{\partial y} \\ \frac{\partial}{\partial z} \end{pmatrix}, \tag{9.2}$$

die aus einem Skalar- ein Vektorfeld macht, wird als **Nabla-Operator** (kurz **Nabla**) bezeichnet.

Beispiele:

- Der Gradient von $f(x,y) = x^2 y^3$ ist $\vec{\nabla} f = \begin{pmatrix} 2xy^3 \\ 3x^2 y^2 \end{pmatrix}$.
- Der Gradient von $g(\vec{x}) = \sin(x - z)$ (in drei Dimensionen) ist
$$\vec{\nabla} g = \begin{pmatrix} \cos(x-z) \\ 0 \\ -\cos(x-z) \end{pmatrix} \equiv \cos(x-z) \begin{pmatrix} 1 \\ 0 \\ -1 \end{pmatrix}.$$

Es ist nicht schwer, sich die *Bedeutung* des Gradienten zu überlegen: In Kapitel 7, Formel (7.15), wurde gezeigt, dass (in *zwei* Dimensionen) die **Änderungsrate** (**Richtungsableitung**) einer Funktion $f$ an der Stelle $(x, y)$ in Richtung eines Einheitsvektors

$$\vec{n} = \begin{pmatrix} n_x \\ n_y \end{pmatrix}$$

durch

$$\frac{\partial f}{\partial x} n_x + \frac{\partial f}{\partial y} n_y \tag{9.3}$$

gegeben ist. Dabei sind die partiellen Ableitungen an der Stelle $(x, y)$ zu nehmen. Diesen Ausdruck können wir als Skalarprodukt in der Form

$$\vec{n} \cdot \vec{\nabla} f \tag{9.4}$$

schreiben.[3] Die Änderungsrate eines Skalarfeldes in *drei* Dimensionen in Richtung des Einheitsvektors $\vec{n}$ ist völlig analog durch

$$\frac{\partial f}{\partial x} n_x + \frac{\partial f}{\partial y} n_y + \frac{\partial f}{\partial z} n_z \equiv \vec{n} \cdot \vec{\nabla} f \tag{9.5}$$

gegeben. Generell ist also die Änderungsrate eines Skalarfeldes $f$ in eine gegebene Richtung gleich dem Skalarprodukt aus dem Einheitsvektor $\vec{n}$, der die Richtung definiert, und

[3] Wenn Sie zuerst den Gradienten schreiben wollen, so machen Sie bitte eine Klammer und schreiben $(\vec{\nabla} f) \cdot \vec{n}$.

dem Gradienten $\vec{\nabla} f$. Die infinitesimale Version von (9.4) bzw. (9.5) – vgl. (7.12) – lautet in schöner Vektorschreibweise

$$df = d\vec{x} \cdot \vec{\nabla} f, \tag{9.6}$$

wobei $df = f(\vec{x} + d\vec{x}) - f(\vec{x})$ die infinitesimale Änderung von $df$ beim Übergang von der Stelle $\vec{x}$ zur infinitesimal benachbarten Stelle $\vec{x} + d\vec{x}$ ist.

Bemerkung: An dieser Stelle ist es nützlich, sich an die geometrische Bedeutung des **Skalarprodukts** zu erinnern: Sind $\vec{a}$ und $\vec{b}$ zwei Vektoren, so ist

$$\vec{a} \cdot \vec{b} = |\vec{a}||\vec{b}| \cos\theta, \tag{9.7}$$

wobei $\theta$ der von $\vec{a}$ und $\vec{b}$ eingeschlossene Winkel ist.

Halten wir nun die Stelle $\vec{x}$, an der die Richtungsableitung gebildet wird, fest und variieren die Richtung von $\vec{n}$, so ist (9.4) bzw. (9.5) gleich

$$|\vec{\nabla} f| \cos\theta, \tag{9.8}$$

wobei $\theta$ der von $\vec{\nabla} f$ und $\vec{n}$ eingeschlossene Winkel ist. Diese Größe ist

- maximal, wenn $\theta = 0$ ist, d.h. wenn $\vec{n}$ in die gleiche Richtung wie $\vec{\nabla} f$ zeigt,
- $0$, wenn $\theta = \frac{\pi}{2}$ ist, d.h. wenn $\vec{n}$ auf $\vec{\nabla} f$ normal steht, und
- minimal, wenn $\theta = \pi$ ist, d.h. wenn $\vec{n}$ in die dem Vektor $\vec{\nabla} f$ entgegengesetzte Richtung zeigt.

Daraus folgen zwei wichtige Erkenntnisse:

- Der Gradient eines Skalarfeldes $f$ zeigt in **jene Richtung**, **in der die Änderungsrate** (**Richtungsableitung**) von $f$ **maximal** ist. (Oder kurz: Der Gradient zeigt in die Richtung des größten Zuwachses von $f$).

  Der Betrag $|\vec{\nabla} f|$ ist gleich dem **Wert** dieser **maximalen Änderungsrate**.
- Der Gradient steht **normal** auf die **Niveaulinien** (bzw. **Niveauflächen**) von $f$.
  Begründung: Auf einer Niveaulinie oder Niveaufläche ist der Wert von $f$ konstant. Die Richtungsableitung tangential zu einer solchen muss daher $0$ sein, d.h. es muss gelten $\vec{n} \cdot \vec{\nabla} f = 0$. Das ist aber genau dann der Fall, wenn $\vec{\nabla} f$ auf $\vec{n}$ – und damit auf die durch die betrachtete Stelle verlaufende Niveaulinie bzw. Niveaufläche – normal steht.

Für ein Skalarfeld in *zwei* Dimensionen können wir uns diesen Sachverhalt geometrisch verdeutlichen, indem wir den Graphen von $f$ als Landschaft und die $xy$-Ebene als Landkarte interpretieren. $\vec{\nabla} f$ können wir uns dann als Vektorfeld in der $xy$-Ebene vorstellen, das in die Richtung maximaler Steigung der Landschaft zeigt und normal auf die Höhenlinien steht.

Achtung: Es sei nochmals betont, dass der Gradient im Fall eines Skalarfeldes in *zwei* Dimensionen ein *zwei*dimensionaler Vektor ist, den man sich als in der $xy$-Ebene liegend vorstellen kann. Die *dritte* Koordinate ($z$), die benutzt wird, um die Funktionswerte (und damit den Graphen) von $f$ darzustellen, hat mit der Richtung des Gradienten *nichts* zu tun. Das verdeutlichen Sie sich am besten, indem Sie an eine ebene Platte denken, auf der an verschiedenen Stellen unterschiedliche Temperaturen herrschen. Ist $f(x,y)$ die Temperatur, die am Punkt $(x,y)$ herrscht, so zeigt $\vec{\nabla} f(x,y)$ *innerhalb* der Platte in Richtung der größten Änderung der Temperatur (und niemals von der Platte weg)! Daran ändert sich auch nichts, wenn die Temperatur nach oben (in $z$-Richtung) aufgetragen und damit der Graph als Fläche im Raum dargestellt wird. Auch die durch den Punkt $(x,y)$ verlaufende Niveaulinie (die Linie konstanter Temperatur), auf die der Gradient normal steht, liegt *innerhalb* der Platte, d.h. in der $xy$-Ebene: Sie kann erhalten werden, indem die Schnittlinie des Graphen mit der durch den Punkt $(x,y,f(x,y))$ verlaufenden horizontalen Ebene gebildet und danach senkrecht in die $xy$-Ebene projiziert wird. Beachten Sie: Auch die Höhenschichtenlinien in einer Landkarte verlaufen *innerhalb* der Karte. Diese Situation ist in Abbildung 9.1 dargestellt.

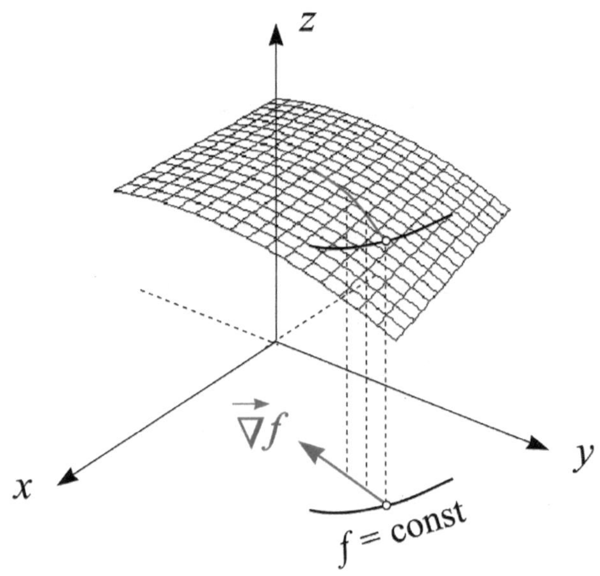


**Abbildung 9.1**:
Der Gradient einer Funktion $f$ in *zwei* Variablen $x$ und $y$ ist ein *zwei*dimensionaler Vektor. In einem Diagramm, in den der Graph der Funktion gezeigt ist, kann man sich ihn in der $xy$-Ebene liegend vorstellen. Er weist in jene Richtung innerhalb der $xy$-Ebene, in der die Änderungsrate der Funktion maximal ist und steht damit normal auf die Niveaulinien von $f$.

Eine Stelle $\vec{x}_0$, an der $\vec{\nabla} f(\vec{x}_0)=0$ gilt, heißt **kritischer Punkt**. An ihm ist die Richtungsableitung in *jede* Richtung $0$. Beispiele für kritische Punkte sind lokale Maxima und Minima der Funktion $f$. In zwei Dimensionen (in der Landkarten-Interpretation) sind kritische Punkte jene, an denen die Höhenlinien zu Punkten schrumpfen (Berggipfel und die tiefsten Punkte der Täler) oder einander kreuzen (was auf Sattelflächen passiert).

In Gebieten der Physik, in denen oft Gradienten angeschrieben werden müssen, ist eine kompaktere Notation als die oben angegebene nützlich.

**Zur Schreibweise**:
Werden die partiellen Ableitungen mit $\partial_x$, $\partial_y$ und $\partial_z$ und der Nabla-Operator (9.2) mit

$$\vec{\nabla} = \begin{pmatrix} \partial_x \\ \partial_y \end{pmatrix} \quad \text{bzw.} \quad \vec{\nabla} = \begin{pmatrix} \partial_x \\ \partial_y \\ \partial_z \end{pmatrix} \tag{9.9}$$

bezeichnet, so kann (9.1) in der Form

$$\vec{\nabla} f \equiv \operatorname{grad} f = \begin{pmatrix} \partial_x f \\ \partial_y f \end{pmatrix} \quad \text{bzw.} \quad \vec{\nabla} f \equiv \operatorname{grad} f = \begin{pmatrix} \partial_x f \\ \partial_y f \\ \partial_z f \end{pmatrix} \tag{9.10}$$

geschrieben werden. Werden die Koordinaten durchnummeriert, d.h. $(x, y, z)$ als $(x_1, x_2, x_3)$ geschrieben, so ist die $j$-te Komponente des Vektors $\vec{\nabla} f$ die partielle Ableitung $\frac{\partial f}{\partial x_j}$, was auch kurz als $\partial_j f$ oder $\nabla_j f$ (manchmal noch kürzer als $f_{,j}$ oder $f_j$) geschrieben wird. Wird also durch $\vec{v} = \vec{\nabla} f$ das Vektorfeld $\vec{v}$ definiert, so können wir für dessen $j$-te Komponente $v_j = \frac{\partial f}{\partial x_j} \equiv \partial_j f$ schreiben, wobei $(v_x, v_y, v_z)$ mit $(v_1, v_2, v_3)$ identifiziert wird.

**Die Einsteinsche Summenkonvention**: *
Die Richtungsableitung (9.4) bzw. (9.5) ist $\sum_j n_j \partial_j f$, wobei $j$, je nach Dimension, von 1 bis 2 oder von 1 bis 3 läuft. Manchmal wird in der physikalischen Literatur die so genannte *Einsteinsche Summenkonvention* verwendet. Sie legt fest, dass über doppelt vorkommende Indizes summiert wird, ohne das Summenzeichen anzuschreiben. Wird sie vereinbart, so kann die Richtungsableitung $\sum_j n_j \partial_j f$ noch kürzer in der Form

$$n_j \partial_j f$$

geschrieben werden, wobei es auf den Indexnamen nicht ankommt. (Ganz allgemein lautet das Skalarprodukt zweier Vektoren $\vec{a}$ und $\vec{b}$ in dieser Schreibweise $a_j b_j$).

Besonders wichtig für die Physik ist die *Beziehung zwischen Feldern*. Eine solche haben wir in diesem Kapitel bisher betrachtet, auch wenn Ihnen das nicht so aufgefallen ist: Aus einem skalaren Feld kann durch das Bilden der partiellen Ableitungen ein Vektorfeld (nämlich der

Gradient des Skalarfelds) definiert werden. Alle Vektorfelder, die auf diese Weise gebildet werden können, bekommen nun einen eigenen Namen:

Ein Vektorfeld, das der Gradient eines Skalarfeldes ist, nennen wir kurz **Gradientenfeld** oder (**konservatives Vektorfeld**). Das Skalarfeld (manchmal auch das Negative dieses Skalarfeldes) wird als **Potential** (oder **Potentialfunktion**) des Vektorfelds bezeichnet.

Physikalische Beispiele:

- Eine der Grundtatsachen der Elektrostatik und der Newtonschen Gravitationstheorie ist die folgende: Ist $\vec{G}$ das elektrostatische Feld oder das Newtonsche Gravitationsfeld[4], so gibt es ein Skalarfeld $\phi$, so dass

$$\vec{G} = -\vec{\nabla}\phi \tag{9.11}$$

gilt. $\phi$ heißt *elektrostatisches Potential* bzw. *Newtonsches Gravitationspotential.* Für ein von einer Punktladung oder Punktmasse erzeugtes Feld ist das Potential von der Form

$$\phi(\vec{x}) = \frac{C}{r}, \tag{9.12}$$

wobei $C$ eine (zur Ladung bzw. Masse proportionale) Konstante ist.

- Eine analoge Beziehung besteht zwischen dem auf eine Probeladung oder Probemasse[5] wirkenden *Kraftfeld* $\vec{F}$ und der (auf einen beliebigen Referenzpunkt bezogenen) *potentiellen Energie* $U$. Der Zusammenhang zwischen diesen beiden Größen ist durch

$$\vec{F} = -\vec{\nabla}U \tag{9.13}$$

gegeben.[6] Wie in Kapitel 12 klar werden wird, besitzen konservative Kraftfelder die Eigenschaft, dass die Arbeit, die bei der Bewegung einer Probeladung oder Probemasse von einem Punkt zu einem anderen aufgebracht werden muss bzw. gewonnen wird, nur von diesen beiden Punkten abhängt, nicht aber vom eingeschlagenen Weg.

[Aufgabe 1] [Aufgabe 2] [Aufgabe 3]

Der Gradient (bzw. der Nabla-Operator) dient als Baustein für einige weitere Operationen, die wir nun besprechen wollen.

---

[4] Wir erinnern an die bereits im vorigen Kapitel benutzte Sprechweise: Wann immer vom elektrostatischen (allgemein vom elektrischen) Feld, vom Magnetfeld und vom Newtonschen Gravitationsfeld die Rede ist, meinen wir die *Feldstärke*.

[5] Unter Probeladung oder Probemasse wird eine Ladung oder Masse verstanden, die klein genug ist, um nicht auf jene Ladung oder Masse zurückzuwirken, die das Feld erzeugt. Letzteres wird dann auch als vorgegebenes *äußeres Feld* bezeichnet.

[6] Zwischen dem Potential und der potentiellen Energie herrscht eine einfache Beziehung: Potentielle Energie = Probeladung (oder Probemasse) × Potential. Diese beiden Größen werden sprachlich nicht immer auseinander gehalten. Insbesondere in der theoretischen Physik kann die potentielle Energie gemeint sein, wenn vom Potential die Rede ist. Analog gilt Kraft = Probeladung (oder Probemasse) × Feldstärke. Daher wird auch zwischen Kraft und Feldstärke sprachlich nicht immer sauber unterschieden. Als formale Rechtfertigung dafür wird manchmal „die Probeladung bzw. Probemasse gleich $1$ gesetzt". Sofern man in der Lage ist, jederzeit die korrekten Größen mit den richtigen Einheiten wieder dazuzuschreiben, ist dagegen nichts einzuwenden.

## Divergenz

Sei $\vec{v}$ ein Vektorfeld in zwei oder drei Dimensionen. Die **Divergenz** (englisch: *divergence*) von $\vec{v}$ ist das durch

$$\operatorname{div}\vec{v} \equiv \vec{\nabla}\cdot\vec{v} = \frac{\partial v_x}{\partial x} + \frac{\partial v_y}{\partial y} \quad \text{bzw.} \quad \operatorname{div}\vec{v} \equiv \vec{\nabla}\cdot\vec{v} = \frac{\partial v_x}{\partial x} + \frac{\partial v_y}{\partial y} + \frac{\partial v_z}{\partial z} \tag{9.14}$$

definierte skalare Feld. Die Schreibweise $\vec{\nabla}\cdot\vec{v}$ kann als „Skalarprodukt" des Nabla-Operators (9.2) mit $\vec{v}$ gedeutet werden, wobei gleichzeitig mit dieser Deutung der Nabla-Operator auf die rechts vom ihm stehenden Vektorkomponenten angewandt wird.

Bemerkung: *
Unter Verwendung der Einsteinschen Summenkonvention wird die Divergenz des Vektorfeldes $\vec{v}$ einfach in der Form $\operatorname{div}\vec{v} = \partial_j v_j$ angeschrieben.

Was bedeutet die Divergenz mathematisch und physikalisch? Diese Frage ist nicht ganz so leicht zu beantworten wie die Frage nach der Bedeutung des Gradienten, denn im Fall der Divergenz muss man dazu ein bisschen integrieren. Die dafür nötigen Beziehungen, die Integralsätze der Vektoranalysis, werden wir erst in Kapitel 14 zur Verfügung haben. Bis dahin möchte ich Sie einfach bitten, mir die folgende Aussage zu *glauben*:

Die *Bedeutung* der Divergenz ist die einer **Quellstärke**. Intuitiv gesprochen gibt die Divergenz eines Vektorfeldes an, wo und wie viele seiner Feldlinien „entspringen" (oder „verschluckt werden").

Physikalische Beispiele:

- Das von einer beliebigen Ladungsverteilung (Ladungsdichte) $\rho$ erzeugte elektrostatische Feld $\vec{E}$ erfüllt (unter Weglassung eines Vorfaktors, der durch die Verwendung so genannter „natürlicher Einheiten" als $1$ gewählt werden kann) die Gleichung[7]

$$\operatorname{div}\vec{E} = \rho\,. \tag{9.15}$$

  Sie besagt, dass die Ladungsdichte die Quellstärke des elektrischen Feldes ist. In dem in Abbildung 9.2 gezeigten heuristischen Bild stellt sie die *Quelle* für die Feldlinien dar. (Genauer formuliert, sind positive Ladungen *Quellen* und negative Ladungen *Senken* für die elektrischen Feldlinien).

- Die von einer Massenverteilung (Massendichte) $\rho$ erzeugte Newtonsche Gravitationsfeldstärke $\vec{G}$ erfüllt (in natürlichen Einheiten) die Gleichung

$$\operatorname{div}\vec{G} = -\rho\,. \tag{9.16}$$

  Sie besagt, dass die Massendichte (minus) die Quellstärke des Newtonschen Gravitationsfeldes ist. (Unter Berücksichtigung des Minuszeichen kann man

[7] Sie ist eine der vier Maxwell-Gleichungen für den statischen, d.h. zeitunabhängigen Fall.

auch sagen, dass sie eine *Senke* für die Feldlinien des Gravitationsfeldes darstellt).

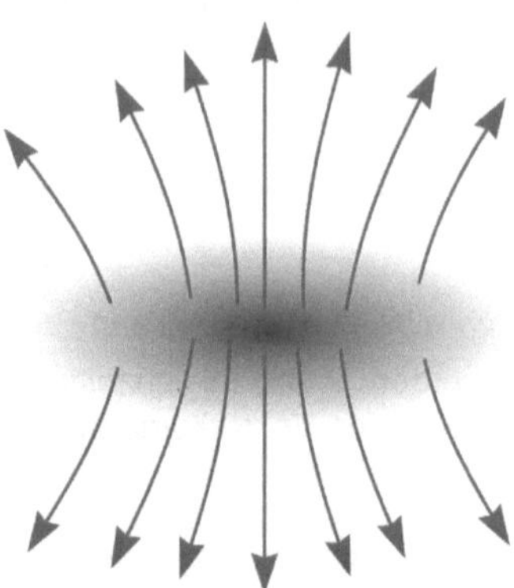

**Abbildung 9.2**:
Die Divergenz eines Vektorfeldes ist seine Quellstärke. Intuitiv können wir uns vorstellen, dass sie angibt, wo und wie dicht seine Feldlinien „entspringen" oder „verschluckt werden". Eine positive statische Ladungsdichte (hier als „Wolke" dargestellt) ist eine *Quelle* für das elektrostatisches Feld. (Eine negative Ladungsdichte hingegen wäre eine *Senke* für das Feld).

Betrachten wir zur Verdeutlichung zwei konkrete

Beispiele:

- Vektorfeld: $\vec{v}(\vec{x}) = \begin{pmatrix} 0 \\ 0 \\ a\,z \end{pmatrix}$, wobei $a$ eine Konstante ist.

  Es zeigt überall in $z$-Richtung. Mit wachsendem Abstand von der $xy$-Ebene nimmt sein Betrag proportional zu $z$ zu. Mit der Definition (9.14) ergibt sich seine Divergenz (also seine Quellstärke) zu $\operatorname{div}\vec{v} = \frac{\partial}{\partial z}(a\,z) = a$. Sie ist im ganzen Raum konstant.

- Vektorfeld: $\vec{w}(\vec{x}) = \frac{\vec{x}}{(1+r^2)^{3/2}}$.

  Für große $r$ verhält es sich wie das Coulombfeld $r^{-3}\vec{x}$, vgl. (8.7). Mit (9.14) und einer kleinen nachfolgenden Umformung zur Vereinfachung ergibt sich $\operatorname{div}\vec{w} = \frac{3}{(1+r^2)^{5/2}}$. Die Quellstärke von $\vec{w}$ ist überall positiv und vor allem in der Nähe des Ursprungs (genauer: in der Nähe des Einheitskreises) konzentriert. Für große $r$ nimmt sie wie $r^{-5}$ ab.

Die in gewisser Hinsicht einfachsten Quellen von Vektorfeldern sind **Punktquellen**. Vom physikalischen Standpunkt handelt es sich dabei tatsächlich um einen simplen Mechanismus: Eine (im Ursprung ruhende) Punktladung erzeugt ein Coulombfeld vom Typ (8.7), und für das Gravitationsfeld ist der Mechanismus ganz analog. Andererseits ist es aber gar nicht so leicht, Punktquellen mit Hilfe der Gleichungen (9.15) bzw. (9.16) zu identifizieren.

Hinweis zur **Beschreibung punktförmiger Quellen**:
Wenn Sie die Divergenz des von einer Punktladung bzw. Punktmasse erzeugten elektrostatischen bzw. Gravitationsfeldes (beide sind Vielfache von $r^{-3}\vec{x}$, vgl. (8.7)) durch partielles Differenzieren berechnen, so kürzen sich alle partiellen Ableitungen weg, und Sie erhalten zunächst als Ergebnis

$$\operatorname{div}\left(\frac{\vec{x}}{r^3}\right) = 0\,. \tag{9.17}$$

Mit (9.15) und (9.16) bedeutet das $\rho = 0$, wobei $\rho$ für die Ladungs- bzw. Massendichte steht. Ist also die Quellstärke des Feldes $r^{-3}\vec{x}$ gleich $0$? **Nein**, denn es darf nicht übersehen werden, dass (9.17) überall im $\mathbb{R}^3$ *außer* im Ursprung gilt! Dort ist das Vektorfeld $r^{-3}\vec{x}$ nicht definiert, und daher auch nicht seine Divergenz! Und genau dort sitzt die (punktförmige) Quelle! Sie „versteckt" sich in der Rechnung also gewissermaßen.

Ergänzung: Die **„Deltafunktion"** *
Mit Hilfe der mathematischen Theorie der *Distributionen* (*verallgemeinerten Funktionen*), die in diesem Buch – von kleinen Nebenbemerkungen wie dieser abgesehen – nicht behandelt wird, können auch punktförmige Quellen beschrieben werden. Mit den Mitteln dieser Theorie ergibt sich die Formel

$$\operatorname{div}\left(\frac{\vec{x}}{r^3}\right) = 4\pi\,\delta^3(\vec{x})\,, \tag{9.18}$$

wobei $\delta^3(\vec{x})$ (die so genannte *Deltafunktion* in drei Dimensionen) für eine im Ursprung sitzende Punktquelle steht. Sie ist – trotz ihrer Bezeichnung – keine „Funktion", aber in mancher Hinsicht kann mit ihr so gerechnet werden, als wäre sie eine! Die *ein*dimensionale Deltafunktion $\delta(x)$ wird manchmal kurz und bündig durch ihre (mathematisch natürlich völlig inakzeptablen) Eigenschaften

$$\delta(x) = \begin{cases} 0, & \text{wenn} \quad x \neq 0 \\ \infty, & \text{wenn} \quad x = 0 \end{cases} \qquad \text{und} \qquad \int_{-\infty}^{\infty} dx\,\delta(x) = 1$$

definiert. Die zweite Eigenschaft legt gewissermaßen die „Stärke" der Unendlichkeit im Nullpunkt fest. Wenn man ein bisschen Gefühl dafür entwickelt, was man mit einem derartigen Objekt tun darf und was nicht, ist es ein sehr wertvolles Hilfsmittel. Die wichtigste mit der Deltafunktion verbundene Formel ist

$$\int_{-\infty}^{\infty} dx\,\delta(x) f(x) = f(0)$$

für jede an der Stelle $0$ stetige Funktion $f$. Die *drei*dimensionale Deltafunktion wird aus der *ein*dimensionalen durch $\delta^3(\vec{x}) = \delta(x)\delta(y)\delta(z)$ definiert.

Eine wichtige Klasse von Vektorfelder sind jene, deren Quellstärke $0$ ist. Ihnen geben wir einen eigenen Namen:

Ein Vektorfeld $\vec{v}$, für das $\operatorname{div} \vec{v} = 0$ ist, heißt **divergenzfrei** oder **quellenfrei**.

Ein physikalisches Beispiel ist das *Magnetfeld* $\vec{B}$. Es erfüllt stets[8]

$$\operatorname{div} \vec{B} = 0 \,. \tag{9.19}$$

Diese Gleichung besagt, dass das Magnetfeld keine Quellen (und keine Senken) besitzt. Mit anderen Worten: Es gibt keine magnetische Ladung. Da sie nirgends „entstehen" können, sind die Feldlinien des Magnetfeldes geschlossen.

Ein konkretes Beispiel ist das durch (8.9) definierte ringförmige Vektorfeld, das das Magnetfeld um einen entlang der $z$-Achse verlaufenden stromdurchflossenen Leiter darstellt. Der Check, dass es innerhalb seines Definitionsbereichs (d.h. überall außer auf der $z$-Achse) divergenzfrei ist, ist ganz einfach. Dass sich auch auf der $z$-Achse *keine Quellen befinden*, würde ich Sie bitten, mir einfach zu *glauben*!

Die Berechnung der Divergenz (d.h. der Quellstärke) eines gegebenen Vektorfeldes (bzw. als Spezialfall der Beweis, dass ein gegebenes Vektorfeld divergenzfrei ist), ist also eine relativ einfache Sache: Dazu müssen lediglich ein paar partielle Ableitungen gemäß (9.14) gebildet werden. Das einzige grundsätzliche Problem, das hier auftritt, besteht darin, dass sich punktförmige Quellen in jenen Punkten verstecken können, an denen das Vektorfeld nicht definiert ist.

[Aufgabe 4]

## Laplace-Operator

Der Laplace-Operator (in zwei bzw. drei Dimensionen; englisch: *Laplacian*) ist durch

$$\Delta \equiv \vec{\nabla}^2 = \frac{\partial^2}{\partial x^2} + \frac{\partial^2}{\partial y^2} \quad \text{bzw.} \quad \Delta \equiv \vec{\nabla}^2 = \frac{\partial^2}{\partial x^2} + \frac{\partial^2}{\partial y^2} + \frac{\partial^2}{\partial z^2} \tag{9.20}$$

definiert. Die Schreibweise $\vec{\nabla}^2$ (oder $\vec{\nabla} \cdot \vec{\nabla}$) kann als „Skalarprodukt" des Nabla-Operators (9.2) mit sich selbst gedeutet werden. Wird dieser Operator auf ein Skalarfeld $f$ angewandt, so ergibt sich wieder ein Skalarfeld $\Delta f$ (ausgesprochen „Laplace $f$").

Bemerkung: *
Unter Verwendung der Einsteinschen Summenkonvention wird der Laplace-Operator einfach als $\Delta = \partial_j \partial_j$ (oder noch kürzer als $\partial_{jj}$) geschrieben.

Durch die Divergenz und den Gradienten ausgedrückt, ist

$$\Delta f = \operatorname{div} \operatorname{grad} f \equiv \operatorname{div} \vec{\nabla} f \,. \tag{9.21}$$

(Beweis: Aufgabe 6). Daraus ergibt sich die *Bedeutung* des Laplace-Operators: $\Delta f$ ist die Quellstärke des Vektorfeldes $\vec{\nabla} f$. Anders ausgedrückt: Ist $\vec{v}$ ein Gradientenfeld (d.h. $\vec{v} = \vec{\nabla} f$ für ein skalares Feld $f$), so ist die Quellstärke von $\vec{v}$ durch $\Delta f$ gegeben.

[8] Dies ist eine der vier Maxwell-Gleichungen.

Physikalische Beispiele:

- Wie bereits in (9.15) erwähnt, gilt für das von einer statischen Ladungsverteilung $\rho$ erzeugte elektrostatische Feld $\vec{E}$ die Beziehung $\operatorname{div}\vec{E}=\rho$. Weiters ist nach (9.11) das elektrostatische Feld ein Gradientenfeld, d.h. es kann in der Form $\vec{E}=-\vec{\nabla}\phi$ geschrieben werden, wobei $\phi$ das elektrostatische Potential ist. Daraus ergibt sich

$$\Delta\phi=-\rho. \tag{9.22}$$

  Eine Gleichung dieses Typs wird **Poissongleichung** genannt. Sie wird verwendet, um das von einer gegebenen Ladungsverteilung $\rho$ erzeugte elektrostatische Feld $\vec{E}$ zu berechnen. Ist $\phi$ einmal gefunden, so wird das Feld dank der Beziehung $\vec{E}=-\vec{\nabla}\phi$ durch eine einfache Gradientenbildung gewonnen.

- Ein ganz analoger Sachverhalt gilt für das von einer Massenverteilung $\rho$ erzeugte Gravitationsfeld $\vec{G}$: Nach (9.11) kann es in der Form $\vec{G}=-\vec{\nabla}\phi$ geschrieben werden, wobei $\phi$ nun das Newtonsche Gravitationspotential ist. Mit (9.16) erfüllt dieses die Poissongleichung

$$\Delta\phi=\rho. \tag{9.23}$$

  Sie wird benutzt, um das von einer gegebenen Massenverteilung $\rho$ erzeugte Gravitationsfeld $\vec{G}$ zu berechnen.

- Sowohl das elektrostatische Potential als auch das Gravitationspotential erfüllen im Vakuum (d.h. im ladungsfreien bzw. massenfreien Raum) die so genannte **Potentialgleichung**

$$\Delta\phi=0. \tag{9.24}$$

  die sich aus (9.22) bzw. (9.23) ergibt, indem $\rho=0$ gesetzt wird.

Theoretische Randbemerkung: *
Die Gleichungen (9.22) – (9.24) zeigen den großen *Vorteil der Verwendung von Potentialen*: Wird ein Gradientenfeld gesucht, das eine vorgegebene Quellstärke besitzt (wie in der Elektrostatik und in der Newtonschen Gravitationstheorie), so muss lediglich das Potential $\phi$ (also *eine einzige* Funktion) gefunden werden, die die entsprechende Gleichung löst! Das zugehörige Vektorfeld (das ja durch *drei* Funktionen beschrieben wird) kann danach einfach durch das Bilden des Gradienten von $\phi$ gewonnen werden.

Über diese Beispiele hinaus findet der Laplace-Operator in zahlreichen physikalischen Theorien der Physik Verwendung. Wir erwähnen hier nur die Beschreibung von Wellenphänomenen jeder Art (vgl. (5.35)), die Wärmeleitung und die Quantenphysik, in der der Laplace-Operator Bestandteil der berühmten Schrödingergleichung (5.36) ist.

[Aufgabe 5] [Aufgabe 6]

## Rotation

Sei $\vec{v}$ ein Vektorfeld in drei Dimensionen. Die **Rotation** (englisch: *rotation* oder *curl*) von $\vec{v}$ ist das durch

$$\text{rot}\,\vec{v} \equiv \vec{\nabla}\times\vec{v} = \begin{pmatrix} \frac{\partial v_z}{\partial y} - \frac{\partial v_y}{\partial z} \\ \frac{\partial v_x}{\partial z} - \frac{\partial v_z}{\partial x} \\ \frac{\partial v_y}{\partial x} - \frac{\partial v_x}{\partial y} \end{pmatrix} \tag{9.25}$$

definierte Vektorfeld. Die Schreibweise $\vec{\nabla}\times\vec{v}$ kann als „Vektorprodukt" des Nabla-Operators (9.2) mit $\vec{v}$ gedeutet werden, wobei gleichzeitig mit dieser Deutung der Nabla-Operator auf die rechts vom ihm stehenden Vektorkomponenten angewandt wird. Eine Kurzschreibweise von (9.25) ist

$$\text{rot}\,\vec{v} = \begin{pmatrix} \partial_y v_z - \partial_z v_y \\ \partial_z v_x - \partial_x v_z \\ \partial_x v_y - \partial_y v_x \end{pmatrix} \equiv \begin{pmatrix} \partial_2 v_3 - \partial_3 v_2 \\ \partial_3 v_1 - \partial_1 v_3 \\ \partial_1 v_2 - \partial_2 v_1 \end{pmatrix}, \tag{9.26}$$

wobei in der zweiten Version die Koordinaten und die Vektorkomponenten von 1 bis 3 durchnummeriert wurden. In der englischsprachigen Literatur wird statt rot manchmal curl geschrieben.

Bemerkung: Das **Vektorprodukt** der Vektoren $\vec{a}$ und $\vec{b}$ ist, je nach der Bezeichnung der Komponenten, durch

$$\vec{a}\times\vec{b} = \begin{pmatrix} a_y b_z - a_z b_y \\ a_z b_x - a_x b_z \\ a_x b_y - a_y b_x \end{pmatrix} \equiv \begin{pmatrix} a_2 b_3 - a_3 b_2 \\ a_3 b_1 - a_1 b_3 \\ a_1 b_2 - a_2 b_1 \end{pmatrix} \tag{9.27}$$

definiert.

**Schreibweise mit dem Epsilon-Tensor**: *
Unter Verwendung der Einsteinschen Summenkonvention kann das Vektorprodukt mit Hilfe des so genannten Epsilon-Tensors $\varepsilon_{jkm}$ angeschrieben und (sehr bequem) berechnet werden. Die Komponenten des Epsilon-Tensors sind definiert durch

- $\varepsilon_{123} = \varepsilon_{231} = \varepsilon_{312} = 1$ (gerade Permutationen von $123$),
- $\varepsilon_{321} = \varepsilon_{213} = \varepsilon_{132} = -1$ (ungerade Permutationen von $123$) und
- $\varepsilon_{jkm} = 0$ in allen anderen Fällen.

Ist $\vec{c} = \vec{a}\times\vec{b}$, so sind die Komponenten von $\vec{c}$ durch

$$c_j \equiv (\vec{a} \times \vec{b})_j = \varepsilon_{jkm} a_k b_m \tag{9.28}$$

gegeben. (Beweis: Für $j = 1$ ergibt sich $c_1 = \varepsilon_{1km} a_k b_m = \varepsilon_{123} a_2 b_3 + \varepsilon_{132} a_3 b_2 = a_2 b_3 - a_3 b_2$, in Übereinstimmung mit (9.27). Berechnen Sie in analoger Weise $c_2$ und $c_3$!)

Die Komponenten der Rotation des Vektorfeldes $\vec{v}$ nehmen in dieser Schreibweise die Form

$$(\mathrm{rot}\, \vec{v})_j = \varepsilon_{jkm} \partial_k v_m \,. \tag{9.29}$$

an.

Und wieder muss ich Sie bitten, mir eine Aussage zu *glauben*, bis wir sie in Kapitel 14, wenn die dafür nötigen Grundlagen und Werkzeuge erarbeitet sind, begründen können: Die *Bedeutung* der Rotation ist die einer **Wirbelstärke**.

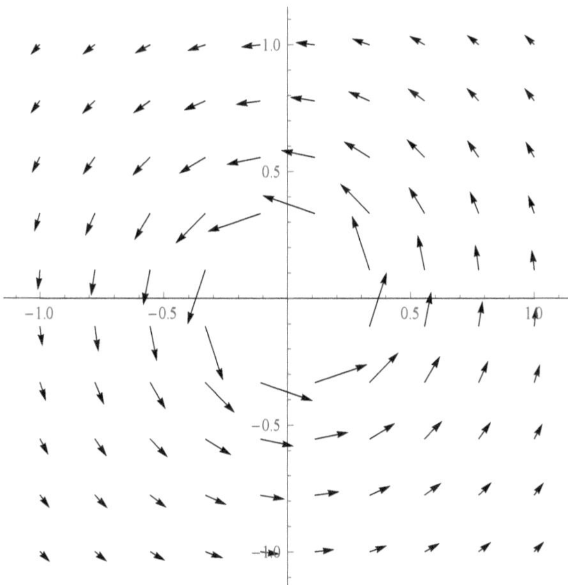


**Abbildung 9.3**:

Der Plot des Vektorfeldes (8.9) für $C = 1$ in der Aufsicht (in der die $z$-Achse als Punkt erscheint) zeigt den „wirbelförmigen" Charakter des von einem stromdurchflossenen Leiter erzeugten Magnetfelds. Seine Wirbelstärke muss man sich allerdings als innerhalb des Leiters (d.h. auf der $z$-Achse) konzentriert vorstellen, ähnlich wie die Quellstärke des Coulombfeldes (8.7) im Ursprung konzentriert ist. Nahe der $z$-Achse sind der Übersichtlichkeit halber keine Vektorpfeile eingezeichnet, da diese recht lang wären. (Beachten Sie, dass der Betrag des Feldes *umgekehrt proportional* zum Abstand $\sqrt{x^2 + y^2}$ von der $z$-Achse ist).

Physikalisches Beispiel:

Das von einer statischen elektrischen Stromdichte $\vec{j}$ erzeugte Magnetfeld $\vec{B}$ erfüllt (in natürlichen Einheiten) die Gleichung[9]

$$\text{rot}\,\vec{B} = \vec{j}\,. \tag{9.30}$$

Sie besagt, ein bisschen heuristisch ausgedrückt, dass der elektrische Strom Magnetfeldwirbel um sich erzeugt. Das von einem (geradlinigen) Leiter um sich herum aufgebaute Magnetfeld ist das ringförmige Vektorfeld (8.9), dessen Plot (Abbildung 9.3) seinen „Wirbelcharakter" klar zeigt.

Ein Vektorfeld $\vec{v}$, für das $\text{rot}\,\vec{v} = 0$ ist, heißt **wirbelfrei** (oder **rotationsfrei**).

Ein Beispiel ist das elektrostatische Feld $\vec{E}$. Es erfüllt[10]

$$\text{rot}\,\vec{E} = 0\,, \tag{9.31}$$

was besagt, dass es wirbelfrei ist. Ein weiteres Beispiel ist die Newtonsche Gravitationsfeldstärke $\vec{G}$.

[Aufgabe 7]

## Beziehungen zwischen Gradient, Divergenz und Rotation

Zwischen den Operationen Gradient, Divergenz und Rotation (alle in drei Dimensionen) bestehen ***zwei*** wichtige Zusammenhänge.

Der ***erste***: Für jedes skalare Feld $f$ gilt

$$\text{rot grad}\,f \equiv \text{rot}\,\vec{\nabla} f = 0\,. \tag{9.32}$$

In Worten: **Die Rotation eines Gradientenfeldes ist $\mathbf{0}$**. (Beweis: Aufgabe 8).

Wir erwähnen nun einen für die Physik außerordentlich bedeutsamen Sachverhalt, der uns in Kapitel 14 noch beschäftigen wird. Die Aussage (9.32) besitzt eine *lokale Umkehrung*, die wir an dieser Stelle nur formulieren, aber nicht beweisen: Ist $\vec{v}$ ein Vektorfeld, das $\text{rot}\,\vec{v} = 0$ erfüllt, so gibt es (zumindest lokal) ein skalares Feld $f$ (das „Potential") mit der Eigenschaft

$$\vec{v} = \vec{\nabla} f\,. \tag{9.33}$$

Der Beweis wird in Kapitel 14 nachgeliefert. Der Zusatz „lokal" bedeutet, dass $f$ unter Umständen[11] nur in einem kleineren Bereich des Raumes definiert ist als $\vec{v}$.

---

[9] Sie ist eine der vier Maxwell-Gleichungen für den statischen Fall.

[10] Dies ist eine der vier Maxwell-Gleichungen für den statischen Fall.

[11] Ist $\vec{v}$ im gesamten $\mathbb{R}^3$ definiert und gilt dort überall $\text{rot}\,\vec{v} = 0$, so existiert $f$ ebenfalls überall. Die Einschränkung „lokal" ist insbesondere dann zu beachten, wenn $\vec{v}$ entlang bestimmter Linien nicht definiert ist.

Beispiel:

- Das Vektorfeld $\vec{v}=\begin{pmatrix} 2xyz \\ x^2 z \\ x^2 y \end{pmatrix}$ erfüllt $\operatorname{rot}\vec{v}=0$. Es ist nicht schwer, eine Funktion $f$ zu finden, deren Gradient $\vec{v}$ ist, nämlich $f=x^2yz$. In diesem Beispiel sind sowohl $\vec{v}$ als auch $f$ im ganzen Raum definiert.

Bemerkung: *

Falls $\vec{v}$ nicht auf dem gesamten $\mathbb{R}^3$ definiert ist, kann es passieren, dass $\vec{v}$ nur *lokal* als Gradientenfeld aufzufassen ist. Ein Beispiel:

- Das (ringförmige) Vektorfeld $\vec{v}=\frac{1}{x^2+y^2}\begin{pmatrix} -y \\ x \\ 0 \end{pmatrix}$ – es ist identisch mit (8.9) für $C=1$ – ist überall außer auf der $z$-Achse definiert, und überall (außer auf der $z$-Achse) erfüllt es $\operatorname{rot}\vec{v}=0$. Nun kann leicht nachgerechnet werden, dass $\vec{v}=\vec{\nabla}\varphi$ gilt, wobei $\varphi$ die Winkelkoordinate der aus $(x,y)$ konstruierten ebenen Polarkoordinaten $(r,\varphi)$ ist (siehe (2.8) und (2.9)). Aber: Egal, wie der Bereich dieser Winkelkoordinate gewählt wird (ob $0\le\varphi<2\pi$ oder $-\pi\le\varphi<\pi$), sie stellt *keine* im gesamten Definitionsbereich des Vektorfeldes definierte und dort differenzierbare Funktion dar. Daher ist $\vec{v}$ nur in einem *lokalen* Sinn ein Gradientenfeld.

Ein wichtiges physikalisches Beispiel ist das elektrostatische Feld $\vec{E}$. Eine der vier Maxwell-Gleichungen für den statischen Fall lautet $\operatorname{rot}\vec{E}=0$. Sie muss überall im Raum erfüllt sein.[12] Daher gibt es ein skalares Feld $\phi$ mit der Eigenschaft $\vec{E}=-\vec{\nabla}\phi$. $\phi$ ist das elektrostatische Potential, das uns in (9.11) bereits begegnet ist.

Theoretische Randbemerkung: *

Wird das elektrostatische Feld in der Form $\vec{E}=-\vec{\nabla}\phi$ angesetzt, so ist die Maxwell-Gleichung $\operatorname{rot}\vec{E}=0$ automatisch erfüllt. Die Verwendung des elektrostatischen Potentials reduziert in praktischen Anwendungen die Zahl der zu lösenden Gleichungen (vgl. (9.22)).

Der ***zweite*** Zusammenhang, den wir erwähnen, ist der folgende: Für jedes Vektorfeld $\vec{u}$ gilt

$$\operatorname{div}\operatorname{rot}\vec{u}=0\,. \tag{9.34}$$

In Worten: **Die Divergenz einer Rotation ist $\mathbf{0}$**. (Beweis: Aufgabe 12).

Auch diese Aussage besitzt eine *lokale Umkehrung*.[13] Wir formulieren sie ohne Beweis:

---

[12] Ergänzung: * Ist $\vec{E}$ nicht überall im Raum wohldefiniert, so muss diese Gleichung dennoch im Sinne von verallgemeinerten Funktionen *überall* gelten.

[13] Auch hier gilt: Ist $\vec{v}$ im gesamten $\mathbb{R}^3$ definiert und gilt überall dort $\operatorname{div}\vec{v}=0$, so existiert $\vec{u}$ ebenfalls überall. Die Einschränkung „lokal" ist nur dann zu beachten, wenn $\vec{v}$ an gewissen Stellen nicht definiert ist.

Ist $\vec{v}$ ein Vektorfeld, das $\operatorname{div}\vec{v}=0$ erfüllt, so gibt es (zumindest lokal) ein Vektorfeld $\vec{u}$ mit der Eigenschaft

$$\vec{v}=\operatorname{rot}\vec{u}\,. \tag{9.35}$$

Ein physikalisches Beispiel ist das Magnetfeld $\vec{B}$. Eine der vier Maxwell-Gleichungen lautet $\operatorname{div}\vec{B}=0$. Sie muss überall im Raum erfüllt sein.[14] Daher gibt es ein Vektorfeld $\vec{A}$ mit der Eigenschaft $\vec{B}=\operatorname{rot}\vec{A}$. $\vec{A}$ wird das **Vektorpotential** genannt – eine Bezeichnung, die oft ganz allgemein für das in (9.35) erscheinende Vektorfeld $\vec{u}$ verwendet wird.

> Theoretische Randbemerkung: *
> Wird das Magnetfeld in der Form $\vec{B}=\operatorname{rot}\vec{A}$ angesetzt, so ist die Maxwell-Gleichung $\operatorname{div}\vec{B}=0$ automatisch erfüllt. Die Verwendung des Vektorpotentials reduziert (ebenso wie die Verwendung des oben betrachteten elektrostatischen Potentials) in praktischen Anwendungen die Zahl der zu lösenden Gleichungen.

Einige tiefer liefende Aspekte dieser Zusammenhänge werden in den folgenden Kapiteln, insbesondere bei der Besprechung der Integralsätze der Vektoranalysis in Kapitel 14 zutage treten.

[Aufgabe 8] [Aufgabe 9] [Aufgabe 10] [Aufgabe 11] [Aufgabe 12] [Aufgabe 13] [Aufgabe 14]

## Vektoranalysis am Computer

Das Computeralgebra-System ***Mathematica*** kennt die in diesem Kapitel besprochenen Operationen (in *drei* Dimensionen). Fast alle der unten gestellten Aufgaben können auf diese Weise am Computer gelöst werden.

Vektoren werden in *Mathematica* als Listen dargestellt und mit geschwungenen Klammern `{...}` geschrieben, die Komponenten durch Beistriche getrennt. Ein Vektor*feld* wird am einfachsten als Vektor, dessen Komponenten von drei Koordinaten abhängen, eingegeben. So wird zum Beispiel mit

```
v = {-y^2,2x+z,-z^2}
```

das Vektorfeld mit den angegebenen Komponentenfunktionen definiert und kann von nun an mit dem Namen `v` angesprochen werden. Mit dieser Darstellung können Linearkombinationen, Skalarprodukte, Beträge und Vektorprodukte von Vektoren (und daher auch von Vektor*feldern*) sehr leicht berechnen werden: Ist `w` ein zweites (analog definiertes) Vektorfeld, so ist `v + w` die Summe, `v.w` das Skalarprodukt und `Cross[v,w]` das Kreuzprodukt der beiden Vektorfelder. Der Betrag von `v` ist `Sqrt[v.v]`.

> Hinweis: Auf der Seite
> http://physics.univie.ac.at/studium/mathematischeMethoden/einstieg/vekt.php
> werden diese Operationen anhand konkreter Aufgaben beschrieben.

Nun zur Vektoranalysis: Nachdem mit der Eingabe

[14] Ergänzung: * Ist $\vec{B}$ nicht überall im Raum wohldefiniert, so muss diese Gleichung dennoch im Sinne von verallgemeinerten Funktionen *überall* gelten.

```
<<VectorAnalysis`
```

das für die (*drei*dimensionale) Vektoranalysis zuständige *Mathematica-Package* geladen worden ist, stehen die Befehle

- `Grad` (Gradient),
- `Div` (Divergenz),
- `Laplacian` (Laplace-Operator) und
- `Curl` (Rotation)

zur Verfügung. Mit dem oben definierten Vektorfeld und dem Skalarfeld

```
f = 1/(x^2+y^2+z^2)
```

sehen typische Anwendungsbeispiele so aus:

```
Grad[f,Cartesian[x,y,z]]
Div[v,Cartesian[x,y,z]]
Laplacian[f,Cartesian[x,y,z]]
Curl[v,Cartesian[x,y,z]]
```

In allen Fällen bedeutet das zweite Argument `Cartesian[x,y,z]`, dass die Koordinaten `x`, `y` und `z` heißen, und dass sie *kartesische* (rechtwinkelige) Koordinaten sind. Werden die Koordinaten anders genannt, so ist die Eingabe entsprechend abzuändern, wie beispielsweise in

```
Grad[1/(x1^2+x2^2+x3^2),Cartesian[x1,x2,x3]]
```

Die Angabe `Cartesian` ist nötig, weil *Mathematica* diese Operationen auch in anderen Koordinaten durchführen kann. (Für die im nächsten Kapitel zu besprechenden Kugelkoordinaten ist statt dessen `Spherical`, für Zylinderkoordinaten ist `Cylindrical` zu schreiben). `Cartesian` kann weggelassen werden, wenn die Koordinaten mit `Xx`, `Yy` und `Zz` bezeichnet werden.

Für Berechnungen in *zwei* Dimensionen (oder wenn Sie das obige *Package* nicht verwenden möchten), können Sie die entsprechenden Operationen auch explizit (komponentenweise) berechnen. Dazu ist es nützlich, sich zu erinnern, dass mit `v[[1]]` die erste, mit `v[[2]]` die zweite und (in drei Dimensionen) mit `v[[3]]` die dritte Komponente des Vektors (der Liste) `v` angesprochen wird. So wird beispielsweise mit

```
D[v[[1]],x]+D[v[[2]],y]+D[v[[3]],z]
```

die Divergenz des oben definierten (von den Koordinaten `x`, `y` und `z` abhängigen) Vektorfeldes `v` berechnet.

## Aufgaben

1. Berechnen Sie die Gradienten der folgenden Skalarfelder (und drücken Sie sie so einfach wie möglich aus):
   (i) $f(x,y) = x^2 y$
   (ii) $g(x,y,z) = x^2 + (y - x^3)z^2$
   (iii) $h(\vec{x}) = r^2$ (in zwei Dimensionen)
   (iv) $q(\vec{x}) = r^2$ (in drei Dimensionen)
   (v) $\rho(\vec{x}) = r$ (in zwei Dimensionen)
   (vi) $\chi(\vec{x}) = r$ (in drei Dimensionen)

2. Die potentielle Energie einer Probemasse $m$ im Newtonschen Gravitationsfeld eines (als Punkt modellierten) Zentralkörpers der Masse $M$ ist durch $U(\vec{x}) = -\dfrac{GMm}{r}$ gegeben. Berechnen Sie das Kraftfeld $\vec{F} = -\vec{\nabla} U$. Charakterisieren Sie $U$ und $\vec{F}$ in Bezug auf ihr Verhalten in Abhängigkeit vom Abstand zum Zentralkörper: Mit welcher Potenz von $r$ nehmen sie ab?

3. Stellen Sie eine allgemeine Formel für den Gradienten eines radialsymmetrischen Skalarfeldes (in zwei und drei Dimensionen) auf. Überprüfen Sie sie anhand der Punkte (iii) – (vi) von Aufgabe 1 und anhand von Aufgabe 2.

4. Berechnen Sie die Divergenz der folgenden Vektorfelder:
   (i) $\vec{u}(\vec{x}) = \begin{pmatrix} 2yz \\ xy + z^2 \\ -z^2 \end{pmatrix}$
   (ii) $\vec{v}(\vec{x}) = \vec{x}$ (in zwei Dimensionen)
   (iii) $\vec{w}(\vec{x}) = \vec{x}$ (in drei Dimensionen)

5. Wenden Sie den Laplace-Operator auf die folgenden Skalarfelder an:
   (i) $f(x,y) = x^2 y$
   (ii) $g(x,y,z) = x^2 + (y - x^3)z^2$
   (iii) $h(\vec{x}) = r^2$ (in zwei Dimensionen)
   (iv) $q(\vec{x}) = r^2$ (in drei Dimensionen)

6. Beweisen Sie (9.21).

7. Berechnen Sie die Rotation der folgenden Vektorfelder:
   (i) $\vec{u}(\vec{x}) = \begin{pmatrix} -y \\ x \\ 0 \end{pmatrix}$

(ii) $\vec{v}(\vec{x}) = (x^2 + y^2)\begin{pmatrix} -y \\ x \\ 0 \end{pmatrix}$

(iii) $\vec{w}(\vec{x}) = \vec{x}$

8. Beweisen Sie (9.32).

9. Zeigen Sie, dass die Rotation des Vektorfeldes $\vec{v} = \begin{pmatrix} x \\ y \\ 2z \end{pmatrix}$ verschwindet. Nach (9.33) gibt es dann eine Funktion $f$, deren Gradient $\vec{v}$ ist. Können Sie sie angeben?

10. Ergänzungsaufgabe: *

    Zeigen Sie, dass das (radialsymmetrische) Vektorfeld $\vec{v} = \frac{\vec{x}}{r^3}$ (außer im Ursprung, wo es nicht definiert ist) $\operatorname{rot} \vec{v} = 0$ erfüllt. Nach (9.33) gibt es dann eine Funktion $f$, deren Gradient $\vec{v}$ ist. Können Sie sie angeben? Sehen Sie einen Zusammenhang zu Aufgabe 2?

11. Ergänzungsaufgabe: *
    Zeigen Sie, dass die Rotation *jedes* radialsymmetrischen Vektorfeldes verschwindet. Sehen Sie einen Zusammenhang zu Aufgabe 3?

12. Beweisen Sie (9.34).

13. Sei $\vec{B} = \frac{1}{x^2 + y^2}\begin{pmatrix} -y \\ x \\ 0 \end{pmatrix}$. (Dieses – an mehreren Stellen im Text diskutierte – Vektorfeld stellt bis auf einen Faktor das von einem unendlich langen geradlinigen Leiter erzeugte Magnetfeld dar). Zeigen Sie, dass $\vec{B}$ die Rotation von $\vec{A} = -\frac{1}{2}\ln(x^2 + y^2)\begin{pmatrix} 0 \\ 0 \\ 1 \end{pmatrix}$ ist (d.h. dass $\vec{A}$ das Vektorpotential von $\vec{B}$ ist).

14. Fassen Sie zusammen, was in diesem Kapitel alles über
    (i) das elektrische und das magnetische Feld sowie die Maxwell-Gleichungen
    (ii) das Newtonsche Gravitationsfeld
    gesagt wurde.

# 10 Kugel- und Zylinderkoordinaten

## Vorbemerkung

In Kapitel 2 wurde das Konzept der ebenen Polarkoordinaten eingeführt. (Wiederholen Sie es bitte, wenn Sie sich nicht mehr daran erinnern!) Auch in dreidimensionalen Problemstellungen ist es manchmal nützlich, andere als die üblichen kartesischen Koordinaten $(x, y, z)$ zu verwenden.

## Kugelkoordinaten

Die Position eines Punktes im Raum ($\mathbb{R}^3$) wird durch die Angabe *dreier* Zahlen beschrieben. Eine Vorschrift, wie ein Punkt durch drei Zahlen charakterisiert wird, nennen wir ein **Koordinatensystem**. Manche Probleme lassen sich in **kartesischen Koordinaten** gut formulieren und lösen. Oft aber nimmt ein Problem eine einfachere Form an, wenn es in anderen Koordinaten formuliert wird.

Die wichtigste Alternative zu den kartesischen Koordinaten sind die **Kugelkoordinaten**. Ihre Idee besteht darin, die Lage eines Punktes $P$, dessen kartesische Koordinaten $(x, y, z)$ sind, durch seinen **Abstand zum Ursprung**

$$r = \sqrt{x^2 + y^2 + z^2} \tag{10.1}$$

(die **Radialkoordinate**) und **zwei Winkelkoordinaten** zu beschreiben. Die Winkelkoordinaten $\theta$ und $\varphi$ sind wie in Abbildung 10.1 festgelegt: $\theta$ ist der Winkel zwischen dem Ortsvektor von $P$ und der positiven $z$-Achse. Er kann Werte zwischen $0$ (positive $z$-Achse) und $\pi$ (negative $z$-Achse) annehmen. $\varphi$ ist der Winkel zwischen dem Ortsvektor der vertikalen Projektion von $P$ in die $xy$-Ebene und der positiven $x$-Achse und wird (in der Aufsicht auf die $xy$-Ebene) im Gegenuhrzeigersinn von $0$ bis $2\pi$ gezählt. In Bezug auf die Koordinaten $(x, y)$ ist er wie die gleichnamige Winkelkoordinate der ebenen Polarkoordinaten in (2.8) definiert.

Daraus ergeben sich drei Formeln zur Berechnung der kartesischen Koordinaten aus den Kugelkoordinaten, die Sie sich auswendig merken sollten:

$$\begin{aligned} x &= r \sin\theta \cos\varphi \\ y &= r \sin\theta \sin\varphi \\ z &= r \cos\theta \end{aligned} \tag{10.2}$$

Um uns ihre Struktur zu verdeutlichen, berechnen wir

$$x^2 + y^2 = r^2 \sin^2\theta \, ,$$

woraus (da $\sin\theta$ immer $\geq 0$ ist) die Beziehung

$$\sqrt{x^2 + y^2} = r\sin\theta \qquad (10.3)$$

folgt. Diese Größe ist der Abstand der vertikalen Projektion von $P$ in die $xy$-Ebene vom Ursprung (d.h., räumlich gesehen, der kürzeste Abstand von $P$ zur $z$-Achse). Damit reduzieren sich die ersten beiden Gleichungen von (10.2) auf die Definition der ebenen Polarkoordinaten $\sqrt{x^2 + y^2}$ und $\varphi$ in der $xy$-Ebene.

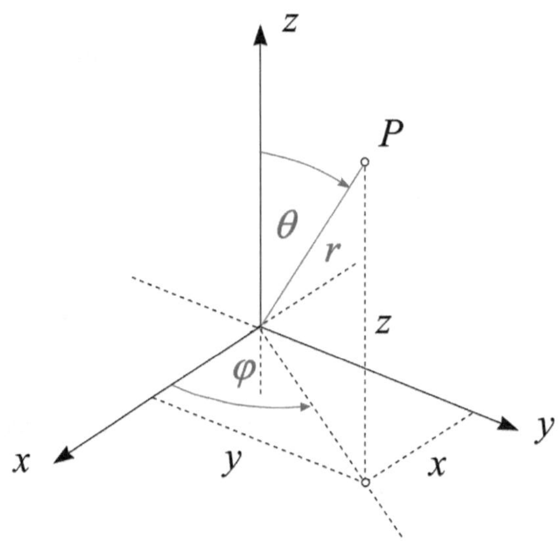


**Abbildung 10.1**:
Geometrische Bedeutung der Kugelkoordinaten $(r, \theta, \varphi)$.

Die **Bereiche**, in denen die Kugelkoordinaten variieren können, sind:

$$\begin{aligned} r &\geq 0 \\ 0 \leq \theta &\leq \pi \\ 0 \leq \varphi &< 2\pi \end{aligned} \qquad (10.4)$$

Um die Anwendungen, die in den folgenden Kapiteln besprochen werden, mit einiger Sicherheit durchführen zu können, ist es wichtig für Sie, sich diese Bereiche auswendig zu merken!

Zu (10.4) ist anzumerken:

- $\varphi = 0$ wird mit $\varphi = 2\pi$ identifiziert. (Als Alternative zum Bereich $0 \leq \varphi < 2\pi$ wird manchmal $-\pi \leq \varphi < \pi$ verwendet. In diesem Fall wird $\varphi = -\pi$ mit $\varphi = \pi$ identifiziert).

- $\theta = \dfrac{\pi}{2}$ beschreibt die $xy$-Ebene.
- $r = 0$ beschreibt den Ursprung, unabhängig von den Werten von $\theta$ und $\varphi$. Die Werte $(r \neq 0, \theta = 0)$ und $(r \neq 0, \theta = \pi)$ beschreiben Punkte auf der $z$-Achse, unabhängig vom Wert von $\varphi$. Da den Punkten auf der $z$-Achse keine eindeutig bestimmten Werte von $\varphi$ zugeordnet werden können, spricht man hier von einer *Koordinatensingularität*: Genau genommen bilden die Kugelkoordinaten ein Koordinatensystem auf der Menge $\mathbb{R}^3 \setminus z$-Achse („$\mathbb{R}^3$ ohne die $z$-Achse").

In den nachfolgenden Kapiteln werden wir des Öfteren **Gebiete des Raumes in Kugelkoordinaten beschreiben**. Machen Sie sich deutlich, wie etwa die folgenden Beschreibungen zustande kommen:

- $r = R$ beschreibt eine **Sphäre** (Kugeloberfläche) um den Ursprung vom Radius $R$.
- $r \leq R$ beschreibt eine **Kugel** (Vollkugel) um den Ursprung vom Radius $R$.
- $\theta \leq \dfrac{\pi}{2}$ beschreibt den oberen **Halbraum** (einschließlich der $xy$-Ebene).
- Die Bedingungen $r \leq R$, $\theta \leq \dfrac{\pi}{2}$ (zu lesen als „$r \leq R$ und $\theta \leq \dfrac{\pi}{2}$") beschreiben eine **Halbkugel**.
- Kugelkoordinaten werden als **krummlinig** bezeichnet, weil ihre **Koordinatenlinien** (das sind die Linien, die entstehen, wenn zwei Koordinaten festgehalten und die dritte variiert wird) nicht alle gerade Linien sind: Die $\theta$-Linien sind Halbkreise, die $\varphi$-Linien sind Kreise (während die $r$-Linien gerade, vom Ursprung ausgehende Strahlen sind).

Kugelkoordinaten werden in der Regel zur Beschreibung von Situationen verwendet, die eine sphärische Symmetrie aufweisen oder in denen Gebiete (wie die obigen) auftreten, die sich mit Hilfe dieser Koordinaten leicht charakterisieren lassen.

[Aufgabe 1] [Aufgabe 2]

# Zylinderkoordinaten

Um Situationen zu beschreiben, die eine zylindrische Symmetrie aufweisen, werden **Zylinderkoordinaten** verwendet. Ihre Idee besteht darin, die Lage eines Punktes $P$, dessen kartesische Koordinaten $(x, y, z)$ sind, durch seinen den (Normal-)Abstand zur $z$-Achse

$$\rho = \sqrt{x^2 + y^2} \tag{10.5}$$

(die Zylinderkoordinate), den Winkel $\varphi$ (der auch für die Kugelkoordinaten benutzt wird) und die $z$-Koordinate zu beschreiben. Die Zylinderkoordinaten sind wie in Abbildung 10.2 festgelegt. Daraus ergeben sich zwei Formeln zur Berechnung der kartesischen Koordinaten aus den Zylinderkoordinaten:

$$\begin{aligned} x &= \rho \cos\varphi \\ y &= \rho \sin\varphi \end{aligned} \tag{10.6}$$

Die Koordinate $z$ ist die gleiche wie im kartesischen Koordinatensystem. Beachten Sie, dass (10.6) nicht anderes ist als die Definition der *ebenen* Polarkoordinaten, wobei die entsprechende Radialkoordinate mit $\rho$ bezeichnet wird. Die Koordinate $z$ führt gewissermaßen ein davon unabhängiges Eigenleben.

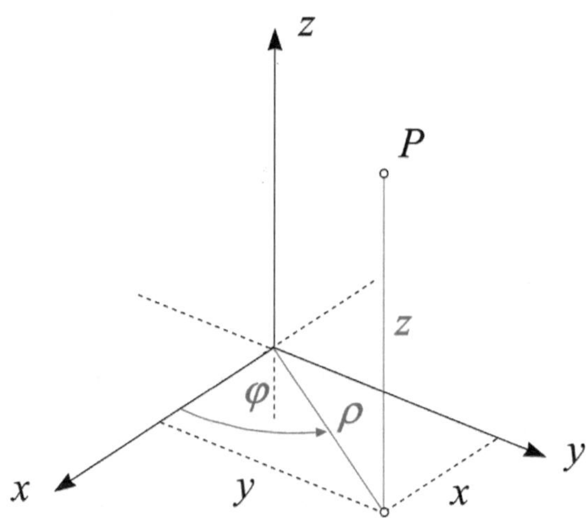


**Abbildung 10.2**:
Geometrische Bedeutung der Zylinderkoordinaten $(\rho, \varphi, z)$.

Die **Bereiche**, in denen die Zylinderkoordinaten variieren können, sind:

$$\begin{gathered} \rho \geq 0 \\ 0 \leq \varphi < 2\pi \\ z \text{ beliebig} \end{gathered} \tag{10.7}$$

Dazu ist anzumerken:

- Wieder wird $\varphi = 0$ mit $\varphi = 2\pi$ identifiziert. (Als Alternative zum Bereich $0 \leq \varphi < 2\pi$ wird manchmal $-\pi \leq \varphi < \pi$ verwendet. In diesem Fall wird $\varphi = -\pi$ mit $\varphi = \pi$ identifiziert).
- $\rho = 0$ beschreibt die $z$-Achse. Ist zusätzlich ein Wert für $z$ gegeben, so ist damit ein Punkt auf der $z$-Achse bestimmt, unabhängig vom Wert von $\varphi$. Hier liegt also wie im Fall der Kugelkoordinaten entlang der gesamten $z$-Achse eine *Koordinatensingularität* vor. Genau genommen bilden die Zylinderkoordinaten ein Koordinatensystem auf der Menge $\mathbb{R}^3 \setminus z$-Achse („$\mathbb{R}^3$ ohne die $z$-Achse").

In den nachfolgenden Kapiteln werden wir des Öfteren **Gebiete des Raumes in Zylinderkoordinaten beschreiben**. Machen Sie sich deutlich, wie etwa die folgenden Beschreibungen zustande kommen:

- $\rho = R$ beschreibt eine (**unendlich lange**) **Zylinderoberfläche** mit der $z$-Achse als Symmetrieachse und Radius $R$.
- $\rho \leq R$ beschreibt einen (**unendlich langen**) **Vollzylinder**.
- $\rho \leq R$, $a \leq z \leq b$ einen (**endlichen**) **Vollzylinder**.

- Zylinderkoordinaten sind, wie die Kugelkoordinaten, **krummlinig**: Die $\varphi$-Linien sind Kreise.

[Aufgabe 3] [Aufgabe 4]

# Der Laplace-Operator in Polar-, Kugel- und Zylinderkoordinaten *

Im vorangegangenen Kapitel wurden einige Ableitungsoperationen für Skalar- und Vektorfelder eingeführt. In manchen Fällen ist es für ihre Berechnung günstiger, krummlinige Koordinaten zu verwenden. Wir werden nicht im Detail darauf eingehen, wie Vektoren in krummlinigen Koordinaten beschrieben werden, aber hier (ohne Beweis) einige Formeln für den Laplace-Operator angeben.

- Laplace-Operator in *zwei* Dimensionen, ausgedrückt durch ebene Polarkoordinaten $(r,\varphi)$:

$$\Delta = \frac{\partial^2}{\partial r^2}+\frac{1}{r}\frac{\partial}{\partial r}+\frac{1}{r^2}\frac{\partial^2}{\partial\varphi^2} \equiv \frac{1}{r}\frac{\partial}{\partial r}r\frac{\partial}{\partial r}+\frac{1}{r^2}\frac{\partial^2}{\partial\varphi^2}. \tag{10.8}$$

  Diese Formel ist insbesondere dann nützlich, wenn der Laplace-Operator auf ein radialsymmetrisches Skalarfeld in *zwei* Dimensionen angewandt werden soll.

- Laplace-Operator in *drei* Dimensionen, ausgedrückt durch Kugelkoordinaten $(r,\theta,\varphi)$:

$$\Delta = \frac{1}{r^2}\frac{\partial}{\partial r}r^2\frac{\partial}{\partial r}+\frac{1}{r^2}\left(\frac{1}{\sin\theta}\frac{\partial}{\partial\theta}\sin\theta\frac{\partial}{\partial\theta}+\frac{1}{\sin^2\theta}\frac{\partial^2}{\partial\varphi^2}\right), \tag{10.9}$$

  wobei $\frac{1}{r^2}\frac{\partial}{\partial r}r^2\frac{\partial}{\partial r}$ auch in der Form $\frac{\partial^2}{\partial r^2}+\frac{2}{r}\frac{\partial}{\partial r}$ geschrieben werden kann. Diese Formel ist insbesondere dann nützlich, wenn der Laplace-Operator auf ein radialsymmetrisches Skalarfeld in *drei* Dimensionen angewandt werden soll.

- Laplace-Operator in *drei* Dimensionen, ausgedrückt durch Zylinderkoordinaten $(\rho,z,\varphi)$:

$$\Delta = \frac{1}{\rho}\frac{\partial}{\partial\rho}\rho\frac{\partial}{\partial\rho}+\frac{1}{\rho^2}\frac{\partial^2}{\partial\varphi^2}+\frac{\partial^2}{\partial z^2}, \tag{10.10}$$

  wobei $\frac{1}{\rho}\frac{\partial}{\partial\rho}\rho\frac{\partial}{\partial\rho}$ auch in der Form $\frac{\partial^2}{\partial\rho^2}+\frac{1}{\rho}\frac{\partial}{\partial\rho}$ geschrieben werden kann. Diese Formel ist insbesondere dann nützlich, wenn der Laplace-Operator auf ein Skalarfeld angewandt werden soll, das nur von $\rho\equiv\sqrt{x^2+y^2}$ abhängt.

  CAS-Tipp:
  In *Mathematica* wenden Sie den Laplace-Operator in *drei* Dimensionen auf eine Funktion (nach Laden des für die Vektoranalysis zuständigen Packages mit dem Befehl `<<VectorAnalysis``) in der Form

```
Laplacian[Sin[theta]Cos[phi]/r,Spherical[r,theta,phi]]
```

in Kugelkoordinaten bzw.

```
Laplacian[z Cos[phi]/rho^2,Cylindrical[rho,phi,z]]
```

in Zylinderkoordinaten an.

[Aufgabe 5] [Aufgabe 6]

## Aufgaben

1. Welche kartesischen Koordinaten besitzt der Punkt, dessen Kugelkoordinaten $(r=2,\theta=\frac{\pi}{4},\varphi=\frac{\pi}{2})$ sind?

2. Welche Teilmengen des Raumes werden durch die folgenden (in Kugelkoordinaten formulierten) Bedingungen beschrieben?
   (i) $r \leq 4$
   (ii) $r \leq 4$, $\theta \leq \frac{\pi}{2}$
   (iii) $r = 4$, $\theta \geq \frac{\pi}{2}$
   (iv) $r = 4$, $\theta = \frac{\pi}{2}$
   (v) $\theta \leq \theta_0$ (wobei $\theta_0$ ein gegebener Winkel im Bereich $0 < \theta_0 < \frac{\pi}{2}$ ist)

3. Welche kartesischen Koordinaten besitzt der Punkt, dessen Zylinderkoordinaten $(\rho=2, z=4,\varphi=\frac{\pi}{2})$ sind?

4. Welche Teilmengen des Raumes werden durch die folgenden (in Zylinderkoordinaten formulierten) Bedingungen beschrieben?
   (i) $\rho \leq 4$
   (ii) $1 \leq \rho \leq 2$
   (iii) $\rho \leq 3$, $z \geq 0$
   (iv) $\rho \leq 3$, $0 \leq z \leq 1$, $0 \leq \varphi \leq \frac{\pi}{6}$

5. Ergänzungsaufgabe: *

   Benutzen Sie (10.9), um (in *drei* Dimensionen) $\Delta \frac{1}{r}$ zu berechnen.

   Achtung: Das Resultat gilt nur für $r \neq 0$. Können Sie es physikalisch deuten?

6. Ergänzungsaufgabe: *

   Benutzen Sie (10.8), um (in *zwei* Dimensionen) $\Delta \ln r$ zu berechnen.

   Achtung: Das Resultat gilt nur für $r \neq 0$. Können Sie es physikalisch deuten?

# 11 Mehrfachintegrale

## Einfache Integrale

Integrale treten in praktisch allen Gebieten der Physik auf. Die einfachste Form – auf die sich die hier behandelten Mehrfachintegrale sowie die in den folgenden Kapiteln zu besprechenden Linienintegrale und Oberflächenintegrale zurückführen lassen – ist das **einfache** (oder **gewöhnliche**) bestimmte **Integral**. Wir schreiben das Integral einer auf $\mathbb{R}$ (oder einer Teilmenge von $\mathbb{R}$) definierten reellen Funktion $f$ in den Grenzen von $a$ bis $b$ (wobei $a < b$) in der Form

$$\int_a^b dx\, f(x) \qquad (11.1)$$

oder

$$\int_G dx\, f(x), \qquad (11.2)$$

wobei $G = [a,b]$ der **Integrationsbereich** (das **Integrationsintervall**) ist.[1] (Die Schreibweisen (11.1) und (11.2) bieten im Vergleich zum häufiger verwendeten

$$\int_a^b f(x)\, dx \qquad (11.3)$$

einige Vorteile, insbesondere wenn Mehrfachintegrale betrachtet werden). Die Funktion $f$ – bzw. der Funktionsterm $f(x)$ – heißt **Integrand**, $x$ ist die **Integrationsvariable**. Ein Integral wie (11.1) ist nicht für *jede* Funktion wohldefiniert, aber für die meisten, mit denen Sie zu tun haben werden. Wir werden im Folgenden die für die Existenz aller betrachteten Integrale nötigen Bedingungen (die Integrierbarkeit) stillschweigend voraussetzen.

Wir fassen nun einige Grundtatsachen über das **bestimmte Integral** zusammen, die Ihnen aus Ihrem Mathematikunterricht bekannt sein sollten. Das bestimmte Integral (11.1) kann, zumindest wenn $f$ stetig oder stückweise stetig ist, interpretiert werden als der orientierte Flächeninhalt unter dem Graphen der Funktion $f$ zwischen $a$ und $b$, wobei der Zusatz „orientiert" bedeutet, dass ein Flächenstück *oberhalb* der $x$-Achse (d.h. in einem Bereich, in

[1] Kleiner Exkurs zur Schreibweise von Intervallen: Mit $[a,b]$ bezeichnen wir das abgeschlossene, mit $(a,b)$ das offene Intervall zwischen $a$ und $b$. Beim ersten gehören die Randpunkte dazu, beim zweiten nicht. Halboffene Intervalle werden in der Form $(a,b]$ und $[a,b)$ angeschrieben. Daraus ergeben sich die Schreibweisen für halbunendliche Intervalle $(-\infty,b]$, $(-\infty,b)$, $[a,\infty)$ und $(a,\infty)$. Die Menge $\mathbb{R}$ kann auch in der Form $(-\infty,\infty)$ geschrieben werden.

dem $f(x) > 0$ ist) *positiv*, ein Flächenstück *unterhalb* der $x$-Achse (d.h. in einem Bereich, in dem $f(x) < 0$ ist) *negativ* gezählt wird.

In einer heuristischen (mathematisch ungenauen, aber der Vorstellung entgegenkommenden) Sichtweise wird das Integral als Summe vieler (infinitesimal kleiner) länglicher Flächeninhalte gedeutet: Ist $x$ eine gegebene Stelle innerhalb des Integrationsbereichs, und ist $dx$ *sehr* klein, so kann der Integrand innerhalb des Intervalls $[x, x+dx]$ als konstant angenommen werden. Dann ist das Produkt

$$dx\, f(x) \tag{11.4}$$

der (orientierte) Flächeninhalt des dünnen, praktisch rechteckigen Streifens zwischen dem Intervall $[x, x+dx]$ und dem Funktionsgraphen, wie die in Abbildung 11.1 wiedergegebene Skizze zeigt.

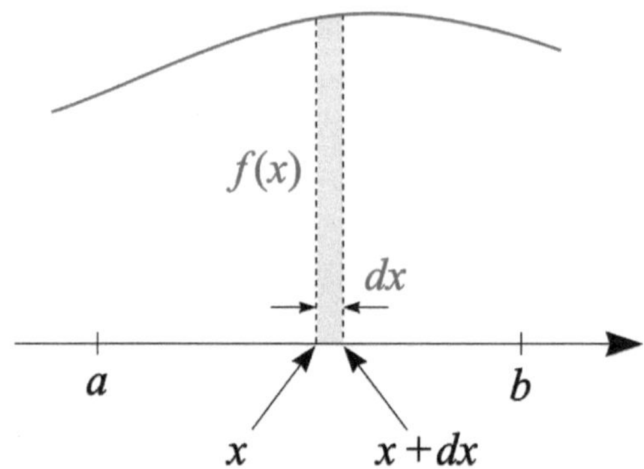


**Abbildung 11.1**:
Ein bestimmtes Integral kann als Aufsummierung infinitesimaler Produkte der Form $dx\, f(x)$ interpretiert werden. Jedes dieser Produkte entspricht dem infinitesimal kleinen orientierten Flächeninhalt eines Rechtecks unter dem Graphen von $f$.

Das Integralzeichen $\int_a^b$, das dann vor diesen Ausdruck geschrieben wird (ein stilisiertes *S*, das auf Gottfried Wilhelm Leibniz zurückgeht), steht für die *Summe* aller Produkte dieser Form, die sich aus einer Zerlegung des Intervalls $[a, b]$ in sehr kleine (infinitesimal kleine) Teilintervall der Länge $dx$ ergibt.[2]

Es ist (heuristisch) gar nicht schwer, einzusehen, *warum* die Berechnung dieser Summe auf das Problem führt, eine **Stammfunktion** von $f$ zu finden: Fixieren wir eine beliebige Stelle $x_0$ und definieren wir $F(x)$ als den (orientierten) Flächeninhalt zwischen $x_0$ und $x$, so ist $F(x+dx) - F(x)$ der (orientierte) Flächeninhalt zwischen $x$ und $x+dx$, also (für ein *sehr* kleines $dx$) das Produkt (11.4). Nach Division durch $dx$ ergibt sich

[2] In einer etwas präziseren und moderneren Ausdrucksweise kann man sagen, dass das bestimmte Integral als *Grenzwert* einer solchen Summe für $dx \to 0$ definiert ist.

$$\frac{F(x+dx)-F(x)}{dx} \approx f(x),$$

was umso genauer gilt, je kleiner $dx$ ist. Wird der Grenzübergang $dx \to 0$ gebildet, so ergibt sich auf der linken Seite die Ableitung $F'(x)$. Es gilt daher

$$F'(x) = f(x), \tag{11.5}$$

d.h. die Flächeninhaltsfunktion $F$ ist eine Stammfunktion des Integranden $f$. Der orientierte Flächeninhalt zwischen zwei Stellen $a$ und $b$ kann nun in der Form $F(b)-F(a)$ berechnet werden. Das ist der **Hauptsatz der Differential- und Integralrechnung**:

$$\int_a^b dx\, f(x) \;=\; F(x)\Big|_a^b \equiv F(b)-F(a). \tag{11.6}$$

Die Stammfunktion $F$ ist zwar nur bis auf eine additive Konstante bestimmt[3], die aber in (11.6) zweimal mit unterschiedlichen Vorzeichen auftritt und daher herausfällt.

Der technische Vorgang des Integrierens reduziert sich daher auf das Auffinden einer Stammfunktion des Integranden.

Beispiele:

- $\int_0^1 dx\, x^2 = \frac{x^3}{3}\Big|_0^1 = \frac{1^3}{3} - \frac{0^3}{3} = \frac{1}{3}.$

  Da die Funktion $x \mapsto x^2$ im Intervall $[0,1]$ überall $\geq 0$ ist, stellt dieses Integral den Flächeninhalt zwischen dem Graphen und der $x$-Achse dar.
- $\int_{-2}^2 dx\, x^3 = \frac{x^4}{4}\Big|_{-2}^2 = \frac{2^4}{4} - \frac{(-2)^4}{4} = 0.$

  Dieses Integral ist $0$, da die Flächeninhalte oberhalb und unterhalb der $x$-Achse im Intervall $[-2,2]$ (sehen Sie sich den Grafen an!) gleich groß sind und einander wegheben.

Da es – im Unterschied zum Differenzieren – keine allgemeingültige Regel zum Auffinden von Stammfunktionen gibt, sondern nur eine Vielzahl von Verfahrensweisen und Tricks mit mehr oder weniger großem Anwendungsbereich, ist es sinnvoll, kompliziertere Integrationen von einem Computeralgebra-System ausführen zu lassen. Diese Systeme können in der Regel sehr gut integrieren und uns damit viel Zeit ersparen.

CAS-Tipps:

In ***Mathematica*** können Sie ein *unbestimmtes* Integral, d.h. eine *Stammfunktion* (anhand eines Beispiels) durch Eingabe von

```
Integrate[x^2,x]
```

[3] Daher wird ein unbestimmtes Integral üblicherweise in der Form $\int_a^b dx\, f(x) = F(x)+C$ angeschrieben, wobei $F$ *eine* (beliebige) Stammfunktion von $f$ ist.

berechnen. Wollen Sie ganz sicher gehen, dass *Mathematica* richtig gerechnet hat, so differenzieren Sie das Resultat (etwa mit `D[%,x]`) und sollten wieder den Integranden (in diesem Fall `x^2`) erhalten. Ein *bestimmtes* Integral wird in der Form

```
Integrate[x^2,{x,a,b}]
```

berechnet, wobei `a` und `b` die Integrationsgrenzen sind (die bei Bedarf `-Infinity` und/oder `Infinity` gesetzt werden können). Falls *Mathematica* keine Stammfunktion des Integranden findet (z.B. weil sie nicht in geschlossener Form durch bekannte Funktionen ausgedrückt werden kann), so kann – wieder anhand eines Beispiels – mit

```
NIntegrate[Exp[-x^2],{x,2,4}]
```

ein numerischer Näherungswert berechnet werden (wobei klarerweise die Integrationsgrenzen, wie in diesem Beispiel, als konkrete Zahlen angegeben werden müssen).

In praktischen Anwendungen ist es besonders wichtig, zu bedenken, dass das Integrieren eine **lineare Operation** ist:

- Das Integral einer Summe ist die Summe der Integrale.
  Beispiel: $\int_0^1 dx\left(x^2+x^3\right)=\int_0^1 dx\, x^2+\int_0^1 dx\, x^3$.
- Das Integral eines (konstanten) Vielfachen ist das Vielfache des Integrals.
  Beispiel: $\int_0^1 dx\left(5x^2\right)=5\int_0^1 dx\, x^2$

Beachten Sie bei Ihren Berechnungen weiters, dass aus der Schreibweise klar hervorgehen soll, *was der Integrand ist.* Ist er eine Summe zweier Terme, so bringen Sie dies mit Hilfe einer **Klammer** zum Ausdruck!

Beispiel: Wenn Sie etwa statt $\int_0^1 dx\left(x^2+x^3\right)$ einfach $\int_0^1 dx\, x^2+x^3$ schreiben, so könnte das als die Summe $\int_0^1 dx\, x^2$ (was sich zu $\frac{1}{3}$ berechnet) plus $x^3$ gelesen werden (also $\frac{1}{3}+x^3$), was aber *nicht* gemeint ist! Fehler dieser Art sind eine häufige Quelle von falschen Ergebnissen!

Welcher **Name** der Integrationsvariablen gegeben wird, ist gleichgültig. Statt (11.1) könnte genauso gut

$$\int_a^b dt\, f(t) \quad \text{oder} \quad \int_a^b dx'\, f(x')$$

geschrieben werden. (Die Integrationsvariable ist, wie der schöne englische Ausdruck lautet, eine *dummy variable*, ein Platzhalter wie in einer Funktionsdefinition).

Es ist möglich (und manchmal auch nötig) anstelle einer Integrationsvariable eine andere zu verwenden, d.h. sie auf eine andere zu **transformieren** (was nicht mit einer bloßen Umbenennung zu verwechseln ist). Wir demonstrieren das anhand eines Beispiels: Das Integral

$$\int_0^{\sqrt{\pi}} dx\, x \sin(x^2) \tag{11.7}$$

soll berechnet werden. Ein Trick, das zu bewerkstelligen, besteht darin, anstelle von $x$ die Variable $u = x^2$ zu verwenden. Um (11.7) als Integral mit Variable $u$ auszudrücken, kann nach dem folgenden allgemeinen Schema vorgegangen werden:

1. $u$ und $x$ ausdrücken und $x$ durch $u$ ausdrücken.

   Vergewissern Sie sich dabei, dass der Übergang von $x$ zu $u$, d.h. in unserem Beispiel die Funktion $u \equiv u(x) = x^2$, im Integrationsbereich *umkehrbar* ist[4], d.h. dass jedem $x$ genau ein $u$ entspricht.

   Das ist hier tatsächlich der Fall, denn aus $u = x^2$ kann $x = \sqrt{u}$ zurückgewonnen werden. (Auf dem Integrationsbereich $[0, \sqrt{\pi}]$, der nur aus nichtnegativen Zahlen besteht, ist das Quadrieren umkehrbar).

2. Das Differential $dx$ durch $du$ ausdrücken.

   Das kann auf zweierlei Arten geschehen, in der Form $du = \frac{du}{dx} dx$ oder in der Form $dx = \frac{dx}{du} du$, d.h.

   - entweder so: $du = d(x^2) = \frac{d(x^2)}{dx} dx = 2x dx$, daher $dx = \frac{du}{2x} = \frac{du}{2\sqrt{u}}$,
   - oder so: $dx = d(\sqrt{u}) = \frac{d(\sqrt{u})}{du} du = \frac{du}{2\sqrt{u}}$.

3. Den Integranden durch $u$ ausdrücken: $x \sin(x^2) = \sqrt{u} \sin u$.

4. Die Integrationsgrenzen dem Bereich, den $u$ durchläuft, anpassen:

   - Die alte untere Grenze ist $x_1 = 0$, die alte obere Grenze ist $x_2 = \sqrt{\pi}$.
   - Daraus folgt:

     Die neue untere Grenze ist $u_1 = x_1^2 = 0$, die neue obere Grenze ist $u_2 = x_2^2 = \pi$.

5. Nun kann das Integral (11.7) gänzlich durch die Variable $u$ ausgedrückt werden:

$$\int_0^{\sqrt{\pi}} dx\, x \sin(x^2) = \int_0^{\pi} \frac{du}{2\sqrt{u}} \sqrt{u} \sin u \equiv \frac{1}{2} \int_0^{\pi} du \sin u . \tag{11.8}$$

Damit lässt sich das Integral viel einfacher berechnen als in der ursprünglichen Form (11.7): Es hat den Wert 1.

---

[4] Falls das nicht der Fall ist, wie etwa bei $\int_{-1}^{1} dx\, x \sin(x^2)$, so muss das Integral eine Summe zerlegt werden, so dass sich jeder Summand auf die angegebene Weise behandeln lässt. Im obigen Beispiel wäre das $\int_{-1}^{0} dx\, x \sin(x^2) + \int_0^1 dx\, x \sin(x^2)$. Nun kann in jedem Summanden separat $u = x^2$ gesetzt werden. Beachten Sie, dass die Umkehrung für das erste Integral $x = -\sqrt{u}$ ist, für das zweite $x = \sqrt{u}$ lautet.

Bemerkung: Nach einer Transformation der Integrationsvariablen kann es passieren, dass die untere Grenze größer als die obere ist. In diesem Fall können die Grenzen mit Hilfe der allgemein gültigen Rechenregel

$$\int_a^b dx\, f(x) = -\int_b^a dx\, f(x) \tag{11.9}$$

vertauscht werden, wobei das zusätzliche Minuszeichen nicht vergessen werden darf. Dieser Schritt *muss* aber *nicht* durchgeführt werden, da der Hauptsatz (11.6) in jedem Fall gilt (also auch wenn $a > b$ ist).

Manchmal ist es nötig oder sinnvoll, die untere Grenze eines bestimmten Integrals im Sinne eines Grenzprozesses gegen $-\infty$ und/oder die obere Grenze gegen $\infty$ streben zu lassen. Integrale dieser Art werden **uneigentliche Integrale** genannt.

Beispiele:

- $\int_1^\infty \frac{dx}{x^2} = 1$
- $\int_0^\infty dx\, e^{-x} = 1$
- $\int_{-\infty}^\infty dx\, e^{-x^2} \equiv \int_{\mathbb{R}} dx\, e^{-x^2} = \sqrt{\pi}$
  (Wie dieses Integral berechnet wird, werden wir weiter unten sehen).

Eine andere Art uneigentlicher Integrale tritt auf, wenn der Integrand an einer Stelle im Integrationsbereich (oder am Rand desselben) eine Singularität besitzt, das Integral aber dennoch existiert.

Beispiel:

- $\int_0^1 \frac{dx}{\sqrt{x}} = 2$

Die Deutung des bestimmten Integrals ist nicht auf den orientierten Flächeninhalt beschränkt.

Physikalische Anwendung: Ist $\lambda \equiv \lambda(x)$ die Massendichte eines geraden (entlang der $x$-Achse zwischen den Stellen $a$ und $b$ liegenden) Fadens, d.h. ist $dM = dx\,\lambda(x)$ die infinitesimale Masse des (infinitesimalen) Fadenstücks zwischen $x$ und $x+dx$, so ist die Gesamtmasse des Fadens durch

$$M = \int_a^b dx\, \lambda(x)$$

gegeben. Ähnliche Beziehungen gelten für viele physikalische Größen. Ihre Verallgemeinerungen auf zwei und drei Dimensionen werden uns in diesem Kapitel weiter unten noch begegnen.

# Flächenintegrale

Beginnen wir die Diskussion der Mehrfachintegrale mit der Aufgabe, das (orientierte) Volumen[5] zwischen dem Graphen einer reellen Funktion $f \equiv f(x,y)$ und einem gegebenen Gebiet $G$ der $xy$-Ebene zu ermitteln.

In heuristischer Betrachtungsweise ist für jeden Punkt $(x,y) \in G$ das Produkt $dx\,dy\,f(x,y)$ gleich dem infinitesimalen (orientierten) Volumen des (infinitesimal dünnen) Quaders zwischen dem bei $(x,y)$ in der $xy$-Ebene liegenden Rechteck mit Seitenlängen $dx$ und $dy$ und dem Graphen von $f$. Diese Situation ist in Abbildung 11.2 skizziert.

> Bemerkung: Wenngleich mathematisch nicht ganz lupenrein, ist diese Art der Zerlegung einer Größe in infinitesimale Bestandteile, gefolgt von einer Aufsummierung, um die gewünschte Größe in Form eines Integrals zu erhalten, in der Physik *sehr hilfreich*. Wir haben sie in diesem Kapitel bereits verwendet und werden das auch weiterhin tun.

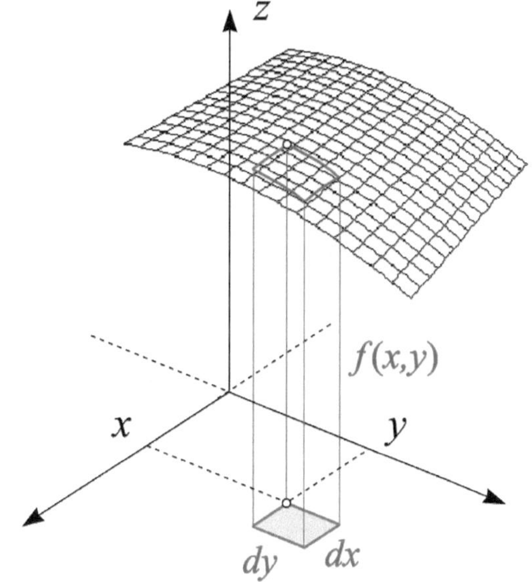


**Abbildung 11.2**:
Ein Doppelintegral kann als Aufsummierung infinitesimaler Produkte der Form $dx\,dy\,f(x,y)$ interpretiert werden. Jedes dieser Produkte entspricht dem infinitesimal kleinen orientierten Volumen eines Quaders unter dem Graphen von $f$, dessen Grundfläche $dx\,dy$ und Höhe $f(x,y)$ ist.

---

[5] Der Zusatz „orientiert" bedeutet, dass das Volumen *oberhalb* der $xy$-Ebene (d.h. in einem Bereich der $xy$-Ebene, in dem $f(x,y) > 0$ ist) *positiv*, das Volumen *unterhalb* der $xy$-Ebene (d.h. in einem Bereich der $xy$-Ebene, in dem $f(x,y) < 0$ ist) *negativ* gezählt wird.

Die Aufsummierung all dieser infinitesimalen Volumina schreiben wir als **Flächenintegral** (**Doppelintegral** oder **Zweifachintegral**) in der Form[6]

$$\int_G dx\,dy\,f(x,y) \quad \text{oder} \quad \int_G d^2x\,f(x,y) \tag{11.10}$$

an. $G$ ist das **Integrationsgebiet** (der **Integrationsbereich**). Für das **Flächenelement** $dx\,dy$ ist neben der Bezeichnung $d^2x$ auch $dA$ (vom englischen *area*) üblich.

Wie ein Flächenintegral berechnet wird (und ob dies leicht oder schwierig ist) hängt nicht nur vom Integranden $f$, sondern auch vom Gebiet $G$ ab:

- Falls $x$ und $y$ jeweils in fixen Grenzen variieren, mit anderen Worten wenn das Gebiet $G$ rechteckig und durch die Bedingungen $a \le x \le b$ und $c \le y \le d$ definiert ist, wird das Integral (11.10) in der Form[7]

$$\int_a^b dx \int_c^d dy\,f(x,y) \tag{11.11}$$

geschrieben und durch zwei hintereinander ausgeführte Integrationen berechnet. Anhand eines Beispiels:

$$\begin{aligned}\int_0^1 dx \int_2^3 dy\,(x^2+y) &= \int_0^1 dx \left( x^2 y + \frac{y^2}{2} \right) \Bigg|_{y=2}^{y=3} \\ &= \int_0^1 dx \left( x^2 + \frac{5}{2} \right) = \frac{x^3}{3} + \frac{5x}{2} \Bigg|_0^1 = \frac{17}{6}\end{aligned} \tag{11.12}$$

Beachten Sie, dass während der *zuerst* ausgeführten Integration über $y$ die Variable $x$ festgehalten, d.h. als Konstante behandelt wird. Der Wert eines solchen Integrals **hängt nicht von der Reihenfolge der Integrationen ab**: Wir hätten das gleiche Ergebnis durch Auswertung von $\int_2^3 dy \int_0^1 dx\,(x^2+y)$ erhalten[8] (Aufgabe 4).

CAS-Tipp:
In *Mathematica* können Sie dieses Ergebnis entweder durch das Hintereinanderausführen der beiden Integrationen

```
Integrate[x^2+y,{y,2,3}]
Integrate[%,{x,0,1}]
```

oder direkt durch

```
Integrate[x^2+y,{x,0,1},{y,2,3}]
```

erzielen. Ein numerischer Näherungswert kann in der Form

[6] Bisweilen wird auch das Symbol $\iint$ verwendet.

[7] Hier zeigt sich der Vorteil der verwendeten Schreibweise (11.1) und (11.2) für Integrale.

[8] Das ist der (ganz allgemein geltende) *Satz von Fubini*.

```
NIntegrate[Exp[-x^4-y^4],{x,0,1},{y,2,3}]
```

erhalten werden. Klarerweise müssen hier die Integrationsgrenzen als konkrete Zahlen angegeben werden.

[Aufgabe 1] [Aufgabe 2] [Aufgabe 3] [Aufgabe 4]

- Hat das Gebiet $G$ eine andere Form, so kommen andere Methoden zum Einsatz. Oft ist es möglich, das Gebiet als Fläche zwischen den Graphen zweier Funktionen in *einer* Variablen zu beschreiben. Ist beispielsweise $G$ die Einheitskreisscheibe der $xy$-Ebene (formal definiert durch $x^2+y^2\le 1$), so kann wie folgt argumentiert werden: Die Einheitskreisscheibe kann durch die beiden Bedingungen $-1\le x\le 1$ und $-\sqrt{1-x^2}\le y\le\sqrt{1-x^2}$ charakterisiert werden. Nun wird
    - zuerst für festgehaltenes $x$ das Integral über einen Streifen der infinitesimalen Dicke $dx$ berechnet, wobei $y$ von $-\sqrt{1-x^2}$ bis $\sqrt{1-x^2}$ läuft (siehe Abbildung 11.3). Dies führt auf $dx\int\limits_{-\sqrt{1-x^2}}^{\sqrt{1-x^2}} dy\, f(x,y)$.
    - Danach wird die „Summe" über alle diese Streifen in Form einer $x$-Integration von $-1$ bis $1$ gebildet.

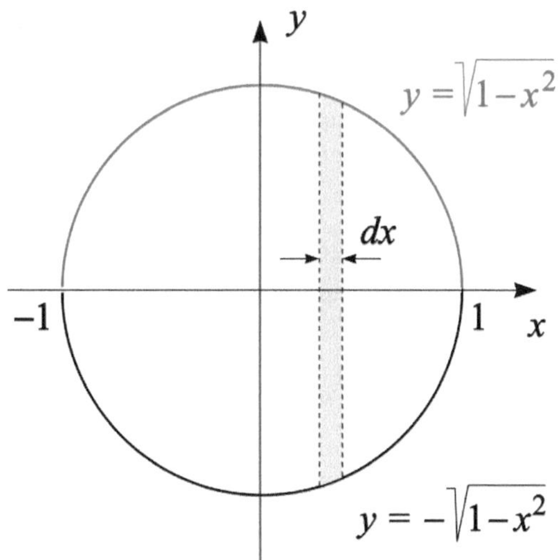


**Abbildung 11.3**:

Die Einheitskreisscheibe liegt zwischen zwei Funktionsgraphen: $y=-\sqrt{1-x^2}$ (unterer Halbkreis) und $y=\sqrt{1-x^2}$ (oberer Halbkreis). Um ein Flächenintegral über dieses Gebiet zu berechnen, kann zuerst die $y$-Integration für festgehaltenes $x$ über einen Streifen der infinitesimalen Dicke $dx$ zwischen den beiden Graphen und danach die $x$-Integration zwischen $-1$ und $1$ ausgeführt werden.

Das gesamte Integral kann daher in der Form

$$\int_{-1}^{1} dx \int_{-\sqrt{1-x^2}}^{\sqrt{1-x^2}} dy\, f(x,y) \tag{11.13}$$

angeschrieben und berechnet werden. Wählen wir als Integranden wie im obigen Beispiel $f(x,y)=x^2+y$, so ergibt sich

$$\int_{-1}^{1} dx \int_{-\sqrt{1-x^2}}^{\sqrt{1-x^2}} dy\,(x^2+y) = \int_{-1}^{1} dx\, 2x^2\sqrt{1-x^2} = \frac{\pi}{4}. \tag{11.14}$$

Die zuerst ausgeführte Integration (über $y$) kann elementar erledigt werden (Aufgabe 5). Das Ergebnis der zweiten Integration (über $x$) können Sie mit Hilfe eines Computeralgebra-Systems berechnen oder einer Integraltafel entnehmen.

[Aufgabe 5] [Aufgabe 6]

Doppelintegrale können nicht nur zur Berechnung von Volumina (Rauminhalten), sondern auch von **Flächeninhalten** herangezogen werden. Der Flächeninhalt eines Gebietes $G$ (in der $xy$-Ebene) ist durch

$$\int_G d^2x \tag{11.15}$$

gegeben. (Beweis: Wird in (11.10) als Integrand die konstante Funktion $f(x,y)=1$ gewählt, so ist das damit berechnete Volumen gleich dem Produkt „Grundfläche mal Höhe". Letztere ist aber laut Voraussetzung gleich $1$).

Mit (11.15) kann beispielsweise der Flächeninhalt der Kreisscheibe mit Radius $R$ (beschrieben durch die Bedingungen $-R \le x \le R$ und $-\sqrt{R^2-x^2} \le y \le \sqrt{R^2-x^2}$) in der Form

$$\int_{-R}^{R} dx \int_{-\sqrt{R^2-x^2}}^{\sqrt{R^2-x^2}} dy = 2\int_{-R}^{R} dx\sqrt{R^2-x^2} = \pi R^2 \tag{11.16}$$

berechnet werden, wobei Sie die $x$-Integration (sofern Sie bisher nicht gelernt haben, solche Integrale zu berechnen) mit Hilfe eines Computeralgebra-Systems berechnen oder einer Integraltafel entnehmen können. Wir werden weiter unten eine viel elegantere Methode, dieses Resultat zu erzielen, kennen lernen.

Wie Sie sehen, führt die Berechnung von Doppelintegralen (auch für einfache Integrationsgebiete) sehr leicht auf unangenehme Integranden. In vielen Fällen kann es helfen, die **Integration** nicht in kartesischen, sondern **in ebenen Polarkoordinaten** durchzuführen. (Diese krummlinigen Koordinaten der Ebene wurden in Kapitel 2 im Rahmen der komplexen Zahlen eingeführt). Die Methode ist im Prinzip sehr einfach, und Sie sollten sie gut beherrschen! Sie besteht aus drei Schritten:

1. Zuerst wird das Flächenelement $d^2x$ in Polarkoordinaten umgerechnet. Dafür gibt es eine einfache Formel, die wir nicht beweisen, sondern nur anschreiben.

   **Umrechnung des Flächenelements auf ebene Polarkoordinaten:**

   $$d^2x = dr\, r\, d\varphi \tag{11.17}$$

   Der Faktor $r$, mit dem $dr\, d\varphi$ hier multipliziert wird, heißt *Funktionaldeterminante* (oder *Jacobi-Determinante*) der Transformation von kartesischen Koordinaten auf ebene Polarkoordinaten.
2. Danach wird das Integrationsgebiet $G$ durch Bedingungen in ebenen Polarkoordinaten beschrieben.
3. Zuletzt wird der Integrand in Polarkoordinaten umgerechnet.

Nach Anwendung dieses Rezepts liegt ein Doppelintegral vor, das unter Umständen leichter berechnet werden kann als das ursprüngliche. Dieses Verfahren eignet sich vor allen dann, wenn das Gebiet $G$ leicht in ebenen Polarkoordinaten beschrieben werden kann, also etwa wenn $G$ ein Kreis um den Ursprung, ein Sektor eines solchen Kreises oder ein Kreisring ist.

Als Beispiel berechnen wir das Integral (11.14), das wir auch in der Form

$$\int\limits_{x^2+y^2\leq 1} d^2x\,(x^2+y) \tag{11.18}$$

anschreiben können, in ebenen Polarkoordinaten: Das Integrationsgebiet ist nun durch die (sehr einfache) Bedingung $r \leq 1$ festgelegt. (Beachten Sie, dass an $\varphi$ keine Bedingung gestellt wird). Mit (2.8) ist der Integrand $x^2 + y = r^2\cos^2\varphi + r\sin\varphi$. Damit sind die drei oben beschriebenen Schritte ausgeführt, womit wir

$$\int\limits_{x^2+y^2\leq 1} d^2x\,(x^2+y) = \int_0^1 dr\, r \int_0^{2\pi} d\varphi \left(r^2\cos^2\varphi + r\sin\varphi\right) \tag{11.19}$$

erhalten. Die Grenzen der $r$-Integration ergeben sich einfach daraus, dass die Radialkoordinate $r$ über alle Werte $r \geq 0$ läuft und das Integrationsgebiet dies durch die Bedingung $r \leq 1$ auf $0 \leq r \leq 1$ einschränkt. Da an die Winkelkoordinate $\varphi$ keine Bedingung gestellt wurde, durchläuft sie alle ihre Werte von $0$ bis $2\pi$. Versuchen Sie, sich diese neuen Grenzen bildlich vorzustellen: $r$ und $\varphi$ in den in (11.19) angegebenen Grenzen „überstreichen" die Einheitskreisscheibe! Das Integral wird nun am besten in die Summe

$$\int_0^1 dr\, r^3 \int_0^{2\pi} d\varphi\, \cos^2\varphi \;+\; \int_0^1 dr\, r^2 \int_0^{2\pi} d\varphi\, \sin\varphi \tag{11.20}$$

aufgespaltet. (Auch für Mehrfachintegrale gilt: Das Integral einer Summe ist die Summe der Integrale!) Damit sind lediglich vier einfache Integrale zu berechnen. Wenn Sie sich bei dieser Gelegenheit die wichtige Formel

$$\int_0^{2\pi} d\varphi\, \cos^2\varphi \;=\; \int_0^{2\pi} d\varphi\, \sin^2\varphi = \pi \tag{11.21}$$

merken[9] und $\int_0^{2\pi} d\varphi \sin\varphi = 0$ benutzen, wird (11.20) zu $\pi \int_0^1 dr\, r^3 + 0 = \frac{\pi}{4}$. Dieses Resultat stimmt klarerweise mit dem in (11.14) gefunden überein, und es ist auf eine elegantere und arbeitssparendere Weise erzielt worden!

Eine Anwendung, die die Nützlichkeit dieses Formalismus sehr schön demonstriert ist die **Berechnung der Kreisfläche** mit Hilfe der Formel (11.15). Anstelle von (11.16) sieht die Berechnung nun so aus:

$$\int_{r\le R} d^2x = \int_0^R dr\, r \int_0^{2\pi} d\varphi = \frac{R^2}{2}\cdot 2\pi = \pi R^2 . \tag{11.22}$$

[Aufgabe 7] [Aufgabe 8]

Ein weiteres Anwendungsbeispiel: * Berechnung des Integrals $\int_{\mathbb{R}} dx\, e^{-x^2}$.

Dies ist eine *besonders schöne* Anwendung der Verwendung ebener Polarkoordinaten beim Integrieren: Die Stammfunktion des Integranden kann hier nicht geschlossen durch bekannte Funktionen ausgedrückt werden.[10] Ebene Polarkoordinaten bieten aber einen wahrhaft genialen Weg, es zu berechnen. Dazu schreiben wir das *Quadrat* des Integrals in der Form

$$\left(\int_{\mathbb{R}} dx\, e^{-x^2}\right)^2 = \int_{\mathbb{R}} dx\, e^{-x^2} \int_{\mathbb{R}} dy\, e^{-y^2} \equiv \int_{\mathbb{R}^2} d^2x\, e^{-(x^2+y^2)}$$

an. Es wird als Flächenintegral über die gesamte Ebene $\mathbb{R}^2$ interpretiert. Die Transformation auf Polarkoordinaten ergibt

$$\int_0^\infty dr\, r\, e^{-r^2} \int_0^{2\pi} d\varphi = 2\pi \int_0^\infty dr\, r\, e^{-r^2} = 2\pi \int_0^\infty \frac{du}{2} e^{-u} = 2\pi \cdot \frac{1}{2} = \pi ,$$

wobei die $r$-Integration durch Transformation auf die Variable $u = r^2$ berechnet wurde. Das Resultat ist daher

$$\int_{\mathbb{R}} dx\, e^{-x^2} = \sqrt{\pi} . \tag{11.23}$$

Verdeutlichen Sie sich, *warum* dieses Verfahren so einfach ist. Der Grund dafür ist der Faktor $r$, der durch die Umrechnungsformel (11.17) in den Integranden gebracht wird: $re^{-r^2}$ ist ein angenehmerer Integrand als $e^{-x^2}$.

---

[9] Der Beweis dieser Formel ist einfach: Mit $\cos^2\varphi + \sin^2\varphi = 1$ wird $\int_0^{2\pi} d\varphi \left(\cos^2\varphi + \sin^2\varphi\right) = \int_0^{2\pi} d\varphi = 2\pi$. Die Integrale über $\cos^2\varphi$ und $\sin^2\varphi$ sind aber gleich, da Sinus und Cosinus nur verschobene Versionen voneinander sind und sich das Integral über genau eine Periode erstreckt.

[10] Sie wird (mit einem zusätzlichen Faktor $2/\sqrt{\pi}$) Fehlerfunktion (*error function*) genannt, in *Mathematica* `Erf`.

Doppelintegrale sind nicht nur zur Berechnung von Volums- und Flächeninhalten nützlich.

Physikalische Anwendung: Ist $\sigma \equiv \sigma(x,y)$ die **Ladungsdichte** auf einer (mit der $xy$-Ebene identifizierten) Platte, d.h. ist $dQ = d^2x\,\sigma(x,y)$ die infinitesimale Ladung innerhalb des (infinitesimalen) beim Punkt $(x,y)$ liegenden Flächenelements $d^2x$, so ist die **Gesamtladung** innerhalb eines Gebiets $G$ durch

$$Q = \int_G d^2x\,\sigma(x,y)$$

gegeben.

## Volumsintegrale

Die Verallgemeinerung des bisher entwickelten Begriffs des Flächenintegrals stellt nun kein großes Problem mehr dar. Ist $f \equiv f(x,y,z) \equiv f(\vec{x})$ eine Funktion in *drei* Variablen und $G$ ein Gebiet des $\mathbb{R}^3$, so ist[11]

$$\int_G dx\,dy\,dz\,f(x,y,z) \quad \text{oder} \quad \int_G d^3x\,f(\vec{x}) \tag{11.24}$$

ein **Volumsintegral** (oder **Dreifachintegral**). $G$ ist das **Integrationsgebiet** (der **Integrationsbereich** oder das **Integrationsvolumen**). Für das **Volumselement** $dx\,dy\,dz$ ist neben der Bezeichnung $d^3x$ auch $dV$ üblich.

Ein Volumsintegral kann – analog zum Flächenintegral – als „Aufsummierung" infinitesimaler Produkte $d^3x\,f(\vec{x})$ gedeutet werden.

Physikalische Anwendung: Ist $\mu \equiv \mu(\vec{x})$ die **Dichte**[12] einer Massenverteilung im Raum, d.h. ist $dM = d^3x\,\mu(\vec{x})$ die infinitesimale Masse innerhalb des (infinitesimalen) beim Punkt $\vec{x}$ liegenden Volumselements $d^3x$, so ist die **Gesamtmasse** innerhalb eines Gebiets $G$ durch

$$M = \int_G d^3x\,\mu(\vec{x})$$

gegeben.

Wird als Integrand in (11.24) die konstante Funktion $f(\vec{x}) = 1$ gewählt, so ergibt sich: Das Volumsintegral

[11] Bisweilen wird auch das Symbol $\iiint$ verwendet.

[12] Das für Dichten am häufigsten verwendete Symbol ist $\rho$. Leider wird es in der Regel auch dazu benutzt, die Zylinderkoordinate $\sqrt{x^2+y^2}$ zu bezeichnen.

$$\int_G d^3x \tag{11.25}$$

ist gleich dem Volumen des Gebiets $G$.

Wie ein Volumsintegral berechnet wird (und ob dies leicht oder schwierig ist) hängt wiederum nicht nur vom Integranden $f$, sondern auch vom Gebiet $G$ ab:

- Falls die kartesischen Koordinaten jeweils in fixen Grenzen variieren, mit anderen Worten wenn das Gebiet $G$ ein durch die Bedingungen $a \leq x \leq b$, $c \leq y \leq d$ und $h \leq z \leq k$ definierter Quader ist, wird das Integral (11.24) in der Form

$$\int_a^b dx \int_c^d dy \int_h^k dz\, f(x,y,z) \tag{11.26}$$

geschrieben und durch drei hintereinander ausgeführte Integrationen berechnet.

CAS-Tipp:
In *Mathematica* können Sie ein Dreifachintegral (hier anhand eines Beispiels) in der Form

```
Integrate[x^2-y^3+z,{x,3,4},{y,-2,5},{z,-1,1}]
```

berechnen, und analog zum Doppelintegral kann beispielsweise mit

```
NIntegrate[Sin[x^2-y-z],{x,3,4},{y,-2,5},{z,-1,1}]
```

ein numerischer Näherungswert ermittelt werden.

[Aufgabe 9] [Aufgabe 10]

- Kann $G$ als das Gebiet zwischen den Graphen zweier Funktionen in *zwei* Variablen beschrieben werden, so kann das für Doppelintegrale vorgeführte Verfahren in analoger Weise angewandt werden, ist aber oft recht mühselig.

In bestimmten Situationen hilft der Übergang zu **krummlinigen Koordinaten**. Die Methode ist wie bei der oben besprochenen Nutzung ebener Polarkoordinaten im Prinzip sehr einfach, und Sie sollten auch dieses Verfahren (für die im vorangegangenen Kapitel besprochenen Kugel- und Zylinderkoordinaten) gut beherrschen! Es besteht aus drei Schritten:

1. Zuerst wird das Volumselement $d^3x$ in Kugel- bzw. Zylinderkoordinaten umgerechnet. Dafür gibt es zwei einfache Formeln, die wir hier nicht beweisen, sondern nur wiedergeben:

   **Umrechnung des Volumselements auf Kugelkoordinaten**:

$$d^3x = dr\, r^2\, d\theta \sin\theta\, d\varphi \tag{11.27}$$

   Der Faktor $r^2 \sin\theta$, mit dem $dr\, d\theta\, d\varphi$ hier multipliziert wird, heißt *Funktionaldeterminante* (oder *Jacobi-Determinante*) der Transformation von kartesischen Koordinaten auf Kugelkoordinaten.

Umrechnung des Volumselements auf Zylinderkoordinaten:

$$d^3x = d\rho\, \rho\; d\varphi\; dz \tag{11.28}$$

Der Faktor $\rho$, mit dem $d\rho\, d\varphi\, dz$ hier multipliziert wird, heißt *Funktionaldeterminante* (oder *Jacobi-Determinante*) der Transformation von kartesischen Koordinaten auf Zylinderkoordinaten.

2. Danach wird das Integrationsgebiet $G$ durch Bedingungen in Kugel- bzw. Zylinderkoordinaten beschrieben.
3. Zuletzt wird der Integrand in Kugel- bzw. Zylinderkoordinaten umgerechnet.

Nach Anwendung dieses Rezepts liegt ein Dreifachintegral vor, das unter Umständen leichter berechnet werden kann als das ursprüngliche. Dieses Verfahren eignet sich vor allen dann, wenn das Gebiet $G$ leicht in Kugel- oder Zylinderkoordinaten beschrieben werden kann, also etwa wenn $G$ eine Kugel oder ein Zylinder ist

Ein schönes Anwendungsbeispiel ist die **Berechnung des Kugelvolumens** mit Hilfe der Formel (11.25) – natürlich in Kugelkoordinaten:

$$\int_{r\le R} d^3x = \int_0^R dr\, r^2 \int_0^{\pi/2} d\theta\, \sin\theta \int_0^{2\pi} d\varphi = \frac{R^3}{3}\cdot 2\cdot 2\pi = \frac{4\pi}{3}R^3. \tag{11.29}$$

Eine typische Übungsaufgabe ist diese:

- Das Integral $\int_G d^3x\; z$ ist zu berechnen, wobei $G$ die obere Hälfte der Kugel um den Ursprung mit Radius $R$ ist. Die Anwendung unseres Rezept führt, unter Verwendung von $z = r\cos\theta$, auf

$$\int_G d^3x\; z = \int_0^R dr\, r^3 \int_0^{\pi} d\theta\, \sin\theta\cos\theta \int_0^{2\pi} d\varphi = \frac{R^4}{4}\cdot\frac{1}{2}\cdot 2\pi = \frac{\pi}{4}R^4.$$

Physikalische Anmerkung dazu: *

Mit Integralen dieser Art werden **Schwerpunkte** von Gebieten im Raum (d.h. **Massenmittelpunkte** von Körpern) berechnet! Der Massenmittelpunkt eines Körpers mit homogener Dichte, der das Gebiet $G$ ausfüllt, kann mit Hilfe der Formel

$$\vec{X} = \frac{\int_G d^3x\; \vec{x}}{\int_G d^3x} \tag{11.30}$$

berechnet werden. Überlegen Sie selbst, warum das so ist! (Die $z$-Komponente des Schwerpunkts von $G$ im obigen Beispiel ergibt sich unter Verwendung des bereits berechneten Integrals und der Tatsache, dass das halbe Kugelvolumen gleich $2\pi R^3/3$ ist, zu $\left(\pi R^4/4\right)/\left(2\pi R^3/3\right) = 3R/8$).

Betrachten wir zum Abschluss noch eine

Physikalische Anwendung:

Das **Trägheitsmoment**[13] einer Massenverteilung $\mu \equiv \mu(\vec{x})$ bezüglich der $z$-Achse ist durch

$$I = \int_{\mathbb{R}^3} d^3x\,(x^2+y^2)\,\mu(\vec{x}). \tag{11.31}$$

definiert. Der Term $x^2+y^2$ bezeichnet das Abstandsquadrat des Punktes $\vec{x}$ von der $z$-Achse. Das Integral kann heuristisch gedeutet werden als Aufsummierung aller Produkte $dM\,(x^2+y^2)$, wobei $dM = d^3x\,\mu(\vec{x})$ ein infinitesimales Massenelement beim Punkt $\vec{x}$ ist.

Berechnen wir nun das Trägheitsmoment für eine *homogene Kugel* um den Ursprung mit Radius $R$ und Masse $M$. In diesem Fall ist die Dichte innerhalb der Kugel konstant, nämlich $\mu(\vec{x}) = \frac{M}{V} = \frac{3M}{4\pi R^3}$ (erinnern Sie sich an das Kugelvolumen (11.29)), und außerhalb gleich $0$. Die Form der Massenverteilung legt nahe, für die Ausführung des Integrals Kugelkoordinaten zu verwenden, der Term $x^2+y^2$ im Integranden spricht aber eher für Zylinderkoordinaten. Beides ist möglich, und wir führen beide Berechnungsmethoden durch.

- Berechnung in Kugelkoordinaten:
  Unter Verwendung von $x^2+y^2 = r^2\sin^2\theta$ ergibt sich

$$I = \frac{3M}{4\pi R^3}\int_0^R dr\, r^4 \int_0^\pi d\theta \sin^3\theta \int_0^{2\pi} d\varphi = \frac{3M}{4\pi R^3}\cdot\frac{R^5}{5}\cdot\frac{4}{3}\cdot 2\pi = \frac{2}{5}MR^2.$$

- Berechnung in Zylinderkoordinaten:
  Unter Verwendung von $x^2+y^2=\rho^2$ ergibt sich

$$I = \frac{3M}{4\pi R^3}\int_0^R d\rho\,\rho^3 \int_0^{2\pi} d\varphi \int_{-\sqrt{R^2-\rho^2}}^{\sqrt{R^2-\rho^2}} dz = \frac{3M}{4\pi R^3}\int_0^R d\rho\,\rho^3\cdot 2\sqrt{R^2-\rho^2}\cdot 2\pi = \frac{2}{5}MR^2.$$

Die erste Variante ist leichter durchzuführen, da die Kugel in Zylinderkoordinaten durch die nicht ganz einfachen Bedingungen $\rho \le R$ und $-\sqrt{R^2-\rho^2} \le z \le \sqrt{R^2-\rho^2}$ beschrieben wird, die eine unangenehme Wurzel in den Integranden bringen.

[Aufgabe 11] [Aufgabe 12] [Aufgabe 13] [Aufgabe 14] [Aufgabe 15]

[13] Zur physikalischen Bedeutung des Trägheitsmoments: Rotiert die gegebene Massenverteilung starr mit Winkelgeschwindigkeit $\omega$ um die $z$-Achse, so ist die mit der Rotation verbundene kinetische Energie (die Rotationsenergie = die Arbeit, die zum Erreichen der Rotation aufgebracht werden muss) gleich $I\omega^2/2$. Für eine bezüglich der $z$-Achse zylindersymmetrische Massenverteilung ist der Drehimpuls gleich $I\omega$. (Für *beliebige* Massenverteilungen ist die $z$-Komponente des Drehimpulses gleich $I\omega$. Um *alle* Komponenten des Drehimpluses zu berechnen, muss der so genannte *Trägheitstensor* verwendet werden, auf den wir hier nicht eingehen können).

Auch wenn Sie in Ihrer bisherigen Mathematik-Ausbildung noch nicht viel „integriert haben" – versuchen Sie, sich mit den hier vorgestellten Techniken anzufreunden! Angst vorm Integrieren bringt Ihnen nichts! Besonders wichtig ist die Verwendung von ebenen Polarkoordinaten und Kugelkoordinaten, denn Kreise und Kugeln treten als typische oder idealisierte Integrationsbereiche in physikalischen Betrachtungen oft auf. Scheuen Sie auch nicht die Benutzung von Computeralgebra beim Integrieren, denn sie kann ihr Leben (auch oder vielmehr gerade *nach* der mathematischen Grundausbildung im Rahmen Ihres Studiums) um einiges vereinfachen!

Die letzen beiden der zu diesem Kapitel gestellten Aufgaben sollen Ihnen helfen, einige der in den folgenden Kapiteln immer wieder benötigten Formeln schnell parat zu haben.

[Aufgabe 16] [Aufgabe 17]

# Aufgaben

1. Berechnen Sie $\int_{-1}^{3} dx \int_{2}^{4} dy \left(x^2 - y^2\right)$
2. Berechnen Sie $\int_{0}^{1} dx \int_{0}^{1} dy \left(x^2 - y^2\right)$. Überrascht Sie das Resultat?
3. Sei $G$ das Rechteck mit den Eckpunkten $(2,5)$, $(3,5)$, $(2,7)$ und $(3,7)$. Berechnen Sie $\int_G d^2x \, (x+y)^2$.
4. Zeigen Sie, dass $\int_{0}^{1} dx \int_{2}^{3} dy (x^2 + y) = \int_{2}^{3} dy \int_{0}^{1} dx (x^2 + y)$ ist.
5. Zeigen Sie, dass $\int_{-\sqrt{1-x^2}}^{\sqrt{1-x^2}} dy (x^2 + y) = 2x^2\sqrt{1-x^2}$ ist.
6. Berechnen Sie $\int_G d^2x \, y$, wobei $G$, wie in der nebenstehenden Skizze gezeigt, das Flächenstück zwischen der Parabel $y = 1 - x^2$ und der $x$-Achse ist.

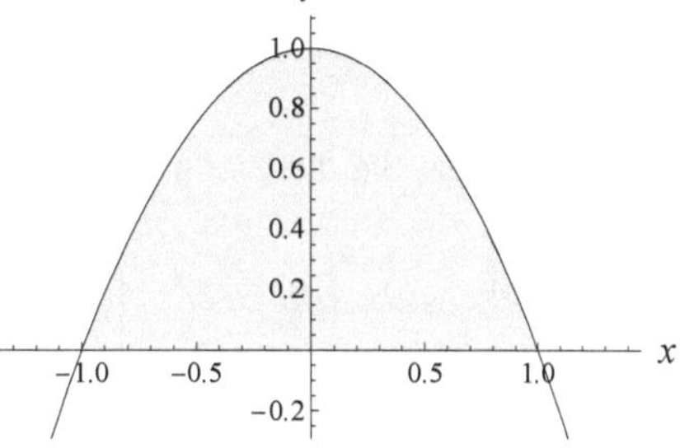


7. Sei $G$ der in der Skizze dargestellte Viertelkreisring. Berechnen Sie $\int_G d^2x \, xy$.

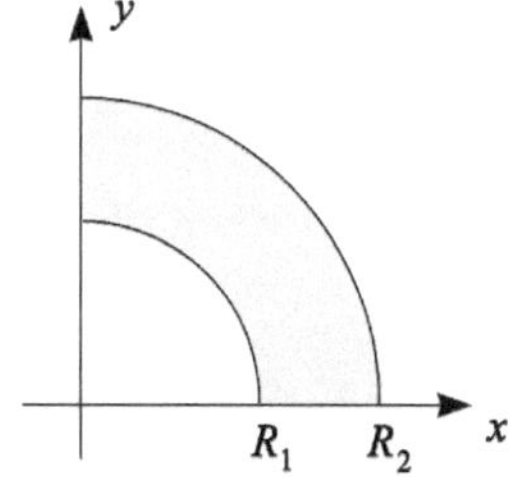

8. Berechnen Sie $\int\limits_{x^2+y^2\le R^2} \frac{d^2x}{\sqrt{x^2+y^2}}$.

9. Berechnen Sie $\int\limits_{-1}^{1} dx \int\limits_{-2}^{2} dy \int\limits_{-3}^{3} dz\, (x^2+yz)$.

10. Berechnen Sie $\int\limits_{0}^{1} dx \int\limits_{0}^{1} dy \int\limits_{0}^{1} dz \left(x+y+z\right)$. Finden Sie einen möglichst eleganten Weg, dieses Integral zu berechnen.

11. Sei $U$ die Kugel $r \le R$. Berechnen Sie $\int\limits_{U} \frac{d^3x}{x^2+y^2+z^2}$.

12. Sei $W$ jener Teil der Einheitskugel, für den $y \ge 0$ und $z \ge 0$ gilt. Berechnen Sie $\int\limits_{W} d^3x\, y$.

13. Aus einer Kugel vom Radius $R$ wird durch einen (einfachen) Kegel mit Öffnungswinkel $\alpha$, dessen Spitze im Kugelmittelpunkt liegt, ein Sektor ausgeschnitten. Wie groß ist sein Volumen?

14. Berechnen Sie das Volumen des Zylinders (mit Radius $R$ und Höhe $h$) durch eine Integration vom Typ (11.25) in Zylinderkoordinaten.

15. Berechnen Sie das Trägheitsmoment eines homogenen Zylinders mit Radius $R$, Höhe $h$ und Masse $M$ bezüglich seiner Symmetrieachse.

16. Schreiben Sie alles, was in diesem und in den vorangegangenen Kapiteln über ebene Polarkoordinaten, Kugelkoordinaten und Zylinderkoordinaten gesagt wurde, übersichtlich zusammen. *Benutzen* Sie diese Zusammenfassung bei Bedarf während Ihres weiteren Studiums!

17. Ermitteln Sie die Werte der Integrale $\int\limits_0^\pi d\theta \sin\theta$, $\int\limits_0^\pi d\theta \sin^2\theta$, $\int\limits_0^\pi d\theta \sin^3\theta$, $\int\limits_0^\pi d\theta \cos\theta$, $\int\limits_0^\pi d\theta \cos^2\theta$, $\int\limits_0^\pi d\theta \cos^3\theta$, $\int\limits_0^\pi d\theta \sin\theta \cos\theta$, $\int\limits_0^\pi d\theta \sin^2\theta \cos\theta$ und $\int\limits_0^\pi d\theta \sin\theta \cos^2\theta$.

    Fügen Sie sie als Anhang an Ihre im Rahmen von Aufgabe 16 erstellte Zusammenfassung ein.

# 12 Parameterdarstellung und Linienintegrale

## Parameterdarstellung von Kurven

In der Physik haben wir es oft mit **Kurven** zu tun, *entlang* derer gewisse Größen durch eine Integration berechnet werden. Beispiele, die in diesem Kapitel eine besondere Rolle spielen werden, sind Wege, auf denen Massen oder Ladungsträger in einem Kraftfeld bewegt werden. Bevor wir uns diese Art Integrale näher ansehen, müssen wir besprechen, wie Kurven mathematisch beschrieben werden.

Eine **orientierte** (oder **gerichtete**) **Kurve** (in der Ebene $\mathbb{R}^2$ oder im Raum $\mathbb{R}^3$), d.h. eine Kurve mit einer angegebenen Orientierung (Durchlaufrichtung), wird durch eine **Parametrisierung** beschrieben:

- Das bedeutet, dass jeder Punkt der Kurve mit genau einer reellen Zahl $t$, dem **Parameter**, identifiziert wird. Dieser dient gewissermaßen als „Name" für den betreffenden Punkt. Wächst der Wert des Parameters (kontinuierlich) an, so soll sich der entsprechende Punkt auf der Kurve (kontinuierlich) in die angegebene Durchlaufrichtung bewegen.
- Umgekehrt ist nach der Wahl einer Parametrisierung durch die Angabe eines Parameterwerts $t$ ein eindeutiger Punkt der Kurve festgelegt, dessen Ortsvektor wir mit $\vec{x}(t)$ bezeichnen.

Mathematisch wird eine orientierte Kurve daher durch eine Funktion $\gamma : t \mapsto \vec{x}(t)$ beschrieben. Wir werden vor allem Kurven betrachten, für die $t$ ein endliches abgeschlossenes Intervall $I \equiv [t_0, t_1]$ (den **Parameterbereich** oder das **Parameterintervall**) durchläuft.[1] Wir haben es dann mit einer Abbildung $\gamma : I \to \mathbb{R}^2$ (für eine Kurve in der Ebene) bzw. $\gamma : I \to \mathbb{R}^3$ (für eine Kurve im Raum) zu tun. $\vec{x}(t_0)$ ist der Anfangspunkt der Kurve, $\vec{x}(t_1)$ ihr Endpunkt. Diese Situation ist für eine Kurve im Raum in Abbildung 12.1 skizziert. In Komponenten können wir

$$\vec{x}(t) = \begin{pmatrix} x(t) \\ y(t) \end{pmatrix} \quad \text{bzw.} \quad \vec{x}(t) = \begin{pmatrix} x(t) \\ y(t) \\ z(t) \end{pmatrix} \tag{12.1}$$

schreiben, um auszudrücken, dass alle (zwei bzw. drei) Komponenten Funktionen von $t$ sind. Sie müssen *stetig* sein (damit die Kurve keine „Lücken" hat).[2]

---

[1] Verläuft eine Kurve ins Unendliche, so ist es sinnvoll, für $I$ ein halbunendliches Intervall oder die ganze Menge $\mathbb{R}$ zuzulassen.

[2] Weiters werden wir es nur mit Kurven zu tun haben, die *glatt* oder *stückweise glatt* sind, d h. – von einzelnen Ecken abgesehen – in jedem Punkt einen wohldefinierte Richtung (Tangente) besitzen. Die Parametrisierung einer glatten Kurve kann immer so gewählt werden, dass die Funktionen (12.1) differenzierbar sind.

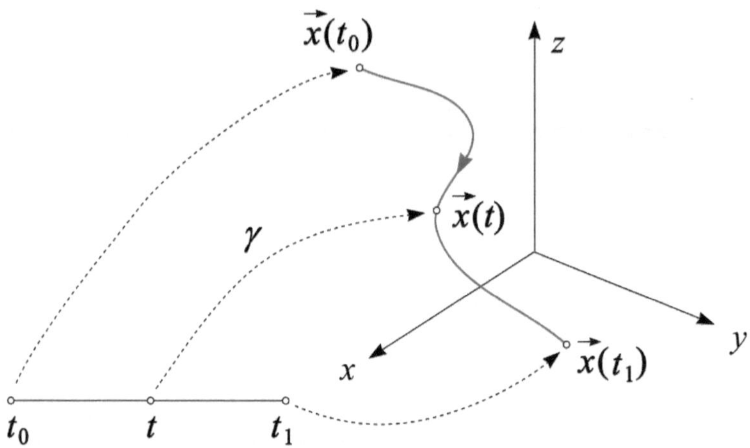


**Abbildung 12.1**:
Eine Kurve wird in der Regel mit Hilfe einer Parameterdarstellung angegeben. Dabei wird jeder Zahl $t$ innerhalb des Parameterbereichs $[t_0, t_1]$ ein Kurvenpunkt $\vec{x}(t)$ (in der Ebene oder im Raum) zugeordnet.

Wir können uns $t$ als **Zeit** vorstellen. Dann beschreibt die Funktion $\gamma$ einen die Kurve entlang laufenden Punkt, der zur Zeit $t_0$ am Anfangspunkt $\vec{x}(t_0)$, zu einer gegebenen Zeit $t \in [t_0, t_1]$ am Punkt $\vec{x}(t)$ und zur Zeit $t_1$ am Endpunkt $\vec{x}(t_1)$ ist.

Hier einige Beispiele:

- Die **Parameterdarstellung einer Geraden** werden Sie vielleicht schon in der Schule kennen gelernt haben. So beschreibt beispielsweise

$$\vec{x}(t) = \begin{pmatrix} 2+3t \\ 4-7t \end{pmatrix}, \quad 0 \le t \le 1 \tag{12.2}$$

das Geradenstück in der Ebene vom Punkt $\vec{x}(0) = \begin{pmatrix} 2 \\ 4 \end{pmatrix}$ zum Punkt $\vec{x}(1) = \begin{pmatrix} 5 \\ -3 \end{pmatrix}$. Der Parameterbereich ist in diesem Fall das Intervall $I = [0,1]$. Wir schreiben ihn, wie in (12.2), immer zur Definition des Terms für $\vec{x}(t)$ dazu. Eine andere Schreibweise für diese Parameterdarstellung ist

$$\begin{aligned} x(t) &= 2+3t \\ y(t) &= 4-7t \end{aligned} \qquad 0 \le t \le 1. \tag{12.3}$$

Sie betont, dass beide Komponenten von $\vec{x}(t)$ Funktionen von $t$ sind.

Diesem Beispiel liegt ein allgemeines Rezept zugrunde: Eine Parameterdarstellung des Geradenstücks von $\vec{p}$ nach $\vec{q}$ ist durch

$$\vec{x}(t)=\vec{p}+\left(\vec{q}-\vec{p}\right)t \qquad 0\le t\le 1. \tag{12.4}$$

gegeben – eine Formel, die sowohl in der Ebene als auch im Raum gilt (siehe Abbildung 12.2, linke Skizze).

> Web-Tipp: Parameterdarstellung von Geraden
> http://www.mathe-online.at/galerie/geom1/geom1.html#param
> (interaktive Visualisierung aus mathe online)

- Die (im Gegenuhrzeigersinn durchlaufene) **Kreislinie** in der Ebene um den Ursprung mit Radius $R$ kann mit Hilfe der Parameterdarstellung

$$\vec{x}(t)=R\begin{pmatrix}\cos t\\ \sin t\end{pmatrix}, \quad 0\le t\le 2\pi \tag{12.5}$$

oder, was dasselbe aussagt,

$$\begin{aligned} x(t)&=R\cos t\\ y(t)&=R\sin t\end{aligned} \qquad 0\le t\le 2\pi \tag{12.6}$$

beschrieben werden (siehe Abbildung 12.2, rechte Skizze). Hier handelt es sich um eine **geschlossene Kurve**, da Anfangs- und Endpunkt gleich sind:

$$\vec{x}(0)=\vec{x}(2\pi)=\begin{pmatrix}R\\ 0\end{pmatrix}.$$

Der Parameter $t$ bedeutet hier nichts anderes als die Winkelkoordinate $\varphi$ der ebenen Polarkoordinaten. Wir ergreifen diese Gelegenheit, um darauf hinzuweisen, dass die Bezeichnung $t$ für den Parameter nicht obligatorisch ist. So könnte anstelle von (12.6) genauso gut

$$\begin{aligned} x(\varphi)&=R\cos\varphi\\ y(\varphi)&=R\sin\varphi\end{aligned} \qquad 0\le \varphi\le 2\pi \tag{12.7}$$

geschrieben werden.

- Die Parameterdarstellung

$$\vec{x}(t)=R\begin{pmatrix}\cos t\\ \sin t\end{pmatrix}, \quad 0\le t\le \pi \tag{12.8}$$

beschreibt einen **Halbkreis**, der oberhalb der $x$-Achse von $\vec{x}(0)=\begin{pmatrix}R\\ 0\end{pmatrix}$ bis $\vec{x}(\pi)=\begin{pmatrix}-R\\ 0\end{pmatrix}$ verläuft.

- Die Parameterdarstellung

$$\vec{x}(t) = R\begin{pmatrix} \cos t \\ \sin t \\ 0 \end{pmatrix}, \quad 0 \le t \le 2\pi \tag{12.9}$$

beschreibt eine in der $xy$-Ebene liegende Kreislinie. Auf die $xy$-Ebene bezogen, ist er mit der durch (12.5) beschriebenen Kreislinie identisch.

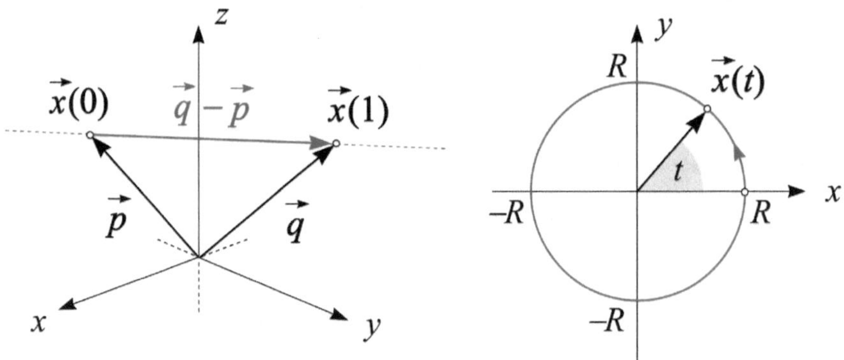


**Abbildung 12.2**:
Zwei Beispiele von Parameterdarstellungen sind jene eines Geradenstücks zwischen zwei gegebenen Punkten im Raum (links, zur Illustration von (12.4)) und jene eines im Gegenuhrzeigersinn durchlaufenen Kreises in der Ebene (rechts, zur Illustration von (12.5)). Sie sollten gut verstehen, wie die in (12.4) und (12.5) angegebenen Formeln zu diesen beiden Kurven führen!

- Für gegebenes $R > 0$ und $c \ne 0$ beschreibt

$$\vec{x}(t) = \begin{pmatrix} R\cos t \\ R\sin t \\ ct \end{pmatrix}, \quad 0 \le t \le 4\pi \tag{12.10}$$

eine **Schraubenlinie** (**zylindrische Raumspirale** oder **Helix**) um die $z$-Achse, die zwei Windungen durchläuft (siehe den Plot in Abbildung 12.3).

Dieses Beispiel ist ein guter Anlass, um zu betonen, dass die Konstanten, die in einer Parameterdarstellung auftreten – wie $R$ und $c$ in (12.10) – in der Regel eine geometrische Bedeutung besitzen, die Sie sich klar machen können, indem Sie versuchen, zu verstehen, wie die *Formel* die *Kurve* beschreibt, und gegebenenfalls eine kleine Rechnung machen, z.B. um die Lage von Kurvenpunkten zu gegebenen Parameterwerten zu überprüfen. So soll in Aufgabe 8 die Ganghöhe der Schraubenlinie (12.10) ermittelt werden, und Sie werden sehen, dass diese etwas mit der Konstante $c$ zu zu tun hat.

- Die Kurve, die das **Einheitsquadrat** der Ebene, ausgehend vom Ursprung, im Gegenuhrzeigersinn durchläuft, wird am besten in die vier getrennt betrachteten Teilkurven

$$\begin{aligned} \gamma_1 &: \vec{x}(t) = \begin{pmatrix} t \\ 0 \end{pmatrix}, \quad 0 \le t \le 1 \\ \gamma_2 &: \vec{x}(t) = \begin{pmatrix} 1 \\ t \end{pmatrix}, \quad 0 \le t \le 1 \\ \gamma_3 &: \vec{x}(t) = \begin{pmatrix} 1-t \\ 1 \end{pmatrix}, \quad 0 \le t \le 1 \\ \gamma_4 &: \vec{x}(t) = \begin{pmatrix} 0 \\ 1-t \end{pmatrix}, \quad 0 \le t \le 1 \end{aligned} \qquad (12.11)$$

  zerlegt, wobei die Teilkurven der Reihe nach durchlaufen werden. Hier liegt wieder ein Beispiel für eine geschlossene Kurve vor.

Die Parameterdarstellung einer Kurve ist **nicht eindeutig**. Im Gegenteil – eine Kurve besitzt unendlich viele Parameterdarstellungen. Um von einer gegebenen zu einer anderen Parameterdarstellung zu gelangen, muss der Parameter $t$ lediglich durch einen anderen Parameter $\tau$ ersetzt werden, der von $t$ in umkehrbarer Weise abhängt und die Orientierung bewahrt.[3]

Beispiel: Die Parameterdarstellung

$$\vec{x}(\tau) = R\begin{pmatrix} \cos(2\pi\,\tau) \\ \sin(2\pi\,\tau) \end{pmatrix}, \quad 0 \le \tau \le 1 \qquad (12.12)$$

beschreibt die gleiche Kurve wie (12.5), wobei der Zusammenhang zwischen altem und neuem Parameter durch $t = 2\pi\,\tau$ gegeben ist.

Die besondere Anwendung, die wir in diesem Kapitel diskutieren, das Linienintegral entlang einer orientierten Kurve, wird nicht von der konkreten Parametrisierung abhängen, d.h. für alle Parametrisierungen gleich sein. Wir werden orientierte Kurven daher

- manchmal durch die Angabe einer konkreten Parameterdarstellung,
- manchmal aber nur durch die Angabe der Kurvenmenge und der Orientierung (Beispiel: „der im Gegenuhrzeigersinn durchlaufene Einheitskreis“)

festlegen.

CAS-Tipps:
In ***Mathematica*** kann eine Kurve, die in Form einer Parameterdarstellung gegeben ist, mit Hilfe der Befehle `ParametricPlot` (in der Ebene) und `ParametricPlot3D` (im Raum) geplottet werden. Beispielsweise ist der Plot des Halbkreises (12.8) mit $R = 1$ durch

[3] Zusätzlich muss der Zusammenhang zwischen dem alten und dem neuen Parameter differenzierbar sein. Wie üblich gehen wir auf Differenzierbarkeitsbedingungen nicht weiter ein.

```
ParametricPlot[{Cos[t],Sin[t]},{t,0,Pi}]
```

und jener der Schraubenlinie (12.10) für $R=1$ und $c=\frac{1}{5}$ durch

```
ParametricPlot3D[{Cos[t],Sin[t],t/5},{t,0,4Pi}]
```

zu erzielen. Mit der Option `PlotRange` kann der gezeigte Raumausschnitt festgelegt, mit `AxesLabel` können die Achsen benannt werden. Der zweite der beiden Plots sieht ähnlich aus wie in Abbildung 12.3 gezeigt.

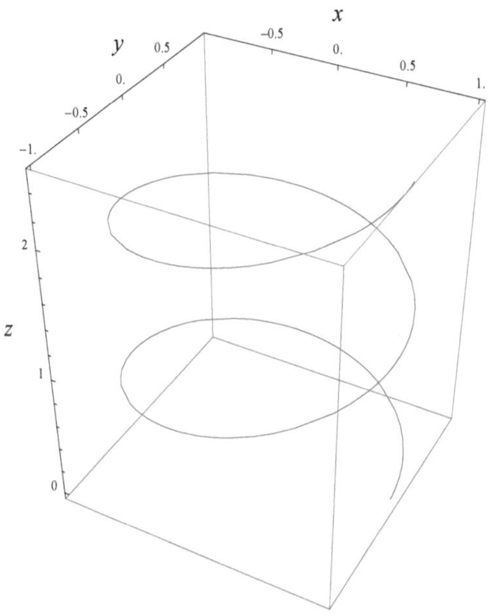


**Abbildung 12.3**:
Plot einer Schraubenlinie.

[Aufgabe 1] [Aufgabe 2] [Aufgabe 3] [Aufgabe 4] [Aufgabe 5] [Aufgabe 6] [Aufgabe 7] [Aufgabe 8] [Aufgabe 9]

Für die Anwendung in Linienintegralen wird es entscheidend sein, die **Richtung einer Kurve** in jedem ihrer Punkte angeben zu können. Es wird Sie wahrscheinlich nicht überraschen, dass die Richtung einer Kurve durch Differenzieren ermittelt wird. Ist die Parameterdarstellung $\gamma : t \mapsto \vec{x}(t)$ einer orientierten Kurve gegeben, so stellt die Ableitung

$$\frac{d\vec{x}(t)}{dt} \equiv \dot{\vec{x}}(t) \tag{12.13}$$

oder, in Komponenten

$$\begin{pmatrix} \dot{x}(t) \\ \dot{y}(t) \end{pmatrix} \quad \text{bzw.} \quad \begin{pmatrix} \dot{x}(t) \\ \dot{y}(t) \\ \dot{z}(t) \end{pmatrix} \tag{12.14}$$

angeschrieben, einen **Richtungsvektor** (**Tangentenvektor**) der Kurve im Punkt $\vec{x}(t)$ dar.[4] Seine Orientierung zeigt die Richtung ansteigender Parameterwerte an, d.h. sie stimmt mit der Orientierung der Kurve überein.

Begründung: Heuristisch kann man das so einsehen: Die Differenz

$$d\vec{x} = \vec{x}(t+dt) - \vec{x}(t)$$

ist ein Verbindungsvektor zwischen zwei (nahe benachbarten) Punkten der Kurve. Je kleiner $dt$ ist, umso genauer gibt sie die Richtung der Kurve an. Division durch $dt$ ändert nichts an der Richtung, und nach dem Grenzübergang $dt \to 0$, wird $d\vec{x}/dt$ die Ableitung (12.13).

Wird der Parameter als Zeit $t$ interpretiert, so ist (12.13) der **Geschwindigkeitsvektor** und die zweite Ableitung $\dfrac{d^2\vec{x}(t)}{dt^2} \equiv \ddot{\vec{x}}(t)$ der **Beschleunigungsvektor**.

Physikalische Anwendung: Der hier besprochene Formalismus eignet sich bestens dafür, die **Bewegung eines Punktteilchens** in der Ebene oder im Raum zu beschreiben. In diesem Fall wird von der Funktion $t \mapsto \vec{x}(t)$ ausgegangen. Die durch sie dargestellte Kurve ist die **Bahnkurve** des Teilchens.

Zwei Beispiele dazu:

- Die **gleichmäßig beschleunigte Bewegung** im Raum:

$$\begin{aligned} \vec{x}(t) &= \vec{x}_0 + \vec{v}_0\, t + \frac{1}{2}\vec{g}\, t^2 \\ \dot{\vec{x}}(t) &= \vec{v}_0 + \vec{g}\, t \\ \ddot{\vec{x}}(t) &= \vec{g} \end{aligned} \tag{12.15}$$

Die zweite Formel erhalten Sie durch Differentiation nach $t$ der ersten, und die dritte auf analoge Weise aus der zweiten. Es handelt sich dabei um die dreidimensionalen Verallgemeinerung des Ihnen bekannten Fallgesetzes (1.1), garniert mit einer vorgegebenen Anfangsgeschwindigkeit $\vec{v}_0$ und einem vorgegebenen Anfangsort $\vec{x}_0$. Die erste der drei Gleichungen ist die *allgemeine Lösung* der dritten, die die Newtonsche *Differentialgleichung* der Bewegung im homogenen Schwerefeld beschreibt. (Erinnern Sie sich daran, was in Kapitel 5 über Bewegungsgleichungen in Vektorform gesagt wurde!)

[4] Falls die Kurve einzelne Ecken hat wie (12.11), dann existiert $\dot{\vec{x}}(t)$ in diesen Ecken nicht, sondern nur im Inneren der (glatten) Teilkurven.

Zur Beschreibung des schiefen Wurfs wird am besten $\vec{g} = \begin{pmatrix} 0 \\ 0 \\ -g \end{pmatrix}$ gesetzt, wobei $g$ der (positive) Wert der Erdbeschleunigung ist.

- Die **Kreisbewegung** in der Ebene:

$$\begin{aligned} \vec{x}(t) &= R\begin{pmatrix} \cos(\omega t) \\ \sin(\omega t) \end{pmatrix} \\ \dot{\vec{x}}(t) &= R\omega\begin{pmatrix} -\sin(\omega t) \\ \cos(\omega t) \end{pmatrix} \\ \ddot{\vec{x}}(t) &= R\omega^2\begin{pmatrix} -\cos(\omega t) \\ -\sin(\omega t) \end{pmatrix} = -\omega^2 \vec{x}(t) \end{aligned} \tag{12.16}$$

Daraus ergibt sich der Zusammenhang zwischen Winkelgeschwindigkeit (Kreisfrequenz) $\omega$, Frequenz $f$ und Umlaufzeit $T$ (siehe Aufgabe 10). $\ddot{\vec{x}}(t)$ ist die so genannte *Zentripetalbeschleunigung*. (Siehe zu diesem Beispiel auch Aufgabe 11).

Zum Abschluss unserer Betrachtungen über Parameterdarstellungen machen wir noch zwei ergänzende Bemerkungen.

- Die **Bogenlänge als Parameter**: *
Ein bevorzugter Parameter ist die entlang einer Kurve gemessene Bogenlänge. Sie wird meist mit dem Buchstaben $s$ bezeichnet. Der Parameter einer durch $s \mapsto \vec{x}(s)$ gegebenen Kurve ist genau dann die Bogenlänge, wenn

$$|\dot{\vec{x}}(s)| = 1 \tag{12.17}$$

gilt. (Heuristische Begründung: $|\dot{\vec{x}}| = \left|\frac{d\vec{x}}{ds}\right| = \frac{|d\vec{x}|}{ds} = 1$).

Eine Parametrisierung der Kreislinie (12.5) durch ihre Bogenlänge ist

$$\vec{x}(s) = R\begin{pmatrix} \cos\left(\frac{s}{R}\right) \\ \sin\left(\frac{s}{R}\right) \end{pmatrix}, \quad 0 \le s \le 2\pi R. \tag{12.18}$$

- **Parameterdarstellung und Funktionsdefinitionen**: *
Parameterdarstellungen sind auch für ganz andere Zwecke nützlich als die bisher betrachteten, beispielsweise um Funktionen anzugeben, die ohne sie nicht oder nur viel umständlicher in geschlossener Form angeschrieben werden können. Ein Beispiel ist jene Funktion $a \equiv a(t)$, deren Graph die **Zykloide**

$$\begin{aligned} a(\lambda) &= R(\lambda - \sin\lambda) \\ t(\lambda) &= R(1 - \cos\lambda) \end{aligned} \qquad 0 \leq \lambda \leq 2\pi \tag{12.19}$$

ist. In einem einfachen kosmologischen Modell gibt sie die Größe $a$ des Universums als Funktion der Zeit $t$ an.

[Aufgabe 10] [Aufgabe 11] [Aufgabe 12]

## Linienintegrale

Der Prototyp des Linienintegrals ist der Ausdruck für die von einem (punktförmig gedachten) Körper geleistete **Arbeit**, wenn er **in einem Kraftfeld** entlang eines gegebenen Weges bewegt wird. Um diese Arbeit berechnen zu können, benötigen wir

- ein Kraftfeld, d.h. ein Vektorfeld $\vec{F} \equiv \vec{F}(\vec{x})$ (in zwei oder drei Dimensionen) und
- einen Weg, d.h. eine orientierte Kurve, die in einer Parameterdarstellung $\gamma : t \mapsto \vec{x}(t)$ mit Parameterbereich $[t_0, t_1]$ gegeben ist.

Der Körper wird entlang des Weges $\gamma$ vom Anfangspunkt $\vec{x}(t_0)$ bis zum Endpunkt $\vec{x}(t_1)$ bewegt. Die heuristische Formel für die geleistete Arbeit (die Sie in der Schule gelernt haben) ist „Kraft mal Weg". Sie ist etwas verkürzt, da sie nur gilt, wenn die Kraft konstant, der Weg geradlinig und beide parallel zueinander sind. Alle drei Idealisierungen wollen wir nicht voraussetzen. Eine genauere Lesart dieser Formel lautet so: Wird der Körper im Kraftfeld ein infinitesimales Wegstück von $\vec{x}$ nach $\vec{x} + d\vec{x}$ bewegt, so leistet er eine (infinitesimale) Arbeit

$$dW = d\vec{x} \cdot \vec{F}(\vec{x}) . \tag{12.20}$$

Beachten Sie, dass hier ein Skalarprodukt auftritt! (Steht beispielsweise die Kraft normal auf den Weg, so ist es $0$, und daher wird in diesem Fall keine Arbeit geleistet). Die gesamte geleistete Arbeit $W$ ist nun durch die „Aufsummierung" der Größen (12.20) über die Kurve $\gamma$ gegeben. Klarerweise handelt es sich dabei um ein Integral – aber wie muss es genau aussehen? Dazu bedenken wir, dass der Körper entlang der Kurve $\gamma$ bewegt wird. Der Punkt $\vec{x}$, an dem die Kraft in (12.20) genommen wird, ist tatsächlich ein Kurvenpunkt $\vec{x}(t)$, und der infinitesimale Vektor $d\vec{x}$ zeigt in die Richtung der Kurve. Diese Situation ist in Abbildung 12.4 skizziert. Während das kleine Wegstück $d\vec{x}$ zurückgelegt wird, wächst der Parameter um ein (infinitesimales) Stück $dt$. Wir können daher $d\vec{x}$ mit Hilfe des Tangentenvektors (12.13) in der Form

$$d\vec{x} = dt \, \frac{d\vec{x}(t)}{dt} \equiv dt \, \dot{\vec{x}}(t)$$

schreiben. Damit haben wir (12.20) einen genaueren Sinn gegeben:

$$dW = dt \, \dot{\vec{x}}(t) \cdot \vec{F}(\vec{x}(t)) . \tag{12.21}$$

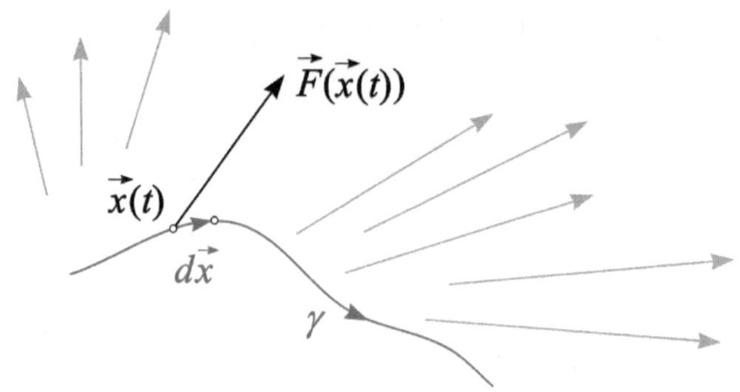


**Abbildung 12.4**:
Wird ein Teilchen entlang eines infinitesimal kleinen Kurvenstücks (von $\vec{x}(t)$ bis $\vec{x}(t)+d\vec{x}$) in einem Kraftfeld bewegt, so ist die von ihm geleistete (infinitesimale) Arbeit gleich $d\vec{x}\cdot\vec{F}(\vec{x}(t))$ – also „Kraft mal Weg" im Sinne eines sehr kurzen Wegstücks und eines Skalarprodukts. (Man könnte auch etwas genauer „Weg mal Kraftkomponente in Wegrichtung" sagen). Beachten Sie, dass in der Formel $d\vec{x}\cdot\vec{F}(\vec{x}(t))$ die Kraft am entsprechenden Kurvenpunkt $\vec{x}(t)$ genommen werden muss – daher ist $\vec{F}(\vec{x}(t))$ die genaue Bedeutung des Kraftterms $\vec{F}(\vec{x})$ in (12.20). Für Punkte $\vec{x}$, die *nicht* auf der Kurve liegen, wird $\vec{F}(\vec{x})$ zur Berechnung der Arbeit nicht benötigt.

Die Aufsummierung dieser infinitesimalen Arbeitsanteile führt auf

$$\int_\gamma d\vec{x}\cdot\vec{F} = \int_{t_0}^{t_1} dt\,\dot{\vec{x}}(t)\cdot\vec{F}(\vec{x}(t))\,. \tag{12.22}$$

Ein Integral dieses Typs heißt **Linienintegral** (**Kurvenintegral**) des Vektorfeldes $\vec{F}$ über die Kurve $\gamma$. Die Bezeichnung $\int_\gamma d\vec{x}\cdot\vec{F}$ oder $\int_\gamma d\vec{x}\cdot\vec{F}(\vec{x})$ ist die symbolische Abkürzung dafür. Der Ausdruck auf der rechten Seite von (12.22) zeigt uns, wie es *konkret berechnet* wird. Linienintegrale machen sowohl in der Ebene als auch im Raum (d.h. sowohl in zwei als auch in drei Dimensionen) Sinn.

Beachten Sie, dass (12.22) auf die Berechnung eines gewöhnlichen (einfachen) Integrals hinausläuft:

- Sind $\vec{F}$ und $\gamma$ gegeben, so ist $t\mapsto\dot{\vec{x}}(t)\cdot\vec{F}(\vec{x}(t))$ eine Funktion in *einer* Variablen! (Obwohl in diesem Ausdruck Vektoren vorkommen, handelt es sich dank des Skalarprodukts um eine einzige Funktion!)
- Diese wird in den Grenzen von $t_0$ bis $t_1$ integriert.

Der Integrand $\dot{\vec{x}}(t)\cdot\vec{F}(\vec{x}(t))$ kann **beiderlei Vorzeichen** haben. Ob er positiv oder negativ (oder $0$) ist, hängt (für jedes $t$) davon ab, welchen Winkel die Kurve mit dem Kraftfeld an der betreffenden Stelle einschließt. Um bei der betrachteten physikalischen Situation zu bleiben:

Das Linienintegral (12.22) stellt die gesuchte Arbeit $W$ dar. Ist $W > 0$, so leistet der Körper (netto) Arbeit. Ist $W < 0$, so muss (netto) Arbeit geleistet werden, um ihn zu bewegen.

Eine wichtige Eigenschaft des Linienintegral ist, dass es **nicht von der Parametrisierung der Kurve abhängt**. Das geht (heuristisch) aus der Argumentation, die zu (12.22) geführt hat, hervor: Wird anstelle von $t$ ein anderer Parameter $\tau$ verwendet, so kann das infinitesimale Wegstück $d\vec{x}$ anstelle von $d\vec{x} = dt\,\dfrac{d\vec{x}}{dt}$ in der Form $d\vec{x} = d\tau\,\dfrac{d\vec{x}}{d\tau}$ geschrieben werden. Der Parameter „kürzt sich" in gewisser Weise heraus. Er dient vor allem dazu, die konkrete Berechnung zu ermöglichen.

Die Struktur des Integrals (12.22) ist die einfachste (und „natürlichste"), die sich mit Hilfe eines Vektorfeldes und einer Kurve hinschreiben lässt, hat also in diesem Sinne auch einen ästhetischen Appeal. Es ist nicht schwer, sie in konkreten Beispielen nachzuvollziehen. Das wichtigste Ziel dieses Kapitels sollte für Sie darin bestehen, diese Struktur zu verstehen und Integrale dieses Typs ausrechnen zu können.

Betrachten wir einige Beispiele:

- Das Linienintegral $\int_\gamma d\vec{x}\cdot\vec{F}$ ist zu berechnen, wobei $\vec{F}(\vec{x}) = \begin{pmatrix} 0 \\ 0 \\ x^2+y^2 \end{pmatrix}$ und $\gamma$ die durch $\vec{x}(t) = \begin{pmatrix} t \\ 0 \\ t^2/2 \end{pmatrix}$, $0 \le t \le 1$ definierte Kurve ist. Um es zu berechnen, müssen wir
    - den Tangentenvektor berechnen: $\dot{\vec{x}}(t) = \begin{pmatrix} 1 \\ 0 \\ t \end{pmatrix}$
    - und das Vektorfeld am Kurvenpunkt $\vec{x}(t)$ auswerten:
      $$\vec{F}(\vec{x}(t)) = \begin{pmatrix} 0 \\ 0 \\ x(t)^2+y(t)^2 \end{pmatrix} = \begin{pmatrix} 0 \\ 0 \\ t^2 \end{pmatrix}.$$
    - Damit sind die Vorarbeiten erledigt, und wir können das Integral berechnen:
      $$\int_\gamma d\vec{x}\cdot\vec{F} = \int_0^1 dt \begin{pmatrix} 1 \\ 0 \\ t \end{pmatrix}\cdot\begin{pmatrix} 0 \\ 0 \\ t^2 \end{pmatrix} = \int_0^1 dt\, t^3 = \frac{t^4}{4}\bigg|_0^1 = \frac{1}{4}.$$
- Welche Arbeit leistet ein im Kraftfeld $\vec{F}(\vec{x}) = \begin{pmatrix} 0 \\ kx \end{pmatrix}$ ($k =$const) entlang der geschlossenen Kreislinie (12.5) bewegter Körper?
  Die Arbeit ist durch das Linienintegral $W = \int_\gamma d\vec{x}\cdot\vec{F}$ gegeben. Um es zu berechnen, gehen wir wie im vorangegangenen Beispiel vor:
    - Tangentenvektor: $\dot{\vec{x}}(t) = R\begin{pmatrix} -\sin t \\ \cos t \end{pmatrix}$.

- Vektorfeld am Kurvenpunkt $\vec{x}(t)$: $\vec{F}(\vec{x}(t)) = \begin{pmatrix} 0 \\ k\,x(t) \end{pmatrix} = kR\begin{pmatrix} 0 \\ \cos t \end{pmatrix}$.
- Damit kann das Integral berechnet werden:
$$\int_\gamma d\vec{x}\cdot\vec{F} \;=\; \int_0^{2\pi} dt\, kR^2 \begin{pmatrix} -\sin t \\ \cos t \end{pmatrix} \cdot \begin{pmatrix} 0 \\ \cos t \end{pmatrix} \;=\; kR^2 \int_0^{2\pi} dt \cos^2 t \;=\; \pi k R^2 .$$

Die gesuchte Arbeit ist $W = \pi k R^2$.

- Das Linienintegral $\int_\Gamma d\vec{x}\cdot\vec{v}$ ist zu berechnen, wobei $\vec{v}(\vec{x}) = \begin{pmatrix} -y \\ x \\ z^2 \end{pmatrix}$ und $\Gamma$ die Schraubenlinie $\vec{x}(t) = \begin{pmatrix} \cos t \\ \sin t \\ t \end{pmatrix}$ zwischen den Punkten $(1,0,0)$ und $(1,0,2\pi)$ ist.

Dazu müssen wir zuerst noch den Parameterbereich der angegebenen Parameterdarstellung ermitteln: Der Anfangspunkt der Kurve $\Gamma$ ist $(1,0,0)$. Der Vergleich mit der $z$-Komponente von $\vec{x}(t)$ zeigt, dass er zum Parameterwert $t = 0$ gehört. Der Endpunkt ist $(1,0,2\pi)$. Der Vergleich mit der $z$-Komponente von $\vec{x}(t)$ zeigt, dass er zum Parameterwert $t = 2\pi$ gehört.[5] Der Parameterbereich ist daher $0 \le t \le 2\pi$. Nun gehen wir wieder nach dem bewährten Schema vor:

- Tangentenvektor: $\dot{\vec{x}}(t) = \begin{pmatrix} -\sin t \\ \cos t \\ 1 \end{pmatrix}$.
- Vektorfeld am Kurvenpunkt $\vec{x}(t)$: $\vec{v}(\vec{x}(t)) = \begin{pmatrix} -y(t) \\ x(t) \\ z(t)^2 \end{pmatrix} = \begin{pmatrix} -\sin t \\ \cos t \\ t^2 \end{pmatrix}$.
- Berechnung des Integrals:
$$\int_\Gamma d\vec{x}\cdot\vec{v} \;=\; \int_0^{2\pi} dt \begin{pmatrix} -\sin t \\ \cos t \\ 1 \end{pmatrix} \cdot \begin{pmatrix} -\sin t \\ \cos t \\ t^2 \end{pmatrix} \;=\; \int_0^{2\pi} dt\left(\sin^2 t + \cos^2 t + t^2\right)$$
$$= \int_0^{2\pi} dt\left(1+t^2\right) \;=\; t + \frac{t^3}{3}\Bigg|_0^{2\pi} \;=\; 2\pi + \frac{8\pi^3}{3} \;\equiv\; 2\pi\left(1 + \frac{4\pi^2}{3}\right).$$

[Aufgabe 13] [Aufgabe 14] [Aufgabe 15] [Aufgabe 16]

Ein besonders wichtiger Spezialfall ist das **Linienintegral eines Gradientenfeldes (konservativen Vektorfeldes)**.[6] Nehmen wir also an, das Vektorfeld $\vec{F}$ in (12.22) ist der Gradient einer skalaren Funktion $f$,

$$\vec{F} = \vec{\nabla} f . \tag{12.23}$$

[5] Bei einer gewissenhaften Durchführung des Beispiels ist es an dieser Stelle angebracht, zu überprüfen, ob $\vec{x}(0) = (1,0,0)$ und $\vec{x}(2\pi) = (1,0,2\pi)$ für *alle drei* Komponenten gilt.

[6] Was ein konservatives Vektorfeld ist, wurde in Kapitel 9 besprochen.

Dann ist dessen Linienintegral über eine Kurve $\gamma : t \mapsto \vec{x}(t)$ mit Parameterbereich $t_0 \le t \le t_1$ durch

$$\int_\gamma d\vec{x} \cdot \vec{\nabla} f \;=\; f(\vec{x}(t_1)) - f(\vec{x}(t_0)) \;\equiv\; f(\vec{x}_{\text{Ende}}) - f(\vec{x}_{\text{Anfang}}) \tag{12.24}$$

gegeben.

Beweis: *

Mit der grundlegenden Eigenschaft $\frac{d}{dt} f(\vec{x}(t)) = \frac{d\vec{x}(t)}{dt} \cdot \vec{\nabla} f(\vec{x}(t))$ des Gradienten[7] können wir berechnen: $\int_\gamma dt\, \dot{\vec{x}}(t) \cdot \vec{\nabla} f(\vec{x}(t)) = \int_{t_0}^{t_1} dt \frac{d}{dt} f(\vec{x}(t)) = f(\vec{x}(t_1)) - f(\vec{x}(t_0))$ ).

Mit anderen Worten: **Das Linienintegral eines Gradientenfeldes ist wegunabhängig**. Sein Wert hängt nur vom Anfangs- und Endpunkt der Kurve ab.

Physikalische Bedeutung:
Die von einem bewegten Körper in einem konservativen Kraftfeld geleistete Arbeit hängt nur vom Anfangs- und Endpunkt des Weges ab. So sind beispielsweise, wie in Kapitel 9 besprochen, die von einer Punktladung erzeugte Kraft auf eine Probeladung und die von einer Punktmasse auf eine Probemasse erzeugte Newtonsche Gravitationskraft vom Typ $\vec{F}(\vec{x}) = C\frac{\vec{x}}{r^3} = -\vec{\nabla}\left(\frac{C}{r}\right)$. Die Größe $\frac{C}{r}$ ist die (auf das Unendliche bezogene) potentielle Energie. Die Arbeit, die von einer Probeladung oder -masse geleistet wird (bzw. die zu seiner Bewegung aufgebracht werden muss), hängt daher (wie bekannt) nicht vom eingeschlagenen Weg, sondern nur von der Differenz der potentiellen Energien am Anfangs- und am Endpunkt des Weges ab.

Da *jedes* elektrostatische Feld und *jedes* Newtonsche Gravitationsfeld ein Gradientenfeld ist, ist die Wegunabhängigkeit der Arbeit eine allgemeine Eigenschaft dieser Felder.

Eine unmittelbare Folge von (12.24) ist: Für eine **geschlossene Kurve** $\gamma$ gilt

$$\int_\gamma d\vec{x} \cdot \vec{\nabla} f \;=\; 0\,, \tag{12.25}$$

da ja in diesem Fall Anfangs- und Endpunkt zusammenfallen. Für ein Linienintegral über eine geschlossene Kurve (**Ringintegral**) wird auch das Symbol $\oint$ verwendet. In dieser Schreibweise lautet (12.25)

$$\oint_\gamma d\vec{x} \cdot \vec{\nabla} f \;=\; 0\,. \tag{12.26}$$

Physikalisch bedeutet das, dass ein in einem konservativen Kraftfeld auf einer geschlossenen Kurve bewegter Körper (netto) weder Arbeit leistet noch benötigt.

---

[7] Diese Formel ist die in Kapitel 7 besprochene Leibnizsche Kettenregel, siehe (7.16) – (7.19), mit Hilfe des Gradienten angeschrieben.

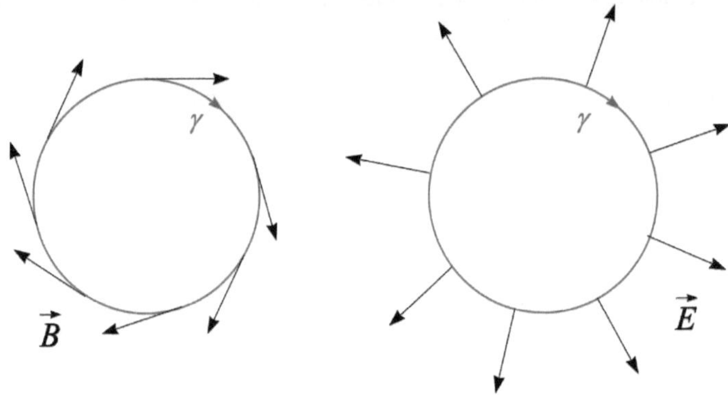


**Abbildung 12.5**:
Die Zirkulation eines Vektorfeldes ist ein Maß dafür, wie gut das Feldlinienbild einer vorgegebenen Kurve $\gamma$ folgt und „wie stark" dieser Effekt ist. Hier zwei Extrembeispiele: In der linken Grafik ist $\gamma$ eine geschlossene Feldlinie eines Vektorfeldes $\vec{B}$ (das einen für ein Magnetfeld typischen Verlauf zeigt). Die Zirkulation $\oint_\gamma d\vec{x}\cdot\vec{B}$ ist positiv, da alle infinitesimalen Produkte $d\vec{x}\cdot\vec{B}$ dies sind ($\vec{B}$ ist ja überall entlang der Kurve gleich gerichtet mit $d\vec{x}$, dem infinitesimalen Tangentenvektor an $\gamma$). In der rechten Grafik hingegen steht das Vektorfeld $\vec{E}$ (das einen typisch elektrischen Charakter aufweist) überall normal zu $\gamma$. Seine Zirkulation $\oint_\gamma d\vec{x}\cdot\vec{E}$ ist gleich $0$, da in jedem Kurvenpunkt $d\vec{x}\cdot\vec{E}=0$ gilt..

Aber auch wenn $\vec{F}$ kein Gradientenfeld ist, ist das Linienintegral

$$\oint_\gamma d\vec{x}\cdot\vec{F}\,, \tag{12.27}$$

über eine geschlossene Kurve, die so genannte **Zirkulation** des Vektorfeldes $\vec{F}$ entlang $\gamma$, von Interesse. Intuitiv ausgedrückt, ist sie ein Maß dafür, wie gut das Vektorfeld $\vec{F}$ der vorgegebenen Kurve $\gamma$ in Richtung und Orientierung folgt, und „wie stark" der dadurch zum Ausdruck kommende „Wirbelcharakter" des Feldes ist. (Die infinitesimalen Produkte $d\vec{x}\cdot\vec{F}$, die hier aufsummiert werden, können, je nach Richtung und Orientierung des Feldes relativ zur Kurve im betrachteten Punkt, positiv, negativ oder $0$ sein. Je schöner die Kurve dem Feld folgt, umso größer sind sie und ergeben in der Summe ein Zirkulationsmaß).

Physikalische Anwendung: Die Zirkulation des Magnetfeldes $\vec{B}$ (die **magnetische Zirkulation**) entlang einer Kurve $\gamma$ spielt in der Elektrodynamik eine wichtige Rolle.

In Kapitel 14 werden wir sehen, dass zwischen ihr und der Rotation $\operatorname{rot}\vec{B}$ des Magnetfeldes (die in Kapitel 9 – vorerst ohne Begründung – als *Wirbelstärke* charakterisiert wurde) ein enger Zusammenhang besteht. Die magnetische Zirkulation stellt so etwas wie eine *integrierte Wirbelstärke* dar, ähnlich wie die *elektrische Ladung* eine *integrierte Quellstärke* ist. Die Bedeutung des Integrals

$$\oint_\gamma d\vec{x} \cdot \vec{B}$$

machen Sie sich am besten für den Fall klar, dass $\gamma$ eine geschlossene Feldlinie von $\vec{B}$ ist. (Wir haben bereits in Kapitel 9 erwähnt, dass die magnetischen Feldlinien geschlossen sind).

Zwei Extrembeispiele sind in Abbildung 12.5 dargestellt.

[Aufgabe 17] [Aufgabe 18]

# Aufgaben

1. Geben Sie eine Parameterdarstellung des Geradenstücks vom Punkt $P(3,4,-1)$ zum Punkt $Q(2,-3,1)$ an.

2. Beweisen Sie (12.4). Zeigen Sie,
   (i) dass diese Parameterdarstellung ein Geradenstück beschreibt und
   (ii) überprüfen Sie, ob der angegebene Parameterbereich korrekt ist.

3. Geben Sie eine Parameterdarstellung des vom Punkt $(2,0)$ zum Punkt $(0,2)$ verlaufenden Viertelkreises (mit Mittelpunkt im Ursprung) an.

4. Geben Sie eine Parameterdarstellung des in der $yz$-Ebene liegenden Einheitskreises an.

5. Wie kann der Graph einer Funktion (in einer Variablen) parametrisiert werden? (Tipp: Wählen Sie die unabhängige Variable als Parameter).

6. Welche Kurve wird durch die folgende Parameterdarstellung beschrieben?

$$\begin{aligned} x(t) &= t^2 \\ y(t) &= t \end{aligned} \qquad -1 \le t \le 1$$

7. Können Sie die Parameterdarstellung einer Ellipse angeben?

8. Berechnen Sie die Ganghöhe der Schraubenlinie (12.10), d.h. die Änderung der $z$-Koordinate während einer Windung.

9. Überprüfen Sie, ob die vier Teilkurven (12.11) tatsächlich „hintereinander hängen" und somit eine geschlossene Kurve (ohne Lücken) definieren.

10. Ermitteln Sie anhand der Darstellung der Kreisbewegung in (12.16) den Zusammenhang zwischen Winkelgeschwindigkeit (Kreisfrequenz) $\omega$, Frequenz $f$ und Umlaufzeit $T$.

11. Zeigen Sie, dass in (12.16) $\vec{x}(t) \cdot \dot{\vec{x}}(t) = 0$ gilt. Können Sie diese Beziehung geometrisch interpretieren?

12. Eine Parameterdarstellung des Geradenstücks von $\vec{p}$ nach $\vec{q}$ ist durch (12.4) gegeben. Berechnen Sie $\dot{\vec{x}}(t)$ und interpretieren Sie ihr Ergebnis geometrisch und physikalisch.

13. Berechnen Sie das Linienintegral $\int_\gamma d\vec{x}\cdot\vec{F}$, wobei $\vec{F}(\vec{x})=\begin{pmatrix}1\\ xy\end{pmatrix}$ und $\gamma$ die durch $\vec{x}(t)=\begin{pmatrix}t^2-2\\ t^3\end{pmatrix}$, $0\le t\le 2$ definierte Kurve ist.

14. Berechnen Sie das Linienintegral $\int_\gamma d\vec{x}\cdot\vec{F}$, wobei $\vec{F}(\vec{x})=\vec{x}$ (in *zwei* Dimensionen!) und $\gamma$ die durch $\vec{x}(t)=\begin{pmatrix}t^3\\ t\end{pmatrix}$ definierte Kurve zwischen den Punkten $(0,0)$ und $(8,2)$ ist.

15. Berechnen Sie das Linienintegral $\int_\Gamma d\vec{x}\cdot\vec{F}$, wobei $\vec{F}(\vec{x})=\begin{pmatrix}yz\\ xz\\ xy\end{pmatrix}$ und $\Gamma$ das Geradenstück zwischen den Punkten $(0,1,2)$ und $(2,1,0)$ ist.

16. Berechnen Sie das Linienintegral des Vektorfeldes $\vec{G}(\vec{x})=\begin{pmatrix}y\\ x\end{pmatrix}$ über den im Gegenuhrzeigersinn durchlaufenen Einheitskreis.

17. Berechnen Sie das Linienintegral des Vektorfeldes $\vec{u}(\vec{x})=\begin{pmatrix}x+1\\ y\end{pmatrix}$ über den Halbkreis (12.8) auf zwei Arten:
   (i) durch direkte Auswertung des Integrals und
   (ii) indem Sie ein skalares Feld finden, dessen Gradient $\vec{u}$ ist, und (12.24) benutzen.

18. Können Sie Aufgabe 15 im Licht von (12.24) analysieren?

# 13 Oberflächenintegrale

## Flächen und Oberflächen im Raum

Nachdem in den vorangegangenen zwei Kapiteln Mehrfachintegrale und Linienintegrale behandelt wurden, wenden wir uns nun einem dritten Integraltyp zu, den Oberflächenintegralen. Dabei handelt es sich um Integrale über (ebene oder gekrümmte) Flächen im $\mathbb{R}^3$. Bevor wir sie uns im Detail ansehen, werden einige Grundtatsachen über die Beschreibung von Flächen im Raum besprochen. Da die mathematische Behandlung *beliebiger* Flächen im Raum ein bisschen mühsam ist (in der Regel werden sie durch eine Parameterdarstellung mit *zwei* Parametern definiert), beschränken sich die Rechenbeispiele auf ebene Flächen, die parallel zu einer Koordinaten-Ebene liegen, sowie auf Kugel- und Zylinderoberflächen. Der allgemeine Fall wird in einem ergänzenden Abschnitt dargestellt.

Die folgenden allgemeinen Bemerkungen beziehen sich auf **Flächen** im $\mathbb{R}^3$, die (von einzelnen Kanten, Ecken und Spitzen abgesehen) in jedem Punkt eine wohldefinierte Tangentialebene und daher einen wohldefinierten Normalvektor besitzen. Weiters wollen wir voraussetzen, dass die betrachteten Kurven keine Selbstüberschneidungen aufweisen. Zwei wichtige Fälle werden unterschieden:

- **Flächen, die eine Randkurve besitzen**:
  (Beispiele: eine Kreisscheibe im Raum, ein Rechteck im Raum, eine Halbsphäre,...).
  Ist $A$ eine solche Fläche, so wird die **Randkurve** (kurz: der **Rand**) von $A$ mit $\partial A$ bezeichnet. Beispielsweise ist der Rand einer Halbsphäre der Äquator, entlang dem die volle Sphäre durchgeschnitten wurde. Wir setzen voraus, dass die Randkurve (bis auf einzelne Knicke oder Spitzen) glatt ist.

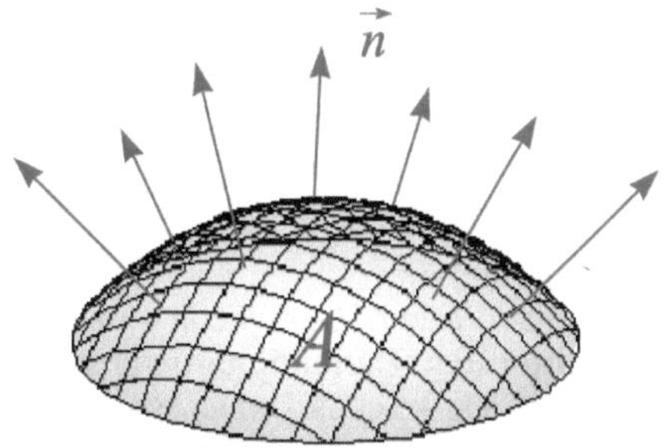


**Abbildung 13.1**:
Einer Fläche im Raum wird eine Orientierung gegeben, indem in jedem ihrer Punkte ein Normalvektor der Länge $1$ gewählt wird, so dass alle diese Normalvektoren von derselben Seite der Fläche wegweisen.

Sei nun $A$ eine solche Fläche. Wir wählen in jedem ihrer Punkte, in dem eine wohldefinierte Tangentialebene existiert, einen **Normalvektor** $\vec{n}$. Er soll ein Einheitsvektor sein, d.h. es soll $|\vec{n}|=1$ gelten. Damit ist er noch nicht eindeutig bestimmt, denn es sind zwei Orientierungen möglich: mit $\vec{n}$ ist auch $-\vec{n}$ ein Normalvektor auf die Fläche! Wir entscheiden uns für *eine* der beiden Möglichkeiten, gewissermaßen also für eine der beiden „Seiten“ der Fläche, und stimmen die Normalvektoren an verschiedenen Punkten so ab, dass sie alle von der selben Seiten der Fläche wegweisen. Damit haben wir der **Fläche** eine **Orientierung** gegeben (Abbildung 13.1).

Die **Randkurve** $\partial A$ ist immer geschlossen und kann mit Hilfe einer geeigneten Parameterdarstellung $t \mapsto \vec{x}(t)$ beschrieben werden. Wir weisen ihr ebenfalls eine **Orientierung** zu (da sie geschlossen ist, geben wir ihr damit einen **Umlaufsinn**), und zwar so, dass in jedem Randpunkt das Vektorprodukt $\vec{n} \times \dot{\vec{x}}$ des Normalvektors von $A$ mit dem Tangentenvektor $\dot{\vec{x}}$ von $\partial A$ **in die Fläche hinein weist**. Falls $A$ kontinuierlich in eine Kreisscheibe deformierbar ist (d.h. keine Löcher besitzt), kann die Orientierung ihrer Randkurve mit Hilfe der Rechtsschraubenregel bestimmt werden (Abbildung 13.2). Diese Koppelung der *Orientierung der Fläche* mit der *Orientierung der Randkurve* werden wir im nächsten Kapitel benötigen.

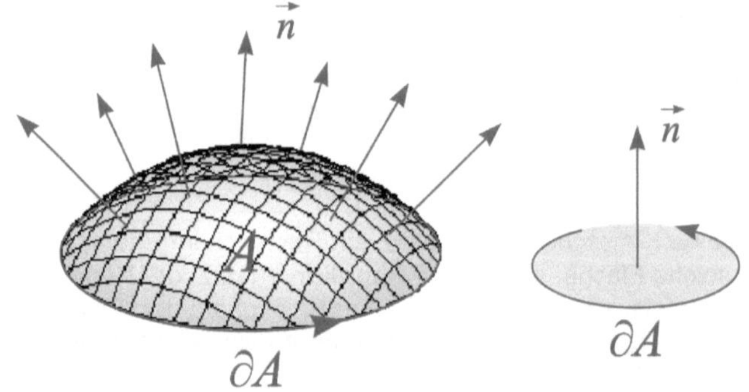


**Abbildung 13.2**:
Die Orientierung der Randkurve einer Fläche im Raum wird durch die Rechtsschraubenregel an die Orientierung der Fläche angepasst. Die linke Grafik zeigt die Orientierung, die die Randkurve der Fläche von Abbildung 13.1 auf diese Weise erhält. Daneben ist das allgemeine Schema der Rechtsschraubenregel skizziert..

- **Geschlossene (randlose) Flächen**:
(Beispiele: Sphäre = Kugeloberfläche, Oberfläche eines Quaders,...). Allgemein handelt es sich um **Oberflächen** (d.h. **Randflächen**) von begrenzten dreidimensionalen Gebieten (Volumina) . Ist $G$ ein solches Gebiet, so schreiben wir seine Randfläche als $A=\partial G$. Der **Rand** einer geschlossenen Fläche ist die leere Menge[1] , d.h. es gilt $\partial A=\{\}$.

Wieder ordnen wir jedem Punkt einer solchen Fläche einen **Normalvektor** $\vec{n}$ (vom Betrag $1$) zu, und zwar – gemäß der allgemein verwendeten Konvention – **aus dem Gebiet heraus weisend** (Abbildung 13.3).

[1] Das kann in der Form „der Rand eines Randes ist leer“ oder $\partial\partial G=\{\}$ ausgedrückt werden.

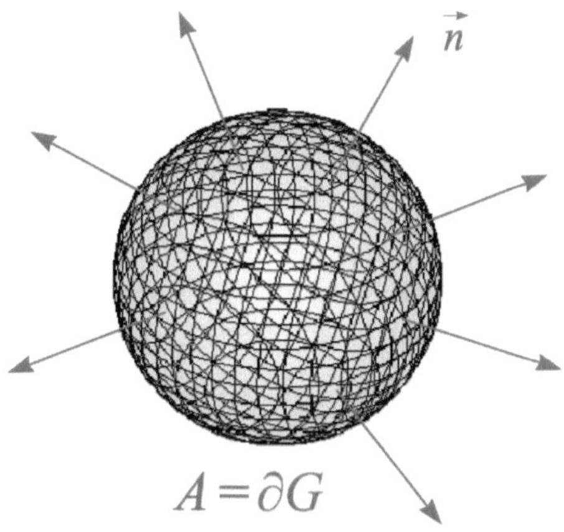


**Abbildung 13.3**:
Ist $A$ der Rand eines begrenzten dreidimensionalen Gebiets $G$ (in dieser Skizze ist $G$ eine Kugel und $A$ ihre Oberfläche, eine Sphäre), so wird der Normalvektor in jedem Punkt so gewählt, dass er nach *außen* weist.

Das Betrachten von Rändern und die Festlegung von Orientierungen werden benötigt, wenn nach dem **Fluss** einer Größe durch eine Fläche gefragt wird, also etwa: Welche Flüssigkeitsmenge strömt pro Zeitintervall durch eine gegebene Fläche?

Aber auch die Frage nach dem Fluss des elektrischen Feldes oder des Gravitationsfeldes durch eine gegebene Fläche ist möglich. Der Fluss eines Vektorfeldes durch eine Fläche – wir werden ihn weiter unten genauer definieren – ist eine mathematische Präzisierung der naiven Vorstellung von der „Zahl der Feldlinien", die eine Fläche durchstoßen. Auch ohne mathematischen Formalismus leuchtet ein, dass ein nichtverschwindender Fluss eines Feldes durch die *Oberfläche* eines Gebiets auf die Existenz von Quellen oder Senken (Ladungen bzw. Massen) *innerhalb* dieses Gebiets hindeutet.

Wir werden im nächsten Kapitel auf Zusammenhänge dieser Art näher eingehen. Doch zunächst müssen wir die Idee des Flusses genauer fassen.

## Oberflächenintegrale

Wir entwickeln den Begriff des Oberflächenintegrals anhand des Beispiels einer *strömenden Flüssigkeit*. Die Strömung (von der wir annehmen, dass sie sich mit der Zeit nicht ändert) wird durch ein Geschwindigkeitsfeld $\vec{v} \equiv \vec{v}(\vec{x})$ beschrieben. Um zu ermitteln, wie groß das (Netto-)Flüssigkeitsvolumen ist, das in einer gegebenen Zeit durch eine gegebene Fläche $A$ fließt, betrachten wir zuerst ein **infinitesimales Flächenelement** beim Punkt $\vec{x}$ der Fläche. Wir können es uns als ein *sehr* kleines Flächenstück von der Form eines Rechtecks vorstellen, ähnlich wie das Flächenelement $d^2x \equiv dxdy$, das in einem Zweifachintegral auftritt, nur eben jetzt auf der Fläche $A$. Ist $A$ gekrümmt, so kann dieses Flächenelement kein perfektes Rechteck sein, aber aufgrund seiner Kleinheit als ein solches behandelt werden. Wir nennen seinen (infinitesimalen) Flächeninhalt $dA$. Um auszudrücken, wie es im Raum orientiert ist, definieren wir das **vektorielle Flächenelement** durch

$$d\vec{A} = \vec{n}(\vec{x})\, dA\,, \tag{13.1}$$

wobei $\vec{n}(\vec{x})$ der am Punkt $\vec{x}$ festgelegte Einheitsnormalvektor ist. Das in einem gegebenen Zeitintervall $\Delta t$ durch das Flächenelement strömende Flüssigkeitsvolumen ist dann durch das Produkt $\Delta t\, d\vec{A}\cdot\vec{v}(\vec{x})$ gegeben.

Begründung: Strömt die Flüssigkeit normal zum Flächenelement, d.h. parallel zum Normalvektor, und mit der gleichen Orientierung wie dieser, so ist fließt im Zeitintervall $\Delta t$ das Volumen $\Delta V = v\,\Delta t\, dA$ durch das Flächenelement, wobei $v = |\,\vec{v}(\vec{x})\,|$ der Betrag der Geschwindigkeit ist. Schließt $\vec{v}(\vec{x})$ mit dem Normalvektor $\vec{n}(\vec{x})$ (und daher mit $d\vec{A}$) den Winkel $\theta$ ein (siehe Abbildung 13.4), so wird die durchströmende Flüssigkeitsmenge um genau jenen Faktor reduziert, um den die Projektion von $\vec{v}(\vec{x})$ auf $d\vec{A}$ im Vergleich zu $v$ verkürzt ist, d.h. um den Faktor $\cos\theta$. Mit $|\,d\vec{A}\,| = dA$ ist das durch das Flächenelement strömende Flüssigkeitsvolumen also durch

$$\Delta V = v\,\Delta t\, dA\, \cos\theta = \Delta t\, |\, dA\,|\,|\,\vec{v}(\vec{x})\,|\cos\theta \equiv \Delta t\, d\vec{A}\cdot\vec{v}(\vec{x})$$

gegeben. (Ist $\theta > \frac{\pi}{2}$, so ist damit automatisch ein Vorzeichenwechsel verbunden, da die Flüssigkeit dann „von der anderen Seite" durch das Flächenelement strömt. Ist $\theta = \frac{\pi}{2}$, so ist $\Delta V = 0$, da die Strömung dann tangential zum Flächenelement verläuft).

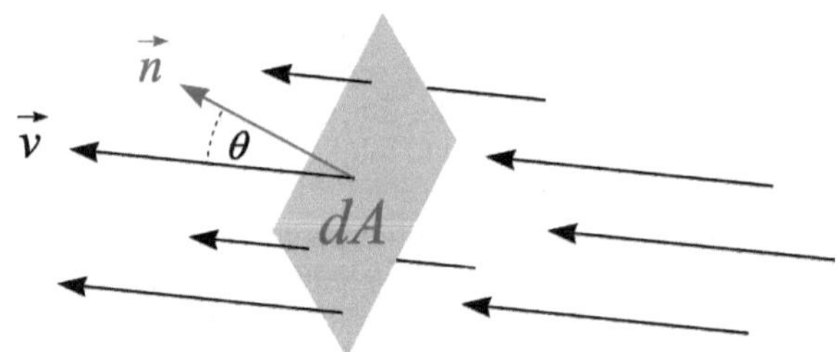


**Abbildung 13.4**:

Ein Flüssigkeit strömt mit Geschwindigkeit $\vec{v}$ durch ein infinitesimales Flächenelement mit Flächeninhalt $dA$ und Normalvektor $\vec{n}$. Während eines Zeitintervalls $\Delta t$ wird die gesamte Flüssigkeit um die Länge $v\Delta t$ in die Richtung von $\vec{v}$ „verschoben", also nicht unbedingt in die Richtung von $\vec{n}$! Daher hängt die Flüssigkeitsmenge, die in diesem Zeitintervall durch das Flächenelement strömt, vom Winkel $\theta$ ab, den $\vec{v}$ mit $\vec{n}$ einschließt.

Der Fluss (oder die Durchflussrate) durch das infinitesimale Flächenelement ist nun definiert als

$$\frac{\Delta V}{\Delta t} = d\vec{A}\cdot\vec{v}(\vec{x})$$

(durchfließendes Volumen dividiert durch die dafür benötigte Zeit, physikalisch etwa in Liter pro Sekunde gemessen). Um den Gesamtfluss durch die Fläche $A$ zu ermitteln, müssen wir diese infinitesimalen Größen „aufsummieren", d.h. ein Integral bilden. Wir schreiben es als **Oberflächenintegral** (auch kurz **Flächenintegral**[2]) in der Form[3]

$$\int_A d\vec{A}\cdot\vec{v} \tag{13.2}$$

und nennen es den **Fluss** des Vektorfeldes $\vec{v}$ durch die Fläche $A$. (Andere gebräuchliche Bezeichnungen für $dA$ und $d\vec{A}$ sind $dS$ und $d\vec{S}$ bzw. $d\mathrm{O}$ und $d\vec{\mathrm{O}}$). Der Wert dieses Integrals hängt von der Orientierung der Fläche (d.h. von der gewählten Orientierung des Normalvektors) ab – das ist der Grund, warum wir eine solche Orientierung festlegen müssen. Wird sie umgedreht, so ändert (13.2) sein Vorzeichen.

Ist $A$ eine *geschlossene* Fläche (also $A = \partial G =$ der Rand eines Gebietes $G$), so kann das Oberflächenintegral zur Verdeutlichung auch in der Form[4]

$$\oint_{\partial G} d\vec{A}\cdot\vec{v} \tag{13.3}$$

angeschrieben werden^ . Gemäß der Konvention für die Orientierung des Normalvektors $\vec{n}$ (er weist immer aus $G$ hinaus) bezeichnet es den Netto-Fluss des Feldes $\vec{v}$ *aus dem Gebiet $G$ heraus*. (Ist es negativ, so stellt sein Betrag einen positiven Netto-Fluss des Feldes *in das Gebiet $G$ hinein* dar).

Bevor wir zur konkreten Berechnung von Oberflächenintegralen schreiten, wollen wir ein paar Bemerkungen über die physikalische Bedeutung des Begriffs *Fluss* in anderen Fragestellungen machen:

- Sind wir nicht am *Volumen* der durch eine Fläche strömenden Flüssigkeit, sondern an deren *Masse* interessiert, so müssen wir zur Beschreibung die Dichte $\rho \equiv \rho(\vec{x})$ hinzunehmen. Mit ihr und der Geschwindigkeit $\vec{v} \equiv \vec{v}(\vec{x})$ wird der **Stromdichtevektor** $\vec{j} \equiv \rho\vec{v}$ definiert. Die Durchflussrate der Masse durch die Fläche $A$ (physikalisch etwa in Kilogramm pro Sekunde gemessen) ist dann durch das Oberflächenintegral

$$\int_A d\vec{A}\cdot\vec{j} \tag{13.4}$$

  gegeben.

- Ist $\vec{E} \equiv \vec{E}(\vec{x})$ das elektrische Feld, so wird

---

[2] Der Terminus *Oberflächenintegral* hat sich eingebürgert, auch wenn damit ganz allgemein eine Fläche gemeint ist und nicht unbedingt die Oberfläche eines Gebietes. Das eigentlich passendere Wort *Flächenintegral* bringt eine Verwechslungsgefahr mit dem in Kapitel 11 besprochenen gleichnamigen Integral über Gebiete in der Ebene mit sich.

[3] Manchmal wird dafür das Symbol $\iint$ verwendet.

[4] Manchmal wird dafür auch das Symbol $\oiint$ verwendet.

$$\int_A d\vec{A}\cdot\vec{E} \tag{13.5}$$

der **elektrische Fluss** durch die Fläche $A$ genannt. Hier ist insbesondere der Fall interessant, dass $A$ eine *geschlossene* Fläche ist (also die Randfläche $\partial G$ eines Gebiets $G$). Im nächsten Kapitel wird sich erweisen, dass der elektrische Fluss $\oint_{\partial G} d\vec{A}\cdot\vec{E}$ durch die Oberfläche von $G$ (in natürlichen Einheiten) immer gleich der elektrischen Ladung ist, die sich innerhalb von $G$ befindet. (Für den Spezialfall einer Kugeloberfläche werden wir das bereits in diesem Kapitel nachrechnen).

- Analog ist für das Newtonsche Gravitationsfeld $\vec{G}\equiv\vec{G}(\vec{x})$ das Integral $\oint_{\partial G} d\vec{A}\cdot\vec{G}$ (in natürlichen Einheiten) gleich minus der Masse, die sich innerhalb von $G$ befindet.

- Ist $\vec{B}\equiv\vec{B}(\vec{x})$ das Magnetfeld, so wird

$$\int_A d\vec{A}\cdot\vec{B} \tag{13.6}$$

als **magnetischer Fluss** durch die Fläche $A$ bezeichnet. Hier ist insbesondere der Fall interessant, dass die Randkurve $\partial A$ den Verlauf einer Leiterschleife kennzeichnet. Nach dem Induktionsgesetz ruft die (zeitliche) Änderung der Größe (13.6) eine elektrische Spannung (und daher einen elektrischen Strom) in der Leiterschleife hervor. Der magnetische Fluss durch eine *geschlossene* Fläche verschwindet hingegen immer: $\oint_{\partial G} d\vec{A}\cdot\vec{B}=0$, was eine andere Version der Aussage ist, dass es keine magnetischen Ladungen gibt.

Alle drei Beispiele zeigen, dass ein Oberflächenintegral über den Rand eines Gebietes $G$ das Vorhandensein (oder Nichtvorhandensein) von **Quellen** der entsprechenden Felder innerhalb von $G$ anzeigt. Es ist ein Maß für die **integrierte Quellstärke** (Gesamtladung bzw. Gesamtmasse). Das gilt auch für das Flüssigkeitsbeispiel: Ist (13.4) für eine geschlossene Fläche von $0$ verschieden, so bedeutet das, dass innerhalb des von der Fläche umschlossenen Gebiets Flüssigkeit „entsteht" (oder „verschwindet", je nach dem Vorzeichen des Integrals), oder, mit anderen Worten, dass weniger oder mehr Flüssigkeitsmasse in das Gebiet hineinfließt als herauskommt. Auch in diesem Fall zeigt das Oberflächenintegral über eine geschlossene Fläche das Vorhandensein von Quellen (oder Senken) an. Diese Zusammenhänge werden wir im nächsten Kapitel ganz allgemein begründen.

Weitere nützliche Anwendungen von Oberflächenintegralen ergeben sich, wenn anstelle des vektoriellen Flächenelements $d\vec{A}$ das **skalare Flächenelement** $dA$ benutzt wird. Allgemein ist ein solches Integral durch

$$\int_A dA\, f \tag{13.7}$$

gegeben, wobei $f$ ein (zumindest auf der Fläche $A$ definiertes) skalares Feld ist. Ein Spezialfall ergibt sich, wenn $f$ das konstante Skalarfeld mit Wert $1$ ist: Der Flächeninhalt von $A$ ist durch das Integral

$$\int_A dA \tag{13.8}$$

gegeben.

Da aus $d\vec{A} = \vec{n}\, dA$ durch Bilden des Skalarprodukts mit dem Normalvektor $\vec{n}$ die Beziehung

$$dA = d\vec{A} \cdot \vec{n} \tag{13.9}$$

folgt, kann (13.7) auf ein Integral vom Typ (13.2) zurückgeführt werden. Umgekehrt kann $\int_A d\vec{A} \cdot \vec{v}$ als $\int_A dA\, \vec{n} \cdot \vec{v}$ geschrieben werden, was von der Form (13.7) ist. (13.2) und (13.7) stellen also genau genommen den gleichen Integraltyp dar, und wir werden sie begrifflich nicht unterscheiden.

Wir kommen nun zur Frage, wie Oberflächenintegrale konkret berechnet werden. Dabei beschränken wir uns auf einige einfache Fälle für die Fläche $A$ und werden die allgemeine Behandlung danach in einem ergänzenden Abschnitt vorführen.

- **Zu einer Koordinaten-Ebene parallele ebene Fläche im Raum**:
  In diesem Fall ist es leicht, das Oberflächenintegral auf ein Zweifachintegral zurückzuführen. Ist beispielsweise $A$ parallel zur $xy$-Ebene, so ist $dA = dx\, dy$ und (sofern der Normalvektor nach *oben* zeigen soll) ,

  $$\vec{n} = \begin{pmatrix} 0 \\ 0 \\ 1 \end{pmatrix}, \quad \text{daher} \quad d\vec{A} = \begin{pmatrix} 0 \\ 0 \\ dx\, dy \end{pmatrix}.$$

  Weiters besitzen alle Punkte von $A$ den gleichen Wert $z = c$ der dritten Koordinate. Was also noch anzugeben ist, um $A$ festzulegen, ist der zweidimensionale Bereich $B$, indem die Paare $(x, y)$ liegen. Das Oberflächenintegral (13.2) reduziert sich dann auf

  $$\int_A d\vec{A} \cdot \vec{v} \;=\; \int_B dx\, dy\, v_z(x, y, c)\,. \tag{13.10}$$

  Die Komponenten $v_x$ und $v_y$ tragen nichts zu ihm bei. (Machen Sie sich das anhand des Flüssigkeitsbeispiels klar, warum das so ist!)

  Nach dem gleichen Schema können Integrale über ebene Flächen parallel zur $xz$-Ebene und zur $yz$-Ebene berechnet werden. (Sollten Sie einmal ein Integral über eine *schräg* liegende Ebene berechnen müssen, so wenden Sie eine der im letzten Abschnitt dieses Kapitels skizzierten Methoden an!)

  - Beispiel 1: Die Fläche $A$ sei das durch die Bedingungen $0 \le x \le 2$, $0 \le z \le 1$ und $y = 3$ definierte Rechteck. Die Orientierung des Normalvektors wird in die positive $y$-Richtung festgesetzt. Man berechne den Fluss des Vektorfeldes $\vec{F}(\vec{x}) = \begin{pmatrix} y \\ x + y \\ z + x^2 \end{pmatrix}$ durch $A$.

Aus den Angaben über die Fläche folgt unmittelbar $d\vec{A} = \begin{pmatrix} 0 \\ dx\,dz \\ 0 \end{pmatrix}$. Damit ist $\int_A d\vec{A}\cdot\vec{F} = \int_0^2 dx \int_0^1 dz\,(x+3) = \int_0^2 dx\,(x+3)\int_0^1 dz = 8$, wobei im Integranden $y=3$ gesetzt wurde.

- Beispiel 2: Sei $A$ der in der $xy$-Ebene liegende Einheitskreis mit nach oben zeigendem Normalvektor. Man berechne den Fluss des Vektorfeldes $\vec{u}(\vec{x}) = \begin{pmatrix} 1 \\ -z^2 \\ x^2+y+z \end{pmatrix}$ durch $A$.

  Da $d\vec{A} = \begin{pmatrix} 0 \\ 0 \\ dx\,dy \end{pmatrix}$ gilt, wird $\int_A d\vec{A}\cdot\vec{u} = \int_{x^2+y^2\le 1} dx\,dy\left(x^2+y\right)$, wobei im Integranden $z=0$ gesetzt wurde. Dieses Zweifachintegral wird am besten in ebenen Polarkoordinaten berechnet (siehe Kapitel 11). Damit vereinfacht es sich zu $\int_0^1 dr\,r \int_0^{2\pi} d\varphi\left(r^2\cos^2\varphi + r\sin\varphi\right) = \int_0^1 dr\,r^3 \int_0^{2\pi} d\varphi\,\cos^2\varphi = \frac{\pi}{4}$.

- **Sphäre (Kugeloberfläche)**:
  Ist $A$ die Sphäre[5] um den Ursprung mit Radius $R$, so kann das Oberflächenintegral in Kugelkoordinaten $(r,\theta,\varphi)$ berechnet werden. Das **skalare Flächenelement** ist in diesem Fall durch

  $$dA = R^2\,d\theta\sin\theta\,d\varphi \tag{13.11}$$

  gegeben. (Als Beweisidee mag genügen, dass $dr\,dA = dr\,R^2\,d\theta\sin\theta\,d\varphi$ gleich dem beim Wert $r=R$ der Radialkoordinate berechneten Volumselement $d^3x$ ist – vgl. Formel (11.27). Der Faktor $dr$ im Produkt $dr\,dA$ stellt die „Höhe" eines kleinen Quaders dar, der auf der Fläche steht, womit $dA$ seine Grundfläche sein muss). Es wird nützlich für Sie sein, wenn Sie sich diese Formel auswendig merken! Es ist gar nicht so schwierig: $dA$ wird erhalten, indem in $d^3x = dr\,r^2\,d\theta\sin\theta\,d\varphi$ das $dr$ weggelassen und im verbleibenden Ausdruck $r=R$ gesetzt wird!

  Für die Berechnung wird nun die Form $\oint_A dA\,\vec{n}\cdot\vec{v}$ des Oberflächenintegrals verwendet. Das Normalvektorfeld ist $\vec{n}(\vec{x}) = \frac{\vec{x}}{R} = \begin{pmatrix} \sin\theta\cos\varphi \\ \sin\theta\sin\varphi \\ \cos\theta \end{pmatrix}$ (es wird nur für $r=R$ benötigt

[5] Für die Sphäre mit Radius $1$ wird auch das Symbol $S^2$ (ausgesprochen „$S$-zwei") verwendet.

– vgl. Formel (10.2)). Nachdem das Skalarprodukt $\vec{n}\cdot\vec{v}$ durch Kugelkoordinaten (bei $r = R$) ausgedrückt worden ist, kann das Oberflächenintegral in der Form

$$\oint_A d\vec{A}\cdot\vec{v} = R^2 \int_0^{\pi} d\theta \sin\theta \int_0^{2\pi} d\varphi\ \vec{n}\cdot\vec{v} \qquad (13.12)$$

berechnet werden. Ist $A$ eine Teilfläche der Sphäre, so ist der Integrationsbereich entsprechend einzuschränken (z.B. auf $0 \leq \theta \leq \frac{\pi}{2}$ für die obere Halbsphäre) und das Symbol $\oint$ durch $\int$ zu ersetzen.

- Beispiel: Besonders einfach ist das Oberflächenintegral für ein **radialsymmetrisches Vektorfeld**. Wir schreiben es in der Form

$$\vec{v}(\vec{x}) = v(r)\frac{\vec{x}}{r}$$

an, sein Betrag ist dann $|v(r)|$. (Die Funktion $v$ kann als die *Radialkomponente* des Vektorfeldes $\vec{v}$ bezeichnet werden. Ist sie positiv, so zeigt $\vec{v}$ vom Ursprung weg, ist sie negativ, so zeigt $\vec{v}$ zum Ursprung hin). Damit berechnen wir $\vec{n}\cdot\vec{v} = \frac{v(R)}{R^2}\,\vec{x}\cdot\vec{x} = v(R)$, womit das Oberflächenintegral durch

$$\int_A d\vec{A}\cdot\vec{v} = R^2 v(R) \int_0^{\pi} d\theta \sin\theta \int_0^{2\pi} d\varphi = 4\pi R^2 v(R) \qquad (13.13)$$

gegeben ist. Beachten Sie, dass es hier nichts mehr zu integrieren gibt! Der Faktor $4\pi R^2$ ist der Flächeninhalt der Sphäre – er muss einfach mit der bei $r = R$ ausgewerteten Radialkomponente $v$ des Vektorfeldes multipliziert werden.

Bemerkung: Dieses Resultat hätte sich auch herleiten lassen, ohne eine einzige Integration auszuführen (sofern der Flächeninhalt der Sphäre als bekannt vorausgesetzt wird)! Überlegen sie, warum!

Damit kann der Fluss des von einer Punktladung (bzw. Punktmasse) erzeugten elektrostatischen (bzw. Gravitations-)Feldes, die beide von der Form $\vec{F}(\vec{x}) = C\frac{\vec{x}}{r^3}$ sind, durch unsere Sphäre sehr leicht angegeben werden: Mit $v(r) = \frac{C}{r^2}$ folgt aus (13.13) sofort

$$\int_A d\vec{A}\cdot\vec{F} = 4\pi C\,. \qquad (13.14)$$

Da $C$ (bis auf eine Konstante) die Ladung (bzw. Masse) ist, ist dies ein Beispiel für die oben erwähnte Tatsache, dass der Fluss des Feldes durch die Oberfläche eines Gebiets die innerhalb des Gebiets vorhandene Ladung (bzw. Masse) angibt!

- **Zylinderoberfläche**:
Ist $A$ die durch die Bedingungen $x^2+y^2=R^2$ und $a \le z \le b$ definierte Fläche (eine Zylinderoberfläche, wobei Boden und Deckel nicht inkludiert sind), so wird am besten zu Zylinderkoordinaten $(\rho,\varphi,z)$ übergegangen (siehe Kapitel 10). Die Koordinate $\rho=\sqrt{x^2+y^2}$ (vgl. (10.5)) sollte hier nicht mit einer Dichte – die oft mit dem gleichen Buchstaben bezeichnet wird – verwechselt werden! Das **skalare Flächenelement** ist in diesem Fall durch

$$dA = R\,d\varphi\,dz\,. \tag{13.15}$$

gegeben. (Die Beweisidee ist analog zu der für (13.11)). Für die Berechnung wird wie in Kugelkoordinaten die Form $\int_A dA\,\vec{n}\cdot\vec{v}$ des Oberflächenintegrals verwendet. Das Normalvektorfeld ist $\vec{n}(\vec{x})=\frac{1}{R}\begin{pmatrix}x\\y\\0\end{pmatrix}\equiv\begin{pmatrix}\cos\varphi\\\sin\varphi\\0\end{pmatrix}$ (vgl. Formel (10.6)). Nachdem das Skalarprodukt $\vec{n}\cdot\vec{v}$ durch Zylinderkoordinaten (für $\rho=R$) ausgedrückt worden ist, kann das Oberflächenintegral in der Form

$$\int_A d\vec{A}\cdot\vec{v} \;=\; R\int_0^{2\pi} d\varphi \int_a^b dz\;\vec{n}\cdot\vec{v} \tag{13.16}$$

berechnet werden.

  - Beispiel: Es ist der Fluss des Vektorfeldes $\vec{F}(\vec{x})=\begin{pmatrix}-y\\x\\0\end{pmatrix}$ durch die mittels der Bedingungen $x^2+y^2=1$ und $0\le z\le 1$ charakterisierte Fläche $A$ zu berechnen.
  In Zylinderkoordinaten (mit $\rho=1$) ergibt sich $\vec{n}\cdot\vec{F}=\begin{pmatrix}\cos\varphi\\\sin\varphi\\0\end{pmatrix}\cdot\begin{pmatrix}-\sin\varphi\\\cos\varphi\\0\end{pmatrix}=0$.
  (Das gleiche Resultat kann durch die Rechnung $\vec{n}\cdot\vec{F}=\begin{pmatrix}x\\y\\0\end{pmatrix}\cdot\begin{pmatrix}-y\\x\\0\end{pmatrix}=0$ in kartesischen Koordinaten erzielt werden, wobei $\rho^2\equiv x^2+y^2=1$ verwendet wurde). Daher ist $\int_A d\vec{A}\cdot\vec{F}=0$.

[Aufgabe 1] [Aufgabe 2] [Aufgabe 3] [Aufgabe 4] [Aufgabe 5]

# Oberflächenintegrale für beliebige Flächen *

Wir haben uns in den obigen Beispielen auf einige einfache Flächentypen beschränkt. Zum Abschluss dieses Kapitels besprechen wir noch (ohne Beweis) die Vorgangsweise für den allgemeinen Fall.[6] Zwei Vorgangsweisen sind möglich.

Die **erste Vorgangsweise** stellt eine Fläche $A$ im Raum mit Hilfe einer Parameterdarstellung mit *zwei* Parametern in der Form

$$(\xi,\eta)\mapsto\vec{x}(\xi,\eta)\equiv\begin{pmatrix}x(\xi,\eta)\\y(\xi,\eta)\\z(\xi,\eta)\end{pmatrix},\quad(\xi,\eta)\in\Omega \tag{13.17}$$

dar. $\Omega$ ist der (zweidimensionale) Bereich, den die beiden Parameter überstreichen, um die gesamte Fläche $A$ zu beschreiben. Damit kann das Oberflächenintegral eines Vektorfeldes $\vec{v}$ in der Form

$$\int_A d\vec{A}\cdot\vec{v}\ =\ \int_\Omega d\xi\,d\eta\begin{pmatrix}\frac{\partial y}{\partial\xi}\frac{\partial z}{\partial\eta}-\frac{\partial z}{\partial\xi}\frac{\partial y}{\partial\eta}\\\frac{\partial z}{\partial\xi}\frac{\partial x}{\partial\eta}-\frac{\partial x}{\partial\xi}\frac{\partial z}{\partial\eta}\\\frac{\partial x}{\partial\xi}\frac{\partial y}{\partial\eta}-\frac{\partial y}{\partial\xi}\frac{\partial x}{\partial\eta}\end{pmatrix}\cdot\begin{pmatrix}v_x(\vec{x}(\xi,\eta))\\v_y(\vec{x}(\xi,\eta))\\v_z(\vec{x}(\xi,\eta))\end{pmatrix} \tag{13.18}$$

berechnet werden, wobei alle hier auftretenden partiellen Ableitungen von $(\xi,\eta)$ abhängen.

Die **zweite Vorgangsweise** reduziert ein Oberflächenintegral auf drei Zweifachintegrale über jene Gebiete in den Koordinaten-Ebenen, die sich aus den Projektionen von $A$ auf diese Ebenen ergeben. Die Methode kann nur angewandt werden, wenn jeder von einer solchen Projektion stammende Bildpunkt von *genau einem* Punkt der Fläche herrührt (und nicht von mehreren). Das ist genau dann der Fall, wenn die Fläche in dreierlei Form durch eine Gleichung in den drei kartesischen Koordinaten dargestellt werden kann:[7]

- in der Form $x=f(y,z)$, wobei $(y,z)\in A_{yz}$,
- in der Form $y=g(x,z)$, wobei $(x,z)\in A_{xz}$ und
- in der Form $z=h(x,y)$, wobei $(x,y)\in A_{xy}$.

Die ebenen Gebiete $A_{yz}$, $A_{xz}$ und $A_{xy}$ sind genau die drei (Normal-)Projektionen von $A$ auf die $yz$-Ebene, die $xz$-Ebene und die $xy$ Ebene (siehe Abbildung 13.5).

Damit kann das Oberflächenintegral eines Vektorfeldes $\vec{v}$ in der Form

[6] Die nötigen Differenzierbarkeitsbedingungen sind wieder stillschweigend vorausgesetzt.

[7] Ist dies nicht der Fall, so kann die Fläche in Teile zerlegt werden, für die die Bedingung gilt. Die getrennt ausgeführten Integrale müssen danach addiert werden.

$$\int_A d\vec{A} \cdot \vec{v} = \int_{A_{yz}} dy\, dz\, v_x + \int_{A_{xz}} dx\, dz\, v_y + \int_{A_{xy}} dx\, dy\, v_z \tag{13.19}$$

berechnet werden, wobei die Komponenten des Vektorfeldes an den Stellen

$$\begin{aligned} v_x &\equiv v_x(f(y,z), y, z) \\ v_y &\equiv v_y(x, g(x,z), z) \\ v_z &\equiv v_z(x, y, h(x,y)) \end{aligned}$$

(die die entsprechenden Punkte auf $A$ darstellen) zu nehmen sind.

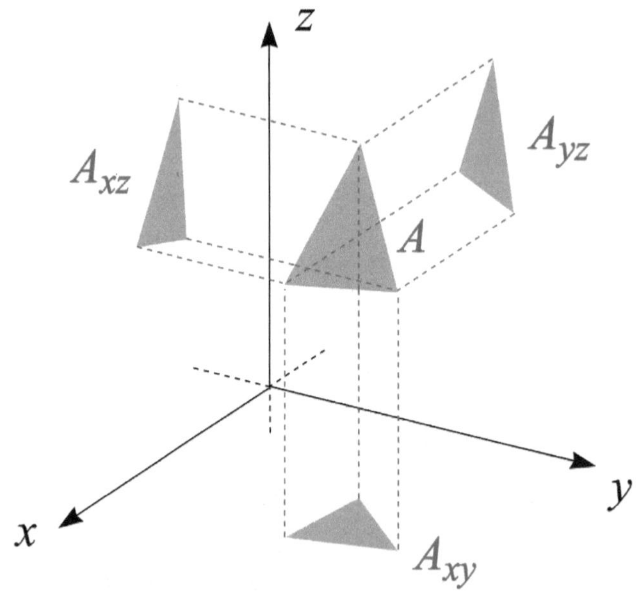


**Abbildung 13.5**:
Die Normalprojektionen einer Fläche $A$ auf die drei Koordinaten-Ebenen.

Beiden Vorgangsweisen liegt die Tatsache zugrunde, dass das vektorielle Flächenelement formal als

$$d\vec{A} = \begin{pmatrix} dy\,dz \\ dx\,dz \\ dx\,dy \end{pmatrix} \tag{13.20}$$

geschrieben werden kann. Warum (und in welchen Sinn) das *ganz allgemein* gilt (nur für den Fall einer ebenen Fläche, die parallel zu einer Koordinaten-Ebene ist, liegt es ohne weitere Rechnung auf der Hand) und welche tieferen mathematischen Strukturen mit der an sich simplen Idee einer Fläche im Raum verbunden sind, gehört in das Gebiet der *Differentialgeometrie* und übersteigt den Horizont dieses Buches.

## Aufgaben

1. Sei $A$ das durch die Bedingungen $-1 \le x \le 1$, $-1 \le y \le 1$ und $z = 5$ definierte Quadrat. Die Orientierung des Normalvektors wird in die positive $z$-Richtung festgesetzt. Berechnen Sie den Fluss des Vektorfeldes $\vec{F}(\vec{x}) = \begin{pmatrix} y \\ x+y \\ z+x^2 \end{pmatrix}$ durch $A$.

2. Berechnen Sie den Fluss des konstanten Vektorfeldes $\vec{v}(\vec{x}) = \begin{pmatrix} 0 \\ 0 \\ 1 \end{pmatrix}$ durch die Einheits-Sphäre. Wie interpretieren Sie das Ergebnis?

3. Berechnen Sie den Flächeninhalt einer Sphäre vom Radius $R$ durch ein Oberflächenintegral vom Typ (13.8).

4. Seien $S$ und $T$ die Sphären um den Ursprung mit Radien $R_1$ und $R_2$ (wobei $R_1 < R_2$), und sei $G$ das Gebiet zwischen diesen beiden Sphären. Seine Randfläche $A = \partial G$ besteht daher aus den beiden, nicht miteinander zusammenhängenden Komponenten $S$ und $T$. (Beachten Sie: Da der Normalvektor per Konvention aus dem Gebiet $G$ hinausweist, zeigt jener von $S$ zum Ursprung, jener von $T$ vom Ursprung weg). Berechnen Sie den Fluss des Vektorfeldes $\vec{F}(\vec{x}) = C\frac{\vec{x}}{r^3}$ durch $A$. Können Sie das Resultat physikalisch interpretieren?

5. Die Fläche $A$ sei durch die Bedingungen $x^2 + y^2 = R^2$ und $0 \le z \le h$ definiert. Berechnen Sie den Fluss des Vektorfeldes $\vec{F}(\vec{x}) = \frac{kx}{R}\begin{pmatrix} 1 \\ 0 \\ 0 \end{pmatrix}$ ($k =$const) durch $A$.

# 14 Integralsätze der Vektoranalysis

## Voraussetzungen

In diesem Kapitel werden einige Versprechen eingelöst. Es enthält zwei der mathematisch tiefsten und folgenschwersten Resultate dieses Buches und einige ihrer Konsequenzen. In den vorangegangenen Kapitel wurden einerseits Möglichkeiten der Differentiation von Skalar- und Vektorfeldern, andererseits verschiedene Konzepte der Integration – weitgehend voneinander unabhängig – entwickelt. Hier werden sie in Form zweier wichtiger mathematischer Sätze mit einander verbunden. Dadurch werden Zusammenhänge, die in den bisherigen Kapiteln lediglich ohne Beweis mitgeteilt wurden, wie etwa jener zwischen den Quellen eines Feldes und seinem Fluss durch eine Fläche, aber auch jener zwischen der Wirbelstärke und der Zirkulation, mit einem Schlag klar.

Als Voraussetzungen zur Formulierung der beiden Sätze benötigen wir aus früheren Kapiteln die Begriffe **Divergenz** eines Vektorfeldes, **Rotation** eines Vektorfeldes, **Volumsintegral**, **Linienintegral** und **Oberflächenintegral**. In den darauf folgenden Anwendungen wird auch der **Gradient** eines skalaren Feldes eine Rolle spielen. Wiederholen Sie bitte bei Bedarf, was über diese Themen in den entsprechenden Kapiteln gesagt wurde!

## Die Integralsätze von Gauß und Stokes

Wir beginnen damit, die beiden Sätze zu formulieren.[1]

Der **Integralsatz von Gauß** (kurz **Gaußscher Satz**) besagt folgendes:
Es sei $G$ ein dreidimensionales Gebiet (Volumen), $\partial G$ seine Randfläche (Oberfläche) und $\vec{v}$ ein auf $G$ definiertes Vektorfeld. Dann gilt:

$$\int_G d^3x \operatorname{div} \vec{v} = \oint_{\partial G} d\vec{A}\cdot\vec{v}\,. \tag{14.1}$$

In Worten ausgedrückt : **Das Volumsintegral der Divergenz eines Vektorfeldes über ein Gebiet ist gleich dem Oberflächenintegral des Vektorfeldes über den Rand (die Oberfläche) des Gebiets**.

> Hinweis:
>
> Beachten Sie, dass die *Orientierung* des vektoriellen Flächenelements $d\vec{A} = \vec{n}\,dA$ gemäß der im vorigen Kapitel besprochenen Konvention dadurch festgelegt wird, dass der Normalvektor $\vec{n}$ aus dem Gebiet $G$ *heraus* weist.

[1] Dabei werden wir wie üblich die nötigen Differenzierbarkeitsbedingungen als erfüllt annehmen.

Der **Integralsatz von Stokes** (kurz **Satz von Stokes**) besagt folgendes:
Sei $A$ eine Fläche im Raum, $\partial A$ ihre Randkurve und $\vec{v}$ ein auf $A$ definiertes Vektorfeld. Dann gilt:

$$\int_A d\vec{A}\cdot \operatorname{rot}\vec{v} = \oint_{\partial A} d\vec{x}\cdot\vec{v}. \tag{14.2}$$

In Worten ausgedrückt: **Das Oberflächenintegral der Rotation eines Vektorfeldes über eine Fläche ist gleich dem Linienintegral des Vektorfeldes über die Randkurve der Fläche**.

Hinweis:
Beachten Sie, dass die *Orientierung* der Randkurve $\partial A$, wie im vorigen Kapitel besprochen, an jene der Fläche $A$ angepasst wird, und zwar so, dass in jedem Randpunkt das Vektorprodukt $\vec{n}\times\dot{\vec{x}}$ des Normalvektors von $A$ mit dem Tangentenvektor von $\partial A$ *in die Fläche hinein weist* (Rechtsschraubenregel, vgl. Abbildung 13.2).

Die Integralsätze von Gauß und Stokes haben etwas gemeinsam: Auf der *linken Seite* wird ein Integral über eine Größe gebildet, die durch Differentiation eines Feldes zustande kommt. Auf der *rechten Seite* steht eine Größe, die lediglich von den Werten des Feldes am Rand abhängt. Eine analoge Aussage lässt sich auch in *einer* Dimension machen:

$$\int_a^b dx\, f'(x) = f(b)-f(a). \tag{14.3}$$

Das ist nichts anderes als der **Hauptsatz der Differential- und Integralrechnung**. Der Integrationsbereich ist das Intervall $[a,b]$. Auf der rechten Seite wird die Funktion an den Punkten $a$ und $b$ ausgewertet, die den *Rand* des Intervalls $[a,b]$ bilden. In diesem Sinn sind die Sätze von Gauß und Stokes Verallgemeinerungen von (14.3) für Integrale, die im dreidimensionalen Raum gebildet werden. Es wird daher wenig überraschen, dass sich die Beweise der Integralsätze (die wir hier nicht wiedergeben) letzten Endes auf (14.3) zurückführen lassen.

Weiters ist die Beziehung (12.24) ebenfalls von diesem Typ: Das Linienintegral über ein Gradientenfeld $\vec{\nabla} f$ kann durch die Werte von $f$ am Anfangs- und am Endpunkt (also am *Rand*) der Kurve, über die integriert wird, ausgedrückt werden.

Schließlich wollen wir anmerken, dass sich die Integralsätze von Gauß und Stokes auf höhere Dimensionen verallgemeinern lassen. Insbesondere die Verallgemeinerungen in *vier* Dimensionen werden in der Relativitätstheorie (in der an die Stelle des dreidimensionalen Raumes die vierdimensionale Raumzeit tritt) benötigt.

[Aufgabe 1] [Aufgabe 2] [Aufgabe 3]

Unter den vielen Anwendungen der Integralsätze von Gauß und Stokes und den aus ihnen zu gewinnenden Erkenntnissen wollen wir in den folgenden Abschnitten nur einige wenige herausgreifen. Sie beziehen sich alle auf Themen, die in den vorangegangenen Kapiteln angesprochen wurden.

## Die Quellen eines Feldes

Eine der vier Maxwellgleichungen lautet

$$\operatorname{div}\vec{E} = \rho, \tag{14.4}$$

wobei $\vec{E}$ das elektrische Feld und $\rho$ die elektrische Ladungsdichte ist. Die in einem infinitesimalen Volumselement $d^3x$ enthaltene Ladung ist (gemäß der Definition der Ladungsdichte als „Ladung pro Volumen") gleich $dQ = d^3x\,\rho$. Die in einem Gebiet $G$ enthaltene (Netto-) Ladung ist daher durch

$$Q = \int_G d^3x\,\rho, \tag{14.5}$$

gegeben. Nun bilden wir das Volumsintegral beider Seiten der Beziehung (14.4) über das Gebiet $G$, wenden auf die linke Seite den Gaußschen Integralsatz und auf die rechte Seite (14.5) an und erhalten

$$\oint_{\partial G} d\vec{A}\cdot\vec{E} = Q. \tag{14.6}$$

Auf der linken Seite steht der elektrische Fluss durch die Randfläche von $G$. In Kapitel 13 wurde bereits angekündigt, dass er gleich der in $G$ enthaltenen elektrischen Ladung ist (siehe Gleichung (13.5) und den Text darunter), und für eine Kugel wurde diese Beziehung nachgerechnet (siehe Formel (13.14) und den Text darunter). Nun haben wir *allgemein* bewiesen, dass die Maxwellsche Theorie diesen Zusammenhang für *beliebige* Gebiete voraussagt!

> Bemerkung:
> Sehr vereinfacht wird der elektrische Fluss durch eine Fläche manchmal als die „Zahl der Feldlinien", die sie durchstoßen, ausgedrückt und anderseits die elektrische Ladung als Quelle dieser Feldlinien angesehen. Mit (14.6) haben wir nun die exakte Version dieser Aussage hergeleitet.

Das Feld kann nur in dem Maße durch den Rand von $G$ „fließen", in dem es von Ladungen innerhalb von $G$ „erzeugt" wird. Da diese Aussage für *alle* Gebiete $G$ gilt, folgt aus der Maxwellgleichung (14.4), dass es außer der elektrischen Ladung keine anderen Quellen für den Fluss des elektrischen Feldes geben kann. (14.6) – mit dem Zusatz „für alle $G$" – wird auch als die Maxwellgleichung (14.4) „in Integralform" bezeichnet.

> Bemerkung: *
> Aus (14.6) folgt, dass sich der elektrische Fluss durch eine (nicht geschlossene) Fläche nicht ändert, wenn diese bei festgehaltener Randkurve innerhalb eines *ladungsfreien* Bereichs kontinuierlich verformt wird: Nehmen wir etwa an, dass $G$ in (14.6) eine Kugel ist, in der keine Ladungen sitzen (woraus $Q = 0$ folgt). Nun zerschneiden wir $\partial G$ in zwei Halbsphären $A_1$, $A_2$ und stimmen deren Normalvektoren so ab, dass bei einer kontinuierlichen Verformung von $A_1$ in $A_2$ die Orientierung der Randkurve (des Äquators) einheitlich bleibt. Die linke Seite von (14.6) ist zunächst die *Summe* der Flächenintegrale über die Halbsphären. Dass aber die Orientierung einer der bei-

den Halbsphären umgedreht wird, ändert das Vorzeichen des betreffenden Integrals, und aus der Summe wird eine *Differenz*. Daher kann (14.6) gelesen werden als

$$\int_{A_1} d\vec{A}\cdot\vec{E} = \int_{A_2} d\vec{A}\cdot\vec{E}, \tag{14.7}$$

d.h. als die Aussage, dass der elektrische Fluss durch die beiden Halbsphären gleich ist. Dies bestätigt unsere Interpretation der Ladung als Quelle des elektrischen Feldes: Da sich zwischen $A_1$ und $A_2$ keine Ladungen befinden, ist der elektrische Fluss für beide gleich (und auch für alle Zwischenflächen, die die gleiche Randkurve wie $A_1$ und $A_2$ besitzen).

Damit ist auch die in Kapitel 9 angegebene Bedeutung der **Divergenz als Quellstärke** eines Vektorfeldes begründet: Die Quelle für das elektrische Feld ist aufgrund von (14.6) die elektrische Ladung. Da die Ladungsdichte $\rho$ gemäß der Maxwellgleichung (14.4) gleich der Divergenz von $\vec{E}$ ist, ist die Divergenz als die (lokale) Quellstärke identifiziert. Der von dieser Situation herrührende Sprachgebrauch wird dann auf beliebige Vektorfelder ausgedehnt.

Die Argumentation, die zu (14.7) geführt hat, gilt ganz allgemein: Der Fluss eines quellenfreien (divergenzfreien) Vektorfeldes durch eine Fläche hängt nur von der Randkurve ab. Dabei ist allerdings ein Quentchen Vorsicht geboten:

Das Problem der **punktförmigen Quellen**: *
Bei der letzten Aussage ist vorausgesetzt, dass sich zwischen den in Frage kommenden Flächen mit der gleichen Randkurve tatsächlich *keine* Quellen befinden, auch nicht punktförmige! Letztere zeigen sich daran, dass das Feld in einzelnen Punkten Singularitäten (Unendlichkeitsstellen) nicht wohldefiniert ist. Bei oberflächlicher Betrachtung fallen sie, wie bereits in Kapitel 9 diskutiert wurde, gar nicht als solche auf. Das berühmteste Beispiel ist das – ebenfalls in Kapitel 9 besprochene – von einer Punktladung (bzw. -masse) erzeugte elektrostatische Feld (bzw. Gravitationsfeld). Es hat, wie schon des Öfteren erwähnt, die radialsymmetrische Form

$$\vec{v} = C\frac{\vec{x}}{r^3}.$$

Durch Differenzieren ergibt sich $\operatorname{div}\vec{v} = 0$. Setzen wir das in den Gaußschen Satz (14.1) ein, so erhalten wir

$$0 = C\oint_{\partial G} d\vec{A}\cdot\frac{\vec{x}}{r^3}. \tag{14.8}$$

Andererseits ist die rechte Seite nach (14.6) gleich der Ladung (bzw. minus der Masse) innerhalb des Gebiets $G$. In Kapitel 13 wurde der Wert dieses Oberflächenintegrals für eine Kugel berechnet (vgl. Formel (13.14)). Das Ergebnis war $4\pi C$, was auf den offensichtlichen Widerspruch

$$0 = 4\pi C \tag{14.9}$$

führt. Was ist passiert? Die Aufklärung ergibt sich daraus, dass die Beziehung $\operatorname{div}\vec{v} = 0$ im Ursprung nicht gilt. Dort sitzt eine punktförmige Quelle (von der *alle* Feldlinien ausgehen). In Kapitel 9, Formel (9.18), wurde bereits angemerkt, dass genau genommen $\operatorname{div}\left(r^{-3}\vec{x}\right) = 4\pi\,\delta^3(\vec{x})$ gilt, wobei $\delta^3(\vec{x})$ (die Deltafunktion in drei Dimensionen) für eine im Ursprung sitzende Quelle steht. Tatsächlich müssten wir auf der linken Seite von (14.8) nicht $0$, sondern das Volumsintegral über $4\pi C\,\delta^3(\vec{x})$ schreiben. Die Theorie der *Distributionen* (*verallgemeinerten Funktionen*), die nicht Gegenstand dieses Buches ist, zeigt, dass

$$\int_{\mathbb{R}^3} d^3x\,\delta^3(\vec{x}) = 1$$

ist, so dass das Volumsintegral über $4\pi C\,\delta^3(\vec{x})$ gleich $4\pi C$ ist. Damit wird (14.9) zur Identität $4\pi C = 4\pi C$, und die Welt ist wieder in Ordnung.

Ein Beispiel für ein Feld, das keinerlei Quellen (auch keine versteckten Punktquellen) besitzt, ist das Magnetfeld $\vec{B}$, denn eine weitere Maxwell-Gleichung lautet

$$\operatorname{div}\vec{B} = 0. \tag{14.10}$$

Wenden wir auf sie den Gaußschen Satz an, so bekommen wir die Aussage

$$\oint_{\partial G} d\vec{A}\cdot\vec{B} = 0. \tag{14.11}$$

Der magnetische Fluss durch jede Randfläche (d.h. durch jede geschlossene Fläche) verschwindet, und nach der gleichen Argumentation, die zu (14.7) geführt hat, gilt: Der magnetische Fluss durch eine Fläche hängt nur von deren Randkurve ab.

Bemerkung: *
Eine andere Argumentation, die zum gleichen Ergebnis führt, benutzt die Tatsache, dass das Magnetfeld, wie in Kapitel 9 erwähnt, ein Vektorpotential besitzt: $\vec{B} = \operatorname{rot}\vec{A}$. Aus dem Satz von Stokes folgt damit unmittelbar

$$\int_{A} d\vec{A}\cdot\vec{B} = \oint_{\partial A} d\vec{x}\cdot\vec{A}, \tag{14.12}$$

was explizit zeigt, dass der Wert des magnetischen Flusses nur von der Randkurve abhängt (und diesen Wert in Form eines Linienintegrals über das Vektorpotential angibt).

Damit ist der Satz „das Magnetfeld besitzt keine Quellen" begründet. Das magnetische Feldlinien „entspringen" nirgends – sie sind geschlossen.

## Die Wirbel eines Feldes

Eine der vier Maxwell-Gleichungen für den statischen Fall lautet

$$\operatorname{rot}\vec{B} = \vec{j}, \tag{14.13}$$

wobei $\vec{B}$ das (zeitunabhängige) Magnetfeld und $\vec{j}$ die elektrische Stromdichte ist. Der durch ein infinitesimales Flächenelement $d\vec{A}$ fließende elektrische Strom ist gleich $dI = d\vec{A}\cdot\vec{j}$. Der durch eine Fläche $A$ fließende elektrische (Netto-)Strom ist daher durch

$$I = \int_A d\vec{A}\cdot\vec{j} \tag{14.14}$$

gegeben. Nun bilden wir das Oberflächenintegral beider Seiten der Beziehung (14.13), wenden auf der linken Seite den Satz von Stokes und auf der rechten Seite (14.14) an und erhalten

$$\oint_{\partial A} d\vec{x}\cdot\vec{B} = I\,. \tag{14.15}$$

Auf der linken Seite steht die magnetische Zirkulation entlang der Randkurve $\partial A$. Sie ist uns in Kapitel 12 bereits begegnet (siehe Formel (12.27)). Aus (14.15) geht hervor, dass sie gleich dem durch die Fläche $A$ fließenden elektrischen Strom ist – dieser ist somit als Ursache der magnetischen Zirkulation identifiziert. (14.15) – mit dem Zusatz „für alle $A$" – wird auch als die Maxwellgleichung (14.13) „in Integralform" bezeichnet.

Damit ist auch die im Kapitel 9 angegebene Bedeutung der **Rotation als Wirbelstärke** eines Vektorfeldes begründet: Die Ursache für die Zirkulation, also für „Wirbel" des statischen Magnetfelds ist aufgrund von (14.15) der elektrische Strom. Da die elektrische Stromdichte $\vec{j}$ gemäß der Maxwellgleichung (14.13) gleich der Rotation von $\vec{B}$ ist, ist letztere als die (lokale) Wirbelstärke identifiziert. Dieser (letzten Endes von der Wirbelbildung in strömenden Flüssigkeiten herrührende) Sprachgebrauch (der übrigens zwischen der Wirbelstärke als lokaler Größe und der Zirkulation als integrierter Größe nicht immer genau unterscheidet) wird dann auf beliebige Vektorfelder ausgedehnt.

## Die Maxwell-Gleichungen *

Wir haben nun so oft über einzelne Maxwell-Gleichungen für spezielle Situationen gesprochen, dass es an der Zeit ist, ihre vollständige und allgemeine Formulierung anzugeben. Sie bilden die Grundlage der klassischen Elektrodynamik und handeln von den Größen

- elektrisches Feld $\vec{E}$
- Magnetfeld $\vec{B}$
- elektrische Ladungsdichte $\rho$
- elektrische Stromdichte $\vec{j}$

die alle von $\vec{x}$ und von der Zeit $t$ abhängen können. Sie lauten (in natürlichen Einheiten):

$$\operatorname{div}\vec{E} = \rho \qquad \operatorname{div}\vec{B} = 0 \qquad (14.16)\ (14.17)$$

$$\operatorname{rot}\vec{E} + \frac{\partial\vec{B}}{\partial t} = 0 \qquad \operatorname{rot}\vec{B} - \frac{\partial\vec{E}}{\partial t} = \vec{j} \qquad (14.18)\ (14.19)$$

Bisher haben wir immer nur statische Felder betrachtet, d.h. die Zeitableitungen weggelassen. Wird

$$\frac{\partial \vec{E}}{\partial t} = \frac{\partial \vec{B}}{\partial t} = 0$$

gesetzt, so zerfallen die Gleichungen in zwei Gruppen: Die beiden linken Gleichungen beschreiben das statische elektrische Feld, die beiden rechten beschreiben das statische Magnetfeld, und die beiden Gruppen haben nichts miteinander zu tun. Wird aber der volle dynamische Fall betrachtet, so zeigt sich, dass das elektrische und das magnetische Feld in wunderbarer Weise miteinander verwoben sind:

- Ist $\frac{\partial \vec{B}}{\partial t} \neq 0$, d.h. ändert sich das Magnetfeld mit der Zeit, so erzeugt dies aufgrund von (14.18) Wirbel des elektrischen Feldes.
- Ist $\frac{\partial \vec{E}}{\partial t} \neq 0$, d.h. ändert sich das elektrische Feld mit der Zeit, so erzeugt dies aufgrund von (14.19) Wirbel des Magnetfeldes (zusätzlich zu den von $\vec{j}$ erzeugten).

Tatsächlich werden diese beiden Felder in der modernen Physik – in vereinheitlichender Sichtweise – als *ein* Feld (das **elektromagnetische Feld**) betrachtet.

Die Gleichungen (14.16) und (14.17) haben wir durch die Benutzung des Gaußschen Satzes bereits in den vorangegangenen Abschnitten dieses Kapitels in Integralform angeschrieben, die Gleichung (14.19) nur für den statischen Fall. Der Satz von Stokes erlaubt uns, die gegenseitige Beeinflussung der Felder, d.h. die Gleichungen (14.18) und (14.19) in ihrer dynamischen Form, besser zu verstehen.

- Wird über beide Seiten von (14.18) ein Oberflächenintegral gebildet und der Satz von Stokes angewandt, so erhalten wir

$$\oint_{\partial A} d\vec{x}\cdot\vec{E} = -\frac{d}{dt}\int_A d\vec{A}\cdot\vec{B}. \tag{14.20}$$

  Ändert sich der magnetische Fluss durch eine Fläche $A$ (siehe (14.11) und (14.12) für die Eigenschaften des magnetischen Flusses), so wird dadurch ein Wirbel im elektrischen Feld hervorgerufen. Bezeichnet die Randkurve $\partial A$ den Verlauf einer geschlossenen Leiterschleife, so wird in dieser eine Kreisspannung und damit ein elektrischer Strom induziert. Das ist das **Induktionsgesetz**!

- Wird über beide Seiten von (14.19) ein Oberflächenintegral gebildet und der Satz von Stokes angewandt, so erhalten wir

$$\oint_{\partial A} d\vec{x}\cdot\vec{B} = \frac{d}{dt}\int_A d\vec{A}\cdot\vec{E} + \int_A d\vec{A}\cdot\vec{j} \equiv \frac{d}{dt}\int_A d\vec{A}\cdot\vec{E} + I. \tag{14.21}$$

  Auf der linken Seite steht die magnetische Zirkulation entlang der Randkurve $\partial A$, $I$ ist der durch die Fläche $A$ fließende elektrische Strom. Für den statischen Fall haben wir in (14.15) bereits gesehen, dass $I$ die Ursache für die magnetische Zirkulation ist. Tatsächlich ist der elektrische Strom nur *eine* Ursache – wie uns (14.21) sagt, ist die zweite Ursache die zeitliche Änderungsrate des elektrischen Flusses durch $A$ (der so genannte **Maxwellsche Verschiebungsstrom**).

- Falls $\rho$ und $\vec{j}$ im ganzen Raum verschwinden, beschreiben die Maxwellgleichungen (**freie**) **elektromagnetische Wellen**. In diesem Fall besteht eine (auch ästhetisch ansprechende) Symmetrie zwischen elektrischem und magnetischem Feld: Sie erzeugen einander gegenseitig.

Eine weitere, vielleicht unerwartete Folgerung der Maxwellgleichungen ist die **Ladungserhaltung**. Wir stoßen auf sie, indem wir mit Hilfe von (14.16) und (14.19) berechnen:

$$\frac{\partial\rho}{\partial t}+\operatorname{div}\vec{j}=\frac{\partial}{\partial t}\operatorname{div}\vec{E}+\operatorname{div}\operatorname{rot}\vec{B}-\operatorname{div}\frac{\partial\vec{E}}{\partial t}.$$

Da $\operatorname{div}\operatorname{rot}\vec{B}=0$ ist (wie für *jedes* Vektorfeld, vgl. (9.34)), und da es auf die Reihenfolge, in der die Operationen $\frac{\partial}{\partial t}$ und $\operatorname{div}$ angewandt werden, nicht ankommt, erhalten wir

$$\frac{\partial\rho}{\partial t}+\operatorname{div}\vec{j}=0. \tag{14.22}$$

Das ist die so genannte **Kontinuitätsgleichung**.[2] Um herauszufinden, was sie bedeutet, integrieren wir sie über ein Gebiet $G$:

$$\int_G d^3x\,\frac{\partial\rho}{\partial t}=-\int_G d^3x\operatorname{div}\vec{j}.$$

Auf der linken Seite wird die Zeitableitung aus dem Integral herausgezogen (was erlaubt ist, wenn $G$ sich mit der Zeit nicht ändert), und auf der rechten wenden wir den Satz von Stokes an. Das Ergebnis ist

$$\frac{d}{dt}\int_G d^3x\,\rho=-\oint_{\partial G} d\vec{A}\cdot\vec{j}. \tag{14.23}$$

Das Integral auf der linken Seite ist die im Gebiet $G$ enthaltene elektrische Ladung. Die rechte Seite stellt den durch den Rand des Gebiets $G$ fließenden Strom dar. In Worten besagt diese Beziehung: Die im Gebiet $G$ enthaltene Ladung kann nur zu- oder abnehmen, wenn sich Ladung (in Form eines elektrischen Stroms) in das Gebiet hinein oder aus dem Gebiet heraus bewegt. Die elektrische Ladung ist (nicht nur insgesamt, sondern auch *lokal*, d.h. für *jedes* Gebiet $G$) *erhalten*.

Demnach ist die Ladungserhaltung eine Konsequenz der Maxwellgleichungen. Sie muss nicht eigens gefordert werden, sondern folgt aus der Theorie.

---

[2] Die Kontinuitätsgleichung tritt übrigens auch in anderen Gebieten der Physik auf. Beispielsweise beschreibt sie die (lokale) Erhaltung der Masse einer Flüssigkeit, wenn $\rho$ deren Dichte und $\vec{j}=\rho\vec{v}$ ihr in Kapitel 13 – oberhalb von (13.4) – eingeführter Stromdichtevektor ist. Die Begründung dieser Deutung funktioniert ganz genauso wie die Schritte von (14.22) zu (14.23).

## Rotationsfreie und konservative Vektorfelder *

Zum Abschluss kommen wir noch einmal auf den Zusammenhang zwischen rotationsfreien Vektorfeldern (d.h. Vektorfelder, deren Rotation verschwindet) und konservativen Vektorfeldern (d.h. Gradientenfelder) zu sprechen.

Wie in Kapitel 9 besprochen, besitzt die für beliebige Skalarfelder geltende Identität

- $\text{rot}\,\vec{\nabla} f = 0$ (die Rotation eines Gradienten verschwindet, d.h. **jedes konservative Vektorfeld ist rotationsfrei** (**wirbelfrei**), vgl. (9.32))

eine lokale Umkehrung:

- Gilt $\text{rot}\,\vec{v} = 0$ für ein Vektorfeld $\vec{v}$, so gibt es (zumindest lokal) ein skalares Feld $f$, so dass $\vec{v} = \vec{\nabla} f$ gilt (**jedes rotationsfreie** (**wirbelfreie**) **Vektorfeld ist – zumindest lokal – konservativ**, d.h. der Gradient eines Skalarfeldes, des „Potentials").

Mit Hilfe des Integralsatzes von Stokes können wir nun genauer sagen, was es mit dieser Umkehrung und mit der Einschränkung „**lokal**" auf sich hat. Sei also $\vec{v}$ ein rotationsfreies Vektorfeld. Mit $\text{rot}\,\vec{v} = 0$ wird der Satz von Stokes (14.2) zu

$$\oint_{\partial A} d\vec{x} \cdot \vec{v} = 0, \tag{14.24}$$

wobei $\partial A$ für eine beliebige geschlossene Kurve steht, die Randkurve einer Fläche $A$ im Raum ist. Stellen wir uns nun $\partial A$ aus zwei Teilkurven zusammengesetzt vor, die beide den gleichen Anfangs- und Endpunkt besitzen (Abbildung 14.1).

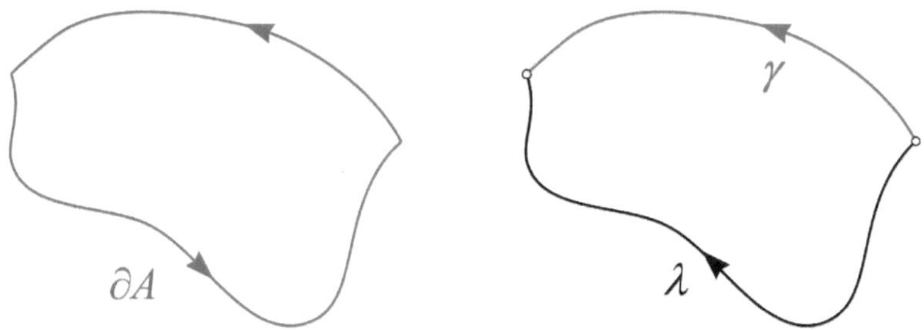


**Abbildung 14.1**:
Eine geschlossene Kurve, die die Randkurve einer Fläche ist (links) kann man sich als aus zwei Kurven $\gamma$ und $\lambda$ zusammengesetzt denken, die den gleichen Anfangs- und Endpunkt besitzen (rechts). Dabei muss allerdings die Orientierung einer der beiden Teilkurven – hier $\lambda$ – entgegengesetzt zu jener der Ausgangskurve gewählt werden. Umgekehrt können zwei Kurven, die den gleichen Anfangs- und Endpunkt besitzen, und die keine „Verknotungen" aufweisen, gemeinsam zu einer geschlossenen Kurve zusammengefasst werden, wobei wieder eine von ihnen in umgekehrter Orientierung durchlaufen wird.

Daraus folgt, dass das Linienintegral eines rotationsfreien Vektorfeldes wegunabhängig ist (d.h. nur vom Anfangs- und Endpunkt abhängt).

Begründung:
Eine der beiden Kurven (nennen wir sie $\gamma$, siehe Abbildung 14.1) wird dabei in der gleichen Richtung durchlaufen wie $\partial A$, die andere (wir nennen sie $\lambda$) in entgegengesetzter Richtung als $\partial A$. Da die Umkehrung der Durchlaufrichtung in einem Linienintegral lediglich den Effekt hat, den Tangentenvektor (bzw. das „Linienelement" $d\vec{x}$) und damit das Vorzeichen des Integrals umzudrehen, ist die linke Seite von (14.24) nicht die *Summe*, sondern die *Differenz* der Linienintegrale über sie . Es folgt also

$$\int_\gamma d\vec{x}\cdot\vec{v} = \int_\lambda d\vec{x}\cdot\vec{v}, \tag{14.25}$$

was nichts anderes als die Wegunabhängigkeit des Linienintegrals ausdrückt.

Dieses Resultat können wir dazu benutzen, um eine **Funktion** $\phi$ zu **konstruieren, deren Gradient** $\vec{v}$ **ist**: $\phi(\vec{x})$ sei das Linienintegral von $\vec{v}$ über eine Kurve, die von einem beliebigen festgehaltenen Punkt $\vec{x}_0$ nach $\vec{x}$ läuft. Wird der Gradient der so definierten Funktion

$$\phi(\vec{x}) = \int_{\substack{\text{Kurve von}\\ \vec{x}_0 \text{ nach } \vec{x}}} d\vec{x}\cdot\vec{v} \tag{14.26}$$

durch formale Differentiation nach $\vec{x}$ gebildet, so folgt nach einer mittelschweren Rechnung, dass $\vec{v} = \vec{\nabla}\phi$ gilt. Ist daher $\vec{v}$ ein Gradientenfeld?

Falls die Beziehung $\operatorname{rot}\vec{v} = 0$ im gesamten Raum gilt (oder zumindest in jenem Raumgebiet, in dem die Flächen liegen, deren Randkurven bei der Herleitung von (14.24) und der Wegunabhängigkeit benutzt wurden), dann lautet die Antwort „ja". Falls aber die Bezierung $\operatorname{rot}\vec{v} = 0$ *nicht überall* gilt, so kann bei der Konstruktion von $\phi$ ein Malheur passieren: Das Problem besteht darin, dass für *jeden* Punkt $\vec{x}$ eine Kurve von $\vec{x}_0$ nach $\vec{x}$ gewählt werden muss. Falls nun (beispielsweise) das Vektorfeld $\vec{v}$ entlang der $z$-Achse eine Singularität besitzt, so können unterschiedliche Kurven zu verschiedenen Werten von $\phi$ führen! Befindet sich die $z$-Achse *zwischen* zwei Kurven mit gleichem Anfangspunkt $\vec{x}_0$ und Endpunkt $\vec{x}$, so wird jede Fläche, die sich *zwischen* die beiden Kurven legen lässt, von der $z$-Achse durchstoßen, enthält also einen Punkt, an dem nicht behauptet werden kann, dass $\operatorname{rot}\vec{v} = 0$ gilt! Damit kann aber der Satz von Stokes *nicht angewandt* werden, und die Wegunabhängigkeit des Linienintegrals (14.25) ist nicht mehr gegeben! In einer solchen Situation kann es geschehen, dass $\phi$ nicht in stetiger Weise im gesamten Definitionsbereich von $\vec{v}$ (in unserem Beispiel: im gesamten Raum ohne $z$-Achse) definiert werden kann. Daher die Einschränkung „lokal".

Ein schönes Beispiel für diese Einschränkung ist das ringförmige Vektorfeld

$$\vec{v}(\vec{x}) = \frac{1}{x^2 + y^2} \begin{pmatrix} -y \\ x \\ 0 \end{pmatrix}$$

(es ist identisch mit (8.9) für $C = 1$ und besitzt eine Singularität entlang der $z$-Achse). In Kapitel 9 wurde gezeigt, dass es $\operatorname{rot} \vec{v} = 0$ erfüllt und (lokal) der Gradient der die $z$-Achse umlaufenden Winkelkoordinate $\varphi$ ist. $\varphi$ ist aber *nicht* im gesamten Definitionsbereich von $\vec{v}$ stetig definierbar – als Funktion aufgefasst, besitzt sie (egal, wie ihr Bereich gewählt wird) Unstetigkeitsstellen, an denen sich ihr Wert abrupt um einen Betrag von $2\pi$ ändert. Mit der obigen Argumentation wurde begründet, *warum* diese Schwierigkeit auftritt!

Besitzt das rotationsfreie Vektorfeld $\vec{v}$ nur an einzelnen isolierten *Punkten* Singularitäten, so ist die Situation weniger schlimm: Dann lassen sich alle Kurven mit gleichem Anfangs- und Endpunkt innerhalb des Definitionsbereichs von $\vec{v}$ kontinuierlich ineinander überführen, und daher ist gewährleistet, dass $\phi$ in diesem Bereich stetig definiert werden kann.

Ein Beispiel ist das (bereits oft erwähnte) Vektorfeld

$$\vec{v}(\vec{x}) = -\frac{\vec{x}}{r^3}.$$

Es ist der Gradient des (überall außer im Ursprung wohldefinierten) Skalarfeldes

$$\phi(\vec{x}) = \frac{1}{r}.$$

Klarerweise kann $\phi$ wie oben konstruiert werden (wobei $\vec{x}_0$ der Einfachheit halber ins Unendliche geschoben wurde – tut man das nicht, so ergibt sich

$$\phi(\vec{x}) = \frac{1}{r} + \text{const}$$

als Potential).

Da linienförmige Singularitäten in der Physik nicht allzu oft auftreten, wird der Begriff des rotationsfreien Vektorfeldes oft mit jenem des konservativen Vektorfeldes (Gradientenfeldes) gleichgesetzt. Wir wissen aber jetzt, dass (und warum) dieser Zusammenhang manchmal nur ein lokaler ist.

---

Mit diesem Kapitel haben wir die Besprechung von Grundtatsachen aus dem Gebiet der Vektoranalysis beendet. Ausgerüstet mit den Begriffen, Beziehungen und Methoden, die Sie hier kennen gelernt haben, sollten Sie nun in der Lage sein, den Grundaufbau von Theorien wie der Elektrodynamik und der Newtonschen Gravitationstheorie, wie sie in weiterführenden Lehrveranstaltungen Ihres Studiums behandelt werden, zu verstehen, ohne vor den aufgeschriebenen Gleichungen kapitulieren zu müssen. Aber auch wenn Ihnen in anderen physikalischen Gebieten (wie beispielsweise der klassischen Mechanik, der Quantentheorie, der Elementarteilchenphysik oder der Hydrodynamik) Konzepte und Operationen der Vektoranalysis und die beiden Integralsätze begegnen, sollten Sie in der Lage sein, ihnen ein gewisses Maß an Verständnis entgegenzubringen.

## Aufgaben

1. Überprüfen Sie den Integralsatz von Gauß für den Fall, dass $G$ die Kugel um den Ursprung mit Radius $R$ und $\vec{v}(\vec{x}) = \vec{x}$ ist, indem Sie beide Seiten von (14.1) separat berechnen.

2. Überprüfen Sie den Integralsatz von Gauß für den Fall, dass $G$ die Kugel um den Ursprung mit Radius $R$ und $\vec{v}(\vec{x}) = r^2 \vec{x}$ ist, indem Sie beide Seiten von (14.1) getrennt berechnen.

3. Überprüfen Sie den Integralsatz von Stokes für den Fall, dass $A$ die Kreisscheibe um den Ursprung mit Radius $R$ in der $xy$-Ebene (mit nach oben weisendem Normalvektor) und $\vec{v} = \begin{pmatrix} -y \\ x \\ x^2 + y^2 - z^2 \end{pmatrix}$ ist, indem Sie beide Seiten von (14.2) getrennt berechnen.

# 15 Lineare Algebra: Vektorräume

## Wozu lineare Algebra?

In der Physik treffen wir oft auf *lineare* Strukturen und Abbildungen. Beispiele dafür sind lineare Gleichungen und Gleichungssysteme, lineare Differentialgleichungen, lineare Koordinatentransformationen (wie Drehungen) und ganz allgemein Größen, die linear von anderen Größen abhängen. Die gemeinsame Grundlage für die Behandlung dieser Themen ist die lineare Algebra. Ihr Ausgangspunkt sind Mengen, deren Elemente wir addieren und mit Zahlen multiplizieren können – die Vektorräume. Eine zusätzliche Struktur – das Skalarprodukt – ist die mathematische Grundlage der Beschreibung von Längen und Winkeln (d.h. der Geometrie).

Daraus wird verständlich, dass die lineare Algebra ein sehr allgemeiner, vielfältig anwendbarer (und daher abstrakter) Formalismus ist. Sie stellt Verfahren zur Lösung zahlreicher Fragestellungen bereit, von denen wir – vor allem in den beiden nachfolgenden Kapiteln – einige besprechen werden.

## Reelle Vektorräume

Unter dem Begriff **Vektor** kennen Sie wahrscheinlich vor allem (oder ausschließlich) die zwei- und dreikomponentigen Objekte der Form

$$\vec{v} = \begin{pmatrix} -3 \\ 4 \end{pmatrix} \quad \text{und} \quad \vec{w} = \begin{pmatrix} 1 \\ -3 \\ 6 \end{pmatrix}, \tag{15.1}$$

die Pfeile in der Ebene bzw. im Raum darstellen und, als Ortsvektoren interpretiert, die Lage von Punkten angeben. Da die Schreibweise mit Vektorpfeilchen in der linearen Algebra nicht üblich ist, wollen wir diese sogleich weglassen und statt dessen

$$v = \begin{pmatrix} -3 \\ 4 \end{pmatrix} \quad \text{und} \quad w = \begin{pmatrix} 1 \\ -3 \\ 6 \end{pmatrix} \tag{15.2}$$

schreiben. Formal handelt es sich bei Objekten dieser Art ganz einfach um *Listen von* zwei bzw. drei *Zahlen*. Die Menge aller zweikomponentigen reellen Vektoren wird mit $\mathbb{R}^2$, die der dreikomponentigen mit $\mathbb{R}^3$ bezeichnet. Ganz allgemein können wir (für jedes ganzzahlige $n \geq 1$) $n$-komponentige reelle Vektoren (d.h. Listen von $n$ reellen Zahlen) betrachten und bezeichnen ihre Menge mit $\mathbb{R}^n$. Wir wollen uns nun die wichtigsten Rechenoperationen für diese Objekte von einem grundsätzlichen Standpunkt aus vergegenwärtigen.

Vor allem können wir **Vektoren addieren** und **reelle Vielfache von Vektoren bilden** (d.h. Vektoren **mit reellen Zahlen** – die wir in diesem Zusammenhang auch **Skalare** nennen – **multiplizieren**). Die Summe zweier Vektoren $u, v \in \mathbb{R}^3$ schreiben wir in der Form $u+v$, die Multiplikation von $u \in \mathbb{R}^3$ mit einer Zahl $\lambda \in \mathbb{R}$ schreiben wir in der Form $\lambda u$. Das Hintereinanderausführen dieser Operationen (gekennzeichnet durch Klammern) gehorcht den gleichen Rechenregel wie sie uns für die reellen Zahlen bekannt sind. Für $u, v, w \in \mathbb{R}^3$ und $\lambda, \mu \in \mathbb{R}$ gelten insbesondere

- Rechenregeln für die Addition von Vektoren:[1]

$$(u+v)+w = u+(v+w) \quad \text{..... Assoziativgesetz 1} \tag{15.3}$$
$$u+v = v+u \quad \text{..... Kommutativgesetz} \tag{15.4}$$

- Rechenregeln für das Bilden von reellen Vielfachen (d.h. für die Multiplikation von Vektoren mit Skalaren):[2]

$$\lambda(\mu v) = (\lambda\mu) v \quad \text{..... Assoziativgesetz 2} \tag{15.5}$$
$$(\lambda+\mu) v = \lambda v + \mu v \quad \text{..... Distributivgesetz 1} \tag{15.6}$$
$$\lambda(u+v) = \lambda u + \lambda v \quad \text{..... Distributivgesetz 2} \tag{15.7}$$

Der Vektor, dessen Komponenten alle $0$ sind (manchmal als **Nullvektor**[3] bezeichnet), wird der Einfachheit halber ebenfalls als $0$ angeschrieben.

Warum schreiben wir diese (anscheinend trivialen) Regeln so penibel auf? Weil es auch *andere* Operationen mit *anderen* Objekten gibt, die sie erfüllen. Wir nennen eine Menge $V$ einen **reellen Vektorraum** (oder einen **Vektorraum über** $\mathbb{R}$), wenn für ihre Elemente eine Addition und eine Multiplikation mit reellen Zahlen (Skalaren) definiert ist, die den oben aufgelisteten Regeln gehorcht.[4]

Beispiele für Vektorräume:

- Klarerweise sind die Mengen $\mathbb{R}^2$ und $\mathbb{R}^3$ Vektorräume, denn die oben aufgezählten Rechenregeln fassen nur zusammen, wie wir mit ihren Elementen rechnen. Auch jeder andere $\mathbb{R}^n$ ist ein reeller Vektorraum, wobei die Addition und die Multiplikation, so wie wir sie vom $\mathbb{R}^2$ und $\mathbb{R}^3$ kennen, komponentenweise definiert sind. Ob wir $n$-komponentige Vektoren in *Zeilen*- oder *Spalten*form schreiben, ist im Prinzip egal, aber da im Folgenden (vor allem im nächsten Kapitel) beide Versionen in unterschiedlichen Rollen auftreten, wollen wir sie nicht vermischen und Elemente des $\mathbb{R}^n$, wenn wir mit ihnen rechnen, in Spaltenform aufschreiben. Beispiele für die beiden fundamentalen Operationen im $\mathbb{R}^4$ sind:

---

[1] Weitere Regeln sind $u+0=u$ und $u-u=0$, wobei $0$ der weiter unten erwähnte Nullvektor ist.

[2] Weitere Regeln sind $1v = v$ und $(-1)u = -u$.

[3] Achtung: Der Begriff *Nullvektor* besitzt in der Physik (insbesondere in der Relativitätstheorie) auch eine andere Bedeutung.

[4] Anmerkung: * Diese Definition ist nicht sehr genau formuliert. Falls Sie mit der Sprache der Algebra bereits ein bisschen vertraut sind: Die Menge $V$ muss mit der Additionsoperation eine *kommutative* (oder *abelsche*) *Gruppe* bilden, und bezüglich der Multiplikation mit Skalaren müssen die Regeln (15.5) – (15.7) sowie $1v = v$ erfüllt sein. Die Gesamtheit dieser Bedingungen wird als *Vektorraum-Axiome* bezeichnet. Entscheidend ist weiters, dass die Menge $\mathbb{R}$ einen *Körper* bildet. Auf all das wollen wir hier nicht weiter eingehen.

$$\begin{pmatrix}2\\5\\4\\3\end{pmatrix}+\begin{pmatrix}-3\\3\\1\\1\end{pmatrix}=\begin{pmatrix}-1\\8\\5\\4\end{pmatrix} \quad \text{und} \quad 2\begin{pmatrix}-1\\5\\4\\3\end{pmatrix}=\begin{pmatrix}-2\\10\\8\\6\end{pmatrix}. \tag{15.8}$$

Die Menge $\mathbb{R}$ der reellen Zahlen kann ebenfalls als Vektorraum ($\mathbb{R}^1$) aufgefasst werden.

- Sei $P$ die Menge aller Polynomfunktionen mit reellen Koeffizienten vom Grad $\leq 2$. Beispiele für Elemente von $P$ sind (wobei wir die Variable $x$ nennen) $x^2-4x+7$ und $x+2$. Man kann sich leicht davon überzeugen, dass die Menge $P$ ein reeller Vektorraum ist, wenn die **Addition zweier Funktionen** $f$, $g$ und die **Multiplikation einer Funktion** $f$ **mit einem Skalar** $\lambda$ durch

$$\begin{aligned}(f+g)(x)&=f(x)+g(x)\\(\lambda f)(x)&=\lambda f(x)\end{aligned} \tag{15.9}$$

definiert sind.[5] Da jedes Polynom $f$ vom Grad $\leq 2$ eine Funktion der Form

$$f(x)=a_2x^2+a_1x+a_0 \tag{15.10}$$

ist, genügen die drei Koeffizienten

$$\begin{pmatrix}a_2\\a_1\\a_0\end{pmatrix},$$

um $f$ eindeutig festzulegen. Wird ein weiteres Element $g\in P$ durch die Koeffizienten

$$\begin{pmatrix}b_2\\b_1\\b_0\end{pmatrix}$$

festgelegt, so

  - entspricht die Summe $f+g$ den Koeffizienten $\begin{pmatrix}a_2+b_2\\a_1+b_1\\a_0+b_0\end{pmatrix}$,
  - und für jede reelle Zahl $\lambda$ entspricht $\lambda f$ den Koeffizienten $\begin{pmatrix}\lambda a_2\\\lambda a_1\\\lambda a_0\end{pmatrix}$.

[5] Kurz ausgedrückt: Diese Operationen sind *punktweise* definiert. Mit Hilfe von (15.9) können viele andere Mengen von Funktionen zu Vektorräumen gemacht werden, beispielsweise für jedes ganzzahlige $n\geq 1$ die Menge aller Polynomfunktionen vom Grad $\leq n$, die Menge *aller* Funktionen $\mathbb{R}\to\mathbb{R}$ oder die Menge *aller stetigen* Funktionen $[0,1]\to\mathbb{R}$.

Daher entspricht jeder derartigen Operation in $P$ eine gleichartige Operation im $\mathbb{R}^3$. Wir können uns jedes Element $f \in P$ durch ein Element des $\mathbb{R}^3$ (also – geometrisch ausgedrückt – durch einen Vektor(pfeil) oder einen Punkt im Raum) *repräsentiert* vorstellen. Ob dann eine Operation in $P$ oder im $\mathbb{R}^3$ durchgeführt wird, ist gleichgültig. Beispielsweise entspricht die Rechung

$$\left(2x^2-3x+2\right)+\left(3x^2+5x-7\right)=5x^2+2x-5 \tag{15.11}$$

in $P$ der Rechnung

$$\begin{pmatrix}2\\-3\\2\end{pmatrix}+\begin{pmatrix}3\\5\\-7\end{pmatrix}=\begin{pmatrix}5\\2\\-5\end{pmatrix} \tag{15.12}$$

im $\mathbb{R}^3$. Vom Standpunkt der Vektorraumstruktur müssen wir zwischen $P$ und $\mathbb{R}^3$ gar nicht unterscheiden! Wir nennen die beiden Vektorräume $P$ und $\mathbb{R}^3$ zueinander **isomorph**. Der *Isomorphismus* zwischen ihnen ist durch die Identifizierung

$$a_2x^2+a_1x+a_0 \quad \longleftrightarrow \quad \begin{pmatrix}a_2\\a_1\\a_0\end{pmatrix} \tag{15.13}$$

gegeben. Sie *respektiert* die Vektorraumstruktur.

Das Beispiel der Menge $P$ zeigt, dass es beim Begriff des Vektorraums um die abstrakte Struktur der *Addition von Elementen* und der *Multiplikation von Elementen mit Skalaren* geht (d.h. um die so genannte **lineare Struktur**, die der *linearen* Algebra ihren Namen gibt). Alle sonstigen Eigenschaften (z.B. die Tatsache, dass $P$ aus Funktionen besteht) bleiben dabei unberücksichtigt! Genau darin besteht die Stärke der linearen Algebra, aber auch ihre Abstraktheit. Genau aus diesem Grund kann sie in vielen Gebieten der Physik (und auch in anderen Wissenschaften) eingesetzt werden.

Das Wort *Vektor* wird in der linearen Algebra in dieser allgemeinen Weise verwendet: Ein Vektor ist ein Element eines Vektorraums. Unter diesem Gesichtspunkt ist jedes Polynom der Form (15.10) (als Element von $P$ aufgefasst) ein Vektor!

Physikalische Beispiele:

- Die Vektorräume $\mathbb{R}^2$ und $\mathbb{R}^3$ werden vor allem zur Beschreibung von Punkten und Vektoren in Ebene und Raum verwendet. Aber auch andere physikalische Größen haben Vektorcharakter, beispielsweise die *Geschwindigkeit* und der *Impuls* eines Teilchens oder die *elektrische Feldstärke* an einem gegebenen Punkt des Raumes.
- In der *speziellen Relativitätstheorie* wird anstelle des dreidimensionalen Raumes die vierdimensionale *Raumzeit* als die Bühne betrachtet, auf der sich die physikalischen Prozesse abspielen. Ihre Elemente sind *Ereignisse*. Jedes Ereignis ist durch die Zeit $t$, zu der es stattfindet, und den Punkt im Raum mit Koordinaten $(x, y, z)$, an dem es stattfindet, festgelegt. Um ein Ereignis anzugeben, sind daher die vier Zahlen

$(t, x, y, z)$ nötig. In diesem Sinn wird die Raumzeit – die Menge aller Ereignisse – durch die Menge $\mathbb{R}^4$ beschrieben.[6]

- In der klassischen Mechanik werden oft verschiedenartige vektorielle Größen zusammengefasst, beispielsweise der Ort und der Impuls eines Teilchens zu sechskomponentigen Objekten der Form $(x, y, z, p_x, p_y, p_z)$. Ihre Menge – mathematisch gesehen der Vektorraum $\mathbb{R}^6$ – heißt *Phasenraum.*[7]
- Für ein aus zwei Teilchen bestehendes System ist die Menge aller Konfigurationen $(x_1, y_1, z_1, x_2, y_2, z_2)$ der so genannte *Konfigurationsraum*, in diesem Fall der $\mathbb{R}^6$. Der Phasenraum eines solchen Systems ist gar der $\mathbb{R}^{12}$.
- In der statistischen Physik (z.B. in der Gaskinetik) werden Systeme mit $N$ Teilchen betrachtet, wobei $N$ sehr groß ist (beispielsweise $10^{23}$). Dementsprechend sind Konfigurations- und Phasenraum durch $\mathbb{R}^{3N}$ und $\mathbb{R}^{6N}$ dargestellt.
- Für viele Zwecke ist es sinnvoll, auch andere Größen zu Listen zusammenzufassen. Oft können Probleme auf diese Weise eleganter formuliert und effektiver gelöst werden. Das ist vor allem dann der Fall, wenn die gesuchten Größen eine oder mehrere *lineare* Gleichungen erfüllen. Wir werden in Kapitel 16 entsprechende Verfahren kennen lernen.
- Die Lösungsmengen *linear-homogener Probleme* sind Vektorräume. So ist beispielsweise – wie in Kapitel 5 besprochen – jede reelle Lösung der Differentialgleichung $y''(x) = y(x)$ von der Form

$$y(x) = C_1 e^x + C_2 e^{-x}, \tag{15.14}$$

wobei $C_1$ und $C_2$ reelle Zahlen sind. Die Summe zweier Lösungen ist wieder eine Lösung, und jedes Vielfache einer Lösung ist wieder eine Lösung. Damit sind unsere beiden zentralen Operationen (die Addition von Elementen und das Multiplizieren von Elementen mit reellen Zahlen) *auf der Menge aller reellen Lösungen von* (15.14) *definiert.* Mit ihnen sind alle Vektorraum-Rechenregeln erfüllt. Die Menge der reellen Lösungen der Differentialgleichung $y''(x) = y(x)$ ist daher ein reeller Vektorraum. Auf diese Weise kommt die Physik dazu, Vektorräume von Funktionen zu betrachten. Der Lösungsraum unserer Differentialgleichung kann mit dem $\mathbb{R}^2$ identifiziert werden, da jedes seiner Elemente durch die Angabe eines (reellen) Zahlenpaares

$$\begin{pmatrix} C_1 \\ C_2 \end{pmatrix} \tag{15.15}$$

eindeutig festgelegt ist. (Das oben betrachtete Beispiel der Menge $P$ aller reellen Polynomfunktionen vom Grad $\leq 2$ kann übrigens in analoger Weise als Menge aller reellen Lösungen der Differentialgleichung $y'''(x) = 0$ betrachtet werden).

- Die *Quantentheorie* beschreibt Zustände eines physikalischen Systems durch so genannte *Zustandsvektoren* oder *Wellenfunktionen*, die Elemente eines Vektorraums sind. Allerdings benötigt die Quantentheorie *komplexe* Vektorräume, auf die wir in diesem Kapitel weiter unten eingehen.

---

[6] Meist werden Ereignisse in der Relativitätstheorie in der Form $(x^0, x^1, x^2, x^3)$ angegeben, wobei $x^0 = ct$ und $c$ die (Vakuum-)Lichtgeschwindigkeit ist. Oft wird $c = 1$ gesetzt, d.h. die Zeit in Längeneinheiten gemessen.

[7] Genau genommen sprechen wir hier von einem Teilchen, das sich an *jedem* Punkt des Raumes aufhalten kann. Ist das nicht der Fall, so ist der Phasenraum eine Teilmenge des $\mathbb{R}^6$.

Damit sollte einige Motivation gegeben sein, die Struktur der Vektorräume ein bisschen genauer zu betrachten.

[Aufgabe 1] [Aufgabe 2]

## Dimension, Linearkombinationen, Basis

Wir geben nun einige Definitionen und halten grundlegende Eigenschaften reeller Vektorräume (ohne Beweis) fest. Sei also $V$ ein reeller Vektorraum.

- Wir haben in den bisherigen Kapiteln den $\mathbb{R}^2$ als *zwei*dimensional und den $\mathbb{R}^3$ als *drei*dimensional bezeichnet. Dieses Konzept lässt sich verallgemeinern. Ein bisschen vereinfacht (aber für unsere Zwecke ausreichend) lautet es: Kann jedes Element eines reellen Vektorraums eindeutig durch die Angabe von $n$ reellen Zahlen festgelegt werden (und beschreibt umgekehrt jede beliebige Liste von $n$ Zahlen ein Element von $V$), so nennen wir $n$ die **Dimension** von $V$.

  Beispiele:

  - Die Dimension des $\mathbb{R}^n$ ist $n$.
  - Die Dimension der Menge $P$ aller reellen Polynomfunktionen vom Grad $\leq 2$ ist $3$ (vgl. (15.13) – es sind drei Zahlen nötig, um ein Element von $P$ eindeutig festzulegen). Wir können das formal in der Form $\dim P = 3$ ausdrücken.

  Bemerkung:
  Nicht jeder Vektorraum besitzt eine endliche Dimension. (Beispiel: die Menge aller Funktionen $\mathbb{R} \to \mathbb{R}$). Wir nennen einen Vektorraum, der keine endliche Dimension besitzt, *unendlichdimensional*, werden uns in diesem und den nächsten beiden Kapiteln aber auf **endlichdimensionale** Vektorräume beschränken.[8] Für das Studium unendlichdimensionaler Vektorräume ist das mathematische Gebiet der *Funktionalanalysis* zuständig.

- Sind $u, v, \ldots \in V$ und $\lambda, \mu, \ldots \in \mathbb{R}$, so nennen wir eine (endliche) Summe der Form

$$\lambda u + \mu v + \ldots \tag{15.16}$$

  eine **Linearkombination** (der Vektoren $u, v, \ldots$ mit Koeffizienten $\lambda, \mu, \ldots$). Vektorräume stellen genau die Struktur zu Verfügung, die zum Bilden von Linearkombinationen nötig ist (und das ist, andersrum betrachtet, der Grund dafür, warum Vektorräume so wichtig sind).

- Ist $n$ die Dimension von $V$, so kann eine Menge $B = \{e_1, e_2, \ldots e_n\}$ von $n$ Vektoren gewählt werden mit der Eigenschaft, dass jedes $u \in V$ in eindeutiger Weise als Linearkombination ihrer Elemente dargestellt werden kann. Das bedeutet: *Jeder* gegebene Vektor $u \in V$ kann in der Form

$$u = c_1 e_1 + c_2 e_2 + \ldots + c_n e_n \equiv \sum_{j=1}^{n} c_j e_j \tag{15.17}$$

[8] Lediglich in den Kapiteln 19 und 20 wird die Unendlichdimensionalität anklingen.

geschrieben werden, wobei $c_1, c_2, \ldots c_n$ *eindeutig* bestimmte reelle Zahlen sind.[9]

- Jede solche Menge $B$ heißt **Basis** von $V$. Da sich *jeder* Vektor $u$ bezüglich einer Basis $B$ in der Form (15.17) schreiben lässt, sagen wir, dass eine Basis „den Vektorraum $V$ aufspannt".
- Die Zahlen $c_1, c_2, \ldots c_n$ sind die **Komponenten** (oder **Entwicklungskoeffizienten**) **des Vektors** $u$ **bezüglich der Basis** $B$. Die Aussage (15.17) drücken wir verbal so aus, dass $u$ „in die Basis $B$ **entwickelt**" wird.

Tatsächlich besitzt jeder Vektorraum endlicher Dimension nicht nur *eine* Basis, sondern (unendlich) viele. Beispielsweise bilden die drei Vektoren

$$e_1 = \begin{pmatrix} 1 \\ 0 \\ 0 \end{pmatrix}, \quad e_2 = \begin{pmatrix} 0 \\ 1 \\ 0 \end{pmatrix} \quad \text{und} \quad e_3 = \begin{pmatrix} 0 \\ 0 \\ 1 \end{pmatrix} \tag{15.18}$$

eine Basis des $\mathbb{R}^3$, die so genannte **Standardbasis**. Die Entwicklung eines Vektors in die Standardbasis ist trivial: Anhand des Beispiels

$$\begin{pmatrix} 9 \\ 7 \\ 4 \end{pmatrix} = 9\begin{pmatrix} 1 \\ 0 \\ 0 \end{pmatrix} + 7\begin{pmatrix} 0 \\ 1 \\ 0 \end{pmatrix} + 4\begin{pmatrix} 0 \\ 0 \\ 1 \end{pmatrix} \tag{15.19}$$

erkennen wir, dass die Komponenten eines Vektors gleichzeitig seine Entwicklungskoeffizienten bezüglich der Standardbasis sind.

Die Vektoren

$$e_1' = \begin{pmatrix} 1 \\ 0 \\ 0 \end{pmatrix}, \quad e_2' = \begin{pmatrix} 1 \\ 1 \\ 0 \end{pmatrix} \quad \text{und} \quad e_3' = \begin{pmatrix} 1 \\ 1 \\ 1 \end{pmatrix} \tag{15.20}$$

bilden eine *andere* Basis des $\mathbb{R}^3$. In ihr besitzt der Vektor (15.19) *andere* Entwicklungskoeffizienten:

$$\begin{pmatrix} 9 \\ 7 \\ 4 \end{pmatrix} = 2\begin{pmatrix} 1 \\ 0 \\ 0 \end{pmatrix} + 3\begin{pmatrix} 1 \\ 1 \\ 0 \end{pmatrix} + 4\begin{pmatrix} 1 \\ 1 \\ 1 \end{pmatrix}. \tag{15.21}$$

(Rechnen Sie nach!)

- Der Sinn einer Basis besteht darin, einen Vektor durch seine Entwicklungskoeffizienten zu charakterisieren. Aufgrund der Entsprechung

[9] Man beachte, dass $B$ *genau* $n$ Elemente hat, wobei $n$ die Dimension des Vektorraums ist! Hätte $B$ weniger oder mehr Elemente, so könnte entweder nicht jedes $u$ in der Form (15.17) dargestellt werden, oder die Zahlen $c_1, c_2, \ldots c_n$ wären nicht eindeutig.

$$u = c_1 e_1 + c_2 e_2 + \ldots + c_n e_n \in V \quad \longleftrightarrow \quad \begin{pmatrix} c_1 \\ c_2 \\ \vdots \\ c_n \end{pmatrix} \in \mathbb{R}^n \tag{15.22}$$

ergibt sich, dass **jeder** $n$**-dimensionale reelle Vektorraum mit** dem $\mathbb{R}^n$ **identifiziert** werden kann (d.h. zu diesem *isomorph* ist). Den Spaltenvektor

$$\begin{pmatrix} c_1 \\ c_2 \\ \vdots \\ c_n \end{pmatrix},$$

dessen Komponenten die Entwicklungskoeffizienten des Vektors $u$ in der Basis $B$ sind, nennen wir die (**Matrix-**)**Darstellung** von $u$ bezüglich der Basis $B$. Benötigen wir dafür eine eigene Bezeichnung, so schreiben wir

$$[u]_B = \begin{pmatrix} c_1 \\ c_2 \\ \vdots \\ c_n \end{pmatrix}. \tag{15.23}$$

Die Identifizierung von $V$ mit $\mathbb{R}^n$ ist dann durch die Abbildung $u \mapsto [u]_B$ gegeben.[10]

Kurz zusammengefasst: Ist eine Basis $B$ gegeben, so kann jedes Element von $V$ durch einen (Spalten-)Vektor aus reellen Zahlen dargestellt werden.

Auch wenn ein Vektorraum in ungewohnt abstrakter Form definiert ist (z.B. als Menge aller reellen Polynomfunktionen vom Grad $\leq 2$ oder als Lösungsmenge einer linear-homogenen Differentialgleichung), so können mit Hilfe der Identifizierung (15.22) Berechnungen im entsprechenden $\mathbb{R}^n$ durchgeführt werden. Insbesondere führen konkrete Problemstellungen oft auf lineare Gleichungen oder Gleichungssysteme in einem $\mathbb{R}^n$ (wie wir sie im nächsten Kapitel behandeln werden).

[Aufgabe 3] [Aufgabe 4]

## Skalarprodukt, Norm und Orthonormalbasis

Sei $V$ ein (endlichdimensionaler) reeller Vektorraum. Zusätzlich zu seiner Eigenschaft als Vektorraum kann er mit einer weiteren Struktur ausgestattet werden, dem **Skalarprodukt** (oder **innerem Produkt**). Es besteht darin, dass je zwei Vektoren $u, v \in V$ nach bestimmten Regeln eine reelle Zahl $u \cdot v$ zugeordnet wird.[11]

---

[10] Genau genommen ist es *diese* Abbildung, die als *Isomorphismus* von $V$ nach $\mathbb{R}^n$ bezeichnet wird.

[11] Andere gebräuchliche Schreibweisen für $u \cdot v$, die Sie in der Literatur finden, sind $\langle u, v \rangle$, $\langle u \mid v \rangle$, $(u, v)$ und $(u \mid v)$.

Wie das Skalarprodukt im $\mathbb{R}^2$ und im $\mathbb{R}^3$ berechnet wird, wissen Sie bereits, und ganz analog ist es im $\mathbb{R}^n$ definiert.

Es kann aber auch jeder andere reelle Vektorraum mit einem Skalarprodukt ausgestattet werden. Ganz allgemein verlangen wir von einem Skalarprodukt, dass stets $u \cdot u \geq 0$ gelten soll und dass $u \cdot u$ genau dann gleich $0$ ist, wenn $u = 0$ ist. Weiters sollen für $u, v, w \in V$ und $\lambda \in \mathbb{R}$ die Rechenregeln

$$u \cdot v = v \cdot u \tag{15.24}$$

$$u \cdot (v + \lambda w) = u \cdot v + \lambda u \cdot w \tag{15.25}$$

gelten.

Beispiel:
Der Vektorraum $P$ aller reellen Polynomfunktionen vom Grad $\leq 2$ (den wir bereits oben betrachtet haben) kann mit dem Skalarprodukt

$$f \cdot g = \int_{-1}^{1} dx\, f(x)\, g(x) \tag{15.26}$$

ausgestattet werden. Es erfüllt alle verlangten Bedingungen. Durch Integrale dieser Art werden in der Physik des Öfteren Skalarprodukte auf Räumen von Funktionen definiert.

Bemerkung: *
Um ehrlich zu sein, ist das in der üblichen Weise aus den Komponenten zweier Vektoren berechnete Skalarprodukt im $\mathbb{R}^n$, wie etwa

$$\begin{pmatrix} u_1 \\ u_2 \end{pmatrix} \cdot \begin{pmatrix} v_1 \\ v_2 \end{pmatrix} = u_1 v_1 + u_2 v_2 \tag{15.27}$$

im $\mathbb{R}^2$, nur ein *Spezialfall* (das so genannte **Standard-Skalarprodukt**). Ein Beispiel für ein *anderes* Skalarprodukt im $\mathbb{R}^2$, das alle angegebenen Regeln erfüllt, ist

$$\begin{pmatrix} u_1 \\ u_2 \end{pmatrix} \cdot \begin{pmatrix} v_1 \\ v_2 \end{pmatrix} = 2u_1 v_1 + 3u_2 v_2 . \tag{15.28}$$

Wann immer im Folgenden vom Skalarprodukt im $\mathbb{R}^n$ die Rede ist, wollen wir darunter das Standard-Skalarprodukt verstehen.

Das Skalarprodukt ist die Grundlage für zwei weitere wichtige Begriffe:

- Der **Betrag** (die **Norm**) eines Vektor ist $\| u \| = \sqrt{u \cdot u}$.
  Es gilt stets $\| u \| \geq 0$ und $\| u \| = 0 \Leftrightarrow u = 0$. (Das Symbol $\Leftrightarrow$ bedeutet „genau dann, wenn").
  Gilt $\| u \| = 1$, so heißt $u$ **Einheitsvektor** (oder **normierter Vektor**).
- Zwei Vektoren $u, v \in V$ sind zueinander **orthogonal** (stehen **normal** aufeinander), wenn $u \cdot v = 0$ gilt.

Bemerkung: *
Daher kann in jedem mit einem Skalarprodukt ausgestatteten Vektorraum von der „Länge" $\| u \|$ eines Vektors gesprochen werden.[12] Die oben festgelegten Eigenschaften $u \cdot u \geq 0$ und $u \cdot u = 0 \Leftrightarrow u = 0$, die für jedes Skalarprodukt gelten sollen, garantieren, dass die Norm $\| u \| = \sqrt{u \cdot u}$ reell, nichtnegativ und nur dann gleich $0$ ist, wenn $u = 0$ ist – es sind dies die minimalen Anforderungen an einen Längenbegriff! In diesem Sinn ist das Skalarprodukt Grundlage für eine *metrische Struktur*. Es ist zentral für die analytische (d.h. formelmäßige) Beschreibung *geometrischer* Sachverhalte.

Wie wir oben gesehen haben, kann in jedem $n$-dimensionalen reellen Vektorraum $V$ eine Basis gewählt werden (d.h. eine Menge von $n$ Elementen, die den gesamten Vektorraum aufspannt und eine Identifizierung mit dem $\mathbb{R}^n$ erlaubt). Ist $V$ zusätzlich mit einem Skalarprodukt ausgestattet, so nennen wir eine Basis **Orthonormalbasis** (kurz **ON-Basis**), wenn

- ihre Elemente Einheitsvektoren sind
- und (paarweise) aufeinander normal stehen.

Beispielsweise ist (15.18) eine Orthonormalbasis des $\mathbb{R}^3$, (15.20) nicht.

Bemerkung:
*Jeder* (endlichdimensionale) reelle Vektorraum mit Skalarprodukt besitzt eine Orthonormalbasis. Tatsächlich gibt es (unendlich) viele Orthonormalbasen. Beispielsweise besteht im $\mathbb{R}^2$ eine ON-Basis aus zwei beliebigen, aufeinander normal stehenden Einheitsvektoren.

Die **Verwendung einer Orthonormalbasis** zur Lösung konkreter Probleme besitzt **unschätzbare Vorteile**:, von denen wir drei erwähnen:

**Vorteil 1**:
Zunächst ist es ganz einfach, von einer Menge $\{e_1, e_2, \ldots e_n\}$ von $n$ Elementen eines $n$-dimensionalen Vektorraums festzustellen, ob sie eine ON-Basis bilden: Wenn alle $n$ Vektoren Einheitsvektoren sind und (paarweise) aufeinander normal stehen, bilden sie eine ON-Basis. Daraus folgt dann auch, dass sie eine *Basis* bilden!

Bemerkung:
Im allgemeinen Fall ist es nicht so einfach, von einer Menge von $n$ Vektoren (wobei $n$ die Dimension des Vektorraums ist) festzustellen, ob sie eine Basis ist. Es muss dann überprüft werden, ob sie **linear unabhängig** ist. Eine Menge heißt **linear abhängig**, wenn zwischen ihren Elementen nichttriviale lineare Beziehungen bestehen, etwa von der Art $e_1 + 2e_2 - 7e_3 = 0$. So bilden z.B. drei Vektoren im $\mathbb{R}^3$, die (als Ortsvektoren aufgefasst) alle in einer Ebene liegen, eine linear abhängige Menge – sie spannen nur diese Ebene auf und nicht den ganzen $\mathbb{R}^3$, bilden also keine Basis. Manchmal vereinfacht sich die Angelegenheit aber erheblich: Stehen $n$ (von $0$ verschiedene) Vektoren in einem $n$-dimensionalen Vektorraum (paarweise) aufeinander normal, so bilden sie *automatisch* eine linear unabhängige Menge, also eine Basis.

---

[12] Das Skalarprodukt ist auch Ausgangspunkt für einen sehr allgemeinen *Winkelbegriff*: Mit Hilfe der Formel $\cos\theta = \frac{u \cdot v}{\| u \| \, \| v \|}$ kann in jedem reellen Vektorraum mit Skalarprodukt der von zwei Vektoren $u, v \neq 0$ eingeschlossene Winkel $\theta$ definiert werden.

Beispiel:
Im $\mathbb{R}^3$ seien die Vektoren

$$f_1 = \begin{pmatrix} 1 \\ 4 \\ -7 \end{pmatrix}, \quad f_2 = \begin{pmatrix} 2 \\ 3 \\ 2 \end{pmatrix} \quad \text{und} \quad f_3 = \begin{pmatrix} 29 \\ -16 \\ -5 \end{pmatrix}$$

gegeben.[13] Sie sind alle $\neq 0$, und es lässt sich leicht nachrechnen, dass sie paarweise zueinander orthogonal sind: $f_1 \cdot f_2 = f_1 \cdot f_3 = f_2 \cdot f_3 = 0$. Daher bilden sie eine Basis.

Nachbemerkung: Werden diese Vektoren *normiert* (d.h. jeder Vektor durch seine Norm dividiert), so erhält man aus ihnen sogleich eine Orthonormalbasis:

$$e_1 = \frac{f_1}{\| f_1 \|} = \frac{1}{\sqrt{66}} \begin{pmatrix} 1 \\ 4 \\ -7 \end{pmatrix}, \quad e_2 = \frac{f_2}{\| f_2 \|} = \frac{1}{\sqrt{17}} \begin{pmatrix} 2 \\ 3 \\ 2 \end{pmatrix}, \quad e_3 = \frac{f_3}{\| f_3 \|} = \frac{1}{\sqrt{1122}} \begin{pmatrix} 29 \\ -16 \\ -5 \end{pmatrix}.$$

**Vorteil 2**:
Wir kommen nun zum zweiten (unschätzbaren) Vorteil der Verwendung einer ON-Basis: Ist eine Basis $B = \{e_1, e_2, \ldots e_n\}$ gegeben, so kann – definitionsgemäß – jeder Vektor $u$ als Linearkombination (15.17) ihrer Elemente geschrieben werden. Ist $B$ nun eine ON-Basis, so können die **Entwicklungskoeffizienten** $c_1, c_2, \ldots c_n$ sehr leicht ermittelt werden, und zwar mit Hilfe der (**wichtigen**!) Formeln

$$\begin{aligned} c_1 &= e_1 \cdot u \\ c_2 &= e_2 \cdot u \\ &\vdots \\ c_n &= e_n \cdot u \end{aligned} \qquad \text{oder kurz} \qquad c_j = e_j \cdot u \tag{15.29}$$

Die Entwicklungskoeffizienten werden einfach **durch Bilden des Skalarprodukts mit den entsprechenden Basisvektoren** berechnet!
(Beweis für den ersten Entwicklungskoeffizienten $c_1$:

$$\begin{aligned} e_1 \cdot u &= e_1 \cdot (c_1 e_1 + c_2 e_2 + \ldots + c_n e_n) = \\ &= c_1 \underbrace{e_1 \cdot e_1}_{1} + c_2 \underbrace{e_1 \cdot e_2}_{0} + \ldots + c_n \underbrace{e_1 \cdot e_n}_{0} = c_1 \cdot \end{aligned}$$

Für die anderen Entwicklungskoeffizienten wird der Beweis analog geführt).

Beispiel:
Im $\mathbb{R}^2$ seien die Vektoren

$$e_1 = \frac{1}{2} \begin{pmatrix} 1 \\ \sqrt{3} \end{pmatrix} \quad \text{und} \quad e_2 = \frac{1}{2} \begin{pmatrix} -\sqrt{3} \\ 1 \end{pmatrix}$$

[13] Ein Trick, solche Tripel zueinander orthogonaler Vektoren im $\mathbb{R}^3$ zu finden, besteht darin, $e_1$ und $e_2$ zueinander orthogonal zu wählen und dann $e_3 = e_1 \times e_2$ zu definieren.

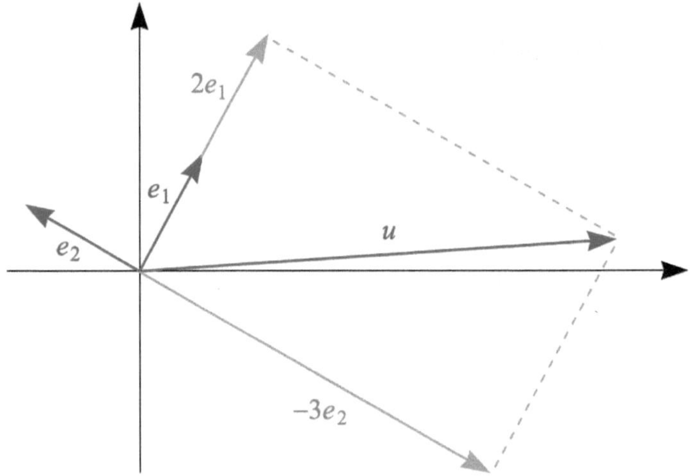


**Abbildung 15.1**:
Im $\mathbb{R}^2$ kann die Entwicklung eines Vektors $u$ in eine Basis $B = \{e_1, e_2\}$ (hier in eine ON-Basis) grafisch dargestellt werden. In diesem Beispiel ist $u = 2e_1 - 3e_2$. Mit Hilfe der Skizze können Sie übrigens einen *geometrischen* Beweis der Berechnungsformeln (15.29) für die Entwicklungskoeffizienten führen, wenn Sie aus Ihrem Mathematikunterricht die *Projektionseigenschaft* des Skalarprodukts kennen:

- $e_1 \cdot u$ ist gleich dem Betrag von $e_1$ (also $1$) mal der Länge der Normalprojektion von $u$ in die Richtung von $e_1$ (also $2$). Das Ergebnis ist $2$, also genau der zu $e_1$ gehörende Entwicklungskoeffizient.
- $e_2 \cdot u$ ist gleich dem Betrag von $e_2$ (also $1$) mal der Länge der Normalprojektion von $u$ in die Richtung von $e_2$ (also $3$) mal $-1$, weil der projizierte Vektor die zu $e_2$ entgegengesetzte Orientierung hat. Das Ergebnis ist $-3$, also genau der zu $e_2$ gehörende Entwicklungskoeffizient.

Diese Argumentation ist ganz allgemein auf die Entwicklung eines beliebigen Vektors in eine ON-Basis anwendbar, auch in höheren Dimensionen.

gegeben. Sie bilden (wie man mit freiem Auge ohne großartige Rechnung erkennen kann) eine Orthonormalbasis. Um den Vektor

$$u = \begin{pmatrix} 1 + \frac{3}{2}\sqrt{3} \\ -\frac{3}{2} + \sqrt{3} \end{pmatrix}$$

in diese Basis zu entwickeln, d.h. ihn als Linearkombination der Form $u = c_1 e_1 + c_2 e_2$ darzustellen, wenden wir (15.29) an und berechnen

$$c_1 = e_1.u = \frac{1}{2}\begin{pmatrix} 1 \\ \sqrt{3} \end{pmatrix} \cdot \begin{pmatrix} 1 + \frac{3}{2}\sqrt{3} \\ -\frac{3}{2} + \sqrt{3} \end{pmatrix} = 2$$

$$c_2 = e_2.u = \frac{1}{2}\begin{pmatrix} -\sqrt{3} \\ 1 \end{pmatrix} \cdot \begin{pmatrix} 1+\frac{3}{2}\sqrt{3} \\ -\frac{3}{2}+\sqrt{3} \end{pmatrix} = -3$$

Damit sind die Entwicklungskoeffizienten gefunden. Die Probe ergibt, dass tatsächlich

$$2e_1 - 3e_2 = 2\,\frac{1}{2}\begin{pmatrix} 1 \\ \sqrt{3} \end{pmatrix} - 3\,\frac{1}{2}\begin{pmatrix} -\sqrt{3} \\ 1 \end{pmatrix} = \begin{pmatrix} 1+\frac{3}{2}\sqrt{3} \\ -\frac{3}{2}+\sqrt{3} \end{pmatrix} = u$$

gilt. Der durch diese Entwicklung ausgedrückte Sachverhalt kann auch grafisch dargestellt werden (siehe Abbildung 15.1, die auch zu einem geometrischen Beweis von (15.29) Anlass gibt).

**Vorteil 3**:
Schließlich (und das ist der dritte unschätzbare Vorteil der Verwendung einer ON-Basis) umfasst die Identifizierung (15.22) jedes $n$-dimensionalen reellen Vektorraums mit dem $\mathbb{R}^n$ bezüglich einer Basis auch das Skalarprodukt, *sofern* eine ON-Basis verwendet wird. Mit

$$\begin{aligned} u &= a_1e_1 + a_2e_2 + \ldots + a_ne_n \\ v &= b_1e_1 + b_2e_2 + \ldots + b_ne_n \end{aligned} \tag{15.30}$$

gilt dann

$$u \cdot v = a_1b_1 + a_2b_2 + \ldots + a_nb_n\,, \tag{15.31}$$

was genau gleich dem Skalarprodukt

$$\begin{pmatrix} a_1 \\ a_2 \\ \vdots \\ a_n \end{pmatrix} \cdot \begin{pmatrix} b_1 \\ b_2 \\ \vdots \\ b_n \end{pmatrix} \tag{15.32}$$

ist, wie es im $\mathbb{R}^n$ berechnet wird.[14] Das Skalarprodukt zweier Elemente von $V$ kann daher immer mit Hilfe der ihnen zugeordneten (Spalten-)Vektoren des $\mathbb{R}^n$ berechnet werden. Werden diese Vektoren mit $[u]_B$ und $[v]_B$ bezeichnet – siehe (15.23) –, so kann die Gleichheit von (15.31) und (15.32) in der Form

$$u \cdot v = [u]_B \cdot [v]_B \tag{15.33}$$

[14] Der Beweis ist ganz einfach:

$$u \cdot v = (a_1e_1 + a_2e_2 + \ldots + a_ne_n) \cdot (b_1e_1 + b_2e_2 + \ldots + b_ne_n) =$$
$$a_1b_1\underbrace{e_1 \cdot e_1}_{1} + a_1b_2\underbrace{e_1 \cdot e_2}_{0} + \ldots + a_2b_2\underbrace{e_2 \cdot e_2}_{1} + \ldots$$

Da die Basiselemente Einheitsvektoren sind und paarweise aufeinander normal stehen, bleiben genau die in (15.31) angeschriebenen Terme übrig.

ausgedrückt werden. Kurz zusammengefasst: Wird eine ON-Basis verwendet, so sieht $V$ auch bezüglich des Skalarprodukts wie der $\mathbb{R}^n$ aus.

Damit haben wir das Grundwissen, das Sie über reelle Vektorräume und das Skalarprodukt besitzen sollten, beschrieben. Wir wenden uns im letzten Anschnitt dieses Kapitels noch einem anderen Typ von Vektorräumen zu.

[Aufgabe 5] [Aufgabe 6] [Aufgabe 7] [Aufgabe 8] [Aufgabe 9] [Aufgabe 10]

## Komplexe Vektorräume

Manchmal in der Physik – beispielsweise in der Quantentheorie – ist es nötig, Berechnungen in **komplexen Vektorräumen (Vektorräumen über** $\mathbb{C}$) durchzuführen. Dabei gelten grundsätzlich ganz ähnliche Rechenregeln wie für reelle Vektorräume. Der Hauptunterschied besteht darin, dass die **Skalare** nun **komplexe Zahlen** sind.

Für jede ganze Zahl $n \geq 1$ ist die Menge $\mathbb{C}^n$ aller $n$-komponentigen Listen

$$u = \begin{pmatrix} u_1 \\ u_2 \\ \vdots \\ u_n \end{pmatrix} \tag{15.34}$$

*komplexer* Zahlen ein komplexer Vektorraum. Die Regeln (15.3) – (15.7) können unverändert übernommen werden; sie gelten für alle $u, v, w \in \mathbb{C}^n$ und $\lambda, \mu \in \mathbb{C}$. Auch die Begriffe **Dimension**, **Linearkombination** und **Basis** werden mit der einzigen Änderung übernommen, dass die Skalare komplexe Zahlen sind.

> Ein Beispiel für einen komplexen Vektorraum, der *nicht* als ein $\mathbb{C}^n$ gegeben ist, ist die Menge der *komplexen* Lösungen der Differentialgleichung $y''(x) = y(x)$. Analog zur Argumentation in (15.14) – (15.15) kann er mit dem $\mathbb{C}^2$ identifiziert werden.

Lediglich beim Skalarprodukt, das im Falle komplexer Vektorräume besser **inneres Produkt** genannt wird, müssen wir ein bisschen aufpassen. Wir dringen nicht tief in die Theorie ein, sondern geben lediglich das innere Produkt für den $\mathbb{C}^n$ (das wir nicht als $u \cdot v$, sondern in der Form $\langle u, v \rangle$ schreiben) an:[15]

$$\text{Mit } u = \begin{pmatrix} u_1 \\ u_2 \\ \vdots \\ u_n \end{pmatrix} \text{ und } v = \begin{pmatrix} v_1 \\ v_2 \\ \vdots \\ v_n \end{pmatrix} \text{ ist} \qquad \langle u, v \rangle = u_1^* v_1 + u_2^* v_2 + \ldots + u_n^* v_n . \tag{15.35}$$

[15] Andere Schreibweisen dafür sind $\langle u \mid v \rangle$, $(u, v)$ oder $(u \mid v)$.

Beachten Sie, dass die Komponenten des ersten Vektors komplex konjugiert werden! Damit wird erreicht, dass $\langle u,u\rangle$ immer reell (und $\geq 0$) ist. Der **Betrag** (die **Norm**) $\| u \| = \sqrt{\langle u,u\rangle}$ eines Vektors ist dann durch

$$\| u \| = \sqrt{| u_1 |^2 + | u_2 |^2 + \ldots + | u_n |^2}\,. \tag{15.36}$$

gegeben und ist ebenfalls immer reell (und $\geq 0$).

**Rechenregeln für das innere Produkt**: *
An die Stelle von (15.24) tritt die Regel

$$\langle u,v\rangle = \langle v,u\rangle^*. \tag{15.37}$$

Werden die beiden Vektoren vertauscht, so wird das innere Produkt komplex konjugiert! Es ist in komplexen Vektorräumen *nicht symmetrisch*. Gemeinsam mit der Regel (15.25), die (in unserer neuen Schreibweise, aber ansonsten ohne Änderung) übernommen wird, folgt daraus

$$\langle v + \lambda\, w, u\rangle = \langle v,u\rangle + \lambda^* \langle w,u\rangle. \tag{15.38}$$

Das bedeutet, dass ein Skalar komplex konjugiert werden muss, wenn er aus der ersten Stelle herausgezogen wird! Im algebraischen Jargon heißt das: Das innere Produkt ist *linear* in der zweiten und *antilinear* in der ersten Stelle.

Ein Vorteil der neuen Schreibweise besteht darin, dass die Unterscheidung zwischen $\langle \lambda u, v\rangle$ und $\lambda \langle u,v\rangle$ (die wegen (15.38) im Falle $\lambda \neq \lambda^*$ gemacht werden muss) klar ist. (In der Schreibweise mit Punkt wäre nicht ganz klar, ob $\lambda u \cdot v$ nun $(\lambda u)\cdot v$ oder $\lambda (u \cdot v)$ bedeuten soll).

Auch in komplexen Vektorräumen gibt es **Orthonormalbasen** (die genauso wie in reellen Vektorräumen definiert sind), und auch die Formeln (15.29) zur Berechnung von Entwicklungskoeffizienten gelten hier. In unserer neuen Schreibweise lauten sie

$$c_j = \langle e_j, u\rangle. \tag{15.39}$$

(Beachten sie, dass es hier wegen (15.37) auf die Reihenfolge ankommt!).

Ein endlichdimensionaler komplexer Vektorraum, der mit einem inneren Produkt ausgestattet ist, heißt endlichdimensionaler **Hilbertraum**.[16] Räume dieser Art spielen in der Quantentheorie eine wichtige Rolle. Ihre (normierten) Elemente (die *Zustandsvektoren* oder *Wellenfunktionen*) beschreiben die *Zustände*, die ein System einnehmen kann.

Der **einfachste** nichttriviale **Hilbertraum** ist der $\mathbb{C}^2$. In der Quantentheorie wird er dazu verwendet, um die einfachsten aller Systeme (so genannte *Qubits*; Beispiele sind der Spin des Elektrons und die Polarisation des Photons) zu beschreiben. In diesem Zusammenhang hat sich eine Schreibweise eingebürgert, die das Rechnen erleichtert, und die Sie in ihren Grundzügen kennen sollten:

[16] Im unendlichdimensionalen Fall – der für die Quantentheorie entscheidend ist – gesellen sich einige weitere Forderungen zu dieser Definition, auf die wir hier nicht näher eingehen.

Die (**Diracsche**) **Bra-Ket-Schreibweise** im $\mathbb{C}^2$:
Die Standardbasis des $\mathbb{C}^2$ (eine ON-Basis) wird durch die beiden Vektoren

$$\begin{pmatrix}1\\0\end{pmatrix} \quad \text{und} \quad \begin{pmatrix}0\\1\end{pmatrix} \tag{15.40}$$

gebildet. In der Quantentheorie werden sie manchmal mit den Symbolen[17]

$$|0\rangle = \begin{pmatrix}1\\0\end{pmatrix} \quad \text{und} \quad |1\rangle = \begin{pmatrix}0\\1\end{pmatrix} \tag{15.41}$$

bezeichnet, da sie das Ja-Nein-Verhalten (Null-Eins-Verhalten) der einfachsten quantenmechanischen Systeme, der *Qubits*, charakterisieren.

Das Klammersymbol $|\ \rangle$ ist typisch für dieses Gebiet der Physik. In der **Bra-Ket-Schreibweise** wird nun jedes Element $u \in \mathbb{C}^2$ in der Form $|u\rangle$ angeschrieben und *Ket* genannt. Für innere Produkte wird dann die Schreibweise $\langle u|v\rangle$ verwendet. Für die Basiselemente (15.41) gilt

$$\langle 0|0\rangle = \langle 1|1\rangle = 1 \quad \text{und} \quad \langle 0|1\rangle = \langle 1|0\rangle = 0\,, \tag{15.42}$$

was lediglich ausdrückt, dass es sich um eine ON-Basis handelt. Jedes Element des Hilbertraums $\mathbb{C}^2$ kann nun in diese Basis entwickelt, d.h. in der Form

$$|u\rangle = \begin{pmatrix}a\\b\end{pmatrix} = a|0\rangle + b|1\rangle \tag{15.43}$$

geschrieben werden, wobei $a$ und $b$ (die Komponenten von $u$ und gleichzeitig die Entwicklungskoeffizienten von $u$ in der Standardbasis) komplexe Zahlen sind.[18] Gemäß (15.39) erfüllen sie

$$a = \langle 0|u\rangle \quad \text{und} \quad b = \langle 1|u\rangle\,. \tag{15.44}$$

Ist

$$|v\rangle = \begin{pmatrix}r\\s\end{pmatrix} = r|0\rangle + s|1\rangle \tag{15.45}$$

ein weiteres Element des Hilbertraums, so ist das innere Produkt von (15.43) mit (15.45) durch

---

[17] Andere gebräuchliche Symbole sind $|\uparrow\rangle$ und $|\downarrow\rangle$ (für das Up-Down-Verhalten des Elektronenspins) oder $|H\rangle$ und $|V\rangle$ (für horizontale und vertikale Polarisation eines Photons).

[18] Physikalisch wird es als quantenmechanische Überlagerung (Superposition) der beiden Zustände $|0\rangle$ und $|1\rangle$ gedeutet. Die Koeffizienten $a$ und $b$ sind die zugehörigen „Wahrscheinlichkeitsamplituden", während $|a|^2$ und $|b|^2$ die Wahrscheinlichkeiten für die beiden Messausgänge, die den Basiszuständen entsprechen, angeben.

$$\langle u|v\rangle = a^* r + b^* s \tag{15.46}$$

gegeben (siehe (15.35)).

Jetzt kommt der entscheidende Trick der Bra-Ket-Schreibweise: Wir fassen die allerersten drei Symbole von (15.46), d.h. $\langle u|$, als eigenes mathematisches Objekt auf! Es bezeichnet die „Aufforderung, das innere Produkt mit $u$ zu bilden" und wird *Bra* genannt. Durch das Nebeneinanderschreiben von $\langle u|$ und $|v\rangle$ entsteht dann die Schreibweise für das inneres Produkt (wobei $\langle u||v\rangle$ zu $\langle u|v\rangle$ verkürzt wird). Wir werden den *Bras* im nächsten Kapitel im Rahmen der Matrizenrechnung eine präzisere Bedeutung geben.

Die Bra-Ket-Schreibweise[19] kann in beliebigen (reellen und komplexen) Vektorräumen mit innerem Produkt verwendet werden.

Damit haben wir die Grundzüge komplexer Vektorräume und des inneren Produkts skizziert. Abschließend erwähnen wir, dass jede Liste *reeller* Zahlen als Liste *komplexer* Zahlen interpretiert werden kann. So kann also etwa jedes Element des $\mathbb{R}^3$ als Element des $\mathbb{C}^3$ gedeutet werden. Dieser Übergang vom Reellen ins Komplexe führt manchmal zu Erkenntnissen, die sich einer rein reellen Betrachtungsweise verschließen. Daher wird oft – auch, wenn eine Problemstellung in einem reellen Rahmen angesiedelt ist – „komplex gedacht". Wir werden diesen Standpunkt in Kapitel 17 einnehmen.

[Aufgabe 11] [Aufgabe 12] [Aufgabe 13] [Aufgabe 14] [Aufgabe 15]

[19] Der Name bezieht sich auf das englische Wort *bracket* (für Klammer) und stammt von Paul Dirac. Ein inneres Produkt wie (15.46) wird als *Bra-Ket* angeschrieben. (Für weitere Informationen siehe etwa http://en.wikipedia.org/wiki/Bra-ket_notation).

## Aufgaben

1. Beweisen Sie (15.4) für den $\mathbb{R}^3$.

2. Sei $P$ die Menge aller Polynomfunktionen mit reellen Koeffizienten vom Grad $\leq 2$. Gemäß (15.13) wird $P$ mit dem $\mathbb{R}^3$ identifiziert. Ergänzen Sie:

| $P$ | $\mathbb{R}^3$ |
|---|---|
| $2x^2-4$ | |
| $x^2+x+1$ | |
| Berechnung einer Linearkombination: $3(2x^2-4)+(x^2+x+1)=7x^2+x-11$ | Berechnung einer Linearkombination: |
| | $\begin{pmatrix}1\\0\\0\end{pmatrix}$ |
| | $\begin{pmatrix}0\\3\\0\end{pmatrix}$ |
| Berechnung einer Linearkombination: | Berechnung einer Linearkombination: $\begin{pmatrix}1\\6\\6\end{pmatrix}+3\begin{pmatrix}0\\-4\\-2\end{pmatrix}=\begin{pmatrix}1\\-6\\0\end{pmatrix}$ |

3. Entwickeln Sie den Vektor $\begin{pmatrix}2\\-7\\5\end{pmatrix}$ in die Standardbasis (15.18) des $\mathbb{R}^3$.

4. Entwickeln Sie den Vektor $\begin{pmatrix} 2 \\ -7 \\ 5 \end{pmatrix}$ in die Basis (15.20) des $\mathbb{R}^3$.

   Tipp: Setzen Sie an $\begin{pmatrix} 2 \\ -7 \\ 5 \end{pmatrix} = c_1 e_1{}' + c_2 e_2{}' + c_3 e_3{}'$ und versuchen Sie, die Entwicklungskoeffizienten $c_j$ zu bestimmen.

5. In einem reellen Vektorraum seien $u$ und $v$ zueinander orthogonale Einheitsvektoren. Wie ist die reelle Zahl $c$ zu wählen, damit $c(u+v)$ ein Einheitsvektor ist? Können Sie Ihr Resultat im $\mathbb{R}^2$ geometrisch interpretieren?

6. Zeigen Sie, dass die Vektoren $f_1 = \frac{1}{\sqrt{2}}\begin{pmatrix} 1 \\ 1 \end{pmatrix}$ und $f_2 = \frac{1}{\sqrt{2}}\begin{pmatrix} -1 \\ 1 \end{pmatrix}$ eine Orthonormalbasis des $\mathbb{R}^2$ bilden. Können Sie sie geometrisch interpretieren?

7. Entwickeln Sie den Vektor $u = \begin{pmatrix} 2 \\ 3 \end{pmatrix} \in \mathbb{R}^2$ in die ON-Basis der vorigen Aufgabe 6. Benutzen Sie dazu (15.29) und überprüfen Sie durch direkte Berechnung, ob die erhaltene Linearkombination der Basisvektoren tatsächlich $u$ ist. Können Sie Ihr Resultat *zeichnen*?

8. Zeigen Sie, dass die Vektoren $g_1 = \frac{1}{\sqrt{5}}\begin{pmatrix} 1 \\ 2 \end{pmatrix}$ und $g_2 = \frac{1}{\sqrt{5}}\begin{pmatrix} -2 \\ 1 \end{pmatrix}$ eine Orthonormalbasis des $\mathbb{R}^2$ bilden. Entwickeln Sie den Vektor $u = \begin{pmatrix} 2 \\ 3 \end{pmatrix} \in \mathbb{R}^2$ in diese Basis. Benutzen Sie dazu (15.29) und überprüfen Sie durch direkte Berechnung, ob die erhaltene Linearkombination der Basisvektoren tatsächlich $u$ ist.

9. Zeigen Sie, dass die Vektoren $h_1 = \frac{1}{\sqrt{6}}\begin{pmatrix} 1 \\ 2 \\ 1 \end{pmatrix}$, $h_2 = \frac{1}{\sqrt{11}}\begin{pmatrix} -3 \\ 1 \\ 1 \end{pmatrix}$ und $h_3 = \frac{1}{\sqrt{66}}\begin{pmatrix} 1 \\ -4 \\ 7 \end{pmatrix}$ eine Orthonormalbasis des $\mathbb{R}^3$ bilden. Entwickeln Sie den Vektor $u = \begin{pmatrix} 1 \\ 1 \\ 1 \end{pmatrix} \in \mathbb{R}^3$ in diese Basis. Benutzen Sie dazu (15.29) und überprüfen Sie durch direkte Berechnung, ob die erhaltene Linearkombination der Basisvektoren tatsächlich $u$ ist.

10. Ergänzungsaufgabe: *
Sei $P$ die Menge aller Polynomfunktionen mit reellen Koeffizienten vom Grad $\leq 2$. In diesem Vektorraum sei durch

$$f \cdot g = \int_{-1}^{1} dx\, f(x)\, g(x)$$

ein Skalarprodukt definiert (vgl. (15.26) – es erfüllt alle nötigen Bedingungen).

(i) Zeigen Sie, dass die drei Polynome $e_0(x) = \frac{1}{\sqrt{2}}$, $e_1(x) = \sqrt{\frac{3}{2}}\, x$ und $e_2(x) = \frac{1}{2}\sqrt{\frac{5}{2}}\left(3x^2 - 1\right)$ eine ON-Basis bilden.

(ii) Entwickeln Sie die Polynome $p(x) = x^2 - 3x$ und $q(x) = x + 2$ in diese ON-Basis. Benutzen Sie dazu (15.29).

(iii) Können Sie *danach* das Skalarprodukt $p \cdot q$ berechnen, *ohne* eine weitere Integration durchzuführen?

(Diese Aufgabe ist rein rechnerisch nicht schwierig und stellt eine gute Vorübung für die Quantenmechanik dar!)

11. Seien $u = \begin{pmatrix} 1 \\ 0 \end{pmatrix}$, $v = \begin{pmatrix} i \\ 0 \end{pmatrix}$ und $w = \begin{pmatrix} 1+i \\ 1-i \end{pmatrix}$. Berechnen Sie $\| u \|$, $\| v \|$, $\| w \|$, $\langle u, w \rangle$ und $\langle w, u \rangle$.

Hinweis: Das innere Produkt im $\mathbb{C}^2$ ist durch (15.35) gegeben.

12. Ergänzungsaufgabe: *
Sei $L$ die Menge aller komplexen Lösungen der Differentialgleichung $y''(x) = -y(x)$. Da jede Lösung von der Form $y(x) = C_1 e^{ix} + C_2 e^{-ix}$ ist, kann $L$ mittels

$$y(x) = C_1 e^{ix} + C_2 e^{-ix} \quad \longleftrightarrow \quad \begin{pmatrix} C_1 \\ C_2 \end{pmatrix}$$

mit dem $\mathbb{C}^2$ identifiziert werden. Ergänzen Sie:

| $L$ | $\mathbb{C}^2$ |
|---|---|
| $3e^{ix} - 2e^{-ix}$ | |
| $\sin x$ | |
| $\cos x$ | |
| | $\begin{pmatrix} 1 \\ -3 \end{pmatrix}$ |
| | $\begin{pmatrix} 0 \\ i \end{pmatrix}$ |

13. Ergänzungsaufgabe: *
Sei $L$ die Menge aller komplexen Lösungen der Differentialgleichung $y''(x) = -y(x)$. Da jede Lösung von der Form $y(x) = c_1 \cos x + c_2 \sin x$ ist, kann $L$ mittels

$$y(x) = c_1 \cos x + c_2 \sin x \quad \longleftrightarrow \quad \begin{pmatrix} c_1 \\ c_2 \end{pmatrix}$$

mit dem $\mathbb{C}^2$ identifiziert werden. (Es ist dies eine *andere* Identifizierung als in der vorigen Aufgabe 12). Ergänzen Sie:

| $L$ | $\mathbb{C}^2$ |
|---|---|
| $3e^{ix} - 2e^{-ix}$ | |
| $\sin x$ | |
| $\cos x$ | |
| | $\begin{pmatrix} 1 \\ -3 \end{pmatrix}$ |
| | $\begin{pmatrix} 0 \\ i \end{pmatrix}$ |

14. Im Bra-Ket-Formalismus sei $|u\rangle = |0\rangle + e^{i\varphi}|1\rangle$ gegeben, wobei $\varphi$ eine beliebige reelle Zahl ist. Berechnen Sie $\langle u|u\rangle$ (mit Hilfe von (15.46)).

15. Ergänzungsaufgabe: *
Denken Sie darüber nach, warum in Kapitel 5 der Ausdruck *Basislösungen* verwendet wurde. Was haben Basislösungen mit einer *Basis* im Sinn von Vektorräumen zu tun?

# 16 Lineare Algebra: Matrizen, lineare Gleichungssysteme und lineare Operatoren

## Matrizen

In der Physik (aber auch in anderen Wissenschaften) tritt häufig der Fall auf, dass gewisse (reelle oder komplexe) Größen in linear-homogener Form von anderen Größen abhängen:

- Dass etwa $y$ von $x$ linear-homogen abhängt, bedeutet, dass es eine Konstante $a$ gibt, so dass $y = ax$ gilt.
- Dass $y$ von zwei Größen $x_1$ und $x_2$ linear-homogen anhängt, bedeutet, dass es zwei Konstanten $a_1$ und $a_2$ gibt, so dass $y = a_1 x_1 + a_2 x_2$ gilt.

Verallgemeinern wir das auf den Fall, dass $m$ Größen $y_1$, $y_2$,... $y_m$ linear-homogen von $n$ Größen $x_1$, $x_2$,... $x_n$ abhängen. Um über die vielen Konstanten, die nun auftreten, nicht den Überblick zu verlieren, bezeichnen wir sie in einer systematischen Art und Weise, indem wir schreiben:

$$\begin{aligned}
y_1 &= A_{11} x_1 + A_{12} x_2 + \ldots A_{1n} x_n \\
y_2 &= A_{21} x_1 + A_{22} x_2 + \ldots A_{2n} x_n \\
&\ldots \\
y_m &= A_{m1} x_1 + A_{m2} x_2 + \ldots A_{mn} x_n
\end{aligned} \tag{16.1}$$

Jene Konstante, die in der Formel für $y_j$ die Abhängigkeit von $x_k$ kennzeichnet, heißt $A_{jk}$, wobei der Index $j$ von $1$ bis $m$ und der Index $k$ von $1$ bis $n$ läuft. Damit kann (16.1) auch in der kompakteren Form

$$y_j = \sum_{k=1}^{n} A_{jk} x_k \qquad \text{für} \quad j = 1, \ldots m \tag{16.2}$$

geschrieben werden.

Die Konstanten $A_{jk}$ bilden ein rechteckiges Zahlenschema, eine so genannte **Matrix**. Wir geben ihr den Namen $A$ und schreiben sie in der Form

$$A = \begin{pmatrix} A_{11} & A_{12} \cdots A_{1n} \\ A_{21} & A_{22} \cdots A_{2n} \\ \vdots & \vdots \ddots \vdots \\ A_{m1} & A_{m2} \cdots A_{mn} \end{pmatrix} \tag{16.3}$$

an. Sie besitzt $m$ **Zeilen** und $n$ **Spalten**. Wir nennen sie eine $m \times n$-Matrix. Ihre Eintragungen $A_{jk}$ heißen ihre **Koeffizienten** (manchmal auch **Komponenten**). Sie können reelle oder komplexe Zahlen sein.

Schreiben wir nun die $n$ Größen $x_1$, $x_2$,... $x_n$ als $n$-komponentigen Spaltenvektor (d.h. als $n \times 1$-Matrix) und die $m$ Größen $y_1$, $y_2$,... $y_m$ als $m$-komponentigen Spaltenvektor (d.h. $m \times 1$-Matrix)

$$x = \begin{pmatrix} x_1 \\ x_2 \\ \vdots \\ x_n \end{pmatrix} \quad \text{und} \quad y = \begin{pmatrix} y_1 \\ y_2 \\ \vdots \\ y_m \end{pmatrix}, \tag{16.4}$$

so sind alle in (16.1) auftretenden Größen schön kompakt zusammengefasst: $y$ bezeichnet die Gesamtheit der abhängigen Größen, $x$ die Gesamtheit der unabhängigen Größen und $A$ die Koeffizienten in (16.1), die die konkrete Form der (linear-homogenen) Abhängigkeit festlegen.

Um (16.1) mit Hilfe dieser drei Objekte schreiben zu können, müssen wir eine **neue Art von Multiplikation** einführen: Wir multiplizieren eine $m \times n$-Matrix $A$ mit einem $n$-komponentigen Spaltenvektor $x$ durch die Vorschrift

$$Ax \equiv \begin{pmatrix} A_{11} & A_{12} \cdots A_{1n} \\ A_{21} & A_{22} \cdots A_{2n} \\ \vdots & \vdots \ddots \vdots \\ A_{m1} & A_{m2} \cdots A_{mn} \end{pmatrix} \begin{pmatrix} x_1 \\ x_2 \\ \vdots \\ x_n \end{pmatrix} = \begin{pmatrix} A_{11}x_1 + A_{12}x_2 + \ldots A_{1n}x_n \\ A_{21}x_1 + A_{22}x_2 + \ldots A_{2n}x_n \\ \vdots \\ A_{m1}x_1 + A_{m2}x_2 + \ldots A_{mn}x_n \end{pmatrix}. \tag{16.5}$$

Diese Multiplikation wird (ohne besonderes Operationszeichen) dadurch ausgedrückt, dass die entsprechenden Bezeichnungen bzw. Matrizen nebeneinander geschrieben werden. Um sie auf dem Papier durchzuführen, gehen Sie so vor:

- Fahren Sie mit einem Finger der linken Hand die erste Zeile der Matrix $A$ (von links nach rechts) entlang und *gleichzeitig* mit einem Finger der rechten Hand den Spaltenvektor $x$ (von oben nach unten) entlang. In beiden Fällen passieren ihre Finger $n$ Eintragungen. Bilden Sie die Produkte der Zahlen, über denen ihre Finger jeweils stehen, und zuletzt die Summe über all diese Produkte. (Das ist nichts anderes als das *Skalarprodukt* [1] der als Vektor aufgefassten ersten Zeile von $A$ mit dem Spaltenvektor $x$). Damit erhalten Sie die erste Komponente des Ergebnisvektors.
- Machen Sie das Gleiche mit der zweiten Zeile der Matrix. Damit erhalten Sie die zweite Komponente des Ergebnisvektors.

[1] Falls $A$ komplexe Zahlen enthält, wird genauso vorgegangen, d.h. es wird nichts komplex konjugiert (wie es beim Bilden des inneren Produkts gemacht werden müsste – vgl. (15.35)).

- Fahren Sie so fort, bis Sie die $m$-te Komponente des Ergebnisvektors berechnet haben.

In Kurzschreibweise lautet die Regel (16.5)

$$(Ax)_j = \sum_{k=1}^{n} A_{jk} x_k \quad \text{für} \quad j = 1, \ldots m. \tag{16.6}$$

Die $j$-te Komponente des Ergebnisvektors $Ax$ ist die Summe der Produkte

$$\sum_{k=1}^{n} A_{jk} x_k = A_{j1} x_1 + A_{j2} x_2 + \ldots + A_{jn} x_n .$$

Was dabei herauskommt, ist ein $m$-komponentiger Spaltenvektor. Nach dieser Multiplikationsvorschrift muss die Zahl der Spalten der Matrix $A$ mit der Zahl der Zeilen des Vektors $x$ übereinstimmen. Mit Hilfe des Schemas

$$(m \times n)(n \times 1) = (m \times 1) \tag{16.7}$$

können Sie leicht feststellen, welche Matrizen Sie mit welchen Spaltenvektoren multiplizieren können und welche Dimension das Ergebnis hat.

Mit (16.2) und (16.6) können wir nun die Information, auf welche Weise die $m$ Größen $y_1$, $y_2$,... $y_m$ von den $n$ Größen $x_1$, $x_2$,... $x_n$ abhängen, kurz und bündig in der Form

$$y = Ax \tag{16.8}$$

anschreiben. Das ist *einer* der Gründe dafür, dass der Matrixformalismus zahlreiche Anwendungen findet: Durch die Zusammenfassungen unserer vielen Größen und Koeffizienten müssen wir bei der Bearbeitung linearer Probleme, in denen sie auftreten, nur mehr an *drei* Objekte $x$, $y$ und $A$ denken. Wir können sagen: $y$ **hängt linear von** $x$ **ab**. (Die genauere Bezeichnung „linear-homogen" wird in der linearen Algebra oft verschluckt).

Wie erwähnt, können alle hier auftretenden Vektor-Komponenten und Matrix-Koeffizienzen reelle oder komplexe Zahlen sein. Sind alle Koeffizienten einer Matrix reell, so nennen wir sie eine **reelle Matrix** (oder eine **Matrix über** $\mathbb{R}$), sind ihre Koeffizienten komplex, so nennen wir sie eine **komplexe Matrix** (oder eine **Matrix über** $\mathbb{C}$). Jede reelle Matrix kann als komplexe Matrix gedeutet werden.

Beispiel:

Hängen $y_1$ und $y_2$ von $x_1$ und $x_2$ in der folgenden Weise ab

$$\begin{aligned} y_1 &= 2x_1 - 3x_2 \\ y_2 &= 4x_1 + 5x_2 \end{aligned}$$

so kann diese Abhängigkeit übersichtlicher in der Matrixschreibweise

$$\begin{pmatrix} y_1 \\ y_2 \end{pmatrix} = \begin{pmatrix} 2 & -3 \\ 4 & 5 \end{pmatrix} \begin{pmatrix} x_1 \\ x_2 \end{pmatrix}$$

zum Ausdruck gebracht werden. Mit den Bezeichnungen

$$y = \begin{pmatrix} y_1 \\ y_2 \end{pmatrix}, \quad A = \begin{pmatrix} 2 & -3 \\ 4 & 5 \end{pmatrix} \quad \text{und} \quad x = \begin{pmatrix} x_1 \\ x_2 \end{pmatrix}$$

nimmt sie die kompakte Form $y = Ax$ an.

In konkreten Anwendungen sind die abhängigen und die unabhängigen Größen nicht immer von Haus aus nummeriert – in diesem Fall müssen wir uns für eine Durchnummerierung *entscheiden*.

Beispiel:
Zwei Teilen, deren Orte mit $\xi$ und $\eta$ bezeichnet werden, sind durch eine elastische Kraft mit Federkonstante $k$ aneinander gebunden. Ist $F$ die Kraft, die das Teilchen am Ort $\eta$ auf jenes am Ort $\xi$ ausübt und $G$ die Kraft, die das Teilchen am Ort $\xi$ auf jenes am Ort $\eta$ ausübt, so gilt

$$F = -k(\xi - \eta)$$
$$G = -k(\eta - \xi)$$

In Matrixschreibweise lautet diese Abhängigkeit der Kräfte von den Teilchenpositionen

$$\begin{pmatrix} F \\ G \end{pmatrix} = \begin{pmatrix} -k & k \\ k & -k \end{pmatrix} \begin{pmatrix} \xi \\ \eta \end{pmatrix}.$$

Fassen wir

$$u = \begin{pmatrix} F \\ G \end{pmatrix} \quad \text{und} \quad x = \begin{pmatrix} \xi \\ \eta \end{pmatrix}$$

zusammen und definieren die Matrix

$$K = \begin{pmatrix} -k & k \\ k & -k \end{pmatrix},$$

so können wir die Kräfte in der kompakten Form $u = Kx$ anschreiben.

Nun wollen wir das, was mit einem Vektor geschieht, wenn er mit einer Matrix gemäß (16.5) multipliziert wird, von einem grundsätzlicheren Standpunkt betrachten: Jede $m \times n$-Matrix $A$ definiert eine **lineare Abbildung** (einen **linearen Operator**)

$$\begin{aligned} A : \mathbb{R}^n &\to \mathbb{R}^m \\ x &\mapsto Ax \end{aligned} \qquad \text{bzw.} \qquad \begin{aligned} A : \mathbb{C}^n &\to \mathbb{C}^m \\ x &\mapsto Ax \end{aligned} \tag{16.9}$$

(je nachdem, ob reelle oder komplexe Größen betrachtet werden). Diese Abbildung ordnet jedem $n$-komponentigen Spaltenvektor $x$ den $m$-komponentigen Spaltenvektor $Ax$ zu und wird mit dem gleichen Symbol wie die Matrix bezeichnet. (Anstelle der üblichen Funktionsschreibweise $A(x)$ wird in der linearen Algebra einfach $Ax$ geschrieben). In diesem Sinn sprechen wir auch davon, dass die Matrix $A$ auf den Spaltenvektor $x$ **angewandt** wird (oder auf ihn **wirkt**): Sie wird einfach *links* neben ihn (d.h. *vor* ihn) geschrieben.

Bemerkung zur **Linearität** von $A$: *
Aus der Multiplikationsvorschrift (16.5) folgt eine wichtige Rechenregel, die die Linearität der Abbildung (16.9) zum Ausdruck bringt. Dazu betrachten wir zwei $n$-komponentige Spaltenvektoren $x$ und $x'$, einen Skalar (eine Zahl) $\lambda$ und eine $m\times n$-Matrix $A$. Wenn wir

- *zuerst* die Linearkombination $x+\lambda x'$ bilden und *danach* die Matrix $A$ anwenden, d.h. $A(x+\lambda x')$ berechnen oder
- *zuerst* die Matrix auf die beiden Spaltenvektoren anwenden, d.h. $Ax$ und $Ax'$ berechnen und *danach* die Linearkombination $Ax+\lambda Ax'$ bilden,

so erhalten wir in beiden Fällen das gleiche Resultat:

$$A(x+\lambda x') = Ax+\lambda Ax'. \tag{16.10}$$

Obwohl der Beweis dieser Eigenschaft[2] nicht schwierig ist, beschränken wir uns darauf, sie anhand eines Beispiels zu illustrieren:

Sei $A=\begin{pmatrix}1 & -3\\ 4 & 1\end{pmatrix}$, $x=\begin{pmatrix}1\\ -1\end{pmatrix}$, $x'=\begin{pmatrix}0\\ 1\end{pmatrix}$ und $\lambda=2$.

Dann ist einerseits

$$x+\lambda x'=\begin{pmatrix}1\\ -1\end{pmatrix}+2\begin{pmatrix}0\\ 1\end{pmatrix}=\begin{pmatrix}1\\ 1\end{pmatrix}$$
$$A(x+\lambda x')=\begin{pmatrix}1 & -3\\ 4 & 1\end{pmatrix}\begin{pmatrix}1\\ 1\end{pmatrix}=\begin{pmatrix}-2\\ 5\end{pmatrix}$$

und andererseits

$$Ax=\begin{pmatrix}1 & -3\\ 4 & 1\end{pmatrix}\begin{pmatrix}1\\ -1\end{pmatrix}=\begin{pmatrix}4\\ 3\end{pmatrix},\quad Ax'=\begin{pmatrix}1 & -3\\ 4 & 1\end{pmatrix}\begin{pmatrix}0\\ 1\end{pmatrix}=\begin{pmatrix}-3\\ 1\end{pmatrix}$$
$$Ax+\lambda Ax'=\begin{pmatrix}4\\ 3\end{pmatrix}+2\begin{pmatrix}-3\\ 1\end{pmatrix}=\begin{pmatrix}-2\\ 5\end{pmatrix}.$$

Um sich ein Bild davon zu machen, **wie** eine gegebene Matrix $A$ auf Vektoren **wirkt**, gibt es viele Methoden, von denen wir einige im nächsten Kapitel kennen lernen werden. Zur ersten Orientierung mag folgende Beobachtung dienen:

- Die Spalten einer Matrix $A$ sind genau jene Vektoren, auf die $A$ die Elemente der Standardbasis[3] abbildet.

---

[2] In der Literatur über die lineare Algebra wird meistens der Spieß umgedreht und zunächst definiert: Eine Abbildung $A:\mathbb{R}^n\to\mathbb{R}^m$ bzw. $A:\mathbb{C}^n\to\mathbb{C}^m$, die (16.10) für alle Vektoren $x$, $x'$ und für alle Skalare $\lambda$ erfüllt, heißt *linear*. Dann wird gezeigt, dass *jede* solche Abbildung mit Hilfe einer Matrix $A$ in der Form $x\mapsto Ax$ geschrieben werden kann.

[3] Für die Standardbasis in drei und zwei Dimensionen siehe (15.18) und (15.40).

Wir illustrieren sie anhand eines Beispiels:

$$\begin{pmatrix} 1 & -3 \\ 4 & 1 \end{pmatrix}\begin{pmatrix} 1 \\ 0 \end{pmatrix}=\begin{pmatrix} 1 \\ 4 \end{pmatrix} \quad \text{und} \quad \begin{pmatrix} 1 & -3 \\ 4 & 1 \end{pmatrix}\begin{pmatrix} 0 \\ 1 \end{pmatrix}=\begin{pmatrix} -3 \\ 1 \end{pmatrix}.$$

Allgemein ist $Ae_j$ die $j$-te Spalte von $A$, wobei $e_j$ das $j$-te Element der Standardbasis ist.

Da lineare Abbildungen durch Matrizen beschrieben werden, wimmelt es in der Physik nur so von diesen Objekten!

[Aufgabe 1] [Aufgabe 2] [Aufgabe 3] [Aufgabe 4] [Aufgabe 5]

## Matrizenrechnung

Im vorigen Abschnitt haben wir Matrizen eingeführt, um lineare Abhängigkeiten kompakt anschreiben zu können. Seine volle Leistungsfähigkeit erhält dieser Formalismus aber erst, wenn einige Regeln zum Rechnen mit Matrizen hinzugefügt werden. Bevor wir zu konkreten Anwendungen schreiten, werden die wichtigsten dieser Regeln nun vorgestellt.

Zunächst können Matrizen, ähnlich wie Vektoren, **addiert** und **mit Skalaren multipliziert** werden: Beide Operationen werden komponentenweise ausgeführt. Bei der Addition ist zu beachten, dass beide Matrizen die gleiche Zeilen- und Spaltenanzahl besitzen müssen.

Beispiel:

$$\begin{pmatrix} 2 & 1 \\ 3 & -4 \end{pmatrix}+\begin{pmatrix} 6 & 4 \\ 4 & 5 \end{pmatrix}=\begin{pmatrix} 8 & 5 \\ 7 & 1 \end{pmatrix} \quad \text{und} \quad 5\begin{pmatrix} 2 & 1 \\ 3 & -4 \end{pmatrix}=\begin{pmatrix} 10 & 5 \\ 15 & -20 \end{pmatrix}.$$

Mit diesen Operationen bildet die Menge aller $m\times n$-Matrizen einen Vektorraum[4] der Dimension $mn$. Ganz allgemein können also beliebige Linearkombinationen von Matrizen gleicher Zeilen- und Spaltenanzahl gebildet werden.

Darüber hinaus gibt es eine weitere Operation für Matrizen – die **Matrizenmultiplikation**: Erinnern wir uns, dass gemäß (16.9) jede Matrix eine lineare Abbildung definiert. Nun wenden wir *zwei* solche linearen Abbildungen hintereinander an:

- Zuerst wird ein Spaltenvektor $x$ der Dimension $p$ durch eine $n\times p$-Matrix $B$ in einen Spaltenvektor $Bx$ der Dimension $n$ übergeführt.
- Auf diesen wird nun eine $m\times n$-Matrix $A$ angewandt, wodurch ein Spaltenvektor $A(Bx)$ der Dimension $m$ entsteht. Wir lassen die Klammern weg und schreiben ihn einfach in der Form $ABx$.

Die Abbildung $x\mapsto ABx$ ist wieder eine lineare Abbildung und wird durch eine Matrix $C$ (und zwar der Dimension $m\times p$) beschrieben. Wir nennen $C$ das **Produkt der Matrizen** $A$ und $B$ und bezeichnen es mit $AB$. Aus (16.5) bzw. (16.6) ergibt sich die Vorschrift, wie zwei Matrizen multipliziert werden: Die Komponente $(AB)_{jk}$ (d.h. jene Komponente von $AB$, die

[4] Je nachdem, ob reelle oder komplexe Matrizen betrachtet werden, handelt es sich dabei um einen reellen oder komplexen Vektorraum.

in der $j$-ten Zeile und $k$-ten Spalte steht) ist das *Skalarprodukt*[5] der $j$-ten Zeile von $A$ mit der $k$-ten Spalte von $B$. Zur Berechnung können Sie, ähnlich wie in (16.5), zwei Finger zu Hilfe nehmen, wobei der linke die entsprechende Zeile von $A$ und der rechte die entsprechende Spalte von $B$ entlang fährt. Wir demonstrieren das anhand eines Beispiels:

Um das Produkt

$$\begin{pmatrix} 2 & 1 \\ 3 & -4 \end{pmatrix}\begin{pmatrix} 6 & 4 \\ 4 & 5 \end{pmatrix} = \begin{pmatrix} 16 & 13 \\ 2 & -8 \end{pmatrix}$$

zu berechnen, müssen Sie vier Einzelrechnungen durchführen:

$$\begin{pmatrix} 2 & 1 \\ 3 & -4 \end{pmatrix}\begin{pmatrix} 6 & 4 \\ 4 & 5 \end{pmatrix} = \begin{pmatrix} 16 & 13 \\ 2 & -8 \end{pmatrix} \qquad \begin{pmatrix} 2 & 1 \\ 3 & -4 \end{pmatrix}\begin{pmatrix} 6 & 4 \\ 4 & 5 \end{pmatrix} = \begin{pmatrix} 16 & 13 \\ 2 & -8 \end{pmatrix}$$

$$\begin{pmatrix} 2 & 1 \\ 3 & -4 \end{pmatrix}\begin{pmatrix} 6 & 4 \\ 4 & 5 \end{pmatrix} = \begin{pmatrix} 16 & 13 \\ 2 & -8 \end{pmatrix} \qquad \begin{pmatrix} 2 & 1 \\ 3 & -4 \end{pmatrix}\begin{pmatrix} 6 & 4 \\ 4 & 5 \end{pmatrix} = \begin{pmatrix} 16 & 13 \\ 2 & -8 \end{pmatrix}$$

In Kurzschreibweise lautet die Regel zur Berechnung des Produkts einer $m \times n$-Matrix $A$ mit einer $n \times p$-Matrix $B$

$$(AB)_{jk} = \sum_{r=1}^{n} A_{jr} B_{rk} \quad \text{für } j = 1, \ldots m \text{ und } k = 1, \ldots p. \tag{16.11}$$

Beim Bilden des Matrixprodukts muss die Zahl der Spalten der Matrix $A$ mit der Zahl der Zeilen der Matrix $B$ übereinstimmen. Mit Hilfe des Schemas

$$(m \times n)(n \times p) = (m \times p) \tag{16.12}$$

können Sie leicht feststellen, welche Matrizen Sie mit welchen multiplizieren können und welche Dimension das Ergebnis hat.

Bemerkung:
Die bereits früher durch (16.5) bzw. (16.6) definierte Multiplikation einer Matrix mit einem Spaltenvektor ist nun einfach ein Spezialfall der allgemeinen Matrizenmultiplikation, da ein Spaltenvektor als Matrix (mit *einer* Spalte) angesehen werden kann. Das Schema (16.7) ist ein Spezialfall von (16.12).

Die Einführung der Matrizenmultiplikation zieht sofort einige **wichtige Konsequenzen** und *weitere Begriffe* nach sich. Wir geben hier die wichtigsten (ohne Beweis) an:

- Die Matrizenmultiplikation ist **assoziativ**, d.h. für beliebige Matrizen (die von ihren Dimensionen her miteinander multipliziert werden können) gilt: $A(BC) = (AB)C$. Ein solches dreifaches Produkt kann daher einfach als $ABC$ geschrieben werden.
- Die Matrizenmultiplikation ist mit dem Bilden von Linearkombinationen (d.h. der Vektorraumstruktur) verträglich und erfüllt die üblichen Distributivgesetze (Gesetze für das Klammern-Auflösen). Beispielsweise gilt $(2A - 3B)C = 2AC - 3BC$ und

[5] Falls $A$ komplexe Zahlen enthält, wird ebenso wie in (16.5) vorgegangen, d.h. es wird nichts komplex konjugiert (wie es beim Bilden des inneren Produkts gemacht werden müsste – vgl. (15.35)).

$$A(B-3C)=AB-3AC\,.$$

- Eine Matrix, die gleich viele Zeilen wie Spalten besitzt (also eine $n\times n$-Matrix), heißt **quadratische Matrix**. Eine solche Matrix beschreibt eine lineare Abbildung des $\mathbb{R}^n$ (bzw. $\mathbb{C}^n$) in sich. Wir nennen sie kurz eine lineare Abbildung **auf** (oder **in**) $\mathbb{R}^n$ (bzw. $\mathbb{C}^n$).

Sind $A$ und $B$ zwei quadratische Matrizen der gleichen Dimension, so kann sowohl $AB$ als auch $BA$ gebildet werden. Achtung: Die Multiplikation quadratischer Matrizen ist **nicht kommutativ**, d.h. in der Regel ist $AB\neq BA$.

> Bemerkung: *
> Der **Kommutator** zweier quadratischer Matrizen $A$ und $B$ ist als
>
> $$[A,B]=AB-BA \tag{16.13}$$
>
> definiert. Die einzigen Matrizen, die mit *allen* Matrizen *kommutieren* („*vertauschen*“, d.h. deren Kommutator mit diesen gleich $0$ ist) sind die Vielfachen der Einheitsmatrix (die sogleich definiert wird).

- Unter den $n\times n$-Matrizen gibt es eine, die die **identische Abbildung** (d.h. die Abbildung $x\mapsto x$) beschreibt – die so genannte **Einheitsmatrix**. In zwei Dimensionen hat sie die Form

$$\mathbf{1}=\begin{pmatrix}1&0\\0&1\end{pmatrix}, \tag{16.14}$$

in drei Dimensionen sieht sie so aus:

$$\mathbf{1}=\begin{pmatrix}1&0&0\\0&1&0\\0&0&1\end{pmatrix}. \tag{16.15}$$

Ihre **Diagonalelemente** (das sind die Komponenten mit gleicher Zeilen- und Spaltennummer – sie bilden die so genannte **Hauptdiagonale** einer Matrix – sind $1$, alle anderen sind $0$.

> Bemerkung:
> Eine Matrix, deren einzige nichtverschwindende Komponenten die Diagonalelemente sind, heißt **Diagonalmatrix** – die Einheitsmatrix ist also eine Diagonalmatrix.

Die Verallgemeinerung auf höhere Dimensionen liegt auf der Hand. Wir bezeichnen die Einheitsmatrix in allen Dimensionen mit dem Symbol $\mathbf{1}$. Andere Bezeichnungen für sie sind $I$ und $E$. Für jede $n\times n$-Matrix gilt

$$\mathbf{1}A=A\mathbf{1}=A\,, \tag{16.16}$$

wobei $\mathbf{1}$ die $n\times n$-Einheitsmatrix ist. Das ist einerseits deshalb klar, weil die identische Abbildung $x\mapsto x$, vor oder nach der Abbildung $x\mapsto Ax$ ausgeführt, nichts ändert, kann aber auch explizit nachgerechnet werden (siehe Aufgabe 7).

Die Komponenten der Einheitsmatrix werden meist mit $\delta_{jk}$ bezeichnet:

$$\delta_{jk} = \begin{cases} 1 & \text{wenn} \quad j = k \\ 0 & \text{sonst} \end{cases}$$

$\delta_{jk}$ wird auch als **Kronecker-Delta** (oder **Kronecker-Symbol**) bezeichnet.

**Rechnen mit dem Kronecker-Delta**: *

Das Kronecker-Delta hilft (ebenso wie der in Kapitel 9 betrachtete Epsilon-Tensor), Rechnungen in Indexschreibweise zu vereinfachen. Beispielsweise kann die Aussage $\mathbf{1}A = A$ von (16.16) mit Hilfe von (16.11) überprüft werden:

$$(A\mathbf{1})_{jk} = \sum_{r=1}^{n} A_{jr}\,\delta_{rk} = A_{jk}\,.$$

Von allen Beiträgen zur Summe über den Index $r$ bleibt nur jener übrig, für den $r = k$ ist. Mit der Einsteinschen Summenkonvention ist diese Rechnung noch kürzer und lautet

$$(A\mathbf{1})_{jk} = A_{jr}\,\delta_{rk} = A_{jk}\,.$$

- Jene $m \times n$-Matrix, deren Komponenten alle $0$ sind (die **Nullmatrix**), wird einfach als $0$ angeschrieben. Sie entspricht der Abbildung $x \mapsto 0$. (Alles wird auf den Nullvektor abgebildet).

- Manche linearen Abbildungen $x \mapsto Ax$ auf $\mathbb{R}^n$ (bzw. $\mathbb{C}^n$) besitzen eine **Umkehrung**. Diese ist ebenfalls linear und wird in der Form $x \mapsto A^{-1}x$ geschrieben. Die Matrix $A^{-1}$, durch die sie beschrieben wird, heißt die **inverse Matrix** (kurz: **Inverse**) von $A$. Besitzt die (quadratische) Matrix $A$ eine Inverse, so heißt $A$ **invertierbar** (oder **nichtsingulär**). Falls die Inverse existiert, ist sie *eindeutig* bestimmt, und sie erfüllt

$$A^{-1}A = AA^{-1} = \mathbf{1}\,. \tag{16.17}$$

Wir werden weiter unten (siehe (16.24)) ein Kriterium kennen lernen, das Auskunft über Existenz oder Nichtexistenz der Inversen gibt.

In Indexschreibweise *

lautet (16.17) $\sum_{r=1}^{n}(A^{-1})_{jr}A_{rk} = \sum_{r=1}^{n}A_{jr}(A^{-1})_{rk} = \delta_{jk}$ bzw. mit der Einsteinschen Summenkonvention $(A^{-1})_{jr}A_{rk} = A_{jr}(A^{-1})_{rk} = \delta_{jk}$.

Die Einheitsmatrix ist invertierbar, und klarerweise ist $\mathbf{1}^{-1} = \mathbf{1}$. Die Nullmatrix hingegen ist *nicht* invertierbar (sondern erfüllt $0A = A0 = 0$ für jede Matrix $A$).

Um die Inverse einer invertierbaren $2 \times 2$-Matrix zu berechnen, können Sie die Formel

$$\begin{pmatrix} A_{11} & A_{12} \\ A_{21} & A_{22} \end{pmatrix}^{-1} = \frac{1}{A_{11}A_{22} - A_{12}A_{21}} \begin{pmatrix} A_{22} & -A_{12} \\ -A_{21} & A_{11} \end{pmatrix} \tag{16.18}$$

benutzen. Die Inversen höherdimensionaler Matrizen werden am besten unter Zuhilfenahme eines Computerwerkzeugs berechnet (siehe unten).

- Jede quadratische Matrix kann mit sich selbst multipliziert („quadriert") werden. Statt $AA$ schreiben wir einfach $A^2$. Diese Matrix entspricht dem zweifachen Hintereinanderausführen der gleichen linearen Abbildung: $x \mapsto Ax \mapsto A^2x$. In analoger Weise können beliebige Potenzen $A^p$ mit ganzzahligen Exponenten $p$ gebildet werden.

  Wir können sogar Funktionen wie $\sin(A)$ oder $e^A$ bilden – mehr dazu im nächsten Kapitel!

- Die Summe der Diagonalelemente der $n\times n$-Matrix $A$ bezeichnen wir als deren **Spur** (englisch *trace*):

$$\mathrm{Tr}(A) = A_{11} + A_{22} + \ldots + A_{nn} \equiv \sum_{j=1}^{n} A_{jj} \,. \tag{16.19}$$

  Für die $n\times n$-Einheitsmatrix gilt $\mathrm{Tr}(\mathbf{1}) = n$.

  Weitere Rechenregeln für das Bilden der Spur *
  sind $\mathrm{Tr}(AB) = \mathrm{Tr}(BA)$ und $\mathrm{Tr}(ABC) = \mathrm{Tr}(BCA) = \mathrm{Tr}(CAB)$.

- Schließlich besprechen wir noch den Begriff der **Determinante** einer $n\times n$-Matrix. Sie hat mit dem Konzept des (orientierten) Volumsinhalts zu tun.

  - Determinante einer $2\times 2$-Matrix $A$:
    Falls $A$ *reell* ist, ist die Determinante von $A$ der orientierte Flächeninhalt[6] des von den beiden Spalten(-Vektoren) von $A$ gebildeten Parallelogramms in der Zeichenebene. Ohne Beweis geben wir die Formel

$$\det(A) \equiv \begin{vmatrix} A_{11} & A_{12} \\ A_{21} & A_{22} \end{vmatrix} = A_{11}A_{22} - A_{12}A_{21} \tag{16.20}$$

    in den beiden gebräuchlichen Schreibweisen an. (Der durch die *Spalten* definierte orientierte Flächeninhalt ist übrigens immer gleich dem durch die *Zeilen* definierten orientierten Flächeninhalt). Für die Determinante einer *komplexen* $2\times 2$-Matrix $A$ wird die gleiche Formel verwendet.

  - Determinante einer $3\times 3$-Matrix $A$:
    Falls $A$ *reell* ist, ist die Determinante von $A$ das orientierte Volumen[7] des von den drei Spalten(-Vektoren) von $A$ gebildeten Parallelepipeds. Ohne Beweis geben wir die Formel[8]

---

[6] Der Begriff *orientierter Flächeninhalt* bedeutet: Kann der erste Spaltenvektor im Gegenuhrzeigersinn mit einem Winkel $0 < \theta < \pi$ in den zweiten gedreht werden, so wird der Flächeninhalt *positiv*, ist der Drehwinkel $\pi < \theta < 2\pi$, so wird er als *negativ* gezählt. (Für $\theta = 0$ und $\theta = \pi$ ist er $0$).

[7] Der Begriff *orientiertes Volumen* bedeutet: Handelt es sich bei den drei Spaltenvektor um ein Rechtssystem (d.h. wird der erste nach der Rechtsschraubenregel in den zweiten Spaltenvektor gedreht, so bewegt sich die

$$\det(A) \equiv \begin{vmatrix} A_{11} & A_{12} & A_{13} \\ A_{21} & A_{22} & A_{23} \\ A_{31} & A_{32} & A_{33} \end{vmatrix} = \begin{matrix} A_{11}A_{22}A_{33} + A_{13}A_{21}A_{32} + A_{31}A_{12}A_{23} \\ -A_{13}A_{22}A_{31} - A_{11}A_{23}A_{32} - A_{33}A_{12}A_{21} \end{matrix} \qquad (16.21)$$

an. (Das durch die *Spalten* definierte orientierte Volumen ist immer gleich dem durch die *Zeilen* definierten orientierten Volumen). Für eine *komplexe* $3\times 3$-Matrix $A$ wird die gleiche Formel verwendet.

- In höheren Dimensionen wird die Determinante analog (als orientiertes *Hypervolumen*) definiert. Wenn Sie einmal die Determinante einer höherdimensionalen Matrix benötigen, so berechnen Sie sie am besten mit Hilfe eines Computerwerkzeugs (siehe unten).

  Ergänzung: *
  Eine allgemeine Formel für die Determinante einer $n\times n$-Matrix $A$ ist

  $$\det(A) = \sum_{\sigma} (-)^{\sigma} A_{1\sigma(1)} A_{2\sigma(2)} \cdots A_{n\sigma(n)} \qquad (16.22)$$

  wobei die Summe über alle Permutationen $\sigma$ der Zahlen $12\ldots n$ läuft und $(-)^{\sigma}$ das Vorzeichen der Permutation $\sigma$ angibt ($1$ für eine gerade, $-1$ für eine ungerade Permutation[9]). Die Summe in (16.22) besitzt $n!$ Summanden.

  Die Determinante lässt sich auch ganz anders definieren. Die Abbildung $A \mapsto \det(A)$ ist die *einzige* Abbildung von der Menge der $n\times n$-Matrizen in die reellen (bzw. komplexen) Zahlen, die

  (i) in jedem Spaltenvektor linear ist,
  (ii) unter Vertauschung zweier Spaltenvektoren das Vorzeichen ändert und
  (iii) der Einheitsmatrix den Wert $1$ zuweist.

  Weiters lässt sich die Determinante einer Matrix auf die Berechnung von Unterdeterminanten (d.h. Determinanten kleineren Matrizen, die aus der Streichung einer Zeile und einer Spalte der gegebenen Matrix entstehen) zurückführen. Angesichts der heute zur Verfügung stehenden elektronischen Möglichkeiten, Determinanten zu berechnen, gehen wir auf diese Methode (den so genannten *Laplaceschen Entwicklungssatz*) nicht näher ein.

- Die Determinante erfüllt einige praktische Rechenregeln: *

  - $\det(AB) = \det(A)\det(B)$
  - $\det(\mathbf{1}) = 1$

---

„Schraube" in Richtung des dritten), so wird das Volumen *positiv*, im Falle eines Linkssystems wird es als *negativ* gezählt.

[8] Das ist die so genannte Regel von *Sarrus*.

[9] Eine Permutation ist (un)gerade, wenn sie durch eine (un)gerade Zahl von Vertauschungen erzielt werden kann. Beispielsweise ist $231$ eine gerade Permutation von $123$, $132$ eine ungerade.

- $\det(A)$ ändert das Vorzeichen, wenn zwei Spalten (oder zwei Zeilen) vertauscht werden.
- $\det(A) = 0$, wenn sich eine Spalte (oder eine Zeile) als Linearkombination der anderen Spalten (Zeilen) ausdrücken lässt. Ist das nicht der Fall (d.h. bilden die Spalten bzw. Zeilen von $A$ eine Basis), so ist $\det(A) \neq 0$. Anders ausgedrückt:

$$\begin{aligned} \det(A) \neq 0 \quad &\Leftrightarrow \quad \text{Die Spalten von } A \text{ bilden eine Basis} \\ &\Leftrightarrow \quad \text{Die Zeilen von } A \text{ bilden eine Basis} \end{aligned} \tag{16.23}$$

Die Determinante gibt uns ein bequemes Kriterium für die Existenz oder Nichtexistenz der inversen Matrix in die Hand: **Eine quadratische Matrix ist genau dann invertierbar, wenn ihre Determinante $\neq 0$ ist**:[10]

$$A \text{ ist invertierbar} \quad \Leftrightarrow \quad A^{-1} \exists \quad \Leftrightarrow \quad \det(A) \neq 0 . \tag{16.24}$$

(Dies kann mit Hilfe von (16.23) bewiesen werden). In zwei Dimensionen passt dieses Kriterium bestens mit der Formel (16.18) zusammen, da in deren Nenner gerade die Determinante steht!

Wir runden die Regeln der Matrizenrechnung durch zwei ergänzende Definitionen und Begriffe ab:

- **Transposition**:
  Sei $A$ eine $m \times n$-Matrix. Die zu $A$ **transponierte Matrix** (kurz **Transponierte** von $A$) ist jene $n \times m$-Matrix $A^T$ (ausgesprochen „$A$ transponiert"), die aus $A$ durch Vertauschung von Zeilen und Spalten hervorgeht. Ihre Komponenten sind $(A^T)_{jk} = A_{kj}$.

  Beispiel:

$$\begin{pmatrix} 3 & 2 \\ -1 & 5 \end{pmatrix}^T = \begin{pmatrix} 3 & -1 \\ 2 & 5 \end{pmatrix}. \tag{16.25}$$

  Im Fall quadratischer Matrizen werden, wie aus diesem Beispiel hervorgeht, die Koeffizienten an der Hauptdiagonale „gespiegelt", um $A^T$ aus $A$ zu erhalten. Zweimaliges Transponieren führt zu $A$ zurück: $A^{TT} = A$. Durch die Transposition wird ein Spaltenvektor (d.h. eine $n \times 1$-Matrix) in einen Zeilenvektor (d.h. eine $1 \times n$-Matrix) übergeführt und umgekehrt.

  Beispiel:

$$\begin{pmatrix} 2 \\ 5 \end{pmatrix}^T = \begin{pmatrix} 2 & 5 \end{pmatrix} \quad \text{und} \quad \begin{pmatrix} 2 & 5 \end{pmatrix}^T = \begin{pmatrix} 2 \\ 5 \end{pmatrix}. \tag{16.26}$$

  Mit Hilfe der Transposition kann das **Skalarprodukt**[11] zweier reeller Spaltenvektoren $u, v \in \mathbb{R}^n$ in der Form

[10] Das Symbol $\exists$ bedeutet „existiert" oder „es existiert".

[11] Siehe Kapitel 15.

$$u \cdot v = u^T v \,, \tag{16.27}$$

d.h. als Matrixprodukt geschrieben werden.

Beispiel:

$$\begin{pmatrix} 2 \\ 5 \end{pmatrix} \cdot \begin{pmatrix} 4 \\ 1 \end{pmatrix} = \begin{pmatrix} 2 \\ 5 \end{pmatrix}^T \begin{pmatrix} 4 \\ 1 \end{pmatrix} = \begin{pmatrix} 2 & 5 \end{pmatrix} \begin{pmatrix} 4 \\ 1 \end{pmatrix} = 2 \cdot 4 + 5 \cdot 1 = 13 \,. \tag{16.28}$$

Das Resultat ist immer eine $1 \times 1$ -Matrix, d.h. eine Zahl (vgl. (16.12)).

> Weitere Rechenregeln: *
> Es gilt $(AB)^T = B^T A^T$, $(A + \lambda B)^T = A^T + \lambda B^T$ (wobei $\lambda$ ein Skalar ist) und $\det(A^T) = \det(A)$.

- **Adjunktion**:
  Sei $A$ eine komplexe $m \times n$-Matrix. Die zu $A$ **adjungierte** (oder **hermitisch konjugierte**) **Matrix** ist jene $n \times m$-Matrix $A^\dagger$ (ausgesprochen „$A$ kreuz"), die aus $A$ durch Vertauschung von Zeilen und Spalten und einer zusätzlichen komplexen Konjugation aller Komponenten hervorgeht. Ihre Komponenten sind $(A^\dagger)_{jk} = A^*_{kj}$.

Beispiel:

$$\begin{pmatrix} 3i & 2+4i \\ 7 & 5 \end{pmatrix}^\dagger = \begin{pmatrix} -3i & 7 \\ 2-4i & 5 \end{pmatrix}. \tag{16.29}$$

Im Fall quadratischer Matrizen werden, wie aus diesem Beispiel hervorgeht, die Koeffizienten an der Hauptdiagonale "gespiegelt" und die so erhaltene Matrix komplex konjugiert, um $A^\dagger$ aus $A$ zu erhalten. Zweimaliges Adjungieren führt zu $A$ zurück: $A^{\dagger\dagger} = A$. Durch die Operation des Adjungierens wird ein Spaltenvektor (d.h. eine $n \times 1$-Matrix) in einen Zeilenvektor (d.h. eine $1 \times n$ -Matrix) übergeführt und umgekehrt.

Beispiel:

$$\begin{pmatrix} 2i \\ 5 \end{pmatrix}^\dagger = \begin{pmatrix} -2i & 5 \end{pmatrix} \quad \text{und} \quad \begin{pmatrix} -2i & 5 \end{pmatrix}^\dagger = \begin{pmatrix} 2i \\ 5 \end{pmatrix}. \tag{16.30}$$

Ist $A$ eine reelle Matrix, so ist $A^\dagger = A^T$.

Mit Hilfe dieser Operation kann das **innere Produkt**[12] zweier komplexer Spaltenvektoren $u, v \in \mathbb{C}^n$ in der Form

$$\langle u, v \rangle = u^\dagger v \,, \tag{16.31}$$

d.h. als Matrixprodukt geschrieben werden.

[12] Siehe (15.35).

Beispiel:

$$\begin{pmatrix} 2i \\ 5 \end{pmatrix}^{\dagger} \begin{pmatrix} 4+i \\ 1 \end{pmatrix} = \begin{pmatrix} -2i & 5 \end{pmatrix} \begin{pmatrix} 4+i \\ 1 \end{pmatrix} = -2i(4+i) + 5 \cdot 1 = 7 - 8i\,. \tag{16.32}$$

Das Resultat ist immer eine $1 \times 1$-Matrix, d.h. eine komplexe Zahl (vgl. (16.12)).

Weitere Rechenregeln: *
Es gilt $(AB)^{\dagger} = B^{\dagger} A^{\dagger}$, $(A + \lambda B)^{\dagger} = A^{\dagger} + \lambda^{*} B^{\dagger}$ (wobei $\lambda$ ein Skalar ist) und $\det(A^{\dagger}) = \det(A)^{*}$.

**Die Rolle des Adjungierens im Bra-Ket-Formalismus**:
Erinnern wir uns jetzt an den im vorigen Kapitel erwähnten Bra-Ket-Formalismus im $\mathbb{C}^2$. Mit Hilfe der Operation des Adjungierens können wir den *Kets* eine präzise Bedeutung geben: Ein zweikomponentiger komplexer Spaltenvektor $u$ wird als *Ket* $|u\rangle$ geschrieben. Allgemein ist er von der Form

$$|u\rangle = \begin{pmatrix} a \\ b \end{pmatrix} = a|0\rangle + b|1\rangle, \tag{16.33}$$

wobei die Vektoren

$$|0\rangle = \begin{pmatrix} 1 \\ 0 \end{pmatrix} \quad \text{und} \quad |1\rangle = \begin{pmatrix} 0 \\ 1 \end{pmatrix} \tag{16.34}$$

die Standardbasis des $\mathbb{C}^2$ bilden.

Der zugehörige *Bra* $\langle u|$ ist nun nichts anderes als $u^{\dagger}$. Das Nebeneinanderschreiben eines *Bra* und eines *Ket* in der Form $\langle u|v\rangle$ bedeutet das Matrixprodukt $u^{\dagger}v$, was gemäß (16.31) gleich dem inneren Produkt der Vektoren $u$ und $v$ ist. Der zu (16.33) gehörende *Bra* $\langle u|$ kann in der Form

$$\langle u| = \begin{pmatrix} a^{*} & b^{*} \end{pmatrix} = a^{*}\langle 0| + b^{*}\langle 1| \tag{16.35}$$

geschrieben werden. Innere Produkte werden dann (anhand eines Beispiels) so berechnet: Seien $|\psi\rangle = 2i|0\rangle + 3|1\rangle$ und $|\phi\rangle = 3i|0\rangle + 5|1\rangle$ gegeben. Dann ist

$$\langle \psi| = -2i\langle 0| + 3\langle 1|,$$

woraus sich

$$\begin{aligned}\langle\psi|\phi\rangle &= \left(-2i\langle 0| + 3\langle 1|\right)\left(3i|0\rangle + 5|1\rangle\right) = \\ &= 6\underbrace{\langle 0|0\rangle}_{1} - 10i\underbrace{\langle 0|1\rangle}_{0} + 9i\underbrace{\langle 1|0\rangle}_{0} + 15\underbrace{\langle 1|1\rangle}_{1} = \\ &= 6 + 15 = 21\end{aligned} \tag{16.36}$$

ergibt. Das Rezept: Beim Berechnen des inneren Produkts $\langle\psi|\phi\rangle$ wird zuerst aus dem *Ket* $|\psi\rangle$ der zugehörige *Bra* $\langle\psi|$ gemacht (komplex konjugieren nicht vergessen!) und die beiden Objekte dann „multipliziert", wo bei die Tatsache, dass (16.34) eine ON-Basis ist (d.h. dass $\langle 0|0\rangle = \langle 1|1\rangle = 1$ und $\langle 0|1\rangle = \langle 1|0\rangle = 0$ gilt) ausgenutzt wird.

Ein Objekt der Form $|u\rangle\langle v|$, wie es in der Quantentheorie oft verwendet wird, steht für die $2\times 2$-Matrix $u\,v^\dagger$. Auf einen Vektor $w \equiv |w\rangle$ (von links, wie es für Matrizen üblich ist) *angewandt*, ergibt es $|u\rangle\langle v|w\rangle$ (oder, in Matrixschreibweise, $u\,v^\dagger w$). Es entspricht der linearen Abbildung

$$|w\rangle \mapsto |u\rangle\langle v|w\rangle \tag{16.37}$$

im Hilbertraum $\mathbb{C}^2$. Beispielsweise ist $|0\rangle\langle 0|$ jene lineare Abbildung, die „die zweite Komponente wegzwickt", d.h. die, in Komponenten ausgedrückt,

$$\begin{pmatrix} a \\ b \end{pmatrix} \mapsto \begin{pmatrix} a \\ 0 \end{pmatrix} \tag{16.38}$$

bewirkt.[13] Als Matrix angeschrieben ist

$$|0\rangle\langle 0| = \begin{pmatrix} 1 \\ 0 \end{pmatrix}\begin{pmatrix} 1 \\ 0 \end{pmatrix}^\dagger = \begin{pmatrix} 1 \\ 0 \end{pmatrix}\begin{pmatrix} 1 & 0 \end{pmatrix} = \begin{pmatrix} 1 & 0 \\ 0 & 0 \end{pmatrix}. \tag{16.39}$$

Weitere Beispiele sind die berühmten **Pauli-Matrizen**

$$\begin{aligned}\sigma_1 &= \begin{pmatrix} 0 & 1 \\ 1 & 0 \end{pmatrix} = |0\rangle\langle 1| + |1\rangle\langle 0| \\ \sigma_2 &= \begin{pmatrix} 0 & -i \\ i & 0 \end{pmatrix} = -i|0\rangle\langle 1| + i|1\rangle\langle 0| \\ \sigma_3 &= \begin{pmatrix} 1 & 0 \\ 0 & -1 \end{pmatrix} = |0\rangle\langle 0| - |1\rangle\langle 1|\end{aligned} \tag{16.40}$$

die in der Quantentheorie dazu benutzt werden, die Komponenten des (nichtrelativistischen) Spins zu beschreiben. Der Bra-Ket-Formalismus stellt sich dergestalt als bequemes „Bausteinsystem" zum Rechnen mit Matrizen dar.

[13] Es handelt sich um eine *Projektion*. Mehr über Projektionen erfahren Sie im nächsten Kapitel.

Mit der Matrizenmultiplikation und den wichtigsten aus ihr folgenden Begriffen ausgerüstet, wenden wir uns nun computergestützten Berechnungsmethoden und danach konkreten Anwendungen zu.

[Aufgabe 6] [Aufgabe 7] [Aufgabe 8] [Aufgabe 9] [Aufgabe 10] [Aufgabe 11] [Aufgabe 12] [Aufgabe 13] [Aufgabe 14] [Aufgabe 15] [Aufgabe 16] [Aufgabe 17]

## Matrizenrechnung mit Computeralgebra

Das Computeralgebra-System ***Mathematica*** bietet zahlreiche nützliche Funktionen zum Rechnen mit Matrizen. Eine Matrix wird als Liste ihrer Zeilenvektoren eingegeben, wobei jeder Zeilenvektor wieder eine Liste ist. Beispielsweise wird mit

```
A = {{1,2},{3,4}}
```

die Matrix $A = \begin{pmatrix} 1 & 2 \\ 3 & 4 \end{pmatrix}$ definiert. (Das gilt auch für Zeilen- und Spaltenvektoren! Ein Spaltenvektor wird beispielsweise in der Form `u = {{2},{4}}` definiert, ein Zeilenvektor in der Form `v = {{2,4}}`). Um eine Matrix in herkömmlicher Darstellung als rechteckiges Zahlenschema anzuzeigen, gibt es den Befehl

```
MatrixForm[A]
```

Er liefert aber leider außer der Anzeige keinen Output, mit dem man weiterrechnen könnte. Eine Definition wie `B = MatrixForm[{{5,6},{6,8}}]` ist daher nicht sinnvoll. Sie können aber statt dessen

```
MatrixForm[B = {{5,6},{6,8}}]
```

schreiben, wodurch die Matrix `B` korrekt definiert *und* in Matrixform angezeigt wird.

Für die Matrizenmultiplikation wird der Punkt **.** verwendet:

```
A.B
```

gibt das Produkt der beiden Matrizen aus. (Achtung: `A B` *ohne Punkt* führt auf ein falsches Ergebnis, nämlich auf das komponentenweise Produkt). Ein nachgeschobenes

```
%//MatrixForm
```

zeigt auch die Matrixform des Produkts an.

Weitere Operationen sind:

| | |
|---|---|
| `Inverse[A]` | Inverse der Matrix `A` |
| `Tr[A]` | Spur der Matrix `A` |
| `Det[A]` | Determinante der Matrix `A` |
| `Transpose[A]` | Transponierte der Matrix `A` |
| `Transpose[Conjugate[A]]` | Adjungierte der Matrix `A` |
| `Dimensions[A]` | gibt die Anzahl der Zeilen und Spalten der Matrix `A` aus |

| | |
|---|---|
| `MatrixPower[A,p]` | Potenz `A`$^p$<br>Für $p = 2$ entspricht das `A.A`<br>Achtung: `A^2` liefert das komponentenweise berechnete Quadrat, also *nicht* das Quadrat der Matrix im Sinne der Matrizenmultiplikation! |

Um bestimmte Matrizen schnell definieren zu können, gibt es die Funktionen

| | |
|---|---|
| `IdentityMatrix[n]` | $n\times n$-Einheitsmatrix |
| `DiagonalMatrix[{5,2,3}]` | erzeugt die $3\times 3$-Diagonalmatrix mit Diagonalelementen `5`, `2` und `3` |
| `Array[a,{2,3}]` | erzeugt die $2\times 3$-Matrix mit Komponenten `a[j,k]`. Wurde `a` vorher nicht als Funktion nicht definiert, so ist dies eine *allgemeine* (oder *unbestimmte*) $2\times 3$-Matrix. |
| `Table[j+k,{j,1,3},{k,1,3}]` | kann benutzt werden, um Matrizen nach einem gegebenen Bildungsgesetz zu definieren (hier anhand des $3\times 3$-Beispiels $A_{jk} = j+k$ ) |

[Aufgabe 18] [Aufgabe 19] [Aufgabe 20] [Aufgabe 21]

# Lineare Koordinatentransformationen

Eine Anwendung des bisher entwickelten Formalismus ergibt sich, wenn die Beschreibung von Punkten der Ebene oder des (physikalischen) dreidimensionalen Raumes durch ein Koordinatensystem *geändert* wird. Wir sind es gewohnt, den dreidimensionalen Raum als $\mathbb{R}^3$ anzusehen. Ein Punkt des Raumes wird durch ein reelles Zahlentripel beschrieben, und wir unterscheiden in der Regel nicht zwischen diesem Tripel und dem Punkt. Das alles gilt aber genau genommen nur durch die Brille eines zwar beliebigen, aber fix gewählten Koordinatensystems betrachtet. Manchmal ist es nötig, zwischen verschiedenen Koordinatensystemen zu wechseln. Von besonderem Interesse sind **Verschiebungen** (**Translationen**) und **Drehungen** (**Rotationen**) des Koordinatensystems, relevant für die Physik sind auch **Spiegelungen**. Derartige **Koordinatentransformationen** treten auf,

- wenn die Koordinaten einem konkreten Problem angepasst werden, z.B. bei der Beschreibung der Bewegung eines starren Körpers, bei der gleichzeitig ein „raumfestes" Koordinatensystem und ein „körperfestes" Koordinatensystem (das sich noch dazu ständig ändert) verwendet wird, aber auch
- in grundsätzlichen Überlegungen zur Struktur unserer physikalischen Theorien, z.B. bei der Frage, ob und wie sich die Formulierung der Naturgesetze ändert, wenn von einem Koordinatensystem auf ein anderes übergegangen wird.[14]

[14] Überlegungen dieser Art werden in der modernen („relativistischen") Physik nicht für den Raum allein, sondern für die gesamte vierdimensionale Raumzeit angestellt. Wir gehen darauf hier nicht weiter ein, sondern erwähnen lediglich, dass die so genannten *Lorentztransformationen* (die die Beschreibungen eines Prozesses durch zwei relativ zueinander gleichförmig bewegte Beobachter ineinander übersetzen) ebenfalls mit den Mitteln der linearen Algebra beschrieben werden.

Wir sehen uns nun an, wie derartige Transformationen mathematisch beschrieben werden und betrachten einige wichtige Beispiele.

Nehmen wir an, der dreidimensionale Raum sei durch ein Koordinatensystem beschrieben, das einem gegebenen Punkt die Koordinaten

$$x \equiv \begin{pmatrix} x_1 \\ x_2 \\ x_3 \end{pmatrix} \tag{16.41}$$

zuweist. (Wir schreiben sie in Spaltenvektorform, um den bisher entwickelten Matrixformalismus anwenden zu können). Gleichzeitig werde *derselbe* Raum durch ein *anderes* Koordinatensystem beschrieben, das dem Punkt (16.41) die Koordinaten

$$x' \equiv \begin{pmatrix} x_1' \\ x_2' \\ x_3' \end{pmatrix} \tag{16.42}$$

zuweist. Eine Koordinatentransformation gibt an, wie die „gestrichenen" (oder „neuen") mit den „ungestrichenen" (oder „alten") Koordinaten eines Punktes zusammenhängen. Analoges kann auch über Koordinatentransformationen in der Ebene gesagt werden, wobei dann einfach (16.41) und (16.42) durch zweikomponentige Spaltenvektoren ersetzt werden, und in höherdimensionalen Räumen wie beispielsweise der vierdimensionalen Raumzeit. Wir werden nun solche Koordinatentransformationen betrachten, für die dieser Zusammenhang **linear** (linear-homogen oder linear-inhomogen) ist. In $n$ Dimensionen (denken Sie vor allem an $n=2$ und $n=3$) ist eine allgemeine linear(-inhomogen)e Koordinatentransformation von der Form

$$x' = Ax + c\,, \tag{16.43}$$

wobei $A$ eine reelle $n\times n$-Matrix und $c$ ein reeller $n$-komponentiger Spaltenvektor ist. $A$ und $c$ legen die Transformation eindeutig fest.

$c$ kann als Verschiebungsvektor interpretiert werden. Er stellt den inhomogenen Anteil der Transformation (16.43) dar. Jener Punkt, der in den ungestrichenen Koordinaten den Ursprung bildet (d.h. für den $x=0$ ist, was bedeutet, dass alle seine Koordinaten gleich $0$ sind) bekommt gemäß (16.43) im gestrichenen System die Koordinaten $x'=c$. Eine reine **Verschiebung (Translation)** wird durch die Transformationsformel

$$x' = x + c \tag{16.44}$$

beschrieben. Daher kann (16.43) erhalten werden, wenn zwei Transformationen hintereinander ausgeführt werden: Zuerst wird auf $x$ die Matrix $A$ angewandt (mit dem Resultat $Ax$) und danach wird eine Verschiebung durchgeführt, also $c$ addiert (mit dem Resultat: $Ax+c$). Da Verschiebungen auf diese Weise einfach durch Addition eines konstanten Spaltenvektors beschrieben werden können, werden wir uns im Folgenden auf den von der Matrix $A$ beschriebenen Teil von (16.43) konzentrieren. Dazu setzen wir $c=0$ und betrachten **linear-homogene Koordinatentransformationen**

$$x' = Ax\,. \tag{16.45}$$

Mit anderen Worten: Wir beschränken uns auf jene Transformationen, für die jener Punkt, der in den ungestrichenen Koordinaten den Ursprung bildet (d.h. für den $x = 0$ gilt) dies auch im gestrichenen System tut ($x' = 0$). Dem Sprachgebrauch der linearen Algebra folgend, lassen wir den Zusatz „homogen" weg und nennen den durch (16.45) beschriebenen Übergang von $x$ zu $Ax$ eine **lineare (Koordinaten-)Transformation**.

> Bemerkung:
> Die uns bereits bekannten Transformationsformeln von kartesischen Koordinaten auf ebene Polarkoordinaten sowie auf Kugel- und Zylinderkoordinaten sind **nichtlinear**. Um solche (krummlinige) Koodinaten geht es hier *nicht*. Wir beschränken uns auf Transformationen, die **linear** sind.

Die für die Physik wichtigsten linearen Koordinatentransformationen sind:

- **Drehungen (Rotationen)**:
  Drehungen eines (kartesischen) Koordinatensystems werden beschrieben durch **Drehmatrizen (Rotationsmatrizen)**.

  - In **zwei Dimensionen** gibt es nur einen Freiheitsgrad, um ein Koordinatensystem zu drehen, und daher tritt nur ein einziger Drehwinkel auf. Die allgemeine Drehmatrix hat die Form

$$R = \begin{pmatrix} \cos\alpha & -\sin\alpha \\ \sin\alpha & \cos\alpha \end{pmatrix}. \qquad (16.46)$$

    Sie kann in zweierlei Hinsicht interpretiert werden: Auf einen gegebenen Spaltenvektor $x$ angewandt, beschreibt sie eine Drehung um den Winkel $\alpha$ im Gegenuhrzeigersinn, d.h. $Ax$ geht aus $x$ durch eine Drehung um $\alpha$ im Gegenuhrzeigersinn hervor.[15] Wird $R$ allerdings dazu benutzt, um eine Koordinatentransformation vom Typ (16.45), d.h. $x' = Rx$, zu definieren, so entspricht das einer Drehung des Koordinatensystems um $\alpha$ im Uhrzeigersinn.[16] In Komponenten angeschrieben, lautet die Koordinatentransformation

$$\begin{aligned} x_1' &= x_1 \cos\alpha - x_2 \sin\alpha \\ x_2' &= x_1 \sin\alpha + x_2 \cos\alpha \end{aligned} \qquad (16.47)$$

  - In **drei Dimensionen** gibt es drei Freiheitsgrade, um ein Koordinatensystem zu drehen, und daher treten in der allgemeinen Drehmatrix drei Winkel auf. Wir wollen uns aber darauf beschränken, das Koordinatensystem so zu drehen, dass die $x_3$-Achse in sich übergeführt wird (d.h. als Rotationsachse fungiert). Die allgemeinste Matrix, die das leistet, ist von der Form

$$R = \begin{pmatrix} \cos\alpha & -\sin\alpha & 0 \\ \sin\alpha & \cos\alpha & 0 \\ 0 & 0 & 1 \end{pmatrix}. \qquad (16.48)$$

    Sie kann, wie (16.46), in zweierlei Hinsicht interpretiert werden. Die Koordinatentransformation $x' = Rx$ lautet, in Komponenten angeschrieben,

---

[15] Dies wird die *aktive Interpretation* genannt.

[16] Dies wird die *passive Interpretation* genannt.

$$\begin{aligned} x_1' &= x_1 \cos\alpha - x_2 \sin\alpha \\ x_2' &= x_1 \sin\alpha + x_2 \cos\alpha \\ x_3' &= x_3 \end{aligned} \tag{16.49}$$

Die letzte der drei Transformationsformeln zeigt, dass die Rotationsachse tatsächlich die $x_3$-Achse ist.

- **Allgemeine Beschreibung von Drehungen**: *
  Wichtiger als die explizite Form der allgemeinen Rotationsmatrix in drei (und mehr) Dimensionen ist eine Charakterisierung, die in *jeder* Dimension funktioniert: Die Grundforderung an eine Drehung $R$ besteht darin, dass sie geometrische Sachverhalte (d.h. solche, die sich nicht auf das verwendete Koordinatensystem beziehen) nicht ändert. Sind insbesondere $u$ und $v$ zwei Spaltenvektoren (die die Lage zweier Punkte im ungestrichenen Koordinatensystem bezeichnen), so soll ihr Skalarprodukt $u \cdot v$ den gleichen Wert besitzen wie jenes von $Ru$ mit $Rv$, d.h. es soll $(Ru)\cdot(Rv) = u \cdot v$ gelten. Benutzen wir die Schreibweise (16.27) für das Skalarprodukt, so lautet dies $(Ru)^T Rv = u^T v$. Mit $(Ru)^T = u^T R^T$ lautet die Forderung $u^T R^T Rv = u^T v$ oder, anders angeschrieben, $u^T (R^T R - \mathbf{1})v = 0$, und sie soll für beliebige $u, v \in \mathbb{R}^2$ gelten. Daraus lässt sich leicht folgern, dass die hier auftretende Matrix $R^T R - \mathbf{1}$ verschwinden muss. Für jede Rotationsmatrix muss daher

$$R^T R = \mathbf{1} \tag{16.50}$$

  (oder, anders ausgedrückt, $R^{-1} = R^T$) gelten. Eine reelle Matrix, die diese Bedingung erfüllt, heißt **orthogonale Matrix**. Orthogonale Matrizen sind genau jene, die (im Reellen) geometrische Sachverhalte respektieren.[17] Ganz allgemein handelt es sich bei ihnen um **Drehspiegelungen**. Um die Spiegelungen zu eliminieren, muss die zusätzliche Bedingung[18]

$$\det(R) = 1 \tag{16.51}$$

  gestellt werden. Jede reelle $n \times n$-Matrix, die (16.50) und (16.51) erfüllt, beschreibt eine Drehung in $n$ Dimensionen, und umgekehrt ist jede Drehung von dieser Form. Wir werden den orthogonalen Matrizen noch einmal im nächsten Kapitel begegnen.

- **Spiegelungen**:
  Wir beschränken uns auf einige Beispiele:

  - In **zwei Dimensionen** wird die Spiegelung des Koordinatensystems an der $x_1$-Achse durch die Matrix

$$S = \begin{pmatrix} 1 & 0 \\ 0 & -1 \end{pmatrix} \tag{16.52}$$

[17] Eine andere Charakterisierung ist diese: Eine reelle quadratische Matrix ist genau dann orthogonal, wenn ihre Spalten (bzw. Zeilen) eine Orthonormalbasis bilden.

[18] Die Determinante einer orthogonalen Matrix ist $1$ oder $-1$. Jene, für die $\det(R) = -1$ gilt, enthalten eine (nicht auf eine Drehung zurückführbare) Spiegelung.

beschrieben. Die Koordinatentransformation $x' = Sx$ lautet, in Komponenten angeschrieben,

$$\begin{aligned} x_1' &= x_1 \\ x_2' &= -x_2 \end{aligned} \tag{16.53}$$

Analog wird die Spiegelung des Koordinatensystems an der $x_2$-Achse durch die Matrix

$$S = \begin{pmatrix} -1 & 0 \\ 0 & 1 \end{pmatrix} \tag{16.54}$$

beschrieben. Die Punktspiegelung am Ursprung

$$R = \begin{pmatrix} -1 & 0 \\ 0 & -1 \end{pmatrix} \equiv -\mathbf{1} \tag{16.55}$$

ist eine Drehung – sie kann aus (16.46) mit $\alpha = \pi$ erhalten werden.

- In **drei Dimensionen** wird die Spiegelung des Koordinatensystems an der $x_1x_2$-Ebene durch die Matrix

$$S = \begin{pmatrix} 1 & 0 & 0 \\ 0 & 1 & 0 \\ 0 & 0 & -1 \end{pmatrix} \tag{16.56}$$

beschrieben. Ein weiteres Beispiel ist die Punktspiegelung $S = -\mathbf{1}$, die (im Gegensatz zum zweidimensionalen Fall) in drei Dimensionen *keine* Drehung ist.

- Ganz allgemein kann in (16.45) eine beliebige Matrix $A$ verwendet werden, sofern sie invertierbar ist (d.h. sofern die Transformation rückgängig gemacht werden kann; die Umkehrtransformation lautet dann $x = A^{-1}x'$). Stellt $x$ die Koordinaten in einem kartesischen Koordinatensystem dar, so führt eine solche Transformation im Allgemeinen auf ein **schiefwinkeliges Koordinatensystem**.

Auf weitere interessante Transformationen, insbesondere die in der Relativitätstheorie auftretenden *Lorentztransformationen*, können wir außer dem Hinweis, dass es sich bei ihnen um Verallgemeinerungen der oben beschriebenen Drehungen und Spiegelungen handelt, nicht näher eingehen.

Ergänzung: **Unitäre Matrizen** *

Der Begriff der orthogonalen Matrizen (16.50) kann auf den komplexen Fall verallgemeinert werden. Eine komplexe quadratische Matrix $U$ heißt **unitär**, wenn die Abbildung $x \mapsto Ux$ alle inneren Produkte komplexer Spaltenvektoren respektiert.[19] Dies führt auf die Bedingung

[19] Eine andere Charakterisierung ist diese: Eine komplexe quadratische Matrix ist genau dann unitär, wenn ihre Spalten (bzw. Zeilen) eine Orthonormalbasis (im Sinne des inneren Produkts) bilden.

$$U^\dagger U = \mathbf{1} \tag{16.57}$$

(oder, anders ausgedrückt, $U^{-1} = U^\dagger$). Unitäre Matrizen werden unter anderem in der Quantentheorie benötigt. Wir werden ihnen noch einmal im nächsten Kapitel begegnen (siehe (17.14)).

[Aufgabe 22] [Aufgabe 23] [Aufgabe 24] [Aufgabe 25] [Aufgabe 26]

## Lineare Gleichungssysteme

Eine weitere Anwendung des Matrixformalismus ergibt sich, wenn

- $n$ Größen $x_1$, $x_2$,... $x_n$
- ein System von $m$ **linearen** (**homogenen** oder **inhomogenen**) **Gleichungen**

erfüllen müssen. Was dann normalerweise interessiert, ist die **Lösung**, oder, wenn es mehrere Lösungen gibt, die **Lösungsmenge** (auch **Lösungsraum** genannt).

Ein System von $m$ linearen Gleichungen für $n$ Variable $x_1$, $x_2$,... $x_n$ kann immer in der Form

$$\begin{aligned}
&A_{11}x_1 + A_{12}x_2 + \ldots A_{1n}x_n = b_1 \\
&A_{21}x_1 + A_{22}x_2 + \ldots A_{2n}x_n = b_2 \\
&\ldots \\
&A_{m1}x_1 + A_{m2}x_2 + \ldots A_{mn}x_n = b_m
\end{aligned} \tag{16.58}$$

geschrieben werden. Nun fassen wir

- die Koeffizienten $A_{11}$, $A_{12}$,... $A_{mn}$ wie in (16.3) zu einer Matrix $A$ zusammen,
- die Variablen $x_1$, $x_2$,... $x_n$ wie in (16.4) zu einem $n$-komponentigen Spaltenvektor $x$ zusammen und
- die Konstanten $b_1$, $b_2$,... $b_m$, wie es in (16.4) für $y_1$, $y_2$,... $y_m$ gemacht wurde, zu einem $m$-komponentigen Spaltenvektor $b$ zusammen.

Damit kann das lineare Gleichungssystem (16.58) in der kompakten Form

$$Ax = b \tag{16.59}$$

angeschrieben werden. $A$ und $b$ sind gegeben, $x$ ist gesucht. Ist $b = 0$ (d.h. jede Komponente von $b$ ist $0$), so nennen wir das Gleichungssystem (16.59) **homogen**, ansonsten **inhomogen**. Wir nennen das System **quadratisch**, wenn $m = n$ gilt, d.h. wenn die Matrix $A$ quadratisch ist.

Sehen wir uns zunächst einige **grundlegende Eigenschaften der Lösungsmengen** an, die bei derartigen Systemen auftreten können. Der Einfachheit beschränken wir uns auf reelle Gleichungssysteme. (Komplexe werden völlig analog behandelt, wobei lediglich die geometrische Deutung der Lösungsmengen der Anschauung nicht so gut entgegenkommt wie im reellen Fall):

- **Homogenes lineares Gleichungssystem**:

  Aus den Rechenregeln für die Matrizenmultiplikation folgt unmittelbar, dass jede Linearkombination von Lösungen wieder eine Lösung ist: Aus $Ax=0$ und $Ax'=0$ folgt (für beliebige Skalare $\lambda$) $A(x+\lambda x')=0$. Die Lösungsmenge (die „allgemeine Lösung") ist daher ein *Vektorraum*.

  - Im Fall von *zwei* Variablen ($n=2$) kann es sich dabei – geometrisch interpretiert – um einen Punkt (nämlich den Ursprung $0$), eine Gerade durch den Ursprung oder die ganze Ebene (den ganzen $\mathbb{R}^2$) handeln.
  - Im Fall von *drei* Variablen ($n=3$) handelt es sich um einen Punkt (den Ursprung), eine Gerade durch den Ursprung, eine Ebene durch den Ursprung oder den ganzen Raum (den ganzen $\mathbb{R}^3$).
  - Ganz allgemein ist die Lösungsmenge im Fall von $n$ unbekannten Variablen ein „lineares Gebilde", in dem der Ursprung liegt (d.h. ein **Teilraum** des $\mathbb{R}^n$).

  Als Vektorraum besitzt die Lösungsmenge daher immer eine wohldefinierte Dimension.

  Für ein homogenes **quadratisches Gleichungssystem** gibt es ein **wichtiges Kriterium**:

  - Ist $A$ **invertierbar**, so kann die Gleichung $Ax=0$ von links mit $A^{-1}$ multipliziert werden, woraus folgt: $x=0$. In diesem Fall ist die **Lösung eindeutig**, nämlich $0$.
  - Ohne Beweis fügen wir hinzu: Ist $A$ **nicht invertierbar**, so gibt es einen nichttrivialen Vektorraum von Lösungen (d.h. **unendlich viele Lösungen**).

  Da die *Determinante* über die Existenz der inversen Matrix Auskunft gibt (siehe (16.24)), gilt für ein homogenes quadratisches Gleichungssystem:

$$\begin{aligned} \det(A) \neq 0 \quad &\Rightarrow \quad \text{Es gibt genau eine Lösung, nämlich } 0. \\ \det(A) = 0 \quad &\Rightarrow \quad \text{Es gibt unendlich viele Lösungen.} \end{aligned} \tag{16.60}$$

- **Inhomogenes lineares Gleichungssystem**:

  In diesem Fall gibt es entweder keine Lösung (dann ist die Lösungsmenge leer) oder die allgemeine Lösung ist, ganz ähnlich wie wir es im Falle linearer Differentialgleichungen kennen gelernt haben, von der Form

$$x = x_{\text{inh}} + x_{\text{hom}}, \tag{16.61}$$

  wobei $x_{\text{inh}}$ eine spezielle Lösung des inhomogenen Systems und $x_{\text{hom}}$ die allgemeine Lösung des zugehörigen homogenen Systems $Ax=0$ ist.[20] Da $x_{\text{hom}}$ einen gesamten Vektorraum darstellt, ist die Lösungsmenge ein (um den Vektor $x_{\text{inh}}$) „verschobener Vektorraum", d.h. ein Punkt, eine Gerade, eine Ebene oder ein höherdimensionales „lineares Gebilde" (in dem der Ursprung *nicht* enthalten ist).

[20] Beweis: Ist $x_{\text{inh}}$ eine spezielle, festgehaltene Lösung und $x$ eine beliebige Lösung des inhomogenen Systems (16.59), so erfüllt die Differenz $x-x_{\text{inh}}$ das zugehörige homogene System, denn es gilt $A(x-x_{\text{inh}})= = Ax - Ax_{\text{inh}} = b-b=0$. Daher gilt $x-x_{\text{inh}} = x_{\text{hom}}$, woraus unmittelbar (16.61) folgt.

Ist (im Falle eines quadratischen Systems) $A$ invertierbar, so kann die Gleichung $Ax = b$ von links mit $A^{-1}$ multipliziert werden, woraus folgt: $x = A^{-1}b$. In diesem Fall ist die Lösung eindeutig.

Ein (triviales) Beispiel für ein System, das keine Lösung besitzt, liegt vor, wenn $A = 0$ und $b \neq 0$ ist.

Die Lösungsmengen linearer Gleichungssysteme in **zwei** Variablen $x_1$ und $x_2$ können besonders schön **geometrisch gedeutet** werden. Die Lösungsmenge *einer einzigen* linearen Gleichung in zwei Variablen, d.h. einer Gleichung vom Typ

$$a_1 x_1 + a_2 x_2 = b$$

(das ist die Menge aller Paare $(x_1, x_2)$, die diese Gleichung erfüllen) ist, geometrisch gedeutet, eine **Gerade**.[21] Besteht ein Gleichungssystem aus zwei (oder mehr) derartigen linearen Gleichungen, so wird seine Lösungsmenge (d.h. die Menge aller Paare $(x_1, x_2)$, die *alle* Gleichungen des Systems erfüllen) geometrisch durch die **Durchschnittsmenge** all dieser Geraden dargestellt. Die möglichen Lösungsfälle, die dabei auftreten können, werden daher eingegrenzt durch die möglichen **Lagebeziehungen von Geraden**. Besteht das System aus zwei Gleichungen, deren Lösungsmengen die Geraden $g_1$ und $g_2$ sind, so können folgende Fälle auftreten:

- Ist $g_1 = g_2$, so ist die Lösungsmenge des Systems gleich $g_1$ (und daher gleich $g_2$).

  Beispiel:
  $$3x_1 + 2x_2 = 1$$
  $$6x_1 + 4x_2 = 2$$

- Sind $g_1$ und $g_2$ zueinander parallel, und ist $g_1 \neq g_2$, so ist die Lösungsmenge des Systems leer.

  Beispiel:
  $$3x_1 + 2x_2 = 1$$
  $$6x_1 + 4x_2 = 5$$

- Sind $g_1$ und $g_2$ nicht zueinander parallel, so ist die Lösungsmenge des Systems der Schnittpunkt $g_1 \cap g_2$.

  Beispiel:
  $$3x_1 + 2x_2 = 1$$
  $$5x_1 + 4x_2 = 2$$

Abbildung 16.1 illustriert die möglichen Lagebeziehungen von zwei Geraden.

Nun kommen wir zur Frage, wie **lineare Gleichungssysteme** denn nun tatsächlich (**rechnerisch**) **gelöst werden**. Generell ist (außer für „kleine" Systeme, die schnell auf dem Papier erledigt werden können) der Einsatz von Computeralgebra zu empfehlen (siehe unten). Damit sparen Sie viel Zeit!

---

[21] Dies gilt, sofern die Gleichung nicht vom Typ $0x_1 + 0x_2 = b$ mit $b \neq 0$ ist. In diesem Fall ist die Lösungsmenge natürlich leer.

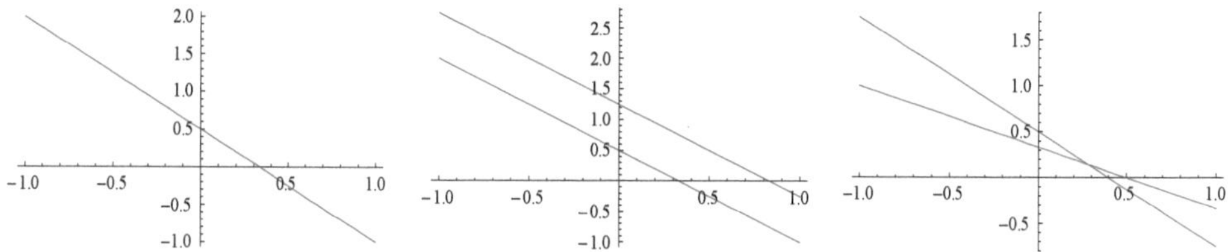

**Abbildung 16.1**:
Die drei Lösungsfälle eines Systems aus zwei linearen Gleichungen in zwei Variablen: Die Lösungsmenge jeder *einzelnen* Gleichung kann geometrisch als Gerade gedeutet werden. Die Lösungsmenge des ganzen System ist die Durchschnittsmenge der Einzel-Lösungsmengen, also entweder eine Gerade (links), die leere Menge (Mitte) oder ein Punkt (rechts).

Für nicht allzu große Systeme ist das **Gaußsche Eliminationsverfahren** dasjenige, das am transparentesten zur Lösung führt. Seine übersichtlichste Variante beginnt damit, die Gleichungen explizit, d.h. etwa in der Form (16.58) aufzuschreiben. Danach können beliebige Linearkombinationen der Gleichungen gebildet werden.[22] Wird etwa mit zwei Gleichungen, wir nennen sie $(I)$ und $(II)$, die Linearkombination $\lambda(I)+\mu(II)$ gebildet, wobei $\lambda \neq 0$ und $\mu \neq 0$ Skalare sind, so kann *eine* der beiden Gleichungen $(I)$ oder $(II)$ *weggelassen* und durch $\lambda(I)+\mu(II)$ *ersetzt* werden. Die *andere* muss *beibehalten* werden! Sinnvollerweise werden bei diesem Verfahren solche Linearkombinationen gebildet, die weniger Variablen enthalten als die ursprünglichen Gleichungen. (Daher der Name *Eliminations*verfahren). Von zwei Gleichungen, die dasselbe aussagen (z.B. weil sie identisch oder Vielfache voneinander sind), kann eine weggelassen werden. Auch Identitäten (wie $0=0$) können weggelassen werden. Triviale Umformungen einzelner Gleichungen (z.B. um eine Variable durch eine andere auszudrücken) sind natürlich ebenfalls erlaubt. Auf diese Weise wird das System so weit vereinfacht, bis einer der folgenden Fälle eintritt:

- Es tritt ein Widerspruch auf (z.B. $0=1$). In diesem Fall ist die Lösungsmenge leer.

  Beispiel:

  $$\begin{aligned} 3x_1 + 2x_2 &= 1 \qquad (I) \\ 6x_1 + 4x_2 &= 3 \qquad (II) \end{aligned}$$

  ---------------

  $$0 = -1 \qquad 2(I)-(II)$$

  Das System besitzt keine Lösung.

- Das vereinfachte System sagt unmittelbar, wie die (offenbar eindeutige) Lösung lautet.

  Beispiel:

  $$\begin{aligned} 3x_1 + 2x_2 &= 1 \qquad (I) \\ 6x_1 + 5x_2 &= 3 \qquad (II) \end{aligned}$$

  ---------------

[22] Das bedeutet: Mit der linken und der rechten Seite einer Gleichung wird dieselbe Linearkombination gebildet.

$$-x_2 = -1 \qquad 2(I)-(II) \equiv (III)$$
$$3x_1 + 2x_2 = 1 \qquad (I)$$
$$3x_1 = -1 \qquad (I)+2(III)$$
$$-x_2 = -1 \qquad (III)$$

Die verbleibenden Schritte sind trivial und führen unmittelbar zur Lösung.

- Das vereinfachte System drückt unmittelbar aus, dass eine oder mehrere Variablen frei gewählt werden können und die anderen von diesen frei wählbaren abhängen. In diesem Fall ist die Lösungsmenge ein „lineares Gebilde" (Gerade, Ebene, Hyperebene,...), dessen *Dimension* gleich der *Zahl der frei wählbaren Variablen* ist.

Beispiel:

$$3x_1 + 2x_2 = 1 \qquad (I)$$
$$6x_1 + 4x_2 = 2 \qquad (II)$$
$$0 = 0 \qquad 2(I)-(II)$$
$$3x_1 + 2x_2 = 1 \qquad (I)$$
$$x_2 = \frac{1}{2} - \frac{3}{2}x_1 \qquad (I)'$$

Daher kann $x_1$ frei gewählt werden. Die Lösungsmenge ist (geometrisch interpretiert) eine Gerade.

Daneben gibt es eine verwandte Methode, die gegebenenfalls mit dem Eliminationsverfahren gekoppelt werden kann:

Die Idee des **Substitutionsverfahrens** besteht darin, eine der Gleichungen des Systems dazu zu nutzen, um eine der Variablen durch die anderen auszudrücken. Dies wird in die verbleibenden Gleichungen eingesetzt (*substituiert*), wonach in ihnen die betreffende Variable nicht mehr auftritt.

Beispiel:

$$3x_1 + 2x_2 = 1 \qquad (I)$$
$$6x_1 + 5x_2 = 3 \qquad (II)$$
$$x_2 = \frac{1}{2} - \frac{3}{2}x_1 \qquad (III)\ldots[\text{aus } (I)]$$
$$6x_1 + 5x_2 = 3 \qquad (II)$$
$$x_2 = \frac{1}{2} - \frac{3}{2}x_1 \qquad (III)$$
$$6x_1 + 5\left(\frac{1}{2} - \frac{3}{2}x_1\right) = 3 \qquad (II)'$$

$$x_2 = \frac{1}{2} - \frac{3}{2}x_1 \qquad (III)$$

$$-\frac{3}{2}x_1 = \frac{1}{2} \qquad (II)'$$

---------------

Aus der zweiten der verbleibenden Gleichungen folgt $x_1 = -\frac{1}{3}$. Dies in die erste eingesetzt ergibt $x_2 = 1$.

Wichtig bei diesen Verfahren ist, dass jede Operation eine **Äquivalenztransformation** des gesamten Gleichungssystems darstellt, d.h. sie darf die Lösungsmenge nicht ändern. Insbesondere sollten keine Gleichungen „vergessen" werden. Auch wenn es umständlich erscheint, nach jedem Schritt alle noch verbleibenden Gleichungen aufzuschreiben, reduziert dies die Fehleranfälligkeit!

Ein Verfahren für quadratische Systeme mit eindeutiger Lösung ist die

**Cramersche Regel**: *
Sie wird im Lichte der elektronischen Methoden in der Praxis kaum mehr benutzt und hat vor allem theoretischen Wert.
(Siehe http://de.wikipedia.org/wiki/Cramersche_Regel).

Daneben gibt es einige Verfahren, die auf kochrezeptartigen Manipulationen der Komponenten von $A$ und $c$ beruhen, ohne Variablen und Gleichungen anzuschreiben (etwa der **Gauß-Jordan-Algorithmus**, siehe http://de.wikipedia.org/wiki/Gau%C3%9F-Jordan-Algorithmus). Ist $A$ quadratisch und invertierbar, so laufen diese Methoden de facto darauf hinaus, $A^{-1}$ zu berechnen. Generell lassen sich Berechnungen zur Lösung linearer Gleichungssysteme in hohem Maße automatisieren, weshalb wir sie getrost von Computern ausführen lassen können (siehe unten).

Zuletzt sei noch der Begriff des **Rangs einer** $n \times n$**-Matrix** $A$ erwähnt. Er gibt die Dimension jenes Vektorraums an, der von den Spalten (oder Zeilen) von $A$ aufgespannt wird. Ist $r$ der Rang von $A$, so ist die Dimension der Lösungsmenge des homogenen Systems $Ax = 0$ gleich $n - r$. (Dies kann dazu benutzt werden, den Rang einer quadratischen Matrix zu ermitteln). Eine wichtige Eigenschaft des Rangs ist: Eine $n \times n$-Matrix $A$ ist genau dann invertierbar, wenn ihr Rang gleich $n$ ist (vgl. auch (16.60)). Den Rang einer höherdimensionalen Matrix berechnen Sie am besten ebenfalls mit dem Computer (siehe unten).

[Aufgabe 27] [Aufgabe 28] [Aufgabe 29] [Aufgabe 30] [Aufgabe 31]

## Lineare Gleichungssysteme mit Computeralgebra

Lineare Gleichungssysteme werden in ***Mathematica*** ähnlich gelöst wie Gleichungen: Um etwa das System

$$3x + 2y - 5z = 4$$

$$2x + 6y + 9z = 5$$

$$4x - y - 5z = 3$$

zu lösen, geben Sie ein:

```
Solve[{3x+2y-5z == 4,2x+6y+9z == 5,4x-y-5z == 3},{x,y,z}]
```

Als Argumente werden zuerst die Gleichungen des Systems in Form einer Liste und danach die Namen der Variablen, nach denen aufgelöst werden soll, ebenfalls in Form einer Liste eingegeben. *Mathematica* gibt daraufhin die Lösung (die für dieses Beispiel eindeutig ist) in der Form

$$\left\{\left\{x \to \frac{45}{53},\ y \to \frac{98}{159},\ z \to -\frac{7}{159}\right\}\right\}$$

aus. Das Gleichungssystem

$$\begin{aligned} &3x+2y-5z=4 \\ &2x+6y+9z=5 \\ &3x+2y-5z-4=0 \end{aligned}$$

(das mehrere Lösungen besitzt) wird durch

$$\left\{\left\{x \to 1+\frac{24\,z}{7},\ y \to \frac{1}{2}-\frac{37\,z}{14}\right\}\right\}$$

gelöst. Der Wert der Variable `z` kann hier frei gewählt werden. (Die Warnung, die *Mathematica* zusätzlich ausgibt, kann im Falle eines linearen Gleichungssystems mit numerisch gegebenen Koeffizienten getrost ignoriert werden. Um ganz auf Nummer sicher zu gehen, können Sie als Alternative statt `Solve` den Befehl `Reduce` benutzen, siehe unten). Betrachten Sie die von *Mathematica* angegebene Lösung genau: Wenn Sie noch gedanklich die triviale Ersetzung `z → z` hinzufügen, so können Sie die Parameterdarstellung einer Geraden im Raum mit Parameter `z` erkennen! Wenn Sie den Parameter in $t$ umbenennen, so wird daraus

$$\begin{aligned} x(t) &= 1+\frac{24t}{7} \\ y(t) &= \frac{1}{2}-\frac{37t}{14} \\ z(t) &= t \end{aligned}$$

Wenn Sie jetzt unsicher sind, ob Sie das verstanden haben, blättern Sie bei dieser Gelegenheit zurück zum Thema Parameterdarstellung der Geraden in Kapitel 12)!

Schließlich besitzt das Gleichungssystem

$$\begin{aligned} &3x+2y-5z=4 \\ &2x+6y+9z=5 \\ &3x+2y-5z=7 \end{aligned}$$

keine Lösung. *Mathematica* gibt in diesem Fall schlicht

$$\{\}$$

aus.

Gleichungssysteme können auch mittels Matrizen eingegeben werden. Ist beispielsweise die Matrix A = $\begin{pmatrix} 1 & 2 \\ 3 & 4 \end{pmatrix}$ definiert, so kann das Gleichungssystem

$$\begin{aligned} x + 2y &= 5 \\ 3x + 4y &= 6 \end{aligned}$$

anstelle von

```
Solve[{x+2y == 5,3x+4y == 6},{x,y}]
```

durch Eingabe von

```
Solve[A.{{x},{y}}=={{5},{6}},{x,y}]
```

oder kurz

```
Solve[A.{x,y}=={5,6},{x,y}]
```

(was genau genommen der Matrixnotation von *Mathematica* nicht ganz entspricht) gelöst werden. In allen drei Fällen wird die Lösung mit

$$\left\{\left\{x \to -4,\ y \to \frac{9}{2}\right\}\right\}$$

ausgegeben.

Die `Reduce`-Funktion: *
Anstelle von `Solve` können Sie in allen obigen Eingaben auch `Reduce` schreiben. *Mathematica* führt dann eine streng logische Vereinfachung des Gleichungssystems durch und berücksichtigt alle Eventualitäten (dividiert beispielsweise nicht durch Terme, die $0$ sein *könnten*). Sind alle Konstanten numerisch gegeben, so können Sie sich (trotz gelegentlich ausgegebener Warnungen) auf `Solve` verlassen.

Falls aber ein Gleichungssystem Konstanten enthält, die nicht numerisch gegeben, sondern durch Symbole dargestellt werden, so müssen Sie mit `Solve` ein bisschen aufpassen. So wird etwa von *Mathematica* die Lösung des Gleichungssystems

$$\begin{aligned} x + 2by &= 5 \\ 3x + 4y &= 6 \end{aligned}$$

nach Eingabe von

```
Solve[{x+2b y == 5,3x+4y == 6},{x,y}]
```

in der Form

$$\left\{\left\{x \to \frac{2\,(-5+3\,b)}{-2+3\,b},\ y \to \frac{9}{2\,(-2+3\,b)}\right\}\right\}$$

ausgegeben. Das ist aber nur für $3b \neq 2$ richtig! (Für $3b = 2$ existiert keine Lösung!) Durch die Eingabe von

```
Reduce[{x+2b y == 5,3x+4y == 6},{x,y}]
```

berücksichtigt *Mathematica* dies und gibt den logischen Ausdruck

$$-2+3\,b\neq 0\ \&\&\ x == \frac{2\,(-5+3\,b)}{-2+3\,b}\ \&\&\ y == -\frac{3}{4}\,(-2+x)$$

aus. Er besagt, dass $3b\neq 2$ für die Existenz einer Lösung notwendig ist. (Das Symbol `&&` steht für das logische Und).

Ein anderes Beispiel für die Anwendung dieser Funktion ist

```
Reduce[{x+2b y == 7/3,3x+4y == 7},{x,y}]
```

was die Ausgabe

$$\left(b == \frac{2}{3}\ \&\&\ y == \frac{1}{4}\,(7-3\,x)\right)\ ||\ \left(-2+3\,b\neq 0\ \&\&\ x == \frac{7}{3}\ \&\&\ y == 0\right)$$

zur Folge hat. Sie besagt dass zwischen zwei Lösungsfällen unterschieden werden muss: Ist $3b=2$, so ist die Lösung eine Gerade, ansonsten ein Punkt. (Die zwei senkrechten Striche | | stehen für das logische Oder). Sie können sie lesen wie einen Satz:

- Entweder es gilt
  - $b=\frac{2}{3}$ und $y=\frac{1}{4}(7-3x)$
- oder es gilt
  - $-2+3b\neq 0$ und $x=\frac{7}{3}$ und $y=0$.

Mit anderen Worten: Ist $b=2/3$, so ist die Lösungsmenge die Gerade $y=\frac{1}{4}(7-3x)$, ist hingegen $b\neq 2/3$, so ist die Lösungsmenge der Punkt $(x=7/3, y=0)$.

Der *Rang* einer Matrix (der, wie oben besprochen, mit der Dimension des Lösungsraums zusammenhängt) kann mit Hilfe des Befehls

```
MatrixRank[A]
```

berechnet werden (wobei `A` eine Matrix ist).

[Aufgabe 32] [Aufgabe 33] [Aufgabe 34] [Aufgabe 35]

# Lineare Operatoren in Vektorräumen *

Wir haben bereits oben lineare Abbildungen auf $\mathbb{R}^n$ bzw. $\mathbb{C}^n$ als *lineare Operatoren* bezeichnet. Dieser Begriff lässt sich auf *beliebige Vektorräume* ausdehnen.

Sei $V$ ein (reeller oder komplexer) Vektorraum. Eine Abbildung $T: V \to V$ heißt **linearer Operator**[23] auf $V$, wenn

$$T(u+\lambda v) = Tu + \lambda Tv \tag{16.62}$$

für alle $u, v \in V$ und für alle Skalare $\lambda$.

In Kapitel 15 wurde besprochen, wie jeder (endlichdimensionale) Vektorraum vom Standpunkt einer Basis mit dem $\mathbb{R}^n$ bzw. $\mathbb{C}^n$ identifiziert werden kann. Die zentrale Idee bestand darin, jedem $u \in V$ den aus den Entwicklungskoeffizienten bezüglich einer Basis $B$ bestehenden Spaltenvektor $[u]_B$ zuzuordnen (siehe (15.23)). Damit kann die Wirkung eines linearen Operators $T: V \to V$ auf diese zugeordneten Spaltenvektoren $[u]_B$ betrachtet werden: Sie definiert eine lineare Abbildung auf $\mathbb{R}^n$ bzw. $\mathbb{C}^n$ und kann daher als Anwendung einer $n \times n$-Matrix dargestellt werden.

Bemerkung:
Bezeichnen wir diese Matrix mit $[T]_B$ (dies bringt zum Ausdruck, dass sie von der Basis abhängt), so gilt

$$[Tu]_B = [T]_B [u]_B \tag{16.63}$$

für alle $u \in V$. $[T]_B$ wird die **Matrix(-Darstellung) des Operators** $T$ bezüglich der Basis $B$ genannt.

Beispiel:
Ist $P$ der Vektorraum aller reellen Polynomfunktionen vom Grad $\leq 2$ (wir haben ihn des Öfteren in Kapitel 15 betrachtet), so kann bezüglich der Basis $B = \{x^2, x, 1\}$

$$a_2 x^2 + a_1 x + a_0 \quad \longleftrightarrow \quad \begin{pmatrix} a_2 \\ a_1 \\ a_0 \end{pmatrix}. \tag{16.64}$$

identifiziert werden. Sei nun beispielsweise der lineare Operator $T: P \to P$ dadurch definiert, dass er den $x^2$-Anteil eines Polynoms wegzwickt, d.h. dass er $a_2 x^2 + a_1 x + a_0$ in $a_1 x + a_0$ überführt. Durch die Entwicklungskoeffizienten (16.64) ausgedrückt, ist seine Wirkung

[23] Dieses Konzept lässt sich ohne weiteres auf Abbildungen $A: V \to W$ von einem Vektorraum in einen anderen verallgemeinern.

$$\begin{pmatrix} a_2 \\ a_1 \\ a_0 \end{pmatrix} \mapsto \begin{pmatrix} 0 \\ a_1 \\ a_0 \end{pmatrix}. \qquad (16.65)$$

Diese (lineare) Abbildung kann beschrieben werden durch die Anwendung der Matrix

$$\begin{pmatrix} 0 & 0 & 0 \\ 0 & 1 & 0 \\ 0 & 0 & 1 \end{pmatrix}, \qquad (16.66)$$

denn es gilt

$$\begin{pmatrix} 0 & 0 & 0 \\ 0 & 1 & 0 \\ 0 & 0 & 1 \end{pmatrix} \begin{pmatrix} a_2 \\ a_1 \\ a_0 \end{pmatrix} = \begin{pmatrix} 0 \\ a_1 \\ a_0 \end{pmatrix}. \qquad (16.67)$$

Damit ist jene Matrix $[T]_B$, die den Operator $T$ durch die Brille der Basis $B$ darstellt, gefunden: Sie ist gleich (16.66). Vom Standpunkt der Basis $B$ aus betrachtet, sieht das Abzwicken des $x^2$-Anteils aus wie (16.65).

Durch die Brille einer Basis sieht also nicht nur jeder $n$-dimensionale Vektorraum wie der $\mathbb{R}^n$ bzw. $\mathbb{C}^n$ aus – es sieht auch jeder lineare Operator wie eine $n \times n$-Matrix aus!

Das hat eine wichtige Konsequenz: Wird die Basis geändert, so ändert sich die Matrix eines Operators (obwohl der Operator *als solcher* ein von der Basis unabhängiges Objekt ist). Ohne auf die Details eines solchen Basiswechsels einzugehen, erwähnen wir nur, dass zwei Matrizen, die *denselben* linearen Operator bezüglich *verschiedener* Basen darstellen, zueinander **ähnlich** (oder **äquivalent**) genannt werden und fügen ohne Beweis hinzu, dass zwei Matrizen $A$ und $B$ zueinander ähnlich sind, wenn es eine invertierbare Matrix $S$ gibt, so dass

$$B = SAS^{-1} \qquad (16.68)$$

gilt.[24] Die Matrix $S$ beschreibt die Transformation von der einen auf die andere Basis (ähnlich wie (16.45) die Transformation von einem auf ein anderes Koordinatensystem beschreibt). Zueinander ähnliche Matrizen haben viele Eigenschaften gemeinsam (z.B. haben sie die gleiche Spur, die gleiche Determinante und den gleichen Rang). Der Wert dieser Erkenntnis besteht vor allem darin, dass es unter allen zu einer gegebenen Matrix ähnlichen Matrizen auch einige sehr *einfache* gibt. So heißt beispielsweise eine Matrix *diagonalisierbar*, wenn sie ähnlich zu einer Diagonalmatrix ist. Im nächsten Kapitel werden wir diesen wichtigen Begriff mit anderen Worten einführen.

[Aufgabe 36] [Aufgabe 37]

[24] In komplexen Vektorräumen mit innerem Produkt gibt es eine wichtige Variante dieser Definition: Zwei Matrizen heißen zueinander *unitär äquivalent*, wenn sie denselben linearen Operator bezüglich verschiedener *Orthonormalbasen* darstellen. Die Matrix $S$ in (16.68) kann dann in diesem Fall *unitär* gewählt werden. (16.68) kann in diesem Fall auch in der Form $B = SAS^\dagger$ geschrieben werden.

# Aufgaben

1. Berechnen Sie (ohne elektronisches Hilfsmittel)
$$\begin{pmatrix} 3 & -2 \\ 4 & 1 \end{pmatrix}\begin{pmatrix} -1 \\ 6 \end{pmatrix},\ \begin{pmatrix} 3 & 4 \\ 5 & -2 \\ 4 & 3 \end{pmatrix}\begin{pmatrix} 6 \\ -1 \end{pmatrix},\ \begin{pmatrix} 3 & -2 & 4 \\ 4 & 1 & 5 \end{pmatrix}\begin{pmatrix} 2 \\ -3 \\ 1 \end{pmatrix} \text{ und } \begin{pmatrix} 2 & 0 & 1 \\ 0 & -3 & 2 \\ 1 & 2 & 0 \end{pmatrix}\begin{pmatrix} 3 \\ -2 \\ 1 \end{pmatrix}.$$

2. Formulieren Sie die Abhängigkeit
$$y_1 = -3x_1 + x_2$$
$$y_2 = 12x_1 - 7x_2$$
in Matrixschreibweise.

3. Formulieren Sie die Abhängigkeit
$$y_1 = -3x_1 + x_2 + 2x_3$$
$$y_2 = 12x_1 - 7x_2 - x_3$$
in Matrixschreibweise.

4. Formulieren Sie die Abhängigkeit
$$y_1 = -3x_1 + x_2$$
$$y_2 = 12x_1 - 7x_2$$
$$y_3 = -8x_1 + 4x_2$$
in Matrixschreibweise.

5. Ergänzungsaufgabe: *
Überprüfen Sie (16.10) mit $A = \begin{pmatrix} 2 & 0 \\ 3 & -1 \end{pmatrix}$, $x = \begin{pmatrix} 2 \\ -1 \end{pmatrix}$, $x' = \begin{pmatrix} -3 \\ 0 \end{pmatrix}$ und $\lambda = 3$.

6. Berechnen Sie (ohne elektronisches Hilfsmittel)
$$\begin{pmatrix} 2 & -1 \\ -3 & 3 \end{pmatrix}\begin{pmatrix} -2 & 3 \\ 4 & 5 \end{pmatrix},\ \begin{pmatrix} 1 & -2 \\ -2 & 3 \end{pmatrix}\begin{pmatrix} 4 & -5 \\ -5 & 6 \end{pmatrix},\ \begin{pmatrix} 2 & -1 \\ -3 & 3 \end{pmatrix}\begin{pmatrix} -2 & 3 & 2 \\ 4 & 5 & -3 \end{pmatrix},\ \begin{pmatrix} 0 & 1 \\ 1 & 0 \\ 0 & 1 \end{pmatrix}\begin{pmatrix} -2 & 3 & 2 \\ 4 & 5 & -3 \end{pmatrix}$$
und $\begin{pmatrix} 1 & 0 & 2 \\ 0 & 3 & -1 \\ 2 & -1 & 4 \end{pmatrix}\begin{pmatrix} 4 & -7 & 0 \\ 0 & 1 & 5 \\ 0 & 6 & 3 \end{pmatrix}$.

7. Überprüfen Sie (ohne elektronisches Hilfsmittel) die Aussage (16.16) anhand der Matrix $A = \begin{pmatrix} 1 & 5 & 2 \\ 7 & -3 & 8 \\ 2 & -9 & 4 \end{pmatrix}$.

8. Beweisen Sie Formel (16.18) für die Inverse einer $2 \times 2$-Matrix.

9. Versuchen Sie, mit Hilfe der Formel (16.18) die Inversen der Matrizen $\begin{pmatrix} 2 & -1 \\ -3 & 3 \end{pmatrix}$, $\begin{pmatrix} -2 & 3 \\ 4 & -6 \end{pmatrix}$, und $\begin{pmatrix} -2 & 3 \\ 4 & 5 \end{pmatrix}$ zu berechnen. In einem Fall gelingt es nicht. Wie interpretieren Sie das?

10. Berechnen Sie (ohne elektronisches Hilfsmittel) Spur und Determinante der Matrizen $\begin{pmatrix} 2 & -1 \\ -3 & 3 \end{pmatrix}$, $\begin{pmatrix} -2 & 3 \\ 4 & -6 \end{pmatrix}$, $\begin{pmatrix} -2 & 3 \\ 4 & 5 \end{pmatrix}$ und $\begin{pmatrix} 1 & 0 & 2 \\ 0 & 3 & -1 \\ 2 & -1 & 4 \end{pmatrix}$. Schließen Sie aus den Determinanten, welche dieser Matrizen invertierbar sind.

11. Für welche Werte von $\lambda$ ist die Matrix $\begin{pmatrix} 1 & \lambda \\ 1 & 1 \end{pmatrix}$ invertierbar?

12. Mit $A = \begin{pmatrix} 2 & -1 \\ -3 & 3 \end{pmatrix}$, $u = \begin{pmatrix} 2 \\ -3 \end{pmatrix}$ und $v = \begin{pmatrix} 1 \\ 2 \end{pmatrix}$ berechnen Sie $A^T$, $u^T$ und $u^T v$.

13. Mit $A = \begin{pmatrix} 2+i & -i \\ -3 & 3 \end{pmatrix}$, $u = \begin{pmatrix} 2 \\ 3+i \end{pmatrix}$ und $v = \begin{pmatrix} 1-4i \\ 2 \end{pmatrix}$ berechnen Sie $A^\dagger$, $u^\dagger$ und $u^\dagger v$.

14. Im Bra-Ket-Formalismus des $\mathbb{C}^2$ sei $|u\rangle = \frac{1}{\sqrt{2}}(|0\rangle + |1\rangle)$ und $|v\rangle = \frac{1}{\sqrt{2}}(|0\rangle - |1\rangle)$. Berechnen Sie $\langle u|u\rangle$, $\langle v|v\rangle$ und $\langle u|v\rangle$. Können Sie Ihre Resultate geometrisch interpretieren? Können Sie sie *zeichnen*?

15. Im Bra-Ket-Formalismus des $\mathbb{C}^2$ sei $|\psi\rangle = \frac{1}{\sqrt{2}}(|0\rangle + i|1\rangle)$ und $|\phi\rangle = \frac{1}{\sqrt{2}}(|0\rangle - i|1\rangle)$. Berechnen Sie $\langle\psi|\psi\rangle$, $\langle\phi|\phi\rangle$ und $\langle\psi|\phi\rangle$.

16. Schreiben Sie das im Bra-Ket-Formalismus des $\mathbb{C}^2$ in der Form $|1\rangle\langle 1|$ definierte Objekt als Matrix an. Wie wirkt es auf die Komponenten eines Vektors?

17. Zeigen Sie, dass die Pauli-Matrizen mit den in (16.40) angegebenen Ket-Bra-Objekten übereinstimmen.

18. Gegeben seien $A = \begin{pmatrix} 2 & -1 \\ -3 & 3 \end{pmatrix}$ und $B = \begin{pmatrix} -2 & 3 \\ 4 & 5 \end{pmatrix}$. Berechnen Sie mit Hilfe eines Computeralgebra-Systems $AB$, $BA$, $AB - BA$, $A^2$, $B^2$, $A^2 + AB + BA + B^2$ und $(A+B)^2$. Was fällt Ihnen hinsichtlich der letzten beiden Resultate auf, und wie interpretieren Sie Ihre Beobachtung?

19. Berechnen Sie $\begin{pmatrix} 1 & 5 & 2 \\ 7 & -3 & 8 \\ 2 & -9 & 4 \end{pmatrix}\begin{pmatrix} 1 \\ -3 \\ 2 \end{pmatrix}$ mit Hilfe eines Computeralgebra-Systems.

20. Sei $A = \begin{pmatrix} 3 & -1 \\ -5 & 3 \end{pmatrix}$. Berechnen Sie mit Hilfe eines Computeralgebra-Systems $\det(A)$, $\det(A^2)$, $\det(A^3)$ und $\det(A^4)$. Was fällt Ihnen auf?

21. Berechnen Sie mit Hilfe eines Computeralgebra-Systems die Inverse der Matrix $\begin{pmatrix} 3 & -1 \\ -5 & 3 \end{pmatrix}$.

22. Zeigen Sie, dass die Matrix (16.46) die Basisvektoren $\begin{pmatrix} 1 \\ 0 \end{pmatrix}$ und $\begin{pmatrix} 0 \\ 1 \end{pmatrix}$ im Gegenuhrzeigersinn um den Winkel $\alpha$ dreht.

23. Welche Koordinatentransformation bewirkt die Matrix $\frac{1}{\sqrt{2}}\begin{pmatrix} 1 & -1 \\ 1 & 1 \end{pmatrix}$?
    Tipp: Versuchen Sie, sie als Drehmatrix vom Typ (16.46) zu schreiben.

24. Geben Sie die allgemeine Matrix für eine Drehung des (räumlichen) Koordinatensystems um die $y$-Achse an.

25. Geben Sie die Matrix für eine Spiegelung des (räumlichen) Koordinatensystems an der $x_2x_3$-Ebene an.

26. Welche Koordinatentransformation bewirkt die Matrix $\begin{pmatrix} 0 & 1 \\ 1 & 0 \end{pmatrix}$?

27. Sei $A = \begin{pmatrix} 1 & 2 \\ 1 & 1 \end{pmatrix}$ die Matrix des Gleichungssystems $A\begin{pmatrix} x_1 \\ x_2 \end{pmatrix} = \begin{pmatrix} 3 \\ 4 \end{pmatrix}$. Können Sie – *ohne* das Gleichungssystem zu lösen – angeben, wie viele Lösungen es hat?

28. Lösen Sie (ohne elektronisches Hilfsmittel) das Gleichungssystem
$$3x_1 + 2x_2 = 1$$
$$5x_1 + 4x_2 = 3$$

29. Lösen Sie (ohne elektronisches Hilfsmittel) das Gleichungssystem
$$4\xi - 2\eta = 2$$
$$-2\xi + \eta = -1$$

30. Lösen Sie (ohne elektronisches Hilfsmittel) das Gleichungssystem
$$4x - 2y = 2$$
$$-2x + y = 1$$

31. Sei $A=\begin{pmatrix}1 & 2\\ 1 & 2\end{pmatrix}$ die Matrix des Gleichungssystems $A\begin{pmatrix}x_1\\ x_2\end{pmatrix}=\begin{pmatrix}b_1\\ b_2\end{pmatrix}$. Für welche Werte von $b_1$ und $b_2$ besitzt es (i) keine Lösung, (ii) genau eine Lösung, (iii) unendlich viele Lösungen?

32. Lösen Sie mit Hilfe eines Computeralgebra-Systems das Gleichungssystem

$$3x+3y-z=1$$
$$2x-y+z=2$$
$$5x+2y+z=1$$

33. Lösen Sie mit Hilfe eines Computeralgebra-Systems das Gleichungssystem

$$3x+3y-2z=1$$
$$2x-y+z=2$$
$$5x+2y-z=1$$

34. Lösen Sie mit Hilfe eines Computeralgebra-Systems das Gleichungssystem

$$3x+3y-2z=1$$
$$2x-y+z=2$$
$$5x+2y-z=3$$

35. Lösen Sie mit Hilfe eines Computeralgebra-Systems das Gleichungssystem

$$6x_1+3x_2-2x_3+7x_4=1$$
$$2x_1-x_2+x_3-12x_4=2$$
$$5x_1+2x_2-x_3+9x_4=3$$
$$-x_1+4x_2+x_3+9x_4=4$$

36. Ergänzungsaufgabe: *
Sei $P$ der Vektorraum aller reellen Polynomfunktionen vom Grad $\leq 2$. Das Bilden der Ableitung, d.h. die Operation $\frac{d}{dx}$, kann als linearer Operator auf $P$ angesehen werden. Geben Sie die Matrixdarstellung dieses Operators in der Basis $B=\{x^2,x,1\}$ an.

37. Ergänzungsaufgabe: *
Welche Matrizen sind – im Sinne von (16.68) – äquivalent zur Einheitsmatrix?

# 17 Lineare Algebra: Eigenwerte und Eigenvektoren

## Definitionen

Im vorangegangenen Kapitel wurde gezeigt, wie lineare Abbildungen (lineare Operatoren) durch Matrizen beschrieben werden. Oft möchte man Näheres über die Eigenschaften einer linearen Abbildung wissen. Eigenwerte und Eigenvektoren dienen diesem Zweck. Darüber hinaus spielen sie in der Quantentheorie eine fundamentale Rolle, da sie die möglichen Messwerte von Observablen darstellen. Wir werden sie in diesem Kapitel hauptsächlich anhand von *Matrizen* besprechen. Zum Abschluss wird dann in einem ergänzenden Abschnitt noch kurz auf Eigenwerte und Eigenvektoren linearer Operatoren auf *beliebigen* (endlichdimensionalen) Vektorräumen eingegangen.

Wir beginnen mit der Definition der beiden zentralen Begriffe:

Sei $A$ eine (reelle oder komplexe) $n \times n$-Matrix. Wie wir bereits wissen, ist damit eine lineare Abbildung

$$x \mapsto Ax \tag{17.1}$$

des $\mathbb{R}^n$ oder des $\mathbb{C}^n$ in sich definiert. Ein Skalar (d.h. eine reelle bzw. komplexe Zahl) $\lambda$ heißt **Eigenwert** (englisch: *eigenvalue*) von $A$, wenn es einen (reellen bzw. komplexen) (Spalten-)Vektor $u \neq 0$ gibt, für den

$$Au = \lambda u \tag{17.2}$$

gilt, d.h. der von $A$ auf das $\lambda$-fache seiner selbst abgebildet wird. Jeder Vektor $u \neq 0$, der dann (17.2) erfüllt, heißt **Eigenvektor** (englisch: *eigenvector*) von $A$ zum Eigenwert $\lambda$.

Beispiel:

Wie leicht nachzurechnen ist, gilt $\begin{pmatrix} 2 & 1 \\ 2 & 3 \end{pmatrix}\begin{pmatrix} 1 \\ 2 \end{pmatrix} = 4\begin{pmatrix} 1 \\ 2 \end{pmatrix}$. Daher ist $4$ ein Eigenwert der Matrix $\begin{pmatrix} 2 & 1 \\ 2 & 3 \end{pmatrix}$. Ein zugehöriger Eigenvektor ist $\begin{pmatrix} 1 \\ 2 \end{pmatrix}$.

Bemerkung:

Auch die Zahl $0$ kann als Eigenwert auftreten. Ist $0$ ein Eigenwert der Matrix $A$, so gibt es einen Vektor $u \neq 0$ (den zugehörigen Eigenvektor), so dass

$$Au = 0 \tag{17.3}$$

gilt. Die Aussage, dass $u$ „von $A$ auf das $\lambda$-fache seiner selbst abgebildet wird" bedeutet für den Fall $\lambda = 0$, dass $u$ „von $A$ auf das $0$-fache seiner selbst abgebildet wird" (also auf $0$).

> Beispiel:
>
> Wie leicht nachzurechnen ist, gilt $\begin{pmatrix} 1 & 1 \\ 1 & 1 \end{pmatrix}\begin{pmatrix} 1 \\ -1 \end{pmatrix} = \begin{pmatrix} 0 \\ 0 \end{pmatrix}$, was auch in der Form
>
> $$\begin{pmatrix} 1 & 1 \\ 1 & 1 \end{pmatrix}\begin{pmatrix} 1 \\ -1 \end{pmatrix} = 0\begin{pmatrix} 1 \\ -1 \end{pmatrix}$$
>
> angeschrieben werden kann. Daher ist $0$ ein Eigenwert der Matrix $\begin{pmatrix} 1 & 1 \\ 1 & 1 \end{pmatrix}$. Ein zugehöriger Eigenvektor ist $\begin{pmatrix} 1 \\ -1 \end{pmatrix}$.

Wozu wollen wir die Eigenwerte und Eigenvektoren von Matrizen kennen? Die durch eine Matrix $A$ definierte lineare Abbildung (17.1) kann eine Drehung, eine Spiegelung, aber auch eine Dehnung oder Schrumpfung, eine Projektion oder Ähnliches (oder eine Kombination von all diesem) sein. Ein Eigenvektor gibt eine **Richtung** an, **in der $A$ wie eine Multiplikation mit einem Skalar** (dem Eigenwert) **wirkt**. Kennen wir *alle* Eigenwerte und Eigenvektoren einer Matrix, so können wir uns in der Regel ein recht klares (oft auch ein geometrisches) Bild ihrer Wirkung machen.

## Eigenwerte berechnen

Versuchen wir also, *alle* Eigenwerte und Eigenvektoren einer Matrix zu finden. Wir könnten natürlich (17.2) als Gleichungssystem für $\lambda$ und $u$ auffassen und versuchen, es durch das Kombinieren der Einzelgleichungen, aus denen es besteht, zu lösen. Das ist aber eine mühsame Angelegenheit (vor allem, weil das Gleichungssystem *nichtlinear* ist – es wird in ihm ja $u$ mit $\lambda$ multipliziert). Zum Glück gibt es eine andere, sehr bequeme Methode, zunächst *alle Eigenwerte* zu finden: Sie geht von der Beobachtung aus, dass (17.2) für ein festgehaltenes $\lambda$ ein linear-homogenes Gleichungssystem für $u$ ist. Wir können dieses auch in der Form

$$(A - \lambda \mathbf{1})u = 0 \tag{17.4}$$

anschreiben, wobei $\mathbf{1}$ die $n \times n$-Einheitsmatrix ist. Nehmen wir nun für den Moment an, $\lambda$ sei bekannt und fragen, ob (17.4) – als linear-homogenes Gleichungssystem für $u$ aufgefasst – eine von $0$ verschiedene Lösung besitzt. Darüber gibt uns – wie in Kapitel 16 besprochen, siehe (16.60) – die Determinante der Matrix $A - \lambda \mathbf{1}$ Auskunft:

- Ist $\det(A - \lambda \mathbf{1}) \neq 0$, so ist die Matrix $A - \lambda \mathbf{1}$ invertierbar (vgl. (16.24)). Wird die Inverse $(A - \lambda \mathbf{1})^{-1}$ auf (17.4) angewandt, so folgt $u = 0$. In diesem Fall gibt es *keine* von $0$ verschiedene Lösung für $u$. Es ist dann $\lambda$ *kein* Eigenwert von $A$.
- Ist hingegen $\det(A - \lambda \mathbf{1}) = 0$, so ist die Matrix $A - \lambda \mathbf{1}$ nicht invertierbar. Wie sich aus der allgemeinen Theorie der linear-homogenen Gleichungssysteme ergab, gibt es

dann unendlich viele Lösungen $u$ (die einen zumindest *ein*dimensionalen Vektorraum bilden). Folglich existieren in diesem Fall Lösungen $u \neq 0$. Es ist dann $\lambda$ ein Eigenwert von $A$, und jede Lösung $u \neq 0$ ist ein zugehöriger Eigenvektor.

Damit ist ein Kriterium gefunden: $\lambda$ ist genau dann Eigenwert von $A$, wenn

$$\det(A - \lambda \mathbf{1}) = 0 \tag{17.5}$$

gilt. Nun erinnern wir uns, wie die Determinante einer Matrix in zwei und drei Dimensionen definiert ist (vgl. (16.20) und (16.21)): Sie ist eine Summe (bzw. Differenz) von Produkten aus jeweils zwei bzw. drei Komponenten der betreffenden Matrix. Daher ist $\det(A - \lambda \mathbf{1})$ ein Polynom zweiter bzw. dritter Ordnung in $\lambda$. Ganz allgemein ist, für eine gegebene $n \times n$-Matrix $A$, die Funktion

$$p(\lambda) = \det(A - \lambda \mathbf{1}) \tag{17.6}$$

ein Polynom vom Grad $n$. Wir nennen es das **charakteristische Polynom** der Matrix $A$. Die Eigenwerte von $A$ sind genau die Nullstellen dieses Polynoms! Damit ist das Problem, alle Eigenwerte einer $n \times n$-Matrix zu finden, auf das Problem reduziert, alle Lösungen einer Gleichung $n$-ter Ordnung zu finden. Je nachdem, ob nur reelle Eigenwerte gesucht werden oder auch komplexe Eigenwerte von Interesse sind, ist die Gleichung (17.5) – die so genannte **charakteristische Gleichung** – über $\mathbb{R}$ oder über $\mathbb{C}$ zu lösen.

Probieren wir das gleich anhand eines Beispiels aus:

Sei $A = \begin{pmatrix} 2 & 1 \\ 2 & 3 \end{pmatrix}$. Wir haben diese Matrix bereits oben als Beispiel betrachtet. Um ihre Eigenwerte zu bestimmen, berechnen wir zuerst das charakteristische Polynom

$$p(\lambda) = \det(A - \lambda \mathbf{1}) = \det\left(\begin{pmatrix} 2 & 1 \\ 2 & 3 \end{pmatrix} - \begin{pmatrix} \lambda & 0 \\ 0 & \lambda \end{pmatrix}\right) =$$

$$= \begin{vmatrix} 2-\lambda & 1 \\ 2 & 3-\lambda \end{vmatrix} = (2-\lambda)(3-\lambda) - 2 = \lambda^2 - 5\lambda + 4 .$$

Die Eigenwerte von $A$ sind die Lösungen der Gleichung $\lambda^2 - 5\lambda + 4 = 0$. Eine quadratische Gleichung zu lösen, ist nicht schwer (siehe (2.17)): Die Lösungen sind $\lambda = 1$ und $\lambda = 4$. Damit sind *alle* Eigenwerte von $A$ gefunden – mehr kann es nicht geben, da eine quadratische Gleichung nicht mehr als zwei Lösungen besitzt.

Die in diesem Beispiel auftretende Struktur lässt sich leicht auf beliebige Dimensionen verallgemeinern: Da das charakteristische Polynom einer $n \times n$-Matrix vom Grad $n$ ist, und da ein solches Polynom höchstens $n$ (komplexe) Nullstellen hat[1], **besitzt eine $n \times n$-Matrix höchstens $n$ (komplexe) Eigenwerte**, von denen einige (oder alle) reell sein können.

Wie wir gleich sehen werden, können reelle Matrizen komplexe Eigenwerte besitzen. Daher ist es bei der Analyse einer gegebenen Matrix (auch wenn sie *reell* ist) in der Regel günstiger, sie als lineare Abbildung auf $\mathbb{C}^n$ zu interpretieren und daher auch *komplexe* Eigenwerte zuzulassen.

[1] Das ist eine Folgerung aus dem in Kapitel 2 erwähnten „Fundamentalsatz der Algebra". Wir beweisen sie nicht, sondern nehmen sie einfach zur Kenntnis.

Beispiel:

$R=\begin{pmatrix}0 & -1\\ 1 & 0\end{pmatrix}$. Das charakteristische Polynom ist

$$p(\lambda) = \det\left(R-\lambda\mathbf{1}\right)=\begin{vmatrix}-\lambda & -1\\ 1 & -\lambda\end{vmatrix}=\lambda^2+1.$$

Die Eigenwerte von $R$ sind daher die Lösungen der Gleichung $\lambda^2+1=0$. Sie besitzt keine reelle Lösung, aber zwei komplexe Lösungen, nämlich $\lambda=i$ und $\lambda=-i$. Das sind die beiden Eigenwerte von $R$.

Bei näherer Betrachtung ist es nicht verwunderlich, dass es in diesem Fall keine reellen Eigenwerte (und daher auch keine reellen Eigenvektoren) gibt, denn die Matrix $R$, als lineare Abbildung auf der reellen Ebene $\mathbb{R}^2$ interpretiert, beschreibt eine Drehung um $90°$. Es kann daher (im Reellen) keine Richtung geben, in der sie wie die Multiplikation mit einem Skalar wirkt! (Oder, anders ausgedrückt: Unter der Wirkung von $R$ ändert jeder reelle Vektor seine Richtung).

Bemerkung:

Ist $A$ eine reelle $n\times n$-Matrix und $n$ eine *ungerade* Zahl, so besitzt $A$ mindestens *einen* reellen Eigenwert. (Beweis: Jedes Polynom ungerader Ordnung mit reellen Koeffizienten besitzt mindestens eine reelle Nullstelle. Überlegen Sie, warum!)

Die Menge aller *komplexen* Eigenwerte einer quadratischen Matrix wird als deren **Spektrum** bezeichnet. Das Spektrum einer $n\times n$-Matrix ist eine Teilmenge von $\mathbb{C}$ mit höchstens $n$ Elementen.

Es ist üblich, eine Lösung der charakteristischen Gleichung (17.5), d.h. eine Nullstelle des charakteristischen Polynoms (17.6), **mehrfach zu zählen**, wenn sie in der Linearfaktoren-Zerlegung dieses Polynoms öfter auftritt.

Beispiel:

$$A=\begin{pmatrix}-3 & 0 & 0\\ 0 & 4 & 0\\ 0 & 0 & 4\end{pmatrix}.$$

Das charakteristische Polynom von $A$ ist

$$p(\lambda)=-(3+\lambda)(4-\lambda)(4-\lambda)\equiv-(3+\lambda)(4-\lambda)^2,$$

die Eigenwerte sind daher $-3$ und $4$. Da der Faktor $4-\lambda$ in $p(\lambda)$ mit der zweiten Potenz eingeht, sagt man, dass der Eigenwert $4$ zweifach (oder mit **Vielfachheit** 2) auftritt.

Bei dieser Zählmethode besitzt eine $n\times n$-Matrix immer **genau** $n$ (komplexe) Eigenwerte, von deren einige gleich sein können.

Eigenwerte können manchmal *ohne Rechnung* abgelesen werden. Das ist insbesondere bei Dreiecks- und Diagonalmatrizen der Fall:

- Eine **Dreiecksmatrix** ist eine quadratische Matrix, deren Koeffizienten oberhalb (oder unterhalb) der Hauptdiagonale $0$ sind.

  Beispiele:

$$\begin{pmatrix} 2 & 1 \\ 0 & 3 \end{pmatrix}, \quad \begin{pmatrix} 2 & 1 & 3 \\ 0 & 5 & -1 \\ 0 & 0 & 4 \end{pmatrix}, \quad \begin{pmatrix} 3 & 0 \\ 5 & 3 \end{pmatrix}, \quad \begin{pmatrix} 2 & 0 & 0 \\ 7 & 2 & 0 \\ 8 & 9 & 4 \end{pmatrix}.$$

- Eine **Diagonalmatrix** (der Begriff wurde bereits in Kapitel 16 erwähnt) ist eine quadratische Matrix, deren Koeffizienten oberhalb *und* unterhalb der Hauptdiagonale $0$ sind. Lediglich auf der Hauptdiagonalen können von $0$ verschiedene Koeffizienten stehen.

  Beispiele:

$$\begin{pmatrix} 2 & 0 \\ 0 & 3 \end{pmatrix}, \quad \begin{pmatrix} 2 & 0 & 0 \\ 0 & 5 & 0 \\ 0 & 0 & 0 \end{pmatrix}, \quad \begin{pmatrix} 2 & 0 & 0 \\ 0 & 4 & 0 \\ 0 & 0 & 4 \end{pmatrix}.$$

Nun gilt der schöne Satz: Die Eigenwerte von Dreiecks- und Diagonalmatrizen sind genau die **Koeffizienten auf der Hauptdiagonale**. (Sie sind in den obigen Beispielen farblich hervorgehoben). Dabei können Eigenwerte entsprechend ihrer Vielfachheit mehrfach auftreten.

Der Beweis dieser Behauptung ist nicht schwer. Besonders einfach ist er für den Fall einer Diagonalmatrix: In diesem Fall ist jeder Vektor der Standardbasis (15.18) ein Eigenvektor. Beispielsweise gilt

$$\begin{pmatrix} 2 & 0 & 0 \\ 0 & 5 & 0 \\ 0 & 0 & 4 \end{pmatrix} \begin{pmatrix} 0 \\ 1 \\ 0 \end{pmatrix} = \begin{pmatrix} 0 \\ 5 \\ 0 \end{pmatrix} \equiv 5 \begin{pmatrix} 0 \\ 1 \\ 0 \end{pmatrix}.$$

Daraus folgt, dass der *zweite* Vektor der Standardbasis ein Eigenvektor ist: Der zugehörige Eigenwert ist $5$. Er ist genau das *zweite* Diagonalelement der gegebenen Matrix.

Wir führen (ohne Beweis) noch zwei weitere Sätze an, die Ihnen beim Ermitteln der Eigenwerte (bzw. beim Überprüfen) helfen können:

- Die **Spur** (16.19) einer quadratischen Matrix ist gleich der **Summe der Eigenwerte** (wobei mehrfach auftretende Eigenwerte mitgezählt werden).
- Die **Determinante** einer quadratischen Matrix (siehe (16.20) und (16.21)) ist gleich dem **Produkt der Eigenwerte** (wobei mehrfach auftretende Eigenwerte mitgezählt werden).

Beispiel:

Die Spur der Matrix $\begin{pmatrix} 1 & 1 \\ 1 & -1 \end{pmatrix}$ ist gleich $0$, ihre Determinante ist gleich $-2$. (Beides kann im Kopf berechnet werden). Daher ist die Summe der Eigenwerte gleich $0$, d.h. die Eigenwerte sind zueinander negativ. Ihr Produkt ist $-2$, das Quadrat eines jeden ist daher gleich $2$. Daraus folgt (durch bloßes Kopfrechnen), dass die Eigenwerte $-\sqrt{2}$ und $\sqrt{2}$ sein müssen!

Das Computeralgebra-System ***Mathematica*** stellt eine Routine zur Berechnung von Eigenwerten zur Verfügung: Ist `A` eine quadratische Matrix, so wird durch den Befehl

```
Eigenvalues[A]
```

eine Liste ausgegeben, deren Elemente alle (gegebenenfalls komplexen) Eigenwerte von `A` sind. Mehrfach auftretende Eigenwerte werden entsprechend ihrer Vielfachheit mehrfach angegeben. So führt beispielsweise die Eingabe von

```
Eigenvalues[{{-3,1,0},{0,4,7},{0,0,4}}]
```

zur Ausgabe `{4,4,-3}`, d.h. die Eigenwerte sind $4$ und $-3$, wobei der Eigenwert $4$ zweifach auftritt.

[Aufgabe 1] [Aufgabe 2] [Aufgabe 3] [Aufgabe 4] [Aufgabe 5] [Aufgabe 6] [Aufgabe 7]

## Eigenvektoren berechnen

Sind alle Eigenwerte einer $n \times n$-Matrix $A$ bekannt, so können die zugehörigen Eigenvektoren leicht berechnen werden, indem das Gleichungssystem (17.2), in dem $\lambda$ nun für einen *bekannten* Eigenwert steht (es ist dann ein linear-homogenes Gleichungssystem für $u$), nach $u \in \mathbb{R}^n$ oder $u \in \mathbb{C}^n$ gelöst wird. Jede Lösung $u \neq 0$ ist ein (reeller bzw. komplexer) Eigenvektor von $A$. Wir wissen bereits, dass es zu jedem Eigenwert $\lambda$ unendlich viele Eigenvektoren gibt. Insbesondere gilt:

- Ist $A$ eine reelle Matrix und $\lambda$ ein reeller Eigenwert, so gibt es unendlich viele reelle Eigenvektoren zum Eigenwert $\lambda$.
- Ist $A$ eine reelle oder komplexe Matrix und $\lambda$ ein komplexer Eigenwert, so gibt es unendlich viele komplexe Eigenvektoren zum Eigenwert $\lambda$.

Die **konkrete Berechnung** der Eigenvektoren zu einem bekannten (da zuvor ermittelten) Eigenwert besteht also einfach darin, ein linear-homogenes Gleichungssystem zu lösen. Dieses Thema wurde im vorigen Kapitel abgehandelt, so dass wir die dort besprochenen Techniken verwenden können. Wir beschränken uns hier nur auf ein kleines

Beispiel:

Ein Eigenwert der Matrix $A = \begin{pmatrix} 2 & 1 \\ 0 & 3 \end{pmatrix}$ ist $3$. Es sind die zugehörigen Eigenvektoren zu berechnen.

Mit $u = \begin{pmatrix} u_1 \\ u_2 \end{pmatrix}$ und $\lambda = 3$ lautet (17.2) in Matrixform $\begin{pmatrix} 2 & 1 \\ 0 & 3 \end{pmatrix}\begin{pmatrix} u_1 \\ u_2 \end{pmatrix} = 3\begin{pmatrix} u_1 \\ u_2 \end{pmatrix}$ oder, in Komponenten ausgeschrieben,

$$\begin{aligned} 2u_1 + u_2 &= 3u_1 \\ 3u_2 &= 3u_2 \end{aligned}$$

Jede der beiden Gleichungen wird (für sich) vereinfacht, so dass sich

$$\begin{aligned} -u_1 + u_2 &= 0 \\ 0 &= 0 \end{aligned}$$

ergibt. Unser Gleichungssystem reduziert sich also schlicht und einfach auf die Aussage $u_1 = u_2$. Die allgemeine Lösung lautet daher

$$u = \begin{pmatrix} u_1 \\ u_1 \end{pmatrix} \equiv u_1 \begin{pmatrix} 1 \\ 1 \end{pmatrix}.$$

Damit ist das Problem gelöst: Alle Vektoren dieser Form, die vom Nullvektor verschieden sind (d.h. für die $u_1 \neq 0$ gilt) sind die gesuchten Eigenvektoren. Es sind die nichttrivialen Vielfachen des Vektors $\begin{pmatrix} 1 \\ 1 \end{pmatrix}$.

In der Praxis genügt es, diesen einen Vektor als Eigenvektor anzugeben. Aber beachten Sie: Es ist nicht „*der* Eigenvektor“, sondern „*ein* Eigenvektor“.

Für ein bekanntes $\lambda$ ist die Menge der Lösungen $u$ des Gleichungssystems (17.2) ein Vektorraum, denn die (reelle bzw. komplexe) Linearkombination jeder Lösung ist wieder eine Lösung. Sie bilden einen Teilraum des $\mathbb{R}^n$ bzw. $\mathbb{C}^n$, der aus allen Eigenvektoren zum Eigenwert $\lambda$ und dem Nullvektor (der ja nicht als Eigenvektor zählt) besteht.[2] Dieser Teilraum wird **Eigenraum** zum Eigenwert $\lambda$ genannt. Im reellen Fall können wir ihn uns als Gerade oder Ebene (oder als entsprechendes höherdimensionales Gebilde) durch den Ursprung vorstellen. Es können nun mehrere Fälle auftreten:

- Ist der Eigenraum zum Eigenwert $\lambda$ *ein*dimensional, so sind alle Eigenvektoren zum Eigenwert $\lambda$ Vielfache voneinander. Die Richtung, in der $A$ wie eine Multiplikation mit $\lambda$ wirkt, ist eindeutig bestimmt. Der Eigenraum kann dann durch die Angabe eines einzigen Eigenvektors charakterisiert werden.
- Ist der Eigenraum zum Eigenwert $\lambda$ *höher*dimensional, so gibt es viele Richtungen, in denen $A$ wie eine Multiplikation mit $\lambda$ wirkt. Wir nennen den Eigenwert $\lambda$ dann **entartet** (oder **ausgeartet**, englisch: *degenerate*). Ist die Dimension des Eigenraums gleich $d$, so wird $\lambda$ als $d$**-fach entart**eter Eigenwert bezeichnet.[3] Der Eigenraum kann dann durch die Angabe von $d$ Eigenvektoren, die ihn aufspannen, charakterisiert werden.

Ohne Beweis geben wir nun ein wichtiges Kriterium an: Die **Dimension eines Eigenraums** ist nie größer als die **Vielfachheit**, mit der der betreffende Eigenwert im charakteristischen Polynom auftritt:

$$\text{Dimension des Eigenraums zum Eigenwert } \lambda \quad \leq \quad \text{Vielfachheit des Eigenwerts } \lambda \qquad (17.7)$$

[2] Das kann auch so ausgedrückt werden: Jede Linearkombination von Eigenvektoren zum *selben* Eigenwert ist entweder wieder ein Eigenvektor oder der Nullvektor.

[3] Diese Bezeichnungsweise überträgt sich auf die Quantentheorie, beispielsweise wenn von „entarteten Energieniveaus“ gesprochen wird. Diese treten auf, wenn ein bestimmter linearer Operator, der die Energie darstellt (der so genannte *Hamiltonoperator*) entartete Eigenwerte besitzt. Jeder (Energie-)Eigenwert entspricht einem möglichen Messwert der Energie. Die zu einem entarteten Eigenwert gehörenden Eigenvektoren stellen Zustände des Systems dar, die alle die gleiche Energie besitzen.

Für viele in der Physik benötigten Matrizen sind diese beide Zahlen *gleich*. Es gibt aber auch Ausnahmen. Um uns grundsätzlich über die Fälle, die hier auftreten können, zu orientieren, betrachten wir drei Beispiele:

- $A = \begin{pmatrix} 2 & 1 \\ 0 & 3 \end{pmatrix}$

  Die Eigenwerte sind $2$ und $3$. Zugehörige Eigenvektoren sind $\begin{pmatrix} 1 \\ 0 \end{pmatrix}$ (zum Eigenwert $2$) und $\begin{pmatrix} 1 \\ 1 \end{pmatrix}$ (zum Eigenwert $3$). Jeder der beiden Eigenräume besteht aus den Vielfachen des entsprechenden Eigenvektors. (Beschränken wir uns auf reelle Eigenvektoren, so können wir die Eigenräume geometrisch als die $x_1$-Achse und die erste Mediane identifizieren). Beide Eigenräume sind daher *eindimensional*.

- $B = \begin{pmatrix} 3 & 0 \\ 0 & 3 \end{pmatrix}$

  Es gibt nur einen Eigenwert, nämlich $3$. Er tritt zweifach auf. Jeder (vom Nullvektor verschiedene) Spaltenvektor ist Eigenvektor von $B$. Der Eigenraum zum Eigenwert $3$ ist daher der ganze Raum. Er ist *zweidimensional*.

- $C = \begin{pmatrix} 3 & 1 \\ 0 & 3 \end{pmatrix}$

  Es gibt nur einen Eigenwert, nämlich $3$. Er tritt zweifach auf. Die Eigenvektoren sind die (nichttrivialen) Vielfachen von $\begin{pmatrix} 1 \\ 0 \end{pmatrix}$. Der zugehörige Eigenraum ist die Menge aller Vielfachen von $\begin{pmatrix} 1 \\ 0 \end{pmatrix}$ (im reellen Kontext können wir ihn geometrisch als die $x_1$-Achse identifizieren) und daher *eindimensional* (obwohl der Eigenwert $3$ zweifach auftritt)

Aus den letzten beiden Beispielen wird klar, dass der Eigenraum zu einem zweifach auftretenden Eigenwert ein- oder zweidimensional sein kann. Manche $2\times2$-Matrizen besitzen daher „weniger" Eigenvektoren als andere: Im Fall der Matrizen $A$ und $B$ spannen die Eigenvektoren den gesamten Raum $\mathbb{C}^2$ auf (d.h. es lässt sich eine Basis aus Eigenvektoren angeben), im Fall der Matrix $C$ spannen die Eigenvektoren nur einen eindimensionalen Teilraum auf (d.h. es existiert *keine* Basis aus Eigenvektoren)! Auf diese Unterscheidung (die sich auch auf höherdimensionale Matrizen überträgt) werden wir noch zurückkommen.

Zur Berechnung von Eigenvektoren mit ***Mathematica*** steht eine eigene Routine zur Verfügung: Ist `A` eine quadratische Matrix, so wird durch den Befehl

```
Eigenvectors[A]
```

eine Liste ausgegeben, deren Elemente (gegebenenfalls komplexe) Eigenvektoren von `A` sind. Die Reihenfolge entspricht jener der durch den Befehl `Eigenvalues[A]` ausgegebenen Liste von Eigenwerten. Kommt in der Liste der Nullvektor (`{0,0}` oder `{0,0,0}` oder eine höherdimensionale Entsprechung) vor, so ist dieser zu ignorieren. *Jeder* Eigenvektor zu einem gegebenen Eigenwert ist dann eine Linearkombination der von *Mathematica* angegebenen Eigenvektoren. Die Zahl der von 0 verschiedenen Eigenvektoren, die *Mathematica* zu einem Eigenwert angibt, ist gleich der Dimension des entsprechenden Eigenraums.[4] Der Befehl

```
Eigensystem[A]
```

führt zu einer gemeinsamen Ausgabe der Eigenwerte und Eigenvektoren.

[Aufgabe 8] [Aufgabe 9] [Aufgabe 10] [Aufgabe 11]

## Spezielle Matrizentypen

Mit Hilfe der Begriffe Eigenwert und Eigenvektor können die quadratischen Matrizen in mehrere Klassen unterteilt werden, die sich durch ihre Eigenschaften unterscheiden und verschiedene Anwendungsgebiete besitzen.

Wir werden im Folgenden, sofern nichts Gegenteiliges dazugesagt wird, $n\times n$-Matrizen (auch wenn sie nur reelle Komponenten besitzen) als lineare Abbildungen des $\mathbb{C}^n$ interpretieren und folglich auch *komplexe* Eigenwerte und Eigenvektoren zulassen. Weiters werden wir gelegentlich vom inneren Produkt (15.35) des $\mathbb{C}^n$ Gebrauch machen und von Orthonormalbasen (ON-Basen) des $\mathbb{C}^n$ sprechen.

Auf ein wichtiges Unterscheidungskriterium sind wir anhand der oben betrachteten Beispiele bereits gestoßen: Manche Matrizen besitzen genügend viele Eigenvektoren, um aus ihnen eine Basis des $\mathbb{C}^n$ zu bilden. Solche Matrizen heißen **diagonalisierbar**.

Ein Beispiel für eine Matrix, die *nicht* diagonalisierbar ist, ist $C=\begin{pmatrix}3 & 1\\ 0 & 3\end{pmatrix}$. Wir sind ihr bereits oben begegnet. Die meisten für die Physik relevanten und in diesem Kapitel betrachteten Matrizen sind diagonalisierbar.

Jede $n\times n$-Matrix, die $n$ *verschiedene* Eigenwerte besitzt, ist diagonalisierbar. (Da in diesem Fall jeder Eigenwert nur *ein*fach auftritt, gibt es zu *jedem* Eigenwert einen eindimensionalen Eigenraum (vgl. (17.7)). Insgesamt gibt es $n$ Eigenräume, genauso viele wie eine Basis Elemente besitzen muss! Wird also zu jedem Eigenwert ein Eigenvektor angegeben, so entsteht automatisch eine Basis). Besitzt hingegen eine Matrix einen Eigenwert, der *mehr*fach auftritt, so kann es schwieriger sein, zu entscheiden, ob sie diagonalisierbar ist.

Unter den diagonalisierbaren Matrizen gibt es eine Unterklasse, die besonders wichtig und – glücklicherweise – sehr leicht zu erkennen ist: Eine Matrix, aus deren Eigenvektoren eine Orthonormalbasis des $\mathbb{C}^n$ gebildet werden kann, heißt **normal**. Mit Hilfe des folgenden Kriteriums (das wir nicht beweisen) lässt sich sehr schnell entscheiden, ob eine gegebene Matrix normal ist oder nicht:

$$A \text{ ist normal} \quad \Leftrightarrow \quad A^\dagger A = AA^\dagger. \tag{17.8}$$

In Worten: eine quadratische Matrix ist genau dann normal, wenn sie mit ihrer Adjungierten (siehe (16.29)) kommutiert.

[4] Mit anderen Worten: Im Fall eines mehrfach auftretenden Eigenwerts gibt *Mathematica* eine Basis des entsprechenden Eigenraums an (wobei allfällig auftretende Nullvektoren ignoriert werden müssen).

Mit diesen grundlegenden Begriffen ausgerüstet, zählen wir nun einige Definitionen wichtiger Matrizentypen auf und geben deren wichtigste Eigenschaften (die meisten ohne Beweis) an:

- Eine quadratische Matrix $A$ heißt **hermitisch**[5] (oder **selbstadjungiert**), wenn

$$A^\dagger = A \tag{17.9}$$

gilt, d.h. wenn sie mit ihrer Adjungierten übereinstimmt.[6] Werden Zeilen und Spalten einer solchen Matrix vertauscht und zusätzlich alle Komponenten komplex konjugiert, so geht sie in sich selbst über. Da sich für eine solche Matrix (17.8) auf die (wahre) Aussage $A^2 = A^2$ reduziert, ist jede hermitische Matrix normal. Unter allen normalen Matrizen sind die hermitischen genau jene, die nur reelle Eigenwerte besitzen.[7]

- Eine quadratische Matrix $A$ heißt **symmetrisch**, wenn

$$A^T = A \tag{17.10}$$

gilt, d.h. wenn sie mit ihrer Transponierten (siehe (16.25)) übereinstimmt. Werden Zeilen und Spalten einer solchen Matrix vertauscht, so geht sie in sich selbst über.

- **Reelle symmetrische Matrizen** zählen zu den wichtigsten Matrizen überhaupt. Ist $A$ eine solche Matrix, so gilt $A^\dagger = A^T = A$, und daher ist $A$ automatisch auch hermitisch. Wir werden weiter unten ein Beispiel für die Wirkung einer solchen Matrix ausführlich diskutieren. Alle Eigenwerte einer reellen symmetrischen Matrix sind reell, und aus ihren Eigenvektoren kann eine ON-Basis des $\mathbb{R}^n$ (also aus *reellen* Vektoren) gebildet werden.

- Eine quadratische Matrix $P$ heißt **Projektion** (**Projektionsmatrix**), wenn

$$P^2 = P \tag{17.11}$$

gilt, d.h. wenn ihre mehrfache Anwendung das Gleiche liefert wir ihre einfache Anwendung. (Das gilt beispielsweise – intuitiv ausgedrückt – für jene lineare Operation, die einem Vektor des $\mathbb{R}^3$ seinen in der $xy$-Ebene liegenden „Schatten" zuordnet, wobei die Sonne unendlich weit weg gedacht ist und sich nicht in der $xy$-Ebene befindet. (17.11) heißt hier: Der Schatten eines Schattens ist gleich dem Schatten). Die Eigenwerte einer Projektionsmatrix können nur $0$ und $1$ sein.[8] Außer bei den Spezialfällen $P = 0$ und $P = \mathbf{1}$ sind stets $0$ *und* $1$ Eigenwerte. Jede Projektion ist diagonalisierbar.

---

[5] Manchmal auch *hermitesch*, englisch: *hermitean*.

[6] Ergänzung: * Daraus folgt $\langle u, Av\rangle = \langle Au, v\rangle$ für alle $u, v \in \mathbb{C}^n$. Beweis: $\langle u, Av\rangle = u^\dagger Av = u^\dagger A^\dagger v = (Au)^\dagger v = \langle Au, v\rangle$. Diese Eigenschaft wird in der Literatur manchmal als Definition der Hermitizität angegeben. Aus ihr ergibt sich unmittelbar, dass alle Eigenwerte von $A$ reell sind, denn aus $Au = \lambda u$ folgt $\langle u, \lambda u\rangle = \langle \lambda u, u\rangle$, daher $\lambda\langle u,u\rangle = \lambda^*\langle u,u\rangle$ und daraus $\lambda = \lambda^*$. Wir erwähnen in diesem Zusammenhang (ohne Beweis) eine für beliebige quadratische Matrizen geltende Tatsache: Ist $\lambda$ ein Eigenwert von $A$, so ist $\lambda^*$ ein Eigenwert von $A^\dagger$.

[7] Das ist der Grund dafür, dass Observablen (Messgrößen) in der Quantentheorie durch selbstadjungierte lineare Abbildungen beschrieben werden – die Eigenwerte entsprechen den möglichen Messwerten. Allerdings kommt erschwerend hinzu, dass die meisten Quantensysteme durch unendlichdimensionale Vektorräume beschrieben werden.

[8] Beweis: * Ist $Pu = \lambda u$, so folgt nach nochmaliger Anwendung von $P$, dass $\lambda u = \lambda^2 u$, d.h. dass jeder Eigenwert die Gleichung $\lambda = \lambda^2$ erfüllt. Diese besitzt aber nur $0$ und $1$ als Lösungen.

- Eine **Projektion** $P$, die gleichzeitig auch **hermitisch** ist (d.h. für die zusätzlich zu (17.11) auch $P^\dagger = P$ gilt), heißt **Normalprojektion** (auch **Orthogonalprojektion** oder **hermitische Projektion**, manchmal kurz **Projektor**). Unter allen normalen Matrizen sind die Normalprojektionen genau jene, die nur $0$ und $1$ als Eigenwerte besitzen. Ihr Name leitet sich aus der Tatsache her, dass jeder Eigenvektor zum Eigenwert $0$ auf jeden Eigenvektor zum Eigenwert $1$ normal steht. Normalprojektionen spielen unter anderem in der Quantentheorie eine entscheidende Rolle[9].

- Eine quadratische Matrix $A$ heißt **antihermitisch** * (oder **antiselbstadjungiert**), wenn sie

$$A^\dagger = -A \tag{17.12}$$

erfüllt. Da sich für eine solche Matrix (17.8) auf die (wahre) Aussage $-A^2 = -A^2$ reduziert, ist jede antihermitische Matrix normal. Unter allen normalen Matrizen sind die antihermitischen genau jene, die nur imaginäre Eigenwerte besitzen. Jede antihermitische Matrix ist von der Form $A = iB$, wobei $B$ hermitisch ist.

- Eine quadratische Matrix $A$ heißt **antisymmetrisch** *, wenn sie

$$A^T = -A \tag{17.13}$$

erfüllt.

- Eine quadratische Matrix $U$ heißt **unitär**, wenn

$$U^\dagger U = \mathbf{1} \tag{17.14}$$

gilt, d.h. wenn ihre Inverse mit ihrer Adjungierten übereinstimmt. Da sich für eine solche Matrix (17.8) auf die (wahre) Aussage $\mathbf{1} = \mathbf{1}$ reduziert, ist jede unitäre Matrix normal. Unter allen normalen Matrizen sind die unitären genau jene, die nur Eigenwerte vom Betrag $1$ besitzen.[10] Ein wichtiger Spezialfall ist:

- Eine quadratische Matrix $R$ heißt **orthogonal**, wenn sie **reell** ist und

$$R^T R = \mathbf{1} \tag{17.15}$$

erfüllt, d.h. wenn ihre Inverse mit ihrer Transponierten übereinstimmt. Orthogonalen Matrizen sind wir im vorigen Kapitel bereits begegnet (siehe (16.50) – sie beschreiben Drehspiegelungen. Eine orthogonale Matrix kann, muss aber nicht reelle Eigenwerte besitzen. (Für eine nichttriviale Drehung in drei Dimensionen gibt es nur einen reellen Eigenwert, nämlich $1$, dessen zugehöriger Eigenraum mit der Drehachse zusammenfällt). Da $R$ reell ist, gilt $R^\dagger = R^T$, woraus mit (17.14) folgt, dass jede orthogonale Matrix automatisch unitär ist. (Die orthogonalen Matrizen sind genau die reellen unitären Matrizen).

In diesen Definitionen und den zitierten Eigenschaften steckt sehr viel Information, die vielleicht zu Beginn schwer zu verdauen ist (siehe dazu die Übersicht auf Seite 300), aber das Rechnen mit Matrizen und das Verstehen ihrer Eigenschaften wesentlich erleichtern kann.

---

[9] Sie stellen physikalische Messungen dar, die nur zwei Ausgänge „Ja" oder „Nein" haben.

[10] Unitäre Matrizen spielen im Komplexen eine ähnliche Rolle wie Drehungen im Reellen: Sie respektieren innere Produkte. Mit anderen Worten: Für jede unitäre $n \times n$-Matrix $U$ gilt $\langle Uu, Uv \rangle = \langle u, v \rangle$ für alle $u, v \in \mathbb{C}^n$.

## Die wichtigsten Matrizentypen

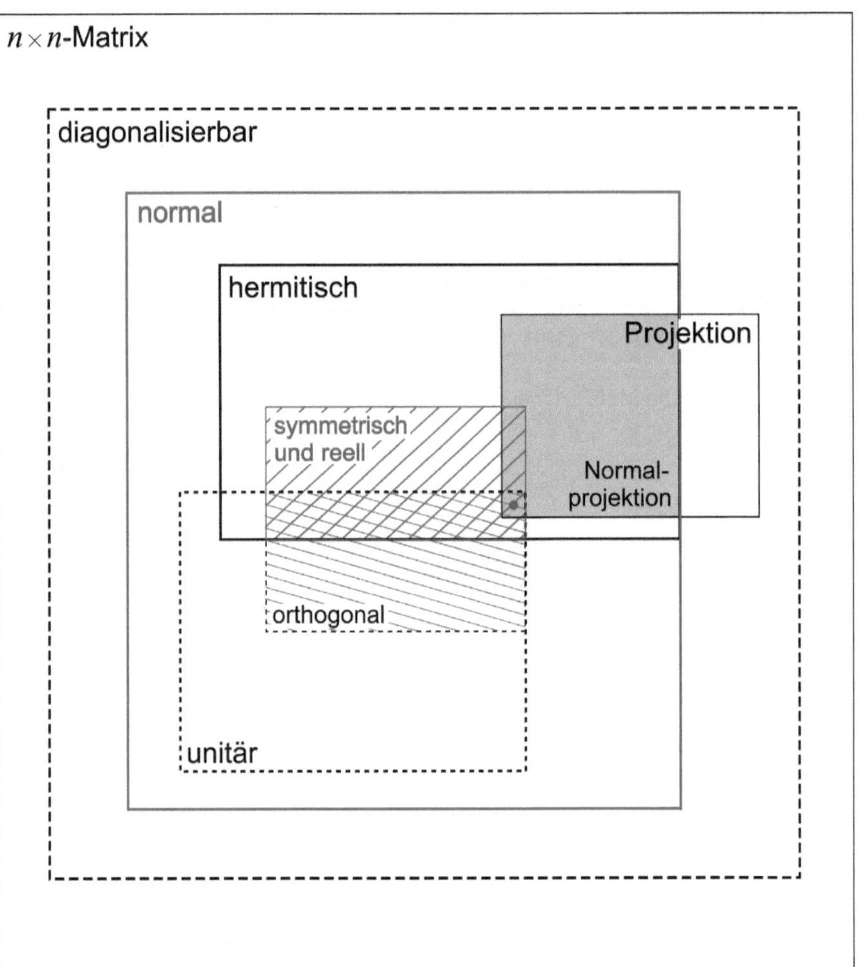


Hier sind die wichtigsten besprochenen Matrizentypen schematisch zusammengestellt. Insbesondere zeigt das Diagramm, welche Typen zu welchen Oberklassen gehören. Der rote Punkt bezeichnet die Einheitsmatrix – die einzige Matrix, die gleichzeitig symmetrisch und reell, orthogonal und eine Normalprojektion ist. Die wichtigsten Beziehung sind:

- Jede normale Matrix ist diagonalisierbar.
- Jede hermitische Matrix ist normal.
- Jede Matrix, die symmetrisch und reell ist, ist hermitisch.
- Jede orthogonale Matrix ist unitär.
- Jede Projektion ist diagonalisierbar, aber nicht notwendigerweise hermitisch.

So ist beispielsweise ohne weitere Rechnung klar, dass die Matrix

$$\begin{pmatrix} -3 & 1 & 2 \\ 1 & 4 & 7 \\ 2 & 7 & 5 \end{pmatrix}$$

(die mit einem Blick als reell und symmetrisch erkannt wird) nur reelle Eigenwerte besitzt, und dass aus ihren Eigenvektoren eine Basis des $\mathbb{R}^3$ gebildet werden kann. Weiters kann mittels einer kleinen Rechnung (die sogar im Kopf ausgeführt werden kann – probieren Sie es!) festgestellt werden, dass

$$P = \frac{1}{2}\begin{pmatrix} 1 & 1 \\ 1 & 1 \end{pmatrix}$$

eine hermitische Projektionsmatrix (d.h. eine Normalprojektion) ist und die Eigenwerte $0$ und $1$ hat. Sehen wir uns die Eigenvektoren an, so verstehen wir auch die Bezeichnung *Normal*projektion: Sie sind durch

$$u = \begin{pmatrix} 1 \\ -1 \end{pmatrix} \text{ (zum Eigenwert } 0\text{)} \quad \text{und} \quad v = \begin{pmatrix} 1 \\ 1 \end{pmatrix} \text{ (zum Eigenwert } 1\text{)}$$

gegeben und stehen aufeinander normal! Der Eigenvektor $u$ stellt die Richtung dar, *in* die projiziert wird, der Eigenvektor $v$ spannt den Teilraum (die Gerade) auf, *auf* die projiziert wird. Stellen wir uns die Wirkung dieses Operators als das „Werfen eines Schattens" vor, so besagt $Pu = 0$, dass $u$ genau „in Richtung der Lichtstrahlen zeigt" (sein Schatten ist der Ursprung). $Pv = v$ besagt, dass $v$ „ein Schatten ist". (Siehe Aufgabe 15 – diese Aufgabe ist wichtig für das Verständnis von Projektionen! Vergessen Sie nicht, die durch Formeln beschriebene Situation zu *zeichnen*!)

[Aufgabe 12] [Aufgabe 13] [Aufgabe 14] [Aufgabe 15] [Aufgabe 16]
[Aufgabe 17] [Aufgabe 18]

# Reelle symmetrische Matrizen

Eine der oben definierten Matrizentypen sind die reellen symmetrischen Matrizen. Aufgrund ihrer Wichtigkeit in physikalischen Anwendungen wollen wir ein Beispiel einer solchen Matrix (in zwei Dimensionen) betrachten, ihre Wirkungsweise mit Hilfe ihrer Eigenwerte und Eigenvektoren im Detail untersuchen und geometrisch deuten. Die Matrix, um die es im Folgenden gehen wird, ist

$$A = \begin{pmatrix} 4 & \sqrt{2} \\ \sqrt{2} & 3 \end{pmatrix}. \tag{17.16}$$

Aufgrund der allgemeinen Theorie wissen wir, dass alle ihre Eigenwerte reell sind und dass aus ihren Eigenvektoren eine ON-Basis des $\mathbb{R}^2$ gebildet werden kann. Geometrisch deuten wir sie als lineare Abbildung $x \mapsto Ax$ in der reellen Zeichenebene $\mathbb{R}^2$.

Im Folgenden soll es nicht darum gehen, wie wir ihre Eigenwerte und Eigenvektoren berechnen – wie das zu tun ist, haben wir bereits oben besprochen –, sondern darum, welchen Nutzen wir aus ihrer Kenntnis ziehen. Die Berechnung ergibt:

- Die Eigenwerte der Matrix $A$ sind $2$ und $5$.
- Die Eigenvektoren zum Eigenwert $2$ sind alle nichttrivialen Vielfachen von $\begin{pmatrix} -1 \\ \sqrt{2} \end{pmatrix}$.

  Ein normierter[11] Eigenvektor ist $v = \frac{1}{\sqrt{3}}\begin{pmatrix} -1 \\ \sqrt{2} \end{pmatrix}$. In seiner Richtung wirkt $A$ wie die Multiplikation mit $2$.
- Die Eigenvektoren zum Eigenwert $5$ sind alle nichttrivialen Vielfachen von $\begin{pmatrix} \sqrt{2} \\ 1 \end{pmatrix}$. Ein normierter Eigenvektor ist $u = \frac{1}{\sqrt{3}}\begin{pmatrix} \sqrt{2} \\ 1 \end{pmatrix}$. In seiner Richtung wirkt $A$ wie die Multiplikation mit $5$.

Gemeinsam bilden $u$ und $v$ eine ON-Basis des $\mathbb{R}^2$. Die Wirkung von $A$ in der reellen Ebene kann grafisch so dargestellt werden wie in Abbildung 17.1 gezeigt.

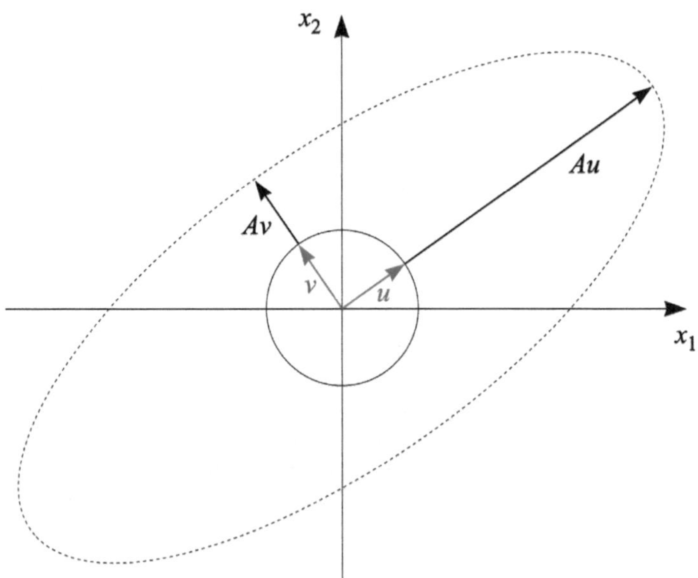


**Abbildung 17.1**:
Diese Skizze illustriert die Wirkungsweise der durch die Matrix $A$ von (17.16) definierten linearen Abbildung in der Zeichenebene. In Richtung des Eigenvektors $u$ wirkt sie als Verfünffachung, in Richtung des Eigenvektors $v$ wirkt sie als Verdoppelung: $Au = 5u$ und $Av = 5v$. Wird sie auf alle Einheitsvektoren angewandt, so entsteht eine Ellipse (punktiert dargestellt).

[11] Zur Erinnerung: Wie in Kapitel 15 definiert, ist ein normierter Vektor ein Einheitsvektor.

Die Wirkung von $A$ auf $u$ und $v$ ist uns bereits bekannt, da es sich um Eigenvektoren handelt: $Au = 5u$ und $Av = 2v$. Wird nun $A$ auf *alle* Punkte des **Einheitskreises** (d.h. auf alle Einheitsvektoren) angewandt, so entsteht eine verdrehte **Ellipse**[12], deren Achsenlängen durch die Eigenwerte $5$ und $2$ und deren Achsenrichtungen durch die Eigenvektoren $u$ und $v$ gegeben sind.

Aufgrund der Linearität der Wirkung einer Matrix auf Vektoren kann leicht auf geometrische Weise ermittelt werden, wie $A$ auf Vektoren wirkt, die *keine* Eigenvektoren sind. In Abbildung 17.2 ist das anhand des Vektors $u+v$ dargestellt. Er wird durch die Matrix $A$ in $A(u+v)$ übergeführt wird. Aufgrund der Linearität ist das aber gleich $Au+Av$, was wiederum leicht in der Skizze einzuzeichnen ist, da $Au$ und $Av$ bekannt sind. Durch eine Formel ausgedrückt ist $A(u+v) = Au+Av = 5u+2v$. Die Grafik zeigt sehr schön, dass $u+v$ nicht auf ein Vielfaches seiner selbst abgebildet, sondern aufgeblasen ein bisschen verdreht wird.

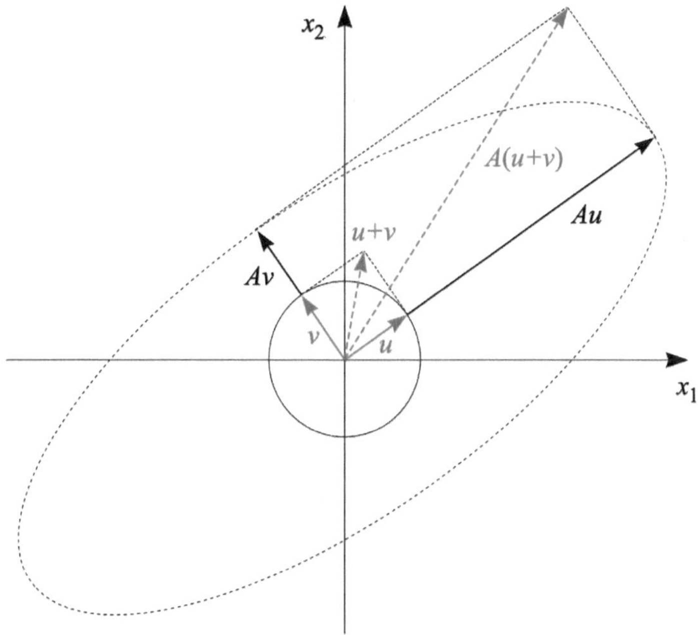


**Abbildung 17.2**:
Die Wirkung der Matrix $A$ auf den Vektor $u+v$ (der *kein* Eigenvektor ist) kann mit Hilfe der aus der Linearität der Abbildung $x \mapsto Ax$ folgenden Beziehung $A(u+v) = Au+Av$ grafisch leicht ermittelt werden.

Eine analoge Konstruktion kann im Prinzip mit jeder Linearkombination der Eigenvektoren $u$ und $v$ durchgeführt werden. Da $u$ und $v$ eine Basis des $\mathbb{R}^2$ bilden (d.h. die gesamte Ebene aufspannen) kann auf diese Weise von *jedem* Vektor ermittelt werden, auf welchen anderen Vektor ihn die Matrix $A$ abbildet.

---

[12] Die Tatsache, dass es sich hier tatsächlich um eine Ellipse handelt, ist nicht schwer zu beweisen, aber wir wollen dennoch auf den Beweis verzichten.

Besprechen wir nun kurz eine physikalische Situation, in der eine derartige mathematische Struktur auftritt:

Physikalische Anwendung:

Eine **elastische Verformung** wird durch die Wirkung einer reellen symmetrischen Matrix beschrieben: Jedes (kleine) Materieelement eines elastischen Körpers, das sich in der Ruhelage am Ort $x$ befindet, wird nach Aufbringung einer äußeren Kraft in die Position $x'$ gebracht. Dabei werden Verschiebungen und Drehungen des gesamten Körpers nicht berücksichtigt, sondern nur Verformungen, die *relative* Lageänderungen der Materieelemente zur Folge haben. Das Gesetz, das $x'$ durch $x$ ausdrückt, ist

$$x' = x + \varepsilon x \equiv (\mathbf{1} + \varepsilon) x, \tag{17.17}$$

wobei $\varepsilon$ eine reelle symmetrische $3 \times 3$-Matrix ist (der so genannte **Verzerrungstensor**, dessen Komponenten in realistischen Fällen sehr viel kleiner als $1$ sind). Da mit $\varepsilon$ auch die Matrix $\mathbf{1} + \varepsilon$ reell und symmetrisch ist, kann die lineare Abbildung $x \mapsto x'$ genauso analysiert werden wie die durch (17.16) definierte. Insbesondere wird eine Sphäre zu einem Ellipsoid verformt, dessen Achsenlängen und Achsenrichtungen durch die Eigenwerte und Eigenvektoren von $\mathbf{1} + \varepsilon$ bestimmt werden. (Die Eigenwerte von $\mathbf{1} + \varepsilon$ sind die um $1$ erhöhten Eigenwerte von $\varepsilon$. Die Eigenvektoren von $\mathbf{1} + \varepsilon$ und $\varepsilon$ sind identisch).

Sie können leicht ein zweidimensionales Analogon dieser Situation herstellen, indem Sie auf ein elastisches Stück Stoff Kreise malen und es dann – gemeinsam mit mehreren KollegInnen – durch Krafteinwirkung auf den Rand verformen. Ist die Krafteinwirkung nicht zu groß, so wird die Verformung durch ein lineares Gesetz wie (17.17) – nun in zwei Dimensionen – beschrieben: Kreise werden zu Ellipsen verformt.

Die Ermittlung der Eigenvektoren einer reellen symmetrischen Matrix wird auch **Hauptachsentransformation**[13] genannt, da diese die Achsenrichtungen der Ellipse (bzw. des Ellipsoids), die durch Anwendung von $A$ auf den Einheitskreis (bzw. die Einheitssphäre) entsteht, festlegen.

In physikalischen Anwendungen ist es, nachdem die Eigenvektoren ermittelt wurden, manchmal praktisch, Vektorkomponenten nicht auf die Standardbasis des $\mathbb{R}^2$ oder $\mathbb{R}^3$, sondern auf eine Basis aus Eigenvektoren zu beziehen (oder, was auf das Gleiche hinausläuft, das Koordinatensystem zu drehen, um es nach den Eigenvektoren auszurichten). Im Fall unseres Beispiels (17.16) bedeutet das, Vektorkomponenten auf die Basis $B = \{u, v\}$ zu beziehen, d.h. einen beliebigen Vektor $x$ in der Form

$$x = au + bv \quad \longleftrightarrow \quad [x]_B = \begin{pmatrix} a \\ b \end{pmatrix} \tag{17.18}$$

durch seine Entwicklungskoeffizienten zu beschreiben (vgl. (15.23)). Mit Hilfe der Diagonalmatrix[14]

$$[A]_B = \begin{pmatrix} 5 & 0 \\ 0 & 2 \end{pmatrix} \tag{17.19}$$

[13] Dieser Begriff hat auch eine allgemeinere Bedeutung, auf die wir hier aber nicht eingehen.

[14] Analoges ist für jede diagonalisierbare Matrix möglich (woher sich der Name „diagonalisierbar" herleitet).

lässt sich die Wirkung der durch (17.16) definierten linearen Abbildung nun in der Form

$$[x]_B \mapsto [A]_B [x]_B \tag{17.20}$$

darstellen. $[A]_B$ heißt Darstellung der Matrix $A$ bezüglich der Basis $B$. Falls Sie den letzten Abschnitt des vorigen Kapitels gelesen haben, wird Ihnen dieser Sachverhalt bekannt vorkommen. (Dort ging es um die Beschreibung einer beliebigen linearen Abbildung in einem Vektorraum durch eine Matrix bezüglich einer Basis, siehe (16.63)). Hier geht es darum, die durch $A$ definierte lineare Abbildung bezüglich einer bequemeren Basis als der Standardbasis darzustellen. Die ursprüngliche Matrix (17.16) und die einfachere Matrix (17.19) – sie stellen dieselbe lineare Abbildung bezüglich zweier verschiedener Basen dar – heißen zueinander **ähnlich** – ein Begriff, der ebenfalls im letzten Abschnitt des vorigen Kapitels erwähnt wurde[15].

Alle Eigenschaften der Matrix (17.16), soweit sie sich durch Drehungen und Spiegelungen des Koordinatensystems nicht ändern (d.h. soweit sie eine geometrische Bedeutung haben), können nun auch in der einfacheren Darstellung (17.19) gewonnen (bzw. mit ihrer Hilfe überprüft) werden. Derartige Eigenschaften sind insbesondere die Eigenwerte (daher auch die Spur und die Determinante), das charakteristische Polynom, die Hermitizität und die Tatsache, dass Eigenvektoren zu verschiedenen Eigenwerten aufeinander normal stehen[16]. Aber auch die algebraische Beziehung $A^2 - 7A + 10 \cdot \mathbf{1} = 0$ übersetzt sich in $[A]_B{}^2 - 7[A]_B + 10 \cdot \mathbf{1} = 0$, wie leicht nachgerechnet werden kann[17] (siehe Aufgabe 19).

Auch die Analyse und „Diagonalisierung" anderer reeller symmetrischer Matrizen kann nach dem hier vorgeführten Schema vorgenommen werden. Lediglich mit der geometrischen Interpretation muss man ein bisschen aufpassen, wenn einzelne Eigenwerte $0$ oder negativ sind. Auch in höheren Dimensionen funktioniert das Verfahren der Diagonalisierung ganz analog. (Der Einheitskreis wird dabei, wie bereits erwähnt, durch die entsprechend höherdimensionale Einheitssphäre ersetzt. Sind alle Eigenwerte $\neq 0$, wird sie in ein höherdimensionales Ellipsoid übergeführt).

> Web-Tipp: Die interaktive Animation „Lineare Transformation am $\mathbb{R}^2$" unter
> http://homepage.univie.ac.at/franz.embacher/Kostproben/lineareTransformation/start.html
> zeigt die Eigenwerte und Eigenräume für selbstgewählte reelle $2 \times 2$-Matrizen an. Sie visualisiert die soeben besprochenen Sachverhalte und zeigt, dass *nicht*-symmetrische Matrizen auch ganz andere Eigenschaften haben können.

Lineare Beziehungen, die durch reelle symmetrische Matrizen beschrieben werden, treten in der Physik oft auf. Neben dem bereits erwähnten Verzerrungstensor sind etwa

- der *Trägheitstensor* (der die Abhängigkeit des Drehimpulses eines starren Körpers von seiner – als Vektor aufgefassten – Winkelgeschwindigkeit beschreibt) und

---

15 Ergänzung: * Als Anwendung von Formel (16.68) folgt die Existenz einer invertierbaren Matrix $S$, so dass $A = S[A]_B S^{-1}$ (und daher $[A]_B = S^{-1}AS$) gilt. $S$ ist die Matrix, „die $A$ diagonalisiert". Ihre Spalten sind gerade die Komponenten der Eigenvektoren $u$ und $v$ bezüglich der Standardbasis!

16 Dass die letzten beiden dieser Eigenschaften sowohl für $A$ als auch für $[A]_B$ gelten, verdankt sich der Tatsache, dass $A$ eine normale Matrix und $B$ eine *Orthonormal*basis aus Eigenvektoren ist.

17 Dahinter steckt die interessante Tatsache, dass jede Matrix ihre charakteristische Gleichung erfüllt, d.h. dass $p(A) = 0$ gilt, wobei $p$ das charakteristische Polynom von $A$ ist. (Der Koeffizient von $\lambda^0$ muss mit der Einheitsmatrix multipliziert werden). Im obigen Beispiel ist $p(\lambda) = \lambda^2 - 7\lambda + 10$, und zwar sowohl für $A$ als auch für $[A]_B$.

- der *Spannungstensor* (der die Abhängigkeit der Kraft, die auf die Oberfläche eines unter mechanischer Spannung stehenden Materieelements wirkt, vom Normalvektor dieser Oberfläche beschreibt)

zu nennen.[18]

[Aufgabe 19] [Aufgabe 20] [Aufgabe 20] [Aufgabe 21] [Aufgabe 22] [Aufgabe 23] [Aufgabe 23]

# Spektraldarstellung *

Wir besprechen nun ergänzend eine Eigenschaft diagonalisierbarer Matrizen, die für viele – praktischen und theoretischen – Zwecke hilfreich ist. Gemäß Definition ist eine $n \times n$-Matrix $A$ diagonalisierbar, wenn es eine Basis des $\mathbb{C}^n$ gibt, die aus Eigenvektoren von $A$ besteht. Die Existenz einer solchen Basis hat eine äußerst wichtige Konsequenz. Wir illustrieren sie zunächst anhand eines einfachen (eigentlich trivialen) Beispiels.

Die Matrix

$$D = \begin{pmatrix} 3 & 0 & 0 \\ 0 & 5 & 0 \\ 0 & 0 & 5 \end{pmatrix}$$

ist (als Diagonalmatrix) diagonalisierbar – eine Basis aus Eigenvektoren ist durch die Standardbasis des $\mathbb{C}^3$ gegeben. Ihre Eigenwerte sind $\lambda_1 = 3$ (einfach) und $\lambda_2 = 5$ (zweifach). Wir schreiben nun $D$ in der Form

$$D = \begin{pmatrix} 3 & 0 & 0 \\ 0 & 5 & 0 \\ 0 & 0 & 5 \end{pmatrix} = 3 \begin{pmatrix} 1 & 0 & 0 \\ 0 & 0 & 0 \\ 0 & 0 & 0 \end{pmatrix} + 5 \begin{pmatrix} 0 & 0 & 0 \\ 0 & 1 & 0 \\ 0 & 0 & 1 \end{pmatrix} \equiv 3P_1 + 5P_2 = \lambda_1 P_1 + \lambda_2 P_2 . \tag{17.21}$$

Demnach kann $D$ geschrieben werden als Linearkombination der beiden Matrizen

$$P_1 = \begin{pmatrix} 1 & 0 & 0 \\ 0 & 0 & 0 \\ 0 & 0 & 0 \end{pmatrix} \quad \text{und} \quad P_2 = \begin{pmatrix} 0 & 0 & 0 \\ 0 & 1 & 0 \\ 0 & 0 & 1 \end{pmatrix}$$

mit den Eigenwerten $3$ und $5$ als Koeffizienten. $P_1$ ist eine Projektion auf den Eigenraum zum Eigenwert $\lambda_1 = 3$ (die $x_1$-Achse), $P_2$ ist eine Projektion auf den Eigenraum zum Eigenwert $\lambda_2 = 5$ (die $x_2 x_3$-Ebene). Wie man sich leicht durch Nachrechnen überzeugen kann, gilt $P_1 + P_2 = \mathbf{1}$ und $P_1 P_2 = P_2 P_1 = 0$. Die letzten beiden Beziehungen sagen aus, dass

- die Projektion $P_1$ alle Eigenvektoren zum Eigenwert $\lambda_2$ auf $0$ abbildet und dass

[18] Auf den Grund, warum diese Matrizen „Tensoren" genannt werden, können wir hier nicht näher eingehen. Er betrifft die Art und Weise, wie sich ihre Koeffizienten ändern, wenn auf ein anderes Koordinatensystem gewechselt wird.

- die Projektion $P_2$ alle Eigenvektoren zum Eigenwert $\lambda_1$ auf $0$ abbildet.

Durch diese Bedingungen sind $P_1$ und $P_2$ sind eindeutig bestimmt, wenn die beiden Eigenräume bekannt sind. Die Tatsache, dass die gegebene Matrix in der Form (17.21), d.h. als $D = \lambda_1 P_1 + \lambda_2 P_2$ geschrieben werden kann, hat zur Folge, dass sie eindeutig bestimmt ist, sobald die Eigenräume und die Eigenwerte bekannt sind!

Diese Eigenschaft gilt ganz allgemein für diagonalisierbare Matrizen: Der so genannte **Spektralsatz** lautet: Jede *diagonalisierbare* Matrix $A$ kann in der Form (**Spektraldarstellung** oder **Spektralzerlegung**)

$$A = \lambda_1 P_1 + \lambda_2 P_2 + \ldots + \lambda_q P_q \equiv \sum_{j=1}^{q} \lambda_j P_j \tag{17.22}$$

geschrieben werden, wobei

- $\lambda_1, \lambda_2, \ldots \lambda_q$ ihre (voneinander verschiedenen) Eigenwerte und
- $P_1, P_2, \ldots P_q$ Projektionen sind, die die Bedingungen

$$P_1 + P_2 + \ldots + P_q \equiv \sum_{j=1}^{q} P_j = \mathbf{1} \tag{17.23}$$

und

$$P_j P_k = 0 \quad \text{für alle } j \neq k \tag{17.24}$$

erfüllen. Die Matrix $P_j$ ist eine Projektion auf den Eigenraum zum Eigenwert $\lambda_j$, die alle Eigenvektoren zu *anderen* Eigenwerten auf $0$ abbildet.

Die Spektraldarstellung ist – bis auf die Reihenfolge, in der die Eigenwerte angegeben werden – ***eindeutig***! Kann eine Matrix $A$ in der Form (17.22) geschrieben werden, wobei $\lambda_j$ Zahlen und $P_j$ Projektionsmatrizen sind, die (17.23) und (17.24) erfüllen, so ***folgt***, dass $\lambda_j$ die Eigenwerte von $A$ und $P_j$ Projektionen auf die entsprechenden Eigenräume sind. Kann also eine Matrix in dieser Form angeschrieben werden, so sind automatisch alle Eigenwerte und Eigenräume gefunden.

Ist $A$ zusätzlich eine *normale* Matrix (d.h. gibt es eine *Orthonormal*basis aus Eigenvektoren), so sind die $P_j$ die *Normal*projektionen auf die entsprechenden Eigenräume.

> Bemerkung:
> Wir wollen den Spektralsatz nicht beweisen, sondern nur anmerken, dass er auf der oben anhand eines Beispiels in (17.18) – (17.20) besprochenen „Diagonalisierung" von Matrizen beruht: In der Basis $B$ aus Eigenvektoren (die es gemäß der Voraussetzung der Diagonalisierbarkeit gibt) wird die durch die Matrix $A$ definierte lineare Abbildung durch eine Diagonalmatrix $[A]_B$ dargestellt. Auf diese wird die gleiche Argumentation angewandt wie in (17.21). Wird die so erhaltene Zerlegung auf die Standardbasis bezogen, so ergibt sich der Spektralsatz.

Die in (17.21) auftretenden Projektionsmatrizen waren sehr einfach zu bestimmen, da $D$ eine Diagonalmatrix war. Für nichtdiagonale (aber diagonalisierbare) Matrizen können die auftretenden Projektionen komplizierter sein. Um sie zu bestimmen, müssen in der Regel zuvor die Eigenwerte und Eigenräume ermittelt werden. Wir werden uns nicht in dieses Thema vertiefen, sondern lassen ein Beispiel für eine nichttriviale Spektraldarstellung vom Himmel fallen:

$$A=\begin{pmatrix} \frac{14}{3} & -\frac{\sqrt{2}}{3} & -\frac{1}{\sqrt{3}} \\ -\frac{\sqrt{2}}{3} & \frac{13}{3} & -\sqrt{\frac{2}{3}} \\ -\frac{1}{\sqrt{3}} & -\sqrt{\frac{2}{3}} & 4 \end{pmatrix} = 3\begin{pmatrix} \frac{1}{6} & \frac{1}{3\sqrt{2}} & \frac{1}{2\sqrt{3}} \\ \frac{1}{3\sqrt{2}} & \frac{1}{3} & \frac{1}{\sqrt{6}} \\ \frac{1}{2\sqrt{3}} & \frac{1}{\sqrt{6}} & \frac{1}{2} \end{pmatrix} + 5\begin{pmatrix} \frac{5}{6} & -\frac{1}{3\sqrt{2}} & -\frac{1}{2\sqrt{3}} \\ -\frac{1}{3\sqrt{2}} & \frac{2}{3} & -\frac{1}{\sqrt{6}} \\ -\frac{1}{2\sqrt{3}} & -\frac{1}{\sqrt{6}} & \frac{1}{2} \end{pmatrix}. \qquad (17.25)$$

Sobald nachgerechnet ist, dass alle Bedingungen für den Spektralsatz erfüllt sind (siehe Aufgabe 24), sind damit die Eigenwerte ($3$ und $5$) und die Projektionen auf die Eigenräume (farblich hervorgehoben) bekannt.

Mit der Spektraldarstellung einer Matrix können wunderbare Dinge gemacht werden. Ist es beispielsweise möglich, „$e$ hoch eine Matrix", also $e^A$, zu bilden? Damit ist natürlich *nicht* gemeint, die Exponentialfunktion auf die Koeffizienten von $A$ anzuwenden (genauso wenig wie $A^2$ aus den Quadraten der Koeffizienten von $A$ besteht). Wir könnten beispielsweise $e^A$ durch die Reihenentwicklung (vgl. (3.14))

$$e^A = \mathbf{1} + A + \frac{1}{2!}A^2 + \frac{1}{3!}A^3 + \frac{1}{4!}A^4 + \ldots \qquad (17.26)$$

definieren. Allerdings ist es nicht ganz einfach, derartige Reihen zu berechnen – um diese Formel für die Matrix $A$ in (17.25) anzuwenden, müssten alle ihre Potenzen gebildet und dann in (17.26) eingesetzt werden! Hier hilft die Spektraldarstellung weiter: Bilden wir das Quadrat einer Matrix $A$, die in der Form (17.22) geschrieben werden kann, so ergibt sich

$$A^2 = \lambda_1{}^2 P_1 + \lambda_2{}^2 P_2 + \ldots + \lambda_q{}^2 P_q \equiv \sum_{j=1}^{q} \lambda_j{}^2 P_j\,, \qquad (17.27)$$

denn beim Ausmultiplizieren reduziert sich jedes $P_j{}^2$ auf $P_j$ (Projektionseigenschaft), während alle Produkte $P_j P_k$ für $j \neq k$ wegen (17.24) gleich $0$ sind und daher wegfallen (Aufgabe 26). Um das Quadrat einer Matrix in der Spektraldarstellung zu bilden, müssen einfach die Eigenwerte quadriert werden, während die Projektionen gleich bleiben! Analoges gilt für beliebige Potenzen:

$$A^p = \lambda_1{}^p P_1 + \lambda_2{}^p P_2 + \ldots + \lambda_q{}^p P_q \equiv \sum_{j=1}^{q} \lambda_j{}^p P_j\,. \qquad (17.28)$$

Damit kann aber auch eine Reihenentwicklung wie (17.26) leicht durchgeführt werden:

$$e^A = e^{\lambda_1} P_1 + e^{\lambda_2} P_2 + \ldots + e^{\lambda_q} P_q \equiv \sum_{j=1}^{q} e^{\lambda_j} P_j\,. \qquad (17.29)$$

Somit ist es also relativ leicht, $e^A$ für eine diagonalisierbare Matrix zu berechnen! So gilt etwa für die Matrix $A$ in (17.25)

$$e^A = e^3 \begin{pmatrix} \frac{1}{6} & \frac{1}{3\sqrt{2}} & \frac{1}{2\sqrt{3}} \\ \frac{1}{3\sqrt{2}} & \frac{1}{3} & \frac{1}{\sqrt{6}} \\ \frac{1}{2\sqrt{3}} & \frac{1}{\sqrt{6}} & \frac{1}{2} \end{pmatrix} + e^5 \begin{pmatrix} \frac{5}{6} & -\frac{1}{3\sqrt{2}} & -\frac{1}{2\sqrt{3}} \\ -\frac{1}{3\sqrt{2}} & \frac{2}{3} & -\frac{1}{\sqrt{6}} \\ -\frac{1}{2\sqrt{3}} & -\frac{1}{\sqrt{6}} & \frac{1}{2} \end{pmatrix}. \tag{17.30}$$

Auf diese Weise kann jede Funktion $f : x \mapsto f(x)$, die durch eine Taylorreihe definiert ist, auf eine diagonalisierbare Matrix angewandt werden! Die allgemeine Formel dafür lautet

$$f(A) = f(\lambda_1)P_1 + f(\lambda_2)P_2 + \ldots + f(\lambda_q)P_q \equiv \sum_{j=1}^{q} f(\lambda_j)P_j\,. \tag{17.31}$$

Ganz allgemein wird $f(A)$ für *jede* Funktion $f$ (selbst wenn sie keine Taylorreihe besitzt) durch diese Formel definiert, vorausgesetzt, die Anwendung von $f$ auf die Eigenwerte ist wohldefiniert. Damit ist es im Prinzip möglich, Matrizen wie $\sin(A)$, $\cos(A)$, $e^{tA}$, $e^{itA}$, $|A|$ und $\sqrt{|A|}$ zu berechnen – sie alle spielen in der theoretischen Physik eine wichtige Rolle!

Anwendungsbeispiel:
Ein dynamisches System in zwei Variablen $x, y$ werde durch das System

$$\begin{aligned} \dot{x}(t) &= -y(t) - k\,x(t) \\ \dot{y}(t) &= \phantom{-}x(t) - k\,y(t) \end{aligned}. \tag{17.32}$$

aus zwei Differentialgleichungen beschrieben. Wird

$$u = \begin{pmatrix} x \\ y \end{pmatrix} \quad \text{und} \quad A = \begin{pmatrix} -k & -1 \\ 1 & -k \end{pmatrix} \tag{17.33}$$

gesetzt, so kann das System (17.32) in der Form

$$\dot{u}(t) = A\,u(t) \tag{17.34}$$

geschrieben werden. Es wird nun nicht überraschen, dass die allgemeine Lösung des Anfangswertproblems durch

$$u(t) = e^{tA}\,u(0) \tag{17.35}$$

gegeben ist. (Indem die Reihe für $e^{tA}$ nach $t$ differenziert wird, ergibt sich $\frac{d}{dt}e^{tA} = Ae^{tA}$, siehe Aufgabe 28, womit (17.35) sehr leicht nachgerechnet werden kann). Die Lösung des Problems führt daher auf die Matrix $e^{tA}$. Berechnen wir sie: $A$ hat die Eigenwerte $-k \pm i$. Sie sind voneinander verschieden, woraus die Diagonalisierbarkeit von $A$ folgt. Damit steht der Berechnung von $e^{tA}$ gemäß (17.29) nichts mehr im Wege. Die Spektraldarstellung von $A$ sieht so aus:

$$A = (-k-i)\begin{pmatrix} \frac{1}{2} & -\frac{i}{2} \\ \frac{i}{2} & \frac{1}{2} \end{pmatrix} + (-k+i)\begin{pmatrix} \frac{1}{2} & \frac{i}{2} \\ -\frac{i}{2} & \frac{1}{2} \end{pmatrix}. \tag{17.36}$$

Damit finden wir

$$e^{tA} = e^{(-k-i)t}\begin{pmatrix} \frac{1}{2} & -\frac{i}{2} \\ \frac{i}{2} & \frac{1}{2} \end{pmatrix} + e^{(-k+i)t}\begin{pmatrix} \frac{1}{2} & \frac{i}{2} \\ -\frac{i}{2} & \frac{1}{2} \end{pmatrix} = e^{-kt}\begin{pmatrix} \cos t & -\sin t \\ \sin t & \cos t \end{pmatrix}, \tag{17.37}$$

wobei die reelle Form mit Hilfe der Eulerschen Formel (4.5) erzielt wurde. Die allgemeine Lösung des Anfangswertproblems lautet daher

$$\begin{pmatrix} x(t) \\ y(t) \end{pmatrix} = e^{-kt}\begin{pmatrix} \cos t & -\sin t \\ \sin t & \cos t \end{pmatrix}\begin{pmatrix} x(0) \\ y(0) \end{pmatrix}. \tag{17.38}$$

Dieser Lösungsweg ist anderen Methoden (die ohne Matrizenrechnung auskommen) an Eleganz (und auch an Transparenz, wenn man es genau betrachtet!) überlegen.[19]

***Mathematica*** stellt für derartige Berechnungen zwei nützliche Funktionen zur Verfügung: Ist `A` eine quadratische Matrix, so wird mit

```
MatrixPower[A,p]
```

die Potenz $A^p$ (auch für nicht-ganzzahliges $p$ !) und mit

```
MatrixExp[A]
```

die Matrix $e^A$ berechnet (auch für nicht-diagonalisierbare Matrizen!). Das Resultat (17.38) kann in *Mathematica* durch Eingabe von

```
MatrixExp[t {{-k,-1},{1,-k}}]
```

erzielt werden.

[19] An dieser Stelle sei erwähnt, dass der Spektralsatz seine wichtigste Anwendung in der Quantentheorie findet, allerdings meist in einem unendlichdimensionalen Kontext, und zwar beim Anfangswertproblem der Schrödingergleichung $i\hbar\partial_t\psi(t) = H\psi(t)$. Ist $\psi(0)$ der Zustandsvektor zur Zeit $0$, und ist $H$ der Hamiltonoperator des Systems, so ist $\psi(t) = e^{-iHt/\hbar}\psi(0)$ der Zustandsvektor des Systems zur Zeit $t$, ganz analog zur Lösung (17.35) der Differentialgleichung (17.34). Der Operator $e^{-iHt/\hbar}$ ist unitär (ganz allgemein ist $e^{iA}$ unitär, wenn $A$ selbstadjungiert ist), weshalb man von der „unitären Zeitentwicklung der Quantentheorie" spricht.

Bemerkungen:

- Wird (17.31) für die Funktion $f(x)=\frac{1}{x}$ berechnet und sind alle Eigenwerte $\lambda_j \neq 0$, so ergibt sich die Inverse $A^{-1}$ (die daher mit Recht auch als $\frac{1}{A}$ geschrieben werden könnte).

- Ist $A$ eine *normale* $n\times n$-Matrix, so gibt es eine sehr bequeme Möglichkeit, die Spektraldarstellung anzuschreiben: Sind $\lambda_1,\lambda_2,\ldots\lambda_n$ alle $n$ Eigenwerte (mehrfach auftretende Eigenwerte nun mehrfach angeschrieben), und sind $u_1,u_2,\ldots u_n$ Eigenvektoren ($u_j$ Eigenvektor zum Eigenwert $\lambda_j$), die eine Orthonormalbasis des $\mathbb{C}^n$ bilden, so gilt.

$$A=\lambda_1\, u_1u_1^{\dagger}+\lambda_2\, u_2u_2^{\dagger}+\ldots+\lambda_n\, u_nu_n^{\dagger}\equiv\sum_{j=1}^{n}\lambda_j\, u_ju_j^{\dagger}\,. \tag{17.39}$$

  Jede der auftretenden Matrizen $u_ju_j^{\dagger}$ ist eine (Normal-)Projektion auf den von $u_j$ aufgespannten (eindimensionalen) Teilraum. (17.39) ist *fast* schon die Spektraldarstellung von $A$. Falls Eigenwerte mehrfach auftreten, wird die Form (17.22) erzielt, indem jene Matrizen $u_ju_j^{\dagger}$, die zu einem mehrfach auftretenden Eigenwert gehören, zusammengefasst werden. Tritt beispielsweise $\lambda_1=\lambda_2$ zweifach auf, so wird $\lambda_1\, u_1u_1^{\dagger}+\lambda_2\, u_2u_2^{\dagger}$ in der Form $\lambda_1\,(u_1u_1^{\dagger}+u_2u_2^{\dagger})$ geschrieben. $u_1u_1^{\dagger}+u_2u_2^{\dagger}$ ist dann die in (17.22) auftretende Projektion auf den entsprechenden Eigenraum.

Die Spektraldarstellung nimmt eine besonders schöne Form im **Bra-Ket-Formalismus** an, der für den $\mathbb{C}^2$ in den beiden vorhergehenden Kapiteln eingeführt wurde. Das rührt daher, dass Projektionen in diesem Formalismus sehr bequem angeschrieben werden können: Ist $|u\rangle$ ein normiertes Element von $\mathbb{C}^2$ (d.h. gilt $\langle u|u\rangle=1$), so ist die Normalprojektion auf den von $|u\rangle$ aufgespannten (eindimensionalen) Teilraum durch

$$P=|u\rangle\langle u|\,. \tag{17.40}$$

gegeben (siehe Aufgabe 15).

Ist nun $A$ eine *normale* $2\times 2$-Matrix mit Eigenwerten $\lambda_1$ und $\lambda_2$ und zugehörigen Eigenvektoren $|u_1\rangle$ und $|u_2\rangle$, die eine ON-Basis bilden (d.h. die $\langle u_1|u_1\rangle=\langle u_2|u_2\rangle=1$ und $\langle u_1|u_2\rangle=0$ erfüllen), so gilt

$$A=\lambda_1\,|u_1\rangle\langle u_1|+\lambda_2\,|u_2\rangle\langle u_2|\,. \tag{17.41}$$

In Matrixschreibweise lautet diese Beziehung $A=\lambda_1\, u_1u_1^{\dagger}+\lambda_2\, u_2u_2^{\dagger}$ (vgl. (17.39)). Ist $\lambda_1\neq\lambda_2$, so ist (17.41) die Spektraldarstellung von $A$. Ist $\lambda_1=\lambda_2$, so ist $A$ ein Vielfaches der Einheitsmatrix.

Triviale Beispiele der Darstellungsform (17.41) sind die Einheitsmatrix

$$\mathbf{1} = \begin{pmatrix} 1 & 0 \\ 0 & 1 \end{pmatrix} = |0\rangle\langle 0| + |1\rangle\langle 1| \tag{17.42}$$

und die dritte Pauli-Matrix (vgl. (16.40))

$$\sigma_3 = \begin{pmatrix} 1 & 0 \\ 0 & -1 \end{pmatrix} = |0\rangle\langle 0| - |1\rangle\langle 1|, \tag{17.43}$$

die beide diagonal sind. (Die Eigenwerte von $\sigma_3$ sind $\pm 1$, die zugehörigen (normierten) Eigenvektoren sind $|0\rangle$ und $|1\rangle$).

Ein nichttriviales Beispiel ist die erste Pauli-Matrix

$$\sigma_1 = \begin{pmatrix} 0 & 1 \\ 1 & 0 \end{pmatrix} = |0\rangle\langle 1| + |1\rangle\langle 0|. \tag{17.44}$$

Nachdem ihre Eigenwerte ($\pm 1$) und die zugehörigen (normierten) Eigenvektoren ($\frac{|0\rangle \pm |1\rangle}{\sqrt{2}}$) ermittelt worden sind, so ergibt sich mit Hilfe von (17.41) ihre Spektraldarstellung zu

$$\sigma_1 = \frac{|0\rangle + |1\rangle}{\sqrt{2}} \frac{\langle 0| + \langle 1|}{\sqrt{2}} - \frac{|0\rangle - |1\rangle}{\sqrt{2}} \frac{\langle 0| - \langle 1|}{\sqrt{2}}. \tag{17.45}$$

Manchmal kann eine Darstellungsform wie diese durch Probieren gefunden werden. In einem solchen Fall können wir den Spieß umdrehen und so argumentieren: (17.45) ist von der Form (17.41). Daraus folgt, dass hier die Spektraldarstellung von $\sigma_1$ gefunden wurde, dass die Eigenwerte von $\sigma_1$ gleich $\pm 1$ sind und dass die zugehörigen (normierten) Eigenvektoren gleich $\frac{|0\rangle \pm |1\rangle}{\sqrt{2}}$ sind.

(Für eine analoge Behandlung der zweiten Pauli-Matrix $\sigma_2$ siehe Aufgabe 30).

> Bemerkung:
> Die quantenmechanische Interpretation dieser Beziehungen ist folgende: $|0\rangle$ und $|1\rangle$ stellen Zustände dar, in denen die dritte Komponente des Spins einen scharfen Wert hat. Die Linearkombinationen („Superpositionen") $\frac{|0\rangle \pm |1\rangle}{\sqrt{2}}$ stellen Zustände dar, in denen die erste Komponente des Spins einen scharfen Wert hat.

[Aufgabe 24] [Aufgabe 25] [Aufgabe 26] [Aufgabe 27] [Aufgabe 28]
[Aufgabe 29] [Aufgabe 30]

# Eigenwerte und Eigenvektoren linearer Operatoren *

Im letzen Abschnitt des vorigen Kapitels wurde auf lineare Operatoren in beliebigen (endlichdimensionalen) Vektorräumen eingegangen. Die Begriffe des Eigenwerts und des Eigenvektors übertragen sich in natürlicher Weise auf diesen allgemeinen Fall.

Sei $T: V \to V$ ein linearer Operator auf dem (reellen oder komplexen) Vektorraum $V$. Ein Skalar $\lambda$ heißt **Eigenwert** von $T$, wenn es einen Vektor $u \neq 0$ gibt, für den

$$T u = \lambda u \tag{17.46}$$

gilt, d.h. der durch $T$ auf ein das $\lambda$-fache seiner selbst abgebildet wird. Jeder Vektor $u \neq 0$, der dann (17.46) erfüllt, heißt **Eigenvektor** von $T$ zum Eigenwert $\lambda$. Der zu $\lambda$ gehörende **Eigenraum** ist die Menge aller Eigenvektoren zu diesem Eigenwert (zusammen mit $0$).

Eine Methode zur Berechnung von Eigenwerten und Eigenvektoren eines linearen Operators geht von der (uns bereits bekannten) Tatsache aus,

- dass jeder Vektorraum, durch die Brille einer Basis $B$ betrachtet, wie ein $\mathbb{R}^n$ bzw. $\mathbb{C}^n$ aussieht (jedem Vektor $u$ wird ein Spaltenvektor $[u]_B$ zugeordnet, siehe (15.23)), und
- dass die Wirkung von $T$ (ebenfalls durch diese Brille betrachtet) wie die Wirkung einer Matrix aussieht (die wir $[T]_B$ genannt haben, siehe (16.63)).

Die Eigenwertgleichung (17.46) für den linearen *Operator* $T$ übersetzt sich damit in die Eigenwertgleichung

$$[T]_B[u]_B = \lambda\,[u]_B \tag{17.47}$$

für die *Matrix* $[T]_B$. Eigenwerte und Eigenvektoren können also mit den Matrizentechniken, die wir in diesem Kapitel besprochen haben, berechnet werden. Der Operator $T$ besitzt die gleichen Eigenwerte wie die Matrix $[T]_B$ (und zwar unabhängig von der verwendeten Basis $B$). Ist ein Eigenvektor $[u]_B$ der Matrix $[T]_B$ ermittelt, so ist damit auch ein Eigenvektor $u$ des Operators $T$ gefunden. Die Identifizierung jedes $n$-dimensionalen Vektorraums mit dem $\mathbb{R}^n$ oder dem $\mathbb{C}^n$ erlaubt es, alle derartigen Berechnungen für die entsprechenden Matrizen durchzuführen.

Manchmal ist es dennoch günstig, einen Vektorraum *nicht* durch die Brille einer Basis zu betrachten, sondern so, wie er „wirklich" definiert ist. In diesem Fall wird die Eigenwertgleichung (17.46) ohne den Umweg über eine Matrixdarstellung gelöst. Wir führen anhand eines Beispiels beide Wege vor:

> Sei $W$ der Vektorraum aller (komplexen) Linearkombinationen der Funktionen $\sin x$ und $\cos x$, d.h. die Menge aller Funktionen $f(x) = a\sin x + b\cos x$ mit $a, b \in \mathbb{C}$. Auf diesem (zweidimensionalen komplexen) Vektorraum wirkt die Ableitung $\frac{d}{dx}$ als linearer Operator (denn die Ableitung einer Linearkombination von $\sin x$ und $\cos x$ ist

wieder eine Linearkombination von $\sin x$ und $\cos x$). Gesucht sind die Eigenwerte und Eigenvektoren des Ableitungsoperators.

Die Eigenwertgleichung (17.46) für den Operator $\frac{d}{dx}$ lautet

$$\frac{d}{dx} f(x) = \lambda f(x), \tag{17.48}$$

ist also eine Differentialgleichung! Ihre allgemeine Lösung ist $f(x) = C e^{\lambda x}$. Wir wollen (17.48) aber im Rahmen des Vektorraums $W$ lösen. Welche Funktionen dieser Form sind Elemente von $W$, d.h. können als Linearkombinationen von $\sin x$ und $\cos x$ dargestellt werden? Hier hilft uns die Eulersche Formel $e^{\pm ix} = \cos x \pm i \sin x$. $f(x) = C e^{\lambda x}$ ist nur für die beiden Werte $\lambda = \pm i$ Element von $W$. Da ein linearer Operator in einem zweidimensionalen Vektorraum nur zwei Eigenwerte haben kann, sind damit die Eigenwerte $\pm i$ des Ableitungsoperators gefunden. Die zugehörigen Eigenvektoren sind die Vielfachen der Funktionen $e^{\pm ix}$.

Das Problem kann aber genauso gut durch die Brille der Basis $B = \{\sin x, \cos x\}$ gelöst werden: Jedes Element $a \sin x + b \cos x$ von $W$ kann durch den Spaltenvektor seiner Entwicklungskoeffizienten $\begin{pmatrix} a \\ b \end{pmatrix}$ dargestellt werden. Die Ableitung

$$\frac{d}{dx}(a \sin x + b \cos x) = a \cos x - b \sin x$$

wird durch den Spaltenvektor $\begin{pmatrix} -b \\ a \end{pmatrix}$ dargestellt. Als Matrix (durch die Brille der Basis $B$) betrachtet, wirkt das Bilden der Ableitung daher wie

$$\begin{pmatrix} a \\ b \end{pmatrix} \mapsto \begin{pmatrix} -b \\ a \end{pmatrix} = \begin{pmatrix} 0 & -1 \\ 1 & 0 \end{pmatrix} \begin{pmatrix} a \\ b \end{pmatrix}, \tag{17.49}$$

Damit ist die Matrixdarstellung des Ableitungsoperators[20] gefunden:

$$\left[\frac{d}{dx}\right]_B = \begin{pmatrix} 0 & -1 \\ 1 & 0 \end{pmatrix}. \tag{17.50}$$

Die verbleibende Arbeit besteht darin, die Eigenwerte und Eigenvektoren dieser Matrix zu finden (und letztere in Elemente von $W$ rückzuübersetzen; siehe Aufgabe 31).

Abschließend merken wir an, dass Größen, die nur von den Eigenwerten abhängen, wie die **Spur** (Summe der Eigenwerte) und die **Determinante** (Produkt der Eigenwerte), nicht nur für Matrizen, sondern ganz allgemein für lineare Operatoren auf (endlichdimensionalen) Vektorräumen definiert sind. Größen wie diese heißen „unter Basistransformationen **invariant**“, da

---

[20] Der berühmten Äquivalenz von Erwin Schrödingers „Wellenmechanik“ und Werner Heisenbergs „Matrizenmechanik“ liegt eine (unendlichdimensionale) Verallgemeinerung von (17.50) zugrunde.

sie aus der Matrixdarstellung des linearen Operators bezüglich einer *beliebigen* Basis gewonnen werden können.

[Aufgabe 31] [Aufgabe 32]

Damit beschließen wir unsere Besprechung von grundlegenden Beziehungen der linearen Algebra. Auch wenn Sie die Ergänzungsabschnitte jetzt nicht gelesen haben – kommen Sie darauf zurück, wenn Sie in weiterführenden Lehrveranstaltungen Begriffe wie Spektralsatz, Spektraldarstellung, Projektion auf einen Eigenraum, $e$ hoch eine Matrix (oder $e$ hoch ein linearer Operator), Matrix(darstellung) eines linearen Operators oder Eigenwerte eines linearen Operators hören!

# Aufgaben

1. Ermitteln Sie die charakteristischen Polynome und die Eigenwerte der Matrizen

$$\text{(i)} \begin{pmatrix} 2 & 3 \\ 3 & 2 \end{pmatrix}, \quad \text{(ii)} \begin{pmatrix} 2 & 1 \\ 3 & 2 \end{pmatrix}, \quad \text{(iii)} \begin{pmatrix} 1 & -1 \\ 3 & 3 \end{pmatrix}, \quad \text{(iv)} \begin{pmatrix} 1 & -2 \\ 3 & 3 \end{pmatrix}, \quad \text{(v)} \begin{pmatrix} 1 & -1 \\ 0 & 3 \end{pmatrix}.$$

2. Ermitteln Sie die charakteristischen Polynome und die Eigenwerte der Matrizen

$$\text{(i)} \begin{pmatrix} 1 & -1 & 0 \\ 1 & 0 & 3 \\ 1 & 0 & 0 \end{pmatrix}, \quad \text{(ii)} \begin{pmatrix} 0 & 1 & 0 \\ 0 & 0 & 1 \\ 1 & 0 & 0 \end{pmatrix}.$$

3. Ermitteln Sie die Eigenwerte der folgenden Matrizen, *ohne* ihre charakteristischen Polynome zu berechnen:

$$\text{(i)} \begin{pmatrix} 2 & 3 \\ 0 & 4 \end{pmatrix}, \quad \text{(ii)} \begin{pmatrix} 2 & 0 \\ 1 & -1 \end{pmatrix}, \quad \text{(iii)} \begin{pmatrix} 2 & 3 \\ 0 & 2 \end{pmatrix}, \quad \text{(iv)} \begin{pmatrix} 0 & 3 \\ 0 & 2 \end{pmatrix}, \quad \text{(v)} \begin{pmatrix} 0 & 5 \\ 0 & 0 \end{pmatrix}.$$

4. Ermitteln Sie die Eigenwerte der folgenden Matrizen, *ohne* ihre charakteristischen Polynome zu berechnen:

$$\text{(i)} \begin{pmatrix} 1 & -1 & 0 \\ 0 & 0 & 3 \\ 0 & 0 & 5 \end{pmatrix}, \quad \text{(ii)} \begin{pmatrix} 1 & 0 & 0 \\ 0 & 7 & 0 \\ 0 & 0 & -5 \end{pmatrix}, \quad \text{(iii)} \begin{pmatrix} 1 & 0 & 0 \\ 2 & 1 & 0 \\ 3 & 2 & 1 \end{pmatrix}, \quad \text{(iv)} \begin{pmatrix} 2 & -1 & 4 \\ 0 & 2 & 3 \\ 0 & 0 & 0 \end{pmatrix}.$$

5. Ermitteln Sie die Eigenwerte der folgenden Matrizen durch *Kopfrechnungen* (Tipp: Bestimmen Sie im Kopf die Spur und die Determinante):

$$\text{(i)} \begin{pmatrix} 1 & 1 \\ 1 & 1 \end{pmatrix}, \quad \text{(ii)} \begin{pmatrix} 0 & 1 \\ 1 & 0 \end{pmatrix}.$$

6. Beweisen Sie: Hat die $2\times2$-Matrix $A$ die Eigenwerte $\lambda_1$ und $\lambda_2$, so hat $2A$ die Eigenwerte $2\lambda_1$ und $2\lambda_2$.

7. Ermitteln Sie die Eigenwerte der folgenden Matrizen mit Hilfe eines Computeralgebra-Systems:

$$\text{(i)} \begin{pmatrix} 0 & 1 & 3 \\ 1 & 0 & 3 \\ 1 & 2 & 3 \end{pmatrix}, \quad \text{(ii)} \begin{pmatrix} 1 & 2 & 3 \\ 2 & 3 & 4 \\ 3 & 4 & 5 \end{pmatrix}.$$

8. Ermitteln Sie die Eigenwerte und Eigenvektoren der folgenden Matrizen. Geben Sie die Dimensionen der Eigenräume an.

$$\text{(i)} \begin{pmatrix} 2 & 0 \\ 0 & 4 \end{pmatrix}, \quad \text{(ii)} \begin{pmatrix} 2 & 2 \\ 0 & 4 \end{pmatrix}, \quad \text{(iii)} \begin{pmatrix} 2 & 0 \\ 4 & 2 \end{pmatrix}.$$

9. Welche der folgenden Matrizen haben entartete Eigenwerte? Geben Sie die Dimensionen der Eigenräume an.

$$\text{(i)} \begin{pmatrix} 2 & 1 \\ 0 & 2 \end{pmatrix}, \quad \text{(ii)} \begin{pmatrix} 2 & 0 \\ 0 & 3 \end{pmatrix}, \quad \text{(iii)} \begin{pmatrix} 2 & 0 \\ 0 & 2 \end{pmatrix},$$

$$\text{(iv)} \begin{pmatrix} 0 & 3 & 3 \\ 0 & 0 & 3 \\ 0 & 0 & 3 \end{pmatrix}, \quad \text{(v)} \begin{pmatrix} 0 & 0 & 3 \\ 0 & 2 & 0 \\ 2 & 1 & 0 \end{pmatrix}, \quad \text{(vi)} \begin{pmatrix} 4 & 0 & -2 \\ 0 & 2 & 1 \\ 2 & 0 & 0 \end{pmatrix}.$$

10. Für welche Werte von $a$ hat die Matrix $\begin{pmatrix} 2 & 0 \\ a & 2 \end{pmatrix}$ entartete Eigenwerte?

11. Berechnen Sie mit Hilfe eines Computeralgebra-Systems die Eigenvektoren der Matrizen von Aufgabe 7. Geben Sie die Dimensionen der Eigenräume an.

12. Welche der folgenden Matrizen sind diagonalisierbar, normal, symmetrisch, hermitisch? Begründen Sie! Benutzen Sie die verschiedenen im Text angegebenen Kriterien – dann müssen Sie (fast) nichts rechnen!

$$\text{(i)} \begin{pmatrix} 2 & 3 \\ 3 & 1 \end{pmatrix}, \quad \text{(ii)} \begin{pmatrix} 2 & 1 \\ 0 & 2 \end{pmatrix}, \quad \text{(iii)} \begin{pmatrix} 1 & -i \\ i & 1 \end{pmatrix}, \quad \text{(iv)} \begin{pmatrix} 0 & i \\ i & 0 \end{pmatrix}, \quad \text{(v)} \begin{pmatrix} 0 & 3 \\ 2 & 1 \end{pmatrix}.$$

13. Welche der folgenden Matrizen stellen eine Projektion dar, welche eine Normalprojektion? Begründen Sie! Benutzen Sie die verschiedenen im Text angegebenen Kriterien – dann müssen Sie (fast) nichts rechnen!

$$\text{(i)} \frac{1}{2}\begin{pmatrix} 1 & -i \\ i & 1 \end{pmatrix}, \quad \text{(ii)} \frac{1}{11}\begin{pmatrix} 2 & 3 \\ 4 & 5 \end{pmatrix}, \quad \text{(iii)} \frac{1}{11}\begin{pmatrix} 3 & 4 \\ 6 & 8 \end{pmatrix}, \quad \text{(iv)} \frac{1}{\sqrt{3}}\begin{pmatrix} 2 & 0 \\ 0 & 1 \end{pmatrix},$$

$$\text{(v)} \frac{1}{2}\begin{pmatrix} 1 & 1 & 0 \\ 1 & 1 & 0 \\ 0 & 0 & 2 \end{pmatrix}, \quad \text{(vi)} \frac{1}{2}\begin{pmatrix} 1 & 1 & 0 \\ 1 & 1 & 0 \\ 0 & 0 & 1 \end{pmatrix}.$$

14. Welche der folgenden Matrizen sind unitär, welche orthogonal? Begründen Sie!

(i) $\begin{pmatrix} 1 & -i \\ i & 1 \end{pmatrix}$, (ii) $\begin{pmatrix} 0 & -i \\ i & 0 \end{pmatrix}$, (iii) $\begin{pmatrix} 0 & 1 \\ 1 & 0 \end{pmatrix}$, (iv) $\begin{pmatrix} 1 & 0 \\ 0 & -1 \end{pmatrix}$,

(v) $\begin{pmatrix} \cos\theta & -\sin\theta \\ \sin\theta & \cos\theta \end{pmatrix}$ für reelles $\theta$, (vi) $\begin{pmatrix} e^{i\varphi} & 0 \\ 0 & e^{-i\varphi} \end{pmatrix}$ für reelles $\varphi$.

Analysieren und beschreiben Sie in geometrischen Begriffen für die reellen unter diesen Matrizen, *wie* sie am $\mathbb{R}^2$ wirken.

15. Im Text wurde erwähnt, dass die (hermitische) Projektionsmatrix $P = \frac{1}{2}\begin{pmatrix} 1 & 1 \\ 1 & 1 \end{pmatrix}$ die Eigenvektoren $u = \begin{pmatrix} 1 \\ -1 \end{pmatrix}$ (zum Eigenwert $0$) und $v = \begin{pmatrix} 1 \\ 1 \end{pmatrix}$ (zum Eigenwert $1$) besitzt.

(i) Überprüfen Sie diese Aussage.
(ii) Zeigen Sie, dass $u$ und $v$ aufeinander normal stehen,
(iii) dass $u$ die Richtung darstellt, *in* die projiziert wird, ist, und
(iv) dass $v$ den Teilraum aufspannt, *auf* den projiziert wird.
(v) Zeichen Sie diese Sachverhalte.

16. *Auf* welchen Teilraum des $\mathbb{R}^2$ projiziert $P = \begin{pmatrix} 1 & 0 \\ 0 & 0 \end{pmatrix}$? Beschreiben Sie ihn geometrisch. Beschreiben Sie die Art und Weise, *wie* projiziert wird, geometrisch.

17. *Auf* welchen Teilraum des $\mathbb{R}^3$ projiziert $P = \frac{1}{2}\begin{pmatrix} 1 & 1 & 0 \\ 1 & 1 & 0 \\ 0 & 0 & 2 \end{pmatrix}$? Beschreiben Sie ihn geometrisch. Beschreiben Sie die Art und Weise, *wie* projiziert wird, geometrisch.

18. Projektionen auf eindimensionale Teilräume lassen sich sehr einfach beschreiben:

(i) Bra-Ket-Formalismus im $\mathbb{C}^2$: Sei $|u\rangle$ ein normiertes Element von $\mathbb{C}^2$ (d.h. $\langle u|u\rangle = 1$), und sei $P = |u\rangle\langle u|$. Zeigen Sie, dass $P$ die Normalprojektion auf den von $|u\rangle$ aufgespannten (eindimensionalen) Teilraum ist.

(ii) Sei $u$ ein normiertes Element des $\mathbb{C}^n$ (d.h. $u^\dagger u = 1$), und sei $P = u\,u^\dagger$. Zeigen Sie, dass $P$ die Normalprojektion auf den von $u$ aufgespannten (eindimensionalen) Teilraum ist.

19. Überprüfen Sie für die Matrizen (17.16) und (17.19), dass sie

(i) die gleiche Spur,
(ii) die gleiche Determinante und
(iii) das gleiche charakteristische Polynom

besitzen. Zeigen Sie weiters, dass beide Matrizen die charakteristische Gleichung erfüllen.

20. Analysieren Sie die Wirkung der Matrix $A = \begin{pmatrix} 3 & -1 \\ -1 & 3 \end{pmatrix}$ im $\mathbb{R}^2$. Skizzieren Sie, wie der Einheitskreis unter dieser Wirkung deformiert wird. Geben Sie die Darstellung von $A$ bezüglich einer ON-Basis aus Eigenvektoren an (m.a.W.: geben Sie die Matrix $[A]_B$, an, wobei $B$ eine ON-Basis aus Eigenvektoren ist).

21. Analysieren Sie die Wirkung der Matrix $C = \begin{pmatrix} 5 & 3/2 \\ 3/2 & 1 \end{pmatrix}$ im $\mathbb{R}^2$. Skizzieren Sie, wie der Einheitskreis unter dieser Wirkung deformiert wird. Geben Sie die Darstellung von $C$ bezüglich einer ON-Basis aus Eigenvektoren an (m.a.W.: geben Sie die Matrix $[C]_B$, an, wobei $B$ eine ON-Basis aus Eigenvektoren ist).

22. Überprüfen Sie für die Matrizen $A$ und $[A]_B$ aus Aufgabe 20, dass sie

    (i) die gleiche Spur,
    (ii) die gleiche Determinante und
    (iii) das gleiche charakteristische Polynom

    besitzen.

23. Überprüfen Sie für die Matrizen $C$ und $[C]_B$ aus Aufgabe 21, dass sie

    (i) die gleiche Spur,
    (ii) die gleiche Determinante und
    (iii) das gleiche charakteristische Polynom

    besitzen.

Alle folgenden Aufgaben sind **Ergänzungsaufgaben** * zu diesem Kapitel:

24. Zeigen Sie, dass die Beziehung (17.25) die Spektraldarstellung der Matrix $A$ ist. Dazu müssen Sie

    (i) diese Beziehung überprüfen,
    (ii) checken, dass die (farblich gekennzeichneten) Matrizen auf der rechten Seite Projektionen sind (die Sie am besten als $P_1$ und $P_2$ bezeichnen) und
    (iii) checken, dass die Bedingungen (17.23) und (17.24) erfüllt sind, was sich hier auf die Aussagen $P_1 + P_2 = \mathbf{1}$ und $P_1 P_2 = P_2 P_1 = 0$ reduziert.

    Wenn Sie zur Berechnung ein Computeralgebra-System benutzen, reduziert sich der Arbeitsaufwand vor allem auf das Eintippen der Projektionsmatrizen. (Und wenn Sie es geschickt anlegen, müssen Sie sogar nur *eine* der beiden Projektionsmatrizen eintippen!)

25. Zeigen Sie, dass die Beziehung

$$M = \begin{pmatrix} 3 & 1 \\ 1 & 3 \end{pmatrix} = 2 \begin{pmatrix} \frac{1}{2} & -\frac{1}{2} \\ -\frac{1}{2} & \frac{1}{2} \end{pmatrix} + 4 \begin{pmatrix} \frac{1}{2} & \frac{1}{2} \\ \frac{1}{2} & \frac{1}{2} \end{pmatrix}$$

die Spektraldarstellung der Matrix $M$ ist.

26. Beweisen Sie (17.27).

27. Berechnen Sie $\sin(\pi M/4)$ für die Matrix $M$ aus Aufgabe 25.

28. Sei $A$ eine quadratische Matrix. Beweisen Sie, dass $\frac{d}{dt}e^{tA} = Ae^{tA}$ gilt. (Führen Sie den Beweis entweder für beliebige Matrizen $A$ mit Hilfe der Reihenentwicklung oder, für den Spezialfall, dass $A$ diagonalisierbar ist, mit Hilfe der Spektraldarstellung).

29. Beweisen Sie (17.41).
Tipp: Vorausgesetzt ist, dass $|u_1\rangle$ und $|u_2\rangle$ eine ON-Basis von $\mathbb{C}^2$ aus Eigenvektoren von $A$ (zu den Eigenwerten $\lambda_1$ und $\lambda_2$) bilden.
Zeigen Sie unter dieser Voraussetzung, dass $\lambda_1|u_1\rangle\langle u_1| + \lambda_2|u_2\rangle\langle u_2|$ auf Elemente der ON-Basis die gleiche Wirkung hat wie $A$. (Aufgrund der Linearität gilt diese Gleichheit dann für *jedes* Element von $\mathbb{C}^2$, woraus (17.41) folgt).

30. Ermitteln Sie die Eigenwerte und (normierten) Eigenvektoren der Pauli-Matrix $\sigma_2$. Schreiben Sie die Spektraldarstellung von $\sigma_2$ – in Analogie zu (17.45) – an.

31. Ermitteln Sie die Eigenwerte und Eigenvektoren der Matrix (17.50). Übersetzen Sie die erhaltenen Eigenvektoren in Elemente von $W$.

32. Sei $W$ der Vektorraum aller komplexen Linearkombinationen der Funktionen $\sin x$ und $\cos x$. Ermitteln Sie (analog zur Behandlung von $\frac{d}{dx}$ im Text und in Aufgabe 31) die Eigenwerte und Eigenvektoren des linearen Operators $\frac{d^2}{dx^2}$ auf zweierlei Art (mit und ohne Zuhilfenahme einer Matrixdarstellung). Zeigen Sie, dass

$$\left[\frac{d^2}{dx^2}\right]_B = \left[\frac{d}{dx}\right]_B^2$$

gilt. Ist das Zufall oder muss es so sein?

# 18 Elemente der Wahrscheinlichkeitsrechnung

## Zufallsexperimente, Ereignisse und Wahrscheinlichkeiten

Wir wechseln nun das Thema und beschäftigen uns in diesem Kapitel mit den Grundlagen der mathematischen Beschreibung des **Zufalls**.

Das zentrale Gedankenmodell der Wahrscheinlichkeitsrechnung ist das des (idealen) **Zufallsexperiments**. Der Ausgang eines Zufallsexperiments lässt sich nicht mit Bestimmtheit voraussagen. Anstelle einer präzisen Vorhersage können nur Wahrscheinlichkeitsaussagen getroffen werden. Die Menge aller möglichen Versuchsausgänge wird als **Ereignisraum** (oder **Grundgesamtheit**) bezeichnet. Wir verwenden für ihn den Buchstaben $E$. Seine Elemente, die Versuchsausgänge, heißen **Elementarereignisse**. Wir beschränken uns in diesem einführenden Abschnitt auf Zufallsexperimente, die nur eine *endliche* Zahl möglicher Ausgänge besitzen (d.h. deren Ereignisraum $E$ eine *endliche* Menge ist). Später in diesem Kapitel werden wir auch Zufallsexperimente betrachten, die unendlich viele mögliche Ausgänge besitzen.

Beispiele:

- Es wird mit einem (idealen) Würfel gewürfelt. Der Ereignisraum ist die Menge der Augenzahlen $E = \{1,2,3,4,5,6\}$.
- Es wird zweimal hintereinander gewürfelt. Der Ereignisraum ist die Menge der geordneten Paare von Augenzahlen $E = \{(1,1),(1,2),(1,3),...(6,5),(6,6)\}$. Er hat $36$ Elemente.
- Aus einer Urne mit $20$ weißen und $30$ schwarzen Kugeln wird eine Kugel (zufällig) herausgezogen.
    - Falls die Kugeln als unterscheidbar betrachtet werden, stellen wir sie uns nummeriert vor. Die weißen Kugeln bekommen die Nummern $1$ bis $20$, die schwarzen bekommen die Nummern $21$ bis $50$. Der Ereignisraum ist $E = \{1,2,...,50\}$.
    - Falls die Kugeln einer Farbe als nicht unterscheidbar betrachtet werden, gibt es nur zwei mögliche Versuchsausgänge: „weiß" und „schwarz". Dementsprechend ist der Ereignisraum $E = \{\text{weiß}, \text{schwarz}\}$.

Ein **Ereignis** ist eine Menge von Versuchsausgängen, d.h. eine Teilmenge des Ereignisraums. Wir sagen, dass ein Ereignis $A$ **eintritt**, falls der Versuchsausgang ein Element von $A$ ist. In der Regel können Ereignisse auch verbal beschrieben werden, wie die folgenden Beispiele zeigen.

Beispiele:

- Einmaliges Würfel:
    - Das Ereignis „die Augenzahl ist $3$" entspricht der Teilmenge $\{3\}$ des Ereignisraums. Es handelt sich hier um ein Elementarereignis.

  - Das Ereignis „die Augenzahl ist gerade" entspricht der Teilmenge $\{2,4,6\}$ des Ereignisraums.
- Zweimaliges hintereinander Würfeln:
  - Das Ereignis „die Summe der Augenzahlen ist $5$" entspricht der Teilmenge $\{(1,4),(2,3),(3,2),(4,1)\}$ des Ereignisraums.
- Urne mit $20$ weißen und $30$ schwarzen Kugeln (s.o.):
  - Falls die Kugeln als unterscheidbar betrachtet werden: Das Ereignis „es wird eine weiße Kugel gezogen" entspricht der Teilmenge $\{1,2,...20\}$ des Ereignisraums.
  - Falls die Kugeln einer Farbe als nicht unterscheidbar betrachtet werden: Das Ereignis „es wird eine weiße Kugel gezogen" entspricht der Teilmenge $E=\{\text{weiß}\}$ des Ereignisraums.

Die Ereignisse sind genau jene Objekte, von denen wir fragen, mit welchen **Wahrscheinlichkeiten** sie eintreten. Im Rahmen eines Zufallsexperiments wird jedem Ereignis $A$ eine Wahrscheinlichkeit $p(A)$ zugeordnet. Dabei muss für jedes Ereignis

$$0 \le p(A) \le 1 \tag{18.1}$$

gelten. Die Wahrscheinlichkeit $0$ steht für ein Ereignis, das mit Sicherheit nicht eintreten wird, und die Wahrscheinlichkeit $1$ steht für ein Ereignis, das mit Sicherheit eintreten wird. Insbesondere ist

$$p(E) = 1. \tag{18.2}$$

Der leeren Menge wird die Wahrscheinlichkeit $p(\{\}) = 0$ zugeordnet. Von besonderem Interesse sind die Wahrscheinlichkeiten für das Eintreten der Elementarereignisse (d.h. für die einzelnen Versuchsausgänge). Ist $j \in E$ ein Elementarereignis, so wollen wir anstelle von $p(\{j\})$ einfach $p(j)$ schreiben.

Es gibt verschiedene Möglichkeiten, zu definieren, was Wahrscheinlichkeit überhaupt ist. Die „statistische Definition der Wahrscheinlichkeit" ist die folgende: Wird ein (reales) Zufallsexperiment sehr oft durchgeführt, so lässt sich ermitteln, wie oft die einzelnen Versuchsausgänge auftreten. Tritt bei insgesamt $n$ Versuchsdurchgängen der Versuchsausgang $j \in E$ genau $n_j$ mal auf, so nennen wir den Quotienten

$$h_j = \frac{n_j}{n} \tag{18.3}$$

die **relative Häufigkeit** dieses Elementarereignisses. Für eine wachsende Anzahl von Versuchsdurchgängen ($n \to \infty$) wird sich die relative Häufigkeit $h_j$ der Wahrscheinlichkeit $p(j)$ für das Eintreten des Ereignisses $j$ beliebig genau annähern. Wahrscheinlichkeiten können daher als jene relative Häufigkeiten verstanden werden, die für genügend umfangreiche Serien von Zufallsexperimenten *vorausgesagt* werden.

Besonders einfach ist die Berechnung von Wahrscheinlichkeiten, wenn es sich um ein Zufallsexperiment mit endlicher Ereignismenge handelt, bei dem alle Elementarereignisse „gleichberechtigt" sind, d.h. mit der gleichen Wahrscheinlichkeit eintreten können. Ein solches Zufallsexperiment heißt **Laplace-Experiment**.

[Aufgabe 1]

Im Falle eines Laplace-Experiments ist die Wahrscheinlichkeit eines Ereignisses $A \subseteq E$ durch

$$p(A) = \frac{|A|}{|E|} \tag{18.4}$$

gegeben, wobei $|...|$ die Zahl der Elemente einer Menge bezeichnet. Dieser Quotient wird auch manchmal in der (Ihnen wahrscheinlich aus Ihrem Mathematikunterricht bekannten) Form

$$\frac{\text{Zahl der günstigen Fälle}}{\text{Zahl der möglichen Fälle}} \tag{18.5}$$

angeschrieben. Jedes Elementarereignis tritt daher (da es nur ein einziges Element enthält) mit Wahrscheinlichkeit $\frac{1}{|E|}$ ein.

> Beispiel: Zweimaliges hintereinander Würfeln. Wie groß ist die Wahrscheinlichkeit, dass die Augenzahl gleich $5$ ist? Das Ereignis „die Augenzahl ist $5$" entspricht der Teilmenge $A = \{(1,4),(2,3),(3,2),(4,1)\}$ des Ereignisraums. Diese besteht aus $4$ Elementen, d.h. $|A| = 4$, während der Ereignisraum $36$ Elemente besitzt, d.h. $|E| = 36$. (Mit anderen Worten: Unter allen $36$ möglichen Versuchsausgängen befinden sich genau $4$, für die die Augenzahl gleich $5$ ist). Daher ist $p(A) = \frac{|A|}{|E|} = \frac{4}{36} = \frac{1}{9}$.

[Aufgabe 2] [Aufgabe 3]

Nun gibt es einige Regeln für die Verknüpfung von Wahrscheinlichkeiten, von denen wir zwei besprechen:

- **Die Oder-Verknüpfung disjunkter Ereignisse**:
  Seien $A$ und $B$ zwei Ereignisse, d.h. Teilmengen des Ereignisraums $E$. Die Vereinigung $A \cup B$ (manchmal auch als $A \vee B$ geschrieben) ist wieder ein Ereignis, das verbal als „es tritt $A$ **oder** $B$ ein" beschrieben werden kann. Man beachte, dass die Vereinigungsmenge durch $A \cup B = \{j \in E \mid j \in A \textbf{ oder } j \in B\}$ definiert ist. Die Vereinigung von Ereignissen entspricht also dem „logischen Oder".

  Wir nennen nun zwei Ereignisse $A$ und $B$ **disjunkt** (oder **einander ausschließend**), wenn $A \cap B = \{\}$ gilt, d.h. wenn sie keine Elemente gemeinsam haben. Disjunkte Ereignisse können nicht gleichzeitig auftreten: Bei jedem Versuchsausgang tritt entweder $A$ oder $B$ ein (oder keines von beiden), aber niemals beide. Für zwei disjunkte Ereignisse gilt

  $$p(A \text{ oder } B) \equiv p(A \cup B) = p(A) + p(B). \tag{18.6}$$

  Dies lässt sich auch auf eine größere Zahl von Ereignissen ausdehnen, sofern sie alle (paarweise) disjunkt sind, d.h. einander ausschließen:
  $p(A_1 \cup A_2 \cup ...) = p(A_1) + p(A_2) + ...$

Beispiel: Beim zweimaligen hintereinander Würfeln sind die Ereignisse

- „die Summe der Augenzahlen ist $3$" ($A = \{(1,2),(2,1)\}$)
- „die Summe der Augenzahlen ist größer als $10$" ($B = \{(5,6),(6,5),(6,6)\}$)

disjunkt. Daher gilt $p($„die Summe der Augenzahlen ist gleich $3$ oder größer als $10$"$) = p(A \cup B) = p(A) + p(B) = \frac{2}{36} + \frac{3}{36} = \frac{5}{36}$.

- **Die Und-Verknüpfung statistisch unabhängiger Ereignisse**:
Viele für die Anwendung wichtige Zufallsexperimente bestehen aus zwei Teil-Zufallsexperimenten, die unabhängig voneinander durchgeführt werden, d.h. deren Versuchsausgänge einander nicht beeinflussen. (Wir nennen sie dann **statistisch** voneinander **unabhängig**). Jedes Teil-Experiment ist ein eigenständiges Zufallsexperiment.

Beispiel: Es wird eine Münze geworfen (Ereignisraum $E_M = \{\text{Kopf}, \text{Zahl}\}$) und unabhängig davon gewürfelt (Ereignisraum $E_W = \{1,2,3,4,5,6\}$).
Der Ereignisraum des gesamten Zufallsexperiments ist $E = \{(\text{Kopf},1),(\text{Kopf},2),...(\text{Zahl},6)\}$. Mengentheoretisch kann er als das **kartesische Produkt** $E = E_M \times E_W = \{(j,k) \mid j \in E_M, k \in E_W\}$ verstanden werden. Er hat $2 \cdot 6 = 12$ Elemente.

Nun sei $A$ ein Ereignis des ersten und $B$ ein Ereignis des zweiten Teil-Zufallsexperiments. Dann betrachten wir das Ereignis $A \times B$ des gesamten Zufallsexperiments, das darin besteht, dass im ersten Teil-Experiment $A$ eintritt **und** im zweiten $B$. Formal ist $A \times B = \{(j,k) \mid j \in A, k \in B\}$, es wird als **Verbundereignis** bezeichnet. Die Wahrscheinlichkeit eines solchen Verbundereignisses ist durch

$$p(A \text{ und } B) = p(A \times B) = p(A)\, p(B) \tag{18.7}$$

(die so genannte **Verbundwahrscheinlichkeit**) gegeben. Für höhere Verbundwahrscheinlichkeiten gilt in analoger Weise $p(A_1 \times A_2 \times ...) = p(A_1)\, p(A_2)...$.

Im obigen Beispiel (Münze und Würfel) ist die Wahrscheinlichkeit, dass Kopf geworfen und eine gerade Augenzahl gewürfelt wird, gleich $p($„Kopf und gerade Augenzahl"$) = p_M(\text{Kopf})\, p_W($„die Augenzahl ist gerade"$) = \frac{1}{2} \cdot \frac{3}{6} = \frac{1}{4}$.

Aus der ersten dieser beiden Regeln, der Oder-Verknüpfung disjunkter Ereignisse, können wir drei wichtige Folgerungen ziehen. Bei einem Zufallsexperiment, das nur eine endliche Zahl möglicher Versuchsausgänge besitzt, kommt der Wahrscheinlichkeit der Elementarereignisse (d.h. der Versuchsausgänge) eine besondere Bedeutung zu:

- Sind die Wahrscheinlichkeiten der Elementarereignisse bekannt, so lassen sich daraus die Wahrscheinlichkeiten *aller* Ereignisse ableiten: Da jedes Ereignis die (disjunkte) Vereinigung seiner Elemente ist, gilt

$$p(A)=\sum_{j\in A}p(j)\,. \tag{18.8}$$

- Die Summe der Wahrscheinlichkeiten aller Elementarereignisse ist gleich $1$, d.h. es gilt

$$\sum_{j\in E}p(j)=1\,. \tag{18.9}$$

Diese Beziehung wird auch als **Normierung** der Wahrscheinlichkeiten (oder **Normierungsbedingung**) bezeichnet und drückt einfach die Tatsache $p(E)=1$ aus, vgl. (18.2). Sie besagt, dass *irgendein* Versuchsausgang mit Sicherheit eintritt.

- Ist $A$ ein Ereignis, das eine sehr große Teilmenge des Ereignisraums darstellt, so ist es oft günstig, anstelle von $A$ jenes Ereignis $\neg A$ zu betrachten, das aus allen Elementen des Ereignisraums besteht, die **nicht** in $A$ enthalten sind (das **Gegenereignis** „nicht $A$“). $A$ und $\neg A$ sind disjunkt, und es gilt $A\cup\neg A=E$. Die Wahrscheinlichkeit $p(A)$ kann dann durch die **Gegenwahrscheinlichkeit**

$$p(\neg A)=1-p(A) \tag{18.10}$$

ausgedrückt werden.

Beispiel: Beim zweimaligen hintereinander Würfeln wird die Wahrscheinlichkeit, dass die Summe der Augenzahlen kleiner als $12$ ist, am bequemsten in der Form $1-p(\text{“die Summe der Augenzahlen ist }12\text{“})=1-\frac{1}{36}=\frac{35}{36}$ berechnet.

[Aufgabe 4] [Aufgabe 5] [Aufgabe 6]

Ausgerüstet mit diesen Konzepten können wir im Prinzip auch die Wahrscheinlichkeiten komplexerer Ereignisse berechnen. Im Fall eines Laplace-Experiments müssen zu diesem Zweck gemäß Formel (18.4) oder (18.5) die „Zahl der günstigen Fälle“ und die „Zahl der möglichen Fälle“ bestimmt werden. Das ist nicht immer ganz leicht. Betrachten wir ein Beispiel: Sie sind Mitglied eines $20$-köpfigen Vereins. Durch Los wird ein $4$-köpfiger Vorstand bestimmt. Wie groß ist die Wahrscheinlichkeit, dass Sie dem Vorstand angehören werden? Die „Zahl der möglichen Fälle“ ist die Gesamtzahl der verschiedenen Möglichkeiten, aus einem $20$-köpfigen Verein einen $4$-köpfiger Vorstand zu bilden. Die „Zahl der günstigen Fälle“ ist die Zahl jener Fälle, bei denen Sie dem Vorstand angehören. Die gesuchte Wahrscheinlichkeit ist der Quotient dieser zwei Zahlen. Die Schwierigkeit besteht hier lediglich darin, die möglichen Fälle *abzuzählen*. Fragestellungen wie diese sind nicht rein akademisch – sie können als Fingerübungen zur Vorbereitung auf die statistische Physik betrachtet werden. Das grundlegende Rüstzeug zur Beantwortung derartiger Fragen liefert die Kombinatorik, der wir uns nun kurz zuwenden.

## Kombinatorik (mit Schleifen)[1]

Die Kombinatorik ist die Lehre der Abzählmethoden. In der Praxis werden Sie mit einigen Standardfällen auskommen, die hier kurz (und ohne Beweis) formuliert werden.

- **Permutationen**
  $N$ (unterscheidbaren) Elementen sollen $N$ Schleifen umgebunden werden. Dabei sind die Schleifen *unterscheidbar* (z.B. durchnummeriert), und jedes Element darf *höchstens eine* Schleife bekommen. Anders ausgedrückt: $N$ Elemente sollen auf $N$ Plätze angeordnet (oder in eine Reihenfolge gebracht) werden. Es gibt

  $$N! = N(N-1)(N-2)...3\cdot 2\cdot 1 \qquad (18.11)$$

  (unterscheidbare) Möglichkeiten, das zu tun. $N!$ wird als „$N$ **Faktorielle**" (oder „$N$ **Fakultät**") ausgesprochen. $0!$ wird als $1$ definiert.

  Beispiel: Auf wie viele Arten können sich 5 Personen auf 5 Sesseln verteilen?

  In der statistischen Physik muss $N!$ oft für sehr große $N$ berechnet werden. Eine bequeme Näherung bildet die **Stirlingsche Formel**

  $$N! \approx \sqrt{2\pi N}\left(\frac{N}{e}\right)^N . \qquad (18.12)$$

  Für $N \to \infty$ konvergiert der Quotient aus der rechten und der linken Seite gegen $1$.

- **Kombinationen ohne Wiederholung**
  $N$ (unterscheidbaren) Elementen sollen $K$ Schleifen umgebunden werden. Dabei sind die Schleifen *nicht unterscheidbar*, und jedes Element darf *höchstens eine* Schleife bekommen. Es gibt

  $$\binom{N}{K} \equiv \frac{N!}{K!(N-K)!} = \frac{N(N-1)(N-2)...(N-K+2)(N-K+1)}{K(K-1)(K-2)\;...\;2\;\cdot\;1} \qquad (18.13)$$

  (unterscheidbare) Möglichkeiten, das zu tun.

  Beispiel: Auf wie viele Arten kann aus einer Gruppe von 20 Menschen ein 3-köpfiges Vertretungsgremium (dessen Mitglieder alle die gleichen Kompetenzen haben) gebildet werden?

  Beispiel: Lotto „6 aus 49" (Deutschland) bzw. „6 aus 45" (Österreich) – wie viele verschiedene Tipps sind möglich?

  Beispiel: Wie oft erklingen die Gläser, wenn 10 Personen einander zuprosten?

  Die Zahlen $\binom{N}{K}$ heißen **Binomialkoeffizienten**. Sie treten in den binomischen Formeln auf:

[1] Im Originaltext des Skriptums, das diesem Buch vorausging, hieß es auf gut österreichisch „Kombinatorik (mit Mascherln)".

$$(a+b)^0 = 1 \equiv \binom{0}{0}$$

$$(a+b)^1 = a+b \equiv \binom{1}{0}a + \binom{1}{1}b$$

$$(a+b)^2 = a^2 + 2ab + b^2 \equiv \binom{2}{0}a^2 + \binom{2}{1}ab + \binom{2}{2}b^2$$

usw.

Allgemein werden diese Formeln als **binomischer Lehrsatz** zusammengefasst:

$$(a+b)^n = \binom{n}{0}a^n + \binom{n}{1}a^{n-1}b + \ldots + \binom{n}{n-1}ab^{n-1} + \binom{n}{n}b^n \equiv \sum_{k=0}^{n}\binom{n}{k}a^{n-k}b^k \tag{18.14}$$

- **Kombinationen mit Wiederholung**
  $N$ (unterscheidbaren) Elementen sollen $K$ Schleifen umgebunden werden. Dabei sind die Schleifen *nicht unterscheidbar*, und jedes Element darf *mehrere* Schleifen bekommen. Es gibt

  $$\binom{N+K-1}{K} = \frac{(N+K-1)!}{K!(N-1)!} \tag{18.15}$$

  (unterscheidbare) Möglichkeiten, das zu tun.

  Beispiel: 50 Sportlerinnen nehmen an 7 Bewerben (bei denen es jeweils genau eine Siegerin gibt) teil. Auf wie viele Arten können die Preise verteilt werden?

- **Variationen ohne Wiederholung**
  $N$ (unterscheidbaren) Elementen sollen $K$ Schleifen umgebunden werden. Dabei sind die Schleifen *unterscheidbar* (z.B. durchnummeriert), und jedes Element darf *höchstens eine* Schleife bekommen. Es gibt

  $$\frac{N!}{(N-K)!} \tag{18.16}$$

  (unterscheidbare) Möglichkeiten, das zu tun.

  Beispiel: Auf wie viele Arten kann aus einem 20-köpfigen Verein ein 3-köpfiger Vorstand, bestehend aus VorsitzendeR, SchriftführerIn und KassierIn, gebildet werden?

  Beispiel: 100 Sportler nehmen an einem Bewerb teil. Einer gewinnt Gold, einer Silber, einer Bronze. Wie viele mögliche Ausgänge gibt es?

  Spezialfall $K = N$: Die möglichen Schleifenkonfigurationen sind genau die Permutationen der $N$ Elemente (s. o.).

- **Variationen mit Wiederholung**
  $N$ (unterscheidbaren) Elementen sollen $K$ Schleifen umgebunden werden. Dabei sind die Schleifen *unterscheidbar* (z.B. durchnummeriert), und jedes Element darf *mehrere* Schleifen bekommen. Es gibt

  $$N^K \tag{18.17}$$

  (unterscheidbare) Möglichkeiten, das zu tun.

Beispiel: Wie viele „Wörter“ können zustande kommen, wenn 5 Buchstaben (nacheinander) aus einem Alphabet vom Umfang 26 gewählt werden?

- **Permutationen mit Gruppen nicht unterscheidbarer Elemente**
  $N$ Elemente werden in $m$ Gruppen vom Umfang $N_1$, $N_2$, ... $N_m$ zusammengefasst ($N_1 + N_2 + ... + N_m = N$). Elemente innerhalb der gleichen Gruppe sind nicht unterscheidbar, Elemente aus verschiedenen Gruppen sind unterscheidbar. Diesen $N$ Elementen sollen $N$ Schleifen umgebunden werden. Dabei sind die Schleifen *unterscheidbar* (z.B. durchnummeriert), und jedes Element darf *höchstens eine* Schleife bekommen. Anders ausgedrückt: Die $N$ Elemente sollen auf $N$ Plätze angeordnet (oder in eine Reihenfolge gebracht) werden. Es gibt

$$\frac{N!}{N_1!\, N_2! \ldots N_m!} \tag{18.18}$$

(unterscheidbare) Möglichkeiten, das zu tun.

Beispiel: Auf wie viele (unterscheidbare) Arten können 10 weiße, 12 schwarze und 14 rote Kugeln auf 36 Plätze angeordnet werden? (Dabei wird angenommen, dass die Kugeln einer Farbe nicht voneinander unterschieden werden können). Die Schleifen, die den Kugeln umgebunden werden, bedeuten die Platznummern.

Spezialfall $m = 2$: Jede Schleifenkonfiguration ist eine Kombination ohne Wiederholung (siehe (18.13) mit der Bezeichnung $N_1 = K$, daher $N_2 = N - K$).

Beispiel: Auf wie viele (unterscheidbare) Arten können 10 weiße und 15 schwarze Kugeln auf 25 Plätze angeordnet werden? (Dabei wird angenommen, dass die Kugeln einer Farbe nicht voneinander unterschieden werden können). Diese Aufgabe kann auch so formuliert werden: Auf wie viele (unterscheidbare) Arten können 10 der 25 Plätze (auf denen die weißen Kugeln Platz nehmen) ausgewählt werden? (Jeder Platz, auf dem eine weiße Kugel liegt, bekommt eine Schleife).

Als Ergänzung zu den bisher besprochenen Inhalten sei das Kapitel *Wahrscheinlichkeitsrechnung und Statistik 1* (aus mathe online)

http://www.mathe-online.at/mathint/wstat1/i.html

empfohlen. In ihm werden insbesondere die Formeln der Kombinatorik in der üblichen (etwas trockeneren) Sprache formuliert.

[Aufgabe 7] [Aufgabe 8] [Aufgabe 9]

## Wahrscheinlichkeitsverteilungen

Ein Zufallsexperiment wird oft mit Hilfe einer **Zufallsvariable** beschrieben. Jeder Versuchsausgang (d.h. jedes Elementarereignis) wird dann durch einen bestimmten Wert dieser Variable dargestellt. Die Menge aller möglichen Werte, die sie annehmen kann, ist der Ereignisraum $E$, den wir bereits im ersten Abschnitt dieses Kapitels kennen gelernt haben. Wir betrachten zwei Arten von Zufallsexperimenten bzw. Zufallsvariablen:

- **Diskrete Zufallsexperimente**: In diesem Fall ist der Ereignisraum diskret, d.h. die möglichen Versuchsausgänge können abgezählt (durchnummeriert) werden. Eine diskrete Zufallsvariable kann daher immer ganzzahlig gewählt werden. Sie kann auf *endlich* viele Werte beschränkt sein (d.h. der Ereignisraum ist endlich; auf diesen Fall haben wir uns im ersten Abschnitt dieses Kapitels beschränkt) oder *unendlich* viele mögliche Versuchsausgänge darstellen. (Im zweiten Fall hat der Ereignisraum $E$ unendlich viele Elemente, ist aber „abzählbar“. Beispiel: die Zahl der auf ein Photoelement pro Zeiteinheit auftreffenden Photonen – sie kann zwar nicht „unendlich“ sein, wird aber prinzipiell nicht nach oben begrenzt).

- **Kontinuierliche Zufallsexperimente**: In diesem Fall bilden die möglichen Versuchsausgänge (d.h. der Ereignisraum) ein „Kontinuum“. Wir werden uns vor allem auf Fälle beschränken, bei denen die Zufallsvariable alle reellen Werte oder alle Werte eines Intervalls annehmen kann. (Der Ereignisraum $E$ ist dann ganz $\mathbb{R}$ oder ein Intervall, meistens vom Typ $[a,b]$ oder $[a,\infty)$. Beispiel: die $x$-Koordinate eines Teilchens). Verallgemeinerungen sind Zufallsexperimente, deren Ereignisraum ein $\mathbb{R}^n$ (die möglichen Versuchsausgänge sind dann alle Punkte im $\mathbb{R}^n$) oder ein Bereich (Volumen) eines $\mathbb{R}^n$ ist. (Beispiele für $n=3$: der Ort eines Teilchens im Raum oder in einem vorab festgelegten Raumgebiet).

Darüber hinaus gibt es auch diskret-kontinuierliche Mischformen sowie Zufallsexperimente auf noch „größeren“ Ereignisräumen (z.B. auf Räumen von Funktionen). Wir werden diese Verallgemeinerungen hier nicht besprechen – für sie ist die mathematische Disziplin der *Maßtheorie* zuständig.

Jede Durchführung eines Zufallsexperiments ergibt *einen konkreten* Wert der Zufallsvariable (ein Elementarereignis, d.h. ein Element des Ereignisraums). Wir nennen ein solches Versuchsergebnis eine **Realisierung** der Zufallsvariable. Wir können sie uns als „Messwert“ vorstellen und ein Zufallsexperiment als einen „Zufallsgenerator“, der Realisierungen der Zufallsvariable erzeugt. Um Wahrscheinlichkeitsaussagen über die Zufallsvariable (d.h. statistische Aussagen über die erwarteten relativen Häufigkeiten der Realisierungen) formulieren zu können, müssen wir für diskrete und kontinuierliche Zufallsexperimente unterschiedlich vorgehen.

- **Diskrete Zufallsexperimente (diskrete Wahrscheinlichkeitsverteilungen)**:
  Da die Versuchausgänge eines diskreten Zufallsexperiments durchnummeriert werden können, kann jeder Versuchsausgang durch eine *ganze* Zahl $k$ dargestellt werden. Diese Zahl wählen wir als Zufallsvariable. Eine (diskrete) Wahrscheinlichkeitsverteilung besteht darin, dass jedem möglichen Wert von $k$ (d.h. jedem $k\in E$) eine Wahrscheinlichkeit $p(k)$ zugeordnet wird. Eine solche Verteilung muss normiert sein, d.h. es muss

$$\sum_{k\in E} p(k) = 1 \tag{18.19}$$

  gelten. (Das drückt einfach aus, dass mit Wahrscheinlichkeit $1$ *irgendein* Versuchsausgang eintritt. Im Fall eines endlichen Ereignisraums haben wir diese Eigenschaft schon in (18.9) kennen gelernt. Im Fall eines unendlichen Ereignisraums tritt an die Stelle der Summe eine Reihe). Umgekehrt kann jede normierte (endliche oder unendliche) Folge nichtnegativer Zahlen als Wahrscheinlichkeitsverteilung interpretiert werden und definiert ein diskretes Zufallsexperiment.

  Die einfachste Möglichkeit, eine gegebene diskrete Wahrscheinlichkeitsverteilung zu überblicken, besteht in der **grafischen Darstellung**. Analog zum Graphen einer reellen Funktion wird $k$ nach rechts und $p(k)$ nach oben aufgetragen. Da $k$ diskret ist, handelt es sich dabei um einen **Punktgraphen**.

Beispiel: Zweimaliges hintereinander Würfeln, $k$ ist die Summe der Augenzahlen. Der Ereignisraum ist $E=\{2,3,4,5,6,7,8,9,10,11,12\}$. In Abbildung 18.1 sind die Wahrscheinlichkeiten $p(k)$ in einer Tabelle und in einer Grafik dargestellt.

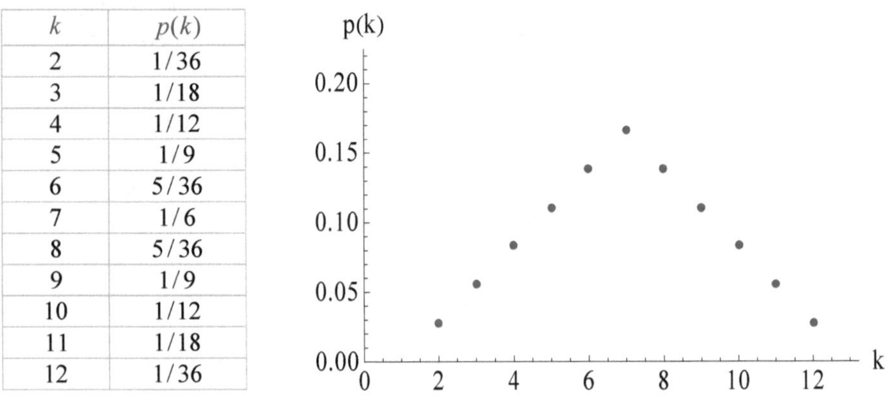

| $k$ | $p(k)$ |
|---|---|
| 2 | 1/36 |
| 3 | 1/18 |
| 4 | 1/12 |
| 5 | 1/9 |
| 6 | 5/36 |
| 7 | 1/6 |
| 8 | 5/36 |
| 9 | 1/9 |
| 10 | 1/12 |
| 11 | 1/18 |
| 12 | 1/36 |



**Abbildung 18.1**:
Die Wahrscheinlichkeitsverteilung für die Summe der Augenzahlen beim zweimaligen Würfeln, in einer Tabelle und mittels eines Punktgraphen dargestellt.

Neben der grafischen Darstellung gibt es noch einige besonders wichtige **Kennzahlen**, die der Charakterisierung von Wahrscheinlichkeitsverteilungen dienen. Um sie zu verstehen, rufen wir uns zunächst den Zusammenhang zwischen einer Wahrscheinlichkeitsverteilung und den Realisierungen der Zufallsvariable, d.h. den empirischen Daten, die sich bei einer tatsächlichen Durchführung des Experiments ergeben, ins Gedächtnis: Soll das Zufallsexperiment $n$ mal wiederholt werden, und ist $n$ sehr groß, so wird die relative Häufigkeit $h_k$, mit der der Versuchsausgang $k$ auftreten wird, als $p(k)$ vorausgesagt. Das bedeutet, dass in $p(k)n$ von $n$ Fällen der Ausgang $k$ verzeichnet wird. Der **vorausgesagte Mittelwert** $\mu$ aller im Experiment gewonnenen Realisierungen von $k$ (der so genannte **Erwartungswert** der Zufallsvariable $k$) ist daher gleich

$$\mu=\frac{1+1+...+1+2+2+...2+...}{n},$$

wobei der Summand 1 genau $p(1)n$ mal auftritt, der Summand 2 genau $p(2)n$ mal, usw. Insgesamt können wir den Erwartungswert von $k$ in der Form

$$\mu=\frac{p(1)n+2p(2)n+3p(3)n+...}{n}=p(1)+2p(2)+3p(3)+...=\sum_{k\in E}k\,p(k)$$

anschreiben. Neben dem Buchstaben $\mu$ sind für diese Größe auch die Bezeichnungen $\langle k\rangle$ und $\bar{k}$ gebräuchlich. Wir halten also fest: Der **Erwartungswert** $\mu$ der Zufallsvariable $k$ (der **Mittelwert** der Verteilung) ist definiert durch

$$\mu \equiv \langle k \rangle = \sum_{k\in E} k\, p(k)\,. \tag{18.20}$$

Das Symbol $\langle ... \rangle$ steht ganz allgemein für eine Mittelung über die zu erwartenden (vorausgesagten) Realisierungen. In diesem Sinn können auch Größen wie $\langle k^2 \rangle = \sum_{k\in E} k^2\, p(k)$ (der Erwartungswert von $k^2$) oder ganz allgemein

$$\langle f(k) \rangle = \sum_{k\in E} f(k)\, p(k) \tag{18.21}$$

(der Erwartungswert von $f(k)$) berechnet werden. Beispielsweise ist $\langle k^2 \rangle$ der vorausgesagte Mittelwert der Quadrate der Realisierungen von $k$. Mit seiner Hilfe können wir die vorausgesagte Varianz $\sigma^2$ und die vorausgesagte Standardabweichung (Streuung) $\sigma$ der Daten berechnen[2]. Erinnern wir uns an Kapitel 6: Die Varianz einer Datenliste ist der Mittelwert aller Größen „(Datenwert minus Mittelwert) zum Quadrat". Ersetzen wir „Mittelwert" durch „vorausgesagter Mittelwert" (Erwartungswert) und drücken ihn durch die Operation $\langle ... \rangle$ aus, so ergibt sich

$$\sigma^2 = \left\langle \left(k - \langle k \rangle\right)^2 \right\rangle = \sum_{k\in E} \left(k - \langle k \rangle\right)^2 p(k)\,.$$

Durch Ausmultiplizieren der Klammer kann dies auch in der Form

$$\sigma^2 = \left\langle k^2 - 2k\langle k \rangle + \langle k \rangle^2 \right\rangle = \langle k^2 \rangle - 2\langle k \rangle\langle k \rangle + \langle k \rangle^2 = \langle k^2 \rangle - \langle k \rangle^2$$

ausgedrückt werden. Man nennt diese Größe die **Varianz** der Verteilung. Für ihre Quadratwurzel, die **Standardabweichung (Streuung)** der Verteilung, ergibt sich daher

$$\sigma \equiv \sqrt{\left\langle \left(k - \langle k \rangle\right)^2 \right\rangle} = \sqrt{\langle k^2 \rangle - \langle k \rangle^2}\,. \tag{18.22}$$

[Aufgabe 10] [Aufgabe 11] [Aufgabe 12]

- **Kontinuierliche Zufallsexperimente (kontinuierliche Wahrscheinlichkeitsverteilungen)**:
  Wir beschränken uns hier vor allem auf kontinuierliche Zufallsexperimente, deren Ereignisraum $E$ ganz $\mathbb{R}$ oder ein reelles Intervall ist. Mit dem Übergang zu einem kontinuierlichen Ereignisraum entsteht eine Komplikation, die es bei diskreten Verteilungen nicht gibt: Jedem einzelnen Versuchsausgang (d.h. jedem Elementarereignis) muss die Wahrscheinlichkeit $0$ zugeordnet werden! Wird etwa eine reelle Zufallszahl zwischen $0$ und $1$ erzeugt, und zwar derart, dass kein Punkt dieses Intervalls bevorzugt ist (man spricht dann von einer **gleichverteilten** Zufallsvariable), dann ist die Wahrscheinlichkeit, dass diese Zahl im Intervall $[a,b]$ liegt, gleich $b-a$, d.h. gleich der Länge des Intervalls (wobei natürlich $0 \le a < b \le 1$ vorausgesetzt ist). Für einen einzelnen vorgegebenen Punkt bleibt dann nur mehr $0$ als Wahrscheinlichkeit übrig!

[2] In der Literatur wird die Varianz manchmal als „Streuung" bezeichnet. In unserer Nomenklatur hingegen ist die Varianz das „Streuungsquadrat".

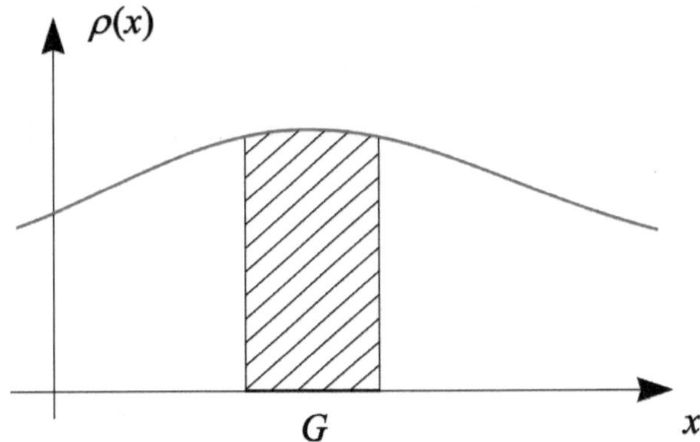


**Abbildung 18.2**:
Die Wahrscheinlichkeit, dass eine Realisierung der Zufallsvariable $x$ eines kontinuierlichen Zufallsexperiments mit Ereignisraum $\mathbb{R}$ in einem gegebenen Bereich $G \subseteq \mathbb{R}$ liegt, kann als Fläche unter dem Graphen der Wahrscheinlichkeitsdichte $\rho$ im betreffenden Gebiet $G$ gedeutet werden.

Im kontinuierlichen Fall muss also jedem *Bereich* eine Wahrscheinlichkeit zugeordnet werden, nicht jedem *Punkt*. Dies geschieht mit Hilfe einer Funktion $\rho$, der so genannten **Wahrscheinlichkeitsdichte** (oder **Verteilungsfunktion**), einer nichtnegativen reellen Funktion $\rho : E \to \mathbb{R}$. Wahrscheinlichkeiten werden mit ihrer Hilfe so berechnet:

- Die Wahrscheinlichkeit, dass eine Realisierung von $x$ in einem gegebenen „infinitesimal kleinen" Intervall zwischen $x_0$ und $x_0 + dx$ liegt, ist $\rho(x_0)\,dx$. Das kann auch in der Form

$$p(x_0 \le x \le x_0 + dx) = \rho(x_0)\,dx \tag{18.23}$$

geschrieben werden. Geometrisch kann dies als der Flächeninhalt des „infinitesimal dünnen" Streifens unter dem Graphen von $\rho$ zwischen den beiden Endpunkten des Intervalls gedeutet werden. Damit liegt die Verallgemeinerung für endliche Gebiete auf der Hand:

- Die Wahrscheinlichkeit, dass eine Realisierung von $x$ in einem gegebenen Bereich $G \subseteq E$ liegt, ist $\int_G dx\,\rho(x)$. Das kann auch in der Form

$$p(x \in G) = \int_G dx\,\rho(x) \tag{18.24}$$

geschrieben werden. (In der Sprache der Wahrscheinlichkeitstheorie ist der Bereich $G$, der ja eine Teilmenge von $E$ ist, ein Ereignis). Geometrisch kann dieses Integral als der durch den Bereich $G$ begrenzte Flächeninhalt unter dem Graphen von $\rho$ gedeutet werden (Abbildung 18.2). $G$ wird in den meisten praktischen Anwendungen ein *Intervall* sein. Als Spezialfall für $G = E$ folgt aus (18.24), dass jede Wahrscheinlichkeitsdichte normiert ist:

$$\int_E dx\, \rho(x) = 1 . \tag{18.25}$$

Der gesamte Flächeninhalt unter dem Graphen von $\rho$ ist $1$. Diese Beziehung drückt einfach aus, dass jeder Versuchsausgang mit Wahrscheinlichkeit $1$ in $E$ liegt.

Zwei Beispiele mögen das verdeutlichen. Sie zeigen auch, wie Wahrscheinlichkeitsverteilungen in der Praxis ermittelt werden. Ist eine Wahrscheinlichkeitsverteilung aus Symmetrie- oder Proportionalitätsüberlegungen bis auf eine multiplikative Konstante bestimmt, so ergibt sich letztere aus der Normierungsbedingung (18.25):

Beispiel 1: In einem rechteckigen Behälter der Höhe $H$ befindet sich ein Gas. Die Schwerkraft wird vernachlässigt, d.h. die Dichte des Gases ist im gesamten Behälter konstant. Eines der Gasteilchen ist markiert (hat aber ansonsten die gleichen physikalischen Eigenschaften wie alle anderen Teilchen), und seine Höhe ($z$-Koordinate) soll gemessen werden. Man bestimme die Wahrscheinlichkeitsdichte für seine Höhe (die so genannte **Aufenthaltswahrscheinlichkeitsdichte**).

Da im gesamten Behälter die gleichen Bedingungen herrschen, wird die Wahrscheinlichkeitsdichte konstant sein. Wir setzen also an: $\rho(z) = c$. Die Konstante $c$ ergibt sich aus der Normierungsbedingung (18.25):

$$\int_0^H dz\, \rho(z) = \int_0^H dz\, c = cH = 1 ,$$

woraus $c = \frac{1}{H}$ folgt. (Beim Integrieren wurde verwendet, dass der Ereignisraum $E = [0, H]$ ist). Die Wahrscheinlichkeitsdichte ist daher $\rho(z) = \frac{1}{H}$. (Daraus ersehen Sie übrigens, dass eine Wahrscheinlichkeitsdichte nicht dimensionslos sein muss. In diesem Beispiel hat sie die Dimension einer inversen Länge).

Beispiel 2: Ein Teilchen schwingt gemäß der Formel $x(t) = \sin t$ hin und her. Zu einer Zufallszeit wird sein Ort gemessen. Man bestimme die Wahrscheinlichkeitsdichte für seinen Ort (die **Aufenthaltswahrscheinlichkeitsdichte**).

Der geschickteste Ansatz zur Lösung dieses Problems ergibt sich aus der Beobachtung, dass die Zeitdauer, die ein Teilchen in einem „infinitesimalen" Intervall $[x, x+dx]$ verbringen wird, verkehrt proportional zum Absolutbetrag seiner Geschwindigkeit an diesem Ort ist! Die Geschwindigkeit zur Zeit $t$ ist $\dot{x}(t) = \cos t$. Der Absolutbetrag dieser Größe muss also durch den Ort, an dem sich das Teilchen befindet, ausgedrückt werden:

$$|\cos t| = \sqrt{1-\sin^2 t} = \sqrt{1-x(t)^2} .$$

Unser Ansatz für die Wahrscheinlichkeitsdichte ist daher $\rho(x) = \frac{c}{\sqrt{1-x^2}}$, wobei die Konstante $c$ wieder aus der Normierungsbedingung (18.25) ermittelt wird: Da sich das Teilchen zwischen $-1$ und $1$ bewegt, ist der Ereignisraum $E=[-1,1]$, und die Normierungsbedingung lautet

$$\int_{-1}^{1} dx\, \rho(x) = \int_{-1}^{1} \frac{c\, dx}{\sqrt{1-x^2}} = \pi c = 1\,,$$

woraus $c=\frac{1}{\pi}$ folgt. Die Wahrscheinlichkeitsdichte ist daher $\rho(x)=\frac{1}{\pi\sqrt{1-x^2}}$. (Plotten Sie ihren Graphen! Hätten Sie dieses Ergebnis erwartet?)

Wie im Fall der diskreten Verteilungen können der Erwartungswert (Mittelwert), die Varianz und die Standardabweichung (Streuung) berechnet werden (und sie bedeuten das Gleiche wie vorher: die Voraussagen für Mittelwert, Varianz und Standardabweichung der Realisierungen von $x$, die das Zufallsexperiment erzeugt). Wir sparen uns die detaillierte Argumentation, sondern geben nur das Rezept an, nach dem vorgegangen wird, um sie zu berechnen. Mit den Definitionen

$$\langle x\rangle = \int_E dx\, x\, \rho(x) \qquad \text{und} \qquad \langle x^2\rangle = \int_E dx\, x^2 \rho(x)$$

ist der **Erwartungswert** $\mu$ der Zufallsvariable $x$ (der **Mittelwert** der Verteilung) durch

$$\mu \equiv \langle x\rangle = \int_E dx\, x\, \rho(x) \tag{18.26}$$

und die **Standardabweichung** (**Streuung**) der Verteilung durch

$$\sigma \equiv \sqrt{\left\langle \left(x-\langle x\rangle\right)^2\right\rangle} = \sqrt{\langle x^2\rangle - \langle x\rangle^2} \tag{18.27}$$

gegeben. Für letztere ist auch die Bezeichnung $\Delta x$ („**Unschärfe**“ oder „**Schwankung**“ ) üblich.

Die Kennzahlen (18.26) und (18.27) lassen sich auf beliebige Funktionen der Zufallsvariablen übertragen. Für die Größe $f(x)$ ist der Erwartungswert durch

$$\langle f(x)\rangle = \int_E dx\, f(x)\, \rho(x)$$

und die Schwankung durch

$$\Delta f(x) = \sqrt{\langle f(x)^2\rangle - \langle f(x)\rangle^2}$$

definiert.

[Aufgabe 13] [Aufgabe 14] [Aufgabe 15] [Aufgabe 16] [Aufgabe 17]

Die Verallgemeinerung dieser Konzepte auf Wahrscheinlichkeitsverteilungen, die auf höherdimensionalen Räumen definiert sind, liegt auf der Hand: Beispielsweise ist die Bedeutung einer Wahrscheinlichkeitsverteilung auf $E=\mathbb{R}^3$ durch

$$p(\vec{x} \in dV) = \rho(\vec{x}_0)\,d^3x \tag{18.28}$$

gegeben, wobei $dV$ ein nahe dem Punkt $\vec{x}_0$ gelegener Raumbereich mit „infinitesimal kleinem" Volumsinhalt $d^3x$ ist. Die endliche Version dieser Aussage lautet:

$$p(\vec{x} \in G) = \int_G d^3x\,\rho(\vec{x}). \tag{18.29}$$

Die obigen Formeln (18.26) und (18.27) verallgemeinern sich dann zu den Größen

$$\begin{aligned} \langle x\rangle &= \int_G d^3x\,x\,\rho(\vec{x}) \\ \langle y\rangle &= \int_G d^3x\,y\,\rho(\vec{x}) \\ \langle z\rangle &= \int_G d^3x\,z\,\rho(\vec{x}) \end{aligned} \qquad \text{und} \qquad \begin{aligned} \Delta x &\equiv \sqrt{\left\langle \left(x-\langle x\rangle\right)^2\right\rangle} = \sqrt{\langle x^2\rangle - \langle x\rangle^2} \\ \Delta y &\equiv \sqrt{\left\langle \left(y-\langle y\rangle\right)^2\right\rangle} = \sqrt{\langle y^2\rangle - \langle y\rangle^2} \\ \Delta z &\equiv \sqrt{\left\langle \left(z-\langle z\rangle\right)^2\right\rangle} = \sqrt{\langle z^2\rangle - \langle z\rangle^2} \end{aligned}$$

für jede der drei Koordinaten extra, wobei ganz allgemein $\left\langle f(\vec{x})\right\rangle = \int_G d^3x\,f(\vec{x})\rho(\vec{x})$ definiert ist. Für eine beliebige Funktion $f$ der Koordinaten ist der Erwartungswert durch $\left\langle f(\vec{x})\right\rangle$ und die Schwankung durch

$$\Delta f(\vec{x}) = \sqrt{\left\langle f(\vec{x})^2\right\rangle - \left\langle f(\vec{x})\right\rangle^2}$$

gegeben.

Bemerkung: Die berühmte **Heisenbergsche Unschärferelation** (auf die wir hier nicht im Detail eingehen können), ist eine Beziehung zwischen zwei auf solche Weise definierten Schwankungen von Orts- und Impulskoordinaten, wobei die dafür benötigten Wahrscheinlichkeitsdichten (eine für den Ort und eine für den Impuls) aus der quantenmechanischen Wellenfunktion des betrachteten Teilchens gewonnen werden.

Im Folgenden werden einige konkrete für die Physik wichtige (diskrete und kontinuierliche) Wahrscheinlichkeitsverteilungen besprochen.

## Binomialverteilung

Wir betrachten ein Zufallsexperiment, das zwei mögliche Ausgänge $A$ und $B$ besitzt. Die Wahrscheinlichkeit für das Eintreten von $A$ sei gleich $q$, die Wahrscheinlichkeit für das Eintreten von $B$ ist daher gleich $1-q$. Dieses Experiment wird $N$ mal hintereinander ausgeführt. Die **Binomialverteilung** gibt die Wahrscheinlichkeit dafür an, dass der Ausgang $A$ genau $k$ mal eintritt (und daher der Ausgang $B$ genau $N-k$ mal). Der diesem Gesamt-Zufallsexperiment zugrunde liegende Ereignisraum ist $E=\{0,1,...N\}$, d.h. $k$ kann alle ganzzahligen Werte von $0$ bis $N$ annehmen. Die Binomialverteilung ordnet jedem dieser Werte eine Wahrscheinlichkeit zu. Sie ist gegeben durch

$$p(A \text{ tritt genau } k \text{ mal ein}) \equiv p_N(k) = \binom{N}{k} q^k (1-q)^{N-k} \qquad (k=0,1,...N). \qquad (18.30)$$

Beweis: *

- Die Wahrscheinlichkeit, dass genau die ersten $k$ Versuche mit $A$, die restlichen $N-k$ Versuche mit $B$ ausgehen, beträgt $q^k(1-q)^{N-k}$. Ebenso groß ist die Wahrscheinlichkeit, dass $k$ *vorab* ausgewählte Versuche mit $A$, alle anderen mit $B$ ausgehen.
- Wie viele derartige Möglichkeiten, dass $k$ Versuche mit $A$, alle anderen mit $B$ ausgehen, gibt es? Mit anderen Worten: Auf wie viele Arten können $N$ (unterscheidbare) Elemente (die Einzelexperimente) mit $k$ Schleifen („$A$ tritt ein") versehen werden (wobei die Schleifen nicht unterscheidbar sind und jedes Element höchstens eine Schleife bekommen darf)? Da es sich um eine Kombination ohne Wiederholung handelt, gibt es $\binom{N}{k}$ solche Möglichkeiten (vgl. (18.13)).
- Die Wahrscheinlichkeit, dass einer dieser Fälle eintritt, ist daher gleich dem Produkt $\binom{N}{k} q^k(1-q)^{N-k}$.
- Nachbemerkung: Die korrekte Normierung der Verteilung (18.30) kann mit Hilfe des binomischen Lehrsatzes (18.14) überprüft werden, indem $a=1-q$ und $b=q$ gesetzt wird: $\sum_{k=0}^{N}\binom{N}{k}(1-q)^{N-k}q^k = \left((1-q)+q\right)^N = 1^N = 1$.

Ohne Beweis führen wir an, dass der Erwartungswert von $k$ (der Mittelwert der Verteilung) und die Standardabweichung (Streuung) der Verteilung durch

$$\mu \equiv \langle k\rangle = \sum_{k=0}^{N} k\, p_N(k) = qN \qquad (18.31)$$

$$\sigma \equiv \sqrt{\langle k^2\rangle - \langle k\rangle^2} = \sqrt{\sum_{k=0}^{N} k^2\, p_N(k) - \mu^2} = \sqrt{q(1-q)N} \qquad (18.32)$$

gegeben sind.

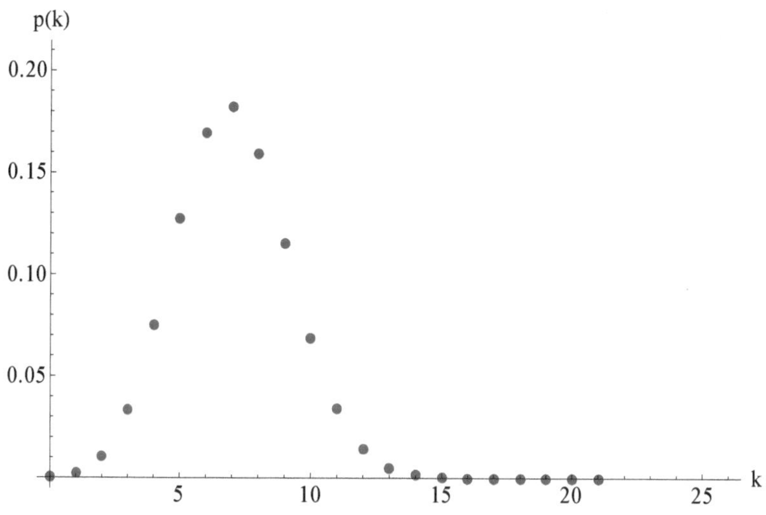


**Abbildung 18.3**:
Grafische Darstellung der Binomialverteilung für $N = 21$ und $q = 1/3$ .

Um ein Beispiel anzuführen: Der Plot der Wahrscheinlichkeiten (18.30) für $N = 21$ und $q = 1/3$ ist in Abbildung 18.3 wiedergegeben. Mittelwert und Standardabweichung sind $\mu = 7$ und $\sigma = \sqrt{14/3} \approx 2.16$. Der größtmögliche Wert von $k$ ist $21$.

Allgemein ist mit (18.31) und (18.32) das Verhältnis von Standardabweichung und Mittelwert durch

$$\frac{\sigma}{\mu} = \sqrt{\frac{1-q}{qN}} \qquad (18.33)$$

gegeben. Bei festgehaltenem $q$ wird diese Zahl für wachsendes $N$ immer kleiner. Daraus folgt, dass die $k$-Werte, die mit einer relevanten Wahrscheinlichkeit eintreten, das sind jene im Größenordnungsbereich

$$\mu \; - \text{ einige } \sigma < k < \mu + \text{ einige } \sigma,$$

für große $N$ (relativ) eng um den Mittelwert konzentriert sind. Zur Illustration zeigt Abbildung 18.4 die Binomialverteilung für $N = 900$ und $q = 1/3$. Für sie ist $\sigma/\mu \approx 0.047$, während für die in Abbildung 18.3 gezeigte Verteilung $\sigma/\mu \approx 0.31$ gilt.

Eine wichtige Binomialverteilung ist jene für $q = 1/2$, d.h. für den Fall, dass beide Ausgänge $A$ und $B$ gleich wahrscheinlich sind. Sie ist symmetrisch um ihren Mittelwert $N/2$. Eine physikalische Realisierung dieser Verteilung ist das **Galton-Brett**, in dem Kugeln $N$ Nagelreihen passieren müssen. An jedem Nagel sind zwei gleich wahrscheinliche Ausgänge möglich ($A =$ „die Kugel fällt nach rechts“ und $B =$„die Kugel fällt nach links“. In Abbildung 18.5 ist ein Galton-Brett mit $N = 10$ skizziert). Alle Kugeln, die $k$ mal nach rechts und $N - k$ mal

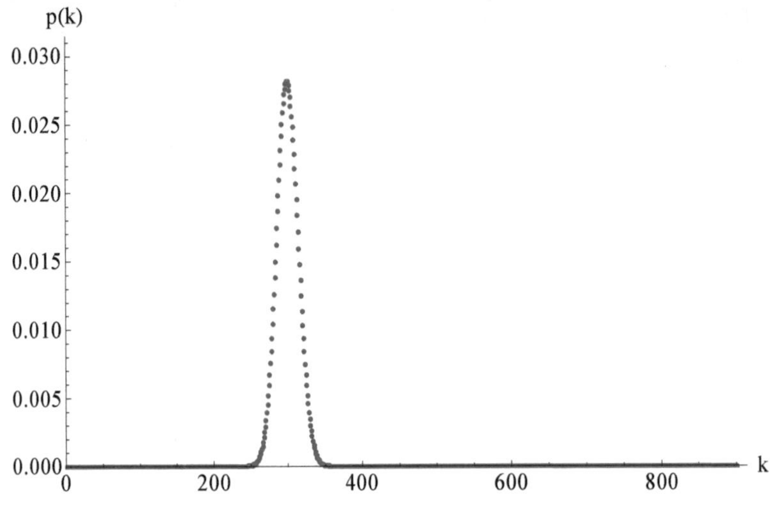


**Abbildung 18.4**:
Grafische Darstellung der Binomialverteilung für $N = 900$ und $q = 1/3$ .

nach links fallen, landen zuletzt im *selben* Fach (und zwar im Fach mit der Nummer $k$ , wenn bei $0$ zu Zählen begonnen wird), unabhängig davon, in welcher Reihenfolge sie nach links und nach rechts gefallen sind. Die Wahrscheinlichkeit für eine Kugel, in einem bestimmten Fach zu landen, ist daher eine Binomialverteilung mit $q = 1/2$. Die *experimentell beobachtete* Verteilung der Kugeln in den $N + 1$ Fächern wird *näherungsweise* eine Binomialverteilung sein.

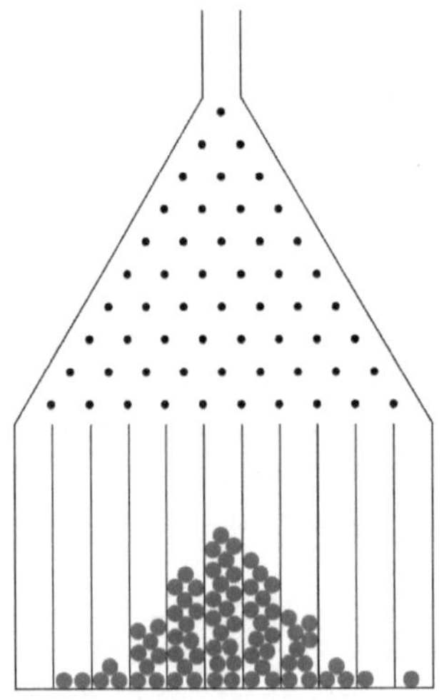

**Abbildung 18.5**:
Ein Galton-Brett mit 11 Fächern. Die Verteilung der Kugeln in einem Realexperiment wird ungefähr der Binomialverteilung für $N = 10$ und $q = 1/2$ gleichen.

Web-Tipp:
Weitere Informationen über die Binomialverteilung können Sie der Website http://de.wikipedia.org/wiki/Binomialverteilung entnehmen.

[Aufgabe 18] [Aufgabe 19]

Ausgehend von der Binomialverteilung lassen sich weitere, für die Physik wichtige Verteilungen ableiten.[3]

# Poissonverteilung und Exponentialverteilung *

Die so genannte Poissonverteilung ergibt sich aus der Binomialverteilung durch folgende Überlegung: In jedem Zeitintervall $\Delta t$ werde ein Zufallsexperiment, das zwei mögliche Ausgänge $A$ (mit Wahrscheinlichkeit $q$) und $B$ (mit Wahrscheinlichkeit $1-q$) besitzt, durchgeführt. Die Wahrscheinlichkeit, dass während der Zeit $t = N\Delta t$ der Ausgang $A$ genau $k$ mal eintritt, wird durch die Binomialverteilung (18.30) beschrieben. Ausgang $A$ wird während dieser Zeit durchschnittlich $\langle k \rangle = qN$ mal eintreten (vgl. (18.31)).

Nun wollen wir, bei festgehaltenem $t$, das Zeitintervall $\Delta t$ immer kleiner machen und schließlich gegen $0$ streben lassen. Das Zufallsexperiment wird dann gewissermaßen „unendlich oft" durchgeführt – in jedem noch so kleinen Zeitintervall wird „gewürfelt", ob $A$ eintritt oder nicht. Dabei wollen wir $qN$ (die durchschnittliche Anzahl der Versuche, bei denen $A$ eintritt) festhalten, müssen also auch $q$ gegen $0$ streben lassen. Während einer gegebenen Zeit $t$ wird Ausgang $A$ durchschnittlich $\lambda t$ mal eintreten, wobei $\lambda = qN/t$ ist. Wir müssen daher in der Binomialverteilung (18.30) $q = \lambda t/N$ setzen und den Grenzübergang $N \to \infty$ durchführen. Wir geben das Resultat der Berechnung ohne Beweis an. Sind die Konstante $\lambda$ und die betrachtete Zeitspanne $t$ gegeben, so gilt (**Poissonverteilung**):

$$p(A \text{ tritt genau } k \text{ mal ein}) \equiv p_t(k) = \frac{(\lambda t)^k}{k!} e^{-\lambda t} \qquad (k = 0,1,2,\ldots). \tag{18.34}$$

Die korrekte Normierung dieser Wahrscheinlichkeitsverteilung kann leicht überprüft werden: Sie ergibt sich mit $\sum_{k=0}^{\infty} p_t(k) = \sum_{k=0}^{\infty} \frac{(\lambda t)^k}{k!} e^{-\lambda t} = e^{\lambda t} e^{-\lambda t} = 1$ aus der Taylorreihe (3.14) der Exponentialfunktion. Der Erwartungswert von $k$ (= der Mittelwert der Poissonverteilung; er gibt an, wie oft $A$ während der Zeit $t$ durchschnittlich eintritt, wenn das gesamte Experiment oft wiederholt wird), ist erwartungsgemäß

$$\mu \equiv \langle k \rangle = \sum_{k=0}^{\infty} k p_t(k) = \lambda t. \tag{18.35}$$

[3] Eine Verallgemeinerung, die *Multinomialverteilung*, wollen wir nur am Rand erwähnen: Ein Zufallsexperiment, das $K$ mögliche Versuchsausgänge $A_1, \ldots A_K$ besitzt, die mit den Wahrscheinlichkeiten $p_1, \ldots p_K$ eintreten, werde $N$ mal durchgeführt. Die Wahrscheinlichkeit, dass $A_1$ genau $k_1$ mal eintritt, $A_2$ genau $k_2$ mal,.... und $A_K$ genau $k_K$ mal ($k_1 + k_2 + \ldots + k_K = N$) ist gleich $\frac{N!}{k_1!k_2!\ldots k_K!} p_1^{k_1} p_2^{k_2} \ldots p_K^{k_K}$.

Beweis:

$$\langle k\rangle = \sum_{k=0}^{\infty} k\frac{(\lambda t)^k}{k!}e^{-\lambda t} = \sum_{k=1}^{\infty} k\frac{(\lambda t)^k}{k!}e^{-\lambda t} = \sum_{k=1}^{\infty} \frac{(\lambda t)^k}{(k-1)!}e^{-\lambda t} =$$
$$= \lambda t\sum_{k=1}^{\infty} \frac{(\lambda t)^{k-1}}{(k-1)!}e^{-\lambda t} = \lambda t\sum_{k=0}^{\infty} \frac{(\lambda t)^k}{k!}e^{-\lambda t} = \lambda t\, e^{\lambda t}e^{-\lambda t} = \lambda t.$$

(Lassen Sie sich von diesen Umformungen nicht abschrecken – es ist eine gute Übung im Umgang mit Summen, sie Schritt für Schritt durchzugehen!)

Der Prozess, der darin besteht, dass von Zeit zu Zeit das Ereignis $A$ eintritt, wird **Poissonprozess** genannt, die Konstante $\lambda$ heißt seine **Rate**[4]. Eine weitere, zum obigen Beweis analoge Rechnung zeigt, dass die Standardabweichung (die Streuung) der Poissonverteilung durch

$$\sigma \equiv \sqrt{\langle k^2\rangle - \langle k\rangle^2} = \sqrt{\sum_{k=0}^{N} k^2\, p_t(k) - \mu^2} = \sqrt{\lambda t} = \sqrt{\mu} \tag{18.36}$$

gegeben ist.

Um ein Beispiel anzuführen: Der Plot der Wahrscheinlichkeiten (18.34) für $\lambda t = 7$ ist in Abbildung 18.6 wiedergegeben. Mittelwert und Standardabweichung sind $\mu = 7$ und $\sigma = \sqrt{7} \approx 2.65$. Im Gegensatz zur Binomialverteilung ist der Wert $k$ nicht nach oben beschränkt (mit anderen Worten: der Ereignisraum hat nun unendlich viele Elemente, $E = \mathbb{N}$). Allerdings fällt die Wahrscheinlichkeit für Werte $k \gg \mu$ sehr schnell ab.

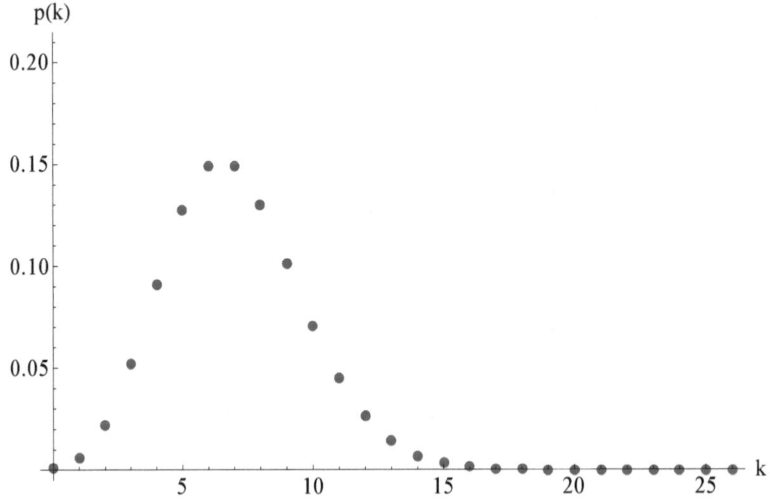


**Abbildung 18.6**:
Grafische Darstellung der Poissonverteilung für $\lambda t = 7$.

[4] In der Literatur wird die Größe, die wir $\lambda t$ genannt haben, manchmal mit $\lambda$ bezeichnet.

Allgemein ist mit (18.35) und (18.36) das Verhältnis von Standardabweichung und Mittelwert durch

$$\frac{\sigma}{\mu}=\frac{1}{\sqrt{\mu}}=\frac{1}{\sqrt{\lambda t}} \tag{18.37}$$

gegeben. Für wachsendes $\mu$ (d.h. wachsendes $\lambda t$) wird diese Zahl immer kleiner. Daher sind für große $\mu$ die $k$-Werte, die mit einer relevanten Wahrscheinlichkeit eintreten, das sind jene im Größenordnungsbereich

$$\mu - \text{einige } \sigma < k < \mu + \text{einige } \sigma ,$$

(relativ) eng um den Mittelwert konzentriert. Diese Tatsache ist insbesondere für den Erfolg der statistischen Mechanik wichtig.

Beispiel 1: Ein Photoelement wird belichtet. Die einzelnen Photonen verhalten sich bezüglich ihrer Ankunftszeit voneinander unabhängig – sie stammen von einem Zufallsprozess (etwa von der heißen Sonnenoberfläche). Wie viele Photonen treffen während eines gegebenen Zeitintervalls der Dauer $t$ auf das Photoelement auf? Es werden nicht in *jedem* solchen Zeitintervall *exakt* gleich viele sein, vielmehr handelt es sich um einen Poissonprozess. Die Wahrscheinlichkeit, dass während eines gegebenen Zeitintervalls der Dauer $t$ genau $k$ Photonen auftreffen, ist durch (18.34) gegeben, wobei die Konstante $\lambda$ wegen (18.35) die Zahl der durchschnittlich pro Zeitintervall auftreffenden Photonen angibt. Diese Tatsache ist besonders für extrem schwache Beleuchtungsstärken relevant.

Beispiel 2: Wie viele Zerfälle finden in einer radioaktiven Probe, in der noch viele angeregte Atome vorhanden sind, in einem gegebenen Zeitintervall der Dauer $t$ statt? Auch hier handelt es sich um einen Poissonprozess. Die Wahrscheinlichkeit, dass während eines gegebenen Zeitintervalls der Dauer $t$ genau $k$ Zerfälle stattfinden, ist durch (18.34) gegeben, wobei die Konstante $\lambda$ wegen (18.35) die durchschnittliche Zahl der Zerfälle pro Zeitintervall angibt. (Tatsächlich ist dieser Prozess nur mit guter Näherung vom Poisson-Typ, da die Zahl der vorhandenen angeregten Atome endlich ist und $k$ daher einen größtmöglichen Wert besitzt. Je mehr angeregte Atome vorhanden sind, umso besser ist die Näherung).

Beispiel 3: Wie viele Menschen werden in einem gegebenen Zeitraum von einer Woche in einer bestimmten Stadt geboren? Wenn die Abhängigkeit der Geburtenzahl von der Jahreszeit (und anderen äußeren Bedingungen) vernachlässigt werden kann, handelt es sich auch hier mit guter Näherung um eine Poissonverteilung.

Mit der Poissonverteilung ist die so genannte **Exponentialverteilung** verbunden. Eine kontinuierliche Zufallsvariable $t$, die reelle Werte $\geq 0$ annehmen kann, heißt **exponentialverteilt**, wenn ihre Wahrscheinlichkeitsdichte von der Form

$$\rho(t)=\kappa\, e^{-\kappa t} \tag{18.38}$$

ist. Dabei ist $\kappa$ (die **Rate**) eine beliebige positive Konstante. Es handelt sich hier um eine kontinuierliche Wahrscheinlichkeitsverteilung mit Ereignisraum $E=[0,\infty)$. Der Erwartungswert von $t$ (der Mittelwert der Verteilung) ist

$$\mu \equiv \langle t \rangle = \int_0^\infty dt\, t\, \rho(t) = \frac{1}{\kappa}. \tag{18.39}$$

Die Standardabweichung (Streuung) $\sigma \equiv \sqrt{\langle t^2 \rangle - \langle t \rangle^2}$ ist ebenfalls durch $1/\kappa$ gegeben, d.h. es gilt

$$\sigma = \frac{1}{\kappa} = \mu. \tag{18.40}$$

Der Plot der Wahrscheinlichkeitsdichte (18.38) für $\kappa = 1$ ist in Abbildung 18.7 wiedergegeben.

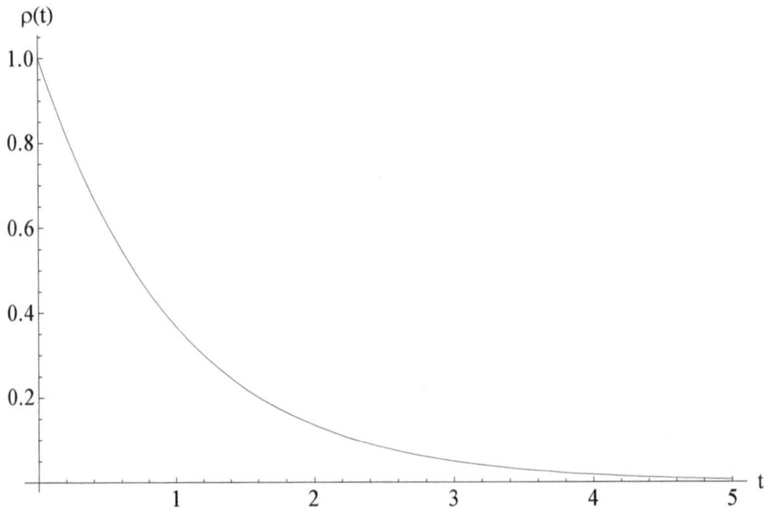


**Abbildung 18.7**:
Grafische Darstellung der Exponentialverteilung für $\kappa = 1$.

Der Zusammenhang mit der Poissonverteilung kommt folgendermaßen zustande: Die Poissonverteilung (18.34) ist zwar eine diskrete Verteilung (für die ganzzahlige nichtnegative Zufallsvariable $k$), aber sie unterstellt einen kontinuierlichen Zeitablauf. Der Prozess, den sie darstellt, besteht darin, dass zu gewissen Zeitpunkten das Ereignis $A$ eintritt. Nun gilt (ohne Beweis): Die Zeitspannen *zwischen* zwei derartigen aufeinander folgenden Ereignissen sind exponentialverteilt mit einer Rate $\kappa$, die gleich der Rate $\lambda$ des Poissonprozesses ist. Bemerkenswerterweise gehorcht auch die Zeitdauer, die ab einem *beliebigen* Zeitpunkt $t_0$ bis zum nächsten Eintreten von $A$ vergeht, der gleichen Verteilung. Das drückt die „Gedächtnislosigkeit" eines Poissonprozesses aus: Die Wahrscheinlichkeit, dass $A$ das nächste Mal innerhalb der Zeitspanne $T$ eintreten wird, ist durch

$$\int_0^T dt\, \kappa\, e^{-\kappa t} = 1 - e^{-\kappa T} = 1 - e^{-\lambda T}$$

gegeben. Sie ist unabhängig von der Zeitspanne, die seit dem letzten Eintreten von $A$ vergangen ist!

## Normalverteilung (Gaußverteilung)

Wir besprechen nun die wichtigste kontinuierliche Wahrscheinlichkeitsverteilung. Dazu betrachten wir zuerst die Funktion

$$\rho(x) = \frac{1}{\sqrt{\pi}}\, e^{-x^2}, \tag{18.41}$$

deren Graph die so genannte **Gaußsche Glockenkurve** ist (Abbildung 18.8).

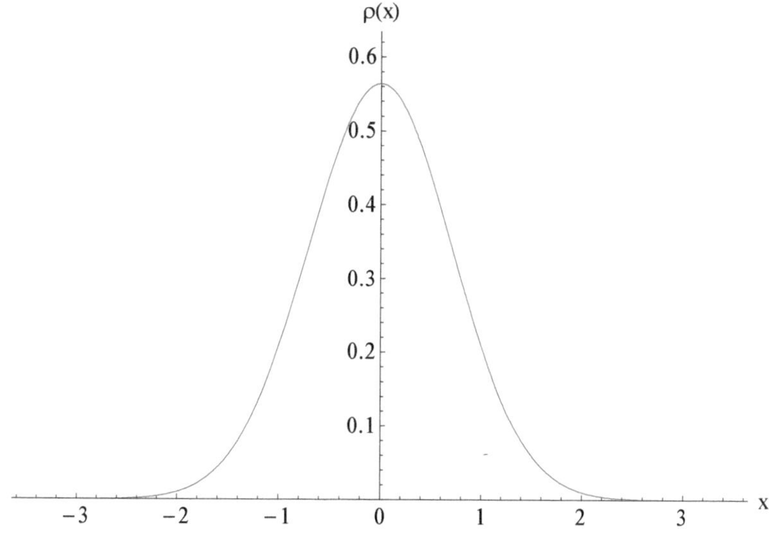


**Abbildung 18.8**:
Der Graph der Funktion (18.41) wird Gaußsche Glockenkurve genannt. Versuchen Sie, zu verstehen, *warum* er so aussieht!

Die Funktion $\rho$ ist überall positiv, und der Flächeninhalt unter ihrem Graphen ist gleich $1$, denn es gilt

$$\int_{-\infty}^{\infty} dx\, e^{-x^2} = \sqrt{\pi}\,.$$

(Dieses Integral wurde in Kapitel 11 berechnet – siehe (11.23)). Daher kann sie (nach Normierung, d.h. nach Division durch $\sqrt{\pi}$) als Wahrscheinlichkeitsdichte einer Zufallsvariable $x$, die beliebige reelle Werte annehmen kann (d.h. deren Ereignisraum $E = \mathbb{R}$ ist), interpretiert werden. Die meisten Realisierungen von $x$, die ein solches Zufallsexperiment erzeugt, werden – wie ohne weitere Berechnung aus dem obigen Plot zu ersehen ist – zwischen $-2$

und $2$ liegen. Nur wenige Ausreißer werden es schaffen, weiter weg von $0$ zu liegen. Die Mitte dieser Verteilung (der Erwartungswert von $x$) ist $0$. Dort werden die Realisierungen am dichtesten liegen. Eine Verteilung dieser Art heißt **Normalverteilung**. Varianten der Normalverteilung entstehen, wenn Zufallsvariable betrachtet werden, die aus $x$ durch Multiplikation mit einer (positiven) Konstanten und durch Addition einer (beliebigen) Konstanten hervorgehen.

Ganz allgemein nennen wir eine Zufallsvariable $x$, die beliebige reelle Werte annehmen kann, **normalverteilt**, wenn ihre Wahrscheinlichkeitsdichte von der Form

$$\rho(x) = \frac{1}{\sigma\sqrt{2\pi}} e^{-\frac{(x-\mu)^2}{2\sigma^2}} \tag{18.42}$$

ist. Dabei stellt die Konstante $\mu$ den Erwartungswert von $x$ (den Mittelwert der Verteilung) $\langle x \rangle = \int_{-\infty}^{\infty} dx\, x\, \rho(x)$ und die (positive) Konstante $\sigma$ die Standardabweichung (Streuung) $\sqrt{\langle x^2 \rangle - \langle x \rangle^2}$ dar. Die Funktion (18.41) ist nichts anderes als der Spezialfall von (18.42) für $\mu = 0$ und $\sigma = \frac{1}{\sqrt{2}}$.

Um diese Behauptungen zu begründen, sind drei Schritte nötig:

1. Normierung: $\frac{1}{\sigma\sqrt{2\pi}} \int_{-\infty}^{\infty} dx\, e^{-\frac{(x-\mu)^2}{2\sigma^2}} = 1$
2. Erwartungswert von $x$ (Mittelwert der Verteilung):
   $\langle x \rangle = \frac{1}{\sigma\sqrt{2\pi}} \int_{-\infty}^{\infty} dx\, x\, e^{-\frac{(x-\mu)^2}{2\sigma^2}} = \mu$
3. Varianz der Verteilung: $\langle x^2 \rangle - \langle x \rangle^2 = \frac{1}{\sigma\sqrt{2\pi}} \int_{-\infty}^{\infty} dx\, x^2\, e^{-\frac{(x-\mu)^2}{2\sigma^2}} - \mu^2 = \sigma^2$ (deren Quadratwurzel dann die Standardabweichung $\sigma$ ist)

Wir verzichten auf die detaillierte Ausführung dieser Integrale.

Als Beispiele sind die Plots der Wahrscheinlichkeitsdichte (18.42) für $\mu = 7$ und $\sigma = 2.16$ (rot) sowie für $\mu = 10$ und $\sigma = 4$ (schwarz) in Abbildung 18.9 dargestellt.

Die Wahrscheinlichkeitsdichte der Normalverteilung ist für alle reellen $x$ von $0$ verschieden, wenngleich sie für Werte, die (im Vergleich zu $\sigma$) weit vom Mittelwert $\mu$ entfernt sind, sehr schnell abfällt. Die Wendestellen der Wahrscheinlichkeitsdichte liegen bei $x = \mu \pm \sigma$. Bei den in Abbildung 18.9 dargestellten Verteilungen sind sie bei $x = 4.48$ und $x = 9.16$ (rot) bzw. bei $x = 6$ und $x = 14$ (schwarz).

Der gesamte Flächeninhalt unter dem Graphen der Wahrscheinlichkeitsdichte (18.42) ist immer gleich $1$. Zwischen den Stellen $\mu - \sigma$ und $\mu + \sigma$ liegen etwa $68.3\,\%$ dieses Flächeninhalts. Aber Achtung: Diese Tatsache wird manchmal fälschlicherweise auf andere Verteilungen ausgedehnt. Aussagen wie „die Wahrscheinlichkeit für $x$, nicht weiter vom Mittelwert entfernt zu liegen als die Standardabweichung, ist $68.3\,\%$“ und „innerhalb des Intervalls $[\mu-\sigma,\mu+\sigma]$ liegen rund $68\,\%$ der Messwerte“ gelten *nicht* für jede kontinuierliche Wahrscheinlichkeitsverteilung, sondern nur für die Normalverteilung (und ihr ähnliche Verteilungen)!

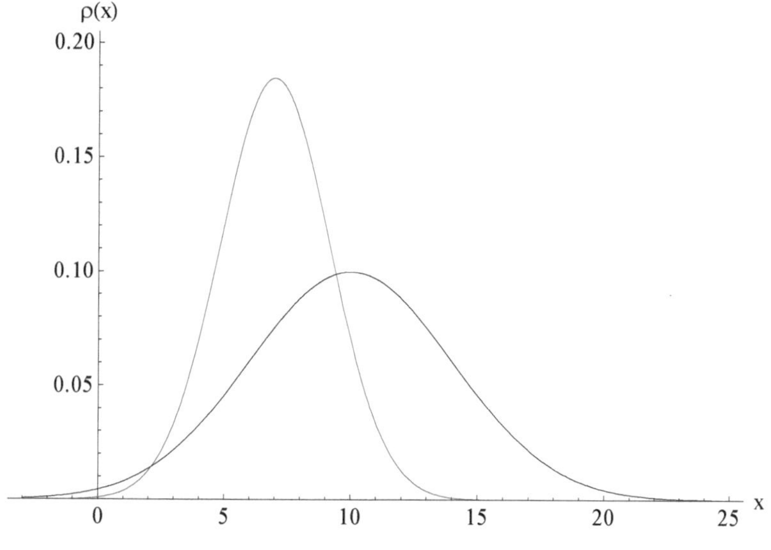


**Abbildung 18.9**:
Grafische Darstellung der Normalverteilung für $\mu = 7$ und $\sigma = 2.16$ (rot) sowie für $\mu = 10$ und $\sigma = 4$ (schwarz).

Die Normalverteilung tritt in zahlreichen Anwendungsfällen auf. Ihre Universalität verdankt sie dem **zentralen Grenzwertsatz**. Vereinfacht ausgedrückt, besagt dieser Satz, dass eine **Summe vieler voneinander unabhängiger Zufallsvariablen normalverteilt** ist – auch wenn die Summanden nicht normalverteilt sind.

> Web-Tipp: Normalverteilung (aus mathe online)
> http://www.mathe-online.at/galerie/wstat1/wstat1.html#normalv
> Dieses Applet demonstriert, dass die Summe vieler gleichverteilter Variablen näherungsweise normalverteilt ist.

Die Normalverteilung lässt sich auch als kontinuierlicher Grenzfall der Binomialverteilung verstehen. Dazu wird in (18.30) im Wesentlichen der Grenzübergang $N \to \infty$ durchgeführt und $k$ (nach einer geeigneten Skalierung) als kontinuierliche Variable betrachtet. So sieht etwa der in Abbildung 18.4 dargestellte Plot der Binomialverteilung für $N = 900$ und $q = 1/3$ einer Normalverteilung schon zum Verwechseln ähnlich.

[Aufgabe 20] [Aufgabe 21] [Aufgabe 22] [Aufgabe 23]

> Als abschließendes Beispiel erwähnen wir noch die **Maxwell-Boltzmann-Verteilung**: In einem idealen Gas aus Teilchen der Masse $m$ bei Temperatur $T$ ist die Wahrscheinlichkeitsverteilung für die $x$-Komponente $v_x$ der Geschwindigkeit eines beliebigen Teilchens durch

$$\rho(v_x) = \sqrt{\frac{m}{2\pi kT}}\, e^{-\frac{m}{2kT}v_x^2} \tag{18.43}$$

gegeben ($k$ ist die Boltzmann-Konstante). Sie ist gemäß $\int_{-\infty}^{\infty} dv_x\, \rho(v_x) = 1$ normiert. Die zufälligen Stöße zwischen den Gasteilchen bewirken (ganz im Sinne des zentralen Grenzwertsatzes), dass hier eine Normalverteilung auftritt. Die Wahrscheinlichkeitsverteilung für den gesamten Geschwindigkeitsvektor $\vec{v}$ ist die dreidimensionale Normalverteilung

$$\rho(\vec{v}) = \left(\frac{m}{2\pi kT}\right)^{3/2} e^{-\frac{m}{2kT}\vec{v}^2}. \tag{18.44}$$

Sie ist das Produkt dreier eindimensionaler Normalverteilungen vom Typ (18.43) und gemäß $\int_{\mathbb{R}^3} d^3v\, \rho(\vec{v}) = 1$ normiert. Ohne Beweis geben wir auch die (in der Literatur häufiger zu findende) Wahrscheinlichkeitsverteilung für den Absolutbetrag $v \equiv |\vec{v}|$ des Geschwindigkeitsvektors an:

$$\rho(v) = \sqrt{\frac{2}{\pi}}\left(\frac{m}{kT}\right)^{3/2} v^2\, e^{-\frac{m}{2kT}v^2} \tag{18.45}$$

Sie ist gemäß $\int_0^{\infty} dv\, \rho(v) = 1$ normiert und *keine* Normalverteilung. Ihr Mittelwert ist

$$\mu \equiv \langle v \rangle = \sqrt{\frac{8}{\pi}\frac{kT}{m}},$$

der Erwartungswert des Geschwindigkeitsquadrats ist

$$\langle v^2 \rangle = \frac{3kT}{m}.$$

Daraus ergibt sich die bekannte Formel für den Mittelwert der kinetischen Energie $\left\langle \frac{mv^2}{2} \right\rangle = \frac{3}{2}kT$.

Als Ergänzung zu den Abschnitten über Wahrscheinlichkeitsverteilungen sei das Kapitel *Wahrscheinlichkeitsrechnung und Statistik 2* (aus mathe online)

http://www.mathe-online.at/mathint/wstat2/i.html

empfohlen.

# Aufgaben

1. Welche der am Beginn dieses Kapitels gegebenen Beispiele

   a. einmaliges Würfeln
   b. zweimaliges hintereinander Würfeln
   c. Urne mit $20$ weißen und $30$ schwarzen Kugeln, die Kugeln werden als unterscheidbar betrachtet
   d. Urne mit $20$ weißen und $30$ schwarzen Kugeln, die Kugeln einer Farbe werden als nicht unterscheidbar betrachtet

   sind Laplace-Experimente, welche nicht?

2. Mit welcher Wahrscheinlichkeit ist beim zweimaligen hintereinander Würfeln die Summe der Augenzahlen $6$? Mit welcher Wahrscheinlichkeit ist die Summe der Augenzahlen gerade? Mit welcher Wahrscheinlichkeit ist sie ungerade?

3. Aus einer Urne mit $20$ weißen und $30$ schwarzen Kugeln wird eine Kugel (zufällig) herausgezogen. Wie groß ist die Wahrscheinlichkeit, eine weiße Kugel zu ziehen? (Argumentieren Sie sorgfältig, indem Sie die Ziehung auf ein Laplace-Experiment zurückführen!)

4. In einer Urne befinden sich $5$ weiße, $10$ schwarze, $20$ rote, $15$ blaue und $10$ grüne Kugeln. Wie groß ist die Wahrscheinlichkeit, dass eine zufällig gezogene Kugel weiß ist? Dass sie schwarz ist? Dass sie weiß oder schwarz ist?

5. Während der kritischen Phase einer Raumfahrtmission wird die Wahrscheinlichkeit eines Antriebsausfalls zu $0.001$, die Wahrscheinlichkeit der Unterbrechung des Funkkontakts mit der Erde zu $0.05$ abgeschätzt. Weiters werden diese beiden Ereignisse als statistisch voneinander unabhängig angesehen. Mit welcher Wahrscheinlichkeit werden beide auftreten, mit welcher Wahrscheinlichkeit keines von beiden?

6. Aus der Urne von Aufgabe 4 werden hintereinander zwei Kugeln (mit Zurücklegen) gezogen. Wie groß ist die Wahrscheinlichkeit, dass die erste weiß und die zweite schwarz ist?

7. Lotto „6 aus 49“ (Deutschland) bzw. „6 aus 45“ (Österreich) – wie viele verschiedene Tipps sind möglich?

8. 50 Sportlerinnen nehmen an 7 Bewerben (bei denen es jeweils genau eine Siegerin gibt) teil. Auf wie viele Arten können die Preise verteilt werden?

9. 100 Sportler nehmen an einem Bewerb teil. Einer gewinnt Gold, einer Silber, einer Bronze. Wie viele mögliche Ausgänge gibt es?

10. Zufallsexperiment mit zwei Würfeln: Die Summe der Augenzahlen wird als Zufallsvariable $k$ gewählt. (Siehe das Beispiel im Text). Berechnen Sie $\mu \equiv \langle k \rangle$, $\langle k^2 \rangle$ und $\sigma \equiv \sqrt{\langle k^2 \rangle - \langle k \rangle^2}$.

11. Zufallsexperiment mit drei Würfeln: Die Summe der Augenzahlen wird als Zufallsvariable $k$ gewählt. Geben Sie die Menge aller möglichen Werte von $k$ (d.h. den Ereignisraum $E$) und die Wahrscheinlichkeiten $p(k)$ an. Stellen Sie die Verteilung grafisch dar und berechnen Sie $\mu \equiv \langle k \rangle$, $\langle k^2 \rangle$ und $\sigma \equiv \sqrt{\langle k^2 \rangle - \langle k \rangle^2}$. (Die Verwendung eines Computeralgebra-Systems oder eines Tabellenkalkulationsprogramms mag bei dieser Aufgabe nützlich sein!)

12. Sei $p(k) = \frac{10k - k^2}{165}$ für $k$ ganzzahlig und $0 \le k \le 10$. Zeigen Sie, dass diese Zahlen als Wahrscheinlichkeitsverteilung interpretiert werden können. Stellen Sie die Verteilung grafisch dar und berechnen Sie Mittelwert und Standardabweichung.

13. Gehen Sie das Beispiel im Text, in dem die Aufenthaltswahrscheinlichkeitsdichte eines gemäß $x(t) = \sin t$ bewegten Teilchens berechnet wird, noch einmal durch, um das Argument wirklich zu verstehen. Zeichnen oder plotten Sie den Graphen der gefundenen Wahrscheinlichkeitsdichte und interpretieren Sie ihn: Begründen Sie qualitativ (unabhängig von der Rechnung), warum er eine solche Form hat.

14. Durch $\rho(x) = \frac{3(10x - x^2)}{500}$ sei eine reelle Funktion $\rho$ im Intervall $0 \le x \le 10$ definiert. Zeigen Sie, dass $\rho$ als Wahrscheinlichkeitsdichte eines kontinuierlichen Zufallsexperiments interpretiert werden kann. Stellen Sie $\rho$ grafisch dar und berechnen Sie Mittelwert und Standardabweichung.

15. Sei $\rho$ die Wahrscheinlichkeitsdichte von Aufgabe 14. Mit welcher Wahrscheinlichkeit wird eine Realisierung von $x$ zwischen $2$ und $3$ liegen?

16. Sei $\rho$ die Wahrscheinlichkeitsdichte von Aufgabe 14. Mit welcher Wahrscheinlichkeit wird eine Realisierung von $x$ zwischen $\mu - \sigma$ und $\mu + \sigma$ liegen?

17. Sei $x$ eine im Intervall $[-1,1]$ gleichverteilte Zufallsvariable (d.h. die Wahrscheinlichkeitsdichte ist konstant). Berechnen Sie die Wahrscheinlichkeitsdichte und stellen Sie sie grafisch dar. Berechnen Sie den Mittelwert und die Standardabweichung. Mit welcher Wahrscheinlichkeit wird eine Realisierung von $x$ zwischen $\mu - \sigma$ und $\mu + \sigma$ liegen?

18. Wie groß ist die Wahrscheinlichkeit, bei $60$-maligem Würfeln genau $10$ mal die Sechs zu würfeln?

19. Wie groß ist die Wahrscheinlichkeit, bei $60$-maligem Würfeln genau $k$ mal die Sechs zu würfeln ($k = 0, \ldots 60$)? Stellen Sie ihr Resultat grafisch dar. Berechnen Sie den Mittelwert und die Standardanweichung.

20. Sei $x$ eine normalverteilte Zufallsvariable mit $\mu = 2$ und $\sigma = 1$. Mit welcher Wahrscheinlichkeit wird eine Realisierung von $x$ im Intervall $[3, 3.01]$ liegen? Mit welcher Wahrscheinlichkeit im Intervall $[5, 5.01]$? Erklären Sie den Unterschied!

21. Gegeben Sei die Datenliste (1.2, 2.5, 3.5, 2.7, 1.9, 3.8, 2.8, 2.7, 3.1). Unter der Annahme, dass diese Daten näherungsweise normalverteilt sind, finden Sie die „beste" Normalverteilung, von der sie erzeugt worden sein könnten. (Tipp: Bestimmen Sie jene Normalverteilung, die den gleichen Mittelwert und die gleiche Standardabweichung besitzt wie die Datenliste).

22. Seien $z_1$, $z_2$,... $z_{20}$ im Intervall $[0,1]$ gleichverteilte Zufallsvariable. Nach dem zentralen Grenzwertsatz ist deren Summe $x = z_1 + z_2 + ... + z_{20}$ näherungsweise normalverteilt. Ermitteln Sie (näherungsweise) den Mittelwert und die Standardabweichung dieser Normalverteilung. (Tipp: Erzeugen Sie eine große Zahl von Realisierungen und berechnen Sie den Mittelwert und Standardabweichung).

    Tipps für Berechnungen mit *Mathematica*:

    - Im Intervall $[0,1]$ gleichverteilte Zufallsvariable: `Random[]`
    - Summe aus 20 derartigen Zufallszahlen: `Sum[Random[],{20}]`
    - Liste von 100 solcher Summen: `Table[Sum[Random[],{20}],{100}]`

23. Führen Sie in *Mathematica* den Code

```
Table[Sum[Random[],{20}],{10000}];
ListPlot[%]
```

aus und interpretieren Sie, was Sie sehen!

# 19 Fourierreihen

## Periodische Funktionen

Fourierreihen stellen ein mächtiges Werkzeug zur Darstellung und Analyse von Funktionen dar. Wir sind dem Thema Reihenentwicklungen bereits begegnet. In Kapitel 3 wurde besprochen, wie gewisse Funktionen durch (Taylor-)Polynome beliebig hohen Grades approximiert werden können. Dabei hat die Differenzierbarkeit eine wichtige Rolle gespielt. Fourierreihen stellen eine ganz andere Form der Entwicklung dar. Sie sind auf eine große Klasse von Funktionen anwendbar, die entweder auf einem beschränkten Intervall[1] definiert oder auf ganz $\mathbb{R}$ definiert und periodisch sind.

Wir nennen eine auf ganz $\mathbb{R}$ definierte Funktion $f$ **periodisch** mit **Periode** $L$, wenn

$$f(x+L)=f(x) \tag{19.1}$$

für alle $x\in\mathbb{R}$. Das bedeutet, dass sich die Werte von $f$ für zu- oder abnehmendes $x$ wiederholen, sobald $x$ um $L$ vorgerückt ist, und zwar unendlich oft. Daraus folgt, dass die Funktion $f$ eindeutig bestimmt ist, wenn ihre Werte auf einem beliebigen (halboffenen) Intervall der Länge $L$ bekannt sind.

> Beispiel: Sei $f(x)=x^2$ für alle $x$, die $0<x\le 1$ erfüllen, d.h. für alle $x$, die im halboffenen Intervall $(0,1]$ liegen. Diese Funktion kann *eindeutig* zu einer auf ganz $\mathbb{R}$ definierten periodischen Funktion mit Periode $1$ fortgesetzt werden, wie Abbildung 19.1 illustriert.

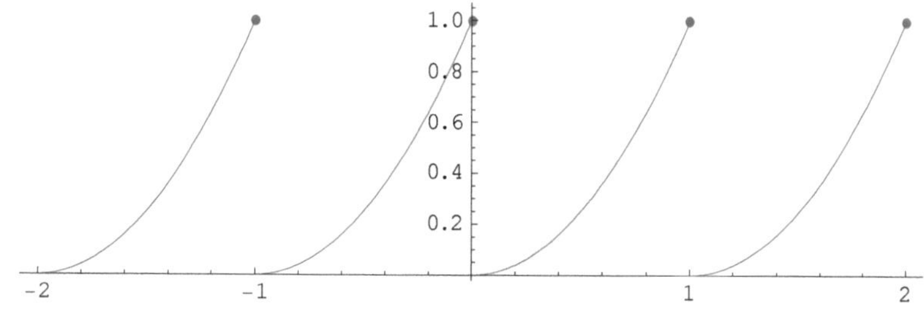


**Abbildung 19.1**:
Graph einer auf ganz $\mathbb{R}$ definierten Funktion $f$ mit Periode $1$. Sie ist unstetig – die roten Punkte zeigen an, wie sie an den Sprungstellen definiert ist. So ist beispielsweise $f(0)=1$.

[1] D.h. auf einem Intervall endlicher Länge.

Wir werden in diesem Kapitel vor allem periodische Funktionen betrachten, die *reelle* Werte besitzen (d.h. Funktionen $f:\mathbb{R}\to\mathbb{R}$), aber der hier vorgestellte Formalismus ist ohne Weiteres auch auf periodische Funktionen $f:\mathbb{R}\to\mathbb{C}$ übertragbar. Oft ist es sinnvoll, sich die Variable $x$ als Zeit vorzustellen. Eine periodische Funktion stellt dann einen sich zeitlich unendlich oft wiederholenden Vorgang (etwa eine Schwingung) dar.

[Aufgabe 1] [Aufgabe 2] [Aufgabe 3]

# Fourierreihen mit Periode $2\pi$

Wir betrachten zunächst Funktionen mit Periode $2\pi$ (der „natürlichen" Periode, wenn es um Schwingungsvorgänge geht). Um eine solche Funktion festzulegen, genügt es, ihre Werte auf einem Intervall der Länge $2\pi$ anzugeben (in der Regel entweder für $x$ zwischen $0$ und $2\pi$ oder für $x$ zwischen $-\pi$ und $\pi$).

Eine besondere Rolle spielen nun die folgenden Funktionen, die wir **trigonometrische Basisfunktionen** nennen:

- Die Funktionen $\cos(x)$, $\cos(2x)$, $\cos(3x)$,... kurz: die Funktionen der Form $\cos(nx)$ für $n=1,2,3,...$
- Die konstante Funktion $1$. Da sie auch als $\cos(0x)$ geschrieben werden kann, kann sie den Funktionen der Form $\cos(nx)$ (mit $n=0$) zugeschlagen werden.
- Die Funktionen $\sin(x)$, $\sin(2x)$, $\sin(3x)$,... kurz: die Funktionen der Form $\sin(nx)$ für $n=1,2,3,...$

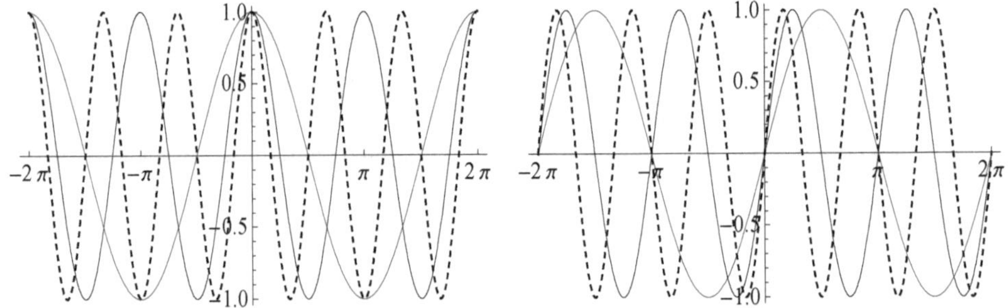


**Abbildung 19.2**:
Die Graphen der ersten trigonometrischen Basisfunktionen. Links: $\cos(x)$ (rot), $\cos(2x)$ (schwarz durchgezogen), und $\cos(3x)$ (schwarz strichliert); rechts: $\sin(x)$ (rot), $\sin(2x)$ (schwarz durchgezogen) und $\sin(3x)$ (schwarz strichliert). Die konstante Funktion $1$ ($=\cos(0x)$) ist hier nicht berücksichtigt.

Alle diese Funktionen besitzen $2\pi$ als Periode. Im Hinblick darauf, dass man sich die Variable $x$ als **Zeit** vorstellen kann, sind zwei Sprechweisen hilfreich:

- Die natürlichen Zahlen $n$, die bei der Durchnummerierung der trigonometrischen Basisfunktionen auftreten, werden manchmal als **Frequenzen** bezeichnet. So stellt beispielsweise $\cos(2x)$ eine Schwingung mit (Kreis-)Frequenz $2$ dar.

- Die beiden Funktionen $\cos(x)$ und $\sin(x)$ können als **Grundschwingungen** gedeutet werden. Alle höheren Basisfunktionen $\cos(2x)$, $\cos(3x)$,..., $\sin(2x)$, $\sin(3x)$,... sind dann die entsprechenden **Oberschwingungen**.

Weiters gilt:

- Die Funktionen $\cos(nx)$ sind **gerade**, d.h. $\cos(-nx) = \cos(nx)$. Ihre Graphen sind in Bezug auf die $y$-Achse symmetrisch, d.h. bei Spiegelung an der $y$-Achse gehen sie in sich selbst über.
- Die Funktionen $\sin(nx)$ sind **ungerade**, d.h. $\sin(-nx) = -\sin(nx)$. Ihre Graphen gehen bei einer Punktspiegelung am Ursprung in sich selbst über.

Beliebige Linearkombinationen dieser Funktionen, also etwa

$$q(x) = 5 + 3\cos(x) - 7\cos(2x) + 4\cos(3x) - \sin(x) + 5\sin(2x), \qquad (19.2)$$

nennen wir **trigonometrische Polynome**. Jedes trigonometrische Polynom besitzt, wie seine Bestandteile, die Periode $2\pi$.

Den Fourierreihen liegt nun die erstaunliche Tatsache zugrunde, dass die trigonometrischen Basisfunktionen so etwas wie eine Basis (im Sinne der linearen Algebra, siehe Kapitel 15) bilden: Ist eine Funktion $f$ mit Periode $2\pi$ gegeben, so kann sie in die Basisfunktionen entwickelt werden. Es gibt dann (unendlich viele) Koeffizienten $a_0$, $a_1$, $a_2$, $a_3$,... und $b_1$, $b_2$, $b_3$,... so dass

$$\begin{aligned} f(x) &= \frac{a_0}{2} + a_1\cos(x) + a_2\cos(2x) + a_3\cos(3x) + \ldots \\ &\quad + b_1\sin(x) + b_2\sin(2x) + b_3\sin(3x) + \ldots \\ &\equiv \frac{a_0}{2} + \sum_{n=1}^{\infty}\left(a_n\cos(nx) + b_n\sin(nx)\right) \end{aligned} \qquad (19.3)$$

gilt. Eine solche Reihe nennen wir **Fourierreihe** (mit Periode $2\pi$). Eine Fourierreihe ist also, wenn man so will, ein „unendliches trigonometrisches Polynom". Wir sagen, dass mit (19.3) die Funktion $f$ **in eine Fourierreihe entwickelt** (bzw. als Fourierreihe dargestellt) worden ist. Die Konstanten $a_n$ und $b_n$ heißen **Fourierkoeffizienten** der Funktion $f$.

[Aufgabe 4] [Aufgabe 5] [Aufgabe 6]

**Bemerkungen**:

- Genau genommen kann *nicht jede* Funktion in eine Fourierreihe entwickelt werden, aber eine *sehr* große Klasse von Funktionen. Die wichtigste Bedingung ist, dass $f$ integrierbar ist. Differenzierbarkeit oder Stetigkeit sind dafür *nicht* notwendig. Wir werden auf die genauen Bedingungen für die Existenz der Fourierreihe hier nicht weiter eingehen, sondern bei der Beschreibung des allgemeinen Formalismus immer voraussetzen, dass sie erfüllt sind.
- Genau genommen gilt das Gleichheitszeichen in (19.3) nur für „fast alle" $x$. Ist $f$ unstetig, so muss (19.3) an den Unstetigkeitsstellen nicht gelten, wie wir anhand eines Beispiels noch sehen werden.

- Die trigonometrischen Basisfunktionen bilden eine Basis in einem *unendlich*dimensionalen Vektorraum von Funktionen. Da im unendlichdimensionalen Kontext Reihen wie (19.3) auftreten, stellen sich Konvergenzfragen (die uns in der *endlich*dimensionalen linearen Algebra erspart geblieben sind). Wir werden auf sie hier aber nur am Rande eingehen.
- Dass der konstante Term in (19.3) als $\frac{a_0}{2}$ und nicht einfach als $a_0$ geschrieben wird, ist eine Konvention (deren Sinn wir etwas später verstehen werden).

Wird in (19.3) die Variable $x$ als Zeit interpretiert, so können wir die Fourierreihe als eine **Zerlegung** der Funktion $f$ **in Grund- und Oberschwingungen** deuten. Der Koeffizient $\frac{a_0}{2}$ entspricht dabei einem zeitlich unveränderlichen Wert, der zur Entwicklung in Schwingungen noch hinzukommt. Die übrigen Koeffizienten $a_n$ und $b_n$ geben an, mit welchen „Gewichten" (oder „Stärken") die einzelnen Grund- und Oberschwingungen in $f$ enthalten sind.

Die Kunst, Funktionen in Fourierreihen zu entwickeln und daraus Informationen zu beziehen, heißt **Fourieranalyse**. Diese Namensgebung liefert unser nächstes Stichwort: Wie wird die Fourierreihe einer gegebenen Funktion *gefunden*?

Die Antwort ist ebenso erstaunlich wie die Existenz von Fourierreihen: Die trigonometrischen Basisfunktionen stehen in einem gewissen Sinn „aufeinander normal". Konkret gelten folgende Beziehungen (wobei wir die konstante Funktion $1$ in der Form $\cos(0x)$ zu den Cosinusfunktionen zählen).

Für alle ganzzahligen $m$, $n$ gilt:

$$\int_{-\pi}^{\pi} dx \cos(mx)\cos(nx) = \begin{cases} 2\pi & \text{falls } m = n = 0 \\ \pi & \text{falls } m = n \neq 0 \\ 0 & \text{sonst} \end{cases} \tag{19.4}$$

$$\int_{-\pi}^{\pi} dx \sin(mx)\sin(nx) = \begin{cases} \pi & \text{falls } m = n \neq 0 \\ 0 & \text{sonst} \end{cases} \tag{19.5}$$

$$\int_{-\pi}^{\pi} dx \cos(mx)\sin(nx) = 0 \tag{19.6}$$

Diesen Integralen liegt das Intervall von $-\pi$ bis $\pi$ zugrunde. Die gleichen Formeln gelten, wenn von $0$ bis $2\pi$ integriert wird.[2]

> Bemerkung: *
> In gewisser Weise können diese Beziehungen so gedeutet werden, dass die trigonometrischen Basisfunktionen paarweise *zueinander orthogonal* sind – und zwar im Sinn eines Skalarprodukts, das durch das Integral über ein Intervall der Länge $2\pi$ definiert ist. Erinnern Sie sich, dass wir in Kapitel 12 ein Skalarprodukt auf einer Men-

---

[2] Das ist eine triviale Konsequenz der Periodizität. Allgemein gilt: Besitzt $f$ die Periode $L$, so ist $\int_c^{c+L} dx\, f(x) = \int_0^L dx\, f(x)$ für jedes reelle $c$. Daher kann in den obigen Formeln $\int_{-\pi}^{\pi}$ durch $\int_0^{2\pi}$ ersetzt werden.

ge von Polynomfunktionen betrachtet haben (vgl. (15.26)). Definieren wir für zwei reelle Funktionen $f$ und $g$ mit Periode $2\pi$ die Zahl

$$f \cdot g = \frac{1}{\pi} \int_{-\pi}^{\pi} dx\, f(x) g(x) \tag{19.7}$$

als ihr *Skalarprodukt*, so kann gezeigt werden, dass die trigonometrischen Basisfunktionen eine *Orthonormalbasis* (eines geeignet definierten Vektorraums von Funktionen) bilden. Die Beziehungen (19.4) – (19.6) drücken unmittelbar aus, dass sie alle (unter Einschluss der konstanten Funktion $1/2$) normiert und zueinander orthogonal sind. Der Beweis, dass sie „genügend viele" sind, um den ganzen Funktionenraum aufzuspannen, ist schwieriger, soll uns aber hier nicht beschäftigen.

Als Konsequenz diese Beobachtung ergibt sich, dass die Bestimmung der Entwicklungskoeffizienten nach der Methode (15.29) recht einfach ist: Dazu brauchen wir nur die Skalarprodukte der Basisfunktionen mit der zu entwickelnden Funktion bilden!

Mit Hilfe der Formeln (19.4) – (19.6) berechnen sich die Fourierkoeffizienten $a_n$ und $b_n$ in (19.3) zu[3]

$$a_0 = \frac{1}{\pi} \int_{-\pi}^{\pi} dx\, f(x) \tag{19.8}$$

$$a_n = \frac{1}{\pi} \int_{-\pi}^{\pi} dx \cos(nx) f(x) \qquad \text{für } n = 1, 2, 3, \ldots \tag{19.9}$$

$$b_n = \frac{1}{\pi} \int_{-\pi}^{\pi} dx \sin(nx) f(x) \qquad \text{für } n = 1, 2, 3, \ldots \tag{19.10}$$

Wird in der zweiten dieser Beziehungen $n = 0$ zugelassen, so wird die erste hinfällig. (Um diese Vereinheitlichung zu erreichen, muss der konstante Term in (19.3) in der Form $a_0/2$ geschrieben werden. Ansonsten hätte (19.8) einen zusätzlichen Faktor $2$).

Beweis: *
*Entweder* man berechnet die Integrale auf den rechten Seiten dieser Formeln, setzt (19.3) für $f(x)$ ein und benutzt (19.4) – (19.6).
*Oder* es wird die Methode (15.29) mit dem Skalarprodukt (19.7) angewandt.

Bemerkung:
Aus (19.8) – (19.10) folgt, dass zwei Funktionen, die sich nur an endlich vielen Stellen unterscheiden[4], die gleiche Fourierreihe besitzen, da die obigen Integrale derartige Unterschiede „nicht merken". Daher ist es für die Fourieranalyse belanglos, welche Werte unstetige Funktionen an ihren Sprungstellen annehmen. (Genau genommen müssen diese Werte überhaupt nicht festgelegt werden!)

Damit sind wir in der Lage, eine gegebene Funktion in eine Fourierreihe zu entwickeln. Machen wir aber zuvor noch eine Symmetrieüberlegung, die uns dabei helfen wird:

---

[3] Auch hier können alle Integrale $\int_{-\pi}^{\pi}$ bei Bedarf durch $\int_{0}^{2\pi}$ ersetzt werden – die Werte der Fourierkoeffizienten ändern sich dadurch nicht.
[4] Genauer ausgedrückt: auf Mengen „vom Maß Null".

- Ist $f$ eine **gerade** Funktion (d.h. gilt $f(-x) = f(x)$ für alle $x$), so sind alle $b_n = 0$. Die Fourierreihe besteht dann nur aus Cosinusfunktionen (und der Konstanten).
- Ist $f$ eine **ungerade** Funktion (d.h. gilt $f(-x) = -f(x)$ für alle $x$), so sind alle $a_n = 0$. Die Fourierreihe besteht dann nur aus Sinusfunktionen.

[Aufgabe 7]

Nun ist es aber wirklich an der Zeit für zwei Beispiele. Wir werden nicht darauf eingehen, wie die auftretenden Integrationen im Detail ausgeführt werden, da Computeralgebra-Systeme das für uns erledigen können.

- **Dreiecksschwingung**:
  Sei

$$f(x) = \begin{cases} |x| & \text{... falls } -\pi < x \leq \pi \\ \text{periodisch fortgesetzt} & \text{... sonst} \end{cases} \tag{19.11}$$

Der Graph dieser Funktion ist in Abbildung 19.3 gezeigt. Verstehen Sie, wie er zustande kommt? Überlegen Sie, wie der Graph der Funktion $x \mapsto |x|$ aussieht!

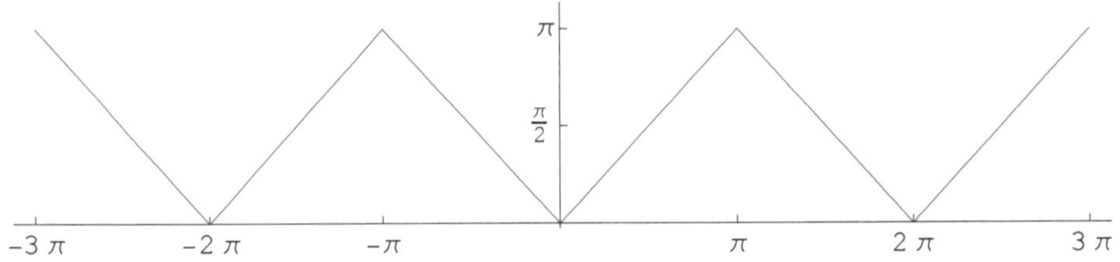


**Abbildung 19.3**:
Der Graph der Dreiecksschwingung (19.11).

Da $f$ eine gerade Funktion ist, sind alle $b_n = 0$. Die Berechnung der restlichen Fourierkoeffizienten ergibt[5]

$$a_0 = \frac{1}{\pi} \int_{-\pi}^{\pi} dx\, |x| = \pi \tag{19.12}$$

und, für $n = 1, 2, 3, \ldots$

$$a_n = \frac{1}{\pi} \int_{-\pi}^{\pi} dx \cos(nx)\, |x| = \frac{2}{\pi n^2} \big(\cos(n\pi) - 1\big) \equiv \frac{2}{\pi n^2} \big((-1)^n - 1\big) \tag{19.13}$$

[5] Um das nachzurechnen, zerlegen Sie das Integral in eine Summe $\int_{-\pi}^{\pi} = \int_{-\pi}^{0} + \int_{0}^{\pi}$ und benutzen Sie $|x| = -x$ für $x < 0$. Damit wird $a_0 = \frac{1}{\pi} \int_{-\pi}^{\pi} dx\, |x| = \frac{1}{\pi} \int_{-\pi}^{0} dx\, |x| + \frac{1}{\pi} \int_{0}^{\pi} dx\, |x| = -\frac{1}{\pi} \int_{-\pi}^{0} dx\, x + \frac{1}{\pi} \int_{0}^{\pi} dx\, x = \pi$.

(was mit *Mathematica* berechnet werden kann[6]). Der Term $(-1)^n - 1$ ist für gerade $n$ gleich $0$ und für ungerade $n$ gleich $-2$. Damit ergibt sich $a_n = -\frac{4}{\pi n^2}$ für ungerades $n$ und $0$ für gerades $n$. Die Fourierreihe der Funktion (19.11) lautet daher

$$f(x) = \frac{\pi}{2} - \frac{4}{\pi}\left(\frac{\cos(x)}{1^2} + \frac{\cos(3x)}{3^2} + \frac{\cos(5x)}{5^2} + \dots\right). \tag{19.14}$$

Wir können sie auch in der kompakten Form

$$f(x) = \frac{\pi}{2} - \frac{4}{\pi}\sum_{k=0}^{\infty}\frac{\cos\big((2k+1)x\big)}{(2k+1)^2} \tag{19.15}$$

anschreiben, wobei die ungeraden Zahlen in der Form $n = 2k+1$ (für $k = 0,1,2,\ldots$) durchgezählt sind. Um die Funktion $f$ durch ein *endliches* trigonometrisches Polynom zu **approximieren**, können wir die **Reihe abbrechen**. Wir überprüfen die Güte der Approximation durch die Summe bis zum sechsten Cosinus-Term. In *Mathematica* ist sie mittels

```
Pi/2 - 4/Pi Sum[Cos[(2k+1)x]/(2k+1)^2,{k,0,5}]
```

zu berechnen. Der Graph dieser Funktion ist in Abbildung 19.4 gezeigt.

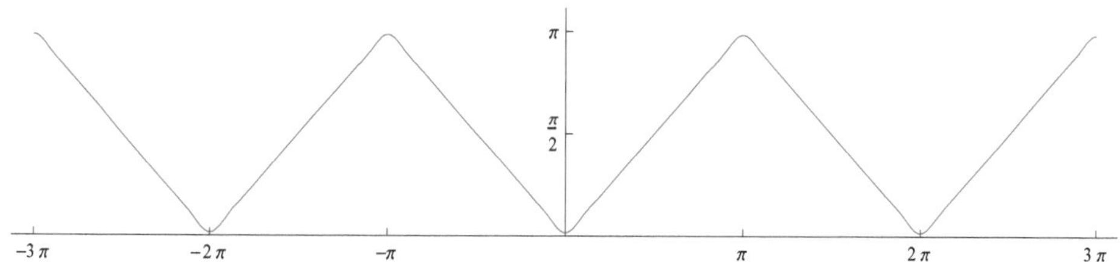


**Abbildung 19.4**:
Die Summe der ersten sechs Terme der Fourierreihe (19.14) nähert die gegebene Funktion (19.11), deren Graph in Abbildung 19.3 gezeigt ist, bereits recht gut an.

- **Kippschwingung** (**Sägezahnfunktion**):
  Sie ist definiert durch

$$g(x) = \begin{cases} x/\pi & \text{... falls } -\pi < x \le \pi \\ \text{periodisch fortgesetzt} & \text{... sonst} \end{cases} \tag{19.16}$$

Ihr Graph ist in Abbildung 19.5 wiedergegeben.

---

[6] Nach Eingabe von `Integrate[Cos[n x]Abs[x],{x,-Pi,Pi}]/Pi` gibt *Mathematica* das Resultat

$$\frac{2\,(-1 + \text{Cos}[n\pi] + n\pi\,\text{Sin}[n\pi])}{n^2\pi}$$

aus. Für ganzzahliges $n$ ist $\sin(n\pi) = 0$ und $\cos(n\pi) = (-1)^n$, was genau auf (19.13) führt.

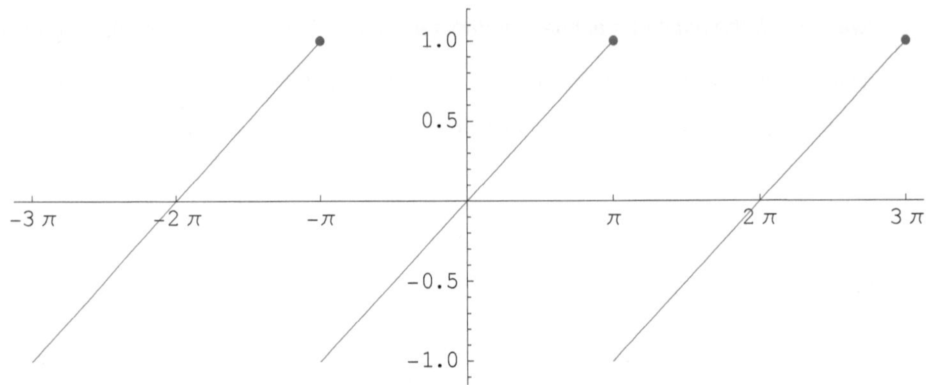


**Abbildung 19.5**:
Der Graph der Sägezahnfunktion (19.16).

Da $g$ (bis auf die Werte an den Sprungstellen, die aber diesbezüglich keine Rolle spielen) eine ungerade Funktion ist, sind alle $a_n = 0$. Die Berechnung der restlichen Fourierkoeffizienten ergibt für $n = 1, 2, 3, \ldots$

$$b_n = \frac{1}{\pi^2} \int_{-\pi}^{\pi} dx \sin(nx)\, x = -\frac{2}{\pi n} \cos(n\pi) \equiv -\frac{2}{\pi n} (-1)^n \tag{19.17}$$

(was mit *Mathematica* berechnet werden kann[7]). Daher lautet die Fourierreihe der Funktion (19.16)

$$g(x) = \frac{2}{\pi} \left( \frac{\sin(x)}{1} - \frac{\sin(2x)}{2} + \frac{\sin(3x)}{3} - \frac{\sin(4x)}{4} + \ldots \right). \tag{19.18}$$

Wir können sie auch in der kompakten Form

$$g(x) = \frac{2}{\pi} \sum_{n=1}^{\infty} (-1)^{n+1} \frac{\sin(nx)}{n} \tag{19.19}$$

anschreiben. Um die Funktion $g$ durch ein *endliches* trigonometrisches Polynom zu **approximieren**, können wir die **Reihe abbrechen**. Wir überprüfen die Güte der Approximation durch die Summe der ersten sechs Terme mit *Mathematica* durch Eingabe von

```
2/Pi Sum[(-1)^(n+1)Sin[n x]/n,{n,1,6}]
```

[7] Nach Eingabe von `Integrate[Sin[n x] x,{x,-Pi,Pi}]/Pi^2` gibt *Mathematica* das Resultat

$$\frac{-2\,n\,\pi\,\mathrm{Cos}[n\,\pi] + 2\,\mathrm{Sin}[n\,\pi]}{n^2\,\pi^2}$$

aus. Für ganzzahliges $n$ ist $\sin(n\pi) = 0$ und $\cos(n\pi) = (-1)^n$, was genau auf (19.17) führt.

Ihr Plot ist in der linken Grafik von Abbildung 19.6 gezeigt. Die rechte Grafik zeigt zum Vergleich einen Plot der Summe der ersten 30 Terme. (Zur Berechnung mit *Mathematica* ersetzen Sie einfach `{n,1,6}` durch `{n,1,30}`).

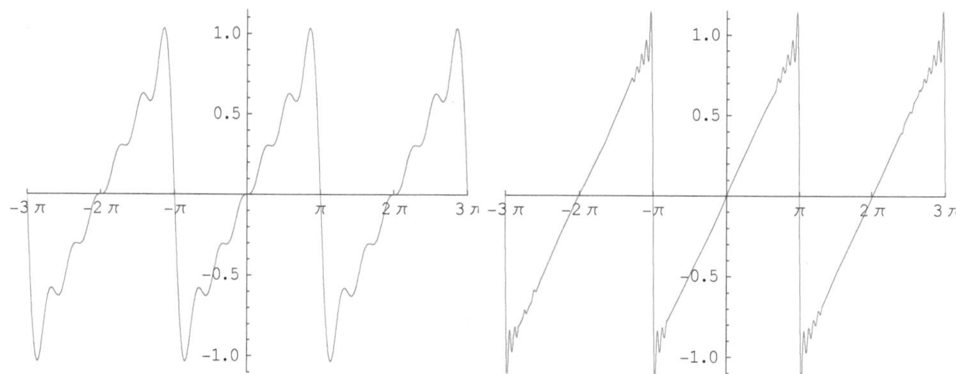


**Abbildung 19.6**:
Links: Die Summe der ersten sechs Terme der Fourierreihe (19.18). Sie nähert die gegebene Funktion (19.16), deren Graph in Abbildung 19.5 gezeigt ist, noch nicht sehr gut an. Rechts: Die Summe der ersten 30 Terme der Fourierreihe. Die Güte der Approximation ist zwar besser, aber – insbesondere in der Nähe der Sprungstellen – noch immer nicht so gut wie jene im vorigen Beispiel (Abbildung 19.4).

Im Gegensatz zur Funktion (19.11) und der Fourierreihe (19.14) ist die Güte der Approximation nun erkennbar schlechter. Das liegt daran, dass (19.16) eine *unstetige* Funktion ist. (Sie besitzt Sprungstellen bei allen ungeraden Vielfachen von $\pi$).

**Bemerkungen**:

- Generell gilt die Faustregel, dass die Fourierreihe einer **unstetigen** Funktion **schlechter** (d.h. **langsamer**) **konvergiert** als die einer **stetigen** Funktion. Vergleichen wir
  - die Fourierkoeffizienten von (19.14), die für große $n$ wie $1/n^2$ abfallen,
  - mit jenen von (19.18), die für große $n$ nur wie $1/n$ abfallen (also langsamer!),

  so wird dieser Unterschied recht schön deutlich. Weiters gilt, dass die Fourierkoeffizienten einer Funktion **umso schneller** abfallen, **je öfter differenzierbar** sie ist. Intuitiv kann das so verstanden werden: Ist $f$ eine Funktion mit einem sehr schönen, „regulären" (glatten) Verhalten, so tendieren die für große „Frequenzen" $n$ stark oszillierenden Basisfunktionen in den Integralen (19.9) und (19.10) dazu, sich „herauszumitteln", wodurch die Fourierkoeffizienten für wachsendes $n$ schnell sehr klein werden. Verhält sich $f$ hingegen weniger friedlich (z.B. durch die Existenz von Sprungstellen), so wird dieses „Herausmitteln" gestört, und die Integrale fallen weniger schnell ab. In gewisser Weise lässt sich sagen, dass („lokale") Irregularitäten einer Funktion in ein langsameres („globales") Abfallverhalten der Fourierkoeffizienten für $n \to \infty$ übersetzt werden.
- An **Sprungstellen** konvergiert eine Fourierreihe (unabhängig davon, wie die Funktion dort ursprünglich definiert wurde) immer gegen den Mittelwert aus

links- und rechtsseitigem Grenzwert. Im Fall der Reihe (19.18) konvergiert sie an allen Stellen $x$, die ungerade Vielfache von $\pi$ sind, gegen $0$ (obwohl $g$ dort gemäß der Funktionsdefinition (19.16) den Wert $1$ besitzt). Setzen Sie $x=\pi$ in (19.18), um das zu überprüfen! Das ist ein Beispiel dafür, dass das Gleichheitszeichen bei einer Fourierreihe manchmal nur „für fast alle" $x$ gilt.

- Wenn Sie sich in Abbildung 19.6 (rechts) den Plot der Summe der ersten 30 Terme von (19.18) ansehen, so können Sie bemerken, dass die Näherungsfunktion an den Sprungstellen stark oszilliert und sich noch einmal aufbäumt, bevor sie sich in die Tiefe stürzt. Dieses so genannte **Gibbssche Phänomen** („**Überschwinger**") ist typisch für Sprungstellen. Es drückt die Schwierigkeit der trigonometrischen Basisfunktionen aus, die Funktion nahe einer Sprungstelle zu approximieren. Werden mehr Terme der Reihe betrachtet, so schiebt es sich näher an die Sprungstellen heran, bleibt aber bestehen.

Diese beiden Beispiele zeigen, wie bei der Entwicklung einer gegebenen Funktion in eine Fourierreihe vorgegangen wird, und wir haben bei dieser Gelegenheit einige allgemeine Eigenschaften der Näherungsfunktionen, die durch das Abbrechen der Reihe entstehen, besprochen. Es ist aber auch instruktiv, den Spieß umzudrehen, mit Hilfe eines geeigneten Tools die Fourierkoeffizienten vorzugeben und den Graphen des so definierten trigonometrischen Polynoms zu betrachten:

> Web-Tipp: Fourierreihe (aus mathe online)
> http://www.mathe-online.at/galerie/fourier/fourier.html#fourier
> Dieses Applet zeigt den Graphen des trigonometrischen Polynoms, das aus den ersten 21 Termen einer Fourierreihe besteht. Die Fourierkoeffizienten können interaktiv mit Hilfe von Schiebereglern eingestellt werden.

[Aufgabe 8] [Aufgabe 9] [Aufgabe 10]

## Fourierreihen mit Periode $L$

Bisher haben wir Funktionen mit Periode $2\pi$ in Fourierreihen entwickelt. Besitzt eine Funktion $f$ eine andere Periode $L$, so lassen sich die trigonometrischen Basisfunktionen durch eine triviale Reskalierung an die neue Periode anpassen. Dazu drücken wir die Variable $x$ durch $x'=\frac{2\pi}{L}x$ aus. Als Funktion von $x'$ betrachtet, besitzt $f$ nun die Periode $2\pi$. Entwickeln wir sie in eine Fourierreihe vom Typ (19.3) mit Fourierkoeffizienten (19.8) – (19.10) und drücken danach das Ergebnis wieder durch die Variable $x$ aus, so erhalten wir die **allgemeine Fourierreihe mit beliebiger Periode** $L$. Die dafür relevanten Formeln lauten:[8]

$$
\begin{aligned}
f(x) &= \frac{a_0}{2} + a_1\cos\left(\frac{2\pi}{L}x\right) + a_2\cos\left(\frac{4\pi}{L}x\right) + a_3\cos\left(\frac{6\pi}{L}x\right) + \ldots \\
&\quad + b_1\sin\left(\frac{2\pi}{L}x\right) + b_2\sin\left(\frac{4\pi}{L}x\right) + b_3\sin\left(\frac{6\pi}{L}x\right) + \ldots \\
&\equiv \frac{a_0}{2} + \sum_{n=1}^{\infty}\left(a_n\cos\left(\frac{2\pi n}{L}x\right) + b_n\sin\left(\frac{2\pi n}{L}x\right)\right)
\end{aligned}
\tag{19.20}
$$

[8] Für $L=2\pi$ gehen sie in (19.3) und (19.8) – (19.10) über.

wobei[9]

$$a_0 = \frac{2}{L}\int_{-L/2}^{L/2} dx\, f(x) \tag{19.21}$$

$$a_n = \frac{2}{L}\int_{-L/2}^{L/2} dx\, \cos\left(\frac{2\pi n}{L}x\right) f(x) \quad \text{für } n = 1,2,3,\ldots \tag{19.22}$$

$$b_n = \frac{2}{L}\int_{-L/2}^{L/2} dx\, \sin\left(\frac{2\pi n}{L}x\right) f(x) \quad \text{für } n = 1,2,3,\ldots \tag{19.23}$$

Wird in der zweiten dieser Beziehungen $n = 0$ zugelassen, so wird die erste hinfällig.

[Aufgabe 11]

## Fourierreihe in spektraler Form

Neben (19.20) – (19.23) gibt es eine weitere Form, die Fourierreihe einer Funktion mit Periode $L$ anzuschreiben. Sie beruht darauf, dass sich jede Linearkombination

$$a\cos(\alpha) + b\sin(\alpha) \tag{19.24}$$

mit reellen Koeffizienten $a, b$ in der Form

$$A\cos(\alpha - \varphi) \tag{19.25}$$

(mit $A \geq 0$) schreiben lässt

(Beweis: am einfachsten mit der Eulerschen Formel (4.5) und den aus ihr folgenden Beziehungen $\sin(\alpha) = \frac{1}{2i}\left(e^{i\alpha} - e^{-i\alpha}\right)$ und $\cos(\alpha) = \frac{1}{2}\left(e^{i\alpha} + e^{-i\alpha}\right)$),

wobei der Zusammenhang zwischen den Koeffizienten $(a,b)$ und den neuen Größen $(A,\varphi)$ durch

$$\begin{aligned} a &= A\cos(\varphi) \\ b &= A\sin(\varphi) \end{aligned} \tag{19.26}$$

gegeben ist.[10] Die Umkehrung lautet:

$$\begin{aligned} A &= \sqrt{a^2 + b^2} \\ \varphi &= \begin{cases} \operatorname{atan}(b/a) & \text{wenn } a \geq 0 \\ \operatorname{atan}(b/a) + \pi & \text{wenn } a < 0 \end{cases} \end{aligned} \tag{19.27}$$

---

[9] Bei Bedarf können alle Integrale $\int_{-L/2}^{L/2}$ durch $\int_0^L$ ersetzt werden.

[10] Formal ist das die gleiche Beziehung wie die zwischen kartesischen Koordinaten und Polarkoordinaten!

Im Hinblick auf eine Deutung von (19.25) als Schwingung wird $A$ als **Amplitude** und $\varphi$ als **Phase (Phasenwinkel)**s bezeichnet. $\varphi$ hat einfach die Bedeutung einer zeitlichen Verschiebung der Schwingung.

Damit kann (19.20) für eine reelle Funktion $f$ in die **spektrale Form der Fourierreihe**

$$f(x)=\frac{A_0}{2}+\sum_{n=1}^{\infty}A_n\cos\left(\frac{2\pi n}{L}x-\varphi_n\right) \tag{19.28}$$

übersetzt werden. (Für den konstanten Anteil gilt $A_0=a_0$). Diese Darstellung besitzt den Vorteil, dass das „Gewicht" der $n$-ten Frequenz nun durch den einzigen Koeffizienten $A_n$ (die Amplitude) angegeben wird, während in (19.20) diese Information in zwei Koeffizienten $a_n$ und $b_n$ aufgeteilt ist. Die Abhängigkeit der Amplitude von $n$, d.h. die Funktion $n\mapsto A_n$ (die als Punktgraph dargestellt werden kann) heißt das **Amplitudenspektrum** (auch **Fourierspektrum** oder **Frequenzspektrum**) von $f$. Die Phasen $\varphi_n$ beschreiben, wie die zu den verschiedenen Werten von $n$ gehörenden „Teilschwingungen" zueinander verschoben (bzw. zeitversetzt) sind.

[Aufgabe 12]

## Komplexe Form der Fourierreihe

Die Eulersche Formel (4.5) hat uns schon öfter gute Dienste geleistet. Das ist auch hier der Fall. Wird sie in der Form

$$\cos(nx)=\frac{1}{2}\left(e^{inx}+e^{-inx}\right)\quad\text{und}\quad\sin(nx)=\frac{1}{2i}\left(e^{inx}-e^{-inx}\right) \tag{19.29}$$

auf (19.3) angewandt (wir beschränken uns zunächst wieder auf Funktionen mit Periode $2\pi$), so entsteht eine sehr kompakte und elegante Form der Fourierreihe:

$$f(x)=\sum_{n=-\infty}^{\infty}c_n e^{inx}\quad\text{wobei}\quad c_n=\frac{1}{2\pi}\int_{-\pi}^{\pi}dx\,e^{-inx}f(x)\,. \tag{19.30}$$

Im Unterschied zu den oben besprochenen Formen passt sie in eine einzige Zeile! Die Beziehungen (19.4) – (19.6) schrumpfen in dieser Schreibweise auf die für alle ganzzahligen $n$ geltende Identität

$$\int_{-\pi}^{\pi}dx\,e^{inx}=\begin{cases}2\pi & \text{falls } n=0\\ 0 & \text{sonst}\end{cases} \tag{19.31}$$

zusammen. Ist $f$ eine reelle Funktion, so gilt $c_n^*=c_{-n}$. Ist $f$ eine komplexe Funktion, so gibt es keine Einschränkungen an die Koeffizienten.

Die Form (19.30) kann natürlich, ebenso wie (19.3), für Funktionen mit beliebiger Periode $L$ verallgemeinert werden. Die entsprechenden Formeln lauten:[11]

[11] Für $L=2\pi$ gehen sie in (19.30) über.

$$f(x)=\sum_{n=-\infty}^{\infty} c_n\, e^{\frac{2\pi i n}{L}x} \quad \text{wobei} \quad c_n=\frac{1}{L}\int_{-L/2}^{L/2} dx\, e^{-\frac{2\pi i n}{L}x} f(x). \tag{19.32}$$

Diese Form der Fourierreihe findet insbesondere in der Quantentheorie Anwendung. Im nächsten Kapitel werden wir eine mathematische Struktur kennen lernen, die aus dem Grenzübergang dieser Entwicklung für $L\to\infty$ hervorgeht.

[Aufgabe 13]

# Anwendungen *

Fourierreihen besitzen zahlreiche Anwendungen in der Physik, von denen wir hier nur einige wenige nennen:

- Sie spielen bei der Analyse von Schwingungen und Wellen eine wichtige Rolle. Im Fall akustischer Wellen helfen sie uns beispielsweise, zu verstehen, wie die Klangfarbe eines Tones zustande kommt.
- Generell sind sie ein wichtiges Werkzeug, um aus zeitlich veränderlichen Signalen Informationen zu gewinnen. Um ein besonders schönes Beispiel zu nennen: Mit ihrer Hilfe können wir aus dem zeitlichen Verlauf der Helligkeitsschwankungen eines Sterns (der so weit entfernt ist, dass er auch in den besten Teleskopen nur als Punkt erscheint) auf dessen Schwingungsformen schließen und gewinnen dadurch einen indirekten Einblick in die in seinem Inneren stattfindenden physikalischen Prozesse.
- Umgekehrt werden Fourierreihen (und ihre Verallgemeinerungen) bei der Frage benötigt, wie Information physikalisch übertragen, gespeichert und komprimiert werden kann, beispielsweise in der Bildverarbeitung.
- Da Funktionen, die auf einem beschränkten Intervall definiert sind, in Fourierreihen entwickelt werden können, eignen sich letztere zur Beschreibung von Prozessen, die in beschränkten Raumgebieten stattfinden.
- In der Quantentheorie und der Elementarteilchenphysik (der Quantenfeldtheorie) sind Fourierreihen entscheidend beim Verständnis des modernen Konzepts des Teilchens als „Anregungsquant" eines Feldes. Insbesondere haben sie eine direkte physikalische Interpretation bei der Beschreibung von „eingesperrten" Teilchen: Ist $f$ die räumliche „Wellenfunktion" eines solchen Teilchens, so spielt der in (19.30) auftretende Index $n$ die Rolle des Impulses, und die Fourierkoeffizienten $c_n$ können als „Impulswellenfunktion" gedeutet werden. $f$ und $c_n$ können nicht gleichzeitig beliebig schmale Verteilungen darstellen – diese Aussage ist nichts anderes als eine Variante der Heisenbergschen Unschärferelation!
- Schließlich impliziert die Tatsache, dass in Fourierreihen die Winkelfunktionen Sinus und Cosinus (bzw. die komplexe Exponentialfunktion) auftreten, dass die Ableitung einer Fourierreihe sehr leicht zu bilden ist. Damit stellen Fourierreihen ein wichtiges Werkzeug bei der Lösung von (gewöhnlichen und partiellen) Differentialgleichungen dar.

Wir geben nun zum Abschluss einen Geschmack davon, wie Fourierreihen helfen, partielle Differentialgleichungen zu lösen (siehe den letzten Punkt der obigen Aufzählung). Die so genannte **Wärmeleitungsgleichung** (**Diffusionsgleichung**)[12]

$$\frac{\partial}{\partial t}u(t,x)=\frac{\partial^2}{\partial x^2}u(t,x) \tag{19.33}$$

beschreibt den räumlichen und zeitlichen Verlauf einer Temperatur oder der Konzentration eines gelösten Stoffes (in einer Dimension). Betrachten wir etwa eine Temperaturverteilung entlang eines dünnen Stabes, der dem Bereich $-\pi \le x \le \pi$ entspricht. Entwickeln wir zu jedem Zeitpunkt $t$ die Funktion $x \mapsto u(t,x)$ in eine Fourierreihe, so können wir sie in der Form (19.3)

$$u(t,x)=\frac{a_0(t)}{2}+\sum_{n=1}^{\infty}\left(a_n(t)\cos(nx)+b_n(t)\sin(nx)\right) \tag{19.34}$$

schreiben. Da diese Entwicklung für jeden Zeitpunkt $t$ durchgeführt wird, hängen die Fourierkoeffizienten nun von der Zeit ab. Wir setzen (19.34) in die partielle Differentialgleichung (19.33) ein und erhalten die Aussage

$$\frac{\dot a_0(t)}{2}+\sum_{n=1}^{\infty}\left(\left(\dot a_n(t)+n^2a_n(t)\right)\cos(nx)+\left(\dot b_n(t)+n^2b_n(t)\right)\sin(nx)\right)=0\,, \tag{19.35}$$

wobei der Punkt wie üblich die Ableitung nach der Zeit darstellt. Die Faktoren $n^2$ kommen dadurch zustande, dass die zweite Ableitung $\frac{\partial^2}{\partial x^2}$ auf $\sin(nx)$ und $\cos(nx)$ wie die Multiplikation mit $-n^2$ wirkt. (19.35) stellt nun selbst eine Fourierreihe dar, die allerdings gleich $0$ ist. Daher müssen alle Koeffizienten verschwinden. Es folgt unmittelbar

$$\begin{aligned}&\dot a_0(t)=0\\&\dot a_n(t)+n^2a_n(t)=0\\&\dot b_n(t)+n^2b_n(t)=0\end{aligned} \tag{19.36}$$

also ein System gewöhnlicher, voneinander unabhängiger Differentialgleichungen, die wir (vgl. Kapitel 5) leicht lösen können. Die allgemeinen Lösungen sind:

$$\begin{aligned}&a_0(t)=k_0\\&a_n(t)=k_ne^{-n^2t}\\&b_n(t)=q_ne^{-n^2t}\end{aligned} \tag{19.37}$$

Die $k$'s und $q$'s sind Konstante, die frei gewählt werden können. Damit haben wir die *allgemeine Lösung* der Wärmeleitungsgleichung auf dem Intervall $[-\pi,\pi]$ gefunden:

---

[12] Genau genommen lautet sie $\frac{\partial}{\partial t}u(t,x)=\kappa\frac{\partial^2}{\partial x^2}u(t,x)$. Wir haben die Konstante $\kappa$ der Einfachheit halber gleich $1$ gesetzt.

$$u(t,x) = \frac{k_0}{2} + \sum_{n=1}^{\infty} \left( k_n \cos(nx) + q_n \sin(nx) \right) e^{-n^2 t}. \tag{19.38}$$

Als besonders einfaches Beispiel können wir in (19.38) alle Konstanten gleich $0$ setzen außer $k_0 = 2$ und $k_1 = 1$. Damit erhalten wir die spezielle Lösung $u(t,x) = 1 + \cos(x) e^{-t}$. (Siehe Aufgabe 14 für eine Diskussion dieser Lösung).

Die allgemeine Lösung (19.38) kann nun (ebenfalls mit Hilfe von Fourier-Techniken) eingeschränkt werden, um vorgegebene Anfangs- und Randbedingungen zu genügen. Beispielsweise kann $t = 0$ gesetzt werden, was auf

$$u(0,x) = \frac{k_0}{2} + \sum_{n=1}^{\infty} \left( k_n \cos(nx) + q_n \sin(nx) \right) \tag{19.39}$$

führt. Ist die Anfangsverteilung $u(0,x)$ vorgegeben, so können wir (19.39) benutzen, um die auftretenden Konstanten (die ja nichts anderes als die Fourierkoeffizienten von $u(0,x)$ sind!) mittels (19.8) – (19.10) durch $u(0,x)$ auszudrücken. Damit ist auch das allgemeine Anfangswertproblem der Wärmeleitungsgleichung auf dem Intervall $[-\pi, \pi]$ im Prinzip gelöst!

Dieses Anwendungsbeispiel (das wir nicht weiter verfolgen) mag verdeutlichen, dass die Fourierreihe auch bei Problemen eine nützliche Rolle spielen kann, in denen weder periodische Funktionen noch Schwingungsvorgänge vorkommen.

[Aufgabe 14]

# Aufgaben

1. Zeichnen oder plotten Sie den Graphen der Funktion

$$h(x) = \begin{cases} -\pi & \text{... falls } -\pi < x \le 0 \\ \pi & \text{... falls } 0 < x \le \pi \\ \text{periodisch fortgesetzt} & \text{... sonst} \end{cases}$$

2. Zeichnen oder plotten Sie den Graphen der Funktion

$$k(x) = \begin{cases} 0 & \text{... falls } -\pi < x \le 0 \\ \pi & \text{... falls } 0 < x \le \pi \\ \text{periodisch fortgesetzt} & \text{... sonst} \end{cases}$$

3. Zeichnen oder plotten Sie den Graphen der Funktion

$$r(x) = \begin{cases} x^2 & \text{... falls } -\pi < x \le \pi \\ \text{periodisch fortgesetzt} & \text{... sonst} \end{cases}$$

4. In (19.3) seien nur zwei Fourierkoeffizienten von $0$ verschieden, nämlich $b_9 = b_{10} = 1$. Welche Funktion wird dann durch (19.3) dargestellt? Zeichnen oder plotten Sie ihren Graphen. Wie erklären Sie sich seine Form? Stellt er einen bekannten physikalischen Effekt dar?

5. In (19.3) seien nur zwei Fourierkoeffizienten von $0$ verschieden, nämlich $a_1 = b_{10} = 1$. Welche Funktion wird dann durch (19.3) dargestellt? Zeichnen oder plotten Sie ihren Graphen. Wie erklären Sie sich seine Form?

6. In (19.3) seien nur die Fourierkoeffizienten $a_0 = a_1 = a_2 = a_3 = a_4 = 1$ von $0$ verschieden. Welche Funktion wird dann durch (19.3) dargestellt? Zeichnen oder plotten Sie ihren Graphen.

7. Beweisen Sie:
   (i) Ist $f$ eine gerade Funktion (d.h. gilt $f(-x) = f(x)$), so sind in der Fourierreihe (19.3) alle $b_n = 0$.
   (ii) Ist $f$ eine ungerade Funktion (d.h. gilt $f(-x) = -f(x)$), so sind in der Fourierreihe (19.3) alle $a_n = 0$

8. Entwickeln Sie die Funktion von Aufgabe 1 in eine Fourierreihe.

9. Entwickeln Sie die Funktion von Aufgabe 2 in eine Fourierreihe.

10. Entwickeln Sie die Funktion von Aufgabe 3 in eine Fourierreihe.

11. Entwickeln Sie die Funktion

$$s(x) = \begin{cases} 1 - x & \text{... falls } 0 < x \le 1 \\ \text{periodisch fortgesetzt} & \text{... sonst} \end{cases}$$

in eine Fourierreihe.

12. Schreiben Sie die Fourierreihe

$$w(x) = \sum_{n=1}^{\infty} \left( \frac{\cos(nx)}{n^2} - \frac{\sin(nx)}{n^4} \right)$$

in die spektrale Form (19.28) um und stellen Sie das Amplitudenspektrum grafisch dar.

13. Rechnen Sie die Fourierkoeffizienten $a_n, b_n$ von (19.3) und die Koeffizienten $c_n$ von (19.30) ineinander um.
(Tipp: Benutzen Sie dazu die Eulersche Formel!)

14. Ergänzungsaufgabe: *

Diskutieren Sie die Lösung $u(t,x)=1+\cos(x)e^{-t}$ der Wärmeleitungsgleichung (19.33), die im Text erwähnt wurde.

Zu Beginn ist sie $u(0,x)=1+\cos(x)$, also überall $\geq 0$ und in der Mitte des Stabes am größten. Sehen Sie sich ihren Graphen an! Machen Sie Plots der Funktionen $x \mapsto 1+\cos(x)e^{-t}$ für ein paar Werte von $t$ (oder eine Animation), um zu sehen, wie sich die Temperaturverteilung innerhalb des Stabes mit der Zeit ausgleicht. Gegen welche Funktion strebt sie für $t \to \infty$?

# 20 Fourierintegrale

## Die Idee einer „Fourierentwicklung" für nichtperiodische Funktionen

Im vorigen Kapitel wurden Fourierreihen besprochen, d.h. die Entwicklung von Funktionen in trigonometrische Basisfunktionen. Dieser nützliche Formalismus war jedoch nur auf Funktionen anwendbar, die entweder auf einem Intervall endlicher Länge definiert oder auf ganz $\mathbb{R}$ definiert und periodisch sind. In der Physik treten aber auch Funktionen auf, die auf ganz $\mathbb{R}$ (oder einem $\mathbb{R}^n$) definiert und *nicht* periodisch sind. Das ist insbesondere für physikalische Felder, die den gesamten Raum ausfüllen, und für quantenmechanische Wellenfunktionen von Teilchen, die im Prinzip an jedem Raumpunkt angetroffen werden können, der Fall.

Damit stellt sich fast zwangsläufig die Frage: Gibt es eine Variante der Fourierentwicklung, die auf ganz $\mathbb{R}$ funktioniert und keine Periodizität der zu entwickelnden Funktion voraussetzt? Die gibt es tatsächlich, und ihr wollen wir uns in diesem letzten Kapitel zuwenden. Die trigonometrischen Basisfunktionen für Funktionen mit Periode $L$ sind $\cos\left(\frac{2\pi n}{L}x\right)$ (für $n = 0,1,2,3,\ldots$) und $\sin\left(\frac{2\pi n}{L}x\right)$ (für $n = 1,2,3,\ldots$). Sie lassen sich mit Hilfe der Eulerschen Formel (4.5) in die Funktionen

$$e^{\frac{2\pi i n}{L}x} \qquad \text{(für ganzzahlige } n\text{)} \tag{20.1}$$

zusammenfassen und können durch diese ausgedrückt werden – sie treten in der komplexen Form (19.32) der Fourierreihe mit beliebiger Periode $L$ auf. Können wir für sie den Grenzübergang $L \to \infty$ durchführen, d.h. das Periodizitätsintervall auf ganz $\mathbb{R}$ ausdehnen?

Überlegen wir dazu, welche Werte der Koeffizient $2\pi n/L$ von $ix$ im Exponenten von (20.1) annehmen kann, wenn $L$ sehr groß ist: Durchläuft $n$ alle ganzen Zahlen, so ist der Abstand zweier benachbarter Werte von $2\pi n/L$ gleich $2\pi/L$. Für große $L$ ist er sehr klein, und im Limes $L \to \infty$ strebt er gegen $0$. Je größer $L$ ist, umso *dichter* liegen also die möglichen Werte, die der Koeffizient $2\pi n/L$ annehmen kann. Im Grenzübergang $L \to \infty$ können wir daher erwarten, dass er *alle* reellen Werte annehmen kann. Damit entspricht er einer kontinuierlichen reellen Variable. Wir nennen sie $k$ und gelangen so anstelle von (20.1) zur kontinuierlichen Familie von Funktionen

$$e^{ikx} \qquad \text{(für reelle } k\text{)} \tag{20.2}$$

oder, durch reelle Funktionen ausgedrückt, $\cos(kx)$ und $\sin(kx)$. Wie könnte aber nun eine Entwicklung in diese kontinuierliche Familie von Funktionen aussehen? In (19.32) haben wir die komplexe Form der Fourierreihe mit Periode $L$ angeschrieben:

$$f(x) = \sum_{n=-\infty}^{\infty} c_n \, e^{\frac{2\pi i n}{L} x} \tag{20.3}$$

Wenn wir in ihr nun $e^{\frac{2\pi i n}{L} x}$ durch $e^{ikx}$ ersetzen, wird die $n$-Abhängigkeit der Basisfunktionen zu einer $k$-Abhängigkeit. Daher tritt an die Stelle von $c_n$ eine Funktion von $k$. Wir schreiben sie in der Form $\frac{1}{\sqrt{2\pi}} \tilde{f}(k)$, wobei der Vorfaktor $\frac{1}{\sqrt{2\pi}}$ eine Konvention ist, die sich als nützlich erweisen wird. Schließlich hat die Summe über alle ganzzahligen $n$ in (20.3) nun keinen Sinn mehr. Da die neue Variable $k$ alle reellen Werte annehmen kann, ersetzen wir die Reihe (unendliche Summe) durch ein Integral $\int dk$, das sich über ganz $\mathbb{R}$ erstreckt. Im Limes $L \to \infty$ erwarten wir also eine Entwicklung der gegebenen Funktion $f$ von der Form

$$f(x) = \int_{-\infty}^{\infty} \frac{dk}{\sqrt{2\pi}} e^{ikx} \tilde{f}(k), \tag{20.4}$$

was auch als $f(x) = \int_{\mathbb{R}} \frac{dk}{\sqrt{2\pi}} e^{ikx} \tilde{f}(k)$ geschrieben werden kann. Ein Integral dieses Typs heißt **Fourierintegral**.

Wie kann nun die Funktion $\tilde{f}$ gefunden werden, wenn $f$ gegeben ist? Hier tritt wieder eine der schönen Überraschungen ein, die uns staunen lassen. Die Formel zur Berechnung von $\tilde{f}$ aus $f$ (sie wird von (19.32) nahe gelegt – wir beweisen sie nicht) lautet:

$$\tilde{f}(k) = \int_{-\infty}^{\infty} \frac{dx}{\sqrt{2\pi}} e^{-ikx} f(x). \tag{20.5}$$

Sie sieht fast genauso aus wie (20.4)! Lediglich die Rollen der beiden Funktionen $f$ und $\tilde{f}$ sind vertauscht, und im Exponenten tritt ein Minuszeichen auf. Mit Hilfe von (20.4) und (20.5) ist die Idee einer „Fourierentwicklung" für Funktionen $f: \mathbb{R} \to \mathbb{R}$ (oder $f: \mathbb{R} \to \mathbb{C}$) verwirklicht.

## Fouriertransformation

Daraus ergibt sich:

- Ist eine Funktion $f$ gegeben, so kann mit (20.5) eine Funktion $\tilde{f}$ berechnet werden, mit deren Hilfe $f$ in der Form (20.4) dargestellt wird.
- Aufgrund der schönen Symmetrie zwischen (20.4) und (20.5) können wir die Sache aber auch umgekehrt interpretieren: Ist eine Funktion $\tilde{f}$ gegeben, so kann mit (20.4) eine Funktion $f$ berechnet werden, mit deren Hilfe $\tilde{f}$ in der Form (20.5) dargestellt wird.

Beachten Sie, dass in (20.4) und in (20.5) die gleichen Basisfunktionen auftreten, wobei lediglich die Variablenbezeichnungen $x$ und $k$ ihre Rollen vertauscht haben: Die Menge aller Funktionen der Form $x \mapsto e^{ikx}$ (für gegebenes reelles $k$), wie sie in (20.4) als Basisfunktionen auftreten, ist *gleich* der Menge aller Funktionen der Form $k \mapsto e^{-ikx}$ (für gegebenes reelles $x$), wie sie in (20.5) als Basisfunktionen auftreten.

Von den beiden Funktionen $f$ und $\tilde{f}$ kann *eine* gegeben sein, wodurch die *andere* eindeutig bestimmt ist. Wir können das auch in der Form

$$f(x) = \int_{-\infty}^{\infty} \frac{dk}{\sqrt{2\pi}} e^{ikx} \tilde{f}(k) \quad \Leftrightarrow \quad \tilde{f}(k) = \int_{-\infty}^{\infty} \frac{dx}{\sqrt{2\pi}} e^{-ikx} f(x) \tag{20.6}$$

ausdrücken. $\tilde{f}$ wird die **Fouriertransformierte** von $f$ genannt, $f$ heißt die **inverse Fouriertransformierte** von $\tilde{f}$. Die Abbildung $f \mapsto \tilde{f}$, die einer Funktion ihre Fouriertransformierte zuordnet, heißt **Fouriertransformation**. Die Umkehrung $\tilde{f} \mapsto f$ heißt **inverse Fouriertransformation**.

Bemerkungen:

- Wir erkennen nun den Sinn des Vorfaktors $\frac{1}{\sqrt{2\pi}}$, der am Weg von (20.3) zu (20.4) ein bisschen unmotiviert eingeführt wurde. Er stellt die perfekte Symmetrie der beiden Transformationsformeln her. In der Literatur werden Sie bisweilen Definitionen finden, die mit diesen Faktoren anders umgehen.[1]
- Beide Funktionen $f$ und $\tilde{f}$ dürfen im allgemeinen Fall komplexe Werte haben, also Funktionen $\mathbb{R} \to \mathbb{C}$ sein. Manchmal ergibt es sich, dass eine von ihnen reell ist. In (wichtigen) Spezialfällen sind beide reell.
- Wie so oft müssen wir eine Einschränkung machen: *Nicht jede* Funktion besitzt eine Fouriertransformierte. Die Grundbedingung ist, dass die auftretenden Integrale existieren. Schließlich integrieren wir über ganz $\mathbb{R}$ – da kann schon mal ein Malheur passieren! Insbesondere muss $f(x)$ im Unendlichen (d.h. für $x \to \pm\infty$) genügend schnell abfallen und darf an keiner Stelle eine allzu schlimme Unendlichkeit besitzen. In einem gewissen Sinn[2] kann die Fouriertransformation auch auf Funktionen angewandt werden, die diese Bedingungen nicht erfüllen, aber auf all das werden wir hier nicht näher eingehen.
- Ähnlich wie bei den Fourierreihen dürfen die Funktionen $f$ und $\tilde{f}$ unstetig sein. Wie die Werte an den Sprungstellen definiert sind, ist dabei gleichgültig, da Integrale derartige Feinheiten „nicht merken". Daher gelten die Gleichheitszeichen in (20.6) zwar „für fast alle" Werte von $x$ bzw. $k$, aber unter Umständen nicht an Sprungstellen.
- Die Integrale, die bei der Anwendung der Fouriertransformation und ihrer Inversen auftreten, können auch für einfache Funktionen recht kompliziert werden und sind nicht immer in geschlossener Form ausführbar. In vielen (wenn

[1] Eine häufig anzutreffende Form ist $f(x) = \int_{-\infty}^{\infty} dk\, e^{ikx} F(x)$ anstelle von (20.4) und $F(k) = \frac{1}{2\pi} \int_{-\infty}^{\infty} dx\, e^{-ikx} f(x)$ anstelle von (20.5).

[2] Im Sinn von *Distributionen* (*verallgemeinerten Funktionen*).

auch nicht in allen) Fällen helfen uns Computeralgebra-Systeme bei ihrer Auswertung.

Die **physikalische Interpretation** von (20.4) ist intuitiv nicht so einfach wie jene einer Fourierreihe. Vor allem gibt es hier zum Abbrechen der Reihe keine sinnvolle Entsprechung. (Das Integral in (20.4) auf einen großen, aber endlichen Bereich einzuschränken, hilft hier nicht wirklich weiter, denn auch ein endliches Intervall besitzt unendlich viele Punkte). Wir machen dennoch zwei Bemerkungen dazu:

- Wenn wir die Variable $k$ – in Übertragung der Sprechweise für Fourierreihen – als **Frequenz** bezeichnen und dabei an eine **Schwingung** denken (wobei $x$ als die Zeit interpretiert wird), so ergibt sich als Deutung von (20.6), dass eine auf ganz $\mathbb{R}$ definierte nichtperiodische Funktion $f \equiv f(x)$ eine Überlagerung von kontinuierlich-unendlich vielen „Teilschwingungen" ist und durch eine kontinuierliche Menge von Frequenzen charakterisiert ist! Die Fouriertransformierte $\tilde{f}(k)$ wird in diesem Sinn auch (komplexe) **Amplitudenfunktion** genannt. Ihr Betrag $|\tilde{f}(k)|$ heißt (kontinuierliches) **Amplitudenspektrum**. Wird die Fouriertransformierte in der Form

$$\tilde{f}(k) = |\tilde{f}(k)|\, e^{-i\varphi(k)} \tag{20.7}$$

  mit reellem $\varphi(k)$ angeschrieben, so ist $e^{-i\varphi(k)}$ das (kontinuierliche) **Phasenspektrum**.[3]
- In der Quantentheorie bekommt die Fouriertransformation eine – vielleicht unerwartete – weitere Bedeutung: Hier spielt $k$ die Rolle des Impulses. (Genauer gesagt, wird $k$ mit $p/\hbar$ identifiziert, wobei $p$ für die möglichen Messwerte des Impulses eines Teilchens steht und $\hbar$ die Plancksche Konstante ist). Ist $f$ die Wellenfunktion eines Teilchens, so stellt $\tilde{f}$ in gewisser Weise die Verteilung der Impulse dar, die „in $f$ enthalten sind", d.h. als Messwerte auftreten können.

Nun ist es Zeit für einige Beispiele:

- **Charakteristische Funktion des Intervalls** $[-1,1]$:
  Sei

$$f(x) = \begin{cases} 1 & \text{wenn } |x| \le 1 \\ 0 & \text{sonst} \end{cases} \tag{20.8}$$

  Der Graph dieser Funktion ist in Abbildung 20.1 dargestellt. Berechnen wir mit (20.5) ihre Fouriertransformierte $\tilde{f}$, so ist das Integral wegen (20.8) nur über das Intervall $[-1,1]$ zu nehmen (da $f$ außerhalb dieses Intervalls $0$ ist). Wir erhalten

$$\tilde{f}(k) = \int_{-1}^{1} \frac{dx}{\sqrt{2\pi}} e^{-ikx} = \frac{1}{\sqrt{2\pi}} \frac{e^{-ikx}}{-ik}\bigg|_{x=-1}^{1} = \frac{1}{\sqrt{2\pi}} \frac{e^{ik} - e^{-ik}}{ik} = \sqrt{\frac{2}{\pi}}\, \frac{\sin k}{k}. \tag{20.9}$$

  Der Graph dieser Funktion ist in Abbildung 20.2 wiedergegeben.

[3] Vergleiche mit der spektralen Form (19.28) der Fourierreihe.

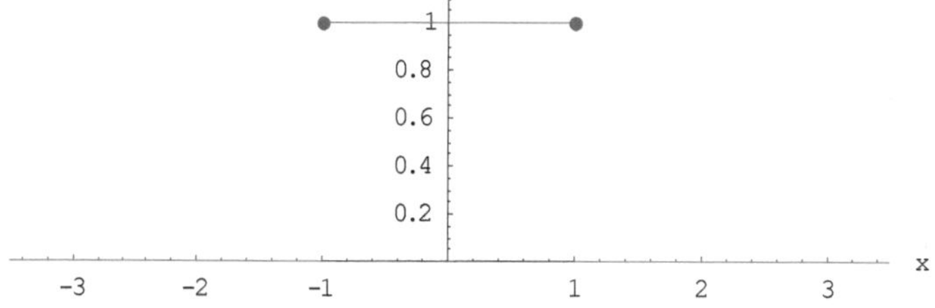


**Abbildung 20.1**:
Der Graph der charakteristischen Funktion des Intervalls $[-1,1]$. Sie ist $1$ innerhalb und $0$ außerhalb dieses Intervalls. Ganz analog kann die charakteristische Funktion jeder Teilmenge von $\mathbb{R}$ definiert werden.

Aus (20.9) folgt, dass kann die charakteristische Funktion (20.8) in der Form

$$f(x) = \frac{1}{\pi} \int_{-\infty}^{\infty} dk\, e^{ikx} \frac{\sin k}{k} \tag{20.10}$$

dargestellt werden kann.

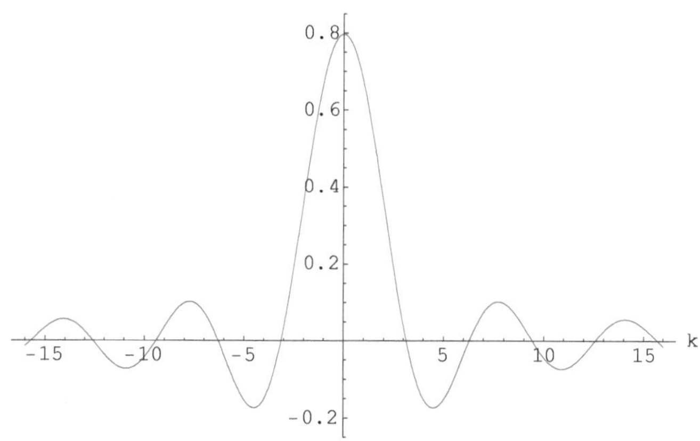


**Abbildung 20.2**:
Der Graph der Fouriertransformierten der in Abbildung 20.1 gezeigten Funktion. Sie stellt gewissermaßen das Spektrum der Frequenzen dar, deren Überlagerung die charakteristische Funktion des Intervalls $[-1,1]$ ergibt.

- **Charakteristische Funktion des Intervalls** $[-a,a]$:
  Eine lehrreiche Variation des obigen Beispiels ergibt sich, wenn wir es zu

$$g(x) = \begin{cases} 1 & \text{wenn } |x| \leq a \\ 0 & \text{sonst} \end{cases} \tag{20.11}$$

verallgemeinern, wobei der Wert von $a$ zunächst nicht festgelegt sei (außer, dass er positiv sein soll). Mit (20.5) wird die Fouriertransformierte dieser Funktion zu

$$\tilde{g}(k)=\int_{-a}^{a}\frac{dx}{\sqrt{2\pi}}e^{-ikx}=\frac{1}{\sqrt{2\pi}}\frac{e^{-ikx}}{-ik}\bigg|_{x=-a}^{a}=\frac{1}{\sqrt{2\pi}}\frac{e^{ika}-e^{-ika}}{ik}=\sqrt{\frac{2}{\pi}}\frac{\sin(ak)}{k} \qquad (20.12)$$

ermittelt. Stellen wir nun die Frage, wie die Funktionen $g$ und $\tilde{g}$, d.h. (20.11) und (20.12), vom Wert der Konstanten $a$ abhängen:

- Der $x$-Bereich, in dem $g$ von $0$ verschieden ist, ist das Intervall $[-a,a]$. Er hat eine Ausdehnung[4] $\Delta x$ von der Größenordnung $a$. Wird $g$ als „lokalisierte Welle" oder „Wellenpaket" interpretiert, so ist $\Delta x$ die Genauigkeit (auch *Unschärfe* oder *Unbestimmtheit*), mit der sich angeben lässt, *wo* es sich befindet. Mit $\Delta x \approx a$ gilt also:
  - Ist $a$ *klein*, so ist $\Delta x$ *klein*, d.h. die $x$-Werte, die von der Funktion $g$ etwas spüren, sind auf einen *schmalen* Bereich beschränkt.
  - Ist $a$ *groß*, so ist $\Delta x$ *groß*, d.h. die $x$-Werte, die von der Funktion $g$ etwas spüren, verteilen sie sich auf einen *breiten* Bereich.
- Die Funktion $\tilde{g}$ ist zwar überall (außer auf einer diskreten Menge von Nullstellen) von $0$ verschieden, aber mit wachsenden $|k|$ werden die Oszillationen der Funktionswerte immer kleiner. Die $k$-Werte, auf denen $\tilde{g}$ vor allem konzentriert ist, können wir in etwa mit dem Intervall zwischen den beiden Nullstellen $k=\pm\pi/a$ veranschlagen. Dieser Bereich hat eine Ausdehnung $\Delta k$ von der Größenordnung $1/a$. Mit $\Delta k \approx 1/a$ gilt also:
  - Ist $a$ *klein*, so ist $\Delta k$ *groß*, d.h. der relevante $k$-Bereich ist *breit*.
  - Ist $a$ *groß*, so ist $\Delta k$ *klein*, d.h. der relevante $k$-Bereich ist *schmal*.

Das Produkt $\Delta x\,\Delta k$ ist daher immer von der Größenordnung $1$. Ist eine der beiden Funktionen $g$ und $\tilde{g}$ „auf einen kleinen Bereich konzentriert", so ist die andere „über einen großen Bereich ausgeschmiert" und umgekehrt. Das ist eine ganz allgemeine Eigenschaft der Fouriertransformation (und, nebenbei bemerkt, die mathematische Grundlage für die *Heisenbergsche Unschärferelation* – darauf werden wir in diesem Kapitel noch einmal zurückkommen).

Bemerkungen:

Ähnlich wie bei der Fourierreihe übertragen sich „lokale" Eigenschaften einer Funktion auf „globale" Eigenschaften ihrer Fouriertransformierten.

- Generell gilt die Faustregel, dass $\tilde{f}(k)$ für $k\to\pm\infty$ umso schneller abfällt und gegen $0$ strebt, je stetiger und differenzierbarer $f$ ist. Die gleiche Aussage gilt für vertauschte Rollen von $f$ und $\tilde{f}$.
- Umgekehrt deutet ein langsames Abfallverhalten einer der beiden Funktionen darauf hin, dass die andere „lokale" Irregularitäten (wie Unstetigkeiten) besitzt.

[4] Achtung: Wir benutzen hier die Größe $\Delta x$ (und im nächsten Schritt auch $\Delta k$) nicht im exakten Sinn der Standardabweichung einer Wahrscheinlichkeitsverteilung wie in Kapitel 18, sondern im Sinn einer ungefähren, größenordnungsmäßigen Angabe. Die obige Analyse *kann* auch exakt durchgeführt werden, ist aber dann rechenintensiver. Wir werden eine solche exakte Analyse anhand anderer Funktionen im nächsten Beispiel durchführen.

- **Gaußfunktionen**:
Als drittes Beispiel betrachten wir die Gaußfunktionen mit Mittelpunkt $0$, d.h. Funktionen vom Typ

$$h(x) = (2\pi)^{-1/4} a^{-1/2} e^{-\frac{x^2}{4a^2}} \tag{20.13}$$

für $a > 0$, denen wir unter dem Stichwort Normalverteilung[5] bereits begegnet sind. In der Feldtheorie und in der Quantentheorie spielen sie eine wichtige Rolle bei der Beschreibung von Wellenpaketen. Das Integral (20.5) zur Berechnung der Fouriertransformierten $\tilde{h}$ kann mit etwas Fleiß und Geschick auf dem Papier durchgeführt werden, aber wir ziehen es vor,

```
h = (2Pi)^(-1/4)a^(-1/2)Exp[-x^2/(4a^2)];
Integrate[Exp[-I k x]h,{x,-Infinity,Infinity}]/Sqrt[2Pi]
```

in *Mathematica* einzugeben. Das Ergebnis sieht so aus:

$$\frac{\text{If}\left[\text{Re}[a^2] > 0,\ 2\sqrt{a^2}\, e^{-a^2 k^2}\sqrt{\pi},\ \text{Integrate}\left[e^{-\frac{1}{4}x\left(4ik+\frac{x}{a^2}\right)},\ \{x, -\infty, \infty\},\ \text{Assumptions} \to \text{Re}[a^2] \le 0\right]\right]}{\sqrt{a}\ (2\pi)^{3/4}}$$

Lassen Sie sich davon nicht abschrecken! *Mathematica* hat berücksichtigt, dass $a$ eine komplexe Zahl *hätte sein können*. (Es weiß ja nicht, dass wir an diesem Integral nur für reelles $a$ interessiert sind). Der obige Ausdruck sagt uns, dass für den Fall $\text{Re}(a^2) > 0$ (was für ein reelles $a > 0$ klarerweise erfüllt ist), das Integral gleich

$$\frac{2\sqrt{a^2}\, e^{-a^2 k^2}\sqrt{\pi}}{\sqrt{a}\ (2\pi)^{3/4}}$$

ist (Nenner nicht vergessen!), ansonsten ... – aber um das „ansonsten" müssen wir uns nicht kümmern![6] Die Fouriertransformierte von (20.13) ist daher

$$\tilde{h}(k) = \left(\frac{2}{\pi}\right)^{1/4} a^{1/2} e^{-a^2k^2}. \tag{20.14}$$

Die Fouriertransformierte einer Gaußfunktion mit Mittelpunkt $0$ ist also wieder eine Gaußfunktion mit Mittelpunkt $0$, allerdings nun mit anderer Breite! Größenordnungsmäßig können wir die Breite von $h$ mit $a$ identifizieren ($\Delta x \approx a$), die Breite von $\tilde{h}$ hingegen mit $1/a$ ($\Delta k \approx 1/a$). Wir finden die gleiche Beziehung zwischen den „Un-

[5] Siehe (18.41) und (18.42). Bei genauem Hinschauen können Sie erkennen, dass (20.13) so normiert ist, dass $\int_{-\infty}^{\infty} dx\, h(x)^2 = 1$ ist. $\rho(x) = h(x)^2$ ist identisch mit der Normalverteilung (18.42) für $\sigma = a$ und $\mu = 0$. Der Grund für dieses zusätzliche Quadrat wird weiter unten offenbar werden, siehe Formel (20.19).

[6] Wir hätten das Endresultat auch auf einen Schlag durch die Eingabe

```
Integrate[Exp[-I k x]h,{x,-Infinity,Infinity},
          Assumptions->{a>0,Im[k]==0}]/Sqrt[2Pi]
```

erhalten können. Mit der Option `Assumptions` wird erklärt, dass *Mathematica* gewisse Bedingungen als gegeben betrachten soll. Das spart Rechenzeit und eine nachträgliche Interpretation des Outputs.

schärfen" in $x$ und $k$ wie im vorangegangenen Beispiel: Das Produkt $\Delta x\,\Delta k$ ist immer von der Größenordnung $1$.

Bemerkung:
Dieses näherungsweise Argument kann ohne viel Aufwand exakt gemacht werden, da wir die statistischen Kennzahlen der Normalverteilung bereits aus Kapitel 18 kennen: Definieren wir $\Delta x$ als die Standardabweichung der Normalverteilung $h(x)^2$ (wie es in der Quantentheorie üblich ist), so ist $\Delta x = a$. Definieren wir analog dazu $\Delta k$ als die Standardabweichung der Normalverteilung $\tilde{h}(k)^2$, so ist $\Delta k = 1/(2a)$. Daher gilt immer

$$\Delta x\,\Delta k = \frac{1}{2}. \qquad (20.15)$$

Identifizieren wir $k$ mit $p/\hbar$ ($p$ der Impuls eines Teilchens), so wird daraus die Aussage $\Delta x\,\Delta p = \hbar/2$. Sie besagt, dass die *Heisenbergsche Unschärferelation* (die allgemein $\Delta x\,\Delta p \geq \hbar/2$ lautet) für Gaußsche Wellenfunktionen mit einem Gleichheitszeichen erfüllt ist.

Abbildung 20.3 zeigt die Plots der beiden Funktionen $h$ (links) und $\tilde{h}$ (rechts) für $a = 0.2$.

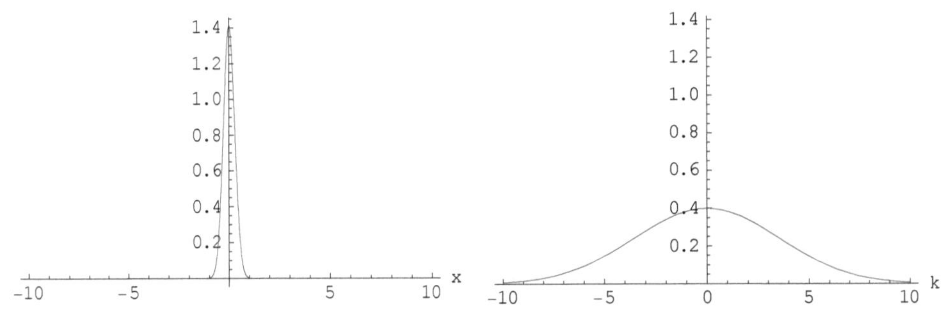


**Abbildung 20.3**:
Die Fouriertransformierte einer Gaußfunktion ist wieder eine Gaußfunktion. Hier ein Plot der Funktionen (20.13) und (20.14) für $a = 0.2$.

Einige **allgemeine Eigenschaften** der Fouriertransformation müssen wir noch erwähnen:

- Ist $f$ eine reelle und gerade Funktion (wie es für alle bisher betrachteten Beispiele der Fall war), so ist ihre Fouriertransformierte $\tilde{f}$ ebenfalls reell und gerade.[7] Im allgemeinen Fall wird die Fouriertransformierte einer reellen Funktion aber komplex sein.

[7] Zum Beweis können Sie das Integral in (20.5) in zwei Teil-Integrale (zuerst von $-\infty$ bis $0$, dann von $0$ bis $\infty$) aufspalten, im ersten die Variablentransformation $x \to -x$ durchführen (wodurch die beiden Teil-Integrale zu einem einzigen Integral von $0$ bis $\infty$ verschmelzen) und dann die Eigenschaft benutzen, dass $f$ gerade ist.

- Die Fouriertransformation einer „verschobenen“ Funktion $f(x)=u(x-b)$ lässt sich auf die Fouriertransformierte von $u$ zurückführen:

$$\tilde{f}(k)=e^{-ibk}\,\tilde{u}(k)\,. \tag{20.16}$$

Der Verschiebung von $u$ entspricht die Multiplikation von $\tilde{u}$ mit einem $k$-abhängigen Phasenfaktor. Das ist der so genannte **Verschiebungssatz**.[8]

- Die Fouriertransformierte einer Ableitung $f(x)=u'(x)$ lässt sich auf die Fouriertransformierte von $u$ zurückführen:

$$\tilde{f}(k)=ik\tilde{u}(k)\,. \tag{20.17}$$

Dem Bilden der Ableitung von $u$ entspricht die Multiplikation von $\tilde{u}$ mit $ik$. Diese **Ableitungsregel**[9] macht die Fouriertransformation zu einem mächtigen Werkzeug bei der Lösung von (gewöhnlichen und partiellen) Differentialgleichungen.

- Für zwei Funktionen $f,g$ und deren Fouriertransformierte $\tilde{f},\tilde{g}$ gilt immer

$$\int_{-\infty}^{\infty} dx\, f(x)^*\, g(x)=\int_{-\infty}^{\infty} dk\, \tilde{f}(k)^*\, \tilde{g}(k)\,. \tag{20.18}$$

Diese Eigenschaft ist insbesondere in der Quantentheorie von äußerster Wichtigkeit. Setzen wir $f=g$, so reduziert sie sich auf die Aussage

$$\int_{-\infty}^{\infty} dx\, |\, f(x)|^2=\int_{-\infty}^{\infty} dk\, |\, \tilde{f}(k)|^2\,. \tag{20.19}$$

Ist $f$ so „normiert“, dass die linke Seite gleich $1$ ist, so ist $\tilde{f}$ automatisch in der gleichen Weise normiert.[10]

Ergänzende Bemerkung: *
Wird mit

$$\langle f,g\rangle=\int_{-\infty}^{\infty} dx\, f(x)^*\, g(x) \tag{20.20}$$

ein „inneres Produkt“ zwischen Funktionen definiert (vgl. die analoge Konstruktion (15.26) – in (20.20) wurde zusätzliche noch eine komplexe Konjugation eingefügt, um ein inneres Produkt im Sinne der Theorie der komplexen Vektorräume zu bekommen), so besagt (20.18), dass stets

[8] Zum Beweis setzen Sie $f(x)=u(x-b)$ in (20.5) ein und führen die Variablentransformation $x\to x+b$ durch.

[9] Zum Beweis setzen Sie $f(x)=u'(x)$ in (20.5) ein und führen eine partielle Integration durch.

[10] Das ist der Grund für die Normierung, die für die Gaußfunktionen (20.13) gewählt wurde. Mit dieser Konvention stellt sowohl $h(x)^2$ als auch $\tilde{h}(k)^2$ eine (im Sinne der Wahrscheinlichkeitstheorie korrekt normierte) Normalverteilung dar. Ist $f$ die quantenmechanische Wellenfunktion eines Teilchens, so ist $|\, f(x)|^2$ für Ortsmessungen und $|\, \tilde{f}(k)|^2$ für Impulsmessungen zuständig.

$$\langle f,g\rangle = \langle \tilde{f},\tilde{g}\rangle \tag{20.21}$$

gilt. In der Sprache der linearen Algebra ausgedrückt, bedeutet das, dass *die Fouriertransformation*, die $f \mapsto \tilde{f}$ zuordnet, ein *unitärer Operator* ist (allerdings in einem unendlichdimensionalen Kontext).

[Aufgabe 1] [Aufgabe 2] [Aufgabe 3] [Aufgabe 4] [Aufgabe 5] [Aufgabe 6]

## Fouriertransformation in drei Dimensionen

Um auch Felder $f \equiv f(\vec{x})$, die von drei Raumkoordinaten abhängen, als Fourierintegrale darstellen zu können, ist es nötig die Fouriertransformation und ihre Inverse auf drei Dimensionen zu verallgemeinern. Dabei wird die Fouriertransformierte in jeder der drei Koordinaten $x_1, x_2, x_3$ berechnet – die dreifache Anwendung von (20.5) führt auf ein Dreifachintegral. Die drei $k$-Variablen nennen wir $k_1, k_2, k_3$ und fassen sie zu einem Vektor $\vec{k}$ zusammen. Die Produkte der drei auftretenden Exponentialfunktionen werden zu einer einzigen zusammengefasst:

$$e^{-ik_1x_1}e^{-ik_2x_2}e^{-ik_3x_3} = e^{-i\vec{k}\vec{x}}, \tag{20.22}$$

wobei im Exponenten das Skalarprodukt $\vec{k}\vec{x}$ auftritt. Die Fouriertransformierte in drei Dimensionen ist eine Funktion $\tilde{f} \equiv \tilde{f}(\vec{k})$, für die sich die Formel

$$\tilde{f}(\vec{k}) = \int\limits_{\mathbb{R}^3} \frac{d^3x}{(2\pi)^{3/2}} e^{-i\vec{k}\vec{x}} f(\vec{x}) \tag{20.23}$$

ergibt. Die Umkehrtransformation, die an die Stelle von (20.4) tritt, ist durch

$$f(\vec{x}) = \int\limits_{\mathbb{R}^3} \frac{d^3k}{(2\pi)^{3/2}} e^{i\vec{k}\vec{x}} \tilde{f}(\vec{k}) \tag{20.24}$$

gegeben.

Bemerkung: *

Falls $\tilde{f}$ nur von $|\vec{k}|$ abhängt (also radialsymmetrisch ist), hängt $f$ nur von $|\vec{x}| \equiv r$ ab (ist also ebenfalls radialsymmetrisch). (20.24) kann dann (ohne Beschränkung der Allgemeinheit) für

$$\vec{x} = \begin{pmatrix} 0 \\ 0 \\ r \end{pmatrix}$$

berechnet werden, indem Kugelkoordinaten $\left(|\vec{k}| \equiv k, \theta, \varphi\right)$ in der $\vec{k}$-Integration eingeführt werden. Damit wird $\vec{k}\vec{x} = k\,r\cos\theta$, und (20.24) vereinfacht sich zu

$$f(r)=\frac{1}{\sqrt{2\pi}}\int_0^\infty dk\,k^2\int_0^\pi d\theta\sin\theta\,e^{ikr\cos\theta}\tilde{f}(k)\,. \tag{20.25}$$

Mit $\int_0^\pi d\theta\sin\theta\,e^{ikr\cos\theta}=2\frac{\sin(kr)}{kr}$ (das kann man ganz leicht im Kopf ausrechnen – wie?) wird daraus

$$f(r)=\frac{1}{r}\sqrt{\frac{2}{\pi}}\int_0^\infty dk\,k\sin(kr)\tilde{f}(k)\,. \tag{20.26}$$

Dieser Trick wird in der Elementarteilchenphysik oft angewandt.

Die Verallgemeinerung der Fouriertransformation auf beliebige Dimensionen (etwa auf vier, wie sie in der Relativitätstheorie benötigt wird) liegt auf der Hand.

[Aufgabe 7]

## Reelle Form der Fouriertransformation

Aus (20.4) und (20.5) lässt sich mit Hilfe der Eulerschen Formel (4.5) eine Schreibweise der Fouriertransformation gewinnen, in der keine komplexe Exponentialfunktion, sondern nur Sinus- und Cosinusfunktionen auftreten. Obwohl ihre Herleitung leicht ist, führen wir sie nicht vor, sondern geben nur das Resultat an: Ist $f$ eine auf $\mathbb{R}$ definierte Funktion[11], so ist

$$f(x)=\int_0^\infty dk\left(\cos(kx)A(k)+\sin(kx)B(k)\right), \tag{20.27}$$

wobei

$$\begin{aligned}A(k)&=\int_0^\infty\frac{dx}{\pi}\cos(kx)f(x)\\B(k)&=\int_0^\infty\frac{dx}{\pi}\sin(kx)f(x)\end{aligned} \tag{20.28}$$

$A(k)$ und $B(k)$ werden in (20.27) nur für positive Werte von $k$ benötigt. Werden in (20.28) beliebige Werte für $k$ zugelassen, so ist $A$ eine gerade Funktion ($A(-k)=A(k)$) und $B$ eine ungerade Funktion ($B(-k)=-B(k)$). Der Zusammenhang mit der in (20.5) definierten Fouriertransformierten $\tilde{f}$ ist dann

$$\tilde{f}(k)=\sqrt{\frac{\pi}{2}}\left(A(k)-iB(k)\right). \tag{20.29}$$

[11] Die Voraussetzung dafür ist – wie bei der komplexen Formulierung – die Existenz aller auftretenden Integrale.

Für reelles $f$ sind $A$ und $B$ daher (vom Vorfaktor und einem Vorzeichen abgesehen) Real- und Imaginärteil von $\tilde{f}$. Wie im Fall der Fourierreihe ist es hilfreich, zwei Spezialfälle zu betrachten:

- Ist $f$ eine gerade Funktion, so ist $B(k) = 0$. In diesem Fall tritt in (20.27) nur der Cosinus-Term auf. (Man spricht dann von der **Fourier-Cosinustransformation** für gerade Funktionen).
- Ist $f$ eine ungerade Funktion, so ist $A(k) = 0$. In diesem Fall tritt in (20.27) nur der Sinus-Term auf. (Man spricht dann von der **Fourier-Sinustransformation** für ungerade Funktionen).

Im allgemeinen Fall werden die Funktionen $A$ und $B$ als **Amplitudenspektren** (des geraden und des ungeraden Anteils von $f$) bezeichnet.

[Aufgabe 8]

## Anwendungsbeispiel *

Die **Wellengleichung**

$$\left(\frac{\partial^2}{\partial t^2} - \Delta\right)\phi(t,\vec{x}) \equiv \left(\frac{\partial^2}{\partial t^2} - \frac{\partial^2}{\partial x^2} - \frac{\partial^2}{\partial y^2} - \frac{\partial^2}{\partial z^2}\right)\phi(t,\vec{x}) = 0 \tag{20.30}$$

(für reelle oder komplexe $\phi$) ist eine der wichtigsten partiellen Differentialgleichungen der Physik. Um sie allgemein für ein Feld zu lösen, das den gesamten Raum ausfüllt, stellen wir es für jeden Zeitpunkt $t$ als Fourierintegral vom Typ (20.24) dar:

$$\phi(t,\vec{x}) = \int_{\mathbb{R}^3} \frac{d^3k}{(2\pi)^{3/2}} e^{i\vec{k}\vec{x}} \tilde{\phi}(t,\vec{k}). \tag{20.31}$$

Da wir diese Darstellung für *jeden Zeitpunkt* $t$ wählen, hängt die Fouriertransformierte $\tilde{\phi}$ neben $\vec{k}$ auch von $t$ ab. Setzen wir sie in (20.30), so erhalten wir, nach Ausführung der Ableitungen nach den räumlichen Koordinaten,

$$\int_{\mathbb{R}^3} \frac{d^3k}{(2\pi)^{3/2}} e^{i\vec{k}\vec{x}} \left(\frac{\partial^2}{\partial t^2} + \vec{k}^2\right)\tilde{\phi}(t,\vec{k}) = 0. \tag{20.32}$$

(Das $\vec{k}^2$ stammt von der Anwendung des Laplace-Operators auf $e^{i\vec{k}\vec{x}}$). Das ist wieder ein Fourierintegral, und da es gleich $0$ ist, ist muss auch seine Fouriertransformierte verschwinden, d.h. es muss

$$\left(\frac{\partial^2}{\partial t^2} + \vec{k}^2\right)\tilde{\phi}(t,\vec{k}) = 0 \tag{20.33}$$

gelten. Für jedes gegebene $\vec{k}$ ist das eine gewöhnliche Differentialgleichung, die wir mit den in Kapitel 5 besprochenen Techniken leicht lösen können! Die allgemeine Lösung (für jedes festgehaltene $\vec{k}$) ist

$$\tilde{\phi}(t,\vec{k}) = a(\vec{k})\, e^{-i|\vec{k}|\,t} + b(\vec{k})\, e^{i|\vec{k}|\,t}\,, \tag{20.34}$$

wobei $a(\vec{k})$ und $b(\vec{k})$ beliebig gewählt werden können.[12] Das setzen wir in (20.31) ein und erhalten

$$\phi(t,\vec{x}) = \int_{\mathbb{R}^3} \frac{d^3k}{(2\pi)^{3/2}}\, e^{i\vec{k}\vec{x}} \left( a(\vec{k})\, e^{-i|\vec{k}|\,t} + b(\vec{k})\, e^{i|\vec{k}|\,t} \right). \tag{20.35}$$

Damit haben wir die Wellengleichung auf elegante Weise *allgemein* für ein komplexes Feld $\phi$ *gelöst*! Soll $\phi$ ein reelles Feld sein, so muss zusätzlich $b(\vec{k}) = a(-\vec{k})^*$ gesetzt werden. Da die im Integranden auftretenden Funktionen $e^{i\vec{k}\vec{x}} e^{\pm i|\vec{k}|\,t} \equiv e^{i\left(\vec{k}\vec{x} \pm |\vec{k}|\,t\right)}$ ebene Wellen (mit Wellenzahlvektor $\vec{k}$ und Frequenz $|\vec{k}|$) darstellen[13], kann (20.35) als eine **Entwicklung des Feldes $\phi$ in ebene Wellen** gedeutet werden. Dieses Ergebnis ist unter anderem der Ausgangspunkt für die relativistische Teilchenphysik.

---

Damit haben wir unseren Streifzug durch die wichtigsten in der Physik benötigten mathematischen Strukturen, Begriffe und Methoden beendet. Manche werden Sie im Laufe Ihres Studiums selbst anwenden, von anderen werden Sie dann und wann zumindest hören. Greifen Sie bei Bedarf auf dieses Buch zurück! Ich wünsche Ihnen für Ihr weiteres Studium viel Erfolg!

# Aufgaben

1. Berechnen Sie die Fouriertransformierte der Funktion

$$f(x) = \begin{cases} -1 & \text{wenn } -1 < x < 0 \\ 1 & \text{wenn } 0 < x < 1 \\ 0 & \text{sonst} \end{cases}$$

---

[12] Mit der Einschränkung, dass das Integral in (20.35) existiert.

[13] Um Sie neugierig auf mehr zu machen: In der Teilchenphysik wird $e^{i\left(\vec{k}\vec{x} - |\vec{k}|\,t\right)}$ als ebene Welle mit „positiver Frequenz" und $e^{i\left(\vec{k}\vec{x} + |\vec{k}|\,t\right)}$ als ebene Welle mit „negativer Frequenz" betrachtet. Letztere wird mit *Antiteilchen* in Verbindung gebracht!

2. Berechnen Sie die Fouriertransformierte der Funktion

$$f(x) = \begin{cases} 1 & \text{wenn } 0 \le x \le 1 \\ 0 & \text{sonst} \end{cases}$$

3. Berechnen Sie die Fouriertransformierte der Funktion $g(x) = e^{-|x|}$.

4. Berechnen Sie die Fouriertransformierten der Funktionen $g(x) = e^{-a|x|}$ für $a > 0$. Untersuchen und diskutieren Sie die Abhängigkeit der Funktionen $g$ und $\tilde{g}$ von $a$.

5. Ermitteln Sie mit Hilfe des Verschiebungssatzes (20.16) und unter Ausnutzung des Resultats (20.9) die Fouriertransformation der charakteristischen Funktion des Intervalls $[2,4]$, d.h. der Funktion

$$s(x) = \begin{cases} 1 & \text{wenn } 2 \le x \le 4 \\ 0 & \text{sonst} \end{cases}$$

(Hinweis: bei dieser Aufgabe brauchen Sie fast nichts zu rechnen!)

6. Ermitteln Sie die Fouriertransformierte von $g(x) = -2x e^{-x^2}$, indem sie
   (i) zunächst (20.14) benutzen, um die Fouriertransformierte von $e^{-x^2}$ zu bestimmen und danach
   (ii) die Ableitungsregel (20.17) benutzen, um zur Fouriertransformierten der Funktion $g$ (die ja nichts anderes als die Ableitung von $e^{-x^2}$ ist) zu gelangen.

   (Hinweis: bei dieser Aufgabe brauchen Sie fast nichts zu rechnen!)

7. Ergänzungsaufgabe: *
   Benutzen Sie (20.26), um mit Hilfe von *Mathematica* die inverse Fouriertransformierte (in drei Dimensionen) von

$$\tilde{f}(\vec{k}) = \frac{1}{\left(1 + |\vec{k}|^2\right)^2}$$

   zu berechnen.

8. Ermitteln Sie die in der reellen Form der Fouriertransformation (20.27) auftretenden Amplitudenspektren $A(k)$ und $B(k)$ für die Funktion von Aufgabe 2.

   (Hinweis: Unter Ausnutzung der entsprechenden im Text gegebenen Information brauchen Sie bei dieser Aufgabe fast nichts zu rechnen!)

# Lösungen der Aufgaben

## 1 Einleitung (Übungsaufgaben zur Überprüfung der Vorkenntnisse)

1. $v = c\sqrt{1 - \frac{1}{\left(1 + \frac{E_{\text{kin}}}{mc^2}\right)^2}}$ oder, anders angeschrieben, $v = c\left(1 - \left(1 + \frac{E_{\text{kin}}}{mc^2}\right)^{-2}\right)^{1/2}$

2. $\frac{1}{u^2 - w^2}$

3. $G_1$ = Rechteck (mit Seitenlängen $3$ und $2$, ein Eckpunkt im Ursprung)
   $G_2$ = Kreis (um den Ursprung mit Radius $3$)
   $G_3$ = Halbebene (oberhalb der ersten Mediane)

4. $V_1$ = Würfel (mit Kantenlänge $1$, ein Eckpunkt im Ursprung = der so genannte „Einheitswürfel")
   $V_2$ = Kugel (um den Ursprung mit Radius $3$)
   $V_3$ = Halbkugel (die obere Hälfte der Einheitskugel)

5. Benutzen Sie zur Überprüfung ein elektronisches Werkzeug, um die Graphen zu plotten!
   Es handelt sich um: Gerade, Parabel, Parabel, Halbkreis-Linie, Hyperbel-Ast.

6. Benutzen Sie zur Überprüfung ein elektronisches Werkzeug, um die Graphen zu plotten!

7. $\vec{a}\vec{b} = 12$, $\vec{a}\vec{c} = 0$ und $\vec{b}\vec{c} = 4$. Daher steht $\vec{a}$ normal auf $\vec{c}$. Die Beträge sind $|\vec{a}| = |\vec{b}| = \sqrt{14}$ und $|\vec{c}| = \sqrt{5}$.

8. $\frac{1}{2\sqrt{x}}$, $\frac{x}{\sqrt{x^2+1}}$, $-\frac{1}{2(x-1)^{3/2}}$, $\cos x$, $A\cos x - B\sin x$, $cA\cos(cx) - cB\sin(cx)$, $2x\cos(x^2)$, $2\sin x\cos x$, $2x\sin x + x^2\cos x$, $\frac{x\cos x - \sin x}{x^2}$, $ke^{kx}$, $2xe^{x^2}$, $-2xe^{-x^2}$ und $\frac{2x}{1+x^2}$.

9. Es gehören zusammen: (1)(c), (2)(a) und (3)(b).

10. Aus $x(t) = A\sin(\omega t)$ folgt $\dot{x}(t) = \omega A\cos(\omega t)$. Daher gilt

$$\dot{x}(\frac{\pi}{2\omega}) = \omega A\cos(\omega\frac{\pi}{2\omega}) = \omega A\cos(\frac{\pi}{2}) = 0,$$

wobei $\cos(\frac{\pi}{2}) = 0$ benutzt wurde. Interpretation: Zur Zeit $\frac{\pi}{2\omega}$ befindet sich der Körper an einem Umkehrpunkt – daher ist seine Momentangeschwindigkeit gleich $0$.

Zusätzlicher Check: Seine $x$-Koordinate zu dieser Zeit ist

$$x(\frac{\pi}{2\omega}) = A\sin(\omega\frac{\pi}{2\omega}) = A\sin(\frac{\pi}{2}) = A,$$

d.h. sie ist gleich der Amplitude (und entspricht damit der maximalen Auslenkung).

11. $\frac{x^3}{3} + x + C$, $-\frac{1}{b}\cos(bx) + C$, $\frac{1}{b}\sin(b\xi) + C$ und $\frac{1}{k}e^{kz} + C$.

12. $\frac{10}{3}$, $\frac{1}{\omega}\big(1 - \cos(2\pi\omega)\big)$, $\frac{1}{3}\pi^3 a$ und $1$.

13. $\sin x - x\cos x + C$, $2x\sin x + (2 - x^2)\cos x + C$, $\frac{1}{2}x - \frac{1}{4}\sin(2x) + C$ und $\operatorname{asin} x + C$.

14. $-2\pi$, $-4\pi^2$, $\pi$ und $\pi$.

15. Eine (saloppe, aber für unsere Zwecke ausreichende) Formulierung ist:
Gilt $F'(x) = f(x)$ im Intervall $[a,b]$, d.h. ist $F$ eine Stammfunktion von $f$, so ist
$\int_a^b dx\, f(x) = F(b) - F(a)$.

16. Da $x\sqrt{1-x^2}$ eine Stammfunktion von $\frac{1-2x^2}{\sqrt{1-x^2}}$ ist, gilt (nach dem Hauptsatz der Differential- und Integralrechnung) $\int_0^{1/2} dx \frac{1-2x^2}{\sqrt{1-x^2}} = x\sqrt{1-x^2}\,\Big|_0^{1/2} = \frac{1}{2}\sqrt{1-\left(\frac{1}{2}\right)^2} = \frac{1}{4}\sqrt{3}$.

# 2 Komplexe Zahlen

1. $z_1 + z_2 = 5+3i$, $z_1 - z_2 = 1+5i$, $z_1 + 4z_2 = 11$, $z_1 z_2 = 10+5i$, $\frac{z_1}{z_2} = \frac{2+11i}{5}$,
$z_1^* = 3-4i$, $z_2^* = 2+i$, $|z_1| = 5$, $|z_2| = \sqrt{5}$.

2. $i^3 = -i$, $i^4 = 1$, $i^5 = i$, $i^6 = -1$, $i^7 = -i$, $i^8 = 1$.
Die allgemeine Regel kann so formuliert werden: $i^n$ ist $1$, $i$, $-1$ oder $-i$, je nachdem, ob bei der Division $n:4$ der Rest $0$, $1$, $2$ oder $3$ bleibt.

3. $z^2 = i$.

4. Mit $z_1 = x_1 + iy_1$ und $z_2 = x_2 + iy_2$ ist
$(z_1 + z_2)^* = \left(x_1 + x_2 + i(y_1 + y_2)\right)^* = x_1 + x_2 - i(y_1 + y_2)$ und
$z_1^* + z_2^* = x_1 - iy_1 + x_2 - iy_2 = x_1 + x_2 - i(y_1 + y_2)$. Daher $(z_1 + z_2)^* = z_1^* + z_2^*$.
Der Beweis der Rechenregel $(z_1 z_2)^* = z_1^* z_2^*$ sei Ihnen überlassen!

5. $z^2 = -\frac{1+i\sqrt{3}}{2}$, daher $z^2 + z + 1 = -\frac{1+i\sqrt{3}}{2} + \frac{-1+i\sqrt{3}}{2} + 1 = 0$.

6. Eleganter Beweis: $\frac{z_1}{z_2} = \frac{z_1 z_2^*}{z_2 z_2^*} = \frac{z_1 z_2^*}{|z_2|^2}$ (unter Verwendung von $z_2 z_2^* = |z_2|^2$).
Beweis durch Nachrechnen: Die Aussage folgt unmittelbar daraus, dass
$\frac{z_1 z_2^*}{|z_2|^2} = \frac{(x_1 + iy_1)(x_2 - iy_2)}{y_2^2 + y_2^2} = \frac{(x_1 x_2 + y_1 y_2) + i(y_1 x_2 - x_1 y_2)}{x_2^2 + y_2^2}$.

7.

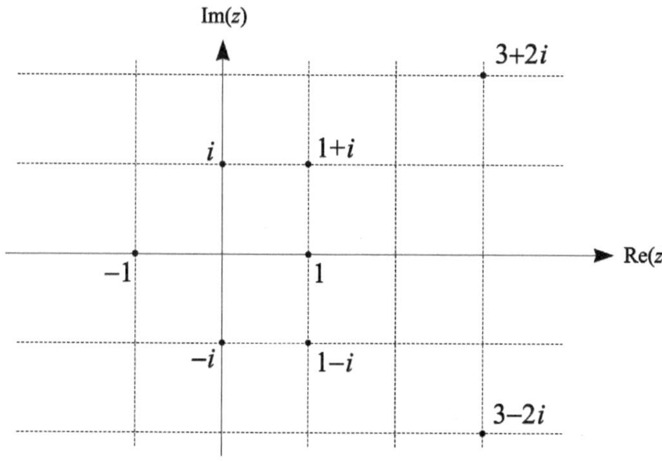

8. $x = 2\cos\left(\frac{\pi}{4}\right) = \sqrt{2}$ und $y = 2\sin\left(\frac{\pi}{4}\right) = \sqrt{2}$. Daher lautet die Darstellung als komplexe Zahl $\sqrt{2} + i\sqrt{2} \equiv \sqrt{2}(1+i)$.

9. $r = 1$.

10. Der Betrag von $-1+i$ ist $r = \sqrt{2}$, das Argument ist $\varphi = \frac{3\pi}{4}$ (zeichnen Sie den Punkt in der komplexen Ebene, um das ohne Rechnung einzusehen!), daher ist
$-1+i = \sqrt{2}\left(\cos\left(\frac{3\pi}{4}\right) + i\sin\left(\frac{3\pi}{4}\right)\right)$.

11. Hier die Lage der genannten Zahlen in der komplexen Ebene:

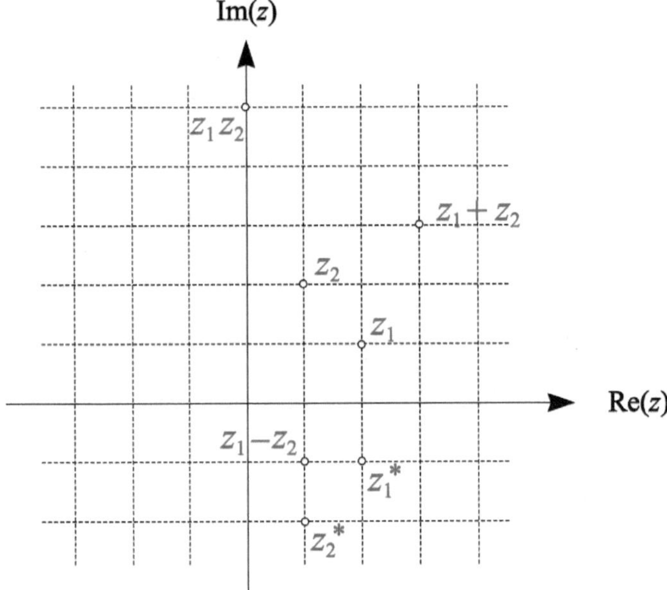


12. $\frac{1+i}{\sqrt{2}} = \cos\left(\frac{\pi}{4}\right) + i\sin\left(\frac{\pi}{4}\right)$, $\left(\frac{1+i}{\sqrt{2}}\right)^2 = \cos\left(\frac{\pi}{2}\right) + i\sin\left(\frac{\pi}{2}\right) = i$.

13.

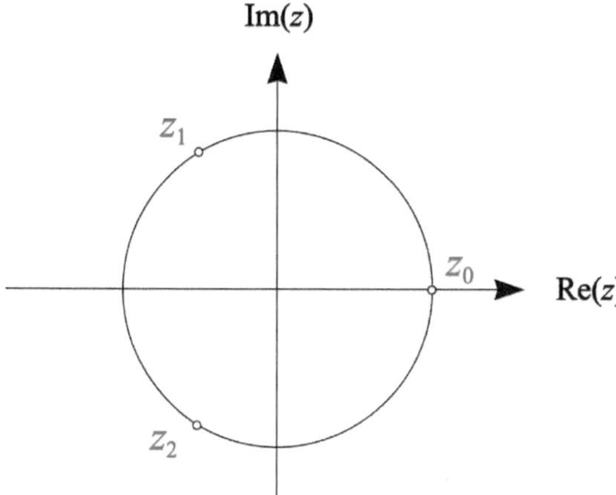


Es gilt $z_0^3 = z_1^3 = z_2^3 = 1$. Diese drei Zahlen sind die „dritten Wurzeln aus 1". Ihre Polardarstellungen sind $z_0 = \cos(0) + i\sin(0)$, $z_1 = \cos\left(\frac{2\pi}{3}\right) + i\sin\left(\frac{2\pi}{3}\right)$ und $z_2 = \cos\left(\frac{4\pi}{3}\right) + i\sin\left(\frac{4\pi}{3}\right)$. Letzteres kann auch in der Form $z_2 = \cos\left(-\frac{2\pi}{3}\right) + i\sin\left(-\frac{2\pi}{3}\right)$ geschrieben werden.

14. Eleganter Beweis: $\frac{1}{z} = \frac{z^*}{zz^*} = \frac{z^*}{|z|^2}$ (unter Verwendung von $z^*z = |z|^2$).

Beweis durch Nachrechnen: Die Aussage folgt unmittelbar daraus, dass $\frac{z^*}{|z|^2} = \frac{x - iy}{x^2 + y^2} = \frac{r(\cos\varphi - i\sin\varphi)}{r^2} = \frac{1}{r}(\cos\varphi - i\sin\varphi)$ gilt.

Dritte Beweisvariante: Setzen Sie $z_1 = 1$ und $z_2 = z$ in Aufgabe 6.

15.

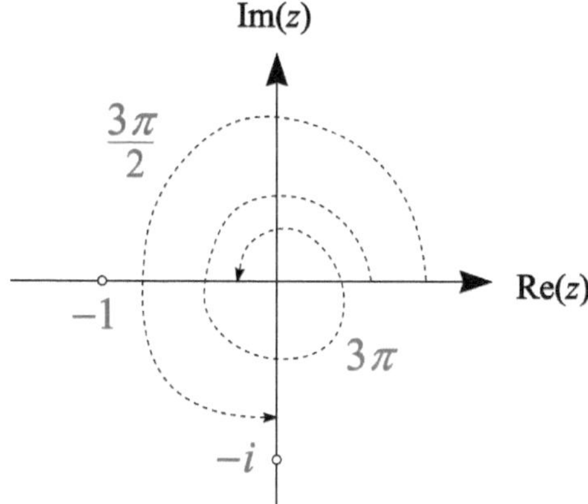

16.

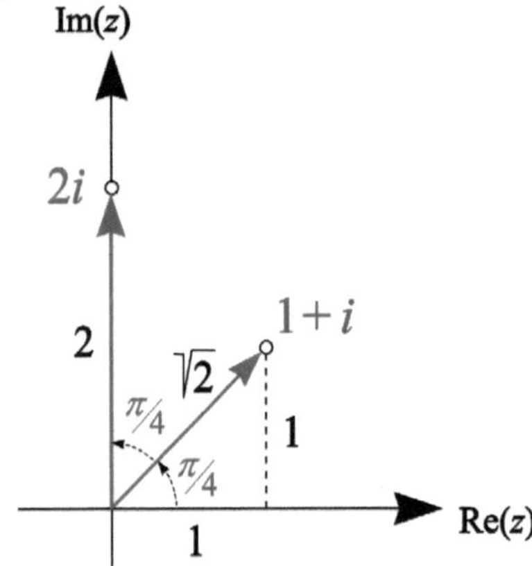


17. Die beiden Lösungen sind $z_{1,2} = 3 \pm i\sqrt{2}$.

18. Die beiden Lösungen sind $z_{1,2} = \frac{3}{2} \pm 2i$.

# 3 Reihenentwicklung (Taylorreihen) und Approximation

1. Die einzigen nichttrivialen Ableitungen an der Stelle $0$ sind $f^{(2)}(0)=2!$ und $f^{(8)}(0)=-8!$, womit sich die rechte Seite von (3.5) zu $x^2-x^8$ vereinfacht.

2. Die Aufsummierung der Reihe für $x=2$ bis zur Ordnung $9$ ergibt $\mathrm{p}_9\left(\frac{1}{2}\right)=0.479425538616...$ Der exakte Wert ist $\sin\left(\frac{1}{2}\right)=0.479425538604...$

3. Die angegebenen Funktionen sind an der Stelle $0$ entweder nicht definiert oder nicht definierbar.

4. $\dfrac{1}{1+x^2} = 1-x^2+x^4-x^6+... \equiv \sum_{n=0}^{\infty}(-1)^n x^{2n}$

5. $E(v)=mc^2+\dfrac{mv^2}{2}+\dfrac{3mv^4}{8c^2}+O(v^6)$. Der erste Term ist die berühmte „relativistische Ruheenergie“, der zweite der nichtrelativistische Ausdruck für die kinetische Energie. Der Rest der Reihe stellt die „relativistische Korrektur“ der kinetischen Energie dar. Nachbemerkung: Wird anstelle von $v$ der Quotient $v/c$ als Variable betrachtet, so kann anstelle von $O(v^6)$ auch $c^2\,O((v/c)^6)$ oder $v^2\,O((v/c)^4)$ geschrieben werden. Damit wird ausgedrückt, dass die nachfolgenden Terme vernachlässigbar klein sind, wenn $v$ sehr viel kleiner als die Lichtgeschwindigkeit $c$ ist.

6. $\dfrac{\sin x}{x}=1-\dfrac{x^2}{3!}+\dfrac{x^4}{5!}-\dfrac{x^6}{7!}+...$. Das bedeutet, dass $\dfrac{\sin x}{x}$ (roter Graph) nahe der Stelle $0$ ganz friedlich ist, obwohl Zähler und Nenner (graue Graphen) dort $0$ sind:

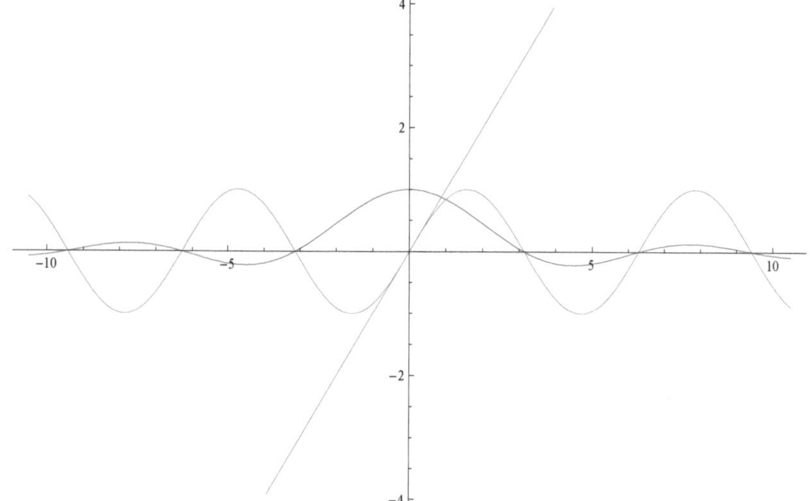

7. Um den richtigen Wert $e^{1.01} = 2.74560101501...$ bis auf die elfte Nachkommastelle zu reproduzieren, sind mit der ersten Methode 4 Glieder, mit der zweiten 14 Glieder nötig.

8. Das wird durch direkte Berechnung der rechten Seite gezeigt.

9. $\dfrac{1}{a^2-x^2} = \dfrac{1}{a^2} + \dfrac{x^2}{a^4} + \dfrac{x^4}{a^6} + \dfrac{x^6}{a^8} + \ldots \equiv \dfrac{1}{a^2} \sum_{n=0}^{\infty} \left(\dfrac{x}{a}\right)^{2n}$

10. $2+(x^2-1)\sin x = 2 - x + \dfrac{7x^3}{6} - \dfrac{7x^5}{40} + O(x^7)$

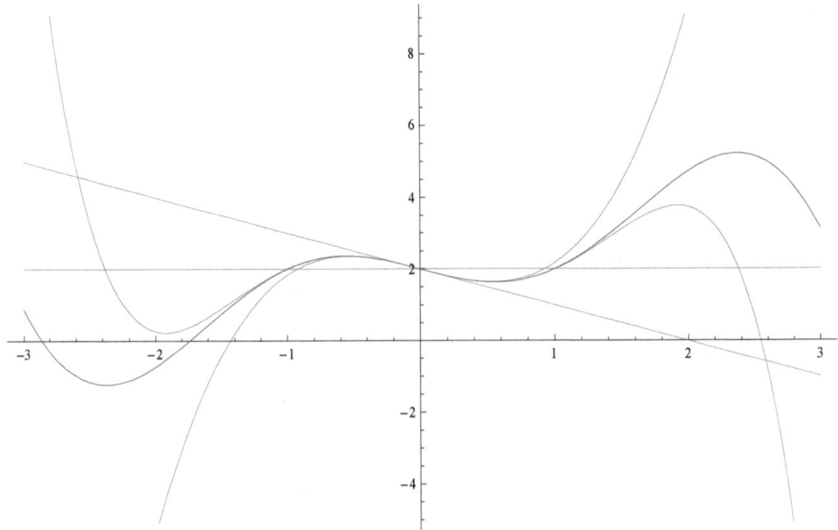


11. $2+(x^2-1)\sin x = 2 + (1-\pi^2)(x-\pi) - 2\pi(x-\pi)^2 + \dfrac{\pi^2-7}{6}(x-\pi)^3 + O\left((x-\pi)^7\right)$

12. $e^x \sin x = x + x^2 + \dfrac{x^3}{3} + O(x^4)$

(Tatsächlich ist sogar $e^x \sin x = x + x^2 + \dfrac{x^3}{3} + O(x^5)$.)

Der Plot (umseitig):

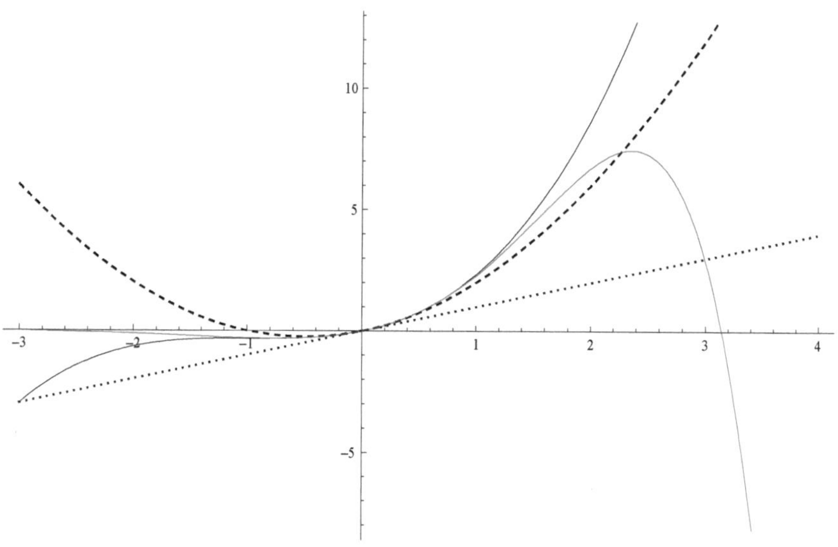


13. $e^{-x^2} = 1 - \frac{x^2}{1!} + \frac{x^4}{2!} - \frac{x^6}{3!} + \ldots \equiv \sum_{n=0}^{\infty} (-1)^n \frac{x^{2n}}{n!}$

$$x e^{-x^2} = x - \frac{x^3}{1!} + \frac{x^5}{2!} - \frac{x^7}{3!} + \ldots \equiv \sum_{n=0}^{\infty} (-1)^n \frac{x^{2n+1}}{n!}$$

14. Benutzen Sie dazu Formel (3.6).

15. $1 + \frac{3x}{2} + O(x^2)$

16. $\left(1 + x + \frac{x^2}{2} + O(x^3)\right)\left(x - \frac{x^3}{6} + O(x^5)\right) = x + x^2 + \frac{x^3}{3} + O(x^4)$

    Beachten Sie, dass die Funktion $e^x$ nur bis zur zweiten Ordnung entwickelt werden muss! Das Ergebnis ist das gleiche wie jenes von Aufgabe 12.

17. In eleganter Summenschreibweise lautet die Rechnung:

$$\frac{d}{dx}\sin x = \frac{d}{dx}\sum_{k=0}^{\infty}(-1)^k \frac{x^{2k+1}}{(2k+1)!} = \sum_{k=0}^{\infty}(-1)^k \frac{(2k+1)x^{2k}}{(2k+1)!} = \sum_{k=0}^{\infty}(-1)^k \frac{x^{2k}}{(2k)!} = \cos x$$

18. In eleganter Summenschreibweise lautet die Rechnung:

$$\int dx\, e^{-x^2} = \int dx \sum_{n=0}^{\infty}(-1)^n \frac{x^{2n}}{n!} = \sum_{n=0}^{\infty}(-1)^n \int dx \frac{x^{2n}}{n!} = \sum_{n=0}^{\infty}(-1)^n \frac{x^{2n+1}}{(2n+1)\, n!} + C\,.$$

# 4 Komplexe Exponentialfunktion

1. $\mathrm{Re}(e^{ix}) = \cos x$, $\mathrm{Im}(e^{ix}) = \sin x$, $\mathrm{Re}(e^{-ix}) = \cos x$ und $\mathrm{Im}(e^{-ix}) = -\sin x$.
   Aus den letzten beiden Beziehungen (die auf den Identitäten $\cos(-x) = \cos x$ und $\sin(-x) = -\sin x$ beruhen) ergibt sich die wichtige Formel $e^{-ix} = \cos x - i\sin x$. Sie kann gemeinsam mit der Eulerschen Formel in der Form

$$e^{\pm ix} = \cos x \pm i\sin x$$

   angeschrieben werden. Versuchen Sie, sich diese Beziehung zu merken!

2. $\sin x = \frac{1}{2i}\left(e^{ix} - e^{-ix}\right)$ und $\cos x = \frac{1}{2}\left(e^{ix} + e^{-ix}\right)$.
   Das sind zwei wichtige Formeln! Versuchen Sie, sie sich zu merken!

3. $\mathrm{Re}(z) = 2\cos(\pi/4) = \sqrt{2}$, $\mathrm{Im}(z) = 2\sin(\pi/4) = \sqrt{2}$ und $z^2 = (2e^{i\pi/4})^2 = 4e^{i\pi/2} = 4i$.

4. $(e^{ix})^* = (\cos x + i\sin x)^* = \cos x - i\sin x = e^{-ix}$

5. Den Einheitskreis.

# 5 Lineare Differentialgleichungen mit konstanten Koeffizienten

1. $y''(x) = 3x^2 y(x)$ ... linear-homogen mit nicht-konstanten Koeffizienten
   $y''(x) = 3x\, y(x)^2$ ... nichtlinear
   $y''(x) = 3x^2 + y(x)$ ... linear-inhomogen mit konstanten Koeffizienten
   $y''(x) = 3x^2 + y(x)^2$ ... nichtlinear

2. $y'(x) = 0$ besagt, dass die Änderungsrate der Funktion $y$ überall gleich $0$ ist. Daher ist $y$ eine konstante Funktion: $y(x) = C$ für alle $x$, wobei $C$ eine frei wählbare Konstante ist. (Machen Sie die Probe durch differenzieren!)

3. $y''(x) = 0$ besagt mit Aufgabe 2, dass $y'$ eine konstante Funktion ist: $y'(x) = C$ für alle $x$ (wobei $C$ eine frei wählbare Konstante ist). Daraus folgt, dass $y$ die Stammfunktion dieser konstanten Funktion ist, also durch eine Integration erhalten werden kann: $y(x) = \int dx\, C = Cx + D$, wobei $D$ die (zweite, frei zu wählende) Integrationskonstante ist. Die allgemeine Lösung lautet daher $y(x) = Cx + D$. (Machen Sie die Probe durch differenzieren!)

4. $y'(x) = x^2$ besagt, dass $y$ die Stammfunktion von $x^2$ ist, also durch eine Integration erhalten werden kann: $y(x) = \int dx\, x^2 = \frac{x^3}{3} + C$, wobei $C$ die (frei zu wählende) Integrationskonstante ist. Die allgemeine Lösung lautet daher $y(x) = \frac{x^3}{3} + C$. (Machen Sie die Probe durch differenzieren!)

5. Nein, da die angegebene DGL von dritter Ordnung ist und daher *drei* frei wählbare Konstante enthalten muss. Die allgemeine Lösung lautet
   $$y(x) = -2x - \frac{x^3}{3} + C_1 e^x + C_2 e^{-x} + C_3 .$$

6. (5.11) ist von der Form (5.9), löst daher die Differentialgleichung (5.7). Es bleibt also nur zu überprüfen, ob (5.11) auf den korrekten Anfangswert $y(0)$ führt. Dazu setzen wir in den angegebenen Lösungsausdruck $x = 0$ ein und erhalten
   $e^0 \left( \int_0^0 d\xi\, e^{a\xi} f(\xi) + y(0) \right) = y(0)$, womit alles gezeigt ist.

7.

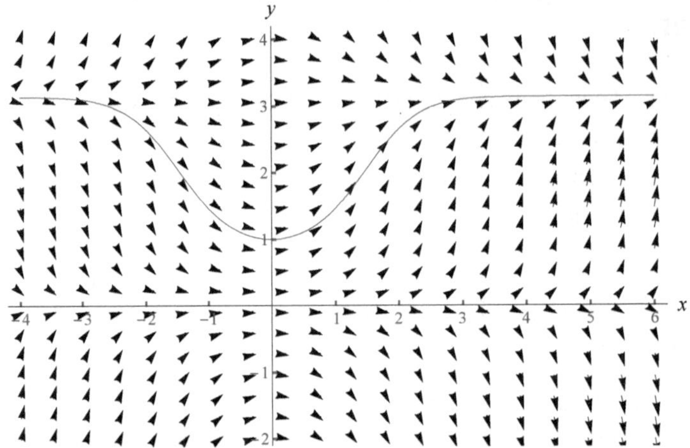


Die Lösungskurve beginnt im Punkt $(0,1)$. Aus der DGL folgt, dass ihr Anstieg dort $0$ ist. Da mit wachsendem $x$ zunächst die rechte Seite der DGL wächst, wird die Lösungskurve steiler. Sobald $y(x)$ aber den Wert $\pi/2$ erreicht, wächst der Faktor $\sin\big(y(x)\big)$ mit zunehmendem $y(x)$ nicht mehr an, sondern fällt ab (Verhalten der Sinusfunktion!). Dadurch wird die Steigung der Lösungskurve ab einem bestimmten Punkt mit wachsendem $x$ wieder kleiner (bleibt aller positiv). Je näher in weiterer Folge $y(x)$ dem Wert $\pi$ kommt (an dem die Sinusfunktion eine Nullstelle besitzt), um so kleiner wird gemäß der Differentialgleichung die Ableitung $y'(x)$ – die Lösungsfunktion nähert sich asymptotisch dem Wert $\pi$ an. Dieser Wert (bzw. die Gerade $y=\pi$ im Bereich $x>0$) wird auch als „Attraktor" bezeichnet, da er Lösungen in seiner Nähe „anzieht" und nicht mehr weglässt! Das geht auch aus den Richtungspfeilen der grafischen Darstellung sehr schön hervor.
(Zusatzfragen: Gibt es noch andere Attraktoren? Ist die Gerade $y=0$ im Bereich $x>0$ ein Attraktor?)

8.

$$c_1 = C_1 + C_2 \qquad C_1 = \frac{1}{2}(c_1 - ic_2)$$

bzw. umgekehrt

$$c_2 = i\big(C_1 - C_2\big) \qquad C_2 = \frac{1}{2}(c_1 + ic_2)$$

9. Der Ansatz $y(x)=e^{rx}$ führt auf die charakteristische Gleichung $r^2+1=0$. Sie besitzt die beiden Lösungen $r=\pm i$. Die allgemeine Lösung ist daher $y(x)=C_1e^{ix}+C_2e^{-ix}$. Mit Hilfe der Eulerschen Formel kann sie in der reellen Form $y(x)=c_1\cos x+c_2\sin x$ geschrieben werden. Die Umrechnung der $(C_1,C_2)$ in die $(c_1,c_2)$ ist die gleiche wie in Aufgabe 8.

10. $y(x)=(C_1+C_2x)e^{-3x}$

11. $y''(x)+7y'(x)-5y(x)=0$

12. Aus $y(x)=C_1 e^{(-2+3i)x}+C_2 e^{(-2-3i)x}\equiv e^{-2x}\left(C_1 e^{3ix}+C_2 e^{-3ix}\right)$ folgt $y(0)=C_1+C_2$ und (nach Berechnung der Ableitung $y'(x)$) $y'(0)=-2\left(C_1+C_2\right)+3i\left(C_1-C_2\right)$. Mit Hilfe dieser beiden Beziehungen können $C_1$ und $C_2$ in (5.19) durch $y(0)$ und $y'(0)$ ausgedrückt werden. Nach Anwendung der Eulerschen Formel $e^{\pm 3ix}=\cos(3x)\pm i\sin(3x)$ nimmt die allgemeine Lösung genau die Form (5.23) an.

13. $y(x)=\dfrac{3x-2}{27}+(C_1+C_2 x)e^{-3x}$

14. (i) Die gesuchte Lösung ist $x(t)=v_\infty t$ mit $v_\infty=-\dfrac{mg}{D}$.

(ii) Die allgemeine Lösung ist $x(t)=v_\infty t+C_1+C_2\exp\left(-\dfrac{D}{m}t\right)$.

(iii) Die spezielle Lösung $x(t)=v_\infty t$ stellt jene gleichförmige Bewegung dar, bei der die Gravitationskraft und die Reibungskraft entgegengesetzt gleich sind. $v_\infty$ ist jene Grenzgeschwindigkeit, die sich für große Zeiten ($t\to\infty$) *immer* einstellt. (Physikalisch entspricht sie etwa der konstanten *Sinkgeschwindigkeit* eines Körpers in einer zähen Flüssigkeit, die sich für große Zeiten immer einstellt)

15.

$$m\ddot{x}(t)=-D\dot{x}(t)$$
$$m\ddot{y}(t)=-D\dot{y}(t)$$
$$m\ddot{z}(t)=-D\dot{z}(t)-mg$$

16. $y(x)=\left(c_1\cos\left(\dfrac{3\sqrt{3}x}{2}\right)+c_2\sin\left(\dfrac{3\sqrt{3}x}{2}\right)\right)e^{3x/2}$

17. $y(x)=C_1 e^{(1+\sqrt{2})x}+C_2 e^{(1-\sqrt{2})x}\equiv\left(C_1 e^{\sqrt{2}x}+C_2 e^{-\sqrt{2}x}\right)e^x$

18. $y(x) = 2e^{-x/2}\cos\left(\frac{\sqrt{3}x}{2}\right)$

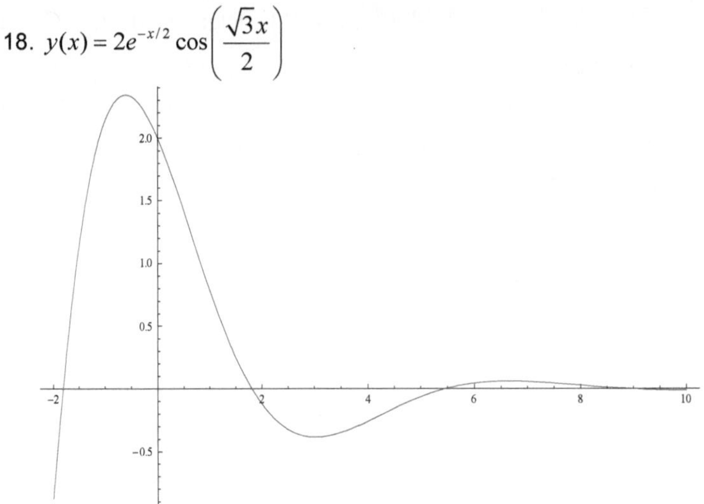


19. $y(x) = \frac{1}{4}\left(2x^2 - 2x - 3\right) + \frac{1}{28}\left(49\cos\left(\frac{\sqrt{7}x}{2}\right) + 11\sqrt{7}\sin\left(\frac{\sqrt{7}x}{2}\right)\right)e^{-x/2}$

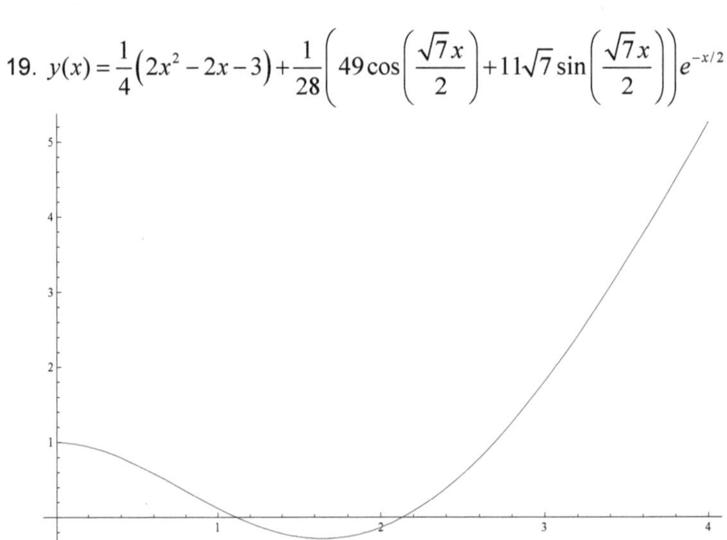


Die Lösungsfunktion startet bei $x = 0$ mit dem Wert $1$ und verschwindender Ableitung, nimmt zunächst bis zu einem negativen Wert ab und beginn dann zu wachsen. Für große $x$ dominiert der Anteil $x^2/2$ über alle anderen Summanden des Funktionsterms, d.h. die Funktion wächst unbeschränkt (annähernd quadratisch) an.

Die Differentialgleichung kann als Bewegungsgleichung eines schwingungsfähigen Systems mit Reibung unter dem Einfluss einer zeitabhängigen äußeren Kraft gedeutet werden ($x =$ Zeit!). Die äußere Kraft (repräsentiert durch den inhomogenen Term $x^2 - 1$) ist bis zur Zeit $x = 1$ negativ, „zieht" die Auslenkung $y$ daher zunächst nach unten. Danach wird sie aber positiv, nimmt annähernd mit dem Quadrat der Zeit zu, überwindet die rücktreibende Kraft sowie die Reibung und „zieht" die Auslenkung rasant nach oben.

20. Auf dem Papier ergibt sich die Verifikation von (5.28) unmittelbar aus der Lösung der charakteristischen Gleichung $mr^2 + Dr + k = 0$. Für $D^2 < 4km$ lautet die allgemeine Lösung, durch reelle Basisfunktionen (deren Berechnung Ihnen überlassen sei) ausgedrückt:

$$x(t) = \left(c_1 \cos(\omega t) + c_2 \sin(\omega t)\right) \exp\left(-\frac{D}{2m}\, t\right),$$

wobei $\omega = \frac{\sqrt{4km - D^2}}{2m}$ ist. Für $D = 0$ (keine Dämpfung) ergibt sich eine harmonische Schwingung mit Kreisfrequenz $\omega_0 = \sqrt{k/m}$. Für $0 < D < \sqrt{4km}$ wirkt sich die Dämpfung in zweierlei Hinsicht aus: Einerseits reduziert sie die Frequenz ($\omega < \omega_0$), andererseits zwingt sie die Amplitude, exponentiell abzunehmen (wodurch die Bewegung schließlich de facto zum Stillstand kommt).

# 6 Fehlerrechnung

1. $\sum_{j=1}^{n}\left(x_j-\overline{x}\right)=\sum_{j=1}^{n}x_j-\sum_{j=1}^{n}\overline{x}=\sum_{j=1}^{n}x_j-n\overline{x}=0$.

   Die letzte Gleichheit folgt unmittelbar aus der Definition (6.2) des Mittelwerts.

2. Eine mit *Mathematica* erzeugte grafische Darstellung sieht so aus:

   $\overline{x}=1.77$, $s^2=0.26$, $s=0.51$.

3. $\overline{x}=0$, $s=\sqrt{\dfrac{6}{7}}$.
   Innerhalb der 1-fachen Standardabweichung liegt nur ein einziger Datenwert! Dieses Beispiel zeigt, dass die Faustregel „innerhalb der 1-fachen Standardabweichung liegen ungefähr 68.3% der Datenwerte" *nicht allgemein* gilt! Sie gilt beispielsweise dann, wenn die Streuung der Daten durch viele, voneinander unabhängige zufällig wirkende Einflüsse zustande kommt – was aber in diesem Beispiel ganz offensichtlich nicht der Fall ist.

4. $\sum_{j=1}^{n}\left(x_j-a\right)^2$ ist minimal, wenn $a=\overline{x}$ ist.
   Dieses Resultat besagt, dass der Mittelwert einer einfachen Datenliste auch anders als in (6.2) definiert werden kann: Er ist jene Zahl, für die die Summe der Abstandsquadrate zu den Daten minimal ist.

5. Der Mittelwert der Grundgesamtheit ist $1.679\,\mathrm{m}$ (er ist mit einer Unsicherheit von $0.04\,\mathrm{m}$ bekannt), die Standardabweichung (Streuung der Körpergrößen) ist $0.124\,\mathrm{m}$.

6. $x=2.534\pm0.018$ (Fehler = geschätzter mittlerer Fehler des Mittelwerts).

7. $2000$.
   Begründung: Als beste Schätzung für den mittleren Fehler des Mittelwerts ergab sich nach 20 Messungen der Wert 10, was (bei einem geschätzten Mittelwert von 100) einer Unsicherheit von 10% entspricht. Nun besagt (6.11), dass die beste Schätzung für den mittleren Fehler des Mittelwerts bei $n$ Messungen proportional zu $\dfrac{1}{\sqrt{n-1}}$, d.h. für große $n$ ungefähr proportional zu $\dfrac{1}{\sqrt{n}}$ ist. (Die Proportionalitätskonstante $s$, die Standardabweichung der Grundgesamtheit, entspricht hier der Streuung der Messwerte in einer *sehr* umfangreichen Messreihe. Sie charakterisiert die Grundgesamtheit, hängt also nicht von $n$ ab). Um die Unsicherheit auf 1%, also auf ein Zehntel der ursprünglich ermittelten, zu drücken, sind daher 100 mal so viele Messungen nötig.

Die dieser Argumentation zugrunde liegende Logik gilt ganz allgemein: $k$ mal so viele Messungen reduzieren die Unsicherheit um den Faktor $\frac{1}{\sqrt{k}}$. Das ist eine wichtige Daumenregel!

8. $E = \left(0.108 \pm 0.01\right)\mathrm{J}$ (Fehler = geschätzter mittlerer Fehler des Mittelwerts).

9. Regressionsgerade: $k = 1.89$, $d = 0.247$.
   Korrelationskoeffizient: $r = 0.998$.

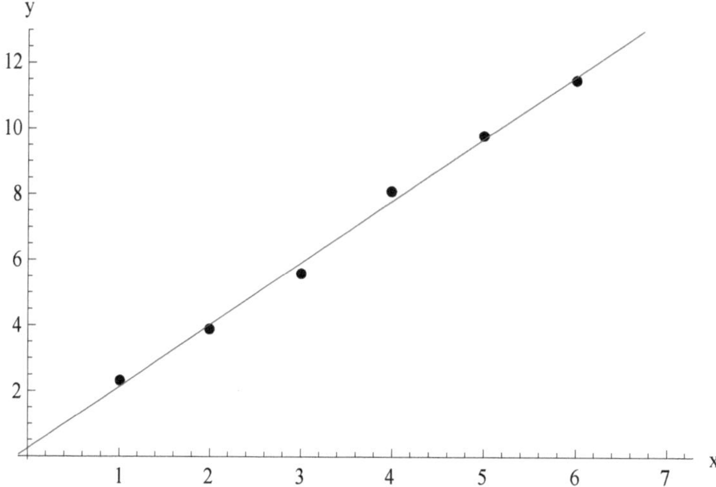

# 7 Funktionen mehrerer Variablen

Sehen Sie sich die Graphen, Niveaulinien und Niveauflächen der in den Aufgaben zu diesem Kapitel vorkommenden Funktionen, soweit sie hier nicht abgebildet sind, mit Hilfe eines CAS an!

1. Mit $y = kx$ wird $x \mapsto g(x, kx) = x^2 - (kx)^2 = (1-k^2)x^2$. Diese Funktion besitzt für $|k| < 1$ ein Minimum, für $|k| > 1$ ein Maximum und ist für $|k| = 1$ konstant. Denken Sie selbst darüber nach, wie sich diese Eigenschaften im Graphen von $g$ zeigen!

2. Der Graph von $u(x, y) = -x^2 - y^2$ wird aus jenem von (7.2) durch Spiegelung an der $xy$-Ebene erhalten.
   Der Graph von $v(x, y) = -x^2 + y^2$ wird aus jenem der im Text zu diesem Kapitel besprochenen Funktion $g(x, y) = x^2 - y^2$ durch Spiegelung an der $xy$-Ebene erhalten.

3. Der Graph von $w_1(x, y) = x^2 + y^2 - 1$ wird aus jenem von (7.2) erhalten, indem er um $1$ nach unten (in die negative $z$-Richtung) verschoben wird. Er schneidet die $xy$-Ebene im Einheitskreis.
   Der Graph von $w_2(x, y) = 1 - x^2 - y^2$ wird aus jenem der Funktion $u(x, y) = -x^2 - y^2$ von Aufgabe 2 erhalten, indem er um $1$ nach oben (in die positive $z$-Richtung) verschoben wird. Er schneidet die $xy$-Ebene im Einheitskreis.

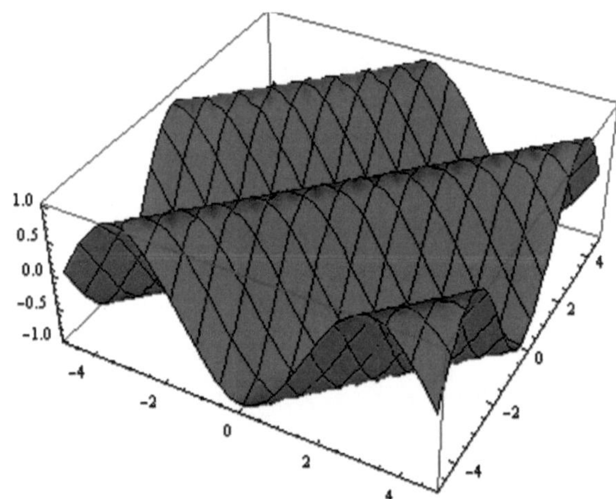


Denken Sie selbst nach, wie diese Form des Graphen zustande kommt!

5.

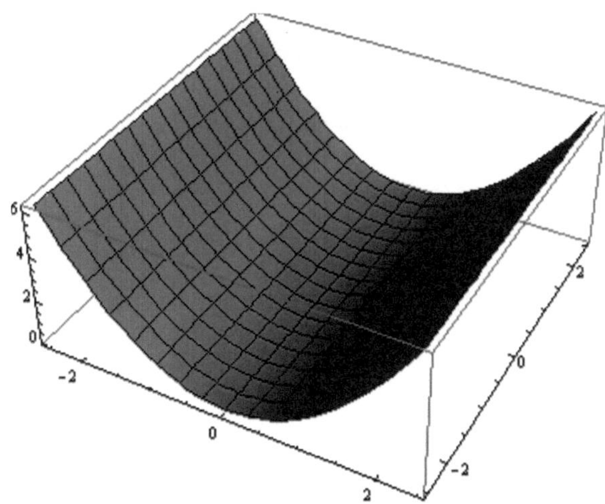


Denken Sie selbst nach, wie diese Form des Graphen zustande kommt!

6.

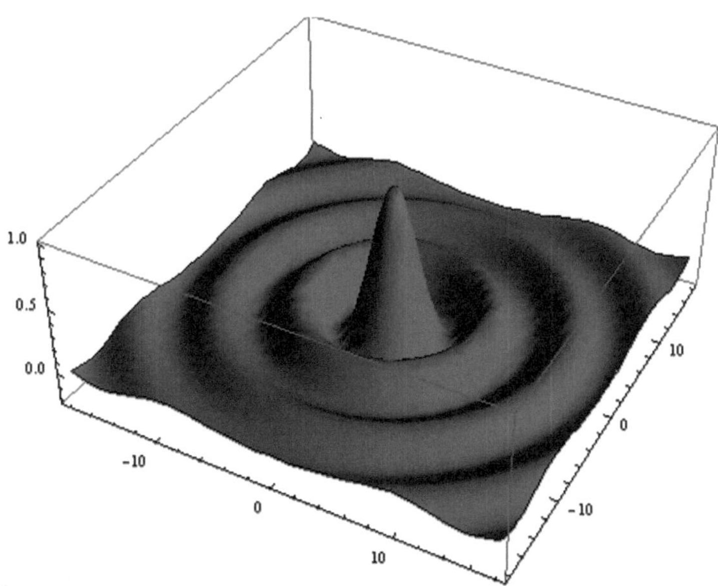


Denken Sie selbst nach, wie diese Form des Graphen zustande kommt! (Tipp: Betrachten Sie die Funktion $f(r) = \frac{\sin r}{r}$).

7. Es sind die zueinander parallelen Geraden $3x - 2y = c$.

8. Für jedes reelle $c$ beschreibt $\ln(x^2 + y^2) = c$ einen Kreis um den Ursprung mit Radius $e^{c/2}$.

9.

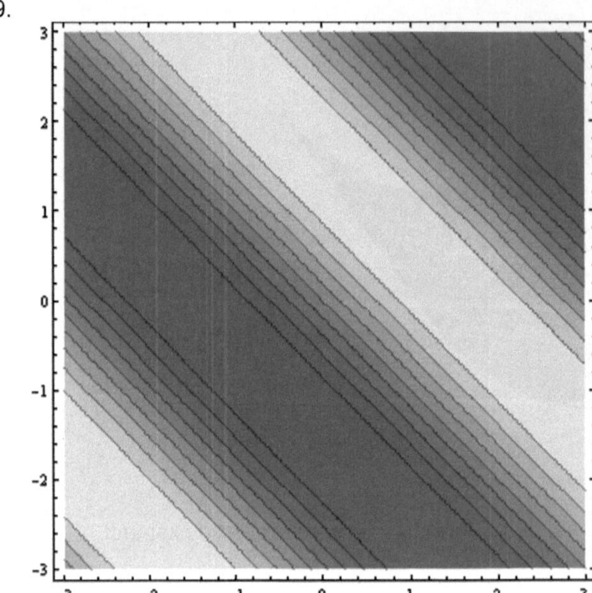


Denken Sie selbst nach, warum das Niveaulinienbild so aussieht!

10. Für $c \geq 0$ ergibt sich die leere Menge. Für $c < 0$ ergeben sich Kreise um den Ursprung mit Radius $\frac{1}{c^2}$.
(Die gegebene Funktion $U$ ist vom Typ des Newtonschen Gravitationspotentials).

11. $\frac{\partial}{\partial x} f(x,y) = \sin y - y\cos x$, $\frac{\partial}{\partial y} f(x,y) = x\cos y - \sin x$.

12. $\frac{\partial}{\partial x} f(x,y,z) = 2xy$, $\frac{\partial}{\partial y} f(x,y,z) = x^2 - 2yz$, $\frac{\partial}{\partial z} f(x,y,z) = -y^2$.

13. Die Änderung ist $\Delta f \approx 0.06$.

14.

$$\frac{d}{dt} U\left(x(t), y(t), z(t)\right) = m\omega^2 \left(x(t)\dot{x}(t) + y(t)\dot{y}(t) + z(t)\dot{z}(t)\right)$$

oder, in Kurzform: $\frac{dU}{dt} = m\omega^2 \left(x\dot{x} + y\dot{y} + z\dot{z}\right)$.

Bei diesem System handelt es sich um den „dreidimensionalen harmonischen Oszillator“, d.h. ein Teilchen im Raum, auf das eine zur Ruhelage (dem Ursprung) hin gerichtete rücktreibende, zur Auslenkung proportionale Kraft (z.B. eine Federkraft) wirkt.

Zusatzfrage: Wie muss sich das Teilchen bewegen, damit $\frac{dU}{dt} = 0$ ist?

# 8 Skalar- und Vektorfelder

1. Radialsymmetrisch sind (ii) und (v):
   (ii) $g(x,y) = r^4$
   (v) $v(x,y) = r^2$

2. $|\vec{v}(\vec{x})|^2 = \vec{v}(\vec{x})\cdot\vec{v}(\vec{x}) = \frac{\vec{x}\cdot\vec{x}}{r^2} = \frac{r^2}{r^2} = 1$.

3. $|\vec{v}(\vec{x})|^2 = \vec{v}(\vec{x})\cdot\vec{v}(\vec{x}) = \frac{\vec{x}\cdot\vec{x}}{r^6} = \frac{r^2}{r^6} = \frac{1}{r^4}$, daher $|\vec{v}(\vec{x})| = \frac{1}{r^2}$.

   Bemerkung: Es handelt sich also um ein (radialsymmetrisches) $\frac{1}{r^2}$-Feld. Den $\frac{1}{r^2}$-Charakter sieht man am besten in der Darstellungsform $\vec{v}(\vec{x}) = -\frac{1}{r^2}\frac{\vec{x}}{r}$, denn laut dem Ergebnis von Aufgabe 2 ist $\frac{\vec{x}}{r}$ ein Einheits-Vektorfeld.

4. (i) $\vec{v}(\vec{x}) = \sin(x-y)\,\vec{x}$. Das Vektorfeld ist überall parallel zum Ortsvektor $\vec{x}$.
   (ii) $\vec{w}(\vec{x}) = x\sqrt{x^2+5y^2}\begin{pmatrix}1\\2\end{pmatrix}$. Das Vektorfeld zeigt überall (bis auf die Orientierung) in die gleiche Richtung, lediglich seine Länge ändert sich mit dem Ort.
   (iii) $\vec{u}(\vec{x}) = \exp(-r^2)\,\vec{x}$. Das Vektorfeld ist radialsymmetrisch, sein Betrag ist $\exp(-r^2)\,r$, nimmt also für große $r$ sehr schnell ab.
   (iv) $\vec{\xi}(\vec{x}) = z\begin{pmatrix}1\\0\\1\end{pmatrix}$. Das Vektorfeld zeigt überall (bis auf die Orientierung) in die gleiche Richtung. Sein Betrag ist $|z|\sqrt{2}$, ist also proportional zu $|z|$.
   (v) $\vec{\eta}(\vec{x}) = -\vec{x}$. Das Vektorfeld ist gleich minus dem Ortsvektorfeld.

5. Radialsymmetrisch sind (i) und (iv):
   (i) $\vec{v}(\vec{x}) = r\,\vec{x}$
   (iv) $\vec{\xi}(\vec{x}) = \frac{\vec{x}}{r^3}$

6. $\begin{pmatrix}x\\y\\0\end{pmatrix}\cdot\vec{B} = \frac{C}{x^2+y^2}\begin{pmatrix}x\\y\\0\end{pmatrix}\cdot\begin{pmatrix}-y\\x\\0\end{pmatrix} = \frac{C}{x^2+y^2}(-xy+xy) = 0$. Diese Beziehung drückt die Tatsache aus, dass das Feld $\vec{B}$ (Magnetfeld um einen geradlinigen Leiter) in jedem Punkt auf den (kürzesten) Verbindungsvektor zur $z$-Achse normal steht.

7. Im Fall des homogenen Skalarfeldes ist die Beziehung zu einer *Symmetrie* die folgende: Wird die gesamte Feldkonfiguration um einen beliebigen (konstanten) Vektor verschoben, so geht das Feld in sich selbst über.
Denken Sie selbst über die anderen Fälle nach!

8. $\vec{v}(\vec{x}) = (x^2 + y^2)\begin{pmatrix} -y \\ x \\ 0 \end{pmatrix}$.

9. $\vec{u}(\vec{x}) = \begin{pmatrix} x \\ -y \end{pmatrix}$.

# 9 Vektoranalysis („Nabla-Kalkül"): Gradient, Divergenz, Laplace-Operator, Rotation

1. (i) $\vec{\nabla} f = \begin{pmatrix} 2xy \\ x^2 \end{pmatrix} \equiv x \begin{pmatrix} 2y \\ x \end{pmatrix}$

   (ii) $\vec{\nabla} g = \begin{pmatrix} x(2-3xz^2) \\ z^2 \\ 2z(y-x^3) \end{pmatrix}$

   (iii) $\vec{\nabla} h = 2\vec{x}$

   (iv) $\vec{\nabla} q = 2\vec{x}$

   (v) $\vec{\nabla} \rho = \frac{\vec{x}}{r}$

   (vi) $\vec{\nabla} \chi = \frac{\vec{x}}{r}$

2. $\vec{F} = -GMm\frac{\vec{x}}{r^3}$.

   Verhalten in $r$: $U = \frac{\text{const}}{r}$, $|\vec{F}| = \frac{\text{const}}{r^2}$.

   Anmerkung: $\vec{F}$ ist eine $1/r^2$-Kraft. Beachten Sie, dass $\frac{\vec{x}}{r^3} = \frac{1}{r^2}\frac{\vec{x}}{r}$ gilt und $\frac{\vec{x}}{r}$ ein Einheitsvektor(feld) ist!

3. $\vec{\nabla} f(r) = f'(r)\frac{\vec{x}}{r}$. Diese Formel gilt in zwei und drei Dimensionen. Überprüfen Sie sie anhand der angegebenen Aufgaben selbst!
   Bemerkung: Wenn Sie sich diese Formel merken, kann sie Ihnen in diesem und in den folgenden Kapiteln viel helfen. Insbesondere der Fall $f(r) = \frac{1}{r}$ ist besonders wichtig.

4. (i) $\operatorname{div} \vec{u} = x - 2z$

   (ii) $\operatorname{div} \vec{v} = 2$

   (iii) $\operatorname{div} \vec{w} = 3$

5. (i) $\Delta f = 2y$

   (ii) $\Delta g = 2\left(1 - x^3 + y - 3xz^2\right)$

   (iii) $\Delta h = 4$

   (iv) $\Delta q = 6$

6. Der Beweis ist nicht schwer – führen Sie ihn selbst!

7. (i) $\operatorname{rot}\vec{u} = \begin{pmatrix} 0 \\ 0 \\ 2 \end{pmatrix}$

(ii) $\operatorname{rot}\vec{v} = 4(x^2+y^2)\begin{pmatrix} 0 \\ 0 \\ 1 \end{pmatrix}$

(iii) $\operatorname{rot}\vec{w} = 0$

8. Der Beweis ist nicht schwer – führen Sie ihn selbst!

9. $f = \frac{x^2}{2} + \frac{y^2}{2} + z^2$

10. $f = -\frac{1}{r}$.
Denken Sie über den Rest der Aufgabe selbst nach!

11. Der eleganteste Argumentation ist diese: Ein radialsymmetrisches Vektorfeld ist definitionsgemäß von der Form $\vec{v} = g(r)\vec{x}$. Nach dem Ergebnis von Aufgabe 3 ist der Gradient eines radialsymmetrischen Skalarfeldes $f \equiv f(r)$ durch $\vec{\nabla} f(r) = f'(r)\frac{\vec{x}}{r}$ gegeben. Wird $\frac{f'(r)}{r} = g(r)$ gesetzt, so kann $f$ durch eine Integration gewonnen werden. Daraus folgt: Jedes radialsymmetrische Vektorfeld ist ein Gradientenfeld (denn die Funktion $f$, für die $\vec{v} = \vec{\nabla} f$ gilt, haben wir gerade berechnet), und daher verschwindet seine Rotation. (Mit diesem Resultat kann die vorangegangene Aufgabe 10 übrigens sehr schnell und ohne direkte Berechnung einer Rotation gelöst werden).
Die Rotation von $\vec{v} = g(r)\vec{x}$ kann aber auch durch partielles Differenzieren berechnet werden und führt klarerweise ebenfalls zum Resultat $\operatorname{rot}\vec{v} = 0$.

12. Der Beweis ist nicht schwer – führen Sie ihn selbst!

13. Die Rechnung ist nicht schwer – führen Sie sie selbst durch (oder verifizieren Sie die Aussage mit einem Computeralgebra-System)!

14. Auch diese Aufgabe sei Ihnen überlassen!

# 10 Kugel- und Zylinderkoordinaten

1. $(0,\sqrt{2},\sqrt{2})$

2. Hier nur ein paar Stichworte – charakterisieren Sie die Mengen genauer!
   (i) Kugel
   (ii) obere Halbkugel
   (iii) untere Halbsphäre
   (iv) Kreis
   (v) Kegel

3. $(0,2,4)$

4. Hier nur ein paar Stichworte – charakterisieren Sie die Mengen genauer!
   (i) unendlicher Zylinder
   (ii) unendlicher Hohlzylinder
   (iii) halbunendlicher Zylinder
   (iv) Tortenstück

5. $\Delta\frac{1}{r}=0$ (für $r\neq 0$). $\frac{1}{r}$ tritt in vielen Theorien als Potential auf, das von einer punktförmigen Quelle erzeugt wird. Die Quelle sitzt im Ursprung.

   Bemerkung: In der Theorie der Distributionen (verallgemeinerten Funktionen) kann auch die punktförmige Quelle beschrieben werden. Dort findet man die Formel $\Delta\frac{1}{r}=-4\pi\,\delta^3(\vec{x})$, wobei $\delta^3(\vec{x})$ (die Deltafunktion in drei Dimensionen) für eine punktförmige Quelle der Stärke 1 steht.

6. $\Delta\ln r=0$ (für $r\neq 0$). $\ln r$ tritt in zweidimensionalen Theorien als Potential auf, das von einer punktförmigen Quelle erzeugt wird.

   Bemerkung: Als Skalarfeld in *drei* Dimensionen gedeutet (und in Zylinderkoordinaten als $\ln\rho$ geschrieben) steht diese Funktion für ein von einer Quelle, die auf einer Geraden konzentriert ist, erzeugtes Potential.

# 11 Mehrfachintegrale

1. $-56$.

2. $0$. Dieses Resultat sollte Sie nicht überraschen – Sie können es mit einem Blick sehen, ohne die geringste Berechnung durchzuführen!

3. $\frac{436}{3}$.

4. Diese Rechung bleibe Ihnen überlassen!

5. Auch diese Rechnung bleibe Ihnen überlassen!

6. $\frac{8}{15}$.

7. $\frac{1}{8}\left(R_2^4 - R_1^4\right)$.

8. $2\pi R$.

9. $16$.

10. $\frac{3}{2}$. Tipp zum elegantesten Weg: Das Integral ist die Summe dreier Integrale, die alle den (gleichen) Wert $\int_0^1 dx\, x \int_0^1 dy \int_0^1 dz = \frac{1}{2}\cdot 1\cdot 1$ besitzen.

11. $4\pi R$.

12. $\frac{\pi}{8}$.

13. $\frac{4\pi}{3} R^3 \sin^2\left(\frac{\alpha}{4}\right)$.

14. Das zu berechnende Integral ist $\int_0^R d\rho\, \rho \int_0^{2\pi} d\varphi \int_0^h dz$.

15. $\frac{1}{2} MR^2$.
    Physikalische Nachfrage: Wieso hängt das Resultat nicht von $h$ ab?

16. Diese Aufgabe bleibe Ihnen überlassen!

17. Auch diese Aufgabe führen Sie bitte selbständig durch!

# 12 Parameterdarstellung und Linienintegrale

1. $\vec{x}(t) = \begin{pmatrix} 3 \\ 4 \\ -1 \end{pmatrix} + t \begin{pmatrix} -1 \\ -7 \\ 2 \end{pmatrix}, \quad 0 \le t \le 1.$

2. (i) Diesen Teil des Beweises machen Sie bitte selbständig – Sie haben ihn wahrscheinlich bereits in Ihrem Mathematikunterricht geführt.
   (ii) $\vec{x}(0) = \vec{p}$, $\vec{x}(1) = \vec{p} + \left(\vec{q} - \vec{p}\right) = \vec{q}$.

3. $\vec{x}(t) = 2\begin{pmatrix} \cos t \\ \sin t \end{pmatrix}, \quad 0 \le t \le \frac{\pi}{2}.$

4. $\vec{x}(t) = \begin{pmatrix} 0 \\ \cos t \\ \sin t \end{pmatrix}, \quad 0 \le t \le 2\pi.$

5. Die Parameterdarstellung

$$x(t) = t$$
$$y(t) = f(t)$$

beschreibt den Graphen der Funktion $f$. Wenn Sie aus den beiden Gleichungen

$$x = t$$
$$y = f(t)$$

den Parameter $t$ eliminieren, erhalten Sie die Funktionsgleichung $y = f(x)$. Der Parameterbereich ist der Definitionsbereich von $f$ (wobei natürlich vorausgesetzt ist, dass letzterer ein Intervall ist, also keine Löcher hat).

6. Jenes Stück der Parabel $y^2 = x$, für das $-1 \le y \le 1$ gilt:

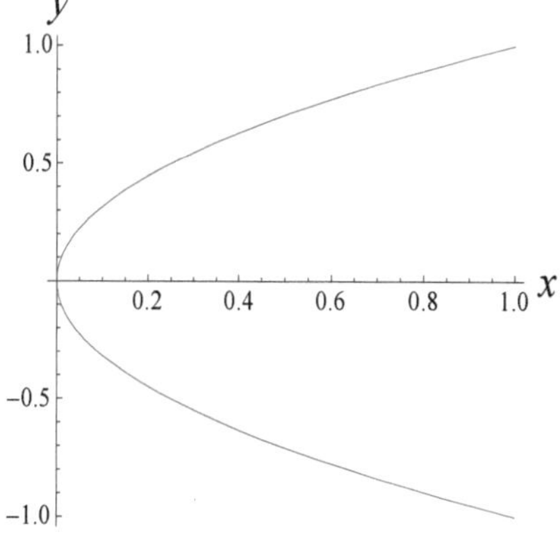

7. Ellipse in Hauptlage:

$$\begin{matrix} x(t) = a\cos t \\ y(t) = b\sin t \end{matrix} \quad 0 \le t \le 2\pi$$

Durch Elimination des Parameters (mit Hilfe der Identität $\sin^2 t + \cos^2 t = 1$) ergibt sich die Ellipsengleichung $\frac{x^2}{a^2} + \frac{y^2}{b^2} = 1$.

8. $2\pi c$.

9. Dazu ist es am günstigsten, die Kurven verschieden zu bezeichnen, beispielsweise so:

$$\gamma_1 : \vec{x}_1(t) = \begin{pmatrix} t \\ 0 \end{pmatrix}, \quad 0 \le t \le 1$$

$$\gamma_2 : \vec{x}_2(t) = \begin{pmatrix} 1 \\ t \end{pmatrix}, \quad 0 \le t \le 1$$

$$\gamma_3 : \vec{x}_3(t) = \begin{pmatrix} 1-t \\ 1 \end{pmatrix}, \quad 0 \le t \le 1$$

$$\gamma_4 : \vec{x}_4(t) = \begin{pmatrix} 0 \\ 1-t \end{pmatrix}, \quad 0 \le t \le 1$$

Nun ist zu überprüfen, ob $\vec{x}_1(1) = \vec{x}_2(0)$, $\vec{x}_2(1) = \vec{x}_3(0)$, $\vec{x}_3(1) = \vec{x}_4(0)$ und $\vec{x}_4(1) = \vec{x}_1(0)$ gilt. Führen Sie die Berechnungen selbst durch!

10. $T = \frac{2\pi}{\omega} = \frac{1}{f}$.

11. $\vec{x}(t) \cdot \dot{\vec{x}}(t) = R^2\omega \begin{pmatrix} \cos(\omega t) \\ \sin(\omega t) \end{pmatrix} \cdot \begin{pmatrix} -\sin(\omega t) \\ \cos(\omega t) \end{pmatrix} = 0$.

Diese Beziehung drückt die Tatsache aus, dass die Tangente an den Kreis in einem gegebenen Punkt $P$ normal auf den Vektor vom Mittelpunkt zu $P$ steht.

12. $\dot{\vec{x}}(t) = \vec{q} - \vec{p}$.

Das ist genau der Vektor vom Anfangs- zum Endpunkt des Geradenstücks (und damit ein Tangentenvektor an die Kurve). Wird $t$ als Zeit interpretiert, können wir physikalisch argumentieren: Dass $\dot{\vec{x}}(t)$ nicht von $t$ abhängt, bedeutet, dass die Kurve mit konstanter Geschwindigkeit durchlaufen wird. Der Betrag der Geschwindigkeit $\dot{\vec{x}}(t)$ ist gleich der „zurückgelegten Distanz", nämlich $|\vec{q} - \vec{p}|$, dividiert durch die dafür benötigte Zeit, nämlich $1$ (die Länge des Parameterintervalls).

13. Der Wert des Integrals ist $36$.

14. Der Wert des Integrals ist $34$.

15. Der Wert des Integrals ist $0$.

16. Der Wert des Integrals ist $0$.

17. Bei beiden Berechnungsarten ergibt sich $-2R$. (Denken Sie ein bisschen nach, um das gesuchte Skalarfeld zu finden!)

18. $\vec{F} = \vec{\nabla}(xyz)$, daher ist das Linienintegral gleich $2 \cdot 1 \cdot 0 - 0 \cdot 1 \cdot 2 = 0$.

# 13 Oberflächenintegrale

1. Der Fluss ist $\frac{64}{3}$.

2. Der Fluss ist $0$.
Interpretation: Ein konstantes Vektorfeld kann physikalisch als homogen (überall mit der gleichen Geschwindigkeit) strömende Flüssigkeit gedeutet werden. Klarerweise ist der Netto-Fluss durch die Randfläche eines Gebiets $0$, da im Inneren Flüssigkeit weder neu entsteht noch verschluckt wird. (Mit anderen Worten: Es fließt genauso viel hinein wie heraus).

3. $\oint_{r \leq R} dA = R^2 \int_0^{\pi} d\theta \sin\theta \int_0^{2\pi} d\varphi = 4\pi R^2$.

4. Der Fluss ist $0$.
Beachten Sie: Es handelt sich um ein radialsymmetrisches Vektorfeld, so dass Sie gar kein Integral ausrechnen müssen, sondern für die äußere Fläche die Formel (13.13) benutzen können, für die innere Fläche die gleiche Formel mit einem zusätzlichen Minuszeichen, da deren Normalvektor zum Ursprung weist.
Physikalische Interpretation: Wird $\vec{F}$ als das von einer Punktladung (bzw. Punktmasse) erzeugte elektrostatische (bzw. Gravitations-)Feld gedeutet, so besagt das Ergebnis, dass die Netto-Ladung (bzw. Masse) zwischen den beiden Flächen $0$ ist. Da das Feld von einer punktförmigen Quelle erzeugt wird, war das zu erwarten, denn die Quelle sitzt ja im Ursprung! (Vergleichen Sie die Bemerkungen über die Deltafunktion in Kapitel 9).

5. Der Fluss ist $\pi khR$.

# 14 Integralsätze der Vektoranalysis

1. Linke Seite: $\operatorname{div}\vec{v}=3$, daher ist der Wert des Volumsintegrals gleich $3$ mal dem Kugelvolumen, also $4\pi R^3$.
   Rechte Seite: Aus Formel (13.12) folgt unmittelbar $\oint_{\partial G} d\vec{A}\cdot\vec{x}=4\pi R^2\cdot R=4\pi R^3$.

2. Führen Sie diese Aufgabe selbst durch!

3. Linke Seite: Da $d\vec{A}=\begin{pmatrix}0\\0\\dx\,dy\end{pmatrix}$, ist nur die $z$-Komponente von $\operatorname{rot}\vec{v}$ relevant. Sie ist gleich $2$. Daher ist der Wert des Flächenintegrals gleich $2$ mal dem Flächeninhalt der Kreisscheibe, also $2\pi R^2$.
   Rechte Seite (in der Parametrisierung (12.9)):
   $$\oint_{\partial A} d\vec{x}\cdot\vec{v}=\int_0^{2\pi} dt\begin{pmatrix}-R\sin t\\R\cos t\\0\end{pmatrix}\begin{pmatrix}-R\sin t\\R\cos t\\R^2\end{pmatrix}=R^2\int_0^{2\pi} dt\left(\sin^2 t+\cos^2 t\right)=R^2\int_0^{2\pi} dt=2\pi R^2\,.$$

# 15 Lineare Algebra: Vektorräume

1. Mit $u=\begin{pmatrix}u_1\\u_2\\u_3\end{pmatrix}$ und $v=\begin{pmatrix}v_1\\v_2\\v_3\end{pmatrix}$ ist $u+v=\begin{pmatrix}u_1\\u_2\\u_3\end{pmatrix}+\begin{pmatrix}v_1\\v_2\\v_3\end{pmatrix}=\begin{pmatrix}u_1+v_1\\u_2+v_2\\u_3+v_3\end{pmatrix}=\begin{pmatrix}v_1\\v_2\\v_3\end{pmatrix}+\begin{pmatrix}u_1\\u_2\\u_3\end{pmatrix}=v+u$.

   Damit ist (15.4), das Kommutativgesetz der Addition im $\mathbb{R}^3$, bewiesen.

2.

| $P$ | $\mathbb{R}^3$ |
|---|---|
| $2x^2-4$ | $\begin{pmatrix}2\\0\\-4\end{pmatrix}$ |
| $x^2+x+1$ | $\begin{pmatrix}1\\1\\1\end{pmatrix}$ |
| Berechnung einer Linearkombination: $3(2x^2-4)+(x^2+x+1)=7x^2+x-11$ | Berechnung einer Linearkombination: $3\begin{pmatrix}2\\0\\-4\end{pmatrix}+\begin{pmatrix}1\\1\\1\end{pmatrix}=\begin{pmatrix}7\\1\\-11\end{pmatrix}$ |
| $x^2$ | $\begin{pmatrix}1\\0\\0\end{pmatrix}$ |
| $3x$ | $\begin{pmatrix}0\\3\\0\end{pmatrix}$ |
| Berechnung einer Linearkombination: $(x^2+6x+6)+3(-4x-2)=x^2-6x$ | Berechnung einer Linearkombination: $\begin{pmatrix}1\\6\\6\end{pmatrix}+3\begin{pmatrix}0\\-4\\-2\end{pmatrix}=\begin{pmatrix}1\\-6\\0\end{pmatrix}$ |

3.

$$\begin{pmatrix} 2 \\ -7 \\ 5 \end{pmatrix} = 2\begin{pmatrix} 1 \\ 0 \\ 0 \end{pmatrix} - 7\begin{pmatrix} 0 \\ 1 \\ 0 \end{pmatrix} + 5\begin{pmatrix} 0 \\ 0 \\ 1 \end{pmatrix}$$

4.

$$\begin{pmatrix} 2 \\ -7 \\ 5 \end{pmatrix} = 9\begin{pmatrix} 1 \\ 0 \\ 0 \end{pmatrix} - 12\begin{pmatrix} 1 \\ 1 \\ 0 \end{pmatrix} + 5\begin{pmatrix} 1 \\ 1 \\ 1 \end{pmatrix}$$

5. $c = \pm\frac{1}{\sqrt{2}}$. Geometrische Interpretation: Satz von Pythagoras! (Machen Sie eine Skizze!)

6. Der Nachweis der Eigenschaften $f_1 \cdot f_1 = f_2 \cdot f_2 = 1$ und $f_1 \cdot f_2 = 0$ bleibe Ihnen überlassen. Geometrische Interpetation: $f_1$ liegt in der ersten Mediane (45°-Geraden) und weist nach rechts oben, $f_2$ steht auf $f_1$ normal und weist nach links oben. (Machen Sie eine Skizze!)

7. Die Anwendung von (15.28) ergibt

$$c_1 = f_1 \cdot u = \frac{1}{\sqrt{2}}\begin{pmatrix} 1 \\ 1 \end{pmatrix} \cdot \begin{pmatrix} 2 \\ 3 \end{pmatrix} = \frac{5}{\sqrt{2}}$$

$$c_2 = f_2 \cdot u = \frac{1}{\sqrt{2}}\begin{pmatrix} -1 \\ 1 \end{pmatrix} \cdot \begin{pmatrix} 2 \\ 3 \end{pmatrix} = \frac{1}{\sqrt{2}}$$

Daher $u = \frac{5}{\sqrt{2}} f_1 + \frac{1}{\sqrt{2}} f_2$. Vergessen Sie die Probe und die Skizze nicht!

8. Der Nachweis der Eigenschaften $g_1 \cdot g_1 = g_2 \cdot g_2 = 1$ und $g_1 \cdot g_2 = 0$ bleibe Ihnen überlassen.

   Die Anwendung von (15.29) ergibt $u = \frac{8}{\sqrt{5}} g_1 - \frac{1}{\sqrt{5}} g_2$. Vergessen Sie die Probe nicht!

9. Der Nachweis der Eigenschaften $h_1 \cdot h_1 = h_2 \cdot h_2 = h_3 \cdot h_3 = 1$ und $h_1 \cdot h_2 = h_1 \cdot h_3 = h_2 \cdot h_3 = 0$ bleibe Ihnen überlassen.

   Die Anwendung von (15.29) ergibt $u = \frac{4}{\sqrt{6}} h_1 - \frac{1}{\sqrt{11}} h_2 + \frac{4}{\sqrt{66}} h_3$. Vergessen Sie die Probe nicht!

10. (i) Der Nachweis der Eigenschaften $\int_{-1}^{1} dx\, e_0(x)^2 = \int_{-1}^{1} dx\, e_1(x)^2 = \int_{-1}^{1} dx\, e_2(x)^2 = 1$ und $\int_{-1}^{1} dx\, e_0(x) e_1(x) = \int_{-1}^{1} dx\, e_0(x) e_2(x) = \int_{-1}^{1} dx\, e_1(x) e_2(x) = 0$ bleibe Ihnen überlassen.

(ii) Entwicklung von $p(x)$: Die Anwendung von (15.29) ergibt

$$c_0 = \int_{-1}^{1} dx\, e_0(x)\, p(x) = \frac{1}{\sqrt{2}} \int_{-1}^{1} dx \left(x^2 - 3x\right) = \frac{\sqrt{2}}{3}$$

$$c_1 = \int_{-1}^{1} dx\, e_1(x)\, p(x) = \sqrt{\frac{3}{2}} \int_{-1}^{1} dx\, x \left(x^2 - 3x\right) = -\sqrt{6}$$

$$c_2 = \int_{-1}^{1} dx\, e_2(x)\, p(x) = \frac{1}{2}\sqrt{\frac{5}{2}} \int_{-1}^{1} dx \left(3x^2 - 1\right)\left(x^2 - 3x\right) = \frac{2}{3}\sqrt{\frac{2}{5}}$$

Daher $p(x) = \frac{\sqrt{2}}{3}\, e_0(x) - \sqrt{6}\, e_1(x) + \frac{2}{3}\sqrt{\frac{2}{5}}\, e_2(x)$.

Entwicklung von $q(x)$: analog. Es ergibt sich $q(x) = 2\sqrt{2}\, e_0(x) + \sqrt{\frac{2}{3}}\, e_1(x)$.

(iii) $p \cdot q = \frac{\sqrt{2}}{3} \cdot 2\sqrt{2} - \sqrt{6} \cdot \sqrt{\frac{2}{3}} + \frac{2}{3}\sqrt{\frac{2}{5}} \cdot 0 = -\frac{2}{3}$. Dabei wurde der durch (15.31) bzw. (15.33) ausgedrückte Sachverhalt benutzt.

11. $\| u \| = 1$, $\| v \| = 1$, $\| w \| = 2$, $\langle u, w \rangle = 1 + i$, $\langle w, u \rangle = 1 - i$.

12.

| $L$ | $\mathbb{C}^2$ |
|---|---|
| $3e^{ix} - 2e^{-ix}$ | $\begin{pmatrix} 3 \\ -2 \end{pmatrix}$ |
| $\sin x$ | $\begin{pmatrix} -i/2 \\ i/2 \end{pmatrix}$ |
| $\cos x$ | $\begin{pmatrix} 1/2 \\ 1/2 \end{pmatrix}$ |
| $e^{ix} - 3e^{-ix}$ | $\begin{pmatrix} 1 \\ -3 \end{pmatrix}$ |
| $i e^{-ix}$ | $\begin{pmatrix} 0 \\ i \end{pmatrix}$ |

13.

| $L$ | $\mathbb{C}^2$ |
|---|---|
| $3e^{ix} - 2e^{-ix}$ | $\begin{pmatrix} 1 \\ 5i \end{pmatrix}$ |
| $\sin x$ | $\begin{pmatrix} 0 \\ 1 \end{pmatrix}$ |
| $\cos x$ | $\begin{pmatrix} 1 \\ 0 \end{pmatrix}$ |
| $\cos x - 3\sin x$ | $\begin{pmatrix} 1 \\ -3 \end{pmatrix}$ |
| $i\sin x$ | $\begin{pmatrix} 0 \\ i \end{pmatrix}$ |

14. $\langle u | u \rangle = 1 + e^{-i\varphi} e^{i\varphi} = 2$.

15. Diese Aufgabe sei Ihnen gänzlich überlassen!

# 16 Lineare Algebra: Matrizen, lineare Gleichungssysteme und lineare Operatoren

1.

$$\begin{pmatrix} -15 \\ 2 \end{pmatrix}, \begin{pmatrix} 14 \\ 32 \\ 21 \end{pmatrix}, \begin{pmatrix} 16 \\ 10 \end{pmatrix} \text{ und } \begin{pmatrix} 7 \\ 8 \\ -1 \end{pmatrix}.$$

2.

$$\begin{pmatrix} y_1 \\ y_2 \end{pmatrix} = \begin{pmatrix} -3 & 1 \\ 12 & -7 \end{pmatrix} \begin{pmatrix} x_1 \\ x_2 \end{pmatrix}$$

Mit $A = \begin{pmatrix} -3 & 1 \\ 12 & -7 \end{pmatrix}$ in Kurzschreibweise: $y = Ax$.

3.

$$\begin{pmatrix} y_1 \\ y_2 \end{pmatrix} = \begin{pmatrix} -3 & 1 & 2 \\ 12 & -7 & -1 \end{pmatrix} \begin{pmatrix} x_1 \\ x_2 \\ x_3 \end{pmatrix}$$

Mit $A = \begin{pmatrix} -3 & 1 & 2 \\ 12 & -7 & -1 \end{pmatrix}$ in Kurzschreibweise: $y = Ax$.

4. $\begin{pmatrix} y_1 \\ y_2 \\ y_3 \end{pmatrix} = \begin{pmatrix} -3 & 1 \\ 12 & -7 \\ -8 & 4 \end{pmatrix} \begin{pmatrix} x_1 \\ x_2 \end{pmatrix}$

Mit $A = \begin{pmatrix} -3 & 1 \\ 12 & -7 \\ -8 & 4 \end{pmatrix}$ in Kurzschreibweise: $y = Ax$.

5.

$$A(x + \lambda x') = \begin{pmatrix} 2 & 0 \\ 3 & -1 \end{pmatrix} \left( \begin{pmatrix} 2 \\ -1 \end{pmatrix} + 3 \begin{pmatrix} -3 \\ 0 \end{pmatrix} \right) = \begin{pmatrix} 2 & 0 \\ 3 & -1 \end{pmatrix} \begin{pmatrix} -7 \\ -1 \end{pmatrix} = \begin{pmatrix} -14 \\ -20 \end{pmatrix}$$

$$Ax + \lambda Ax' = \begin{pmatrix} 2 & 0 \\ 3 & -1 \end{pmatrix} \begin{pmatrix} 2 \\ -1 \end{pmatrix} + 3 \begin{pmatrix} 2 & 0 \\ 3 & -1 \end{pmatrix} \begin{pmatrix} -3 \\ 0 \end{pmatrix} = \begin{pmatrix} 4 \\ 7 \end{pmatrix} + 3 \begin{pmatrix} -6 \\ -9 \end{pmatrix} = \begin{pmatrix} -14 \\ -20 \end{pmatrix}$$

6.

$$\begin{pmatrix} -8 & 1 \\ 18 & 6 \end{pmatrix}, \begin{pmatrix} 14 & -17 \\ -23 & 28 \end{pmatrix}, \begin{pmatrix} -8 & 1 & 7 \\ 18 & 6 & -15 \end{pmatrix}, \begin{pmatrix} 4 & 5 & -3 \\ -2 & 3 & 2 \\ 4 & 5 & -3 \end{pmatrix} \text{ und } \begin{pmatrix} 4 & 5 & 6 \\ 0 & -3 & 12 \\ 8 & 9 & 7 \end{pmatrix}.$$

7. Diese Rechnung sei Ihnen gänzlich überlassen!

8. Die übersichtlichste Vorgangsweise ist folgende:
$$\begin{pmatrix} A_{11} & A_{12} \\ A_{21} & A_{22} \end{pmatrix}\begin{pmatrix} A_{22} & -A_{12} \\ -A_{21} & A_{11} \end{pmatrix} = \begin{pmatrix} A_{11}A_{22} - A_{12}A_{21} & 0 \\ 0 & A_{11}A_{22} - A_{12}A_{21} \end{pmatrix} \equiv \left(A_{11}A_{22} - A_{12}A_{21}\right)\begin{pmatrix} 1 & 0 \\ 0 & 1 \end{pmatrix}$$
Abschließend wird durch $A_{11}A_{22} - A_{12}A_{21}$ dividiert.

9. Die Rechnungen seien Ihnen überlassen. Das Bilden der Inversen misslingt für die zweite der angegebene Matrizen, weil sie nicht invertierbar ist.

10. Die Spuren sind: $5$, $-8$, $3$ und $8$.
Die Determinanten sind: $3$, $0$, $-22$ und $-1$. (Daher sind alle Matrizen bis auf die zweite invertierbar).

11. Für alle $\lambda \neq 1$.
(Tipp: Berechnen Sie die Determinante der gegebenen Matrix. Wann immer sie $\neq 0$ ist, ist die Matrix invertierbar).

12.
$$A^T = \begin{pmatrix} 2 & -3 \\ -1 & 3 \end{pmatrix},\ u^T = \begin{pmatrix} 2 & -3 \end{pmatrix} \text{ und } u^T v = \begin{pmatrix} 2 & -3 \end{pmatrix}\begin{pmatrix} 1 \\ 2 \end{pmatrix} = -4.$$

13.
$$A^\dagger = \begin{pmatrix} 2-i & -3 \\ i & 3 \end{pmatrix},\ u^\dagger = \begin{pmatrix} 2 & 3-i \end{pmatrix} \text{ und } u^\dagger v = \begin{pmatrix} 2 & 3-i \end{pmatrix}\begin{pmatrix} 1-4i \\ 2 \end{pmatrix} = 8-10i.$$

14. $\langle u|u\rangle = 1$, $\langle v|v\rangle = 1$ und $\langle u|v\rangle = 0$. Die beiden Vektoren bilden eine ON-Basis. Vergleichen Sie diese Vektoren mit jenen von Aufgabe 6 des vorigen Kapitels 15: Der Zusammenhang ist $u = f_1$, $v = -f_1$. Daraus ergibt sich die geometrische Interpretation, deren Details Ihnen überlassen seien. Vergessen Sie die Skizze nicht!

15. $\langle\psi|\psi\rangle = 1$, $\langle\phi|\phi\rangle = 1$ und $\langle\psi|\phi\rangle = 0$. Die beiden Vektoren bilden eine ON-Basis.

16.
$$|1\rangle\langle 1| = \begin{pmatrix} 0 & 0 \\ 0 & 1 \end{pmatrix}.$$
Wirkung auf die Komponenten eines Vektors: $\begin{pmatrix} a \\ b \end{pmatrix} \mapsto \begin{pmatrix} 0 \\ b \end{pmatrix}$, d.h. es wird „die erste Komponente weggezwickt".

17. Mit $|0\rangle = \begin{pmatrix} 1 \\ 0 \end{pmatrix}$ und $|1\rangle = \begin{pmatrix} 0 \\ 1 \end{pmatrix}$ ist $\langle 0| = \begin{pmatrix} 1 & 0 \end{pmatrix}$ und $\langle 1| = \begin{pmatrix} 0 & 1 \end{pmatrix}$ (vgl. Formel (16.35)).
Die Berechnung für $\sigma_1$ sieht nun so aus:
$$|0\rangle\langle 1| + |1\rangle\langle 0| = \begin{pmatrix} 1 \\ 0 \end{pmatrix}\begin{pmatrix} 0 & 1 \end{pmatrix} + \begin{pmatrix} 0 \\ 1 \end{pmatrix}\begin{pmatrix} 1 & 0 \end{pmatrix} = \begin{pmatrix} 0 & 1 \\ 0 & 0 \end{pmatrix} + \begin{pmatrix} 0 & 0 \\ 1 & 0 \end{pmatrix} = \begin{pmatrix} 0 & 1 \\ 1 & 0 \end{pmatrix}.$$
Führen Sie die Berechnungen für $\sigma_2$ und $\sigma_3$ selbst durch!

18. Führen Sie die Berechnungen selbst durch! Die letzten beiden Resultate illustrieren die allgemeine Identität $(A+B)^2 = A^2 + AB + BA + B^2$ für quadratische Matrizen, die sich durch Ausmultiplizieren ergibt. (Dabei ist lediglich zu beachten, dass $AB$ und $BA$ im Allgemeinen verschieden sind, ihre Summe also *nicht* zu $2AB$ vereinfacht werden darf).

19. Führen Sie diese Berechnung selbst durch!

20. Führen Sie die Berechnungen selbst durch! Was Ihnen auffallen sollte, ist, dass die allgemeine Regel $\det(A^q) = \det(A)^q$ gilt. (Sie folgt aus der Identität $\det(AB) = \det(A)\det(B)$, die im Text – oberhalb von (16.22) – erwähnt wurde).

21. Führen Sie die Berechnung selbst durch!

22. Die Anwendung der angegebenen Matrix auf die Basisvektoren ergibt:

$$\begin{pmatrix} \cos\alpha & -\sin\alpha \\ \sin\alpha & \cos\alpha \end{pmatrix}\begin{pmatrix} 1 \\ 0 \end{pmatrix} = \begin{pmatrix} \cos\alpha \\ \sin\alpha \end{pmatrix}$$

$$\begin{pmatrix} \cos\alpha & -\sin\alpha \\ \sin\alpha & \cos\alpha \end{pmatrix}\begin{pmatrix} 0 \\ 1 \end{pmatrix} = \begin{pmatrix} -\sin\alpha \\ \cos\alpha \end{pmatrix}$$

Überlegen Sie selbst, was Sie mit diesen Resultaten anfangen, um die Behauptung zu zeigen!

23. Finden Sie selbst einen Winkel $\alpha$, für den $\begin{pmatrix} \cos\alpha & -\sin\alpha \\ \sin\alpha & \cos\alpha \end{pmatrix} = \frac{1}{\sqrt{2}}\begin{pmatrix} 1 & -1 \\ 1 & 1 \end{pmatrix}$ gilt!

24.
$$\begin{pmatrix} \cos\alpha & 0 & -\sin\alpha \\ 0 & 1 & 0 \\ \sin\alpha & 0 & \cos\alpha \end{pmatrix}.$$

25.
$$\begin{pmatrix} -1 & 0 & 0 \\ 0 & 1 & 0 \\ 0 & 0 & 1 \end{pmatrix}.$$

26. Sie vertauscht die Koordinaten. In der aktiven Interpretation entspricht das einer Spiegelung an der ersten Mediane (der 45°-Geraden).

27. Genau eine, da die Matrix $A$ invertierbar ist. (Ihre Determinante, die im Kopf berechnet werden kann, ist $\neq 0$).

28. $x_1 = -1$, $x_2 = 2$.

29. Es gibt unendlich viele Lösungen. Ist $\xi$ vorgegeben, so ist $\eta = 2\xi - 1$. Die Lösungsmenge ist eine Gerade (nämlich jene mit der Gleichung $\eta = 2\xi - 1$).

30. Die Lösungsmenge ist leer.

31. Da $\det(A) = 0$ und das Gleichungssystem inhomogen ist, gibt es entweder keine Lösung oder unendlich viele Lösungen. Fall (ii) tritt daher nie ein. Ist $b_1 = b_2$, so gibt es unendlich viele Lösungen (Fall (iii)), ansonsten gibt es keine Lösung (Fall (i)).

32. Führen Sie diese Berechnung selbst durch!

33. Führen Sie diese Berechnung selbst durch!

34. Führen Sie diese Berechnung selbst durch!

35. Führen Sie diese Berechnung selbst durch!

36. Die Wirkung der Ableitung $\frac{d}{dx}\left(a_2 x^2 + a_1 x + a_0\right) = 2a_2 x + a_1$ sieht, durch die Entwicklungskoeffizienten ausgedrückt, so aus:

$$\begin{pmatrix} a_2 \\ a_1 \\ a_0 \end{pmatrix} \mapsto \begin{pmatrix} 0 \\ 2a_2 \\ a_1 \end{pmatrix}$$

Diese (lineare) Abbildung wird kann beschrieben werden durch die Anwendung der Matrix $\begin{pmatrix} 0 & 0 & 0 \\ 2 & 0 & 0 \\ 0 & 1 & 0 \end{pmatrix}$, denn es gilt $\begin{pmatrix} 0 & 0 & 0 \\ 2 & 0 & 0 \\ 0 & 1 & 0 \end{pmatrix}\begin{pmatrix} a_2 \\ a_1 \\ a_0 \end{pmatrix} = \begin{pmatrix} 0 \\ 2a_2 \\ a_1 \end{pmatrix}$.
Daher ist

$$\left[\frac{d}{dx}\right]_B = \begin{pmatrix} 0 & 0 & 0 \\ 2 & 0 & 0 \\ 0 & 1 & 0 \end{pmatrix}$$

die gesuchte Matrixdarstellung des Ableitungsoperators. (So sieht das Differenzieren vom Standpunkt der Basis $B$ aus!)

37. Ist $B$ äquivalent zur Einheitsmatrix $\mathbf{1}$, so gilt mit (16.67) $B = S\mathbf{1}S^{-1}$ und daher $B = SS^{-1} = \mathbf{1}$. Die einzige Matrix, die zur Einheitsmatrix äquivalent ist, ist die Einheitsmatrix selbst!
Dieses Resultat hat zur Folge, dass der Einheitsoperator auf einem Vektorraum (dessen Wirkung einfach $u \mapsto u$ ist) bezüglich *jeder* Basis durch die Einheitsmatrix beschrieben wird.

# 17 Lineare Algebra: Eigenwerte und Eigenvektoren

1.

(i) Charakteristisches Polynom: $p(\lambda) = \lambda^2 - 4\lambda - 5$. Eigenwerte: $-1$ und $5$.

(ii) Charakteristisches Polynom: $p(\lambda) = \lambda^2 - 4\lambda + 1$. Eigenwerte: $2 \pm \sqrt{3}$.

(iii) Charakteristisches Polynom: $p(\lambda) = \lambda^2 - 4\lambda + 6$. Eigenwerte: $2 \pm i\sqrt{2}$.

(iv) Charakteristisches Polynom: $p(\lambda) = \lambda^2 - 4\lambda + 9$. Eigenwerte: $2 \pm i\sqrt{5}$.

(v) Charakteristisches Polynom: $p(\lambda) = \lambda^2 - 4\lambda + 3$. Eigenwerte: $1$ und $3$.

2.

(i) Charakteristisches Polynom: $p(\lambda) = -\lambda^3 + \lambda^2 - \lambda - 3$.
Eigenwerte: $-1$ und $1 \pm i\sqrt{2}$.

(ii) Charakteristisches Polynom: $p(\lambda) = -\lambda^3 + 1$.

Die Eigenwerte sind die dritten Einheitswurzeln $1$ und $\dfrac{-1 \pm i\sqrt{3}}{2}$.

3. Alle angegebenen Matrizen sind Dreiecksmatrizen. Ihre Eigenwerte sind ihre Diagonalelemente:
(i) $2$ und $4$; (ii) $-1$ und $2$; (iii) $2$ (tritt zweifach auf);
(iv) $0$ und $2$; (v) $0$ (tritt zweifach auf).

4. Alle angegebenen Matrizen sind Dreiecksmatrizen. Ihre Eigenwerte sind ihre Diagonalelemente:
(i) $0$, $1$ und $5$; (ii) $-5$, $1$ und $7$; (iii) $1$ (tritt dreifach auf);
(iv) $0$ und $2$ (letzteres tritt zweifach auf).

5.

(i) Tipp: Ihre Summe (Spur) ist $2$, ihr Produkt (Determinante) ist $0$.
(ii) Tipp: Ihre Summe (Spur) ist $0$, ihr Produkt (Determinante) ist $-1$.

6. Tipp: Ist $\lambda$ ein Eigenwert von $A$, so gibt es einen Vektor $u \neq 0$, so dass $Au = \lambda u$ gilt. Multiplizieren Sie diese Beziehung mit $2$, so erhalten Sie: $2Au = 2\lambda u$. Was schließen Sie daraus?

7. Führen Sie die Berechnungen selbst durch!

8.

(i) Eigenwert $2$, zugehörige Eigenvektoren: nichttriviale Vielfache von $\begin{pmatrix}1\\0\end{pmatrix}$, der Eigenraum ist eindimensional.

Eigenwert $4$, zugehörige Eigenvektoren: nichttriviale Vielfache von $\begin{pmatrix}0\\1\end{pmatrix}$, der Eigenraum ist eindimensional.

(ii) Eigenwert $2$, zugehörige Eigenvektoren: nichttriviale Vielfache von $\begin{pmatrix}1\\0\end{pmatrix}$, der Eigenraum ist eindimensional.

Eigenwert $4$, zugehörige Eigenvektoren: nichttriviale Vielfache von $\begin{pmatrix}1\\1\end{pmatrix}$, der Eigenraum ist eindimensional.

(iii) Der einzige Eigenwert ist $2$, zugehörige Eigenvektoren: nichttriviale Vielfache von $\begin{pmatrix}0\\1\end{pmatrix}$, der Eigenraum ist eindimensional.

9.

(i) Der einzige Eigenwert ist $2$. Er tritt zweifach auf. Der zugehörige Eigenraum besteht aus allen Vielfachen von $\begin{pmatrix}1\\0\end{pmatrix}$, ist also eindimensional. Daher ist der Eigenwert $2$ *nicht* entartet.

(ii) Da die $2\times 2$-Matrix zwei *verschiedene* Eigenwerte besitzt, sind beide *nicht* entartet. (Beide Eigenräume sind eindimensional)

(iii) Der einzige Eigenwert ist $2$. Jeder Vektor $u \neq 0$ ist Eigenvektor. Daher ist der zugehörige Eigenraum zweidimensional. Der Eigenwert ist (zweifach) entartet.

(iv) Der Eigenwert $0$ tritt zweifach auf. Dennoch ist der zugehörige Eigenraum eindimensional; der Eigenwert $0$ ist daher *nicht* entartet. Der Eigenraum zum Eigenwert $3$ ist eindimensional.

(v) Alle drei Eigenwerte sind voneinander *verschieden*, sind daher *nicht* entartet. (Die drei Eigenräume sind eindimensional).

(vi) Der einzige Eigenwert ist $2$ (er tritt dreifach auf). Der zugehörige Eigenraum ist eindimensional. Der Eigenwert ist daher *nicht* entartet.

10. Die Matrix besitzt (für jedes $a$) als einzigen Eigenwert $2$.
Ist $a = 0$, so ist der zugehörige Eigenraum zweidimensional, der Eigenwert daher (zweifach) entartet.
Ist $a \neq 0$, so ist der zugehörige Eigenraum eindimensional, der Eigenwert daher nicht entartet.

11. Führen Sie die Berechnungen selbst durch!

12.

Diagonalisierbar sind: (i), (iii), (iv), (v)
Normal sind: (i), (iii), (iv)
Symmetrisch sind: (i), (iv)
Hermitisch sind: (i), (iii)

13.

Projektionen sind: (i), (iii), (v)
Normalprojektionen sind: (i), (v)

14.

Unitäre Matrizen sind: (ii), (iii), (iv), (v), (vi).
Orthogonale Matrizen sind: (iii), (iv), (v).
Die geometrische Analyse der reellen Matrizen sei Ihnen überlassen!

15.

(i) und (ii) sind triviale Überprüfungen der Beziehungen $Pu = 0$ und $Pv = v$.

(iii) Zeigt ein Vektor $w$ in die Richtung, *in* die projiziert wird, so muss $Pw = 0$ gelten (warum?). Daher muss $w$ ein Eigenvektor von $P$ zum Eigenwert $0$ sein, ist also ein Vielfaches von $u$.

(iv) Liegt ein Vektor $w$ in dem Teilraum, *auf* den projiziert wird, so muss $Pw = w$ gelten (warum?). Daher muss $w$ ein Eigenvektor von $P$ zum Eigenwert $1$ sein, ist also ein Vielfaches von $v$.

(v) Zeichnung:

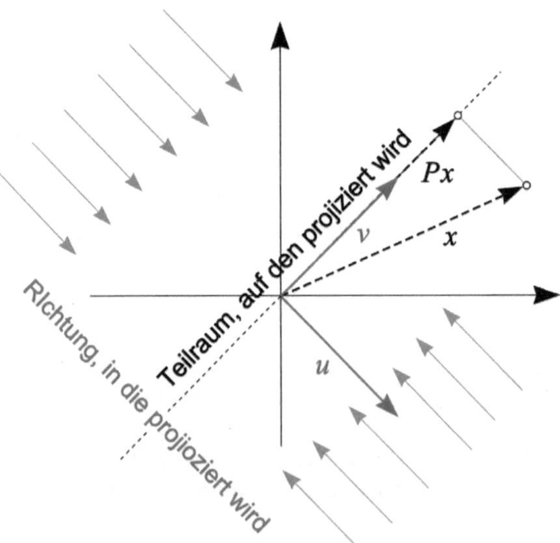


Um die Wirkungsweise von $P$ zu verdeutlichen, sind zusätzlich zu den gegebenen Vektoren ein Punkt $x$ und sein Bild $Px$ dargestellt. Es ist ersichtlich, dass $u$ auf den Ursprung und $v$ auf sich selbst abgebildet wird.

16. $P$ projiziert auf den von $\begin{pmatrix}1\\0\end{pmatrix}$ aufgespannten Teilraum, d.h. auf die $x_1$-Achse.

$P$ ist hermitisch, daher eine Normalprojektion, und projiziert *senkrecht* auf die $x_1$-Achse.

17. Tipp:
$P$ projiziert (wie jede Projektion) auf den Eigenraum zum Eigenwert $1$. Ermitteln Sie ihn!
$P$ ist hermitisch, daher eine Normalprojektion, und projiziert *senkrecht* auf den Eigenraum zum Eigenwert $1$.

18. (i) Mit $P = |u\rangle\langle u|$ ist ergibt sich:

1.) $P$ ist Projektion, da $P^2 = |u\rangle\underbrace{\langle u|u\rangle}_{1}\langle u| = |u\rangle\langle u| = P$.

2.) $P|u\rangle = |u\rangle\underbrace{\langle u|u\rangle}_{1} = |u\rangle$, d.h. $|u\rangle$ wird in sich selbst übergeführt.

3.) Ist $|v\rangle$ ein *beliebiger* Vektor, der auf $|u\rangle$ normal steht (d.h. $\langle u|v\rangle = 0$), so gilt $P|v\rangle = |u\rangle\underbrace{\langle u|v\rangle}_{0} = 0$. Daher ist $P$ eine *Normal*projektion. (Anstelle dieses Schritts könnte man auch zeigen, dass $P$ hermitisch ist).

Aus diesen Tatsachen folgt, dass $P$ die Normalprojektion auf den von $|u\rangle$ aufgespannten (eindimensionalen) Teilraum ist.

Machen Sie eine *Zeichnung* für den Fall, dass nur reelle Vektoren betrachtet werden!

(ii) Versuchen Sie es selbst! Die Argumentation ist völlig analog zu (i).

19. (i) und (ii) Da die beiden Matrizen nach dem im Text Gesagten die gleichen Eigenwerte besitzen, haben sie auch die gleiche Spur (Summe der Eigenwerte) und Determinante (Produkt der Eigenwerte).

(iii) Diese Rechnung sei Ihnen überlassen!
Bemerkung: Anstelle der expliziten Überprüfung für diesen speziellen Fall kann man ganz allgemein argumentieren, dass das charakteristische Polynom einer quadratischen Matrix *nur von deren Eigenwerten abhängt* (warum?).

20. Führen Sie diese (sehr wichtige!) Rechnung bitte gänzlich selbst durch! Gehen Sie Schritt für Schritt so vor wie anhand des Beispiels (17.16) im Text vorgeführt:

1.) Ermitteln Sie die Eigenwerte. (Sie sind verschieden und beide positiv).
2.) Ermitteln Sie die Eigenvektoren und normieren Sie sie. Damit erhalten Sie eine ON-Basis $B$ aus Eigenvektoren.
3.) Daraus ergibt sich die Lage der Ellipse, in die der Einheitskreis übergeführt wird.
4.) $[A]_B$ ist die Diagonalmatrix mit den Eigenwerten auf der Hauptdiagonale.

21. Hier gilt dasselbe wie für die vorige Aufgabe 20.

22. Hier gilt Analoges wie für Aufgabe 19.

23. Hier gilt Analoges wie für Aufgabe 19.

24. Hier handelt es sich lediglich um eine (im Aufgabentext beschriebene) Überprüfung, die rechnerisch im Prinzip ganz einfach ist!
Die beiden Matrizen, um die es geht, sind

$$P_1 = \begin{pmatrix} \frac{1}{6} & \frac{1}{3\sqrt{2}} & \frac{1}{2\sqrt{3}} \\ \frac{1}{3\sqrt{2}} & \frac{1}{3} & \frac{1}{\sqrt{6}} \\ \frac{1}{2\sqrt{3}} & \frac{1}{\sqrt{6}} & \frac{1}{2} \end{pmatrix} \quad \text{und} \quad P_2 = \begin{pmatrix} \frac{5}{6} & -\frac{1}{3\sqrt{2}} & -\frac{1}{2\sqrt{3}} \\ -\frac{1}{3\sqrt{2}} & \frac{2}{3} & -\frac{1}{\sqrt{6}} \\ -\frac{1}{2\sqrt{3}} & -\frac{1}{\sqrt{6}} & \frac{1}{2} \end{pmatrix}.$$

Sie müssen nun überprüfen,

(i) dass (17.25) gilt,

(ii) dass $P_1$ und $P_2$ Projektionen sind, d.h. dass $P_1^2 = P_1$ und $P_2^2 = P_2$ gilt, und

(iii) dass $P_1 + P_2 = \mathbf{1}$ und $P_1P_2 = P_2P_1 = 0$ gilt.

Die Details dieser Rechnungen (entweder am Papier oder mit Hilfe eines CAS) bleiben Ihnen überlassen!

25. Hier gilt Analoges wie für die vorige Aufgabe 24.
Die beiden Matrizen, um die es geht, sind

$$P_1 = \begin{pmatrix} \frac{1}{2} & -\frac{1}{2} \\ -\frac{1}{2} & \frac{1}{2} \end{pmatrix} \quad \text{und} \quad P_2 = \begin{pmatrix} \frac{1}{2} & \frac{1}{2} \\ \frac{1}{2} & \frac{1}{2} \end{pmatrix}.$$

26. Mit $A = \lambda_1 P_1 + \lambda_2 P_2 + \ldots + \lambda_q P_q$ ergibt sich durch Ausmultiplizieren

$$A^2 = \lambda_1{}^2 P_1^2 + \lambda_2{}^2 P_2{}^2 + \ldots + \lambda_q{}^2 P_q{}^2 + \\ \lambda_1\lambda_2 P_1P_2 + \lambda_2\lambda_1 P_2P_1 + \lambda_1\lambda_3 P_1P_3 + \lambda_3\lambda_1 P_3P_1 + \lambda_2\lambda_3 P_2P_3 + \lambda_3\lambda_2 P_3P_2 + \ldots$$

Die Terme in der zweiten Zeile sind wegen (17.24) alle $0$. In der erste Zeile werden alle $P_j^{\,2}$ durch $P_j$ ersetzt (da es sich um Projektionen handelt), womit sich das gewünschte Resultat

$$A^2 = \lambda_1{}^2 P_1 + \lambda_2{}^2 P_2 + \ldots + \lambda_q{}^2 P_q$$

ergibt.

Versuchen Sie, diese Argumentation durch die (kürzere und elegantere) Summenschreibweise auszudrücken!

27.

$$\sin(\pi M/4) = \sin(2\pi/4)\begin{pmatrix} \frac{1}{2} & -\frac{1}{2} \\ -\frac{1}{2} & \frac{1}{2} \end{pmatrix} + \sin(4\pi/4)\begin{pmatrix} \frac{1}{2} & \frac{1}{2} \\ \frac{1}{2} & \frac{1}{2} \end{pmatrix}$$

Rechnen Sie von hier an selbst weiter!

28.
Argumentation mittels Reihenentwicklung:

$$\frac{d}{dt}e^{tA} = \frac{d}{dt}\left(\mathbf{1} + tA + \frac{t^2}{2!}A^2 + \frac{t^3}{3!}A^3 + \ldots\right) = A + \frac{2t}{2!}A^2 + \frac{3t^2}{3!}A^3 + \ldots =$$

$$A\left(\mathbf{1} + \frac{2t}{2!}A + \frac{3t^2}{3!}A^2 + \ldots\right) = A\left(\mathbf{1} + \frac{t}{1!}A + \frac{t^2}{2!}A^2 + \ldots\right) = Ae^{tA}$$

Versuchen Sie, diese Rechnung durch die (kürzere und elegantere) Summenschreibweise auszudrücken!

Argumentation mittels Spektraldarstellung:

$$\frac{d}{dt}e^{tA} = \lambda_1 e^{t\lambda_1}P_1 + \lambda_2 e^{t\lambda_2}P_2 + \ldots + \lambda_q e^{t\lambda_q}P_q = Ae^{tA}$$

Versuchen Sie, auch diese Rechnung durch die (kürzere und elegantere) Summenschreibweise auszudrücken!

29. Gemäß der im Aufgabentext formulierten Anleitung ist zu berechnen:

$$\big(\lambda_1|u_1\rangle\langle u_1| + \lambda_2|u_2\rangle\langle u_2|\big)|u_1\rangle = \lambda_1|u_1\rangle\underbrace{\langle u_1|u_1\rangle}_{1} + \lambda_2|u_2\rangle\underbrace{\langle u_2|u_1\rangle}_{0} = \lambda_1|u_1\rangle$$

$$\big(\lambda_1|u_1\rangle\langle u_1| + \lambda_2|u_2\rangle\langle u_2|\big)|u_2\rangle = \lambda_1|u_1\rangle\underbrace{\langle u_1|u_2\rangle}_{0} + \lambda_2|u_2\rangle\underbrace{\langle u_2|u_2\rangle}_{1} = \lambda_2|u_2\rangle$$

Daher wirkt $\lambda_1|u_1\rangle\langle u_1| + \lambda_2|u_2\rangle\langle u_2|$ auf die Basiselemente $|u_1\rangle$ und $|u_2\rangle$ genauso wie $A$. Das Gleiche gilt aufgrund der Linearität für *jede* Linearkombination $a|u_1\rangle + b|u_2\rangle$, d.h. für *jeden* Vektor. Daher ist $A = \lambda_1|u_1\rangle\langle u_1| + \lambda_2|u_2\rangle\langle u_2|$.

30. Die Eigenwerte sind $\pm 1$, die zugehörigen Eigenvektoren sind $\frac{|0\rangle \pm i|1\rangle}{\sqrt{2}}$. Die Spektraldarstellung lautet

$$\sigma_2 = \frac{|0\rangle + i|1\rangle}{\sqrt{2}}\frac{\langle 0| - i\langle 1|}{\sqrt{2}} - \frac{|0\rangle - i|1\rangle}{\sqrt{2}}\frac{\langle 0| + i\langle 1|}{\sqrt{2}}.$$

Beachten Sie, dass der zum Ket $|0\rangle + i|1\rangle$ gehörende Bra $\langle 0| - i\langle 1|$ ist. (Komplex konjugieren nicht vergessen!)

31. Die Eigenwerte der Matrix $\left[\frac{d}{dx}\right]_B = \begin{pmatrix} 0 & -1 \\ 1 & 0 \end{pmatrix}$ sind $\pm i$. Die zugehörigen Eigenvektoren sind $\begin{pmatrix} \pm i \\ 1 \end{pmatrix}$. Sie entsprechen den Funktionen $\cos x \pm i \sin x$

32. $\frac{d^2}{dx^2}$ wirkt auf $W$ wie $-\mathbf{1}$ (warum?). Daher hat $W$ nur $-1$ als (zweifach entarteten) Eigenwert. Der zugehörige Eigenraum ist ganz $W$. Als Matrixdarstellung ergibt sich $\left[\frac{d^2}{dx^2}\right]_B = \begin{pmatrix} -1 & 0 \\ 0 & -1 \end{pmatrix} \equiv -\mathbf{1}$, was genau das Quadrat von $\left[\frac{d}{dx}\right]_B = \begin{pmatrix} 0 & -1 \\ 1 & 0 \end{pmatrix}$ ist.

Die Beziehung $\left[\frac{d^2}{dx^2}\right]_B = \left[\frac{d}{dx}\right]_B^2$ ist kein Zufall. Ganz allgemein gilt für die Matrixdarstellungen zweier linearer Operatoren $A$ und $C$ (bezüglich der Basis $B$) die Beziehung $[AC]_B = [A]_B[C]_B$. (Können Sie sie begründen? Tipp: $AC$ steht für das Hintereinander-Ausführen der beiden Operatoren: zuerst $C$, dann $A$).

# 18 Elemente der Wahrscheinlichkeitsrechnung

1. Laplace-Experimente sind: a.), b.) und c.).

2.

$p($„die Summe der Augenzahlen ist 6“$) = \frac{5}{36}$.

$p($„die Summe der Augenzahlen ist gerade“$) = \frac{1}{2}$.

$p($„die Summe der Augenzahlen ist ungerade“$) = \frac{1}{2}$.

3.

$p($„weiße Kugel“$) = \frac{2}{5}$.

$p($„schwarze Kugel“$) = \frac{3}{5}$.

Tipp zur Zurückführung auf ein Laplace-Experiment: Denken Sie sich die Kugeln nummeriert!

4.

$p($„die Kugel ist weiß“$) = \frac{1}{12}$.

$p($„die Kugel ist schwarz“$) = \frac{1}{6}$.

$p($„die Kugel ist weiß oder schwarz“$) = \frac{1}{4}$.

5.

$p($„beides“$) = 5 \cdot 10^{-5} = 0.00005$.

$p($„keins von beiden“$) = (1-0.001)(1-0.05) = 0.94905$.

6. $\frac{1}{72}$.

7. Es handelt sich um eine Kombination ohne Wiederholung. Es sind $\binom{49}{6} = 13983816$ (für „6 aus 49“) bzw. $\binom{45}{6} = 8145060$ (für „6 aus 45“) Tipps möglich.

8. Es handelt sich um eine Kombination mit Wiederholung. Die Preise können auf $\binom{50+7-1}{7} = \binom{56}{7} = 231917400$ Arten verteilt werden.

9. Es handelt sich um eine Variation ohne Wiederholung. Es gibt
$\frac{100!}{(100-3)!} = \frac{100!}{97!} = 970200$ mögliche Ausgänge.

10. Sie können die Wahrscheinlichkeiten für die möglichen Werte der Augenzahlsumme der Tabelle in Abbildung 18.1 entnehmen. Mit (18.20) ergibt sich

$$\mu \equiv \langle k \rangle = \sum_{k=2}^{12} k\, p(k) = 2\cdot\frac{1}{36} + 3\cdot\frac{1}{18} + 4\cdot\frac{1}{12} + 5\cdot\frac{1}{9} + 6\cdot\frac{5}{36} + 7\cdot\frac{1}{6} + 8\cdot\frac{5}{36} + 9\cdot\frac{1}{9} + 10\cdot\frac{1}{12} + 11\cdot\frac{1}{18} + 12\cdot\frac{1}{36} = 7$$

Weiters ist

$$\langle k^2 \rangle = \sum_{k=2}^{12} k^2 p(k) = 2^2\cdot\frac{1}{36} + 3^2\cdot\frac{1}{18} + 4^2\cdot\frac{1}{12} + 5^2\cdot\frac{1}{9} + 6^2\cdot\frac{5}{36} + 7^2\cdot\frac{1}{6} + 8^2\cdot\frac{5}{36} + 9^2\cdot\frac{1}{9} + 10^2\cdot\frac{1}{12} + 11^2\cdot\frac{1}{18} + 12^2\cdot\frac{1}{36} = \frac{329}{6}$$

so dass sich mit (18.22)

$$\sigma = \sqrt{\langle k^2 \rangle - \langle k \rangle^2} = \sqrt{\frac{329}{6} - 7^2} = \sqrt{\frac{35}{6}} \approx 2.415$$

ergibt. (Um die Berechnungen etwas effizienter in *Mathematica* durchzuführen, erinnern Sie sich an die in Kapitel 6 besprochenen Berechnungsweisen für den Mittelwert und die Standardabweichung einer einfachen Datenliste).

Bemerkung: Eine elegantere Möglichkeit, die beiden Ergebnisse zu erhalten, ist diese:

$$\mu \equiv \langle k \rangle = \frac{1}{36} \sum_{j=1}^{6} \sum_{k=1}^{6} (j+k) = 7$$

(in *Mathematica*: `Sum[j+k,{j,1,6},{k,1,6}]/36`)

$$\langle k^2 \rangle = \frac{1}{36} \sum_{j=1}^{6} \sum_{k=1}^{6} (j+k)^2 = \frac{329}{6}$$

(in *Mathematica*: `Sum[(j+k)^2,{j,1,6},{k,1,6}]/36`)

Was wurde hier gemacht?

11. Führen Sie die Aufgabe in Analogie zur vorigen durch! Die Ergebnisse sollten sein:
$\mu \equiv \langle k \rangle = \frac{21}{2}$, $\langle k^2 \rangle = 119$ und $\sigma = \sqrt{\langle k^2 \rangle - \langle k \rangle^2} = \frac{1}{2}\sqrt{35}$.
Vergessen Sie die grafische Darstellung nicht!

12. Die Zahlen $p(k)$ können im angegebenen Bereich als Wahrscheinlichkeitsverteilung interpretiert werden, da sie alle $\geq 0$ sind und die Normierungsbedingung $\sum_{k=0}^{10} p(k) = 1$ erfüllen. Eine schöne grafische Darstellung der Verteilung als Punktgraph können Sie in *Mathematica* so erzeugen:

```
daten = Table[{k,(10k-k^2)/165},{k,0,10}];
ListPlot[daten,PlotStyle->{PointSize[0.02],Red},
         AxesLabel->{"k","p(k)"}]
```

Mit Hilfe von (18.20) und (18.22) ergibt sich

$\mu \equiv \langle k \rangle = \sum_{k=0}^{10} k\, p(k) = 5$, $\langle k^2 \rangle = \sum_{k=0}^{10} k^2 p(k) = \frac{149}{5}$ und

$\sigma = \sqrt{\langle k^2 \rangle - \langle k \rangle^2} = 2\sqrt{\frac{6}{5}} \approx 2.19$.

13. Diese Aufgabe sei gänzlich Ihnen überlassen!

14. Die Funktion $\rho$ kann im angegebenen Intervall als Wahrscheinlichkeitsdichte interpretiert werden, da sie dort $\geq 0$ ist und die Normierungsbedingung $\int_0^{10} dx\, \rho(x) = 1$ erfüllt. Vergessen Sie nicht, den Graphen von $\rho$ zu zeichnen oder zu plotten!

Mit Hilfe der Formeln (18.26) und (18.27) ergibt sich $\mu \equiv \langle x \rangle = \int_0^{10} dx\, x\, \rho(x) = 5$,

$\langle x^2 \rangle = \int_0^{10} dx\, x^2 \rho(x) = 30$ und $\sigma = \sqrt{\langle x^2 \rangle - \langle x \rangle^2} = \sqrt{5} \approx 2.236$.

15. Mit der Wahrscheinlichkeit $\int_2^3 dx\, \rho(x) = \frac{14}{125} = 0.112$.

16. Mit der Wahrscheinlichkeit $\int_{5-\sqrt{5}}^{5+\sqrt{5}} dx\, \rho(x) = \frac{7}{5\sqrt{5}} \approx 0.626$.

17. Die Wahrscheinlichkeitsdichte ist $\rho(x) = \frac{1}{2}$.

$\mu \equiv \langle x \rangle = \frac{1}{2} \int_{-1}^{1} dx\, x = 0$.

$\langle x^2 \rangle = \frac{1}{2} \int_{-1}^{1} dx\, x^2 = \frac{1}{3}$, daher $\sigma = \frac{1}{\sqrt{3}} \approx 0.577$.

Eine Realisierung von $x$ wird mit der Wahrscheinlichkeit $\frac{1}{2} \int_{-1/\sqrt{3}}^{1/\sqrt{3}} dx = \frac{1}{\sqrt{3}} \approx 0.577$ zwischen $\mu - \sigma$ und $\mu + \sigma$ liegen.

18. $\binom{60}{10}\left(\frac{1}{6}\right)^{10}\left(\frac{5}{6}\right)^{50} \approx 0.137$.

Es ist dies genau die Binomialverteilung für $q=\frac{1}{6}$ und $N=60$ und $k=10$. Beachten Sie, dass die Wahrscheinlichkeit, bei einem Sechstel aller Würfe eine Sechs zu erhalten, gar nicht so groß ist!

19. Die Wahrscheinlichkeit ist $\binom{60}{k}\left(\frac{1}{6}\right)^{k}\left(\frac{5}{6}\right)^{60-k}$.

Es ist dies genau die Binomialverteilung für $q=\frac{1}{6}$ und $N=60$.

Mittelwert: $\mu = qN = \frac{1}{6}\cdot 60 = 10$.

Standardabweichung: $\sigma = \sqrt{q(1-q)N} = \sqrt{\frac{1}{6}\cdot\frac{5}{6}\cdot 60} = \frac{5}{\sqrt{3}} \approx 2.887$.

(Nachfrage: Wie interpretieren Sie dieses Resultat für die Standardabweichung?)

20. Mit guter Näherung ist

die erste Wahrscheinlichkeit $0.01\,\rho(3) \approx 0.0024$,
die zweite Wahrscheinlichkeit $0.01\,\rho(5) \approx 0.000044$,

wobei $\rho$ die Normalverteilung für $\mu = 2$ und $\sigma = 1$ ist. (Warum? Können Sie diesen Sachverhalt *zeichnen*?) Genauere Werte der beiden Wahrscheinlichkeiten (in *Mathematica* mit `Nintegrate` zu berechnen) sind $0.00240761$ und $0.0000436596$.

21. Es ergibt sich $\mu \approx 2.69$ und $\sigma \approx 0.742$.
(Um die numerischen Berechnungen in *Mathematica* durchzuführen, erinnern Sie sich an die in Kapitel 6 besprochenen Berechnungsweisen für den Mittelwert und die Standardabweichung einer einfachen Datenliste).

22. Eine Möglichkeit, die Aufgabe durch die Auswertung eines (halbwegs) realen Zufallsexperiments zu lösen, ist folgende: Führen Sie in *Mathematica* den Code

```
liste = Table[Sum[Random[],{20}],{100}];
Mean[liste]
Sqrt[Mean[liste^2] - %^2]
```

aus. Er erzeugt eine Liste von 100 Realisierungen der Zufallsvariable $x$ und berechnet danach deren Mittelwert und Standardabweichung. Anstelle von `100` können Sie auch eine größere Zahl wählen. Der Strichpunkt `;` nach der ersten Zeile unterdrückt die Anzeige der Liste – wenn Sie ihn weglassen, können Sie sich die Liste anschauen.

23. *Mathematica* erzeugt eine Liste von 10000 Realisierungen des Zufallsexperiments der vorigen Aufgabe 22 und plottet sie (als Punktgraph). Die „Dichte" der Punktwolke in Abhängigkeit von der $y$-Koordinate ist daher näherungsweise normalverteilt. Das ist die einfachste Möglichkeit, eine durch den zentralen Grenzwertsatz zustande gekommene (näherungsweise) Normalverteilung zu visualisieren!

# 19 Fourierreihen

1. Diese Aufgabe sei gänzlich Ihnen überlassen!

2. Diese Aufgabe sei gänzlich Ihnen überlassen!

3. Diese Aufgabe sei gänzlich Ihnen überlassen!

4. Es handelt sich um eine Schwebung.

   Durch die leicht unterschiedlichen Frequenzen wechseln einander die Bereiche maximaler Verstärkung und maximaler Auslöschung der beiden „Teilschwingungen" $\sin(9x)$ und $\sin(10x)$, die addiert werden, ab.

   Vergessen Sie nicht, den Graphen zu zeichnen oder zu plotten!

5. Zur (langsam oszillierenden) Funktion $\cos(x)$ wird die (schnell oszillierende) Funktion $\sin(10x)$ addiert.

   Vergessen Sie nicht, den Graphen zu zeichnen oder zu plotten!

6. An allen Stellen, die ganzzahlige Vielfache $2\pi$ von sind, findet maximale Verstärkung der Summanden statt. (Die beteiligten Cosinusfunktionen haben dort alle ihren maximalen Wert $1$). In den Bereichen dazwischen schwächen die Summanden einander aufgrund des Auftretens verschiedener Phasen eher ab.

   Vergessen Sie nicht, den Graphen zu zeichnen oder zu plotten!

   Ergänzende Bemerkung: * Falls Sie weitere Cosinusfunktionen nach dem gleichen Schema hinzu nehmen, so wird dieses Verhalten ausgeprägter. Nehmen sie *alle* Cosinusfunktionen mit, so konvergiert die Reihe () im herkömmlichen Sinn nicht, aber im Sinn von *verallgemeinerten Funktionen* ergibt sich ein Objekt, das an allen Stellen, die Vielfache von $2\pi$ sind, als „Punktquelle" (genauer: $\pi$ mal der „Deltafunktion") interpretiert werden kann und dazwischen $0$ ist.

7. 

   (i) $b_n = \frac{1}{\pi} \int_{-\pi}^{\pi} dx \sin(nx) f(x)$.

   $\sin(nx)$ ist eine ungerade Funktion, $f(x)$ (laut Voraussetzung) eine gerade Funktion. Das Produkt $\sin(nx)f(x)$ ist daher eine ungerade Funktion (denn es gilt: $\sin(-nx)f(-x) = -\sin(nx)f(x)$). Folglich ist $b_n$ ein Integral mit *symmetrischem* Integrationsbereich über eine *ungerade* Funktion, daher gleich $0$. (Die beiden Teilintegrale von $-\pi$ bis $0$ und von $0$ bis $\pi$ heben einander weg).

   (ii) Funktioniert ganz ähnlich!

8. Die Funktion ist ungerade (bis auf ihre Werte an den Sprungstellen, die aber diesbezüglich keine Rolle spielen), daher $a_n = 0$.

   Die anderen Fourierkoeffizienten sind $b_n = \frac{2}{n}\left(1-(-1)^n\right)$, daher ist

$$h(x) = 4\left(\frac{\sin(x)}{1} + \frac{\sin(3x)}{3} + \frac{\sin(5x)}{5} + \dots\right) \equiv 4\sum_{k=0}^{\infty} \frac{\sin\left((2k+1)x\right)}{2k+1}.$$

   Der Plot der ersten 15 nichttrivialen Beiträge der Reihe sieht so aus:

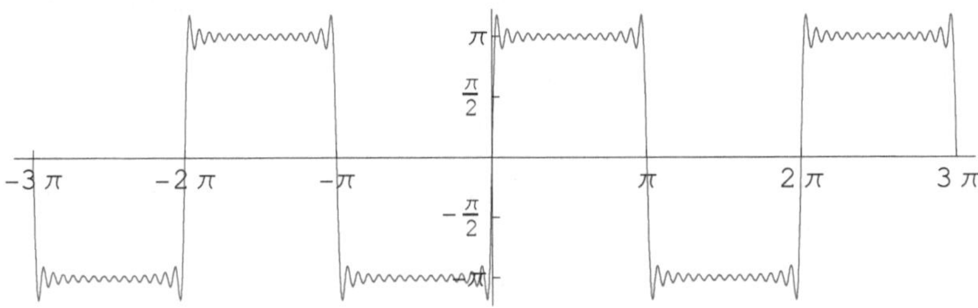


9. Die Fourierkoeffizienten sind $a_0 = \pi$, $a_n = 0$ und $b_n = \frac{1}{n}\left(1-(-1)^n\right)$ für $n = 1,2,3,\dots$

   (Die Funktion ist zwar nicht ungerade, aber sie ist eine Konstante + eine ungerade Funktion. So erklärt sich das Ergebnis $a_n = 0$ für $n \neq 0$). Schreiben Sie die Fourierreihe selbst an!

   Der Plot der ersten 16 nichttrivialen Beiträge der Reihe sieht so aus:

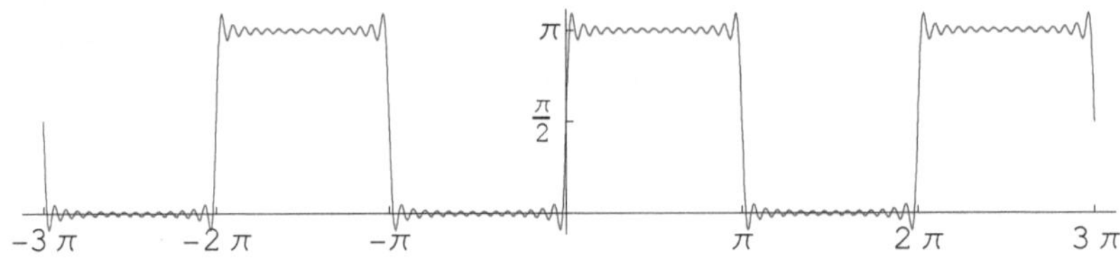


10. Die Funktion ist gerade (bis auf ihre Werte an den Sprungstellen, die aber diesbezüglich keine Rolle spielen), daher $b_n = 0$.

    Die anderen Fourierkoeffizienten sind $a_0 = \frac{2\pi^2}{3}$ und $a_n = \frac{4}{n^2}(-1)^n$ für $n = 1,2,3,\dots$

    Daher ist

$$r(x) = \frac{\pi^2}{3} + 4\left(-\frac{\cos(x)}{1^2} + \frac{\cos(2x)}{2^2} - \frac{\cos(3x)}{3^2} + \frac{\cos(4x)}{4^2} - \dots\right)$$
$$\equiv \frac{\pi^2}{3} + 4\sum_{n=1}^{\infty} (-1)^n \frac{\cos(nx)}{n^2}.$$

Der Plot der ersten 16 nichttrivialen Beiträge der Reihe sieht so aus:

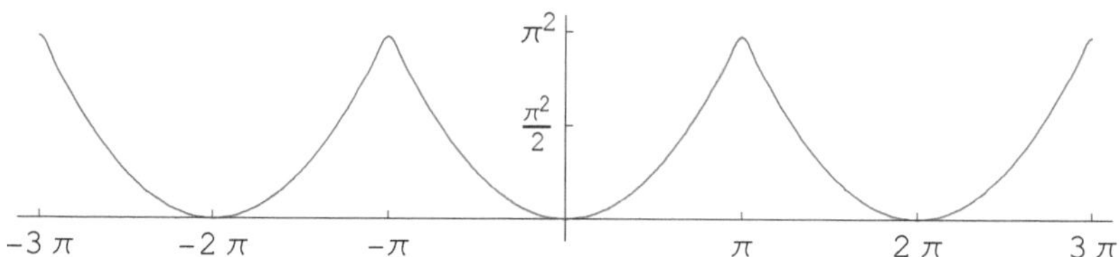


11. $a_0 = 1$, $a_n = 0$ und $b_n = \dfrac{1}{n\pi}$ für $n = 1, 2, 3, ...$

 Schreiben Sie die Fourierreihe selbst an!

 Der Plot der ersten 16 nichttrivialen Beiträge der Reihe sieht so aus:

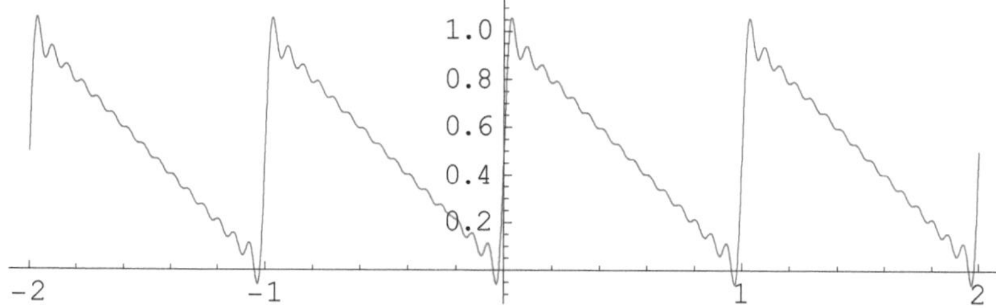


12. Die Fourierkoeffizienten sind $a_0 = 0$, $a_n = \dfrac{1}{n^2}$ und $b_n = -\dfrac{1}{n^4}$ für $n = 1, 2, 3, ...$

 Aus $a_0 = 0$ folgt $A_0 = 0$.

 Für $n \neq 0$ können die Amplitude $A_n$ und die Phase $\varphi_n$ mit Hilfe der Formeln (19.25) und (19.26) berechnet werden (und zwar genauso, wie Sie die Polarkoordinaten eines Punktes aus seinen kartesischen Koordinaten bestimmen!). Es ergibt sich $A_n = \sqrt{a_n^{\,2} + b_n^{\,2}} = \dfrac{\sqrt{n^4 + 1}}{n^4}$ und $\varphi_n = -\operatorname{atan}(n^{-2})$. Daher ist

$$w(x) = \sum_{n=1}^{\infty} \frac{\sqrt{n^4 + 1}}{n^4} \cos\left(nx + \operatorname{atan}(n^{-2})\right).$$

Das Amplitudenspektrum (d.h. die Funktion $n \mapsto A_n$), als Punktgraph dargestellt, sieht so aus:

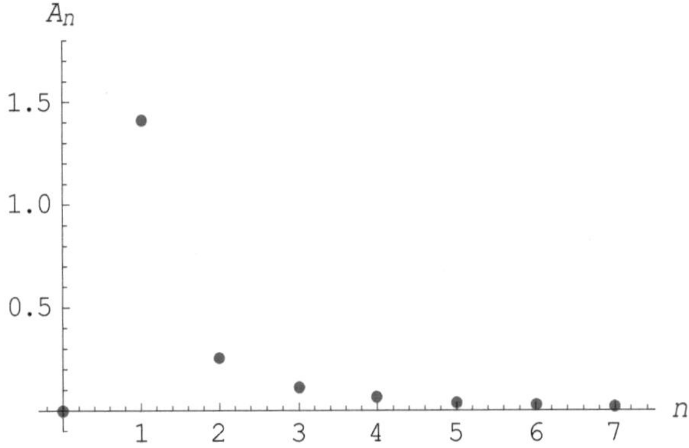


13. Die Umrechnungsformeln sind ( $n = 1, 2, 3, \dots$ )

$$\begin{aligned} a_0 &= 2c_0 \\ a_n &= c_n + c_{-n} \\ b_n &= i\left(c_n - c_{-n}\right) \end{aligned} \qquad \text{und} \qquad \begin{aligned} c_0 &= \frac{1}{2}a_0 \\ c_n &= \frac{1}{2}\left(a_n - ib_n\right) \\ c_{-n} &= \frac{1}{2}\left(a_n + ib_n\right) \end{aligned}$$

14. Ein Tipp: In *Mathematica* können Sie mit der Eingabe

```
Manipulate[Plot[1+Cos[x]Exp[-t],{x,-Pi,Pi},
    PlotRange->{0,2}],{t,0,10,0.1}]
```

eine Animation des Sachverhalts erstellen. Der Wert der Variable $t$ kann mit Hilfe eines Schiebereglers variiert oder im Animationsmodus durchlaufen werden. (Für letztere klicken Sie auf das kleine + neben dem Schieber und dann auf den Button mit dem Pfeilsymbol ▶, um die Animation zu starten).

# 20 Fourierintegrale

1. $\tilde{f}(k)=i\sqrt{\frac{2}{\pi}}\frac{\cos k-1}{k}$.

   Zeichnen oder plotten Sie die Graphen von $f$ und $\tilde{f}$!

2. $\tilde{f}(k)=\frac{1}{\sqrt{2\pi}}\frac{\sin k+i(\cos k-1)}{k}$.

   Zeichnen oder plotten Sie die Graphen von $f$, $\mathrm{Re}(\tilde{f})$, $\mathrm{Im}(\tilde{f})$ und $|\tilde{f}|$!

3. $\tilde{g}(k)=\sqrt{\frac{2}{\pi}}\frac{1}{1+k^2}$.

   Zeichnen oder plotten Sie die Graphen von $g$ und $\tilde{g}$!

   Tipp: Da *Mathematica* den Absolutbetrag kennt, können Sie die Fouriertransformierte durch Eingabe von

   ```
   Integrate[Exp[-I k x]Exp[-Abs[x]],{x,-Infinity,Infinity},
       Assumptions ->Im[k]==0]
   ```

   berechnen (wobei dann noch durch $\sqrt{2\pi}$ zu dividieren ist).

4. $\tilde{g}(k)=\sqrt{\frac{2}{\pi}}\frac{a}{a^2+k^2}$.

   Da $\Delta x\approx\frac{1}{a}$ und $\Delta k\approx a$ (begründen Sie, warum!) ist die Diskussion ganz analog zu den beiden im Text besprochenen Beispielen!

   Tipp: Auch hierfür können Sie *Mathematica* benutzen!

5. Ist $f$ die charakteristische Funktion des Intervalls $[-1,1]$, so gilt $s(x)=f(x-3)$. Da $\tilde{f}(k)=\sqrt{\frac{2}{\pi}}\frac{\sin k}{k}$ bereits im Text ermittelt wurde, folgt mit dem Verschiebungssatz $\tilde{s}(k)=e^{-3ik}\tilde{f}(k)=\sqrt{\frac{2}{\pi}}\,e^{-3ik}\,\frac{\sin k}{k}$.

6. Mit $a=\frac{1}{2}$ folgt aus (20.13) und (20.14), dass die Fouriertransformierte von $\left(\frac{2}{\pi}\right)^{1/4}e^{-x^2}$ gleich $\left(\frac{2}{\pi}\right)^{1/4}\frac{1}{\sqrt{2}}e^{-k^2/4}$ ist. Daher ist die Fouriertransformierte von $e^{-x^2}$ gleich $\frac{1}{\sqrt{2}}e^{-k^2/4}$ (Linearität des Integrals!). Nach der Ableitungsregel ist die Fouriertransformierte von $-2xe^{-x^2}$ gleich $\frac{ik}{\sqrt{2}}e^{-k^2/4}$.

Tipp: Sie können dieses Ergebnis in *Mathematica* durch Eingabe von

```
Integrate[Exp[-I k x](-2x)Exp[-x^2],
        {x,-Infinity,Infinity}]/Sqrt[2Pi]
```

überprüfen.

7. $f(r) = \frac{1}{r}\sqrt{\frac{2}{\pi}}\int_0^\infty dk\, k \frac{\sin(kr)}{\left(1+k^2\right)^2}$, daher Eingabe in *Mathematica*

```
1/r Sqrt[2/Pi] Integrate[k Sin[k r]/(1+k^2)^2,{k,0,Infinity},
   Assumptions ->r>0]
```

mit dem Ergebnis

$f(r) = \frac{1}{2}\sqrt{\frac{\pi}{2}}\, r e^{-r}$ oder, genauer angeschrieben, $f(\vec{x}) = \frac{1}{2}\sqrt{\frac{\pi}{2}}\, |\vec{x}|\, e^{-|\vec{x}|}$.

8. Mit $\tilde{f}(k) = \frac{1}{\sqrt{2\pi}} \frac{\sin k + i\left(\cos k - 1\right)}{k}$ und Formel (20.26) folgt

$A(k) = \sqrt{\frac{2}{\pi}}\,\mathrm{Re}\left(\tilde{f}(k)\right) = \frac{1}{\pi}\frac{\sin k}{k}$ und $B(k) = -\sqrt{\frac{2}{\pi}}\,\mathrm{Im}\left(\tilde{f}(k)\right) = \frac{1}{\pi}\frac{1-\cos k}{k}$.

# Muster-Klausuren

Zum Abschluss dieses Buches seien hier noch zwei Muster-Klausuren zum behandelten Stoff angefügt. Sie decken die wichtigsten Inhalte – jeweils in 16 Themenblöcken zusammengefasst – ab, die Lehramtsstudierende der Physik beherrschen sollten. Sie sind auf eine Prüfungssituation abgestimmt und wurden in ähnlicher Form (aufgeteilt in zwei Portionen zu jeweils 90 Minuten in aufeinander folgenden Semestern) an der Universität Wien abgehalten. Voraussetzung für einen positiven Abschluss war die zufriedenstellende Lösung aller 16 Aufgaben. Studierende, die dies nicht erreichten, konnten die fehlenden Themenblöcke in nachfolgenden (schriftlichen oder mündlichen Prüfungen) „abstottern". Die Detailbewertung erfolgte nach einem Punkteschema.

Die Lösungen der ersten Muster-Klausur sind beigefügt, die der zweiten nicht. Weiters ist in der ersten Muster-Klausur eine Liste von Formeln enthalten, in der die benötigten Integrale vorkommen, in der zweiten Muster-Klausur nicht.

## Muster-Klausur 1

1. Berechnen Sie den Betrag von $\exp\left((1+i)^2\right)$.

2.

   a. Ermitteln Sie die Taylorreihe der Funktion $f(x)=e^{x+3}$ um den Punkt $0$. Schreiben Sie sie in geschlossener Form (mit dem Summensymbol) an.

   b. Entwickeln Sie die Funktion $g(x)=\dfrac{1+x}{1-x}$ um den Punkt $0$ bis zur dritten Ordnung.

   c. Berechnen Sie $x^2\left(3+x+O(x^2)\right)\left(3-x+O(x^2)\right)$.

   (Hinweis: Die Taylorreihen von $e^x$ und $\dfrac{1}{1-x}$ dürfen als bekannt vorausgesetzt werden).

3.

   a. Ermitteln Sie die allgemeine Lösung der Differentialgleichung $y''(x)+10y'(x)+29y(x)=0$. Drücken Sie sie durch reelle Basislösungen aus.

   b. Bestimmen Sie jene Lösung, für die $y(0)=1$ und $y'(0)=-5$ gilt.

4.

a. Bestimmen Sie die Niveaulinien der Funktion $f(x,y)=2x-y^2+1$. Um welche Art von Kurven handelt es sich?

b. Welche der folgenden Vektorfelder (in drei Dimensionen) sind radialsymmetrisch?

$$\vec{u}(\vec{x})=\frac{\vec{x}}{\sqrt{x^2+y^2}},\ \vec{v}(\vec{x})=\frac{\vec{x}}{\sqrt{|\vec{x}|^2+1}},\ \vec{w}(\vec{x})=\begin{pmatrix}1/x\\1/y\\1/z\end{pmatrix},\ \vec{a}(\vec{x})=e^{-x^2}e^{-y^2}e^{-z^2}\begin{pmatrix}x\\y\\z\end{pmatrix}.$$

c. Berechnen Sie den Betrag des Vektorfeldes (in zwei Dimensionen) $\vec{b}(\vec{x})=r^2\vec{x}$ und drücken Sie ihn durch $r$ aus.

5. Welche der folgenden Aussagen sind wahr, welche falsch?

a. Für jedes (genügend differenzierbare) Vektorfeld $\vec{u}$ gilt: $\operatorname{div}\operatorname{rot}\vec{u}=0$.

b. Für jedes (genügend differenzierbare) Vektorfeld $\vec{u}$ gilt: $\vec{\nabla}\left(\operatorname{div}\vec{u}\right)=0$.

c. Für jedes (genügend differenzierbare) Skalarfeld $f$ gilt: $\Delta f=\operatorname{div}\vec{\nabla}f$.

d. Aus $\operatorname{div}\vec{u}=0$ folgt: $\vec{u}$ ist ein Gradientenfeld.

6. Sei $G$ jener Bereich des Einheitskreises, der oberhalb der $x$-Achse liegt, und sei $f(x,y)=x^2y$. Berechnen Sie $\int_G d^2x\, f$.

7. Sei $\gamma$ die durch $\vec{x}(t)=\begin{pmatrix}1+t\\1-t\\2t^2\end{pmatrix}$ definierte Kurve im $\mathbb{R}^3$ vom Punkt $(1,1,0)$ zum Punkt $(2,0,2)$, und sei $\vec{F}(\vec{x})=\begin{pmatrix}2y\\z\\0\end{pmatrix}$. Berechnen Sie das Linienintegral $\int_\gamma d\vec{x}\cdot\vec{F}$.

8. Formulieren Sie den Integralsatz von Gauß.

9.

a. Welche der folgenden Mengen bilden einen Vektorraum?

i. $\{(x,y,z)\in\mathbb{R}^3\mid x+2y=0 \text{ und } x+z=0\}$

ii. Menge der reellen Lösungen der Differentialgleichung $y''(x)=y(x)^2$

iii. $x_3$-Achse im $\mathbb{R}^3$

b. Wie lautet die Entwicklung eines Vektors $v\in\mathbb{R}^2$ in eine Orthonormalbasis $B=\{e_1,e_2\}$?

c. Entwickeln Sie den Vektor $u=\begin{pmatrix}5\\3\end{pmatrix}$ in die Basis $B=\{g_1,g_2\}$ mit $g_1=\begin{pmatrix}1\\0\end{pmatrix}$ und $g_2=\begin{pmatrix}1\\1\end{pmatrix}$.

10.

a. Die durch eine Matrix $A$ definierte lineare Transformation wirkt auf die Elemente der Standardbasis des $\mathbb{R}^2$ so: $\begin{pmatrix}1\\0\end{pmatrix} \mapsto \begin{pmatrix}-3\\1\end{pmatrix}$, $\begin{pmatrix}0\\1\end{pmatrix} \mapsto \begin{pmatrix}2\\5\end{pmatrix}$.

Schreiben Sie die Matrix $A$ an.

b. Für welches $a$ ist die Matrix $\begin{pmatrix}2 & a\\-3 & 4\end{pmatrix}$ nicht invertierbar?

c. Bra-Ket-Formalismus: Schreiben Sie $|0\rangle\langle 1|$ als Matrix an.

11.

a. Geben Sie die Lösungsmenge des Gleichungssystems

$$3x_1 - x_2 = 2$$
$$-x_1 + \frac{1}{3}x_2 = -\frac{2}{3}$$

an.

b. Die $n \times n$-Matrix $A$ und der Vektor $b \in \mathbb{R}^n$ seien gegeben. Welche der folgenden Aussagen ist wahr, welche falsch?

   i. Es gibt Fälle, in denen das Gleichungssystem $Ax = b$ genau zwei Lösungen besitzt.
   ii. Falls $A$ invertierbar ist, so besitzt das Gleichungssystem $Ax = b$ genau eine Lösung.
   iii. Falls $A$ invertierbar und $b = 0$ ist, so besitzt das Gleichungssystem $Ax = b$ nur die triviale Lösung $x = 0$.

12. Berechnen Sie die Eigenwerte und Eigenvektoren der Matrix $C = \begin{pmatrix}3 & 0\\1 & 2\end{pmatrix}$. Ist $C$ diagonalisierbar? Ist $C$ eine normale Matrix?

13. Ist die Matrix $A = \frac{1}{8}\begin{pmatrix}5 & 3\\5 & 3\end{pmatrix}$

a. symmetrisch?
b. hermitisch?
c. eine Projektion?
d. diagonalisierbar?

14.

a. Wie hängen relative Häufigkeit und Wahrscheinlichkeit zusammen?
b. Aus einem Kreis von 10 Personen sollen drei ausgewählt werden, die ein Theaterstück spielen, in dem es drei verschiedene Rollen gibt. Wie viele mögliche Besetzungen des Stücks gibt es?
c. Definieren und beschreiben Sie die Normalverteilung!
d. Gegeben sei die (kontinuierliche) Wahrscheinlichkeitsverteilung $f(x) = C(1 - x^2)$ auf der Menge $\{x \in \mathbb{R} \mid 0 \le x \le 1\}$.
   i. Normieren Sie sie.
   ii. Berechnen Sie den Mittelwert der Verteilung (= Erwartungswert von $x$).
   iii. Berechnen Sie die Standardabweichung der Verteilung.

15. Sei $f(x)=x^3$ im Intervall $-\pi < x \leq \pi$ und periodisch auf ganz $\mathbb{R}$ fortgesetzt.
    a. Skizzieren Sie den Graphen dieser Funktion.
    b. Entwickeln Sie sie in eine Fourierreihe.

16. Was ist die Fouriertransformierte einer Funktion? Wie kann aus der Fouriertransformierten wieder die ursprüngliche Funktion erhalten werden?

Benutzen Sie bei Bedarf die folgenden Integralformeln:

$$\int_0^{\pi/2} dx \sin x = \int_0^{\pi/2} dx \cos x = 1$$

$$\int_0^{\pi/2} dx \sin^2 x = \int_0^{\pi/2} dx \cos^2 x = \frac{\pi}{4}$$

$$\int_0^{\pi/2} dx \sin x \cos x = \frac{1}{2}$$

$$\int_0^{\pi/2} dx \sin^2 x \cos x = \int_0^{\pi/2} dx \sin x \cos^2 x = \frac{1}{3}$$

$$\int_0^{\pi} dx \sin x \cos x = 0$$

$$\int_0^{\pi} dx \sin x \cos^2 x = \frac{2}{3}$$

$$\int_0^{\pi} dx \sin^2 x \cos x = 0$$

$$\int_0^{2\pi} dx \sin^2 x = \int_0^{2\pi} dx \cos^2 x = \pi$$

$$\int_{-\pi}^{\pi} dx\, x^2 \cos(nx) = \frac{4\pi}{n^2}(-1)^n \qquad \text{für} \quad n = 1,2,3,\ldots$$

$$\int_{-\pi}^{\pi} dx\, x^3 \sin(nx) = -\frac{2\pi(-1)^n}{n^3}(n^2\pi^2 - 6) \qquad \text{für} \quad n = 1,2,3,\ldots$$

# Lösungen der Muster-Klausur 1

1. $|\exp\left((1+i)^2\right)| = |\exp(2i)| = 1$.

2.

   a. $f(x) = e^{x+3} = e^3 e^x = e^3 \sum_{n=0}^{\infty} \frac{x^n}{n!} \equiv \sum_{n=0}^{\infty} \frac{e^3}{n!} x^n$.

   b.
   $$g(x) = \frac{1+x}{1-x} = (1+x)\left(1+x+x^2+x^3+O(x^4)\right) =$$
   $$= 1+x+x^2+x^3+x+x^2+x^3+O(x^4) =$$
   $$= 1+2x+2x^2+2x^3+O(x^4).$$

   c. $x^2\left(3+x+O(x^2)\right)\left(3-x+O(x^2)\right) = 9x^2+O(x^4)$.

3.

   a. $y(x) = e^{-5x}\left(C_1\cos(2x)+C_2\sin(2x)\right)$.

   b. $y(x) = e^{-5x}\cos(2x)$.

4.

   a. Nach rechts offene Parabeln $2x-y^2+1=C$, d.h. $y^2=2x+1-C$.

   b. Radialsymmetrisch sind $\vec{v}$ und $\vec{a}$.

   c. $|\vec{b}(\vec{x})| = r^3$.

5. Wahr sind a und c.

6.
$$\int_G d^2x\, f = \int_0^1 dr\, r \int_0^{\pi} d\varphi\, r^2 \cos^2\varphi\, r \sin\varphi =$$
$$= \int_0^1 dr\, r^4 \int_0^{\pi} d\varphi \cos^2\varphi \sin\varphi = \frac{1}{5}\cdot\frac{2}{3} = \frac{2}{15}$$

7. $\int_\gamma d\vec{x}\cdot\vec{F} = \int_0^1 dt\left(-2t^2-2t+2\right) = \frac{1}{3}$

8. Bei dieser Aufgabe wird die Formulierung bewertet.

9.

   a.

      i. ja
      ii. nein
      iii. ja

b. $v = c_1 e_1 + c_2 e_2$ mit $c_j = e_j \cdot v$.

c. $\begin{pmatrix} 5 \\ 3 \end{pmatrix} = c_1 \begin{pmatrix} 1 \\ 0 \end{pmatrix} + c_2 \begin{pmatrix} 1 \\ 1 \end{pmatrix}$ mit $c_2 = 3$ und $c_1 = 2$.

10.

a. $A = \begin{pmatrix} -3 & 2 \\ 1 & 5 \end{pmatrix}$.

b. Für $a = -\frac{8}{3}$.

c. $|0\rangle\langle 1| = \begin{pmatrix} 1 \\ 0 \end{pmatrix} \begin{pmatrix} 0 & 1 \end{pmatrix} = \begin{pmatrix} 0 & 1 \\ 0 & 0 \end{pmatrix}$.

11.

a. $\{(x_1, x_2) \mid 3x_1 - x_2 = 2\}$ (Gerade).

b.

i. falsch
ii. wahr
iii. wahr

12. Eigenwert 2, Eigenvektor $\begin{pmatrix} 0 \\ 1 \end{pmatrix}$; Eigenwert 3, Eigenvektor $\begin{pmatrix} 1 \\ 1 \end{pmatrix}$.

$C$ ist diagonalisierbar (da es eine Basis aus Eigenvektoren gibt), aber nicht normal (da diese Basis keine Orthonormalbasis ist).

13.

a. nein
b. nein
c. ja
d. ja

14.

a. Bei dieser Aufgabe wird die Formulierung bewertet.
b. Variation ohne Wiederholung ($N = 10$, $K = 3$).

   Es gibt $\frac{N!}{(N-K)!} = \frac{10!}{7!} = 10 \cdot 9 \cdot 8 = 720$ mögliche Besetzungen.
c. Bei dieser Aufgabe wird die Formulierung bewertet.
d.

i. Normierung: $C = \frac{3}{2}$ (da $\int_0^1 dx (1 - x^2) = \frac{2}{3}$).

ii. Mittelwert: $\langle x \rangle = \frac{3}{2} \int_0^1 dx\, x (1 - x^2) = \frac{3}{2} \cdot \frac{1}{4} = \frac{3}{8} = 0.375$.

iii. Standardabweichung: $\sigma = \sqrt{\frac{19}{320}} \approx 0.24367$.

(Anmerkung: $\left\langle x^2 \right\rangle = \frac{3}{2}\int_0^1 dx\, x^2 (1-x^2) = \frac{3}{2}\cdot\frac{2}{15} = \frac{1}{5}$, daher

$\sigma = \sqrt{\frac{1}{5} - \left(\frac{3}{8}\right)^2}$ )

15.

a. Bei dieser Aufgabe wird die Formulierung bewertet.

b. $a_n = 0$, $b_n = \frac{1}{\pi}\int_{-\pi}^{\pi} dx \sin(nx)x^3 = -\frac{2(-1)^n}{n^3}\left(n^2\pi^2 - 6\right)$

Entwicklung: $f(x) = -\sum_{n=1}^{\infty} \frac{2(-1)^n}{n^3}\left(n^2\pi^2 - 6\right)\sin(nx)$.

16. Bei dieser Aufgabe wird die Formulierung bewertet.

# Muster-Klausur 2

1. Berechnen Sie Real- und Imaginärteil von $\frac{e^{-i\pi/2}}{1+i}$.

2.

   a. Ermitteln Sie die Taylorreihe der Funktion $f(x)=\frac{1}{1-x^4}$ um den Punkt $0$. Schreiben Sie sie in geschlossener Form (mit dem Summensymbol) an.

   b. Entwickeln Sie die Funktion $g(x)=\frac{\sin(x^3)}{x^2}$ um den Punkt $0$ bis zur vierten Ordnung.

   c. Berechnen Sie $x\left(1+3x+O(x^2)\right)\left(1-3x+O(x^2)\right)$.

   (Hinweis: Die Taylorreihen von $\frac{1}{1-x}$ und $\sin x$ dürfen als bekannt vorausgesetzt werden).

3.

   a. Ermitteln Sie die allgemeine Lösung der Differentialgleichung $y''(x)+2y'(x)+10y(x)=0$. Drücken Sie sie durch reelle Basislösungen aus.

   b. Bestimmen Sie jene Lösung, für die $y(0)=2$ und $y'(0)=-2$ gilt.

4.

   a. Bestimmen Sie die Niveaulinien der Funktion $f(x,y)=\left(x^2+y^2\right)^4$. Um welche Art von Kurven handelt es sich?

   b. Welche der folgenden Vektorfelder (in drei Dimensionen) sind radialsymmetrisch?

   $\vec{a}(\vec{x})=\sin(x^2)\sin(y^2)\sin(z^2)\begin{pmatrix}x\\y\\z\end{pmatrix}$, $\vec{v}(\vec{x})=\frac{\vec{x}}{\sqrt{|\vec{x}|^2+1}}$, $\vec{u}(\vec{x})=\frac{\vec{x}}{\sqrt{x^2+y^2}}$,

   $\vec{w}(\vec{x})=|\vec{x}|\begin{pmatrix}1\\1\\1\end{pmatrix}$.

   c. Berechnen Sie den Betrag des Vektorfeldes (in zwei Dimensionen) $\vec{b}(\vec{x})=-\frac{\vec{x}}{r^2}$ und drücken Sie ihn durch $r$ aus.

5. Definieren Sie die folgenden Begriffe und geben Sie jeweils ein Beispiel:

   a. Gradient

   b. Rotation

   c. konservatives Vektorfeld

6. Sei $G$ jener Bereich der Kugel um den Ursprung mit Radius $R$, der oberhalb der $xy$-Ebene liegt, und sei $f(x,y,z)=z^2$. Berechnen Sie $\int_G d^3x\, f$.

7. Sei $\gamma$ der im Gegenuhrzeigersinn durchlaufene Einheitskreis in der Zeichenebene, und sei $\vec{F}(x,y)=\begin{pmatrix}2y\\ x\end{pmatrix}$. Berechnen Sie das Linienintegral $\int_\gamma d\vec{x}\cdot\vec{F}$.

8. Formulieren Sie den Integralsatz von Stokes.

9.
   a. Welche der folgenden Mengen bilden einen Vektorraum?
      i. $\{(x,y)\in\mathbb{R}^2 \mid 2x+y=0\}$
      ii. Menge der reellen Lösungen der Differentialgleichung $y''(x)+x\,y(x)=\sin x$
      iii. Die Ebene $3x-2y+z=0$ im $\mathbb{R}^3$
   b. Was ist eine Basis, was eine Orthonormalbasis eines Vektorraums?
   c. Entwickeln Sie den Vektor $u=\begin{pmatrix}2\\ -1\end{pmatrix}$ in die Basis $B=\{g_1,g_2\}$ mit $g_1=\frac{1}{\sqrt{2}}\begin{pmatrix}1\\ 1\end{pmatrix}$ und $g_2=\frac{1}{\sqrt{2}}\begin{pmatrix}-1\\ 1\end{pmatrix}$. Machen Sie eine Skizze des Sachverhalts.

10.
   a. Sei $A=\begin{pmatrix}2 & 0\\ -3 & 4\end{pmatrix}$, $B=\begin{pmatrix}1 & 2\\ 7 & -3\end{pmatrix}$ und $x=\begin{pmatrix}-1\\ 5\end{pmatrix}$. Berechnen Sie $A^2$, $AB-BA$, $Ax$, $\det(A)$ und $\mathrm{Tr}(B)$.
   b. Beweisen Sie, dass für jede $2\times 2$-Matrix $A$ gilt: $\det(2A)=4\det(A)$.
   c. Wie erkennt man die Invertierbarkeit einer Matrix an ihrer Determinante?

11.
   a. Geben Sie die Lösungsmenge des Gleichungssystems

      $$3x_1-x_2=2$$
      $$-x_1+\frac{1}{3}x_2=-\frac{1}{3}$$

      an.
   b. Die $n\times n$-Matrix $A$ und der Vektor $b\in\mathbb{R}^n$ seien gegeben. Welche der folgenden Aussagen ist wahr, welche falsch?
      i. Ist $b=0$, so ist die Lösungsmenge des Gleichungssystems $Ax=b$ ein Vektorraum.
      ii. Falls $\det(A)=0$ ist, so besitzt das Gleichungssystem $Ax=b$ genau eine Lösung.
      iii. Falls $\det(A)=0$ ist, so besitzt das Gleichungssystem $Ax=b$ unendlich viele Lösungen.

12. Berechnen Sie die Eigenwerte und Eigenvektoren der Matrix $C = \begin{pmatrix} 4 & i \\ -i & 4 \end{pmatrix}$.

13. Ist die Matrix $A = \frac{1}{\sqrt{2}} \begin{pmatrix} -i & i \\ 1 & 1 \end{pmatrix}$

    a. hermitisch?
    b. unitär?
    c. diagonalisierbar?
    d. normal?
    e. eine Projektion?

14.
    a. Definieren Sie die Begriffe Ereignisraum, Ereignis, Elementarereignis!
    b. Sie sind auf einer Party mit insgesamt 25 TeilnehmerInnen. An 12 Personen werden (per Zufall) Tombolapreise verlost. Wie groß ist die Wahrscheinlichkeit, dass Sie eines erhalten?
    c. Definieren und beschreiben Sie die Binomialverteilung!
    d. Gegeben sei die (kontinuierliche) Wahrscheinlichkeitsverteilung $f(x) = C\,e^{-x}$ auf der Menge $\{x \in \mathbb{R} \mid x \geq 0\}$.
        i. Normieren Sie sie.
        ii. Berechnen Sie den Mittelwert der Verteilung (= Erwartungswert von $x$).
        iii. Berechnen Sie die Standardabweichung der Verteilung.

15. Sei $f(x) = \pi - x$ im Intervall $0 < x \leq \pi$, $f(x) = 0$ im Intervall $-\pi < x \leq 0$ und $f$ periodisch auf ganz $\mathbb{R}$ fortgesetzt.
    a. Skizzieren Sie den Graphen dieser Funktion.
    b. Entwickeln Sie sie in eine Fourierreihe.

16. Formulieren Sie die reelle Form der Fouriertransformation.

# Liste spezieller Symbole

Hier sind einige Symbole, die Sie in der mathematischen Literatur (die meisten auch in diesem Buch) finden, zusammengestellt.

| | |
|---|---|
| $\Rightarrow$ | daraus folgt |
| $\Leftrightarrow$ | genau dann, wenn |
| $\exists$ | (es) existiert |
| $\forall$ | für alle |
| $\times$ | Vektorprodukt, kartesisches Produkt (Beispiel für letzteres: $\mathbb{R}\times\mathbb{R}=\mathbb{R}^2$) |
| $\mathbb{N}$ | Menge der natürlichen Zahlen |
| $\mathbb{Z}$ | Menge der ganzen Zahlen |
| $\mathbb{Q}$ | Menge der rationalen Zahlen |
| $\mathbb{R}$ | Menge der reellen Zahlen |
| $\mathbb{C}$ | Menge der komplexen Zahlen |
| $\in$ | ist Element von (Beispiel: $1\in\{1,2,3\}$) |
| $\notin$ | ist kein Element von (Beispiel: $4\notin\{1,2,3\}$) |
| $\subseteq$ | ist Teilmenge von (Beispiel: $\{1,2\}\subseteq\{1,2,3\}$) |
| $\cap$ | Durchschnittsmenge (Beispiel: $\{1,2,3\}\cap\{2,3,4\}=\{2,3\}$) |
| $\cup$ | Vereinigungsmenge (Beispiel: $\{1,2,3\}\cup\{2,3,4\}=\{1,2,3,4\}$) |
| $\setminus$ | Komplementärmenge (Beispiel: $\mathbb{R}^2\setminus\{(0,0)\}=$ Zeichenebene ohne Ursprung) |
| $\to$ | kennzeichnet Definitions- und Zielmenge einer Funktion (Beispiel: $f:\mathbb{R}\to\mathbb{R}$) |
| $\mapsto$ | kennzeichnet die Zuordnung von Elementen (Beispiel: $f:x\mapsto x^2$) |

| | | | |
|---|---|---|---|
| $\alpha$ | alpha | $\mu$ | my |
| $\beta$ | beta | $\nu$ | ny |
| $\gamma,\Gamma$ | gamma, Gamma | $\xi,\Xi$ | xi, Xi |
| $\delta,\Delta$ | delta, Delta | $\pi,\Pi$ | pi, Pi |
| $\varepsilon$ | epsilon | $\rho$ | rho |
| $\varsigma$ | zeta | $\sigma,\Sigma$ | sigma, Sigma |
| $\eta$ | eta | $\tau$ | tau |
| $\vartheta,\theta,\Theta$ | theta (2 Varianten), Theta | $\varphi,\phi,\Phi$ | phi (2 Varianten), Phi |
| $\iota$ | iota | $\chi$ | chi |
| $\kappa$ | kappa | $\psi,\Psi$ | psi, Psi |
| $\lambda,\Lambda$ | lambda, Lambda | $\omega,\Omega$ | omega, Omega |

# Index

A

abelsche Gruppe 232
Abhängigkeit
  linear-homogene 253, 255
  linear-inhomogene 103, 106
Ableitung 8
  einer implizit gegebenen Funktion 131
  gewöhnliche 124, 125
  nach der Zeit 8
  partielle 124
  Richtungsableitung 128, 146
Additionstheoreme von Sinus und Cosinus 27
adjungierte Matrix 265, 297
Adjunktion einer Matrix 265
  und inneres Produkt 265

Ä

ähnliche Matrizen 284, 305

A

Amplitude 62, 86, 123

Ä

Änderungsrate 125, 128, 146

A

antihermitische Matrix 299
antilinear 245
antiselbstadjungierte Matrix 299
antisymmetrische Matrix 299
Antiteilchen 381
approximierte Größen 49

Ä

äquivalente Matrizen 284
Äquivalenztransformation (Gleichungssystem) 279

A

Arbeit 197, 202
Assoziativgesetz 232, 259
Aufenthaltswahrscheinlichkeitsdichte 333
Ausgleichsgerade 104, 106

Ä

äußere Kraft 80, 86
äußeres Feld 150

A

Azimut 25

B

Basis
  eines Vektorraums 297
Basis eines Vektorraums 237, 244
  Standardbasis 237, 246, 293
Beschleunigung 63, 80, 195
Betrag eines Vektors 245
Bewegungsgleichung 63, 79, 85
Binomialkoeffizienten 43, 327
Binomialverteilung 336
binomische Reihe 43
binomischer Lehrsatz 327
Bogenlänge 196
Bra *Siehe* Bra-Ket-Schreibweise
Bra-Ket-Schreibweise 246
  als Bausteinsystem 267
  Basiszustände 247
  Bra 247
  inneres Produkt 247, 266
  Ket 246, 266
  lineare Abbildung 267
  Pauli-Matrizen 267, 312
  Projektion 267, 311
  Rolle des Adjungierens 266
  Spektraldarstellung 311
  Standardbasis 246

C

CAS *Siehe* Computeralgebra
charakteristische Funktion eines Intervalls 372, 373
charakteristische Gleichung einer Differentialgleichung 75

charakteristische Gleichung einer Matrix 291, 305
charakteristisches Polynom einer Matrix 291, 295, 305
Computeralgebra 10
Computeralgebra-Systeme
  ausgewählte 11
Computermethoden 10
Coulombfeld 139, 152, 157
Cramersche Regel 279

**D**

Dämpfung 61, 85, 86
Datenliste
  einfache 91
  grafische Darstellung 91
  Liste von Datenpaaren 102
  Punktwolke 103
  Schwerpunkt einer Punktwolke 105
Deltafunktion 153, 223
Determinante 262
  einer $2\times2$-Matrix 262
  einer $3\times3$-Matrix 262
  einer $n\times n$-Matrix 263
  Kriterium für Invertierbarkeit einer Matrix 264
  Laplacescher Entwicklungssatz 263
  lineares Gleichungssystem 275
  Produkt der Eigenwerte 293
  Rechenregeln 263
  Regel von Sarrus 263
DGL *Siehe* Differentialgleichung
diagnoalisierbare Matrix
  Spektraldarstellung 307
Diagonalelemente einer Matrix 260
diagonalisierbare Matrix 284, 297, 300, 304
Diagonalisierung (Spektraldarstellung) 307
Diagonalisierung einer reellen symmetrischen Matrix 305
Diagonalmatrix 260, 293, 304, 307
Differential 127
Differentialgleichung 63
  Abfangswertproblem 84
  Anfangswertproblem 70, 77
  charakteristische Gleichung 75
  Exponentialansatz 75
  gewöhnliche 64
  grafische Methode 71
  Konventionen der Schreibweise 64
  lineare 65
  lineare mit konstanten Koeffizienten 65, 68, 69, 74
  lineare, Basislösungen 67
  lineare, Lösungsmenge 66
  linear-homogene 65, 66, 69, 75, 235
  linear-inhomogene 65, 67, 69, 79
  lösen am Computer 82
  Ordnung 64
  partielle 87
  Randwertproblem 84
  Richtungsfeld 71
  System gekoppelter DGLen 80, 87, 88, 309
  Variation der Konstanten 69
Differentialrechnung 8
Diffusionsgleichung 364
Dimension eines Vektorraums 236, 244
Dipol 51
Diracsche Bra-Ket-Schreibweise *Siehe* Bra-Ket-Schreibweise
disjunkte Ereignisse 323
Distributivgesetz 232, 259
Divergenz 151, 219, 222
Divergenz einer Rotation 159
  lokale Umkehrung 159
divergenzfreies Vektorfeld 154
Doppelintegral 178
Drehspiegelung 272
Drehung 271, 299, 305
  in drei Dimensionen 271
  in zwei Dimensionen 271
Drehungen
  allgemeine Beschreibung 272
Dreiecksmatrix 293
Dreifachintegral *Siehe* Volumsintegral
Durchflussrate 208, 209
Durchschnittsgeschwindigkeit 8

**E**

e hoch eine Matrix 308
Ebene Polarkoordinaten *Siehe* Polarkoordinaten
ebene Welle 123, 381
Eigenraum
  Projektion auf einen 307
Eigenraum zu einem Eigenwert 295
  Dimension 295
Eigenvektor 289, 294, 307, 313
  Berechnung mit Computeralgebra 296
Eigenwert 289, 307, 313
  Berechnung mit Computeralgebra 294
  charakteristische Gleichung 291, 305
  charakteristisches Polynom 291, 295, 305
  entarteter 295
  Spektrum einer Matrix 292
  Vielfachheit 292, 295
Eigenwertgleichung eines linearen Operators 313

Einheitencheck 111
Einheitsmatrix 260
Einheitsvektor 240
Einsteinsche Summenkonvention 149, 151, 156, 261
elastische Verformung 304
elekrostatisches Potential 159
elektostatisches Feld 150
elektrische Stromdichte 158, 224
elektrischer Fluss 210, 221
elektrisches Feld 88, 209, 221, 224
Elektrodynamik 224
elektromagnetische Wellen 226
elektromagnetisches Feld 87, 123, 225
elektrostatisches Feld 123, 139, 151, 155, 158, 201, 213, 222
elektrostatisches Potential 134, 150, 155
Elementarereignis 321
Elementarteilchenphysik 363, 381
Eliminationsverfahren, Gaußsches 277
Ellipse 131, 303
Ellipsoid 304
  höherdimensionales 305
Energie-Eigenwert 295
entartete Energieniveaus 295
entarteter Eigenwert 295
Entwicklung in ebene Wellen 381
Epsilon-Tensor 156, 261
Ereignisraum 321, 329
Erwartungswert einer Zufallsvariable 331, 334
Eulersche Formel 58
Eulersche Zahl (e) 42
Exponentialansatz (Differentialgleichung) 75
Exponentialfunktion, komplexe 61
Exponentialverteilung 342
  Rate 342
  Zusammenhang mit der Poissonverteilung 343

F

Faktorielle 326
Fakultät 326
Fehler
  systematische 98, 99
  zufällige 98
Fehlerfortpflanzung 101
Feld 87, 133
Feldlinie 141, 152, 154, 221, 223
Feldlinien 151
Feldstärke 150
Fläche im Raum 205
  geschlossene 206
  Normalvektor 206
  Oberfläche (Randfläche) 206, 219
  Orientierung 206, 219
  Parameterdarstellung 215
  Rand, Randkurve 205, 220
  Rechtsschraubenregel 206, 220
Flächen gleicher Phase 123
Flächenelement 178
  auf der Sphäre 212
  auf der Zylinderoberfläche 214
  für beliebige Flächen 216
  in der Ebene 211
  in Polarkoordinaten 181
  skalares 210
  vektorielles 207, 219
Flächenintegral 178
Fluss eines Vektorfeldes 208, 209
Flusslinie 141
Fourieranalyse 354
Fourier-Cosinustransformation 380
Fourierintegral 370
Fourierkoeffizienten 353, 355
Fourierreihe 353
  Approximation 357, 358
  Dreiecksschwingung 356
  Fourierkoeffizienten 362
  Gibbssches Phänomen (Überschwinger) 360
  Kippschwingung (Sägezahnfunktion) 357
  Konvergenzverhalten 359
  mit beliebiger Periode 360
  mit Periode $2\pi$ 353
  spektrale Form *Siehe* spektrale Form der Fourierreihe
  Sprungstellen 359
Fourierreihe in komplexer Form 362
Fourier-Sinustransformation 380
Fouriertransformation 371
  in drei Dimensionen 378
  inneres Produkt 377
  reelle Form *Siehe* reelle Form der Fouriertransformation
  Unitarität 378
Fouriertransformierte 371
  Abfallverhalten 374
  Ableitungsregel 377
  Amplitudenfunktion 372
  Amplitudenspektrum 372
  charakteristische Funktion eines Invervalls 372, 373
  Gaußfunktionen 375
  Phasenspektrum 372
  Verschiebungssatz 377
Frequenz 85, 123, 352, 372
  negative 381
Fundamentalsatz der Algebra 20, 291
Funktion

3D-Plot 115, 118
Argument 111
Definitionsbereich 111
Definitonsmenge 111
Funktionsgleichung 111
Funktionsterm 111
Funktionswert 111
Graph 112
implizit definierte 130
in mehreren Variablen 111
Name einer Funktion 111
Niveaulinienbild 120
Punkt 111
Stelle 111
Funktion einer Matrix 309
Funktionaldeterminante 181, 184, 185

G

Galton-Brett 338
Gaußfunktion 375
Gauß-Jordan-Algorithmus 279
Gaußsche Glockenkurve 343
Gaußsche Zahlenebene *Siehe* komplexe Zahlen
Gaußscher Integralsatz 219
Gaußsches Eliminationsverfahren 277
Gaußsches Fehlerfortpflanzungsgesetz 102
Gaußverteilung *Siehe* Normalverteilung
gedämpfte Schwingung 61, 86
Gegenereignis 325
Gegenwahrscheinlichkeit 325
gerade Funktion 353, 356, 380
Geschwindigkeit 8, 63, 80, 195
gleichmäßig beschleunigte Bewegung 195
Gleichung 8
quadratische 29
Gleichungssystem, lineares *Siehe* lineares Gleichungssystem
gleichverteilte Zufallsvariable 332
Gradient 145
und Niveaulinien oder -flächen 147
Gradientenfeld 150, 227
Gravitationsfeld 87, 89, 123, 139, 150, 151, 152, 155, 158, 201, 210, 213, 222
Gravitationspotential 134, 150, 155
Grundgesamtheit 97, 321
Grundschwingung 353, 354

H

Hamiltonoperator 295, 310
harmonische Schwingung 85
Häufigkeit, relative 322
Hauptachsentransformation 304
Hauptdiagonale einer Matrix 260, 264, 293
Hauptsatz der Differential- und Integralrechnung 173, 220
Heisenbergsche Unschärferelation 335, 363, 374, 376
Helligkeitsschwankungen eines Sterns 363
hermitisch konjugierte Matrix 265
hermitische Matrix 298, 300, 305
hermitische Projektion *Siehe* Normalprojektion
Hilbertraum 246
Höhenlinie 119
Höhenschichtenlinie 119
Hyperboloid 122

I

ideales Gas 346
identische (lineare) Abbildung 260
Imaginärteil *Siehe* komplexe Zahlen
Impuls 363
Impulswellenfunktion 363
Induktionsgesetz 225
infinitesimal 127, 172, 177, 183, 197, 207
Informationsverarbeitung 363
inneres Produkt 239, 244, 265, 377
nicht symmetrisch im komplexen Fall 245
Integral 171
als lineare Operation 174
bestimmtes 171
Doppelintegral 178
Dreifachintegral *Siehe* Volumsintegral
einfaches 171
Flächenintegral 178
Kurvenintegral *Siehe* Linienintegral
Linienintegral *Siehe* Linienintegral
Oberflächenintegral *Siehe* Oberflächenintegral
Stammfunktion 172
unbestimmtes (Stammfunktion) 172
uneigentliches 176
Vertauschung der Grenzen 176
Volumsintegral *Siehe* Volumsintegral
Zweifachintegral 178
Integralsatz von Gauß 219
Integralsatz von Stokes 220
Integrand 171
Integrationsbereich 171, 178, 183
Integrationsvariable 171
Name der 174
Transformation 174
integrierte Quellstärke 210
integrierte Wirbelstärke 203
Intervall 171

abgeschlossenes 171
halboffenes 171, 351
halbunendliches 171
offenes 171
inverse Fouriertransformation 371
inverse Fouriertransformierte 371
inverse Matrix 261
Inverse einer 2x2-Matrix 261
invertierbar (Matrix) 261
Determinantenkriterium 264
lineares Gleichungssystem 275
isomorph 234, 238
Isomorphismus 234, 238

J

Jacobi-Determinante 181, 184, 185

K

kartesische Koordinaten 165, 271
kartesisches Produkt 324
Keplerproblem 87
Ket *Siehe* Bra-Ket-Schreibweise
Kettenregel
für Funktionen in einer Variable 129
Leibnizsche 128
Kombination mit Wiederholung 327
Kombination ohne Wiederholung 326
Kombinatorik 326
kommutative Gruppe 232
Kommutativgesetz 232
Kommutator zweier Matrizen 260
komplex konjugiert 75, 245, 265
komplexe Exponentialfunktion 61
komplexe Form der Fourierreihe 362
komplexe Zahlen 19, 64, 75, 244, 247, 254, 291
(Absolut-)Betrag 21
Argument 25
Einheitswurzeln 31
Eulersche Formel 58
geometrische Deutung der Multiplikation 27, 59
Grundrechnungsarten 19
imaginär 20
Imaginärteil 20
komplex konjugiert 21
komplexe Zahlenebene 24
Polardarstellung 26, 59
Potenzieren 31, 60
Realteil 20
Wurzelziehen 31, 60
Konfigurationsraum 235
konservatives Vektorfeld 150, 227
Konstante 8
Kontinuitätsgleichung 226
Konventionen 13
Indizes 13
Ortsvektor 13
Schreibweise von Integralen 14
Schreibweise vonVektoren 13
Konvergenzradius 40 *Siehe* Taylorreihe
Koordinatenlinien 167
Koordinatensystem 165
kartesisches 165, 271
Kugelkoordinaten *Siehe* Kugelkoordinaten
Polarkoordinaten *Siehe* Polarkoordinaten
schiefwinkeliges 273
Zylinderkoordinaten *Siehe* Zylinderkoordinaten
Koordinatentransformation
aktive Interpretation 271
Drehspiegelung 272
Drehung (Rotation) *Siehe* Drehung
lineare 269
nichtlineare 271
passive Interpretation 271
Spiegelung 272
Verschiebung (Translation) 270
Korrelation 102, 106
Korrelationskoeffizient 106
Kosmologie 197
Kraftfeld 150, 197
Kreisbewegung 196
Kreisfläche 182
Kreisfrequenz 85, 86
kritischer Punkt 148
Kronecker-Delta 261
Kronecker-Symbol 261
krummlinige Koordinaten 167, 184, 271
Kugelkoordinaten 165, 271
Kugelvolumen 185
Kurtosis 95
Kurve 189
orientierte 189, 220
Parameter 189
Parameterbereich 189
Parametrisierung 189
Kurvenintegral *Siehe* Linienintegral

L

Ladungsdichte 151, 221, 224
Ladungserhaltung 226
Lagebeziehungen von Geraden in der Ebene 276
Laplace-Experiment 323
Laplace-Operator 88, 154
in Polar-, Kugel- und Zylinderkoordinaten 169
Leibnizsche Kettenregel 128

linear abhängig 240
linear unabhängig 67, 240
lineare Abbildung 256, 260
  Umkehrung 261
lineare Algebra 231, 234
lineare Regression *Siehe* Regression
linearer Operator 256, 283, 313
  (Matrix-)Darstellung bzgl. einer Basis 283, 305, 313
lineares Gleichungssystem 274
  Cramersche Regel 279
  Gauß-Jordan-Algorithmus 279
  Gaußsches Eliminationsverfahren 277
  homogenes 274, 275
  inhomogenes 274, 275
  lösen mit Computeralgebra 279
  Lösungsmenge (Lösungsraum) 274, 275
  Lösungsverfahren 276
  quadratisches 275
  Substitutionsverfahren 278
Linearität des Integrals 174
Linearkombination 67, 236, 244, 259
Linienintegral 198, 220
  eines Gradientenfeldes 201
  Parametrisierungs-Unabhängigkeit 199
Linkssystem 263
Lorentztransformation 269
Luftwiderstand 80

**M**

Magnetfeld 88, 140, 154, 157, 158, 160, 202, 203, 210, 223, 224
magnetische Zirkulation 203, 224, 225
magnetischer Fluss 210, 225
Massendichte 151, 183
  entlang eines Fadens 176
Massenmittelpunkt 185
Mathematik
  Rolle in der Physik 7
mathematisches Pendel 50
Matrix 253
  adjungierte 265, 297
  als lineare Abbildung 256, 260
  antihermitische 299
  antiselbstadjungierte 299
  antisymmetrische 299
  Diagonalelemente 260
  diagonalisierbare *Siehe* diagonalisierbare Matrix
  Diagonalmatrix 260, 293, 304, 307
  Dreieckmatrix 293
  Einheitsmatrix 260
  Hauptdiagonale 260, 264, 293
  hermitisch konjugierte 265
  hermitische *Siehe* hermitische Matrix
  inverse *Siehe* inverse Matrix
  Koeffizienten 254
  komplexe 255
  normale *Siehe* normale Matrix
  Nullmatrix 261
  orthogonale *Siehe* orthogonale Matrix
  Projektion *Siehe* Projektion(smatrix)
  quadratische 260, 289
  Rang 279
  reelle 255
  selbstadjungierte *Siehe* hermitische Matrix
  symmetrische *Siehe* symmetrische Matrix
  transponierte 264
  unitäre *Siehe* unitäre Matrix
Matrizenmultiplikation 254, 258
  Assoziativität 259
  Distributivgesetze 259
  Kommutator 260
Matrizenrechnung 258
Matrizentypen 297
  Übersicht 300
Maxwell-Boltzmann-Verteilung 346
Maxwell-Gleichungen 88, 151, 154, 158, 159, 160, 221, 223, 224
Maxwellscher Verschiebungsstrom 225
Median 95
Mediane (45°-Geraden) 119
metrische Struktur 240
Mittel
  arithmetisches 92
  geometrisches 92
  gewichtetes 101
  gewogenes 101
  harmonisches 92
Mittelwert
  der Grundgesamtheit 98, 99
  einer einfachen Datenliste 92
Mittelwert einer Wahrscheinlichkeitsverteilung 331, 334
mittlerer Fehler der Einzelmessung *Siehe* mittlerer Fehler des Einzelwerts
mittlerer Fehler des Einzelwerts 98, 99
mittlerer Fehler des Mittelwerts 98, 99
Momentangeschwindigkeit 8
Multinomialverteilung 339

**N**

Nabla-Kalkül 145
Nabla-Operator 146, 151, 154, 156
natürliche Einheiten 151, 158, 224
nichtsingulär (Matrix) *Siehe* invertierbar (Matrix)
Niveaufläche 122
Niveaulinie 118

Niveaulinienbild 120
Niveaumenge 118, 122
Norm eines Vektors 239, 245
normal (Vektoren) 240
normale Matrix 297, 300
Spektraldarstellung 307, 311
Spektraldarstellung in Bra-Ket-Schreibweise 311
Normalprojektion 299, 307
Normalverteilung 95, 343, 376
als Grenzfall der Binomialverteilung 346
zentraler Grenzwertsatz 346
normierter Vektor 240
Normierung der Wahrscheinlichkeiten 325
Nullmatrix 261
Nullvektor 232

## O

Oberfläche 206
Oberflächenintegral 209, 219, 220
in der Ebene 211
über beliebige Flächen 215
über eine Sphäre 213
über eine Zylinderoberfläche 214
Oberschwingung 353, 354
Oder-Verknüpfung disjunkter Ereignisse 323
ON-Basis *Siehe* Orthonormalbasis
orientierter Flächeninhalt 171, 262
orientierter Volumsinhalt 177, 262
orthogonal (Vektoren) 240
orthogonale Matrix 272, 299
Orthogonalprojektion *Siehe* Normalprojektion 299
Orthonormalbasis 240, 245, 272, 273, 297, 307
Entwicklung eines Vektors 241, 245
Entwicklungskoeffizienten 241, 245
Form des Skalarprodukts 243
Fourierreihe 355
Orts- und Impulsmessungen 377
Ortsvektor 133

## P

Paraboloid 112, 116
Parallelepiped 262
Parallelogramm 262
Parameterdarstellung 189
Bogenlänge als Parameter 196
der Geraden 190
der Kreislinie 191
der Schraubenlinie (Raumspirale, Helix) 192
einer Fläche im Raum 215
und Funktionsdefinition 197
partielle Ableitung *Siehe* Ableitung
Pauli-Matrizen 267, 312
Pendel, mathematisches 50
Periode 351
Periodendauer 85, 123
periodisch 118, 351
periodisch fortsetzen 351
Permutation 156, 263, 326
mit Gruppen nicht-unterscheidbarer Elemente 328
Phasengeschwindigkeit 123
Phasenraum 235
Photoelement 341
Photonen 341
Plus-Minus-Schreibweise 95, 99
Poissongleichung 155
Poissonprozess 340
Gedächtnislosigkeit 343
Rate 340
Poissonverteilung 340
Zusammenhang mit der Exponentialverteilung 343
Polardarstellung *Siehe* komplexe Zahlen
Polarisation des Photons 246
Polarkoordinaten 25, 271
Potential eines Vektorfeldes 150, 158, 227
Potentialgleichung 155
potentielle Energie 150, 201
Potenz einer Matrix 262, 308
Potenzreihe 40
Potenzreihenentwicklung *Siehe* Taylorreihe
Probeladung 150
Probemasse 150
Projektion auf einen Eigenraum 307, 311
Projektion(smatrix) 267, 299, 300, 307
Punktgraph 330
Punktladung 139, 150, 213, 222
Punktmasse 139, 150, 213, 222
Punktquelle 152, 153, 213, 222

## Q

Quadrat einer Matrix 262, 308
Quadratische Gleichung 29
quadratische Matrix 260, 289
Quantenfeldtheorie 363
Quantentheorie, Quantenmechanik 87, 235, 244, 246, 247, 250, 267, 274, 289, 295, 298, 299, 310, 312, 335, 363, 376, 377
Quartil 95
Qubit 246
quellenfreies Vektorfeld *Siehe* divergenzfreies Vektorfeld
Quellstärke eines Vektorfeldes 151, 222

## R

Radialkoordinate 25, 133, 165
radioaktiver Zerfall 69, 71, 341
Rand 206
Randfläche 206
Rang einer Matrix 279
Raumzeit 145, 234, 235, 269
Realisierung einer Zufallsvariable 329
Realteil *Siehe* komplexe Zahlen
Rechtssystem 263
reelle Form der Fouriertransformation 379
  Amplitudenspektren 380
  Fourier-Cosinustransformation 380
  Fourier-Sinustransformation 380
Regression 102
  exponentielle 108
  lineare 108
  nichtlineare 108
  quadratische 108
Regressionsgerade 104, 106
Regressionskoeffizient 106
Reibungskraft 80, 81, 85, 89
relative Häufigkeit 322
Relativitätstheorie 52, 55, 145, 232, 234, 235, 269
Restglied *Siehe* Taylorreihe
Richtungsableitung 128, 146
Richtungsvektor einer Kurve 195
Ringintegral 201
Rotation (Drehung) *Siehe* Drehung
Rotation (eines Vektorfeldes) 156, 220, 224
Rotation eines Gradientenfeldes 158
  lokale Umkehrung 158, 227
rotationsfreies Vektorfeld 158, 227

## S

Sarrus, Regel von 263
Sattenfläche 116
Satz von Gauß 219
Satz von Stokes 220
Schallausbreitung 87
Schätzung 98
Schiefe 95
schiefwinkelige Koordinaten 273
schönste Formel der Welt 58
Schrödingergleichung 87, 310
Schwankung *Siehe* Standardabweichung
Schwankung einer Wahrscheinlichkeitsverteilung 334
Schwerpunkt 185
Schwingung 61, 62, 85
  gedämpfte 61, 86
selbstadjungierte Matrix *Siehe* hermitische Matrix
Skalar 232, 244, 258
Skalarfeld 134
  homogenes 134
  radialsymmetrisches 134
Skalarprodukt 146, 147, 151, 154, 197, 239, 240, 243, 264
  Standard-Skalarprodukt 239
Spaltenvektor 254, 265
Spannungstensor 306
Spektraldarstellung 307
  für eine normale Matrix 311
  in der Bra-Ket-Schreibweise 311
spektrale Form der Fourierreihe 362
  Amplitudenspektrum 362
  Fourierspektrum 362
  Frequenzspektrum 362
  Phase (Phasenwinkel) 362
Spektralsatz 307
Spektralzerlegung 307
Spektrum einer Matrix 292
Sphäre 122, 212, 304
  höherdimensionale 305
Spiegelung 272, 305
Spin 267
Spin des Elektrons 246
Spur einer Matrix 262
  Summe der Eigenwerte 293
Stammfunktion 172
Standardabweichung
  der Grundgesamtheit *Siehe* mittlerer Fehler des Einzelwerts
  einer einfachen Datenliste 93
Standardabweichung einer Wahrscheinlichkeitsverteilung 331, 334
Standardbasis 237, 246, 293
Standardfehler des Mittelwerts *Siehe* mittlerer Fehler des Mittelwerts
Standard-Skalarprodukt 239
statistisch unabhängige Ereignisse 324
Stichprobe 97
Stichprobenfehler *Siehe* mittlerer Fehler des Mittelwerts
Stirlingsche Formel 326
Stokesscher Integralsatz 220
Streuung *Siehe* Standardabweichung
Streuung einer Wahrscheinlichkeitsverteilung 331, 334
Streuungsmaße 96
Stromdichtevektor 209
strömende Flüssigkeit 207
Substitutionsverfahren 278
Summenkonvention, Einsteinsche 149, 151, 156, 261
Summensätze von Sinus und Cosinus *Siehe* Additionstheoreme
Superposition von Zuständen 247

Symmetrien 134, 138
symmetrische Matrix 298, 300, 301

T

Tangentenvektor einer Kurve 195
Taylorentwicklung *Siehe* Taylorreihe
Taylorreihe 37
  Anschlussstelle 45
  approximierte Größen 49
  Berechnung mit Computeralgebra 46
  binomische Reihe 43
  Cosinusfunktion 42
  Entwicklungsstelle 45
  Exponentialfunktion 42
  Exponentialfunktion (für eine Matrix) 308
  geometrische Reihe 41
  Konvergenz 40, 47
  Konvergenzbereich 47
  Konvergenzradius 40, 48
  Konvergenzradius, Berechnung 49
  Logarithmus 43
  Mittelpunkt 45
  Näherungspolynom 38
  Ordnung eines Näherungspolynoms 38
  Restglied 52
  Sinusfunktion 42
  Taylorkoeffizienten 41
  Taylorpolynom 38
  und Differentialgleichungen 53
Teilchen als Anregungsquant 363
Teilraum 275, 295, 311
Temperatur 346
Tipps zum Lernen und zum Lösen der Aufgaben 12
totales Differential 127
Trägheitsmoment 186
Trägheitstensor 305
Transformation der Integrationsvariablen 174
Translation 270
transponierte Matrix 264
Transposition einer Matrix 264
  Rechenregeln 265
  und Skalarprodukt 264
trigonometrische Basisfunktionen 352
  Orthogonalitätsbeziehungen 354, 362
  Skalarprodukt 355
trigonometrisches Polynom 353

Ü

Überlagerung von Zuständen 247

U

Und-Verknüpfung statistisch unabhängiger Ereignisse 324
ungerade Funktion 353, 356, 380
unitäre Matrix 299, 300
unitäre Zeitentwicklung 310
Unschärfe einer Wahrscheinlichkeitsverteilung 334

V

Variable 8
  abhängige 8, 111
  unabhängige 8, 111
Varianz
  der Grundgesamtheit 99
  einer Datenliste 92
Varianz einer Wahrscheinlichkeitsverteilung 331
Variation mit Wiederholung 328
Variation ohne Wiederholung 327
Vektor 231, 234
  (Matrix-)Darstellung bzgl. einer Basis 238, 304, 313
  Betrag 239, 245
  Einheitsvektor 240
  Entwicklungskoeffizienten bzgl. einer Basis 237
  Komponenten bzgl. einer Basis 237
  Norm 239, 245
Vektoranalysis 145
  am Computer 160
Vektorfeld 135
  Betrag 135
  divergenzfreies *Siehe* divergenzfreies Vektorfeld
  grafische Darstellung 136
  homogenes 138
  konservatives *Siehe* konservatives Vektorfeld
  Ortsvektorfeld 137
  quellenfreies *Siehe* divergenzfreies Vektorfeld
  radialsymmetrisches 138
  ringförmiges 139
  rotationsfreies *Siehe* rotationsfreies Vektorfeld
  wirbelfreies *Siehe* rotationsfreies Vektorfeld
Vektorpotential 160, 223
Vektorprodukt 156, 206, 241
Vektorraum 231
  Basis *Siehe* Basis eines Vektorraums
  Dimension 236, 244
  endlichdimensionaler 236
  Hilbertraum 246

komplexer 236, 244
lineare Struktur 234
Lösungsmenge einer linear-homogenen Differentialgleichung 67, 235, 238, 244
Lösungsmenge eines linear-homogenen Gleichungssystems 275
reeller 232
unendlichdimensionaler 236, 246, 298, 310, 378
Verbundereignis 324
Verbundwahrscheinlichkeit 324
Verformung, elastische 304
Verschiebung 270
Versuchsausgang 321
Verteilungsfunktion 332
Verzerrungstensor 304
Vielfachheit eines Eigenwerts 292, 295
Volumselement 183
in Kugelkoordinaten 184
in Zylinderkoordinaten 185
Volumsintegral 183, 219
Vorkenntnisse
notwendige 12
Übungsaufgaben zur Überprüfung 14

**W**

wahrer Wert einer Größe 97, 98
Unsicherheit 100
Wahrscheinlichkeit 247, 322
statistische Definition 322
Wahrscheinlichkeitsamplitude 247
Wahrscheinlichkeitsdichte 332
Wahrscheinlichkeitsverteilung 328
diskrete 329
Erwartungswert 331, 334
grafische Darstellung 330
in drei Dimensionen 335
kontinuierliche 331
Mittelwert 331, 334
Standardabweichung 331, 334
Varianz 331
Wahrscheinlichkeitsdichte 332
Wärmeleitungsgleichung 364
Website zu diesem Buch 14
Wellenfunktion 235, 246, 335, 363, 377
Wellengleichung 87, 380
Wellenlänge 123
Winkelbegriff, allgemeiner 240
wirbelfreies Vektorfeld *Siehe* rotationsfreies Vektorfeld
Wirbelstärke eines Vektorfeldes 157, 224

**Z**

Zeilenvektor 264, 265
Zeitableitung 8
zentraler Grenzwertsatz 346
Zentralmaße 96
Zirkulation eines Vektorfeldes 203, 224
Zufall 321
Zufallsexperiment 321, 328
diskretes 329
kontinuierliches 329, 331
Zufallsvariable 328
Zustandsvektor 235, 246, 310
Zweifachintegral 178
Zykloide 197
Zylinderkoordinaten 167, 271